"十三五"国家重点出版物出版规划项目

现代机械工程系列精品教材

普通高等教育"十一五"国家级规划教材

高等院校现代机械设计系列教材

机 械 设 计 教 程

第 3 版

主　编　刘　莹　吴宗泽

副主编　张淑敏

参　编　李　威　边新孝　王小群　尹丽娟　张有忱

　　　　高　志　黄伟峰　李永健　肖丽英

机械工业出版社

本书调整了第 2 版各章的顺序，使其更加符合实际教学需要；减少了有关公式推导，更加注重结论的适用范围和使用方法；加强了创新设计内容，增加了案例分析，把思考题改为讨论题；采用了现行的国家标准。

本书包括四篇十五章，具体内容有：机械设计总论、机械传动设计总论、带传动设计、链传动设计、螺旋传动设计、齿轮传动、蜗杆传动、轴的设计、滚动轴承、滑动轴承设计、联轴器和离合器、轴系结构设计、螺纹连接设计、常用运动副的连接结构设计以及弹簧设计。

本书适合高等院校机械工程专业学生使用，也可供相关专业师生学习或参考。

图书在版编目（CIP）数据

机械设计教程/刘莹，吴宗泽主编. —3 版. —北京：机械工业出版社，2019.3（2024.2 重印）

"十三五"国家重点出版物出版规划项目　现代机械工程系列精品教材
普通高等教育"十一五"国家级规划教材　高等院校现代机械设计系列教材

ISBN 978-7-111-61315-2

Ⅰ.①机… Ⅱ.①刘… ②吴… Ⅲ.①机械设计-高等学校-教材
Ⅳ.①TH122

中国版本图书馆 CIP 数据核字（2018）第 249906 号

机械工业出版社（北京市百万庄大街 22 号　邮政编码 100037）
策划编辑：刘小慧　责任编辑：刘小慧　武　晋　王小东　赵亚敏
责任校对：王　延　封面设计：张　博
责任印制：常天培
固安县铭成印刷有限公司印刷
2024 年 2 月第 3 版第 6 次印刷
184mm×260mm · 21.75 印张 · 530 千字
标准书号：ISBN 978-7-111-61315-2
定价：54.80 元

电话服务　　　　　　　　网络服务
客服电话：010-88361066　机 工 官 网：www.cmpbook.com
　　　　　010-88379833　机 工 官 博：weibo.com/cmp1952
　　　　　010-68326294　金 书 网：www.golden-book.com
封底无防伪标均为盗版　机工教育服务网：www.cmpedu.com

第 3 版前言

本书 2007 年出版第 2 版，作为教育部普通高等教育"十一五"国家级规划教材已经使用了 10 年。这 10 年间，伴随着科技的不断进步，机械基础课程的教育教学理念和技术手段都有了长足的发展，提出了新的要求。本书在进行新版修订时，继续坚持面向普通高等院校的人才培养目标，注重基本技能、机械设计基本素质和理论结合实际能力的培养。为适应新的需求，提出以下改进思路：

1. 在内容组织方面，重视新的设计理念和指导思想的变化，如节能减排、绿色设计、面向用户需求（功能）的设计等，更新补充新的内容。

2. 加强对设计过程中各种选型，特别是结构选型的重视，平衡好设计计算与选型的关系。

3. 为提高内容之间的关联性，对内容顺序进行了微调。

1）考虑到润滑与密封知识的重要性和教材编写的系统性，将润滑与密封知识独立撰写为一节，安排在"第十二章 轴系结构设计"中。

2）原来安排在第二篇各章传动零件设计后面的润滑内容保持不变。

4. 借鉴国外教材的经验。为适应计算机辅助设计的需要，增加典型零部件设计逻辑（思路）介绍。遵循循序渐进、启发式教学的原则，在下面四个部分增加基于查表计算（与教材一致）的设计框图：

1）第一章 机械设计总论：失效分析逻辑框图。

2）第三章 带传动设计：带传动设计计算框图。

3）第六章 齿轮传动：齿轮传动设计计算框图。

4）第九章 滚动轴承：轴承寿命计算框图。

5. 更新或增加案例分析。本书第 2 版中已有 13 个案例，但安排不均，特别是机械传动设计部分虽有设计例题，但基本没有工程应用设计案例，因此在本次修订过程中特别加以考虑，增加了案例设计内容。

6. 考虑到新媒体发展的趋势及大部分计算机不再配置光驱的实际情况，新版教材的配套资源不再采用光盘的形式呈现，而是将原光盘中的内容放在机械工业出版社网站（www.cmpedu.com）上，并设有浏览和下载功能。同时，在部分章节的最后增加专业网址的推介信息，以顺应互联网发展的趋势。

7. 采用新的国家标准，适当更新和充实教学内容，并且在书中附有国家标准或相关数据，以便于读者在学习本书时使用。

8. 加强全书的前后呼应，如名词术语、公式符号等的一致性和协调性。对于新国家标准中的一些物理量符号，如材料强度极限、屈服极限等，在修订时也考虑了与其他课程教材的衔接问题。

党的二十大报告指出："深入实施科教兴国战略、人才强国战略、创新驱动发展战略""坚持为党育人、为国育才，全面提高人才自主培养质量，着力造就拔尖创新人才"。本书的编写集合了北京地区从事机械设计课程教学的优质师资资源，编者们将所从事的不同专业方向的新的科研成果进行凝练，并通过教材的编写传达给读者。本书在详细讲授基础理论知识的同时，以编写者的工程专业背景为依托，引入工程实践案例，融入探索性实践内容，以增强学生的自信心和创造力，即用学科理论知识在工程实践中的成功应用，促进学生活跃思维、敢于创新。

本书以二维码的形式引入了"中国创造：彩云号""中国创造：外骨骼机器人""'东方红'拖拉机"等视频，培养学生的科技自立自强意识，助力培养德才兼备的拔尖创新人才。我们希望通过几代人的共同努力和密切合作，经过反复的使用和修改，不断充实和更新，使这本书成为更加优秀和受读者欢迎的教材。

编写中我们也深切地感觉到自身能力和学识的不足，因此，希望使用、参考、阅读本书的读者多提宝贵意见，以便进一步改进，更好地满足读者的需求。

本书编写分工为：中国农业大学尹丽娟编写第三章、第四章，张淑敏编写第五章、第十三章，北京科技大学王小群编写第六章，边新孝编写第九章，李威编写第十五章，北京化工大学张有忱编写第七章，清华大学吴宗泽编写绪论、第一章部分内容，刘莹编写前言、第一章其余内容、第八章、第十四章，肖丽英编写第二章，李永健编写第十章，黄伟峰编写第十一章，高志编写第十二章。本书由刘莹、吴宗泽任主编，张淑敏任副主编。

编　者

第 2 版前言

本书自 2003 年出版第 1 版以后，经过使用，已被列入教育部普通高等教育"十一五"国家级规划教材。为了适应教学的发展要求，本书在新一版中的改进思路如下。

1. 本书在内容组织上力求面向普通高等院校的人才培养目标，注重基本技能、机械设计基本素质的培养和理论结合实际，并注重培养学生以下几方面的能力：

1）在机械设计时能正确选择通用零部件，以实现功能要求的能力。

2）使用国家标准或传统设计方法设计通用零部件的能力（手算）。

3）使用设计软件进行参数设计和结构设计的能力。

4）初步的综合分析能力。

2. 为了更好地适应不同的教学要求，本书进行了以下修订工作：

1）修改第 1 版各章的顺序，使其比较符合一般教师的使用习惯。

2）减少有关的公式推导，注重结论的适用范围和使用方法。

3）加强创新性设计的内容，如增加案例分析，把思考题改为讨论题，增加习题的数目，特别注意增加引导创新思维的讨论题和习题。

4）在每一篇的后面加入一些讨论题，以便于教师组织小班的讨论课或进行内容总结。

5）改进光盘的内容，使之与文字教材更好地配合；充实光盘中的英文名词术语；增加英文习题，并把英文习题放入文字教材。

6）采用新的国家标准，适当更新和充实教学内容。

7）加强全书的前后呼应，如名词术语、公式符号等的一致性和协调性。

通过教材的编写，我们体会到，一本优秀教材的形成需要长期的甚至几代人的共同努力与密切合作，同时要发挥每位编者各自的长处，然后经过反复的使用和修改，不断充实和更新，才能做到与时俱进，达到较好的效果。然而，我们也深刻地感到，我们的能力和学识存在一定的局限性，因此，希望使用本书的读者提出各方面的意见，使我们进一步改进，以期更好地满足读者的要求。

参加本书编写的有：北京工业大学乔爱科（第八章），北京科技大学王小群（第六章）、边新孝（第九章）、李威（第十五章），中国农业大学尹丽娟（第三、四章）、张淑敏（第五、十三章），北京化工大学张有忱（第七章），清华大学刘莹（第十、十四章）、肖丽英（第一章部分内容）、高志（第十一、十二章）、吴宗泽（前言、绪论、第一章部分内容及第二章）。本书由刘莹、吴宗泽担任主编。

本书由北京理工大学毛谦德、李振清二位教授担任主审。他们对本书进行了仔细的审阅，提出了许多宝贵的修改意见，对提高本书质量起到了很大作用，特此表示衷心的感谢。

编　者

第1版前言

本书是按照教育部组织实施的"高等教育面向21世纪教学内容和课程体系改革计划"中"工程制图与机械基础系列课程教学内容和课程体系改革的研究与实践"和《机械设计课程教学基本要求》(1995年修订版)编写的。

近年来我国机械设计教学遇到许多新的情况,教学内容和教学方法有不少的发展。第一,我国加入了WTO,空前地增加了我国产品在国内外与外国产品直接接触与竞争的机会。由于国内外市场的发展,不断对我国机械行业提出开发新产品的要求。由于和世界各国交流的需要,对英语水平的要求有很大的提高。第二,各院校在教学内容、教学方法、使用新的教学手段等方面进行了不少行之有效的改革。第三,计算机在学校和设计单位中大量用于机械设计工作,通过网络可以迅速得到大量的设计所需的信息,具有不同特点的机械设计书刊和手册近年来大量出版。第四,本课程学时在一些院校有较大的压缩。因此,对机械设计教学提出了更高的要求。本书就是在这种条件下,依靠北京市高等教育学会机械设计研究分会的帮助和指导,集中了北京地区高校的教学经验,采用新老结合的方式编写的教材。在编写中,我们力求做到"授约施博",即教授内容力求简约,而引导学生掌握广博施用的内容和方法,提高分析解决问题和创新能力。在书中除例题外,提供了若干"案例学习",这些案例多来自实际,引导学生接触设计问题,启发思考。为此,我们除在文字教材编写中精选教学内容以外,还为本书配备了一个光盘,在其中提供了一些有用的设计资料或工具。为了减轻读者负担,我们把一部分例题放入了光盘。为了满足一些院校师生使用英文资料的需要,在光盘中我们安排了114个英文习题供选用。此外,还有机械设计常用中英文名词对照,供读者查用。在使用光盘之前请阅读本书中"机械设计计算机辅助教学软件介绍"。

参加本书编写的有:北京工业大学乔爱科(第一章第三节,第六章),北京科技大学王小群(第四章)、边新孝(第七章)、李威(第十章),中国农业大学尹丽娟(第三章)、张淑敏(第九章),北京化工大学张有忱(第五章),清华大学刘莹(第八章)、肖丽英(第二章、第十一章)、高志(第十二章)、吴宗泽编写其余章节。本书由刘莹、吴宗泽担任主编。

本书由北京理工大学毛谦德教授任主审。他对本书进行了仔细的审阅,提出了许多宝贵的修改意见,对提高本书质量起到了很大的作用,特此对毛谦德教授表示衷心的感谢!

各位读者对书中和教学软件中的内容,如发现有不妥或错误之处,欢迎提出宝贵意见和建议。

编　者

2002年10月

教材网络资源内容简介

为便于读者使用本书进行教学，机械工业出版社教育服务网（www.cmpedu.cn）为学生提供了计算机辅助工具，也为任课教师提供了本书各章（包括讨论题、习题）的所有插图，以便教师在授课中使用。

网络资源主要内容包括三部分：

第一部分　计算机辅助机械设计课件

此课件为读者提供了与本书配套的典型机械零部件的计算机辅助设计及绘图工具，读者可自行安装到任何一台计算机上独立使用。课件主要内容包括：各类典型的传动零件设计，滚动轴承寿命校核，滑动轴承、弹簧和过盈连接等的设计与计算；零件图与装配图的绘制；常用机械设计资料的查询等。课件的帮助文件为读者提供了上述零部件设计计算的使用实例，使读者能够方便、正确地使用本课件，提高学习效率，并将读者从烦琐的纯计算工作中解放出来，将更多的学习精力放在零部件的设计方法上。

第二部分　教材图片资料

此部分包括本书中的所有附图（各章节后讨论题和习题用图），为教师授课提供帮助。另外，还附有一个三维单级齿轮减速器模型图形文件，可供教师在 AutoCAD 软件环境下进行操作和剖分演示，增强学生的感性认识，改善教学效果。

第三部分　机械设计双语教学辅助资料

此部分为读者提供了机械设计学科常用的专业英文词汇的中英文对照表，并提供了按章节、中译英和英译中三种检索方式。另外，还选编了部分机械设计英文习题，为读者提供了了解国外机械设计教学内容和教学方法的窗口，更为开展双语教学提供了辅助资料。

目录

绪　　论

一、本课程的性质和任务

在工科院校中，机械设计课程是一门培养学生机械设计能力的技术基础课程。在制造业中，设计是制造的第一步，是开发新产品成败的关键步骤。我国现在已经到了必须以增强自主创新推动经济发展的阶段，提高自主创新能力是国家战略。为了加强我国装备制造业的创新能力，必须培养大批具有创新设计能力的人才。本课程是培养机械设计人才的重要入门课程，为以机械学为主干学科的各专业学生提供机械设计的基本知识、基本理论、基本方法及基本训练。本课程的主要任务是学生通过理论学习和课程设计达到以下目标：

1）掌握通用机械零部件的设计原理、方法和机械设计的一般规律，能进行一般机械传动部件和简单机械装置的设计。

2）建立创新意识，培养机械设计的创新能力。

3）学习用计算机对一些机械零部件进行计算、查阅资料，具有运用标准、规范、手册、资料进行机械设计的能力。

4）初步掌握正确的设计方法和工作方法，明了设计人员应该了解国家的技术经济政策和有关技术的国内外发展的新情况。

5）了解实验与机械设计的关系和重要性。

6）对机械设计的发展有所了解。

二、课程的内容和要求

本课程主要介绍机械设计常用的基本理论（包括机械零件的疲劳强度计算、摩擦学、结构设计的基本知识等）和通用零部件在常用参数范围内的一般设计方法。通用零部件指在常用机械中常见的零部件，如齿轮、滚动轴承、联轴器、离合器、螺栓、弹簧等。常用参数范围是指一般的工作条件。对于在高速、高温、腐蚀、高真空等特殊工作条件下的零件，如高速齿轮，则需要根据专门的资料进行设计，这不属于本课程的基本内容。结合目前的需要和学生的特点，本课程中加强了结构设计的内容，目的是提高读者对结构设计的理解和更好地掌握结构设计的能力。

因此，学习本课程首先要掌握重点讲授的若干种典型的机械零部件的设计计算理论和方法。但这只达到了本课程的初步的学习要求，希望学生能对本课程有更深入的理解。善于学习的人应该从本课程（包括理论课和课程设计）的处理问题的方法中，掌握机械零件设计中的失效分析方法，学会简化处理复杂工程问题，采用合理的假设，建立物理、数学模型，导出设计计算公式，确定必要的系数和数据，恰当选择材料和热处理方法，正确选用极限与配合及表面粗糙度等级，了解和掌握机械设计的工艺性要求、保养维护知识等。此外，对机械设计中创新设计的思想、方法和设计步骤也应该建立初步的基础。

三、本课程的学习方法

本课程与学生过去所学的课程有很大的不同。过去学过的课程如物理、理论力学、材料力学、数学等是介绍一门科学，而学习本课程的目的是掌握一种实用的工程技术。进行机械设计的目的是满足一种社会需要。因此，本课程在体系、内容、方法等方面与上述课程有很大的不同，不能用学习理论课程的学习方法来学习本课程，更不能要求本课程具有那些课程的系统性。只有充分地意识到这一点，才能让同学们产生更大的学习主动性。本课程具有以下特点：

（1）系统性　本课程以机械零部件设计为主线展开。设计每种零件都是为了满足一定的要求，即社会需求是进行机械设计的出发点，产品应具备满足用户要求的使用功能。此外，为了使产品在市场上具有竞争能力，还必须在价格、可靠性、使用维修方便、安全、美观、环境保护等方面具有比同类产品更多的优势。设计者必须使产品能够经济地制造。上述要求经常是难以完全满足的，甚至有些要求是互相矛盾的，设计者应按照系统工程的观点和方法，找出合理的解决途径。本课程则是按照各种零部件的特点，分别介绍设计中必须考虑的主要问题。

（2）综合性　在解决机械设计问题时，会用到多方面的知识，如力学、摩擦学、材料学、机械原理、机械制图、机械制造技术、互换性和技术测量、电工学、计算机技术，甚至物理、化学等。在学习本课程时，对有关知识如材料力学可以进行必要的复习，通过本课程的应用可以更好地掌握过去所学的知识，并在使用中继续深入学习，这对读者今后的发展是很有意义的。

（3）工程性　在机械设计中用到大量的数据、资料、表格、手册等，要处理方案选择、零件选型、材料选择、参数选择、零件结构形式选择等问题，对计算结果要求能够分析是否合理，确定它是否可用。有些计算结果要求圆整或标准化，这些都是处理工程问题必须具备的能力。本课程的例题、作业、实验、课程设计等都是非常重要的组成部分，必须认真完成。

（4）典型性　本课程从许多机械零部件中只选择了十几种进行比较详细的介绍，它们是各有特色的典型零件，学习者通过对它们的学习可以触类旁通，体会到一般机械零部件的设计思路和处理方法。因此有人说，通过学习机械零件设计掌握机械设计是一种经济的学习方法。请读者在学习中深入体会和理解。

1

第一篇　总　论

拓展视频

中国创造：彩云号

第一章 机械设计总论

第一节 机械设计概述

一、机械设计的任务

我国目前正处于由制造大国向制造强国和创新型国家转变的过程中，机械设计工作在其中担负着重要的任务。机械设计是机械产品生产的第一个步骤，设计师根据社会需要，经过调查研究，深入分析，进行设计，为制造提供所需的图样、技术文件、计算机软件等。设计对机械产品的性能和技术水平起决定性的作用，据统计，产品成本的 70% ~ 80% 是在设计阶段决定的。因此，设计的水平往往成为产品生产成败的关键。当前对机械产品不断提出很多新的要求，我国机械设计人员面临着十分艰巨而伟大的任务。

二、机械设计的典型步骤

机械产品设计按其不同要求可以分为开发性设计、适应性设计、变型设计三种类型。其中开发性设计是研制全新的产品，其工作原理和结构都是新的，难度和风险最大，是最具有代表性的创新产品设计。其典型步骤可以分为以下几个阶段：

（1）明确任务　通过广泛的市场调查和对各方面情况的深入分析，根据近期的市场需求和长远发展的前景预测，考虑竞争对手和类似产品的情况，考虑原材料和配套零部件的供应条件、新技术的发展预计、制造技术水平和使用条件以及本单位具有的专利，确定新产品的规格、性能、主要参数、每年产量、成本等，建立明确的数据，作为设计的基本依据。

（2）方案设计　确定产品的工作原理和主体部分的结构方案，画出机器的工作原理图或运动简图。尽可能地提出多个可行的初步方案，经过分析、比较、筛选、综合评价，进行必要的计算和实验，选择出最优的方案。

（3）技术设计　完成总体设计、部件设计、零件设计，画出全部设计图样，提供必要的技术文件。

（4）施工设计　完成制造、装配、实验等产品生产所需的全部工艺文件和所需装备的资料。

以上几个步骤在工作中按需要灵活安排进行，经常出现交叉、反复，或在后面的步骤中发现前面的决定有显著的不合理之处需要修改，甚至发现重大的问题需要推翻前面的决定。在设计工作中这些都属于正常的情况，应该尽可能在设计阶段解决所有问题。产品一经投入生产，再改变其设计，造成的损失就会很大。

三、对机械设计师的要求

对机械设计师首先要求具有创新能力，其次要求有坚实的基本功和广泛的实际知识。因此，对机械设计师提出以下要求：

（1）对周围事物的敏感性　新的机械产品是根据社会需求提出的，而许多社会需求并不是很明确，而只是一种模糊的感觉，如不方便、不可靠等。这就要求设计师能敏感地提出开发产品，以解决这些问题。例如旅游汽车，坐在后面的乘客在长途旅行中看不到前面的风景，十分无聊，有的设计师就加高了后面的座位。

（2）善于联想、有预见　例如随着城市高层建筑的增加，需要多种新产品，如快速电梯和擦窗户、防火的设备。随着汽车的增加，交通堵塞成为日益严重的问题，发展什么交通工具便成为设计师必须考虑的问题。

（3）掌握新的技术信息　一种新的物理、化学方面的发明，或某种新材料、新工艺、新结构的出现，往往会促使一批新产品的产生。例如 3D 打印、激光、智能材料的出现，带动了多种新产品和新结构的产生。

（4）有坚实的机械设计基本功　一个优秀的机械设计师必须具有坚实的物理、力学、材料学、机械制造工艺、机械测量、机械制图、计算机应用等多方面的知识。由于新技术的不断出现，对设计人员的知识面要求也日益提高，因此机械设计师必须与时俱进，不断提高、充实自己。

（5）有广泛的实际知识、坚强的意志及活跃的思路　机械产品与使用者和社会有密切的关系，设计师必须了解社会的需求情况，以及技术、经济、有关政策等多方面的情况，才能设计出符合要求的产品。非智力因素有时起着非常重要的作用。

培养创新设计能力，不但要求教师创造性地进行教学，也要求学生在学习本课程时必须主动地钻研思考，充分发挥主动性，自觉掌握本课程的内容和方法，锻炼设计能力，成为和谐社会的建设者、自主创新的先行者和创新文化的开拓者。

四、机械设计中的标准化

标准化是指在经济、技术、科学和管理等社会实践中，对重复性的事物和概念，通过制订、发布和实施标准达到统一，以获得最佳秩序和社会效益。在机械生产中推行标准化，是提高产品质量、加快发展新产品、降低产品成本的重要措施。首先，在规划时就应该注意产品系列化，以便于组织生产。其次，各产品之间有些零部件应该能够通用化。零部件设计中选择标准工程材料；各零部件应尽量采用标准件，如螺栓、螺母、垫圈、滚动轴承、电动机、密封件、销钉、铆钉等；有些零部件的参数应该标准化，如齿轮传动的模数、压力角、螺旋传动的螺距、配合直径、键连接的尺寸等。

随着现代消费观念的变化，现代机械产品设计向特性化的趋势发展，这种潜在需求是社会生产力不断发展的结果，如汽车在颜色、结构、装置配置等方面各有特色，这就对设计者提出了更高的要求。

五、现代机械设计

随着科学技术日新月异的发展和人们物质文化需求的不断增长，机械设计迎来新的机遇和挑战。在设计理念和设计手段上，传统机械设计正逐渐被现代机械设计所取代。

拓展视频

中国创造：
外骨骼机器人

在设计理念上，传统机械设计更注重产品功能实现的要素和手段，以满足人们对产品功能的需求为主要目标。但在现代机械设计的新理念中，产品的全寿命周期设计、可持续设计的理念等正在被工程设计人员接受和贯彻。全寿命周期过程设计，是指在设计阶段就考虑到产品寿命历程的所有环节，使所有相关因素在产品设计分阶段得到综合规划和优化的一种设计理论。全寿命周期设计意味着，不仅要设计产品的功能和结构，而且要设计产品的规划、设计、生产、经销、运行、使用、维修保养，直到回收再利用处置。可持续设计要求人和环境的和谐发展，设计既能满足当代人需要又兼顾保障子孙后代永续发展需要的产品、服务和系统。针对不断扩大的生产规模，这些先进设计理念对于解决自然资源消耗和环境污染问题，更好地保护自然生态和人类生活环境，有着重要的意义。

在设计方法上，以信息技术为背景，以中国制造2025为引导，现代机械设计方法融合了计算机信息技术、思维科学学科以及设计理论系统工程等领域的知识，使得通过现代机械设计方法设计出来的机械产品在功能上更加丰富和人性化，外观上更加自然化和实用化，质量上也更加可靠化和安全化，并且更注重节能减排。现代机械设计的主要方法有系统分析设计方法、优化设计方法、有限元分析方法以及反求工程设计方法等。

当然，从机械设计历史发展来看，现代机械设计理念和方法也是基于传统的机械设计演变而来的。因此，本书中所阐述的机械设计基本理论、基本方法、基本技能对于机械工程专业初学者还是十分必要的。

第二节　机械零部件设计

一、机械零部件设计的内容和要求

一般的大型机电产品由机械（包括机架、传动部分、工作部分等）和电气（包括拖动、控制、显示等）两大系统组成。图1-1所示为电梯主要部件示意，机械系统包括曳引系统、轿厢3和对重装置4、导向系统包括（对重导轨5和轿厢导轨7）、安全保护系统（包括限位开关1和缓冲装置6）等，其中曳引系统包括曳引机2、导向轮、钢丝绳等部件。曳引机又包括电动机1、制动器2、减速器3、曳引轮4等部件，如图1-2所示。把机械分为若干个部件，可以单独进行设计和生产，提高生产率和质量。零部件设计是机械设计的重要组成部分，是机械总体设计的基础，并可能对机械总体设计产生很大的影响。学习机械设计多是由学习零部件设计开始的。

机械零部件设计的内容包括：根据总体设计的要求，对所设计的零部件提出应具有的功能、主要参数等，据此进行设计，给出零部件装配图和全部零件图，提供必要的技术文件。

在一般情况下，对零部件的主要要求有以下几个方面：

1）满足使用功能的要求。包括达到要求的运动范围、运动速度，有足够的承载能力和寿命，在体积、重量、噪声、耐热性、耐蚀性等方面能够满足要求。

2）满足工艺要求。加工（包括毛坯制造、机械加工、热处理和表面处理等）、装配、运输、安装、使用、修理等都方便，报废后容易回收材料。

3）满足绿色设计的要求。在产品全寿命周期内考虑产品的环境属性，包括可拆卸性、可回收性和可重复利用性等。

4）外形美观。

5）经济性好。

6）有市场竞争力，有自主的知识产权。

以上要求常常难以全部达到理想的程度，需要设计者综合考虑，妥善处理。

二、机械零部件的失效分析和设计准则

机械零件由于各种原因不能正常工作称为失效。机械零件在预期工作寿命期间不失效，这是最基本的要求。因此，设计者应预先估计所设计零件的可能失效方式。一个零件可能有多种失效方式，防止失效是保证机械零件正常工作的首要措施。

失效分析方法是机械零件设计的基本方法，其逻辑框图如图 1-3 所示。

用计算的方法使机械零件的工作载荷在其承载能力允许范围之内，以避免失效，是常用的机械零件设计方法。计算依据的条件称为设计准则。常用的机械零件设计准则有：

（1）强度准则 要求机械零件的工作应力 σ 不超过许用应力 $[\sigma]$。计算公式为

$$\sigma \leqslant [\sigma] = \sigma_{\lim}/[S] \qquad (1-1)$$

式中，$\sigma_{\lim}$ 为极限应力，按零件的工作条件和材料的性质等取值。对承受静应力的脆性材料，如铸铁受拉伸，其主要失效方式是断裂，$\sigma_{\lim}$ 取抗拉强度。对承受静应力的塑性材料，其主要失效方式是塑性变形，$\sigma_{\lim}$ 取屈服强度。$[S]$ 为许用安全系数，根据材料的均匀性、计算公式和原始数据的可靠程度，以及机械零件的重要性（例如该零件损坏后造成的影响）等取值。

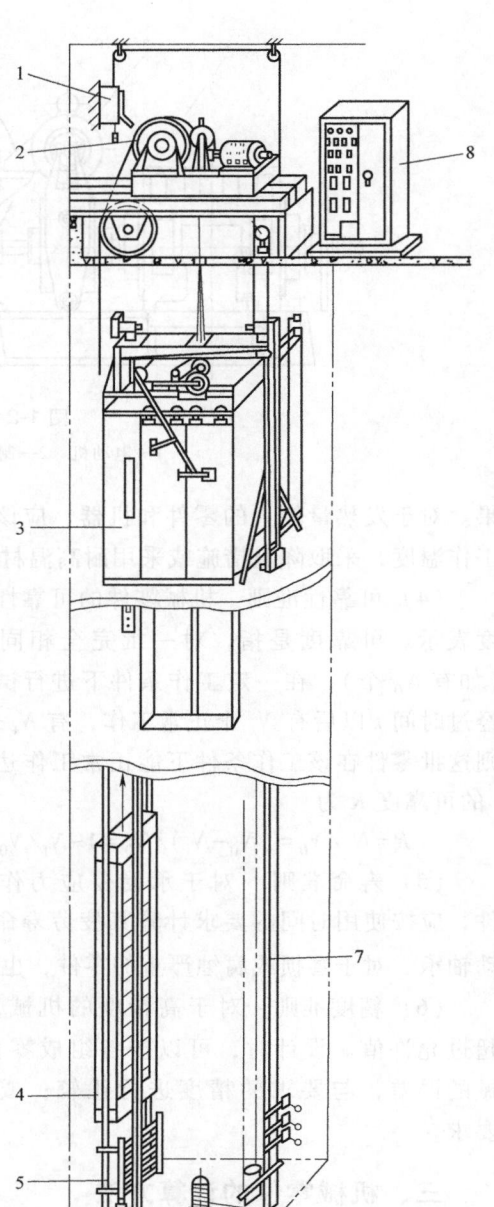

图 1-1 电梯主要部件示意
1—限位开关 2—曳引机 3—轿厢 4—对重装置 5—对重导轨 6—缓冲装置 7—轿厢导轨 8—控制箱

（2）刚度准则 要求机械零件的弹性变形在允许范围内。

（3）耐热性准则 由于工作环境或零件本身的发热，使其温度上升，不但引起零件的尺寸变化，产生热应力和精度下降，而且使强度和硬度降低，影响润滑油黏度及其润滑效

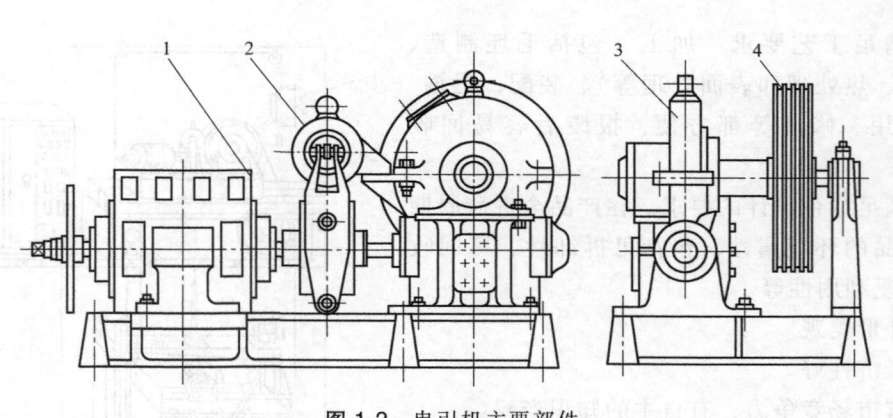

图 1-2 曳引机主要部件

1—电动机 2—制动器 3—减速器 4—曳引轮

果。对于发热量较大的零件和机器，应该控制其工作温度，采取降温措施或采用耐高温材料。

（4）可靠性准则 机械零件的可靠性用可靠度表示。可靠度是指，对一批完全相同的零件（如有 N_0 个），在一定工作条件下进行试验，若经过时间 t 以后有 N_s 个正常工作，有 N_f 个损坏，则这批零件在该工作条件下能正常工作达到时间 t 的可靠度 R 为

$$R = N_s/N_0 = (N_0 - N_f)/N_0 = 1 - N_f/N_0 \quad (1\text{-}2)$$

（5）寿命准则 对于承受变应力作用的零件，应按使用时间的要求计算其疲劳寿命，如滚动轴承。对于磨损或腐蚀严重的零件，也应该保证其具有足够的使用寿命。

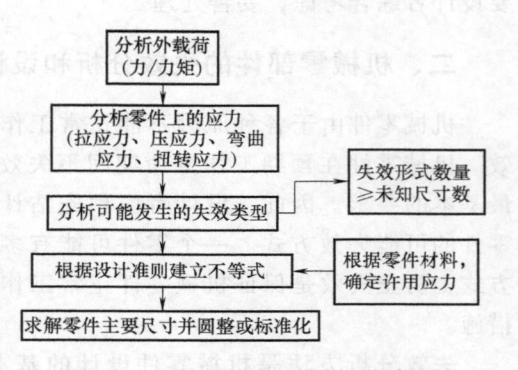

图 1-3 机械零件失效分析逻辑框图

（6）精度准则 对于高精度的机械，如计量设备、高精度机床等，应控制其误差不超过允许值。设计时，可以按各组成零件的公差、零件的变形和操作的误差等计算出机械的误差，与要求的精度进行比较；或者按给定的总体精度要求，分配各零件的精度要求。

三、机械零件的计算方法

根据强度、刚度、耐磨性、热平衡等要求计算机械零件的主要尺寸，是机械设计的常用方法。在计算中，会用到理论力学、材料力学、流体力学、传热学、机械振动学等理论公式。对于一般零件，要采用简化的计算方法；对于重要的机械零件，则采用复杂而精确的计算方法。而在这些计算中，也要对实际问题进行合理的简化，建立物理模型，这是机械设计的常用方法。本书对齿轮、螺栓连接、滑动轴承等零件的简化，具有典型性。

除计算以外，设计机械零件时还常常进行必要的试验或现场测试，取得必要的数据，使设计更加可靠。例如在中华世纪坛的设计过程中，为了保证旋转圆坛能够顺利地转动，必须确定安装几个驱动轮，为此参考了多种机械（如起重机、火车等）的驱动力计算方法，但是考虑到这些数据的来源与中华世纪坛的实际工作情况有差距，对于摩擦因数的确定没有充

足的把握，因此进行了多项底盘驱动力模拟试验（见《中国机械设计大典》第 6 卷第 52 篇），确保了设计工作顺利完成。

第三节 机械零件的强度计算

机械零件在工作中受到力或力矩的作用，若强度不足，则可能产生断裂或过度塑性变形等失效形式。因此，强度条件是设计机械零件时必须满足的设计准则。通用机械零件的强度分为静应力强度和变应力强度两个范畴。应力按其随时间变化的特性不同，可分为静应力和变应力，大小和方向不随时间变化或变化缓慢的应力称为静应力；随时间变化较为明显的应力称为变应力。对于受静应力作用的零件，可以根据材料力学的知识进行静强度条件设计；对于受变应力作用的零件，应按疲劳强度条件进行设计。本节内容只讨论零件在变应力作用下的疲劳强度计算问题。

一、机械零件的疲劳强度

（一）疲劳强度的基本知识

1. 应力循环特性

具有周期性的变应力称为循环变应力，否则称为随机变应力。循环变应力分为稳定循环变应力（图 1-4）和规律性不稳定循环变应力（图 1-5）两种。稳定循环变应力又有三种基本类型：对称循环变应力、脉动循环变应力和一般循环变应力，如图 1-4 所示。例如，匀速前进的火车轮轴受稳定径向载荷作用时，其横截面内某点的弯曲应力就属于对称循环变应力；压路机压辊表面的压应力属于脉动循环变应力；拧紧后的螺栓受到载荷后的应力则属于一般循环变应力（见图 13-22）。

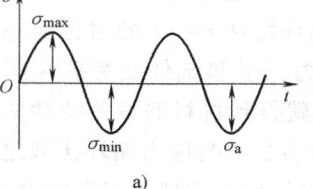
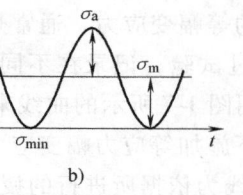

a)   b)   c)

图 1-4 稳定循环变应力
a）对称循环变应力 b）脉动循环变应力 c）一般循环变应力

变应力特性可用最大应力 σ_{max}、最小应力 σ_{min}、平均应力 σ_m、应力幅 σ_a 和应力比（或应力循环特性系数）r 五个基本参数来描述。它们之间的关系为

$$\sigma_m = \frac{\sigma_{max} + \sigma_{min}}{2} \quad \sigma_a = \frac{\sigma_{max} - \sigma_{min}}{2}$$

$$r = \pm \frac{\sigma_{min}}{\sigma_{max}} \qquad (1-3)$$

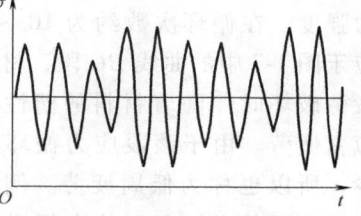

图 1-5 规律性不稳定循环变应力

式中，σ_{max} 和 σ_{min} 分别为最大应力和最小应力的绝对值；r 在 $-1 \sim 1$ 之间变化，"$\pm$"号由 σ_{max} 和 σ_{min} 原始符号的异

同来决定。

因此，对于对称循环变应力，$\sigma_m = 0$，$\sigma_{max} = \sigma_a = -\sigma_{min}$，$r = -1$。对于脉动循环变应力，$\sigma_m = \sigma_a$，$\sigma_{min} = 0$，$r = 0$。对于一般循环变应力，$-1 < r < 1$。对于静应力，$\sigma_a = 0$，$\sigma_{max} = \sigma_{min} = \sigma_m$，$r = 1$。在这些循环变应力中，对称循环变应力对机械零件的破坏力最大。

随机变应力的大小和方向变化没有规律。例如在崎岖不平的路面上行驶的汽车，其钢板弹簧所受的弯曲应力即属于随机变应力；在地貌复杂地段施工的隧道盾构机的主轴所受的扭转切应力也属于随机变应力。

2. 材料的疲劳特性

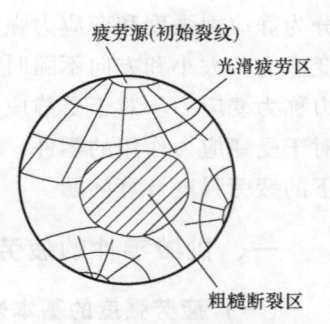

图1-6 疲劳断裂断口截面

在变应力作用下，零件的主要失效形式是疲劳断裂。在机械零件和构件的断裂事件中，绝大多数断裂属于疲劳断裂。疲劳断裂具有以下特征：①疲劳断裂的最大应力远比静应力下材料的强度极限低，甚至比屈服极限低。②不管脆性材料或塑性材料，其疲劳断裂断口均表现为无明显塑性变形的脆性突然断裂。③疲劳断裂是损伤的积累，它的初期现象是在零件表面或表层形成微观裂纹。这种微观裂纹随着应力循环次数的增加而逐渐扩展，直至余下的未断裂截面不足以承受外载荷时，就突然断裂。由此可见，疲劳断裂是与应力循环次数有关的断裂。在疲劳断裂断口上明显地有两个区域，如图1-6所示，一个是在变应力重复作用下裂纹两边互相摩擦形成的光滑疲劳区，另一个是最终发生脆性断裂的粗糙断裂区。

疲劳失效往往是在没有明显预兆的情况下突然发生的，因此常常造成严重的事故。据统计，飞机、车辆和机器发生的事故中有很大比例是疲劳失效造成的。因此，对于在变应力作用下的零件进行疲劳强度计算是非常必要的。

机械零件材料的抗疲劳性能是利用光滑小试样在疲劳试验机上进行测定的。即在材料的标准试件上施加一定循环特性的等幅变应力，通常是施加循环特性 $r = -1$ 的对称循环变应力或 $r = 0$ 的脉动循环变应力，通过试验，记录在不同最大应力下引起试件疲劳破坏所经历的应力循环次数 N。把试验结果用图1-7所示的曲线来表达，就得到材料的疲劳特性曲线。该曲线表示在一定的应力比条件下施加等应力幅变应力时，疲劳极限与应力循环次数之间的关系，称为 σ-N 曲线。以 σ-N 曲线为依据所进行的疲劳强度设计称为常规疲劳强度设计。

在循环次数约为 10^3 以前，相应于图1-7中的曲线 AB 段，使材料试件发生疲劳破坏的最大应力值基本不变，因此将应力循环次数 $N \leqslant 10^3$ 时的变应力强度看作静应力强度。在循环次数约为 $10^3 \sim 10^4$ 时，相应于图1-7中的曲线 BC 段，材料试件发生疲劳破坏时伴随着材料的塑性变形，称为应变疲劳。由于该段应力循环次数相对很少，所以也称为低周疲劳。例如，飞机起落架、运载火箭和三峡大坝泄洪闸上的零件就属于低周疲劳。在循环次数大于 10^4

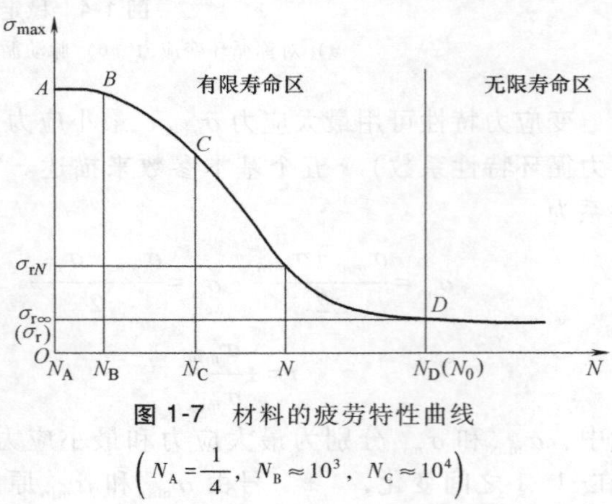

图1-7 材料的疲劳特性曲线

$$\left(N_A = \frac{1}{4}, \ N_B \approx 10^3, \ N_C \approx 10^4 \right)$$

以后，相应于图 1-7 中的曲线 CD 段以及 D 以后曲线，使材料试件发生疲劳破坏的疲劳称为高周疲劳。大多数机械零件的失效都是由高周疲劳引起的。例如，内燃机、连杆和曲轴，机床变速箱齿轮，支承汽轮机主轴的滚动轴承，洗衣机上的带传动，摩托车上的链传动等发生的疲劳，都属于高周疲劳的实例。

由图 1-7 可见，当循环次数 $N \geqslant N_D$ 时，疲劳曲线趋于水平，即疲劳极限不再随应力循环次数 N 的增加而降低，表明材料在无限长的使用期内不发生疲劳破坏。根据循环次数 N_D 可以将疲劳曲线分为两部分：$N < N_D$ 的区域称为有限寿命区；$N \geqslant N_D$ 的区域称为无限寿命区。

在图 1-7 中，CD 段上任何一点所代表的疲劳极限称为有限寿命疲劳极限，用 σ_{rN} 来表示。下标 r 表示该应力的循环特性，N 表示相应的应力循环次数。与循环次数 N_D 相对应的疲劳极限称为无限寿命疲劳极限，用 $\sigma_{r\infty}$ 表示。对于一般工程材料来说，N_D 在 $10^6 \sim 25 \times 10^7$ 之间。由于 N_D 有时很大，所以人们在做疲劳试验时，常规定一个循环次数 N_0（称为循环基数），用 N_0 和与 N_0 相对应的疲劳极限 σ_{rN_0}（简写为 σ_r）来近似代替 N_D 和 $\sigma_{r\infty}$。按有限寿命疲劳极限进行机械零件的设计称为有限寿命设计，按无限寿命疲劳极限进行机械零件的设计称为无限寿命设计。

在图 1-7 中，CD 段满足曲线方程

$$\sigma_{rN}^m N = \sigma_r^m N_0 = C \tag{1-4}$$

所以

$$\sigma_{rN} = \sigma_r \sqrt[m]{\frac{N_0}{N}} = \sigma_r K_N \tag{1-5}$$

式中，$K_N = \sqrt[m]{\dfrac{N_0}{N}}$ 称为寿命系数；m 为材料寿命指数，与受载方式和材质有关，其值由试验决定。对于钢材，在发生弯曲疲劳和拉压疲劳时，$m = 6 \sim 20$，$N_0 = (1 \sim 10) \times 10^6$。在初步计算中，钢制零件发生弯曲疲劳时，中等尺寸的零件取 $m = 9$，$N_0 = 5 \times 10^6$；大尺寸的零件取 $m = 9$，$N_0 = 10^7$；接触应力下，$m = 6$。

（二）疲劳强度计算

1. 材料的极限应力线图

图 1-8 所示 $A'D'C'$ 为当应力循环次数一定时（一般取 N_0）不同循环特性的极限应力。图中用 $\sigma_m - \sigma_a$ 曲线来描述。该曲线通常称为等寿命曲线或极限应力线图。

图 1-8 所示的疲劳特性曲线 $A'D'C'$ 可以方便地用于表示不同循环特性时材料的疲劳极限。为了便于分析计算，在工程应用中常将该曲线简化为双折线。简化方法如下：

在做材料试件试验时，通常只求出

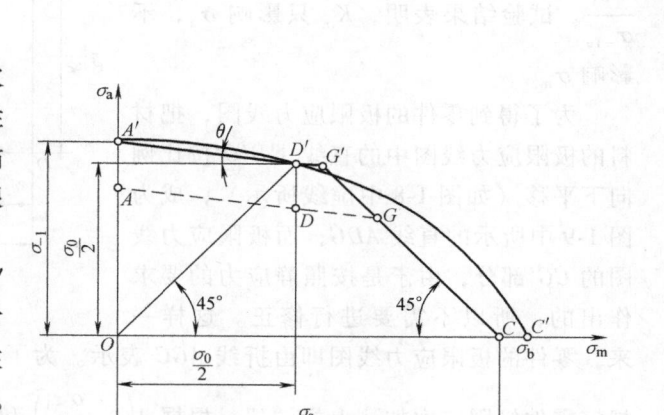

图 1-8　材料的极限应力线图

对称循环及脉动循环时的疲劳极限 σ_{-1} 和 σ_0。由于对称循环变应力的 $\sigma_m = 0$，$\sigma_{max} = \sigma_a$，所以对称循环疲劳极限在 σ_m-σ_a 坐标系中用 A' 点来表示。由于脉动循环变应力的 $\sigma_m = \sigma_a = \dfrac{\sigma_0}{2}$，所以脉动循环疲劳极限在 σ_m-σ_a 坐标系中用由 O 点所作 45° 射线上的 D' 点来表示。连接 A' 点和 D' 点得直线 $A'D'$，近似代替一定循环特性时的疲劳极限。取 C 点的坐标值等于屈服强度 σ_s，并自 C 点作一直线与直线 CO 成 45° 的夹角，交直线 $A'D'$ 的延长线于 G' 点。于是，材料的极限应力曲线即为折线 $A'G'C$（图 1-8）。材料中产生的应力如果处于 $OA'G'C$ 区域以内，则表示不发生破坏。

利用 $A'(0, \sigma_{-1})$ 和 $D'\left(\dfrac{\sigma_0}{2}, \dfrac{\sigma_0}{2}\right)$ 两点可以求出图 1-8 中直线 $A'G'$ 的方程为：$\sigma_{-1} = \sigma_a + \psi_\sigma \sigma_m$，其中 $\psi_\sigma = \dfrac{2\sigma_{-1} - \sigma_0}{\sigma_0}$，它是试件受循环弯曲应力时的材料常数，称为材料对于应力循环非对称性的敏感系数。钢的 ψ_σ 参见表 1-1。直线 CG' 的方程为：$\sigma_m + \sigma_a = \sigma_s$。

表 1-1　钢的 ψ_σ 及 ψ_τ 值

应力种类	系　数	表 面 状 态				
		抛光	磨光	车削	热轧	锻造
弯曲	ψ_σ	0.50	0.43	0.34	0.215	0.14
拉压	ψ_σ	0.41	0.36	0.30	0.18	0.10
扭转	ψ_τ	0.33	0.29	0.21	0.11	—

2. 零件的极限应力线图

由于零件尺寸及几何形状变化、加工质量及强化处理等因素的影响，使得零件的疲劳极限小于材料试件的疲劳极限。以弯曲疲劳极限的综合影响系数 K_σ 表示材料对称循环弯曲疲劳极限 σ_{-1} 与零件对称循环弯曲疲劳极限 σ_{-1e}（下标 e 表示零件）的比值，即 $K_\sigma = \dfrac{\sigma_{-1}}{\sigma_{-1e}}$。试验结果表明，$K_\sigma$ 只影响 σ_a，不影响 σ_m。

为了得到零件的极限应力线图，把材料的极限应力线图中的直线 $A'D'G'$ 按比例向下平移（如图 1-8 中虚线所示），成为图 1-9 中所示的直线 ADG；而极限应力线图的 CG' 部分，由于是按照静应力的要求作出的，所以不需要进行修正。这样一来，零件的极限应力线图即由折线 AGC 表示。为了便于区分零件的工作应力和疲劳极限，规定零件极限应力加注上标 "'"。根据 $A\left(0, \dfrac{\sigma_{-1}}{K_\sigma}\right)$ 和 $D\left(\dfrac{\sigma_0}{2}, \dfrac{\sigma_0}{2K_\sigma}\right)$ 两点坐标可以求出直线 AG

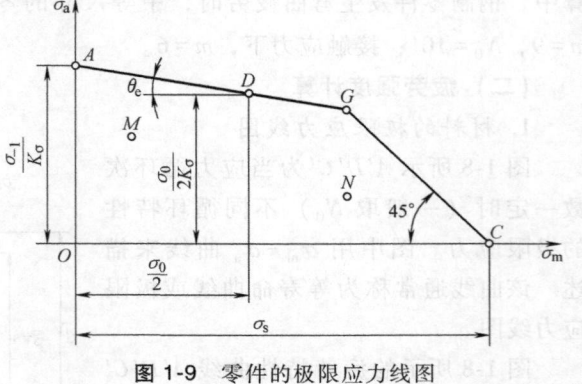

图 1-9　零件的极限应力线图

的方程为：$\sigma_{-1e} = \dfrac{\sigma_{-1}}{K_{\sigma}} = \sigma_{ae}' + \psi_{\sigma e}\sigma_{me}'$，或 $\sigma_{-1} = K_{\sigma}(\sigma_{ae}' + \psi_{\sigma}\sigma_{me}')$。直线 CG 的方程为：$\sigma_{me}' + \sigma_{ae}' = \sigma_s$。式中，$\sigma_{me}'$ 为零件受循环弯曲应力时的极限平均应力；σ_{ae}' 为零件受循环弯曲应力时的极限应力幅；$\psi_{\sigma e}$ 为零件受循环弯曲应力时的材料常数，其计算式为：

$$\psi_{\sigma e} = \frac{\psi_{\sigma}}{K_{\sigma}} = \frac{1}{K_{\sigma}}\frac{2\sigma_{-1} - \sigma_0}{\sigma_0} \tag{1-6}$$

式中，K_{σ} 为弯曲疲劳极限的综合影响系数。

影响弯曲疲劳极限的因素主要有：①零件的外形。实际零件常有外形的突变，如键槽、横孔、轴肩、螺纹等，这将引起应力集中，从而促进疲劳裂纹的扩展，降低零件疲劳强度。不同的材料，对应力集中的敏感性不同。一般而言，强度越高的材料，对应力集中越敏感。②零件的尺寸。试验结果表明，零件的尺寸越大，其疲劳极限越低。这主要是因为尺寸越大的零件，其材料存在的缺陷就越多；同时，表面积越大，其表面形成疲劳源的概率就越大。③零件的表面质量。零件受弯曲或扭转作用时，表层应力最大，疲劳裂纹也多发生于表层，表面质量对疲劳裂纹的发展有很大影响。不同的表面加工方法、不同的表面粗糙度以及表面擦伤等将引起不同的应力集中。降低表面粗糙度值有利于提高疲劳强度。材料的静强度越高，加工质量对零件的疲劳极限的影响越显著。另外，零件经过淬火、渗碳、渗氮等热处理或化学热处理后，表层将得到强化；零件经过滚压、喷丸等机械处理后，表层会形成预压应力，可以减小容易引起裂纹的工作拉应力。这些都可以提高零件的疲劳极限。

综合考虑上述三种影响因素，K_{σ} 可用下面的经验公式计算：

$$K_{\sigma} = \frac{k_{\sigma}}{\varepsilon_{\sigma}\beta} \tag{1-7}$$

式中，k_{σ} 为零件的有效应力集中系数（下标 σ 表示在正应力条件下，下同），它是考虑零件的几何不连续处的应力集中的影响而引入的系数，参见表 1-2～表 1-4；ε_{σ} 为零件的绝对尺寸影响系数，它是考虑零件的真实尺寸及截面形状与标准试件的尺寸及形状不同时对材料疲劳极限的影响而引入的系数，参见表 1-5；β 为零件的表面质量系数，它是考虑零件的表面粗糙度及对零件表面实施不同的强化处理（化学热处理、高频感应淬火、表面硬化加工等）和表面腐蚀而引入的系数，参见表 1-6～表 1-8。

同样，对于零件受切应力的情况，也可以仿照前面的公式，并以 τ 代替 σ（下角中用 τ 代替 σ），得出极限应力曲线的方程为：AG 线方程 $\tau_{-1e} = \dfrac{\tau_{-1}}{K_{\tau}} = \tau_{ae}' + \psi_{\tau e}\tau_{me}'$ 或 $\tau_{-1} = K_{\tau}\tau_{ae}' + \psi_{\tau}\tau_{me}'$，及 GC 线方程 $\tau_{ae}' + \tau_{me}' = \tau_s$。式中，$\psi_{\tau e}$ 为零件受循环切应力时的材料常数，仿照式（1-6）得

$$\psi_{\tau e} = \frac{\psi_{\tau}}{K_{\tau}} = \frac{1}{K_{\tau}}\frac{2\tau_{-1} - \tau_0}{\tau_0} \tag{1-8}$$

式中，ψ_{τ} 为试件受循环切应力时的材料常数，钢的 ψ_{τ} 参见表 1-1；K_{τ} 为剪切疲劳极限的综合影响系数，仿照式（1-7）得

$$K_{\tau} = \frac{k_{\tau}}{\varepsilon_{\tau}\beta} \tag{1-9}$$

式中，k_{τ}、ε_{τ}、β 的含义与上述 k_{σ}、ε_{σ}、β 相对应，下标 τ 表示在切应力条件下。k_{τ}、ε_{τ}、β 的取值参见表 1-2～表 1-8。

表 1-2　螺纹、键、花键、横孔处及配合的边缘处的有效应力集中系数

A型　　　　　　B型　　　　　　花键　　　　　横孔

σ_b /MPa	螺纹 $(k_\tau=1)$ k_τ	键　槽			花　键			横　孔			配　合					
		k_σ		k_τ	k_σ	k_τ		k_σ		k_τ	H7/r6		H7/k6		H7/h6	
		A型	B型	AB型		矩形	渐开线形	$\frac{d_0}{d}=$ 0.05~0.15	$\frac{d_0}{d}=$ 0.15~0.25	$\frac{d_0}{d}=$ 0.05~0.25	k_σ	k_τ	k_σ	k_τ	k_σ	k_τ
400	1.45	1.51	1.30	1.20	1.35	2.10	1.40	1.90	1.70	1.70	2.05	1.55	1.55	1.25	1.33	1.14
500	1.78	1.64	1.38	1.37	1.45	2.25	1.43	1.95	1.75	1.75	2.30	1.69	1.72	1.36	1.49	1.23
600	1.96	1.76	1.46	1.54	1.55	2.35	1.46	2.00	1.80	1.80	2.52	1.82	1.89	1.46	1.64	1.31
700	2.20	1.89	1.54	1.71	1.60	2.45	1.49	2.05	1.85	1.80	2.73	1.96	2.05	1.56	1.77	1.40
800	2.32	2.01	1.62	1.88	1.65	2.55	1.52	2.10	1.90	1.85	2.96	2.09	2.22	1.65	1.92	1.49
900	2.47	2.14	1.69	2.05	1.70	2.65	1.55	2.15	1.95	1.90	3.18	2.22	2.39	1.76	2.08	1.57
1000	2.61	2.26	1.77	2.22	1.72	2.70	1.58	2.20	2.00	1.90	3.41	2.36	2.56	1.86	2.22	1.66
1200	2.90	2.50	1.92	2.39	1.75	2.80	1.60	2.30	2.10	2.00	3.87	2.62	2.90	2.05	2.50	1.83

注：1. 滚动轴承与轴的配合按 H7/r6 配合选择系数。
　　2. 蜗杆螺旋根部有效应力集中系数可取 $k_\sigma=2.3\sim2.5$，$k_\tau=1.7\sim1.9$。

表 1-3　圆角处的有效应力集中系数

a)　　　　　　b)　　　　　　c)　　　　　　d)

$\frac{D-d}{r}$	$\frac{r}{d}$	k_σ								k_τ							
		σ_b/MPa								σ_b/MPa							
		400	500	600	700	800	900	1000	1200	400	500	600	700	800	900	1000	1200
2	0.01	1.34	1.36	1.38	1.40	1.41	1.43	1.45	1.49	1.26	1.28	1.29	1.29	1.30	1.30	1.31	1.32
	0.02	1.41	1.44	1.47	1.49	1.52	1.54	1.57	1.62	1.33	1.35	1.36	1.37	1.37	1.38	1.39	1.42
	0.03	1.59	1.63	1.67	1.71	1.76	1.80	1.84	1.92	1.39	1.40	1.42	1.44	1.45	1.47	1.48	1.52
	0.05	1.54	1.59	1.64	1.69	1.73	1.78	1.83	1.93	1.42	1.43	1.44	1.46	1.47	1.50	1.51	1.54
	0.10	1.38	1.44	1.50	1.55	1.61	1.66	1.72	1.83	1.37	1.38	1.39	1.42	1.43	1.45	1.46	1.50
4	0.01	1.51	1.54	1.57	1.59	1.62	1.64	1.67	1.72	1.37	1.39	1.40	1.42	1.43	1.44	1.46	1.47
	0.02	1.76	1.81	1.86	1.91	1.96	2.01	2.06	2.16	1.53	1.55	1.58	1.59	1.61	1.62	1.65	1.68
	0.03	1.76	1.82	1.88	1.94	1.99	2.05	2.11	2.23	1.52	1.54	1.57	1.59	1.61	1.64	1.66	1.71
	0.05	1.70	1.76	1.82	1.88	1.95	2.01	2.07	2.19	1.50	1.53	1.57	1.59	1.62	1.65	1.68	1.74

（续）

$\dfrac{D-d}{r}$	$\dfrac{r}{d}$	k_σ								k_τ							
		σ_b/MPa															
		400	500	600	700	800	900	1000	1200	400	500	600	700	800	900	1000	1200
6	0.01	1.86	1.90	1.94	1.99	2.03	2.08	2.12	2.21	1.54	1.57	1.59	1.61	1.64	1.66	1.68	1.73
	0.02	1.90	1.96	2.02	2.08	2.13	2.19	2.25	2.37	1.59	1.62	1.66	1.69	1.72	1.75	1.79	1.86
	0.03	1.89	1.96	2.03	2.10	2.16	2.23	2.30	2.44	1.61	1.65	1.68	1.72	1.74	1.77	1.81	1.88
10	0.01	2.07	2.12	2.17	2.23	2.28	2.34	2.39	2.50	2.12	2.18	2.24	2.30	2.37	2.42	2.48	2.60
	0.02	2.09	2.16	2.23	2.30	2.38	2.45	2.52	2.66	2.03	2.08	2.12	2.17	2.22	2.26	2.31	2.40

表 1-4　环槽处的有效应力集中系数

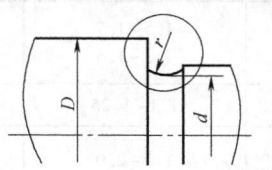

系数	$\dfrac{D-d}{r}$	$\dfrac{r}{d}$	σ_b/MPa							
			400	500	600	700	800	900	1000	1200
k_σ	1	0.01	1.88	1.93	1.98	2.04	2.09	2.15	2.20	2.31
		0.02	1.79	1.84	1.89	1.95	2.00	2.06	2.11	2.22
		0.03	1.72	1.77	1.82	1.87	1.92	1.97	2.02	2.12
		0.05	1.61	1.66	1.71	1.77	1.82	1.88	1.93	2.04
		0.10	1.44	1.48	1.52	1.55	1.59	1.62	1.66	1.73
	2	0.01	2.09	2.15	2.21	2.27	2.37	2.39	2.45	2.57
		0.02	1.99	2.05	2.11	2.17	2.23	2.28	2.35	2.49
		0.03	1.91	1.97	2.03	2.08	2.14	2.19	2.25	2.36
		0.05	1.79	1.85	1.91	1.97	2.03	2.09	2.15	2.27
	4	0.01	2.29	2.36	2.43	2.50	2.56	2.63	2.70	2.84
		0.02	2.18	2.25	2.32	2.38	2.45	2.51	2.58	2.71
		0.03	2.10	2.16	2.22	2.28	2.35	2.41	2.47	2.59
	6	0.01	2.38	2.47	2.56	2.64	2.73	2.81	2.90	3.07
		0.02	2.28	2.35	2.42	2.49	2.56	2.63	2.70	2.84
k_τ	任何比值	0.01	1.60	1.70	1.80	1.90	2.00	2.10	2.20	2.40
		0.02	1.51	1.60	1.69	1.77	1.86	1.94	2.03	2.20
		0.03	1.44	1.52	1.60	1.67	1.75	1.82	1.90	2.05
		0.05	1.34	1.40	1.46	1.52	1.57	1.63	1.69	1.81
		0.10	1.17	1.20	1.23	1.26	1.28	1.31	1.34	1.40

表 1-5　绝对尺寸影响系数 ε_σ、ε_τ

直径 d/mm		>20~30	>30~40	>40~50	>50~60	>60~70	>70~80	>80~100	>100~120	>120~150	>150~500
ε_σ	碳钢	0.91	0.88	0.84	0.81	0.78	0.75	0.73	0.70	0.68	0.60
	合金钢	0.83	0.77	0.73	0.70	0.68	0.66	0.64	0.62	0.60	0.54
ε_τ	各种钢	0.89	0.81	0.78	0.76	0.74	0.73	0.72	0.70	0.68	0.60

表 1-6 不同轴的表面粗糙度值下表面质量系数 β

加工方法	轴的表面粗糙度值 /μm	β		
		σ_b400MPa	σ_b800MPa	σ_b1200MPa
磨削	Ra0.4~0.2	1	1	1
车削	Ra3.2~0.8	0.95	0.90	0.80
粗车	Ra25~6.3	0.85	0.80	0.65
未加工的表面	—	0.75	0.65	0.45

表 1-7 各种强化方法下的表面质量系数 β

强化方法	心部强度 σ_b/MPa	β		
		光 轴	低应力集中的轴 $k_\sigma \leqslant 1.5$	高应力集中的轴 $k_\sigma \geqslant 1.8~2$
高频感应淬火	600~800	1.5~1.7	1.6~1.7	2.4~2.8
	800~1000	1.3~1.5	—	
渗氮	900~1200	1.1~1.25	1.5~1.7	1.7~2.1
渗碳	400~600	1.8~2.0	3	
	700~800	1.4~1.5	—	
	1000~1200	1.2~1.3	2	
喷丸硬化	600~1500	1.1~1.25	1.5~1.6	1.7~2.1
滚子滚压	600~1500	1.1~1.3	1.3~1.5	1.6~2.0

注: 1. 高频感应淬火根据直径为 10~20mm、淬硬层厚度为 $(0.05~0.20)d$ 的试件试验求得的数据;对大尺寸的试件强化系数的值会有某些降低。

2. 渗氮层厚度为 $0.01d$ 时用小值;在 $(0.03~0.04)d$ 时用最大值。

3. 喷丸硬化下的表面质量系数是根据直径为 8~40mm 的试件求得的数据。喷丸速度低时用小值;速度高时用大值。

4. 滚子滚压下的表面质量数是根据直径为 17~130mm 的试件求得的数据。

表 1-8 各种腐蚀情况下的表面质量系数 β

工作条件	抗拉强度 σ_b/MPa										
	400	500	600	700	800	900	1000	1100	1200	1300	1400
淡水中,有应力集中	0.7	0.63	0.56	0.52	0.46	0.43	0.40	0.38	0.36	0.35	0.33
淡水中,无应力集中 海水中,有应力集中	0.58	0.50	0.44	0.37	0.33	0.28	0.25	0.23	0.21	0.20	0.19
海水中,无应力集中	0.37	0.30	0.26	0.23	0.21	0.18	0.16	0.14	0.13	0.12	0.12

3. 稳定循环变应力下机械零件的疲劳强度

变应力的强度计算一般采用安全系数法。

单向稳定循环变应力下机械零件的疲劳强度。单向应力是指零件只受一维纯拉、压、弯、扭的应力状态。单向稳定变应力下机械零件的疲劳强度条件为

$$S_{ca} = \frac{\sigma_{lim}}{\sigma} \geqslant [S] \tag{1-10}$$

式中,S_{ca} 为计算安全系数;σ_{lim} 为零件的极限应力;σ 为零件所受的实际工作应力;$[S]$ 为许用安全系数。

机械零件疲劳强度计算的一般步骤为：①求出机械零件危险截面上的最大工作应力 σ_{max} 及最小工作应力 σ_{min}，据此计算出工作平均应力 σ_m 及工作应力幅 σ_a。②根据 σ_s、σ_{-1}、σ_0、K_σ 画出零件的极限应力线图，在图上由点的坐标(σ_m, σ_a)作出工作应力点 M（或 N），如图 1-10 所示。③判断零件的失效形式是疲劳失效或静强度失效，找出工作应力点 M（或 N）所对应的极限应力点$(\sigma_{me}', \sigma_{ae}')$。④用作图法或解析法求出计算安全系数 S_{ca}。

在上述计算步骤中，最关键的是计算极限应力。强度计算时所用的极限应力应是零件的极限应力线图（AGC）上的某一个点所代表的应力。零件的工作应力所对应的极限应力与应力循环特性有关。一般机械零件可能发生的典型应力变化规律通常有下述三种：①变应力的应力比保持不变，即 $r = C$，如绝大多数转轴的弯曲应力状态。②变应力的平均应力保持不变，即 $\sigma_m = C$，如振动着的受载弹簧中的应力状态。③变应力的最小应力保持不变，即 $\sigma_{min} = C$，如气缸盖拧紧螺栓连接中螺栓受轴向载荷时的应力状态（图 13-25）。对于应力变化规律不明确的情况，可按 $r = C$ 处理。下面分别讨论这三种典型的情况。

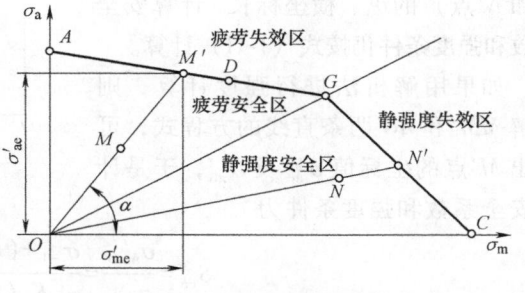

图 1-10　$r = C$ 时零件的极限应力线图

1) $r = C$。当 $r = C$ 时，零件的极限应力值可以用下列方法求出。在图 1-10 中，从坐标原点引射线通过工作应力点 M（或 N），

$\tan\alpha = \dfrac{\sigma_a}{\sigma_m} = \dfrac{\sigma_{max} - \sigma_{min}}{\sigma_{max} + \sigma_{min}} = \dfrac{1-r}{1+r}$，代表直线 OM（或 ON）的斜率，因为 $r = C$，所以直线斜率是常数，直线 OM（或 ON）与极限应力线 AGC 交于 M' 点（或 N' 点），则在此射线上任何一点所代表的应力比均相同（即满足 $r = C$ 的条件）。M' 点（或 N' 点）所代表的应力值就是此时零件的极限应力值。

用作图法进行强度计算时，可以从图 1-10 中直接量取 M 点和 M' 点（或 N 点和 N' 点）的纵、横坐标长，则 M 点和 N 点的计算安全系数和强度条件为

$$S_{ca} = \frac{\sigma_{me}' + \sigma_{ae}'}{\sigma_m + \sigma_a} \geqslant [S] \tag{1-11}$$

如果用解析法进行强度计算，则联解 OM 和 AG 两条直线的方程式，可求出 M' 点的坐标值 σ_{ae}' 及 σ_{me}'，二者相加即可得到极限应力值 $\sigma_{max}' = \sigma_{ae}' + \sigma_{me}' = \dfrac{\sigma_{-1}(\sigma_a + \sigma_m)}{K_\sigma \sigma_a + \psi_\sigma \sigma_m}$。于是计算安全系数和强度条件为

$$S_{ca} = \frac{\sigma_{max}'}{\sigma_{max}} = \frac{\sigma_{-1}}{K_\sigma \sigma_a + \psi_\sigma \sigma_m} \geqslant [S] \tag{1-12}$$

对应于 N 点的极限应力点 N' 位于直线 CG 上，此时的极限应力为屈服极限 σ_s。用解析法进行强度计算时，计算安全系数和强度条件为

$$S_{ca} = \frac{\sigma_{max}'}{\sigma_{max}} = \frac{\sigma_s}{\sigma_a + \sigma_m} \geqslant [S] \tag{1-13}$$

在 $r = C$ 的情况下，按最大应力和应力幅计算所得的安全系数是相等的。

根据上面分析可知，在图 1-10 中，凡是工作点位于 OAG 区域内时，极限应力为 AG 直线

上的疲劳极限；凡是工作点位于 *OGC* 区域内时，极限应力为屈服极限。*OAG* 区域属于疲劳安全区，*AG* 线以外属于疲劳失效区；*OGC* 区域属于静强度安全区，*GC* 线以外属于静强度失效区。由此亦可看出，作图法的优点是可由工作点位置判断零件是疲劳失效还是静强度失效。

2) $\sigma_m = C$。当 $\sigma_m = C$ 时，零件的极限应力值可以用下列方法求出：在图 1-11 中，过工作应力点 *M*（或 *N*）作纵轴的平行线 *PM*（或 *QN*）与极限应力线 *AGC* 交于 *M'* 点（或 *N'* 点），则此直线上任何一点所代表的应力循环都具有相同的平均应力值。

用作图法进行强度计算时，可以从图 1-11 中直接量取 *M* 点和 *M'* 点（或 *N* 点和 *N'* 点）的纵、横坐标长，计算安全系数和强度条件仍按式（1-11）计算。

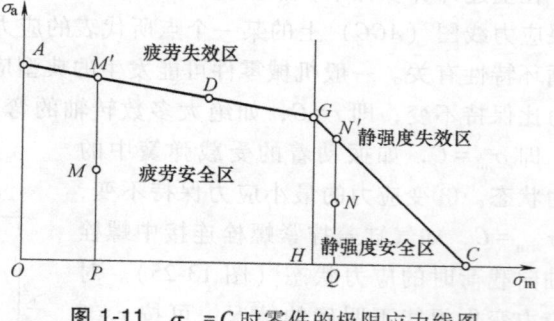

图 1-11 $\sigma_m = C$ 时零件的极限应力线图

如果用解析法进行强度计算，则联解 *MM'* 和 *AG* 两条直线的方程式，可求出 *M'* 点的坐标值 σ_{ae}' 及 σ_{me}'，于是计算安全系数和强度条件为

$$S_{ca} = \frac{\sigma_{max}'}{\sigma_{max}} = \frac{\sigma_{-1} + (K_\sigma - \psi_\sigma)\sigma_m}{K_\sigma(\sigma_a + \sigma_m)} \geq [S] \tag{1-14}$$

在 $\sigma_m = C$ 的情况下，按最大应力和应力幅计算所得的安全系数是不相等的。按应力幅计算强度条件的计算安全系数为

$$S_a' = \frac{\sigma_{ae}'}{\sigma_a} = \frac{\sigma_{-1} - \psi_\sigma \sigma_m}{K_\sigma \sigma_a} \geq [S_a] \tag{1-15}$$

对应于 *N* 点的极限应力点 *N'* 则位于直线 *CG* 上，此时的极限应力为屈服极限 σ_s。用解析法进行强度计算的方法与 $r = C$ 时的方法相同，即利用式（1-13）计算。

在图 1-11 中，作直线 *GH* 平行于纵轴。由上面的分析可知，凡是工作点位于 *OAGH* 区域内时，极限应力为 *AG* 直线上的疲劳极限；凡是工作点位于 *HGC* 区域内时，极限应力为屈服极限。*OAGH* 区域属于疲劳安全区，*AG* 线以外属于疲劳失效区；*HGC* 区域属于静强度安全区，*GC* 线以外属于静强度失效区。

3) $\sigma_{min} = C$。当 $\sigma_{min} = C$ 时，零件的极限应力值可以用下列方法求出：因为 $\sigma_{min} = \sigma_m - \sigma_a = C$，所以在图 1-12 中，过工作应力点 *M*（或 *N*）作与横轴夹角为 45° 的直线与极限应力线 *AGC* 交于 *M'* 点（或 *N'* 点），则此直线上任何一点所代表的应力循环都具有相同的最小应力值。

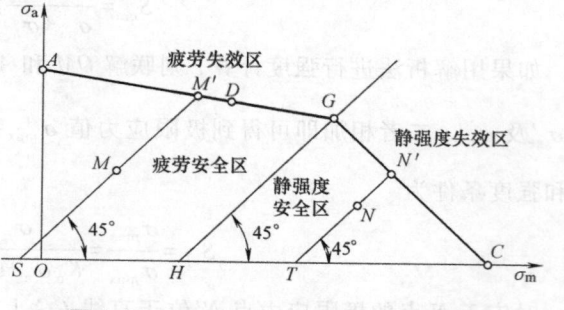

图 1-12 $\sigma_{min} = C$ 时零件的极限应力线图

用作图法进行强度计算时，可以从图 1-12 中直接量取 *M* 点和 *M'* 点（或 *N* 点和 *N'* 点）的纵、横坐标长，计算安全系数和强度条件仍按式（1-11）计算。

如果用解析法进行强度计算，则联解 *MM'* 和 *AG* 两条直线的方程式，于是按最大应力求

得的计算安全系数和强度条件为

$$S_{ca} = \frac{\sigma'_{max}}{\sigma_{max}} = \frac{2\sigma_{-1} + (K_{\sigma} - \psi_{\sigma})\sigma_{min}}{(K_{\sigma} + \psi_{\sigma})(2\sigma_a + \sigma_{min})} \geqslant [S] \tag{1-16}$$

在 $\sigma_{min} = C$ 的情况下，按最大应力和应力幅计算所得的安全系数也是不相等的。按应力幅计算强度条件的计算安全系数为

$$S'_a = \frac{\sigma'_{ae}}{\sigma_a} = \frac{\sigma_{-1} - \psi_{\sigma}\sigma_{min}}{(K_{\sigma} + \psi_{\sigma})\sigma_a} \geqslant [S_a] \tag{1-17}$$

对应于 N 点的极限应力点 N' 位于直线 CG 上。此时的极限应力为屈服强度 σ_s。用解析法进行强度计算的方法与 $r = C$ 时的方法相同，即利用式(1-13)计算。

在图 1-12 中，过 G 点作与横轴夹角为 45° 的直线 GH。由上面的分析可知，凡是工作点位于 $OAGH$ 区域内时，极限应力为 AG 直线上的疲劳极限；凡是工作点位于 HGC 区域内时，极限应力为屈服极限。$OAGH$ 区域属于疲劳安全区，AG 线以外属于疲劳失效区；HGC 区域属于静强度安全区，GC 线以外属于静强度失效区。

为了便于比较，将以上三种情况的计算公式列入表 1-9 中。

表 1-9 单向稳定循环变应力下机械零件的疲劳强度计算公式

		$r = C$	$\sigma_m = C$	$\sigma_{min} = C$
单向稳定变应力	工作点			
	M	$S_{ca} = S'_a = \dfrac{\sigma_{-1}}{K_{\sigma}\sigma_a + \psi_{\sigma}\sigma_m} \geqslant [S]$	$S_{ca} = \dfrac{\sigma_{-1} + (K_{\sigma} - \psi_{\sigma})\sigma_m}{K_{\sigma}(\sigma_a + \sigma_m)} \geqslant [S]$ $S'_a = \dfrac{\sigma_{-1} - \psi_{\sigma}\sigma_m}{K_{\sigma}\sigma_a} \geqslant [S_a]$	$S_{ca} = \dfrac{2\sigma_{-1} + (K_{\sigma} - \psi_{\sigma})\sigma_{min}}{(K_{\sigma} + \psi_{\sigma})(2\sigma_a + \sigma_{min})} \geqslant [S]$ $S'_a = \dfrac{\sigma_{-1} - \psi_{\sigma}\sigma_{min}}{(K_{\sigma} + \psi_{\sigma})\sigma_a} \geqslant [S_a]$
	N	$S_{ca} = \dfrac{\sigma_s}{\sigma_a + \sigma_m} \geqslant [S]$		
		作图法求解：$S_{ca} = \dfrac{\sigma'_{me} + \sigma'_{ae}}{\sigma_m + \sigma_a} \geqslant [S]$		

进一步分析式（1-12）可见，分子为材料的对称循环弯曲疲劳极限，分母为工作应力幅乘以应力幅的综合影响系数（即 $K_{\sigma}\sigma_a$）再加上 $\psi_{\sigma}\sigma_m$。从实际效果看，$\psi_{\sigma}\sigma_m$ 可以看成是一个应力幅，而 ψ_{σ} 是将平均应力折算为等效应力幅的折算系数。因此，可以把 $K_{\sigma}\sigma_a + \psi_{\sigma}\sigma_m$ 看作一个与原来作用的不对称循环变应力等效的对称循环变应力，这一过程称为应力的等效转化。由于转化为对称循环变应力，所以等效应力是一个应力幅，记为 σ_{ad}，所以有

$$\sigma_{ad} = K_{\sigma}\sigma_a + \psi_{\sigma}\sigma_m \tag{1-18}$$

于是，计算安全系数为

$$S_{ca} = \frac{\sigma_{-1}}{\sigma_{ad}} \tag{1-19}$$

对于切应力的情况，只需将式（1-18）和式（1-19）中的 σ 替换为 τ 即可。

在以上计算中，疲劳极限取为无限寿命疲劳极限，因此属于无限寿命设计。对于有限寿命设计的情况，即应力循环次数符合条件 $10^4 < N < N_0$ 时，应力极限应当以有限寿命疲劳极限 σ_{rN} 代替（用式（1-5）计算可得），即以 σ_{-1N} 代替 σ_{-1}，以 σ_{0N} 代替 σ_0。由表1-9中所列单向稳定循环变应力下机械零件的疲劳强度计算公式乘以寿命系数 K_N，即可得到有限寿命的计算安全系数和强度条件。因为 $\sigma_{-1N} > \sigma_{-1}$ 及 $\sigma_{0N} > \sigma_0$，所以 $K_N > 1$，故这时零件的计算安全系数就会增大。

案例学习 1-1 有一阶梯轴，直径分别为 $d = 50\text{mm}$ 和 $D = 56\text{mm}$，过渡圆角 $r = 1\text{mm}$，其结构如图1-13所示，许用安全系数 $[S] = 1.2$。轴的材料为45钢调质和38SiMnMo调质，其力学性能见下表。

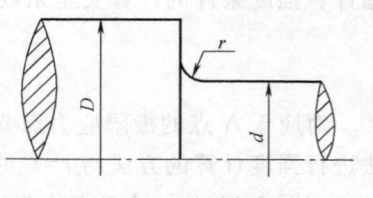

图1-13 阶梯轴结构

材料和热处理	抗拉强度 σ_b/MPa	屈服强度 σ_s/MPa	疲劳极限 σ_{-1}/MPa
45钢，调质	640	355	275
38SiMnMo，调质	735	590	365

由表1-3查得其有效应力集中系数 k_σ，在此 $\dfrac{D-d}{r} = \dfrac{56-50}{1} = 6$，$\dfrac{r}{d} = \dfrac{1}{50} = 0.02$。由表1-5查得绝对尺寸影响系数 ε_σ，由表1-6查得表面质量系数 β，并由式（1-12）计算出弯曲的安全系数 S_{ca}。为比较，在下表中取 $r = 3\text{mm}$，作为方案3一起计算。

方案	材料和热处理	圆角半径/mm	有效应力集中系数 k_σ	绝对尺寸影响系数 ε_σ	表面质量系数 β	综合影响系数 $K_\sigma = \dfrac{k_\sigma}{\varepsilon_\sigma \beta}$	S_{ca}
1	45钢，调质	1	2.04	0.81	0.92	2.74	1.17
2	38SiMnMo，调质	1	2.10	0.70	0.81	3.70	1.13
3	45钢，调质	3	1.63	0.84	0.92	2.11	1.40

解：设应力幅 $\sigma_a = 80\text{MPa}$，平均应力 $\sigma_m = 80\text{MPa}$，则由式（1-12）得安全系数为

45钢调质，$S_{ca} = \dfrac{\sigma_{-1}}{K_\sigma \sigma_a + \psi_\sigma \sigma_m} = \dfrac{275\text{MPa}}{2.74 \times 80\text{MPa} + 0.34 \times 80\text{MPa}} = 1.17$

38SiMnMo调质，$S_{ca} = \dfrac{\sigma_{-1}}{K_\sigma \sigma_a + \psi_\sigma \sigma_m} = \dfrac{365\text{MPa}}{3.70 \times 80\text{MPa} + 0.34 \times 80\text{MPa}} = 1.13$

由此可知，在方案1、2中由于过渡圆角半径较小，而合金钢对应力集中比较敏感，其安全系数比碳钢略小，二者都不能满足要求。若将圆角半径改为 $r = 3\text{mm}$，则 $r/d = 0.06$，由表1-3查得其有效应力集中系数 $k_\sigma = 1.63$，由上表第3行，综合影响系数 $K_\sigma = 2.11$，安全系数为

$$S_{ca} = \dfrac{\sigma_{-1}}{K_\sigma \sigma_a + \psi_\sigma \sigma_m} = \dfrac{275\text{MPa}}{2.11 \times 80\text{MPa} + 0.34 \times 80\text{MPa}} = 1.4$$

满足设计要求。在某些情况下（在本例中为应力集中较大的情况），加大圆角半径比提高材料强度更有利于满足设计要求。

案例学习 1-2　某转轴的工作应力为：$\sigma_a = 38.6$MPa，$\sigma_m = 0$；$\tau_a = 4.5$MPa，$\tau_m = 4.5$MPa。查手册得影响疲劳强度的几个系数分别为：弯曲和扭转的材料常数 $\psi_\sigma = 0.15$，$\psi_\tau = 0.10$；有效应力集中系数 $k_\sigma = 1.82$，$k_\tau = 1.62$；绝对尺寸影响系数 $\varepsilon_\sigma = 0.82$，$\varepsilon_\tau = 0.78$；表面质量系数 $\beta = 0.92$。轴的材料为 45 钢，调质 217 ~ 255HBW，$\sigma_{-1} = 300$MPa，$\tau_{-1} = 155$MPa。许用安全系数 $[S] = 3$。试判断该轴的疲劳强度是否满足要求。

解：综合影响系数　$K_\sigma = \dfrac{k_\sigma}{\varepsilon_\sigma \beta} = \dfrac{1.82}{0.82 \times 0.92} = 2.41$　$K_\tau = \dfrac{k_\tau}{\varepsilon_\tau \beta} = \dfrac{1.62}{0.78 \times 0.92} = 2.26$

弯曲作用下的安全系数　$S_\sigma = \dfrac{\sigma_{-1}}{K_\sigma \sigma_a + \psi_\sigma \sigma_m} = \dfrac{300\text{MPa}}{2.41 \times 38.6\text{MPa} + 0.15 \times 0} = 3.22$

扭转作用下的安全系数　$S_\tau = \dfrac{\tau_{-1}}{K_\tau \tau_a + \psi_\tau \tau_m} = \dfrac{155\text{MPa}}{2.26 \times 4.5\text{MPa} + 0.10 \times 4.5\text{MPa}} = 14.6$

综合计算安全系数　$S_{ca} = \dfrac{S_\sigma S_\tau}{\sqrt{S_\sigma^2 + S_\tau^2}} = \dfrac{3.22 \times 14.6}{\sqrt{3.22^2 + 14.6^2}} = 3.14 > [S]$

结论：该轴的疲劳强度满足要求。

4. 规律性不稳定单向循环变应力下机械零件的疲劳强度计算

规律性的不稳定变应力是指变应力参数的变化有一定的规律，如机床主轴、高炉上料机构的零件等所受的变应力。在这种情况下，如果仍以最大应力低于疲劳极限为安全依据，显然是不合理的。因为此时最大应力有时大于、有时小于疲劳极限，而且每一种应力作用的循环次数也有多有少。对于这类问题，一般根据疲劳损失累积假设（常称为 Miner 法则）来进行计算。

图 1-14 所示为一种规律性不稳定变应力的示意图。假设零件受对称循环变应力 σ_1、$\sigma_2 \cdots$作用（它们均为对称循环变应力的最大应力。如果是非对称循环变应力，则 σ_1、$\sigma_2 \cdots$表示各应力经过应力等效转化后等效对称循环变应力的应力幅）。变应力 σ_1 作用了 n_1 次，σ_2 作用了 n_2 次……把图 1-14 中所示的应力图放在材料的 $\sigma_r\text{-}N$ 坐标系内，如图 1-15 所示（σ_4 考虑综合影响系数及安全系数后，仍小于材料的无限寿命疲劳极限 $\sigma_{-1\infty}$，对材料不起疲劳损伤作用，所以在计算时可以不予考虑）。根据 $\sigma_r\text{-}N$ 曲线，可以分别找出仅有 σ_1、$\sigma_2 \cdots$作用时材料发生疲劳破坏的应力循环次数 N_1、$N_2 \cdots \cdots$

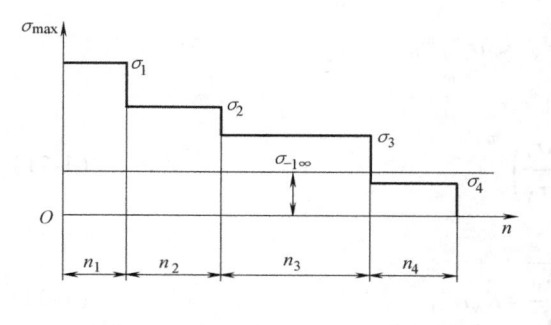

图 1-14　规律性不稳定变应力示意图

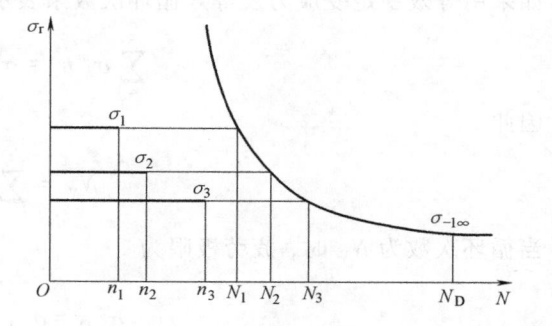

图 1-15　不稳定变应力在 $\sigma_r\text{-}N$ 坐标系内

Miner 法则认为，损伤积累是线性的，应力的损伤率相同，即假定应力每循环一次都对材料的破坏起相同的作用。应力 σ_1 每循环一次对材料的损伤率为 $\dfrac{1}{N_1}$，循环了 n_1 次的 σ_1 对

材料的损伤率即为 $\dfrac{n_1}{N_1}$。依此类推，应力 σ_2 每循环一次对材料的损伤率为 $\dfrac{1}{N_2}$，循环了 n_2 次

的 σ_2 对材料的损伤率即为 $\dfrac{n_2}{N_2}$。

因为当损伤率累积到 100% 时，材料即发生疲劳破坏，所以在图 1-15 所示应力作用下发生疲劳破坏时，应有如下关系

$$\sum_{i=1}^{z} \frac{n_i}{N_i} = 1 \tag{1-20}$$

式中，z 为一个循环中变应力的种类数目。

虽然疲劳试验的数据具有很大的离散性，各种应力的加载顺序对疲劳损伤有明显的影响，致使计算结果与试验结果并不完全相符，但从平均的意义上来说，在设计中运用式（1-20）还是可以得出一个较为合理的结果的。而且 Miner 法则概念直观，计算简单，所以在工程中广泛应用于有限寿命预测。

假设零件受某对称循环变应力 σ_V 作用 N_V 次后的效果与零件受上述应力 σ_1、$\sigma_2\cdots$ 作用 N_1、$N_2\cdots$ 次后的效果完全相同，则称 σ_V 为上述应力的等效稳定变应力，称 N_V 为等效循环次数。

利用式（1-4）可得

$$\sigma_i^m N_i = \sigma_{-1}^m N_0 \qquad N_i = \left(\frac{\sigma_{-1}}{\sigma_i}\right)^m N_0$$

代入式（1-20），可得

$$\sum_{i=1}^{z} \sigma_i^m n_i = \sigma_{-1}^m N_0$$

如果在各应力作用下未达到疲劳极限，则

$$\sum_{i=1}^{z} \sigma_i^m n_i < \sigma_{-1}^m N_0$$

如果用等效稳定变应力及等效循环次数来表示，则

$$\sum_{i=1}^{z} \sigma_i^m n_i = \sigma_V^m N_V < \sigma_{-1}^m N_0$$

因此

$$N_V = \sum_{i=1}^{z} \left(\frac{\sigma_i}{\sigma_V}\right)^m n_i \tag{1-21}$$

当循环次数为 N_V 时，疲劳极限为

$$\sigma_{-1V} = \sigma_{-1} \sqrt[m]{\frac{N_0}{N_V}} = K_N \sigma_{-1} \tag{1-22}$$

式中，K_N 为非稳定变应力下的寿命系数，$K_N = \sqrt[m]{\dfrac{N_0}{N_V}}$。

计算安全系数和强度条件为

$$S_{ca} = \frac{K_N \sigma_{-1}}{\sigma_V} \geqslant [S] \tag{1-23}$$

对于随机变应力状况下的强度分析，一般经过"等效稳定化"和"等效对称化"两步进行简化分析。即首先按统计强度理论，将随机变应力转化为规律性的不稳定变应力，然后根据疲劳损失累积假设进一步将其转化为稳定的对称循环变应力，再按前面所述的疲劳强度理论进行分析。

尽可能降低零件上的应力集中，合理选用高强度材料和热处理及强化工艺，提高零件的表面质量，尽可能减小或消除零件表面可能发生的初始裂纹的尺寸等措施，都可以提高机械零件的疲劳强度。

二、机械零件的接触强度

根据机械原理知识，零件的高副接触包括点接触和线接触。摩擦轮传动、齿轮传动、凸轮传动、滚动轴承等，在理论上载荷是通过点或线传递的。考虑到高副接触的零件受载后接触处的弹性变形，实际接触处为一很小的区域，最大应力发生在接触面的中央。通常在此小区域中会产生很大的局部应力，这种应力称为接触应力，用 σ_H 表示，这时零件的强度称为接触强度。例如齿轮、滚动轴承等机械零件，其工作能力取决于表面接触强度。

在机械零件设计中遇到的接触应力，大多数是随时间变化的。零件在交变的接触应力反复作用下，首先在表层下的某一深度内产生微观疲劳裂纹，然后表层裂纹沿着与表面成某一角度的方向逐渐扩展，最后零件表面甲壳状的小片状材料脱落，在零件表面上遗留下一个个小坑，这种现象称为疲劳点蚀（图6-2）。点蚀形成后，零件的有效接触面积减小并形成应力集中源，传递载荷的能力也随之降低。此外，由于表面平滑性被破坏，所以工作时可能引起振动、噪声和磨料磨损。因此，疲劳点蚀会影响传动零件的正常工作。高副接触的零件，如齿轮和滚动轴承等零件，在有润滑的条件下点蚀是其主要的失效形式之一。

当两个轴线平行的圆柱体相接触并受压时（图1-16），其接触面积为一狭长矩形，最大接触应力发生在接触区中线上。根据弹性力学的知识可以得到，表面最大接触压应力可用 Hertz 公式求得

$$\sigma_H = \sqrt{\frac{\frac{F}{B}\left(\frac{1}{\rho_1} \pm \frac{1}{\rho_2}\right)}{\pi\left(\frac{1-\mu_1^2}{E_1} + \frac{1-\mu_2^2}{E_2}\right)}} \tag{1-24}$$

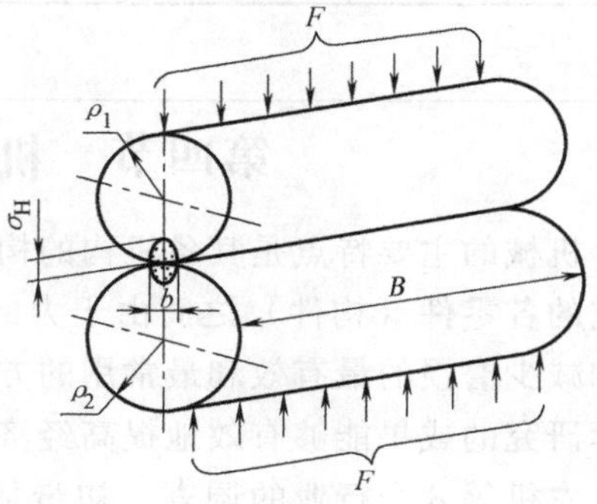

图 1-16 两圆柱体的接触应力

式中，F 为作用于接触面上的总压力；B 为接触长度；ρ_1 和 ρ_2 分别为零件1和零件2初始接触线处的曲率半径。令 $\frac{1}{\rho_\Sigma} = \frac{1}{\rho_1} \pm \frac{1}{\rho_2}$，称为综合曲率，则 $\rho_\Sigma = \frac{\rho_1 \rho_2}{\rho_2 \pm \rho_1}$ 称为综合曲率半径，其中，"+"用于外接触（两圆柱体轴线在接触线两侧），"−"用于内接触（两圆柱体轴线在接触线一侧）。μ_1 和 μ_2 分别为零件1和零件2材料的泊松比；E_1 和 E_2 分别为零件1和零件2材料的

弹性模量。

接触疲劳强度的强度条件为

$$\sigma_{H} \leqslant [\sigma_{H}] = \frac{\sigma_{Hlim}}{S} \tag{1-25}$$

式中，σ_{Hlim} 为经试验测得的材料的接触疲劳极限（MPa）；S 为接触疲劳安全系数。

两个零件的接触应力具有上下对等、左右对称及稍离接触区中线即迅速降低等特点。若两个零件的接触强度不同时，常以接触强度较小者来进行强度计算。

提高材料的硬度、降低零件的表面粗糙度值、采用黏度较高的润滑油等，都能提高零件的接触疲劳强度。

三、许用安全系数

按式(1-1)有，$\sigma \leqslant \sigma_{lim}/[S]$，其中，$\sigma$ 为工作应力，σ_{lim} 为极限应力，$[S]$ 为许用安全系数。在强度计算中，许用安全系数确定得适当与否对设计结构的影响很大。许用安全系数过大，将使零件的结构笨重。许用安全系数过小，零件的可靠性就无法保证。

静强度许用安全系数计算时，塑性材料的极限应力为其屈服强度，即 $\sigma_{lim} = \sigma_{s}$，由于塑性材料可以缓和过大的局部应力，因此可取较小的安全系数 1.2~1.5；使用脆性材料时，如铸铁件受拉伸应力，则极限应力取为材料的抗拉强度，即 $\sigma_{lim} = \sigma_{b}$，由于失效形式是断裂，而不是塑性变形，其危险程度更大，所以取较大的许用安全系数 3~4。

在变应力作用下，疲劳强度许用安全系数可参照表 1-10 推荐值选取。

表 1-10 许用安全系数 [S] 推荐值

材质均匀性	工艺质量	载荷计算	[S]
好	好	精确	1.3~1.4
中等	中等	不够精确	1.4~1.7
差	差	精确性差	1.7~3

第四节 机械中的摩擦、磨损和润滑

机械的主要特点是其各机构的构件之间通过有序的运动和动力传递来实现工作要求，因此它的各零件（构件）之间由于力的作用和相对运动就会产生摩擦和磨损。润滑是降低摩擦和减少磨损的最有效和最常用的方法。研究摩擦、磨损和润滑的科学称为摩擦学，运用摩擦学研究的成果能够有效地提高经济效益。中国机械工程学会近年来通过对机械、冶金、石油、农机等 8 个行业的调查，初步估计通过摩擦学技术的运用，每年可为国家节约 400 亿元。而投入的有关研究经费大约仅占其 1/50。因此，摩擦学研究与运用产生的经济和社会效益比起初期的研究投资是巨大的。

一、摩擦

1. 摩擦在机械中的作用

1）主要的能量损耗，如齿轮传动、蜗杆传动中由于啮合齿间相对滑动产生的摩擦损耗等。对于独立的一个机械，这种由于摩擦造成的能量损失往往不太引人注意，但是对于整个机械行业或者从国民经济的总体来看，摩擦造成的经济损失是惊人的。据估计，全世界能源的 $\frac{1}{3}\sim\frac{1}{2}$ 是损耗在各种形式的摩擦上的。

2）机械传动的动力，如带传动和摩擦轮传动。

3）能量转换的中介，如摩擦制动器，通过将机械的动能转换成摩擦热，将动能转换成热能，起到制动的作用等。

2. 摩擦的类型

按照摩擦副的表面润滑状态，可以将摩擦分为干摩擦、边界摩擦、流体摩擦和混合摩擦。

干摩擦是指零件表面直接接触，不加入任何润滑剂或能够自润滑的摩擦状态。此时，实际工作的零件之间会有氧化膜，其摩擦因数在 0.5~1 之间。

边界摩擦指相互接触的两个运动表面被吸附于表面的边界膜（指在摩擦表面上生成的一层与介质性质不同的薄膜，其厚度一般在 0.1μm 以下）隔开（图 1-17a），其摩擦性质取决于两表面的性质和润滑剂的油性，而与润滑剂的黏度无关。

流体摩擦指相互接触的两个运动表面被流体层（液体或气体）隔开（图 1-17b），其摩擦性能取决于流体内部分子间的黏性阻力。

混合摩擦指相互接触的两个运动表面处于干摩擦、边界摩擦及流体摩擦的混合状态（图 1-17c），其摩擦磨损的性能主要取决于边界摩擦状态，而载荷主要由弹性流体动力润滑油膜来承担。

一般情况下，机械中的摩擦副常常是几种摩擦状态同时存在，即处于混合摩擦状态。

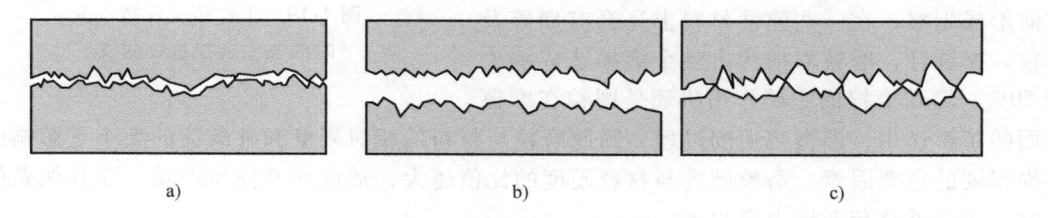

图 1-17　摩擦的类型
a）边界摩擦　b）流体摩擦　c）混合摩擦

3. 摩擦状态的判断

通过摩擦因数值可以判断摩擦副的摩擦状态，如图 1-18 所示。各种材料在不同摩擦状态下的摩擦因数值参见参考文献 [8]。

二、磨损

磨损是指摩擦副表面间由于摩擦，而使表面材料不断损失的过程。由摩擦造成的磨损是机械设备中主要的失效形式。机械零件的磨损失效占零件失效的

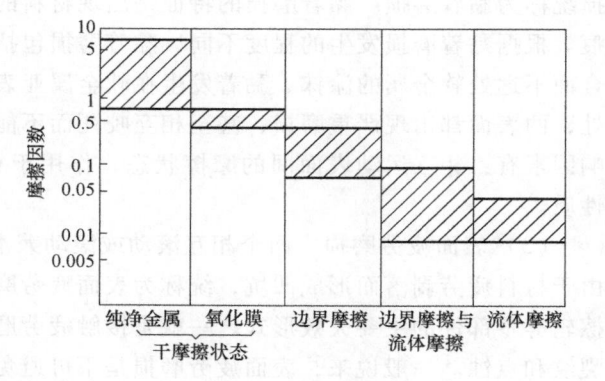

图 1-18　不同摩擦状态下的摩擦因数值

60%~80%，机械零件的耐磨性设计对于节约材料和能源、提高零件使用寿命、减少维修费用等有着巨大的经济和社会效益，越来越受到机械设计人员的重视。

1. 机械零件的一般磨损过程

图 1-19 所示为工作情况保持不变时的典型磨损过程曲线。其中，磨损量 W 表示由于磨损引起的材料损失（图 1-19a），单位时间（或行程）内的材料磨损量称为磨损率（图 1-19b）。磨损一般包括三个阶段。

（1）磨合磨损　磨合磨损指在机器使用初期，为改善机器零件的适应性、表面形貌和摩擦相容性的磨损过程。此阶段，磨损率呈逐渐下降趋势。

（2）稳定磨损　磨损率保持不变，属于正常工作阶段。磨损率越低，零件的使用寿命越长。

（3）失效磨损　磨损率急剧增加，使工作条件迅速恶化，导致失效。

2. 磨损的主要类型

对磨损的分类表示了人们对磨损机理的认识程度，通常将磨损分为以下四类。

（1）磨粒磨损　外界硬颗粒或对磨表面上的硬突起物在摩擦过程中引起表面材料脱落的现象，称为磨粒磨损。它的特征是摩擦表面沿滑动方向形成划痕，在一些脆性材料上还会有崩碎及颗粒。据统计，磨粒磨损约占整个磨损造成损失的 50%。磨粒磨损的主要作用机理是磨粒在摩擦

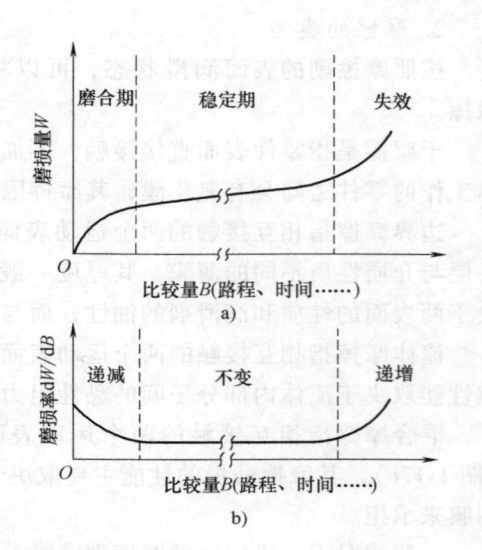

图 1-19　工作情况保持不变时的典型磨损过程曲线

表面的犁耕作用，即微观切削过程，因此磨粒与材料的相对硬度和外载荷的大小是影响磨粒磨损程度的主要因素。磨粒硬度与材料硬度的比值越大，造成的磨损越严重，而其他条件相同时，大的外载荷会增大磨损率。

（2）黏着磨损　当摩擦副表面相对滑动时，相互接触的表面由于黏着效应形成黏着结点而发生剪切断裂，被剪切的材料或脱落成磨屑，或由一个表面迁移到另一个表面，此类磨损统称为黏着磨损。黏着磨损的特征是出现材料的转移，同时沿滑动方向存在不同程度的划痕。根据黏着磨损发生的程度不同，黏着磨损包括发生在材料浅层的轻微磨损，磨损在离结合面不远处软金属的涂抹、黏着发生在软金属亚表层的擦伤及发生在一个或两个基体金属深处，两表面都出现严重磨损，甚至相互咬死而不能相对运动的胶合磨损。黏着磨损的主要影响因素有：相互运动表面间的摩擦状态、作用于相互运动表面的载荷、表面温度及材料的性质。

（3）表面疲劳磨损　两个相互滚动或滚动兼滑动的摩擦表面，在循环接触应力作用下，由于材料疲劳剥落而形成凹坑，统称为表面疲劳磨损或接触疲劳磨损。齿轮、滚动轴承、摩擦轮等零部件的主要失效形式之一就是接触疲劳磨损。疲劳表面的典型外观是表面出现疲劳裂纹和点蚀。一般说来，表面疲劳磨损是不可避免的，即使是良好的油膜润滑条件下也会发生。对于普通质量的钢材，并以滚动为主的摩擦副，在循环应力的作用下，疲劳裂纹往往源

于材料表层内部的应力集中源，此时形成的表面疲劳磨损称为表层萌生疲劳磨损，材料剥落后的断口比较光滑。对于高质量钢材，并以滑动为主的摩擦副，其裂纹源于表面的应力集中源，称为表面萌生疲劳磨损，材料剥落后的断口比较粗糙。造成表面疲劳磨损的原因很多，主要包括：摩擦表面的循环应力状态、摩擦副材料的力学性能和强度、材料表面质量、润滑介质及材料表面的相互作用等。

（4）腐蚀磨损　由于金属与周围介质发生化学或电化学反应，造成摩擦副的表面损伤，统称为腐蚀磨损。腐蚀磨损主要包括氧化磨损和特殊介质腐蚀磨损两种。由于微动磨损和气蚀中化学反应影响很大，所以也被认为是腐蚀磨损。腐蚀磨损的表面一般具有反应物（膜、微粒）。摩擦副材料的性质、摩擦表面的相对滑动速度等都影响着腐蚀磨损的程度。

（5）微动磨损　微动磨损是在相互压紧的金属表面间由于小振幅振动而产生的一种复合形式的磨损。在有振动的机械中，螺纹连接、花键连接和过盈配合连接等都容易发生微动磨损。一般认为，微动磨损的机理是：摩擦表面间的法向压力使表面上的微凸体黏着。黏合点被小振幅振动剪断成为磨屑，磨屑接着被氧化，被氧化的磨屑在磨损过程中起着磨粒的作用，使摩擦表面形成麻点或虫纹形伤疤。这些麻点或伤疤是应力集中的根源，因而也是零件受动载作用而失效的根源。根据被氧化磨屑的颜色，往往可以断定是否发生微动磨损。例如被氧化的铁屑呈红色，被氧化的铝屑呈黑色，则可判断振动时会引起磨损。有氧化腐蚀现象的微动磨损也称为微动磨蚀，在交变应力下的微动磨损又称为微动疲劳磨损。微动磨损的特点是：在一定范围内磨损率随载荷增加而增加，超过某极大值后又逐渐下降；温度升高则磨损加速；抗黏着磨损性能好的材料抗微动磨损性能也好；零件金属氧化物的硬度与金属硬度之比较大时，容易剥落成为磨粒，增加磨损；若氧化物能牢固地黏附在金属表面，则可减轻磨损；一般湿度增大，则磨损下降。在界面间加入非腐蚀性润滑剂或对钢进行表面处理，可减小微动磨损；螺纹连接加装聚四氟乙烯垫圈也可减小微动磨损。

在机械的实际工作中，以上几种磨损形式极少单独出现，往往是同时或交替起作用。在几种磨损中，某种磨损形式会占主导地位，或者工作条件的微小变化会引起磨损形式的变化。

3. 耐磨性设计

随着现代工业的发展，提高机械的使用寿命和可靠性，特别是降低能源损耗的节能设计越来越受到各方面的重视。因为磨损是缩短机械寿命和产生能源损耗的主要原因，因此机械的耐磨性设计具有重要的技术和经济意义。耐磨性设计涉及零部件的耐磨性设计、机械的磨损监控及工艺等内容。

零部件的耐磨性设计主要包括：润滑与密封设计、摩擦副材料的匹配与材料表面强化、耐磨性结构设计、摩擦副表面形貌的控制等方面。磨损监控就是对机械进行定期或连续的磨损状态监测，并提出相应的改进措施，保证机械的正常工作。主要的方法有：光谱分析法和铁谱分析法，都是通过对机械所用润滑油中的磨损颗粒进行分析，从而判断机械零部件磨损情况；噪声（或振动）分析法，通过将机械正常工作状态下的噪声（振动）与零件发生磨损后的噪声（振动）频谱进行比较，预测或预报严重磨损的出现。

三、润滑

润滑是减少摩擦和磨损最常用、最有效的方法。

1. 润滑方式与润滑剂

机械中常用的润滑方法有连续润滑和定期润滑两种形式。常用的润滑剂主要包括：润滑油、润滑脂和一些固体润滑剂，其特性见表1-11。

表 1-11 常用润滑剂及其特性

特性 \ 润滑剂种类	液体			润滑脂	固体润滑剂
	普通矿物油	含添加剂的矿物油	合成油		
边界润滑特性	较好[1]	好~很好	很差~差	好~很好	好~很好
冷却性	很好	很好	较好	差	很差
抗摩擦和摩擦力矩性	较好	好	较好	较好	差~较好
黏附在轴承上不泄失性	差	差	很差~差	很好	较好~很好
密封防污染物的性能	差	差	差	很好	较好~很好
使用温度范围(宽为好)	好	很好	较好~很好	较好[2]	很好
抗大气腐蚀性	差~好	很好	差~好	很好	差
挥发性(低为好)	较好	较好	较好~很好	很好	很好
可燃性(低为好)	好	好	较好~很好	较好	较好~很好
价格	低廉	适中	昂贵	适中	较高
决定使用寿命的因素	变质和污染	主要是污染	变质和污染	变质	磨损

① 对特性的评价，分为很差、差、较好、好、很好五等。
② 取决于稠化前的原料油。

2. 润滑油的黏度及其特性

润滑油的黏度是流体流动时的内摩擦力的量度，是润滑油选用的基本参数。为便于黏度的测量和机械设计中的动力计算，定义了两种黏度，即运动黏度和动力黏度。两者之间的换算关系为

$$\nu = \frac{\eta}{\rho} \tag{1-26}$$

式中，ρ 为润滑油的密度（kg/m³）；ν 为运动黏度（m²/s）；η 为动力黏度（Pa·s）。

润滑油的动力黏度与液体内摩擦之间的关系式（1-27），称为牛顿黏性定律，满足牛顿方程的流体称为牛顿流体。

$$\tau = -\eta \frac{\mathrm{d}u}{\mathrm{d}z} \tag{1-27}$$

式中，τ 为流体内的切应力；$\frac{\mathrm{d}u}{\mathrm{d}z}$ 为润滑油的速度梯度（图1-20）。

润滑油的黏度随着温度的变化而发生显著的变化，图1-21所示为常用全损耗系统用油的黏度-温度曲线，从图中可以看出：润滑油的黏度随着温度的升高而降低；反之亦然。当油膜压力达到5MPa以上时，润滑油的黏度随着压力的变化也会发生显著的变化，一般是压力增高，润滑油黏度增加。润滑油的主要性能指标除黏度外，还有油性、燃点、凝点、化学稳定性等，实际使用时可查阅相关手册或产品目录。

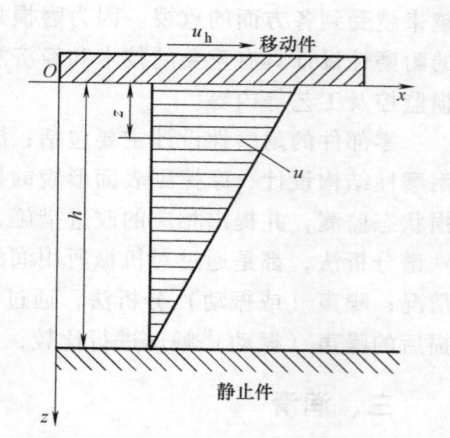

图 1-20 相对运动平板间层流运动模型

3. 润滑脂的稠度

稠度是润滑脂在规定的剪切力或剪切速度下变形的程度。它指用质量为 150g 的标准圆锥体在 25°C 的恒温下，由润滑脂表面经 5s 后沉入润滑脂内的深度（以 0.1mm 为单位）。锥入度越小，稠度越大。在使用中润滑脂的稠度会发生变化，一般随温度的升高变稀，即锥入度增加。关于润滑脂的其他性能指标可查阅相关手册或产品目录。

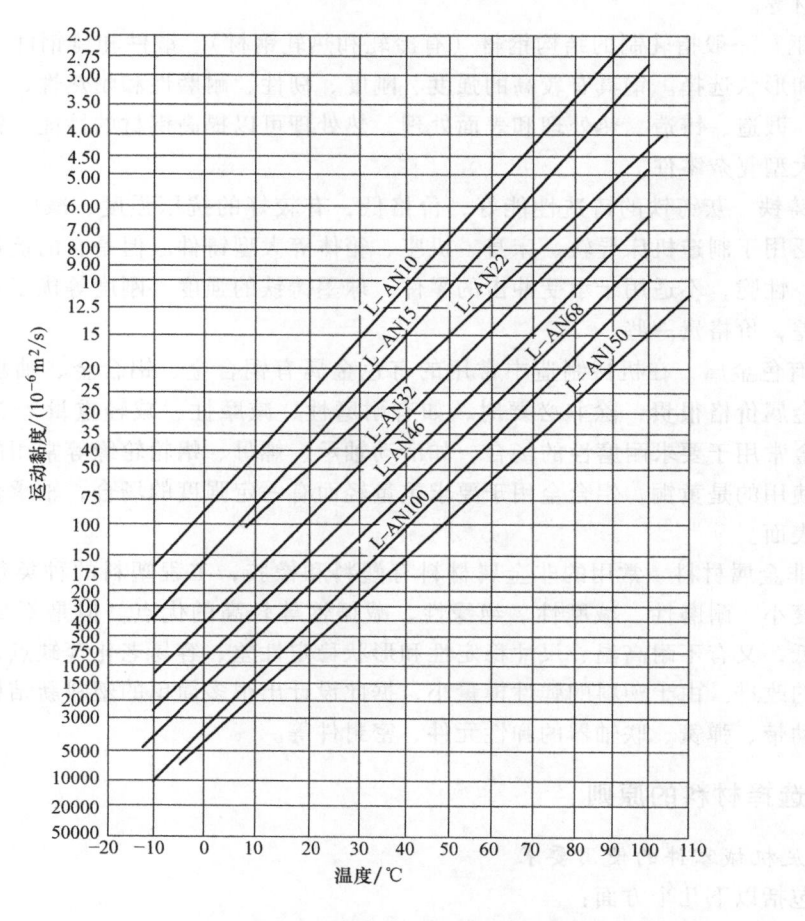

图 1-21　常用全损耗系统用油的黏度-温度曲线

4. 添加剂

为改善普通润滑剂的使用性能而加入到润滑剂中的少量物质，称为添加剂。其主要作用是：①延长润滑剂的使用寿命，提高润滑剂的油性、极压性等。②提高润滑油在极端工作条件下的工作能力。③改善润滑剂的物理性能。常用的添加剂类型有：抗磨添加剂、清静分散剂、抗腐蚀剂、抗氧化剂、油性剂、极压剂、防锈剂等。

第五节　机械零件的材料和热处理选择

正确选择机械零件的材料是机械设计的一个重要问题，它对于零件的性能、加工方法、经济性、可靠性、环保要求等都有很大的影响，设计者应根据实际经验、生产条件、手册资料，参照类似零件使用情况研究确定。下面介绍一些原则和知识。

一、机械零件的常用材料

制造机械的常用材料目前仍然是钢和铸铁。此外，还使用有色金属合金、塑料、玻璃、陶瓷、木材等。

（1）钢　一般指轧制的结构钢材（有冷轧和热轧钢材）、锻件和铸钢件，按机械零件要求的性能和形状选择。钢具有较高的强度、刚度、韧性、耐磨性和耐热性，可以进行机械加工、焊接、锻造、铸造、热处理和表面处理。热处理可以提高钢材的性能。铸钢用于要求强度较高的大型复杂零件。

（2）铸铁　灰铸铁的铸造性能好，价格低，有较好的抗压强度、减摩性、耐磨性和减振性，广泛用于制造机床导轨、床身、机座、箱体等大型铸件。但是它的抗拉强度低，弹性模量较低，性脆，不适用于承受冲击的零件。球墨铸铁的强度、刚度等优于灰铸铁，但是铸造性能较差，价格贵一些。

（3）有色金属　在机械制造中常用的有色金属有铜合金、铝合金、轴承合金、钛合金等。有色金属价格很贵，除非必要时，如有耐磨性、减摩性、减轻重量等要求时，一般不用。铜合金常用于要求耐磨性的场合，如滑动轴承、螺母、蜗轮轮缘等常用的是青铜，而光学仪器中使用的是黄铜。铝合金用于要求重量轻而有一定强度的场合，轴承合金用于滑动轴承的工作表面。

（4）非金属材料　常用的非金属材料有塑料和橡胶，工程塑料的种类很多，其中大多数具有密度小、耐磨性、减摩性、绝缘性、减振性等较高的优点。但是不少工程塑料的强度、硬度低，又有不耐高温、尺寸稳定性和形状稳定性差、容易老化等缺点，近年来这方面有了很大的改进。由于塑料的弹性模量小，据此设计出很多简单的塑料新结构。橡胶主要用于制造传动带、弹簧、联轴器的弹性元件、密封件等。

二、选择材料的原则

1. 满足机械零件的使用要求

一般包括以下几个方面：

1）承受工作载荷的能力。有足够的强度、刚度。

2）保持使用性能的能力。

3）其他要求，如重量轻、美观、安全等。

2. 满足工艺性要求

在满足使用要求的前提下，考虑机械零件的毛坯制造（铸造、锻压、焊接、冲压等）、热处理、机械加工和修理方便以及便于回收利用等。选择零件的材料时还应该注意到，不同的复杂程度、尺寸、加工批量，对加工方法和材料的选择有很大的影响。此外，还要考虑本单位的加工条件、外单位协作的可能性、运输的条件，以及使用者的技术条件等。

3. 满足经济性要求

在选择材料时，不仅要考虑材料的价格，而且要考虑其加工成本、废品率等，还要考虑供应问题，如所需材料的规格是否能够及时得到。

还必须考虑在加工使用过程中，是否对环境有污染。要全面、充分满足以上各项要求是不容易的，有时甚至是不可能的，必须全面综合地考虑。

第六节　机械零件结构设计的一般原则

一、结构设计的重要性

结构设计是机械设计的重要环节，它是根据原理方案图设计出具体结构图的过程，即确定完成功能要求所需各个零件的尺寸、形状、材料、热处理工艺以及各个零件间的装配关系。产品的使用者关心的是机器的功能和性能，而对设计和制造者，他们设计和制造的是一套机械结构。机械结构的重要性体现在以下几方面

1. 结构是实现机器功能的载体

用户购买一台机器，主要看中了它具有的功能，从本质上说，用户购买的是机器的功能。而机器的功能能否实现，可靠性怎样，主要是由机械结构决定的，没有结构便没有功能。错误或不合理的结构是机器发生故障和质量问题的重要原因。

2. 结构图是产品加工和装配的依据

结构设计所完成的装配图和零件图是产品加工、装配、检验的技术文件，设计阶段在很大程度上（一般认为是 70%～80%）决定了机器的成本、质量、性能等。

3. 结构是机械设计计算的基础和计算结果的体现

在机械设计中，很多分析、计算、试验的目的是把结构设计得更好。设计计算和结构设计常需反复、交叉进行。例如轴的结构设计是在转矩初估的基础上确定轴的最小尺寸，根据轴上零件的安装和定位关系确定轴的具体结构形状，然后再对轴进行弯扭合成强度计算，校核轴的强度。若强度合格，则该轴的结构设计可用；若强度不合格，则应根据计算结果修改相应的结构，使轴的结构满足强度条件。

可以看到，结构设计在整个机械设计过程中占有十分重要的地位。

二、结构设计的要求

机械结构设计的主要目标是：实现产品的预定功能，提高质量，延长寿命，降低成本。结构设计的基本要求是明确、简单和安全可靠。

1. 明确

明确就是对设计的具体要求分析清楚，包括设计的结构所实现的功能、结构的工作原理、结构工作时的载荷情况等。

（1）功能明确　结构方案首先应保证准确实现功能。对每个具体结构件来说，应能明确、可靠地实现所分担的功能。例如剖分式箱体的连接，既要满足基本的连接功能，又要保证上下箱体的准确定位。结构设计时由普通螺栓实现箱体的连接功能，用销钉保证箱体的准确定位。图 1-22 所示为有密封要求连接结构设计方案。采用图 1-22a 所示方案时，连接螺栓分布在刚性较小的凸耳上，无法实现密封性要求；采用图 1-22b 所示的结构方案，能提高连接的密封性

（2）工作原理明确　实现各功能的工作原理明确，避免出现不明确的工作情况。

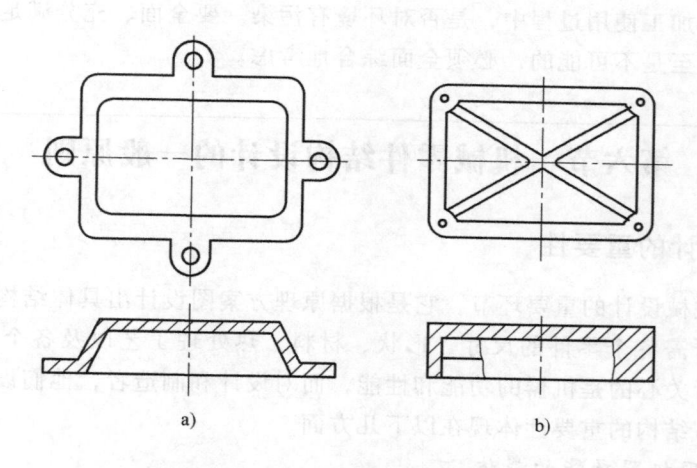

图 1-22 有密封要求的连接结构设计方案
a）不合理方案 b）合理方案

图 1-23所示为滚动轴承轴系的固定方案。图 1-23a 所示方案中，右端轴承实现了轴系的双方向固定，而左端轴承的外圈与端盖接触，该结构中向左的轴向力传递路线是不明确的，且当轴有热伸长时，左端的轴承不能实现游动。该结构中滚动轴承的轴系工作原理不明确，导致产生附加的轴向力，会影响轴系的正常工作。采用图 1-23b 所示的方案，使轴系的力流传递路线明确，游动端能自由伸缩。

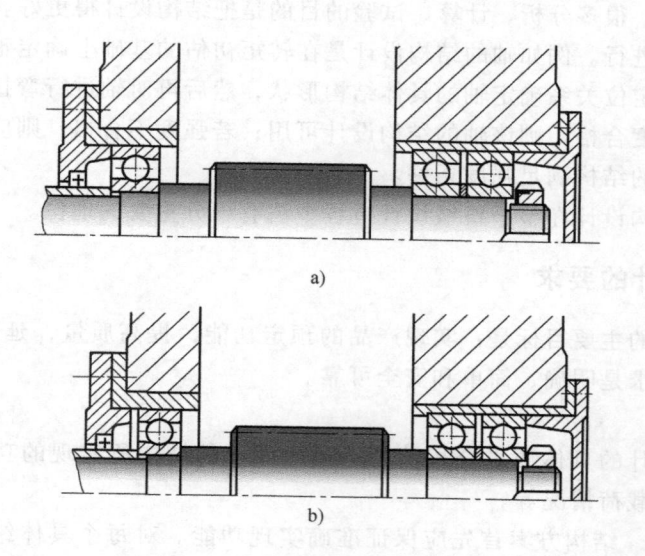

图 1-23 滚动轴承轴系的固定方案
a）不合理方案 b）合理方案

（3）工况及载荷状况明确　结构设计时，应明确掌握工况和载荷的状态。图 1-24a 所示为游艺机传动装置，设计垂直回转轴下的滚动轴承支座Ⅰ时，为轴向固定滚动轴承外圈，采用了图 1-24b 所示的弹性挡圈，实际工作时发现弹性挡圈经常脱落，导致失效。经检查发现轴承工作时受的轴向力很大（约 1000kN），弹性挡圈因受力变形而脱落。这是由于结构设计时对工作情况不明确引起的。改用图 1-24c 所示轴承盖固定的方案，能承受大的轴向力。

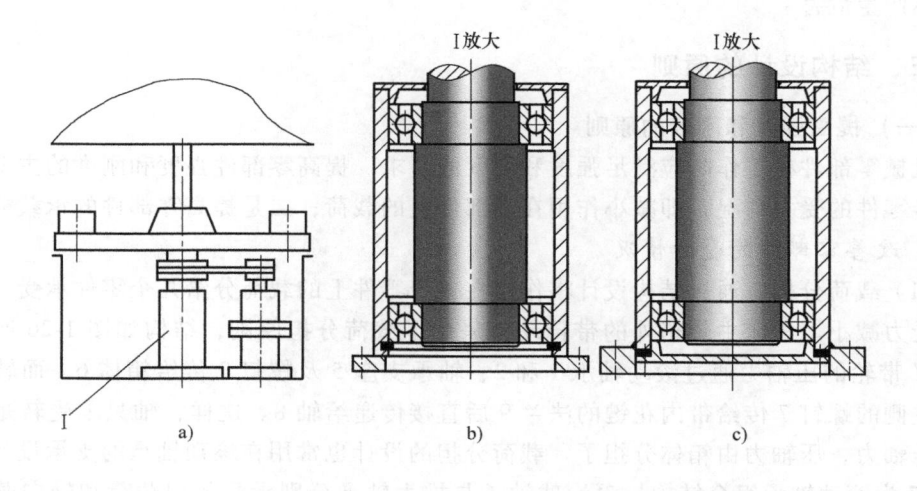

图 1-24　游艺机垂直回转轴支座的设计方案

a）游艺机传动装置　b）工况不明确的设计方案　c）改进后的设计方案

2. 简单

结构设计时零件的数量尽量减少，零件的几何形状要简单，以减少机械加工量；零件使用、维护简单。

减少连续和采用简单连接件的优点是可以减少装配量和装配成本，零件数量的减少使产品的可靠性提高，产品的质量控制更容易。图 1-25 所示为考虑装配性的液压缸设计实例。在图 1-25a 中，液压缸由 12 个零件组成，改进设计后（图 1-25b）零件的数量减少到 7 个，在满足原有设计要求的前提下，减少了装配量。

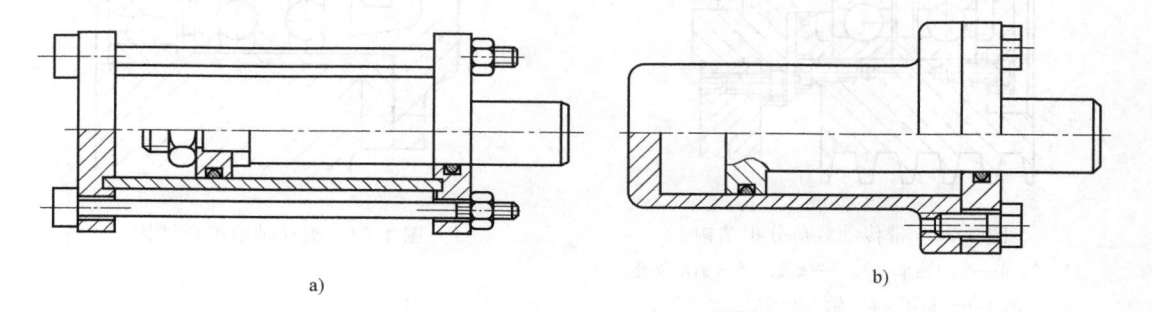

图 1-25　考虑装配性的液压缸设计实例

a）原始设计的液压缸　b）改进设计的液压缸

另外，在采用自动化的装配工艺时，结构设计应考虑零件结构方便机械手的抓取、识别、自动对准及自动定位，尽量采用高效率的连接和紧固技术，装配方向尽量少等。

简单设计的原则是：一方面，降低制造成本，另一方面，也是更主要的，提高产品的可靠性。

3. 安全可靠

机械结构设计应满足机器在工作时安全可靠，操作者操作机器时安全可靠，并且对周围环境不产生危害。

三、结构设计的原则

（一）提高强度和刚度的原则

机械零部件在工作时应满足强度和刚度的要求。提高零部件强度和刚度的主要途径：一是改善零件的受力情况，即减小作用在零部件上的载荷；二是提高零部件的承载能力。

1. 改善零部件的受力情况

（1）载荷分担 通过结构设计将作用在一个零件上的载荷分给几个零件承受，使每个零件的受力减小。机床主轴箱外的带传动就采用了载荷分担原则，结构如图 1-26 所示。该结构中 V 带轮的压轴力通过滚动轴承 1 和 2、轴承支座 5 及螺钉 3 传给箱体 6，而转矩由带轮通过左侧的螺钉 7 传给带内花键的法兰 9 后直接传递给轴 8。这样，轴只承受转矩而不承受带的压轴力，压轴力由箱体分担了。载荷分担的设计也常用在滚动轴承的支承设计中。例如图 1-27 为滚动轴承组合结构，深沟球轴承与推力轴承分别承受径向载荷和轴向载荷，在承受大的径向和轴向载荷时，该结构对轴承的寿命有利。

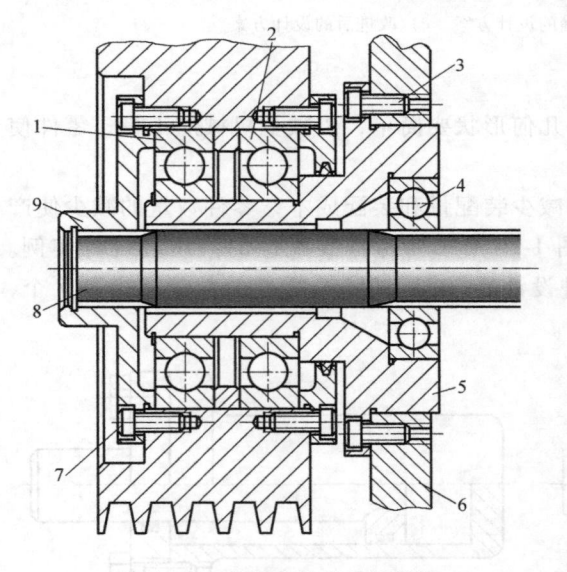

图 1-26 带传动载荷分担结构

1、2、4—滚动轴承 3、7—螺钉 5—轴承支座
6—箱体 8—轴 9—法兰

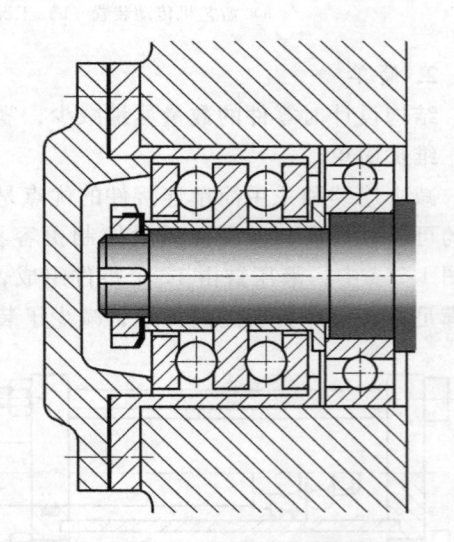

图 1-27 滚动轴承组合结构

（2）载荷抵消 使载荷全部或部分抵消，使相关零件的载荷降低。例如图 1-28 所示为斜齿轮轴系，Ⅱ轴上两个斜齿圆柱齿轮在工作时会产生轴向力，在结构设计时可以通过合理选择齿轮的旋向及螺旋角的大小使轴向力部分抵消，相应地轴承所受的轴向载荷减小。又如车床主轴上采用斜齿轮时，确定斜齿轮旋向的原则是使齿轮工作时产生的轴向力指向主轴端

部，以部分抵消车削时的轴向分力，减轻推力轴承的负担。

（3）载荷均布 保证零件在工作时载荷分布尽量均匀。这可以通过提高加工精度、采用均载元件（弹簧等挠性件）和改变零件的形状来实现。例如图 1-29a 所示渐开线齿轮修形前的应力分布不均匀，可以将齿面修整成鼓形，即通过改变零件形状使载荷沿齿宽均匀分布，如图 6-10 所示；也可以采用偏置腹板减小受力较大部分的刚度，使载荷均布，如图 1-29b 所示。

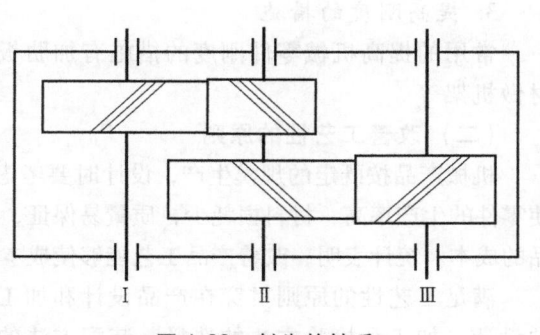

图 1-28 斜齿轮轴系

2. 提高零部件承载能力

结构设计时提高零部件承载能力的主要措施是：降低零件的最大应力、减小应力集中和合理利用材料性能。

（1）降低零件的最大应力 零件的最大应力是造成疲劳失效的主要原因。在载荷一定的情况下，采用合理的截面形状可以降低零件的最大应力。截面积相同时空心轴的抗弯、抗扭性能都优于实心轴。

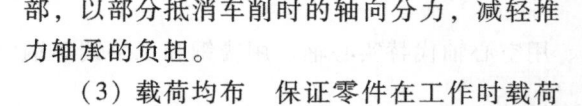

图 1-29 渐开线齿轮沿齿宽方向的应力分布
a）轮齿修形前的应力分布 b）偏置腹板减小受力

（2）减小应力集中 提高零件表面质量，采用表面强化措施，增大过渡圆角，避免尺寸有大的突变等都可以减小应力集中，从而提高零件疲劳强度。

（3）合理利用材料性能 材料的抗弯、抗拉、抗压特性差别较大，设计时应尽量用较少的材料获得较大的强度和刚度。当材料为铸铁时，尽量用受压代替受拉或受弯；当材料为钢时，尽量用拉压和受拉代替受弯。图 1-30 所示为铸铁托架的结构方案。其中，图 1-30a 所示的方案中肋板受拉，不合理；图 1-30b 所示的方案中肋板受压，显然合理。

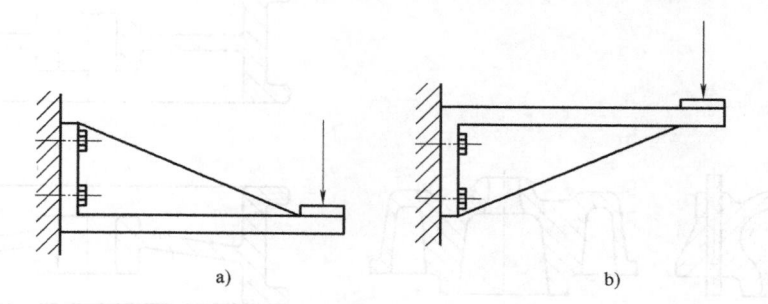

图 1-30 铸铁托架的结构方案
a）不合理方案 b）合理方案

3. 提高刚度的措施

常用的提高机械零件刚度的措施有加肋板、用空心轴代替实心轴、用槽钢和工字钢等钢材做机架等。

（二）改善工艺性的原则

机械产品按既定的规模生产，设计时要考虑零部件的结构应满足加工工艺和装配工艺要求，使零件的生产率高，材料损耗少，质量易保证，产品装配方便，从而在保证质量的前提下降低产品的成本。统计表明，改善产品工艺能够使成本降低 5%~10%，对个别零件可能更多。

满足工艺性的原则贯穿在产品设计和加工的全过程，从材料的选择、毛坯的选择、结构的设计、加工和检验方法的选择、装配方法的选择、产品的运输和维修及保养，直到产品的报废回收。下面针对结构设计时满足加工工艺和装配工艺要求的原则加以说明。

1. 满足加工工艺

合理的零件结构涉及零件的毛坯选择、毛坯的生产工艺和零件的机械加工工艺。

（1）毛坯选择及其工艺要求 毛坯的选择受到零件形状、材料、生产批量、生产设备的限制。常用的毛坯有棒料、管料、板料、铸件、锻件等。对结构简单、受力较小的零件，常用棒料、管料或板料。箱体一般采用铸件或焊接件。对结构比较复杂的箱体，生产批量大时宜选用铸件；结构简单或生产批量小的箱体宜选用焊接件。受力较大的传动零件等常采用锻造毛坯。

棒料、管料、板料毛坯一般从原料厂家直接购买，这类毛坯一般用于结构简单的零件，进行零件结构设计时应注意零件尺寸尽量与毛坯尺寸相近，以减小机械切削量。

采用铸件和锻件毛坯时，零件的结构要满足相应的工艺要求。

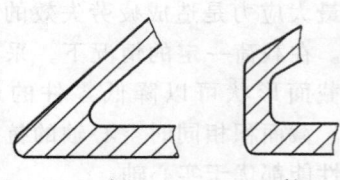

图 1-31 避免铸件的锐角结构
a) 不合理 b) 合理

1）铸件的结构工艺性。①为防止浇注不足，铸件的壁厚应大于该零件材料和铸造方法允许的最小值。②壁厚过渡均匀，尽量避免两壁连接成锐角，以防出现缩孔，如图 1-31 所示。③铸件应有明确的分型面，沿起模方向有相应的起模斜度，尽量少用活块、砂芯等，如图 1-32 所示。④铸件应避免大的水平面，避免铁液慢流发生冷隔，如图 1-33 所示。

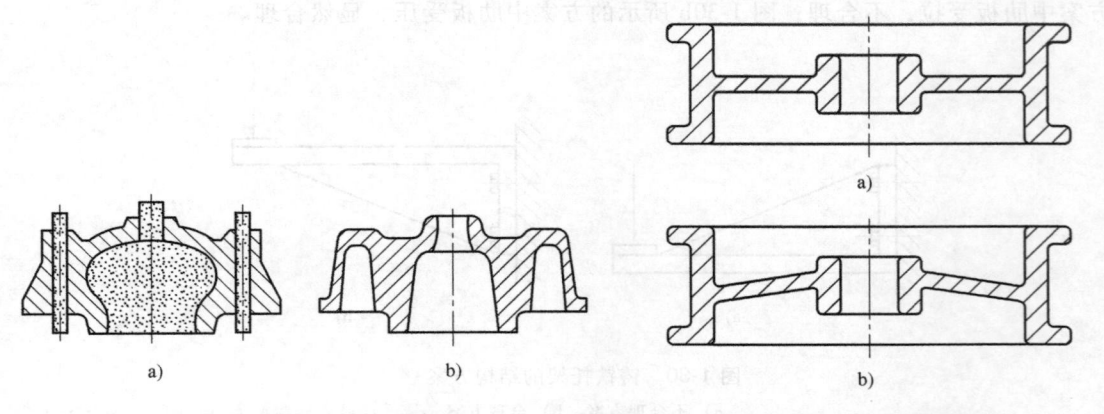

图 1-32 铸件的结构设计
a) 不合理 b) 合理

图 1-33 避免大的水平面
a) 不合理 b) 合理

2）锻件的结构工艺性。锻件的力学性能高于铸件，承受疲劳、冲击载荷的零件通常采用锻件。锻造常用的方法是自由锻、模锻和平锻机上顶锻。

自由锻零件的形状应尽量简单、对称，避免锥形和楔形表面，不要有加强筋、工字形端面和内部凸台。模锻零件应正确选择分型面，分型面应为水平面，两侧有拔模斜度，零件尺寸变化处有内、外圆角。平锻机上的锻造零件应尽量有轴对称的形状，以保证压力均匀，且毛坯的长度和直径比不超过一定值。

（2）机械加工的工艺性　机械切削加工是机械零件加工的主要方法，常用的机械切削加工方法有车、铣、刨、磨、钻等。表 1-12 是机加工零件的结构设计准则。

表 1-12　机加工零件的结构设计准则

机加工零件的设计准则	图　　例	说　　明
减少加工面的数量和面积（区分加工面和非加工面）	a) 不合理　　b) 合理	减少箱体底面底加工面 减少套杯和箱体的加工面
方便加工	a) 不合理　　b) 合理（表面磨削）	考虑刀具的进、退
	a) 不合理　　b) 合理	避免在斜面上钻孔
便于装夹	a) 不合理　　b) 合理	方便装夹 图 a 中锥齿轮不易夹住；改为图 b 所示的结构，方便装夹

（续）

机加工零件的设计准则	图 例	说 明
便于装夹	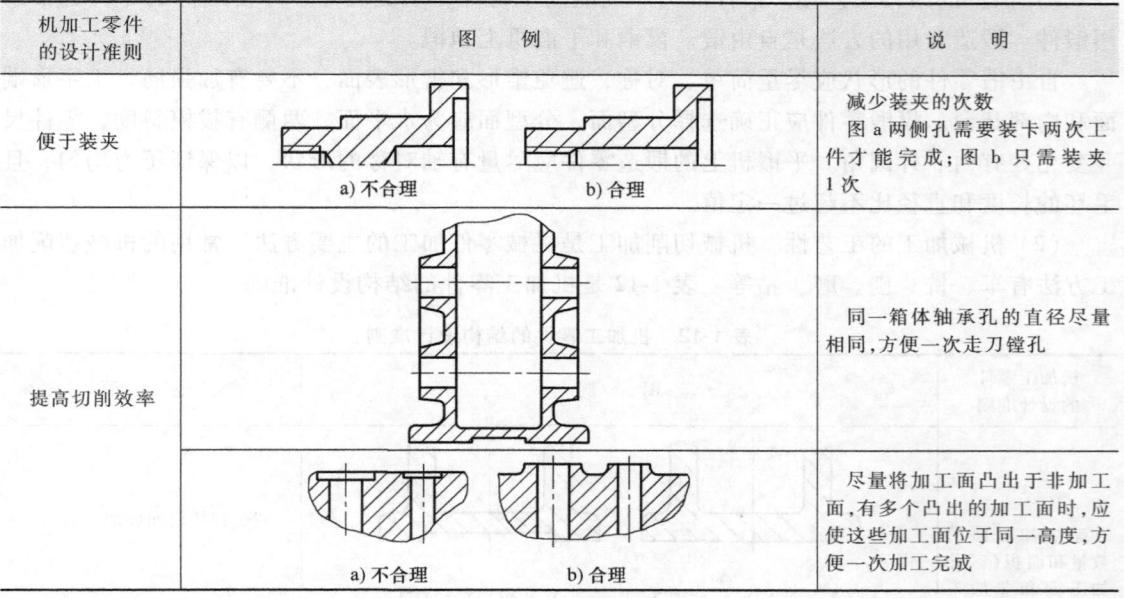a) 不合理　　　b) 合理	减少装夹的次数 图 a 两侧孔需要装卡两次工件才能完成；图 b 只需装夹1次
提高切削效率		同一箱体轴承孔的直径尽量相同，方便一次走刀镗孔
	a) 不合理　　　b) 合理	尽量将加工面凸出于非加工面，有多个凸出的加工面时，应使这些加工面位于同一高度，方便一次加工完成

随着新的加工工艺的成熟和采用，进行产品设计时，首先确定采用的加工工艺，结构设计根据工艺要求进行。例如大型箱体的设计，首先确定大型箱体的生产采用焊接生产工艺，箱体结构设计就应根据焊接工艺的要求进行。又如小型家电和办公设备外壳的设计，根据美观、重量轻等要求，一般采用注塑成型的加工工艺，外壳的结构设计就应根据该工艺要求进行。

2. 满足装配工艺

机械零件完成加工后就要进行装配，合理的零件结构对装配质量有很大的影响。产品的装配有手工装配和自动化装配两种方法。为满足装配工艺，结构设计时应考虑以下几点：

（1）尽量采用模块化设计　设计时将整机分解成可单独装配的功能模块（部件、组件），方便进行并行且专业化的装配作业，可提高装配速度和质量。模块化设计还有利于逐级的调试和维修。

（2）保证正确安装　结构设计时应保证零件有准确的安装位置。例如剖分式箱体通常采用普通螺纹连接，而普通螺纹连接不能保证上、下箱体的正确定位，结构设计时应考虑加定位销以保证轴承孔的圆度。定位销的位置布置尽量远离轴线，且不对称布置，如图1-34所示。

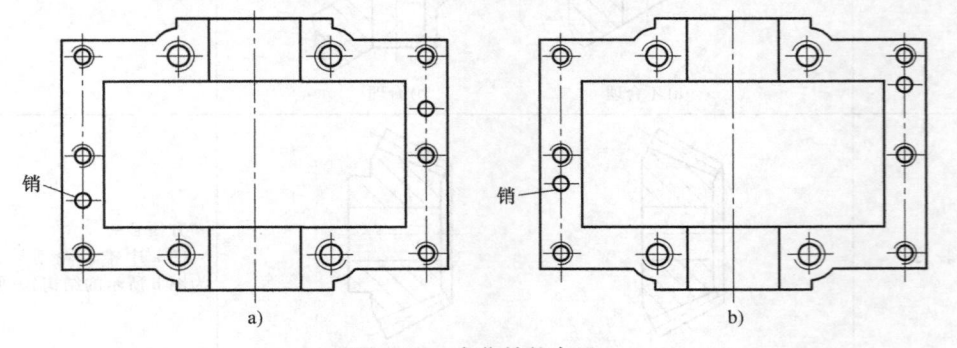
a)　　　　　　　　　　　　b)

图 1-34　定位销的布置
a）不合理　b）合理

　　为使零件安装位置准确，常常采用结构补偿措施。如图 1-35 所示，圆柱齿轮减速装置中的大、小齿轮设计时，使小齿轮的齿宽较大，当有装配误差时仍能保证两齿轮沿全齿宽啮合。

　　（3）方便零部件的装拆　结构设计时机械连接件、轴承等标准件的规格应尽量少，以减少零件和装配工具的种类。连接件应有装入和扳手空间。图

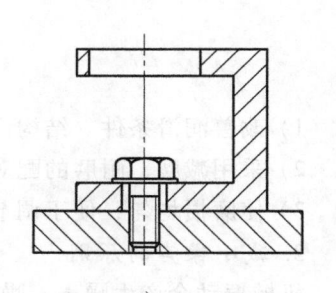

图 1-35　啮合齿轮的位置补偿

1-36a 所示的结构中，螺栓不能装入；改用图 1-36b 所示的结构，螺栓能装入，但采用机械手装配时难于接近；图 1-36c 所示的结构中，机械手容易接近。采用螺纹连接时还应注意螺栓的扳手空间，如图1-37所示。

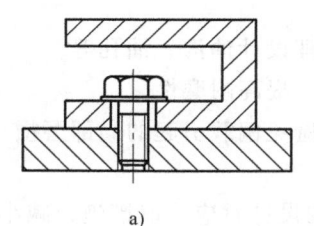

图 1-36　螺栓的装配空间

a）不合理结构　b）考虑螺栓装入空间的结构　c）方便用机械手装入的结构

　　另外，结构设计要避免装配面过长，致使装配困难。如图1-38a所示，滚动轴承装入经过的配合面长，装入困难，而图 1-38b 所示结构中滚动轴承的安装较方便。

　　（三）其他原则

　　1. 提高经济性的原则

　　一个好的机械产品经济性是贯穿结构设计的原则。结构设计时零件的材料选择、毛坯选择、合理加工、包装、运输都对经济

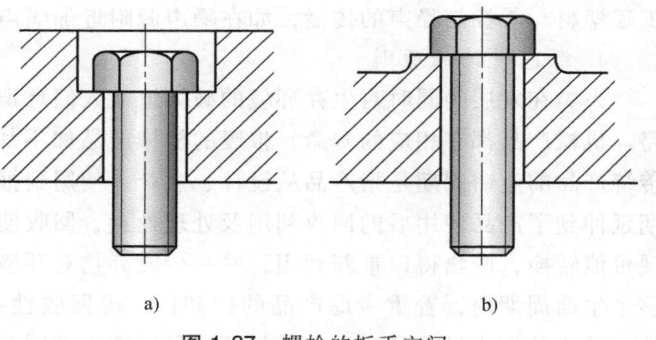

图 1-37　螺栓的扳手空间

a）不合理　b）合理

性有影响。在结构设计时应选用经济性好的方案。

　　提高机械产品的经济性，设计时还应考虑有利于标准化、系列化、通用化的原则。结构设计采用标准化的零部件，可缩短产品的设计、生产周期，增强零部件的互换性，便于维护。因此结构设计时在满足功能的前提下，应尽可能采用标准件，非标准件的尺寸尽量标准化，如齿轮的模数优先采用第一系列。

　　2. 提高耐磨性的原则

　　提高耐磨性包括改善润滑条件和使磨损均匀，便于调节或补偿。

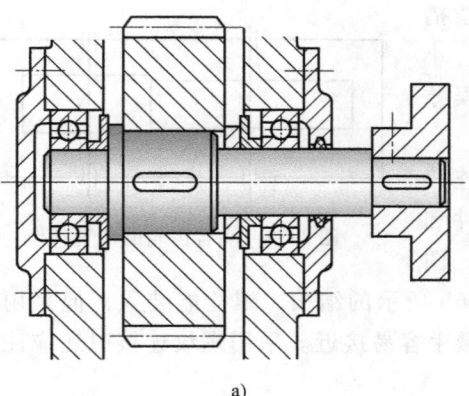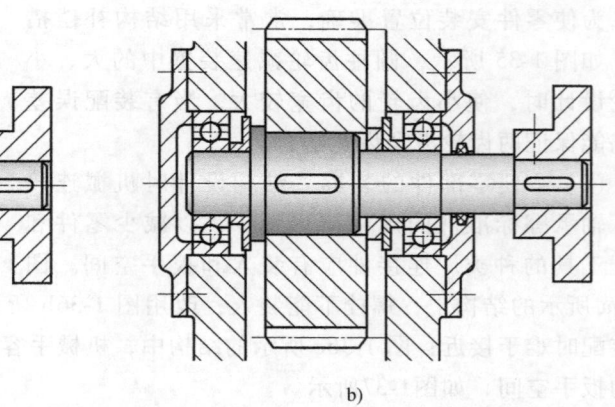

a)　　　　　　　　　　　　　　　　　　b)

图 1-38　避免过长的配合面
a) 不合理　b) 合理

1）改善润滑条件。结构设计时考虑零件的充分润滑，如合理设计油沟、油孔等。

2）采用减摩、耐磨的配对材料；对零件表面进行强化处理，提高耐磨性。

3）使磨损均匀，便于调节或补偿。例如鼓形齿轮的修形可避免偏载引起的局部磨损。

3. 减小噪声的原则

机械振动会产生噪声，噪声是污染环境的公害之一。在结构设计时应采取措施，减小噪声。减小噪声的主要措施是：①减少运动部件的冲击和碰撞，如将有接头的带传动改为无接头的带传动。②提高运动部件的平衡精度，如对高速或大尺寸转动零件进行动平衡调整。③提高抗振性，提高结构的刚度。④采用减振材料，如将一对啮合钢齿轮中的小齿轮材料改为工程塑料。⑤控制噪声的传播，如在噪声源附近加隔声材料海绵、隔声板等。

4. 绿色设计的原则

人类在发展的同时对生存环境的破坏迫使人们意识到，人类的发展要走可持续发展的道路。机械产品都有相应的寿命，报废的机械产品如不加回收就会造成环境污染和资源浪费。传统产品的生命周期是指产品从设计、生产、使用到报废的过程；绿色设计将产品的生命周期延伸到了产品使用后的回收利用及处理处置，回收使产品遭淘汰后可以以较经济的方式实现价值转换，废物得以重新利用，并减少废弃物对环境的污染。绿色设计的原则是在产品的整个生命周期内，着重考虑产品的拆卸性、可回收性、可维护性、可重复利用性等环境属性，并将其作为设计目标，在满足环境目标要求的同时，保证产品应有的基本功能和使用寿命。传统的产品设计只注重质量和生产率，对环境造成的污染问题采取先排放后治理的末端治理模式，而绿色设计是从源头减少污染的设计。

产品的绿色设计从材料的选择、零件生产、产品装配、包装、运输、使用和维护各个阶段都应选择对环境污染小的方案。随着材料科学的发展，越来越多的材料被应用在机械产品上。很多性能先进的机械产品其实并非其基本原理有什么根本性的改进，而是因为它多方面充分利用了其他各相关领域的先进成果。传动设计的材料选择主要考虑的是材料的功能、性能、应用场合等，较少考虑对环境的影响，绿色设计要求在材料选择时除了考虑材料的性能外，材料本身应是低能耗、少污染的，材料在加工中无污染或污染最小，且材料应易回收、可重复使用。

在产品回收阶段应提高报废产品的回收利用率。产品报废后并不意味着所有的零部件均成为废品，其中一部分稍加修正后即可重复使用，有一些零件材料回收后可生产同种零件，有一些零件材料回收后达不到原零件的要求，可降级用于别的产品中。为方便产品的回收，结构设计时应使部件的拆卸简单，使不同零件、材料容易分离、分类。

四、结构设计的步骤和方法

结构设计不仅仅是简单地使原理方案具体化的过程，它既要使机器实现工作原理，还要考虑材料、工艺、美观、经济性、安全、环保等的要求和限制，这样才能使设计成的机械产品具有较好的性能价格比，从而具有市场竞争力。

结构设计的一般步骤是：

1) 明确设计具体要求和制订整机方案。结构设计前，设计者应有确定的原理方案，此时对机械结构方案有了初步的考虑。在进行详细的结构设计前应进一步明确设计的要求，包括对运动、动力、制动等的要求，与结构有关的空间尺寸限制、加工装配等要求，在结构设计时加以充分考虑。

2) 将机械系统分为若干模块。模块的划分要科学、合理，根据计算或经验，明确各个模块的功能、性能、空间位置、尺寸及各模块之间的连接要求。这有利于进行多人分工的设计（并行设计）以加快设计进度，也有利于加工、装配、调试和维修。进行模块设计时应先设计主要模块，后设计次要部件。要注意协调各个模块之间的关系。

3) 对各个功能模块进行结构设计，完成结构图。在结构设计过程中应遵循结构设计的原则。结构设计的方案通常不是唯一的，应从方案中选出满足功能要求、性能优良、结构简单、成本较低的较优方案。

4) 完成全部图样后，必须进行全面的审核，尽量把问题消灭在图样上。零件图是零件生产的依据，它应能清楚地表达产品的结构形状、尺寸、装配关系等，能完整、正确地表达设计意图。

5) 进行样机的生产和调试，对样机进行必要的试验。在这个过程中进一步发现问题，修改结构，完善设计。

五、机械结构形式选择

机械结构的形式选择对产品的加工、性能和成本有重要的影响，下面以连接结构为例进行说明。

为了机械设备的制造、加工和搬运方便，机械结构设计时常将复杂部件设计成多个简单零件，通过连接组成部件和机器，因而连接在机械设备中被大量应用。连接的形式多种多样，设计时应根据功能和性能要求，合理选择连接的结构。

机械静连接分为可拆连接和不可拆连接。可拆连接是指不用破坏任一零件就能拆开的连接，这种连接可多次装拆使用，如螺纹连接、键连接、销连接；不可拆连接是指连接拆开时，会破坏其中某一部分的连接，如铆接、焊接、胶接。

在选择连接的结构形式时，首先根据装配、维修的要求确定采用可拆连接或不可拆连接，然后考虑强度、经济性等。

如图 1-39a~d 所示三种卷筒结构，采用的连接形式不同，加工工艺、成本也因此不同。图 1-39a 所示铸造卷筒结构是整体式的，不采用连接，加工时须铸造，工艺复杂，生产周期长，大批量生产时可采用；图1-39b 所示结构采用不可拆的连接形式——焊接，卷筒由 5 个简单零件焊接而成，重量轻，强度好，生产周期短；图1-39c、d 所示结构采用可拆的连接形式——螺纹连接，加工容易，但装配工作量大。

比较这三种结构，采用连接可使加工和原料选择方便，连接件结构简单，加工工艺性好，成本低，小批量生产时选用图 1-39b、c 所示结构。其中图 1-39b 所示结构的装配简单，同时由于卷筒工作的特点，更为合理。采用螺纹连接的卷筒常见的结构如图 1-39d 所示，传动零件直接通过螺纹与卷筒连接，卷筒轴不受扭矩，方便传动零件的维修更换。

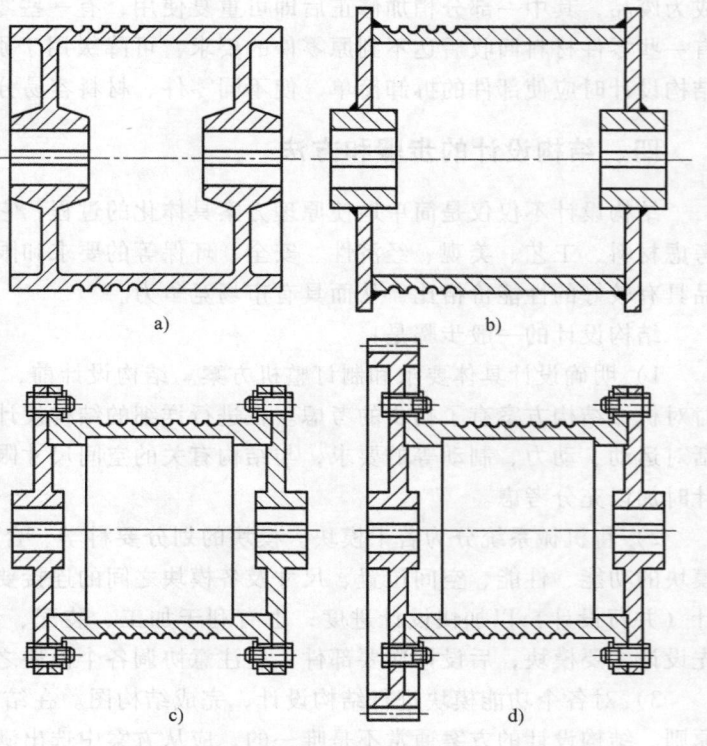

图 1-39　卷筒的结构方案

a）铸造卷筒结构　b）焊接卷筒结构　c）螺纹连接卷筒结构 1
d）螺纹连接卷筒结构 2

讨　论　题

1-1　现在大城市中汽车停车场不足的问题比较突出，你认为立体车库在你所在的城市是否具有发展前景？你估计将来最适销的车型是什么？

1-2　你认为发展电动自行车的主要困难是什么？应如何解决？

1-3　现在的自动扶梯伤人事件时有发生，你认为其不安全的隐患主要在什么地方？应如何改进？

1-4　一般情况下铸铁件比锻钢件的安全系数大，你认为这是考虑什么问题？

1-5　应力循环特性有哪些？

1-6　静载荷一定产生的是静应力吗？变载荷一定产生的是变应力吗？

1-7　材料的极限应力线图和零件的极限应力线图有何关系？

1-8　提高机械零件疲劳强度的措施有哪些？提高零件接触疲劳强度的措施有哪些？

1-9　当接触点（或接触线）稳定地循环变化时，接触应力的循环特性是什么？其应力比为多少？

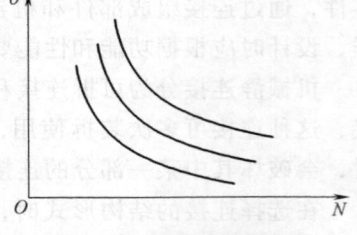

图 1-40　材料的疲劳曲线

1-10　图 1-40 所示为材料的疲劳曲线，三条线分别代表 $r = -1$、0 和 0.5 的情况。请指出它们的对应关系。

1-11　以自行车为例，说明标准化、通用化、系列化设计是如何体现的。

习　题

1-1　某机械零件受循环变应力如图 1-41 所示。请分别求出三种情况下的 σ_{max}、σ_{min}、σ_m、σ_a、r。

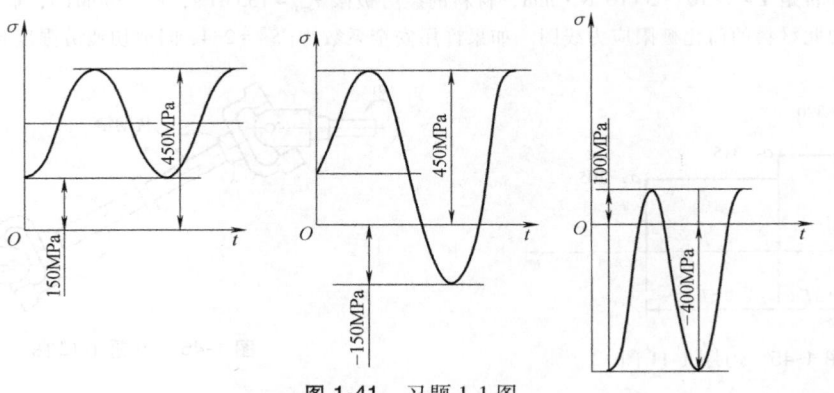

图 1-41　习题 1-1 图

1-2　图 1-42 所示轮系中齿轮 2 的齿根弯曲应力和齿面接触应力分别是什么循环特性？（输入齿轮单向转动）

（1）齿轮 1 输入，齿轮 3 输出；

（2）齿轮 2 输入，齿轮 1、3 输出。

1-3　某材料的对称循环弯曲疲劳极限 $\sigma_{-1} = 300$MPa，取循环基数 $N_0 = 5 \times 10^6$，材料常数 $m = 9$。试求循环次数 N 分别为 2×10^4、5×10^5、1×10^6 时的有限寿命弯曲疲劳极限。

图 1-42　习题 1-2 图

1-4　45 钢调质处理后 $\sigma_{-1} = 360$MPa，$\sigma_s = 600$MPa，$\psi_\sigma = 0.2$，试绘制此材料的简化极限应力线图，并在图中标出下列各点所在位置，计算各点的应力比，说明各点的循环变应力类型。

$P_1(0, 150)$，$P_2(300, 0)$，$P_3(200, 200)$，$P_4(100, 250)$，$P_5(360, 150)$

1-5　题 1-4 中如果 $r = C$，那么各点可能的失效形式是什么？

1-6　有一机械零件，其 $\sigma_{-1} = 390$MPa，$\sigma_0 = 600$MPa，$\sigma_s = 600$MPa，$K_\sigma = 2.5$。试求：（1）材料常数 ψ_σ；（2）画出零件的极限应力线图；（3）设工作应力为 $\sigma_a = 100$MPa，$\sigma_m = 160$MPa，$r =$ 常数，在极限应力线图上，用作图求出此零件的安全系数；（4）用计算法求出安全系数。

1-7　已知条件同上题，（1）设 $\sigma_{min} =$ 常数，（2）设 $\sigma_m =$ 常数，用作图法和解析法分别求出其安全系数。

1-8　有一机械零件 $\sigma_b = 700$MPa，有圆角、键槽、过盈配合三种应力集中形式（图 1-43），求其应力集中系数。计算安全系数时，应力集中系数应取为多少？

1-9　有一曲轴，尺寸如图 1-44 所示，求 A、B 两处的应力集中系数。

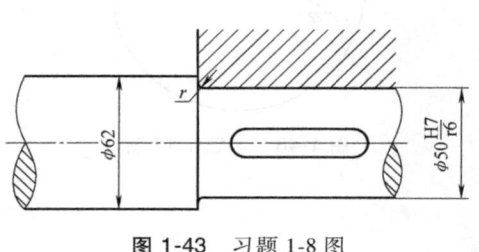

图 1-43　习题 1-8 图

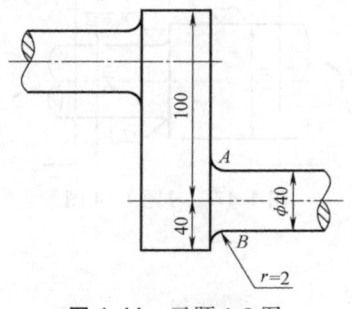

图 1-44　习题 1-9 图

1-10 某机械零件，疲劳极限 $\sigma_{-1} = 285MPa$，若其 $N_0 = 10^7$，$m = 6$，求当循环次数 $N_1 = 2.5 \times 10^4$，$N_2 = 2 \times 10^5$ 时的寿命系数 K_N 和疲劳极限。

1-11 某轴承受不稳定循环变应力，如图 1-45 所示，轴转速 $n = 10r/min$，每转一圈应力循环一次。工作寿命为 $T = 1000h$，轴材料的疲劳极限 $\sigma_{-1} = 300MPa$，$N_0 = 10^8$，$m = 9$。求此零件疲劳寿命安全系数。

1-12 图 1-46 所示的汽车传动轴所用材料为 40Cr 调质处理，直径 $d = 75mm$，假设工作时承受平均值不变的稳定循环转矩 $T = 5 \times 10^4 \sim 3 \times 10^5 N \cdot mm$，材料的疲劳极限 $\tau_{-1} = 155MPa$，$\tau_s = 300MPa$，取材料常数 $\psi_\tau = 0.25$，试绘制此材料的简化极限应力线图。如果许用安全系数为 $[S] = 2.4$，问剪切疲劳强度是否满足要求？

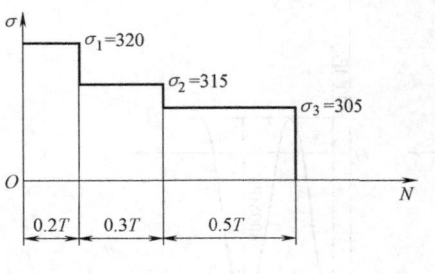

图 1-45 习题 1-11 图

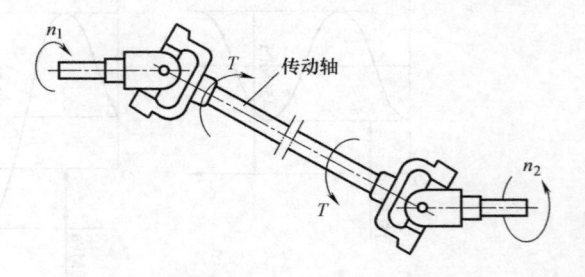

图 1-46 习题 1-12 图

1-13 题 1-12 中若 $N_0 = 10^7$，$m = 6$，求当循环次数 $N = 2 \times 10^5$ 时的疲劳极限。此时的计算安全系数又是多少？

1-14 阶梯轴的结构尺寸如图 1-47 所示。轴的材料为碳钢，$\sigma_b = 550MPa$，$\sigma_{-1} = 220MPa$，$\tau_{-1} = 120MPa$，$\psi_\sigma = 0.21$，$\psi_\tau = 0.1$。轴所受弯矩 $M = 4.5 \times 10^5 N \cdot mm$，转矩 $T = 3.5 \times 10^5 \sim 7 \times 10^5 N \cdot mm$。如果许用安全系数为 $[S] = 1.25$，试问该轴的疲劳强度是否满足要求？

1-15 图 1-48 所示为对心直动滚子从动件盘形凸轮机构，从动件顶端承受压力 $F = 12kN$。当压力角 α 达到最大值 25° 时，相应的凸轮轮廓在接触点处的曲率半径 $R = 75mm$。已知：滚子半径 $r = 15mm$；凸轮与滚子的宽度为 $b = 20mm$；二者所用材料的弹性模量 $E = 2.1 \times 10^5 MPa$，泊松比 $\mu = 0.3$，许用接触应力 $[\sigma_H] = 1500MPa$。试校核凸轮和滚子的接触强度。

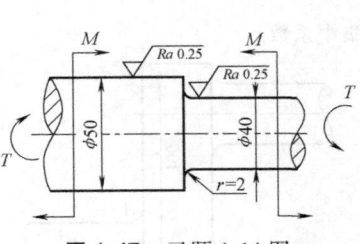

图 1-47 习题 1-14 图

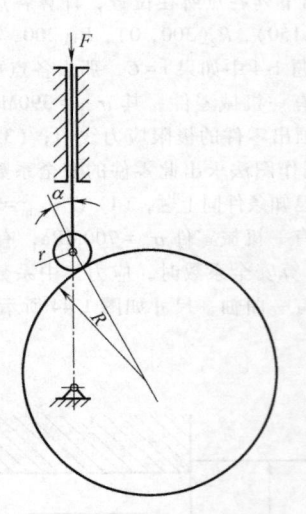

图 1-48 习题 1-15 图

第二篇 机械传动设计

第二篇　机械传动设计

第二章 机械传动设计总论

第一节 概 述

传动装置按其工作原理有机械传动、流体（液体或气体）传动和电力传动，本章只介绍机械传动。

一、机械传动在机械中的作用和分类

常用机器多由原动机、传动装置、工作机和控制系统组成。原动机常采用电动机，电动机的转速较高，一般为单向、连续、恒速转动，而工作机要求的运动方式多种多样。为了满足工作机的要求，在电动机和工作机之间设置了传动装置。传动装置的作用可以是：减速或增速，有级变速或无级变速，实现有规律的停歇、反转、分离或结合，改变运动形式（如把转动变成摆动或移动），运动的合成或分解（把一个原动机的动力分配给几个工作机或把几个主动轴的运动合成，传递给一个从动轴）等。近年来，在机电一体化的产品中常采用调速电动机来驱动机械系统，从而缩小甚至取消了机械传动装置，不但简化了机械结构，而且减少了由于机械磨损、摩擦、间隙、传动件变形等引起的误差。此外，还可以通过闭环控制来补偿机械传动系统的误差，提高系统精度。

二、设计机械传动应掌握的原始条件

设计机械传动装置之前，应掌握以下几方面的情况。

（1）总体布置中传动装置所处的地位和该机械的重要性　包括传动装置所处的空间位置、原动机的种类，以及工作机的工作特点和要求等。

（2）对传动装置的要求　包括传动装置输入、输出的运动形式和主要参数（如转速及其变化范围）、功率、传动比、体积、重量、起动转矩或起动时间的要求、制动、停止、急停、制动频率、效率、可靠性、安全等的要求。

（3）工作环境　如噪声、温度、湿度、粉尘、通风、振动、安全、环保、输入/输出轴的相对位置等。

（4）生产条件和使用者的情况　如加工工厂的技术和设备情况、生产批量、配件供应情况、使用条件、操作人员技术水平、维修条件等。

（5）市场情况　包括这种传动装置有无现成的标准产品可以选用，已有同类产品的情况，控制成本要求，对于新开发的创新产品还应该注意本单位掌握的专利，有无国家标准或

有关法律或条例限制，对市场容量的当前估计和未来预测，竞争对手的情况，更新产品出现的可能性等。

第二节 常用机械传动形式的特点和选择

常用机械传动的形式及其特点见表 2-1。对于各种传动的效率、传动比范围等，可通过查找《机械设计手册》获得。

表 2-1 常用机械传动的形式及其特点

传动类型	结构特点	机构名称	特 点
啮合传动	直接接触	定轴齿轮传动	尺寸较小，效率高，传动比恒定，圆周速度及功率范围较大，但制造及安装精度要求较高，无过载保护，精度低时噪声较大。齿轮齿条传动可将转动变为直线移动
		行星齿轮传动	结构紧凑，传动比恒定，可以用较少的齿轮实现大传动比，但精度要求高
		蜗杆传动	结构紧凑，传动比大，传动比恒定，噪声小，可设计成自锁机构，效率低，常要求使用较贵的青铜，用于功率不大或间歇工作的场合
		螺旋传动	能将转动变为直线移动，并能以较小转矩得到较大的轴向力，传动平稳，无噪声，工作速度一般很低，效率低。要求高效率时，可采用滚珠螺旋
	有中间挠性件	链传动	可用于两轴中心距较大的传动，平均传动比恒定，在高温、油、酸环境下能够可靠地工作，瞬时传动比有波动，有冲击和噪声
		同步带传动	带薄而轻，适合高速传动，带的柔韧性较好，可用于较小的带轮直径，传动比稳定，结构紧凑，制造和安装精度要求较高
摩擦传动	直接接触	摩擦轮传动	传动平稳，噪声小，有过载保护作用，广泛用于无级变速装置，轴和轴承上作用力很大，不宜用于大功率传动，传动比不能保持恒定
	有中间挠性件	带传动	可用于两轴中心距较大的传动装置，传动平稳，能缓冲和吸振，有过载保护作用，安装要求不高，有弹性滑动因而传动比不能保持准确，外廓尺寸大，带的寿命短（3500～5000h），不宜用于易燃易爆的场合，轴和轴承上的作用力与有效圆周比相对较大，可用于带式无级变速器
		绳传动	多用于起重装置，传动距离很大
推压传动	直接接触	凸轮传动	从动件可以移动或摆动，用于实现多种运动规律的要求，结构简单，加工方便，尺寸紧凑
		棘轮传动	用于实现间歇运动，每次转过的角度可以是很小的数值
		槽轮传动	用于实现间歇运动，可以得到较大的运动时间与停止时间之比
	有中间件	连杆机构	低副机构传递的力较大，结构简单，可以实现复杂的运动要求

第三节 机械传动的运动和动力参数计算

在设计机械传动装置时，首先要确定该装置的主要运动和动力参数，一般包括：功率、总传动比、输入轴转速。据此，可以选择电动机型号，设计传动装置简图，计算各级传动比、各轴的转速和转矩等。常用的计算公式有：

（1）传动比 传动装置的总传动比等于电动机转速 n_1 与工作机转速 n_k 之比，即

$$i = n_1 / n_k \tag{2-1}$$

$i>1$ 为减速传动，$i<1$ 为增速传动。

若传动装置由 k 级传动串联组成，各级传动比为 i_1、i_2、$i_3 \cdots i_k$。则总传动比为

$$i = i_1 i_2 i_3 \cdots i_k \tag{2-2}$$

（2）功率 P_w　若工作机拖动的载荷力为 $F(N)$，而沿 F 方向的移动速度为 $v(m/s)$，则该传动装置的输出功率 $P_w(kW)$ 为

$$P_w = \frac{Fv}{1000} \tag{2-3}$$

（3）机械效率　在机械传动装置中，若各串联传动件的效率为 η_1、η_2、$\eta_3 \cdots\cdots$有轴承 m 对，每对轴承的效率为 η_b，有联轴器 n 个，每个联轴器的效率为 η_c。传动系统的总效率 η 等于以上各件的效率的乘积，即

$$\eta = \eta_1 \eta_2 \eta_3 \cdots \eta_b^m \eta_c^n \tag{2-4}$$

由此可以求得所需电动机的功率 $P_d(kW)$ 为

$$P_d = \frac{P_w}{\eta} \tag{2-5}$$

根据 GB 18613—2012 规定，原能耗较高的 Y、Yz 系列电动机已被禁止生产、销售。开关磁阻伺服电动机是其中一种资源节约型、环境友好型、高效节能、智能数控的驱动设备。

（4）圆周速度 v 和转矩 T　直径为 D（mm）的回转轴圆周上一点的速度 $v(m/s)$ 和转矩 $T(N \cdot mm)$ 的计算公式为

$$v = \frac{\pi D n}{60 \times 1000} \tag{2-6}$$

$$T = 9.55 \times 10^6 \frac{P}{n} \tag{2-7}$$

式中，P 为功率（kW）；n 为回转轴转速（r/min）。

例题　图 1-1 中的电梯曳引系统简图如图 2-1 所示。额定载重量 $F_2 = 15000N$，额定运行速度 $v = 0.75m/s$，曳引绳轮 4 的直径 $D = 780mm$，曳引电动机 1 的效率为 55%，求曳引电动机的功率、曳引绳轮的转速和传动装置的总传动比。电梯型号为 P20。

解：1）在设计电梯曳引系统时，若轿厢 9 的重量为 F_1，额定载重量为 F_2，则取对重 7 的重量 $F_3 = F_1 + F_2/2$。由于对重的作用，需要由曳引机吊起的最大重量 W 为额定载重量之半，即 $F_2/2$。

2）但是由图 2-1 可以看出，轿厢和对重各由两根钢丝绳吊起，所以钢丝绳所受最大拉力为它所吊起最大重量 W 的一半，钢丝绳所传递的最大有效拉力为

$$F = \frac{W}{2} = \frac{F_2}{4} = \frac{15000N}{4} = 3750N$$

3）因为轿厢和对重各由两根钢丝绳吊起，所以钢丝绳的速度应为轿厢上升速度的 2 倍，即钢丝绳速度 $v_s = 2v = 2 \times$

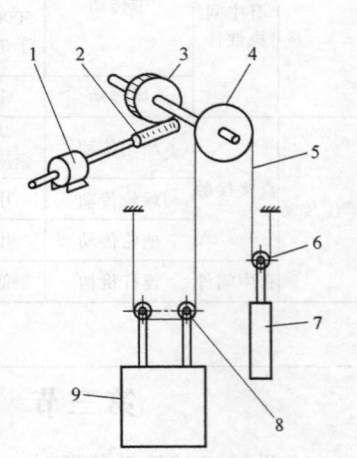

图 2-1　电梯曳引系统简图

1—曳引电动机　2—蜗杆
3—蜗轮　4—曳引绳轮
5—钢丝绳　6—对重轮
7—对重　8—轿顶轮　9—轿厢

0.75m/s=1.5m/s，轿厢上升所需功率 P_w 可由吊起重量 $2F$ 和轿厢上升速度 v 之积求得。

4）曳引电动机的功率为

$$P_d = \frac{P_w}{\eta} = \frac{2Fv}{1000\eta} = \frac{2 \times 3750N \times 0.75m/s}{1000 \times 0.55} = 10.2kW$$

电梯起动、反转频繁，需采用电梯专用电动机，查电动机样本或手册，采用 JTD 型电动机，额定功率 $P=11kW$，额定转速 $n_1=960r/min$。

5）求曳引绳轮转速。由式（2-6）得

$$n_k = \frac{60 \times 1000 v_s}{\pi D} = \frac{60 \times 1000 \times 1.5m/s}{\pi \times 780mm} = 36.73r/min$$

6）曳引装置的总传动比为

$$i = \frac{n_1}{n_k} = \frac{960r/min}{36.73r/min} = 26.14$$

为了提高曳引系统效率，采用双头蜗杆传动，$z_1=2$，$z_2=iz_1=26.14 \times 2=52.3$，取蜗轮齿数 $z_2=53$。

7）验算电梯实际上升速度。

曳引绳轮转速 $n = \dfrac{n_1}{z_2/z_1} = \dfrac{960r/min}{53/2} = 36.23r/min$

电梯上升速度 $v = \dfrac{\pi Dn}{60 \times 1000} \times \dfrac{1}{2} = \dfrac{\pi \times 780mm \times 36.23r/min}{60 \times 1000} \times \dfrac{1}{2} = 0.74m/s$

误差为 1.33%，极小，在 ±5% 范围内，可用。

案例学习 2-1 中华世纪坛为北京市迎接 21 世纪的建筑工程。它以"易经"中的"天行健，君子以自强不息；地势坤，君子以厚德载物"的思想作为展示中华民族精神的依据。主体建筑体现如此内涵的关键是使称之为天的转动坛体能够转动起来，为此提出了许多方案，如浮筒卸荷方案，滚轮支承、齿轮和摩擦轮双驱动方案，摩擦轮支承与驱动方案等。经过反复研究确定，采用摩擦轮支承与驱动方案，如图 2-2 所示（参见参考文献 [29]）。该方案采用两圈支承轮（也可称为车轮）支承，外环直径 39m 的圆周上有 64 个轮组，共 128 个 $\phi600mm \times 130mm$ 的支承轮；内环直径 13.6m 的圆周上有 32 个轮组，共 64 个 $\phi600mm \times 130mm$ 的支承轮。外环的支承轮中有 16 个是驱动轮，每个驱动轮有独立的驱动装置，包括电动机减速器、联轴器、离合器等，由控制系统保证各驱动轮承担的驱动功率相同。方案确定以后，对其传动装置进行计算。

解：（1）驱动轴总转矩的计算 经反复计算和试验得驱动轴总转矩 $T_2 = 119740N \cdot m \approx 1.2 \times 10^5 N \cdot m$。

（2）车轮接触强度的计算 车轮与导轨为线接触，应按接触疲劳强度计算其承载能力。由式（1-26）计算线接触的应力为

$$\sigma_H = \sqrt{\frac{\dfrac{F}{B}\left(\dfrac{1}{\rho_1} \pm \dfrac{1}{\rho_2}\right)}{\pi\left(\dfrac{1-\mu_1^2}{E_1} + \dfrac{1-\mu_2^2}{E_2}\right)}}$$

式中，F 为每个车轮的载荷，考虑到中华世纪坛总质量为 3200t，由 128+64 = 192 个车轮支

承，每个车轮的平均载荷为 $F_1 = 3200 \times 10^3 \text{kg} \times 10 \text{N/kg} / 192 = 16.7 \times 10^4 \text{N}$，考虑载荷的不均匀，按 $F_1 = 180000 \text{N}$ 计算。车轮宽度 $B = 130 \text{mm}$，考虑接触时难以保证全部接触，按 $B = 100 \text{mm}$ 计算。车轮半径 $\rho_1 = 300 \text{mm}$，轨道表面是平的，$\rho_2 = \infty$。车轮和轨道都是钢制，$E_1 = E_2 = 2.1 \times 10^5 \text{MPa}$，$\mu_1 = \mu_2 = 0.3$。代入式（1-26）得

$$\sigma_H = \sqrt{\dfrac{\dfrac{F}{B}\left(\dfrac{1}{\rho_1} \pm \dfrac{1}{\rho_2}\right)}{\pi\left(\dfrac{1-\mu_1^2}{E_1} + \dfrac{1-\mu_2^2}{E_2}\right)}} = \sqrt{\dfrac{\dfrac{180000\text{N}}{100\text{mm}} \times \dfrac{1}{300\text{mm}}}{2\pi \times \dfrac{1-0.3^2}{2.1 \times 10^5 \text{MPa}}}} = 469.4 \text{MPa}$$

据参考文献［41］，钢导轨的接触疲劳许用应力 $[\sigma_H] = 3.1 \text{HBW}$（MPa），式中，HBW 为钢轨的布氏硬度。在此采用 45 钢导轨，布氏硬度取 180，则接触疲劳许用应力 $[\sigma_H] = 3.1 \text{HBW} = 3.1 \times 180 \text{MPa} = 558 \text{MPa}$，导轨接触疲劳强度安全。

（3）圆坛电动机的选择 按圆坛 6h 转动一周计算，则圆坛转速为

$$n_1 = \frac{1}{6 \times 60} \text{r/min}$$

考虑到外环的车轮有内外两排，所以计算时取外环直径为 $D = 38.4 \text{m}$，车轮直径 $d = 0.6 \text{m}$，则驱动轴转速

$$n_2 = n_1 \times \frac{D}{d} = \frac{1}{6 \times 60} \text{r/min} \times \frac{38.4 \text{m}}{0.6 \text{m}} = 0.178 \text{r/min}$$

每个驱动轴所需的转矩 $T_t = 1.2 \times 10^5 \text{N} \cdot \text{m} / 16 = 7500 \text{N} \cdot \text{m}$，设传动系统的效率为 $\eta = 0.7$，则所需电动机功率为

$$P_d = n_2 \times T_t / (9.55 \times 10^3 \times \eta) = \frac{0.178 \times 7500}{9.55 \times 10^3 \times 0.7} \text{kW} = 0.2 \text{kW}$$

考虑起动及动力储备，选择 DT90L8/4 型双速三相异步电动机，额定功率 $P = (0.44/0.88) \text{kW}$，额定转速 $n = (700/1400) \text{r/min}$。

（4）计算减速器传动比 i

$$i = \frac{n}{n_2} = \frac{700 \text{r/min}}{0.178 \text{r/min}} = 3933$$

选用 SEW 厂生产的 6 级齿轮减速器，$i = 3655$，则 $\delta = (3933 - 3655)/3933 \approx 7\%$。因工程采用外委制造，选用成型减速器，虽然误差稍超出 5%，但实际应用验证可行。

图 2-2 所示为中华世纪坛旋转圆坛结构图。

图 2-3 所示为轮组结构图。

案例学习 2-2 设计蔬菜切片机喂料系统的变速机构，蔬菜切片机的工作原理示意图如图 2-4 所示。已知喂料带工作拉力 $F = 20 \text{N}$，喂料带驱动滚筒直径 $D = 60 \text{mm}$，果蔬切片厚度 t 规格范围有级可调，$t = 2 \sim 20 \text{mm}$；刀片切削速度 f 的调节范围为 $f = 240 \sim 760$ 次/min，传动总效率为 78%。

解：蔬菜切片机广泛适用于长茎类蔬菜的切制，由切削系统和喂料系统组成。切削系统中切刀的切削速度采用无级调速($f = 240 \sim 760$ 次/min)，切刀切削速度的无级调速与喂料带的有级调速配合，可以获得不同尺寸规格的产品。

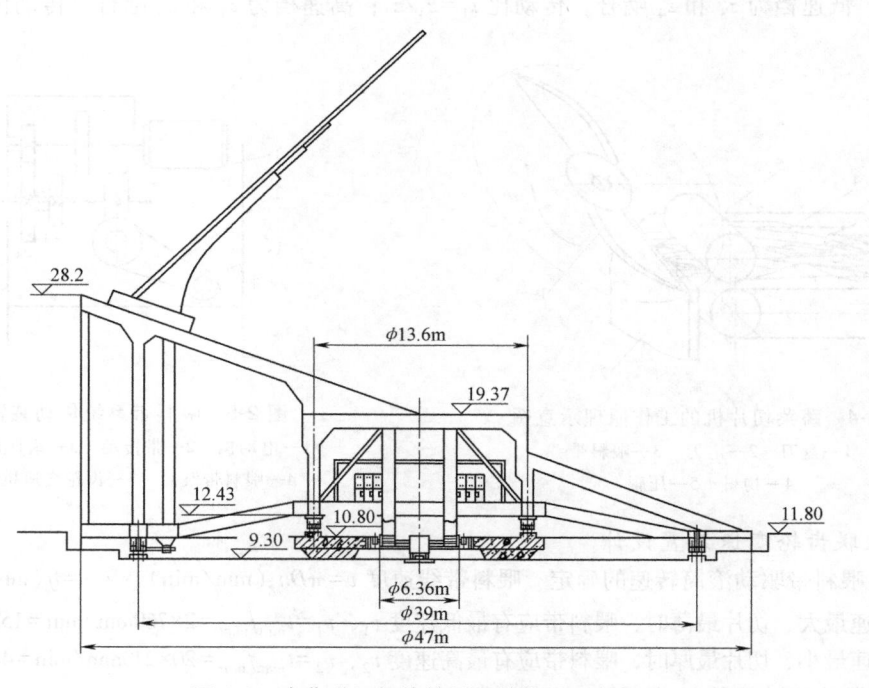

图 2-2 中华世纪坛旋转圆坛结构图（剖视）

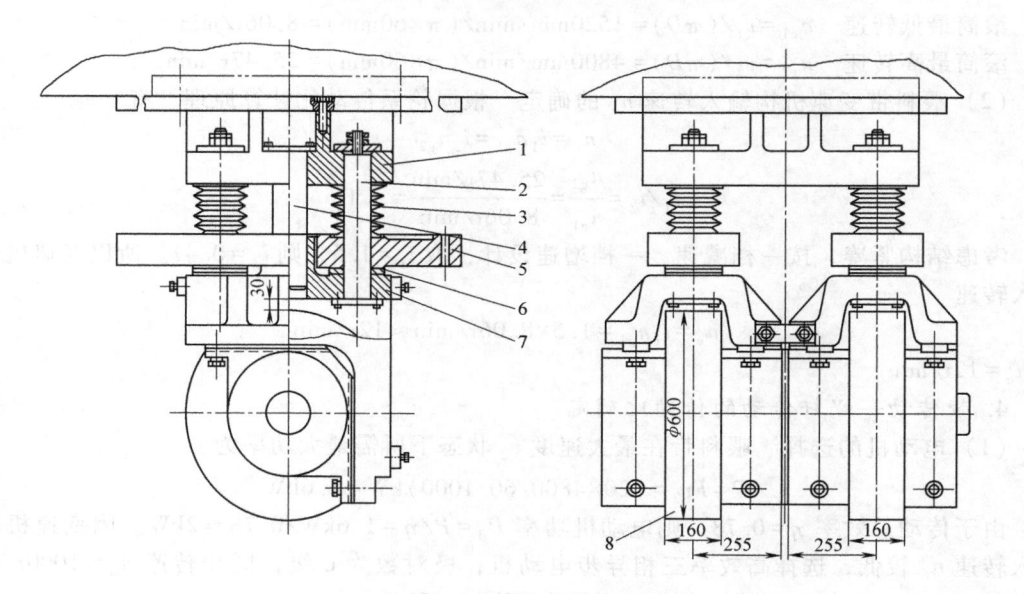

图 2-3 轮组结构图

1—上座 2—导杆 3—碟形弹簧 4—导柱 5—调整板 6—调整垫片 7—下座 8—车轮

1. 喂料带系统传动装置的确定

喂料带系统传动装置由带传动、蜗杆传动、喂料带变速机构等组成，如图 2-5 所示。

2. 喂料带变速机构的方案设计

因为切片厚度 $t = 2 \sim 20\text{mm}$，调整范围较大，所以设计时考虑采用双联齿轮传动方案

（图 2-5）。低速档为 z_3 和 z_4 啮合，传动比 $i_1 = z_4/z_3$；高速档为 z_5 和 z_6 啮合，传动比 $i_2 = z_6/z_5$。

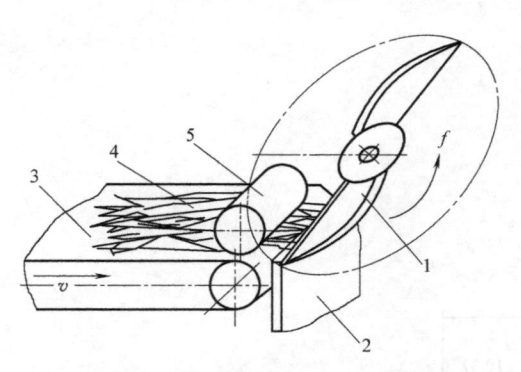

图 2-4　蔬菜切片机的工作原理示意图
1—盘刀　2—定刀　3—喂料带
4—物料　5—压辊

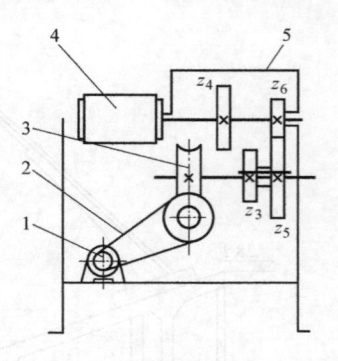

图 2-5　喂料带系统传动装置
1—电动机　2—带传动　3—蜗杆传动
4—喂料带滚筒　5—齿轮变速机构

3. 双联齿轮变速装置设计

（1）喂料带驱动滚筒转速的确定　喂料带线速度 $v = \pi D n_g (\text{mm/min})$，又 $v = tf(\text{mm/min})$。

当刀速最大、切片最薄时，喂料带应有最低速度 v_1，$v_1 = t_{min}f_{max} = 2 \times 760\text{mm/min} = 1520\text{mm/min}$。

当刀速最小、切片最厚时，喂料带应有最高速度 v_2，$v_2 = t_{max}f_{min} = 20 \times 240\text{mm/min} = 4800\text{mm/min}$。

喂料带的驱动滚筒转速　$n_g = v/(\pi D)$

滚筒最低转速　$n_{g1} = v_1/(\pi D) = 1520\text{mm/min}/(\pi \times 60\text{mm}) = 8.06\text{r/min}$

滚筒最高转速　$n_{g2} = v_2/(\pi D) = 4800\text{mm/min}/(\pi \times 60\text{mm}) = 25.47\text{r/min}$

（2）喂料带变速机构输入转速 n_c 的确定　根据轮系传动比计算原理，有

$$n_c = i_1 n_{g1} = i_2 n_{g2}$$

即

$$i_1/i_2 = \frac{n_{g2}}{n_{g1}} = \frac{25.47\text{r/min}}{8.06\text{r/min}} = 3.16$$

考虑结构紧凑，按一档减速、一档增速设计，取 $i_1 = 1.5$，则 $i_2 = 0.47$。所以变速机构的输入转速

$$n_c = i_1 n_{g1} = 1.5 \times 8.06\text{r/min} \approx 12\text{r/min}$$

取 $n_c = 12\text{r/min}$。

4. 带传动—蜗杆传动的传动比确定

（1）电动机的选择　喂料带在最大速度 v_2 状态下所需最大功率为

$$P = Fv_2 = (20 \times 4800/60/1000)\text{kW} = 1.6\text{kW}$$

由于传动总效率 $\eta = 0.78$，则电动机功率 $P_d = P/\eta = 1.6\text{kW}/0.78 \approx 2\text{kW}$。因变速机构的输入转速 n_c 较低，选择高效率三相异步电动机，极对数为 6 级，同步转速 $n_d = 1000\text{r/min}$，额定转速 $n_e = 940\text{r/min}$，选择电动机型号为 YX3-112M-6。

（2）传动比的确定　电动机至变速机构输入轴的总传动比 $i_s = n_e/n_c = 940\text{r/min}/(12\text{r/min}) = 78.33$，即带传动—蜗杆传动的传动比 $i_s = 78.33$。受空间限制，蜗杆传动选用标准蜗杆，传动中心距 $a = 80\text{mm}$，蜗杆传动比 $i_a = 41$，蜗杆头数 $z_1 = 1$，蜗轮齿数 $z_2 = 41$，则带传动比 $i_d = i_s/i_a = 78.33/41$。

（3）确定变速装置齿数　用试凑法，取 $z_3 = 24$，$z_4 = 36$，$z_5 = 41$，$z_6 = 19$，4 个齿轮模数相同，中心距相同，因此有 $z_3 + z_4 = z_5 + z_6 = 60$。

5. 切片厚度验算

（1）验算变速机构两档的滚筒实际转速　低速档时喂料带滚筒转速为

$$n_{g1} = n_e \times \frac{1}{i_d} \times \frac{z_1}{z_2} \times \frac{z_3}{z_4} = 940\text{r/min} \times \frac{1}{1.9} \times \frac{1}{41} \times \frac{24}{36} = 8.07\text{r/min}$$

误差为 0.1%，小于 ±5%。

高速档时喂料带滚筒转速为

$$n_{g2} = n_e \times \frac{1}{i_d} \times \frac{z_1}{z_2} \times \frac{z_5}{z_6} = 940\text{r/min} \times \frac{1}{1.9} \times \frac{1}{41} \times \frac{41}{19} = 26.04\text{r/min}$$

误差为 2.1%，小于 5%。

（2）低速档的切片厚度　低速档时喂料带速度为

$$v_1 = \pi D n_{g1} = \pi \times 60\text{mm} \times 8.07\text{r/min} = 1521\text{mm/min}$$

$f = 240$ 次/min 时，切片厚度 $t_{max} = (1521/240)\text{mm} = 6.34\text{mm}$。

$f = 760$ 次/min 时，切片厚度 $t_{min} = (1521/760)\text{mm} = 2.00\text{mm}$。

（3）高速档的切片厚度　高速档时喂料带速度为

$$v_2 = \pi D n_{g2} = \pi \times 60\text{mm} \times 26.04\text{r/min} = 4908\text{mm/min}$$

$f = 240$ 次/min 时，切片厚度 $t_{max} = (4908/240)\text{mm} = 20.5\text{mm}$。

$f = 760$ 次/min 时，切片厚度 $t_{min} = (4908/760)\text{mm} = 6.46\text{mm}$。

两档配合，刀片在 240~760 次/min 间无级调速时，可以得到厚度 t 为 2~20mm 的切片，符合设计要求。中间有 6.34~6.46mm 一段，未覆盖，若 z_6 选用正变位齿轮 $z_5 = 40$，$z_6 = 19$，则完全可以达到要求。

讨 论 题

2-1　推导出公式 $T = 9.55 \times 10^6 \dfrac{P}{n}$，并说明式中各符号的意义和单位。

2-2　有一传动系统总传动比为 i，总效率为 η，输入转矩为 T_1，输出转矩为 T_2。试推导出公式 $T_2 = i\eta T_1$。

2-3　圆柱齿轮传动的传动比为什么不宜超过一定值？

2-4　为什么汽车的传动系统中常必须用一对锥齿轮？

2-5　与普通圆柱齿轮减速器相比，行星齿轮减速器有什么优点和缺点？

2-6　卷筒与钢丝绳、齿轮齿条、凸轮推杆、曲柄滑块机构、螺旋螺母都可以把回转运动转变为直线运动，其应用场合各有什么不同？

2-7　为什么蜗杆传动中很少为蜗轮主动？

2-8　6 级齿轮减速器总传动比 $i = 3655$，若各级传动比相同，每级的传动比是多少？这一减速器各轴所受的转矩是否相同？如何计算？

习 题

2-1　用带式输送机水平运输砂石，滚筒直径 $D = 630\text{mm}$，带速 $v = 1.0\text{m/s}$，带有效拉力 $F = 2000\text{N}$，原动机为电动机，转速 $n = 950\text{r/min}$，要求计算滚筒转速、总传动比及滚筒所需功率。若采用二级闭式圆柱齿轮减速器作为传动装置,计算电动机所需功率,画出传动装置简图。

2-2 已知数据同上题,若采用一级带传动,一级闭式齿轮传动,一级开式齿轮传动,计算电动机所需功率,选择电动机型号,画出传动装置简图,并求出每根轴的转速和转矩。

2-3 有一转台,每10s旋转一次,每次转动60°,由电动机作为原动机,转速 $n = 960 r/min$,问下列传动装置中哪个是合理的?

1)电动机—带传动($i = 4$)—二级减速齿轮传动($i = 40$)—槽轮传动(槽数为6)—转台;

2)电动机—槽轮传动(槽数为6)—带传动($i = 4$)—二级减速齿轮传动($i = 40$)—转台;

3)电动机—三级齿轮减速传动($i = 160$)—槽轮传动(槽数为4)—转台。

对于你认为的合理方案,画出其传动简图。

2-4 请实测公共场所使用的自动扶梯的速度一般是多少,并推测它采用的传动装置是什么,如何拖动扶梯运动。画出简图,估算所用电动机功率和各级传动比。(可以取电动机转速为960r/min)

2-5 有一简单的手动起重装置如图2-6所示,齿轮传动装置总效率 $\eta = 0.88$,起重卷筒直径 $D = 400mm$,最大起重重量 $W = 2500N$,人手的推力 $F = 150N$,齿轮传动的传动比 $i = 21.5$,求手柄最小长度。若要求重物能停留在空间任意位置,在传动系统中应加入什么机构?

提示:参见讨论题2-2公式。

2-6 带式输送机传动装置,由电动机—闭式锥齿轮传动—斜齿圆柱齿轮传动—链传动—卷筒组成。已知输送带

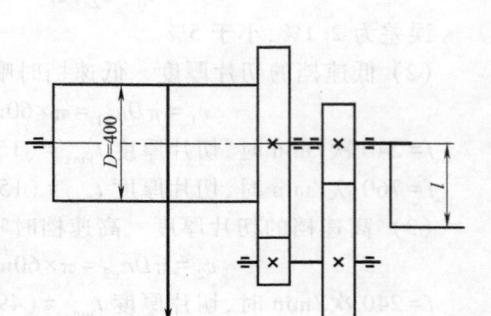

图 2-6 习题 2-5 图

速度 $v = 0.75m/s$,卷筒直径 $D = 450mm$,带拉力 $F = 4000N$,试设计此传动装置的主要运动和动力参数。要求:①画出传动装置简图;②计算卷筒转速;③计算卷筒功率;④计算传动装置各传动件、轴承、联轴器的效率和总效率;⑤计算所需电动机功率;⑥按国家标准选择电动机型号;⑦确定传动装置的总传动比;⑧确定各级传动装置的传动比;⑨计算各轴的转速和转矩。

2-7 设计图2-7a所示回转工作台的传动装置。此工作台轴与地面垂直,要求它能绕其中心做定轴转动,先向一个方向转180°,再反向转180°,然后停止,完成全部动作的时间为20s。已知电动机转速为960r/min,四杆机构的尺寸 $AB = 20mm$, $BC = 55mm$, $CD = 40mm$, $DA = 60mm$。图2-7b、c所示为四杆机构的两个特殊位置。设计此工作台的传动装置,即确定带轮直径 d_1、d_2 和齿数 z_3、z_4、z_5、z_6。

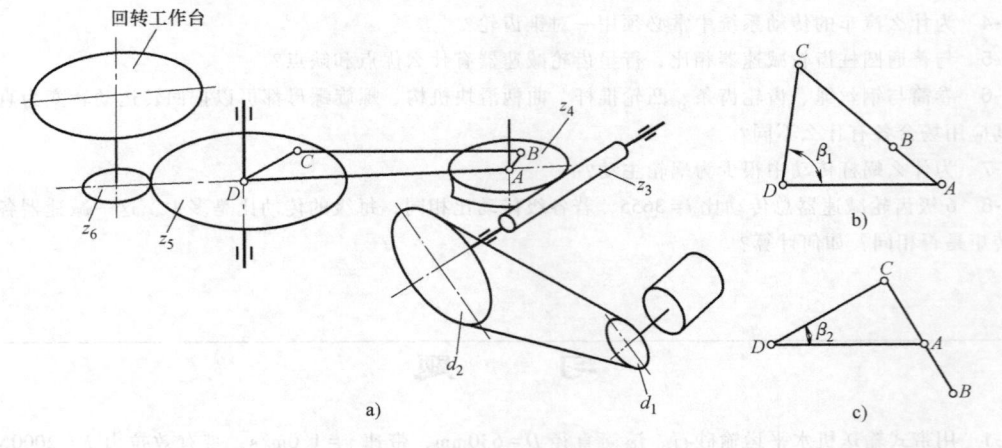

图 2-7 习题 2-7 图

第三章 带传动设计

第一节 带传动的工作原理与类型

带传动一般由主动带轮、从动带轮和挠性带组成（图 3-1）。根据工作原理不同，带传动分摩擦带传动和啮合带传动两类。本节主要讨论摩擦带传动。

一、带传动的工作原理与类型

（一）带传动的工作原理和特点

如图 3-1 所示，挠性带紧套在两带轮上，使带与带轮接触面间作用有正压力，当主动轮受驱动转矩 T_1 作用以转速 n_1 转动时，挠性带

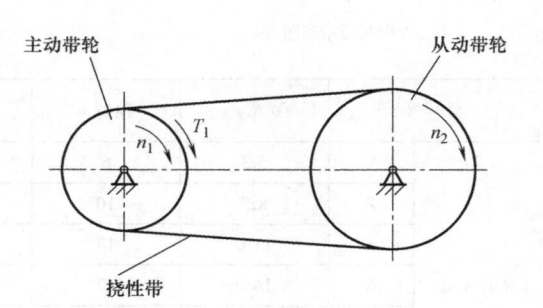

图 3-1 带传动工作原理示意图

与带轮接触面间的摩擦力驱使带运动，带动从动轮转动，从而传递运动和动力。

带传动的优点是：①挠性带有缓冲和吸振作用，使带传动运行平稳、噪声小。②不用润滑，维护成本低。③过载时打滑，可保护传动系统中的其他零件。带传动的缺点是：①挠性带与带轮存在弹性滑动，传动效率降低，传动比不准确（同步带除外）。②传递同样大小的圆周力时，轴上的压轴力和轴轮廓尺寸比啮合传动时大。

（二）摩擦带传动的类型、带的结构和标准

根据带的截面形状，摩擦带传动可分为 V 带传动、平带传动和圆带传动，其中 V 带传动的应用最为广泛。

V 带的截面呈等腰梯形，由顶胶、抗拉体、底胶和包布等部分组成（图3-2）。V 带受力弯曲时，顶胶伸长，底胶缩短，两者之间长度保持不变的中性层称为节面，节面的宽度也保持不变，称为节宽 b_p。V 带的高度 h 与其

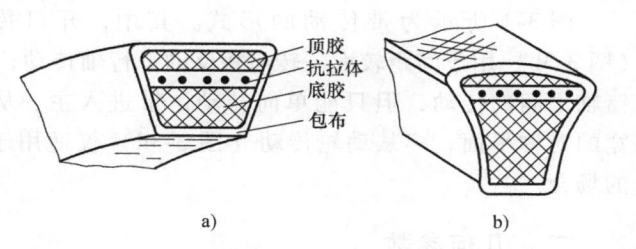

a)   b)

图 3-2 普通 V 带和窄 V 带的结构

a) 普通 V 带的结构 b) 窄 V 带的结构

节宽 b_p 之比 h/b_p 称为相对高度，根据相对高度 h/b_p 的不同，V 带又有普通 V 带、窄 V 带

和宽 V 带之分。

普通 V 带已标准化，按截面尺寸分为 Y、Z、A、B、C、D、E 七种型号（表 3-1），其相对高度约为 0.7；窄 V 带的相对高度约为 0.9，是用合成纤维绳作为抗拉体的新型 V 带，相同高度的窄 V 带比普通 V 带宽度减小约 1/3，承载能力却可提高 1.5~2.5 倍。窄 V 带也已标准化，按截面尺寸分为 SPZ、SPA、SPB、SPC 四种型号（表 3-1）。

在传递功率大且要求结构紧凑的场合，常采用多楔带或联组 V 带。

表 3-1　V 带的截面尺寸和特性数据（摘自 GB/T 11544—2012）　（单位：mm）

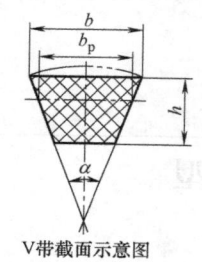
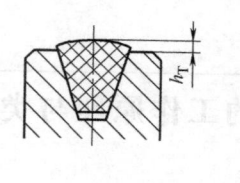

V带截面示意图

规定标记：
型号为 SPA 型基准长度为 1250mm 的窄 V 带
标记示例：
SPA1250　GB/T 11544—2012

型　号		节宽 b_p	顶宽 b	高度 h	楔角 α	露出高度 h_T		适用槽形的基准宽度
						最大	最小	
普通 V 带	Y	5.3	6	4		+0.8	−0.8	5.3
	Z	8.5	10	6		+1.6	−1.6	8.5
	A	11.0	13	8		+1.6	−1.6	11
	B	14.0	17	11	40°	+1.6	−1.6	14
	C	19.0	22	14		+1.5	−2.0	19
	D	27.0	32	19		+1.6	−3.2	27
	E	32.0	38	23		+1.6	−3.2	32
窄 V 带	SPZ	8.5	10	8		+1.1	−0.4	8.5
	SPA	11.0	13	10	40°	+1.3	−0.6	11
	SPB	14.0	17	14		+1.4	−0.7	14
	SPC	19.0	22	18		+1.5	−1.0	19

（三）传动形式

图 3-3 所示为带传动的形式。其中，开口传动（图 3-3a）应用最广；交叉传动（图 3-3b）用于间距较大、转向相反的平行轴传动；半交叉传动（图 3-3c）用于空间两交错轴之间的传动，但只能单向转动，带进入主、从动带轮时，其运动方向必须对准该轮宽的对称平面；多从动轮传动（图 3-3d）仅适用于速度低的中小功率多从动轴同时传动的场合。

二、几何参数

带传动的主要几何参数有：带轮基准直径 d_{d1}、d_{d2}；基准长度 L_d；中心距 a；包角 α。这些参数间应满足一定的几何关系，如图 3-4 所示。

带轮基准直径为 V 带节宽 b_p 处的带轮直径，带轮基准直径系列见表 3-10。标准 V 带均

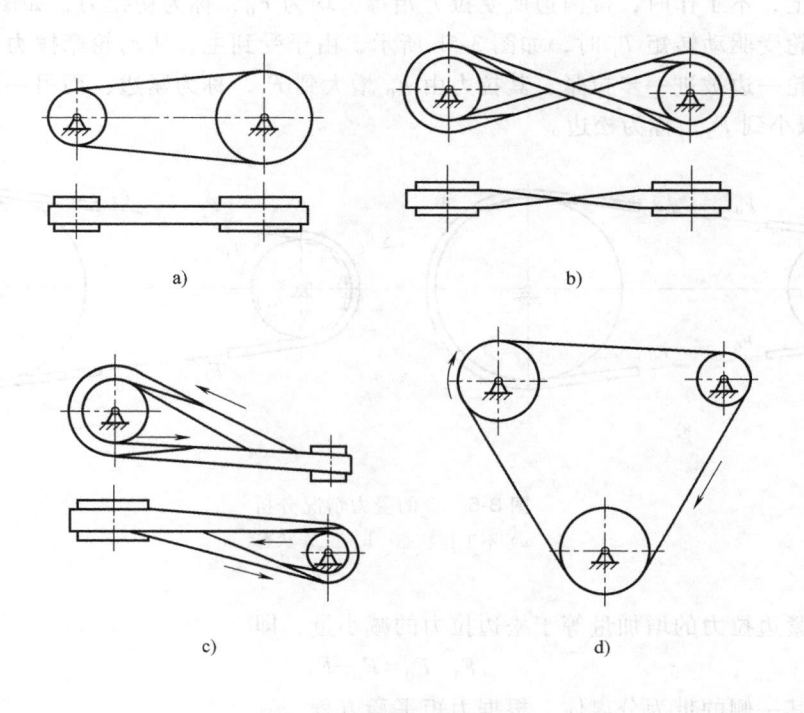

图 3-3　带传动的形式

a）开口传动　b）交叉传动　c）半交叉传动　d）多从动轮传动

制成无接头环形。V 带的公称长度以基准长度 L_d 表示，基准长度 L_d 为 V 带在规定的初拉力下，位于带轮基准直径上的长度。基准长度系列见表 3-8，实际应用中可按下式初算：

$$L_0 \approx 2a_0 + \frac{\pi}{2}(d_{d1}+d_{d2}) + \frac{(d_{d2}-d_{d1})^2}{4a_0}$$

$$(3-1)$$

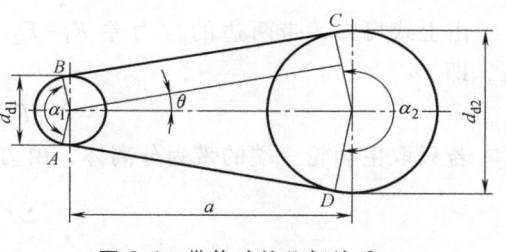

图 3-4　带传动的几何关系

式中，a_0 为初选中心距，见式（3-22）。

包角是带与带轮接触弧所对的中心角，是带传动的一个重要参数。小带轮包角可按下式计算：

$$\alpha_1 \approx 180° - \frac{d_{d2}-d_{d1}}{a} \times 57.3°$$

$$(3-2)$$

第二节　带传动中的受力分析和应力分析

一、带的受力分析

带传动是靠带与带轮间的摩擦力传递运动和动力的，所以挠性带必须以一定的拉力 F_0

紧套在带轮上，不工作时，带两边所受拉力相等，均为 F_0，称为初拉力，如图 3-5a 所示。

当主动轮受驱动转矩 T_1 时，如图 3-5b 所示，由于受到主、从动轮摩擦力的作用，挠性带绕入主动轮一边被进一步拉紧，其拉力由 F_0 增大到 F_1，称为紧边；而另一边被放松，其拉力由 F_0 减小到 F_2，称为松边。

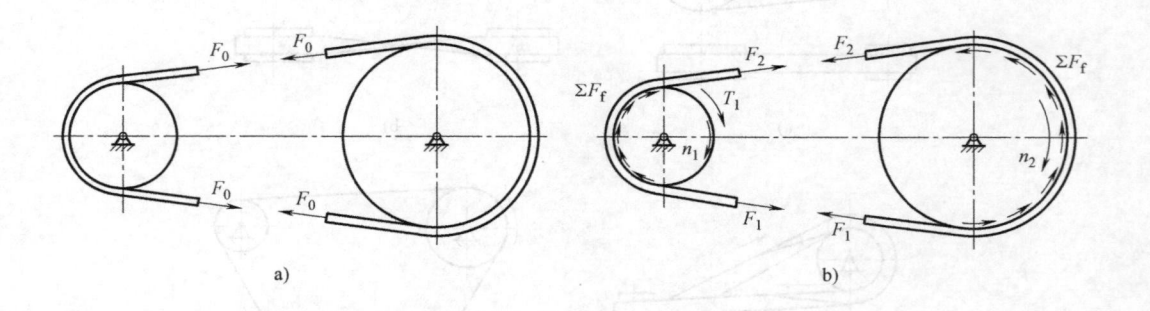

图 3-5 带的受力情况分析

a）不工作状态　b）工作状态

假设带紧边拉力的增加量等于松边拉力的减小量，即

$$F_1 - F_0 = F_0 - F_2 \tag{3-3}$$

取主动轮及其一侧的带为分离体，根据力矩平衡方程

$$T_1 + F_2 \frac{d_{d1}}{2} - F_1 \frac{d_{d1}}{2} = 0 \quad T_1 = (F_1 - F_2) \frac{d_{d1}}{2}$$

由上式可知，带两边的拉力差 $F_1 - F_2$ 即为起传递转矩作用的圆周力，称为有效拉力 F_e，即

$$F_e = F_1 - F_2 \tag{3-4}$$

若只取主动轮一端的带为分离体，由力平衡条件可得

$$\sum F_f = F_1 - F_2 \tag{3-5}$$

即有效拉力等于带与带轮接触面上摩擦力的总和。若需要传递的功率为 P（kW），带的速度为 v（m/s），则需要挠性带传递的有效拉力 F_e（N）为

$$F_e = \frac{1000P}{v} = F_1 - F_2 = \sum F_f \tag{3-6}$$

在一定条件下，带传动的有效拉力有极限值 F_{max}，该极限值限制了带传动的工作能力。当需要的有效拉力 F_e 超过该极限值 F_{max} 时，带和带轮之间会发生打滑，使传动失效。

二、带传动的最大有效拉力 F_{max} 及其影响因素

带传动的最大有效拉力 F_{max} 为摩擦力极限值，此时 F_1 与 F_2 的关系可由柔韧体摩擦欧拉公式表达，即

$$F_1 = F_2 e^{f\alpha} \tag{3-7}$$

则有
$$F_{\max} = F_1 - F_2 = F_1\left(1 - \frac{1}{e^{f\alpha}}\right) \tag{3-8}$$

式中，f 为摩擦因数；e 为自然对数的底。

联立式（3-3）、式（3-4）和式（3-7），得到一定条件下带所能传递的最大有效拉力 $F_{\max}$ 为

$$F_{\max} = 2F_0 \frac{e^{f\alpha} - 1}{e^{f\alpha} + 1} \tag{3-9}$$

由式（3-9）可知，带在一定条件下所能传递的最大有效拉力 $F_{\max}$ 与下列因素有关：

（1）初拉力 F_0　最大有效拉力 $F_{\max}$ 与 F_0 成正比。若 F_0 过大，将使带的磨损加剧，加快松弛，缩短带的寿命；若 F_0 过小，带的传动能力就得不到充分发挥，工作时易跳动和打滑。因此为保证带传动的正常工作，保持适当的初拉力 F_0 是很重要的。

（2）包角 α　最大有效拉力 $F_{\max}$ 随包角 α 的增大而增大。当传动比不等于 1 时，小轮包角 α_1 小于大轮包角 α_2，为保证带的传动能力，设计时一般要求 $\alpha_1 \geqslant 120°$。计算 $F_{\max}$ 时，应以 α_1 代入式（3-9）。

（3）摩擦因数 f　f 越大。最大有效拉力 $F_{\max}$ 也就越大。f 与带及带轮的材料、表面状况及工作环境等有关。

当平带与 V 带所受压力同为 F_Q 时，它们作用在带轮工作面上的法向力不同。如图 3-6a 所示，平带与带轮的极限摩擦力为

$$F_f = fF_N = fF_Q$$

V 带工作时两侧面与轮槽侧面相接触，如图 3-6b 所示，与带轮的极限摩擦力 F_f 为

$$F_f = 2fF_N = \frac{fF_Q}{\sin(\varphi/2)} = f_V F_Q$$

式中，f 为摩擦因数；φ 为轮槽角（°）；f_V 为 V 带传动的当量摩擦因数。

显然，V 带的当量摩擦因数 f_V 比平带的摩擦因数 f 大，在初拉力相同的条件下，V 带传动产生的摩擦力比平带大，传递的功率也大，所以通常多采用 V 带传动。对 V 带传动，欧拉公式中的摩擦因数 f 应以 f_V 代入。

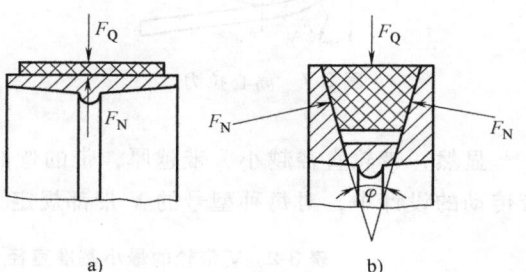

图 3-6　带与带轮的正压力
a）平带　b）V 带

三、带的应力分析

带传动工作时，带中的应力有以下几种：

（1）紧边拉应力、松边拉应力

$$\sigma_1 = \frac{F_1}{A} \quad \sigma_2 = \frac{F_2}{A} \tag{3-10}$$

式中，σ_1、σ_2 为紧边和松边拉应力（MPa）；F_1、F_2 为紧边和松边拉力（N）；A 为带的横

截面面积（mm^2），可查相关资料。

（2）离心应力　离心应力是由离心拉力 F_c（图3-7）产生的。

当带以速度 v 做圆周运动时，离心力只发生在带做圆周运动的部分。但是带上每一质点都受到离心拉力 F_c 的作用，离心拉力 $F_c = qv^2$，带任一截面上的离心应力 σ_c 都相等，且有

$$\sigma_c = \frac{F_c}{A} = \frac{qv^2}{A} \tag{3-11}$$

式中，σ_c 为离心应力（MPa）；q 为单位质量（kg/m），参照 GB/T 13575.1—2008 或表3-3；v 为带的速度（m/s）；A 为带的横截面面积（mm^2）。

（3）弯曲应力　带绕过带轮时引起弯曲应力（图3-8），它只产生在带绕上带轮的部分，由材料力学知识有

$$\sigma_b = E\,\frac{y}{r} = E\,\frac{2h_a}{d_d} \tag{3-12}$$

式中，σ_b 为弯曲应力（MPa）；E 为带的拉压弹性模量（MPa）；r 为曲率半径（mm）；y 为由带的中性层到最外层的距离（mm）；h_a 为带的最外层到中性层的距离（mm），见表3-1；d_d 为带轮的基准直径（mm）。

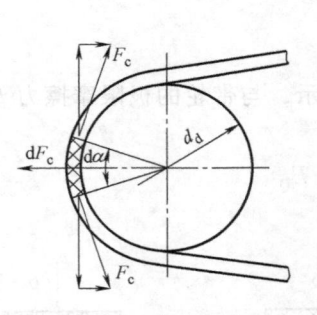

图 3-7　离心拉力

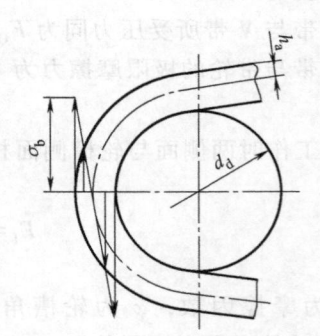

图 3-8　带的弯曲应力

显然，带轮直径越小，带越厚，带的弯曲应力越大。为避免产生过大的弯曲应力，在 V 带传动的设计中，对每种型号的 V 带都规定了相应的最小带轮直径 d_{dmin}，见表3-2。

表 3-2　V 带轮的最小基准直径 d_{dmin}（摘自 GB/T 13575.1—2008）　（单位：mm）

槽型	Y	Z(SPZ)	A(SPA)	B(SPB)	C(SPC)	D	E
d_{dmin}	20	50(63)	75(90)	125(140)	200(224)	355	500

图 3-9 所示为带的应力分布图。带中最大应力发生在带的紧边绕入小带轮处，即紧边与小带轮的切点 A 处，其值为

$$\sigma_{max} = \sigma_1 + \sigma_c + \sigma_{b1} \tag{3-13}$$

由图 3-9 可见，带在工作时处于变应力状态，经过一定的循环次数，挠性带可能发生疲劳破坏。

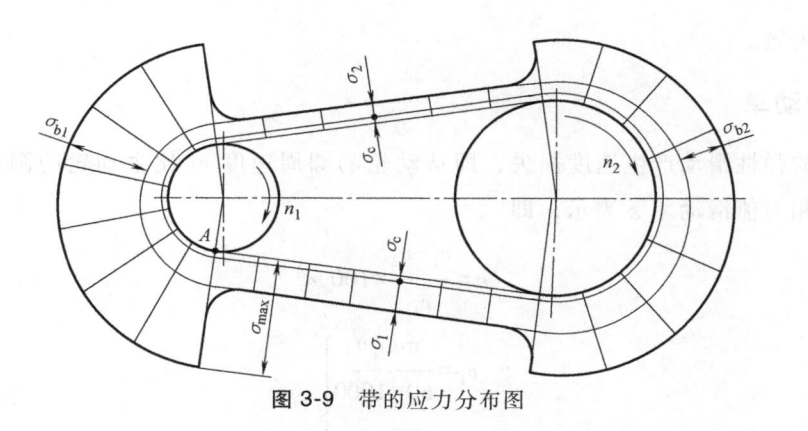

图 3-9 带的应力分布图

第三节 带传动的运动特性

一、弹性滑动与打滑

带是弹性体，受拉后将产生弹性伸长。正常工作时，传动带的紧边拉力 F_1 大于松边拉力 F_2，因而带在转过带轮的过程中其拉伸变形是变化的。

如图 3-10 所示，当带由紧边 A 点开始进入主动轮时，带微段上 B 点的线速度和主动轮圆周速度 v_1 相等，带转过与主动轮的包弧由紧边过渡到松边，所受的拉力由 F_1 逐渐降低到 F_2。拉力差 F_1-F_2 使得带的弹性伸长量随之减小。因此，带微段在随带轮一起绕进的同时，相对带轮逐渐回缩，局部相对滑动使带速 v 逐渐过渡到低于主动轮圆周速度 v_1。

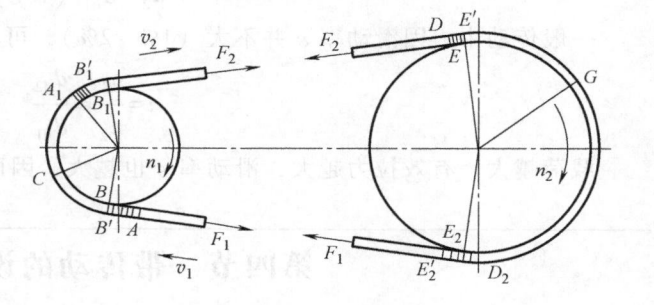

图 3-10 带传动中的弹性滑动

同样现象也出现在从动轮上，带转过与从动轮的包弧由松边过渡到紧边，所受的拉力由 F_2 逐渐增加到 F_1，拉力差 F_1-F_2 使带的弹性伸长量随之增加，因而带微段在随带轮一起绕进的同时，相对带轮逐渐伸长，局部相对滑动使带速 v 逐渐过渡到高于从动轮圆周速度 v_2。

综上分析，紧边与松边的拉力差 F_1-F_2 引起带弹性变形量的渐变，使带与带轮间出现局部相对滑动，该现象称为带传动的弹性滑动，这是带传动正常工作时不可避免的现象。

弹性滑动引起下列后果：①从动轮圆周速度 v_2 低于主动轮圆周速度 v_1（速度损失）。②降低了传动效率（功率损失）。③引起带的磨损（寿命损失）。④使带的温度升高。

载荷较小时，有效拉力即拉力差 F_1-F_2 较小，弹性滑动只发生在部分包弧 $\overset{\frown}{CB_1}$ 上，称为动弧，而未发生弹性滑动的包弧 $\overset{\frown}{AC}$ 称为静弧。随着载荷的增加，有效拉力也增大，动弧的范围也将扩展。当动弧扩展到整个包弧时，如果继续加大工作载荷，则带与带轮间将发生显著的相对滑动，即产生打滑。打滑将使磨损加剧，从动轮转速急剧下降，传动效率降低，直至带传动失效。

二、滑动率

带传动的弹性滑动产生速度损失，即从动轮的圆周速度 v_2 比主动轮的圆周速度 v_1 低，其降低量用相对值滑动率 ε 表示，即

$$\varepsilon = \frac{v_1 - v_2}{v_1} \times 100\% \tag{3-14}$$

其中

$$\left. \begin{aligned} v_1 &= \frac{\pi d_{d1} n_1}{60 \times 1000} \\ v_2 &= \frac{\pi d_{d2} n_2}{60 \times 1000} \end{aligned} \right\} \tag{3-15}$$

式中，v_1 和 v_2 为主动轮和从动轮的圆周速度（m/s）；n_1 和 n_2 为主动轮和从动轮的转速（r/min）；d_{d1} 和 d_{d2} 为主动轮和从动轮的基准直径（mm）。

综合式（3-14）~式（3-15），得带传动的实际传动比为

$$i = \frac{n_1}{n_2} = \frac{d_{d2}}{d_{d1} (1 - \varepsilon)} \tag{3-16}$$

一般传动中，因滑动率 ε 并不大（1%~2%），可不予考虑，因而取传动比为

$$i = \frac{n_1}{n_2} \approx \frac{d_{d2}}{d_{d1}}$$

载荷越大，有效拉力越大，滑动率 ε 也越大，因而带传动不能保证准确的传动比。

第四节　带传动的设计计算

一、带传动的失效形式和设计准则

带传动的主要失效形式是：①打滑。②带的疲劳破坏。带传动的设计准则是保证在不打滑的条件下具有一定的工作寿命。

二、单根 V 带的基本额定功率

带传动不打滑的条件

$$F_e = \frac{1000P}{v} \leqslant F_{\max} \tag{3-17}$$

由式（3-8）知

$$F_{\max} = F_1 \left(1 - \frac{1}{e^{f_v \alpha}} \right)$$

带的疲劳强度条件为

$$\sigma_{\max} = \sigma_1 + \sigma_c + \sigma_{b1} \leqslant [\sigma]$$

当带不发生疲劳破坏且最大应力 $\sigma_{\max}$ 达到许用应力 $[\sigma]$ 时，紧边应力 σ_1 为

$$\sigma_1 \leqslant [\sigma] - \sigma_c - \sigma_{b1} \tag{3-18}$$

由式（3-17）、式（3-18）可得 V 带所能传递的最大功率为

$$P = \frac{F_e v}{1000} = \frac{\left([\sigma] - \sigma_c - \sigma_{b1}\right)A\left(1 - \dfrac{1}{e^{f_v \alpha}}\right)v}{1000} \tag{3-19}$$

式中，A 为 V 带的横截面面积（mm^2），可查相关资料；σ_c 和 σ_{b1} 为带的离心应力（MPa）和弯曲应力（MPa），可由式（3-11）、式（3-12）求得；v 为带速（m/s）；$[\sigma]$ 为许用应力（MPa），可通过试验求得。

$[\sigma]$ 与带的型号、带长、材质、预期寿命等有关。由试验得出，在 $10^8 \sim 10^9$ 次应力下 V 带的许用应力为

$$[\sigma] = 11.1\sqrt{\frac{CL}{3600mtv}}$$

式中，L 为带长（m）；m 为带轮数；t 为带的寿命（h）；v 为带的速度（m/s）；C 是试验常数。

若对单根 V 带规定特定的带长 L，并取 $m = 2$，$i = 1$（即包角 $\alpha_1 = \alpha_2 = 180°$），将 $[\sigma]$、σ_c 和 σ_{b1} 代入式（3-19）得该特定条件下单根 V 带所能传递的最大功率为

$$P_0 = 10^{-3}\left([\sigma] - \frac{qv^2}{A} - \frac{2h_a}{d_{d1}}E\right)A\left(1 - \frac{1}{e^{f_v \alpha}}\right)v \tag{3-20}$$

式中，q 为单位长度 V 带质量（kg/m），见表 3-3。

按式（3-20）计算的四种型号的单根 V 带所能传递的功率 P_0（即基准额定功率）见表 3-4。显然，同种型号的普通 V 带所能传递的基准额定功率主要取决于带轮直径 d_d 和带速 v。

表 3-3 V 带每米长的质量 q（摘自 GB/T 13575.1—2008、GB/T 13575.2—2008）

带 型		$q/(kg/m)$
基准宽度制普通 V 带	Y	0.023
	Z	0.060
	A	0.105
	B	0.170
	C	0.300
	D	0.630
	E	0.970
基准宽度制窄 V 带	SPZ	0.072
	SPA	0.112
	SPB	0.192
	SPC	0.370

表 3-4 单根普通 V 带的基准额定功率 P_0（摘自 GB/T 13575.1—2008）（单位：kW）

型号	小带轮基准直径 d_{d1}/mm	小带轮转速 $n_1/(r/min)$														
		200	400	700	800	950	1200	1450	1600	2000	2400	2800	3200	4000	5000	6000
Z	50	0.04	0.06	0.09	0.10	0.12	0.14	0.16	0.17	0.20	0.22	0.26	0.28	0.32	0.34	0.31
	63	0.05	0.08	0.13	0.15	0.18	0.22	0.25	0.27	0.32	0.37	0.41	0.45	0.49	0.50	0.48
	71	0.06	0.09	0.17	0.20	0.23	0.27	0.30	0.33	0.39	0.46	0.50	0.54	0.61	0.62	0.56
	80	0.10	0.14	0.20	0.22	0.26	0.30	0.35	0.39	0.44	0.50	0.56	0.61	0.67	0.66	0.61
	90	0.10	0.14	0.22	0.24	0.28	0.33	0.36	0.40	0.48	0.54	0.60	0.64	0.72	0.73	0.56
A	75	0.15	0.26	0.40	0.45	0.51	0.60	0.68	0.73	0.84	0.92	1.00	1.04	1.09	1.02	0.80
	90	0.22	0.39	0.61	0.68	0.77	0.93	1.07	1.15	1.34	1.50	1.64	1.75	1.87	1.82	1.50
	100	0.26	0.47	0.74	0.83	0.95	1.14	1.32	1.42	1.66	1.87	2.05	2.19	2.34	2.25	1.80
	125	0.37	0.67	1.07	1.19	1.37	1.66	1.92	2.07	2.44	2.74	2.98	3.16	3.28	2.91	1.87
	160	0.51	0.94	1.51	1.69	1.95	2.36	2.73	2.54	3.42	3.80	4.06	4.19	3.98	2.67	—

（续）

型号	小带轮基准直径 d_{d1}/mm	\multicolumn{14}{c}{小带轮转速 n_1/(r/min)}
		200	400	700	800	950	1200	1450	1600	2000	2400	2800	3200	4000	5000	6000
B	125	0.48	0.84	1.30	1.44	1.64	1.93	2.19	2.33	2.64	2.85	2.96	2.94	2.51	1.09	—
	160	0.74	1.32	2.09	2.32	2.66	3.17	3.62	3.86	4.40	4.75	4.89	4.80	3.82	0.81	—
	200	1.02	1.85	2.96	3.30	3.77	4.50	5.13	5.46	6.13	6.47	6.43	5.95	3.47	—	—
	250	1.37	2.50	4.00	4.46	5.10	6.04	6.82	7.20	7.87	7.89	7.14	5.60	—	—	—
	280	1.58	2.89	4.61	5.13	5.85	6.90	7.76	8.13	8.60	8.22	6.80	4.26	—	—	—
C	200	1.39	2.41	3.69	4.07	4.58	5.29	5.84	6.07	6.34	6.02	5.01	3.23			
	250	2.03	3.62	5.64	6.23	7.04	8.21	9.01	9.38	9.62	8.75	6.56	2.93			
	315	2.84	5.14	8.09	8.92	10.05	11.53	12.46	12.72	12.14	7.98	—	—		—	
	400	3.91	7.06	11.02	12.1	13.46	15.04	15.53	15.24	11.95	4.34					
	450	4.51	8.20	12.63	13.8	15.23	16.59	16.47	15.57	9.64						

三、V 带传动的工作能力计算

设实际工作条件下给定的功率为 P，则保证传动不失效所需带的根数 Z 应满足

$$Z = \frac{P_d}{[P]} = \frac{K_A P}{(P_0 + \Delta P_0) K_\alpha K_L} \tag{3-21}$$

式中，$P_d = K_A P$，为计算功率（kW）；P 为名义功率（kW）；P_0 为单根 V 带的基准额定功率（kW），见表 3-4；ΔP_0 为 $i \neq 1$ 时单根 V 带的基准额定功率增量（kW），考虑当传动比 $i > 1$，即 $d_{d2} > d_{d1}$ 时，挠性带绕过从动轮时的弯曲应力 σ_{b2} 低于绕过主动轮时的弯曲应力 σ_{b1}，而弯曲应力是影响带疲劳寿命的主要因素，因此，在带绕行次数相同或具有同样寿命的情况下，传动比 $i \neq 1$ 时带能传递更大的功率，功率增量 ΔP_0 可根据传动比 i 和小带轮转速 n_1 由表 3-5 查得；K_A 为工作情况系数（表 3-6）；K_α 为包角修正系数，简称包角系数，反映包角 $\alpha_1 \neq 180°$ 时对传动能力的影响（表 3-7）；K_L 为带长修正系数，简称带长系数，反映实际带长不等于特定长度时应力循环次数的变化对带寿命的影响（表 3-8）。

表 3-5 单根普通 V 带的额定功率增量 ΔP_0（摘自 GB/T 13575.1—2008）（单位：kW）

型号	传动比 i	\multicolumn{14}{c}{小带轮转速 n_1/(r/min)}
		400	730	800	980	1200	1460	1600	2000	2400	2800	3200	3600	4000	5000
Z	1.52~1.99	0.01	0.01	0.02	0.02	0.02	0.02	0.03	0.03	0.04	0.04	0.04	0.05	0.05	0.06
	≥2	0.01	0.02	0.02	0.02	0.03	0.03	0.03	0.04	0.04	0.04	0.05	0.05	0.06	0.06
A	1.52~1.99	0.04	0.08	0.09	0.10	0.13	0.15	0.17	0.22	0.26	0.30	0.34	0.39	0.43	0.54
	≥2	0.05	0.09	0.10	0.11	0.15	0.17	0.19	0.24	0.29	0.34	0.39	0.44	0.48	0.60
B	1.52~1.99	0.11	0.20	0.23	0.26	0.34	0.40	0.45	0.56	0.62	0.79	0.90	1.01	1.13	1.42
	≥2	0.13	0.22	0.25	0.30	0.38	0.46	0.51	0.63	0.76	0.89	1.01	1.14	1.27	1.60
C	1.52~1.99	0.31	0.55	0.63	0.74	0.94	1.14	1.25	1.57	1.88	2.19	2.44	—		
	≥2	0.35	0.62	0.71	0.83	1.06	1.27	1.41	1.76	2.12	2.47	2.75	—		

表 3-6 工作情况系数 K_A（摘自 GB/T 13575.1—2008）

载荷性质	工 作 机	\multicolumn{6}{c}{原 动 机}
		\multicolumn{3}{c}{空、轻载起动}	\multicolumn{3}{c}{重载起动}
		\multicolumn{6}{c}{每天工作时间/h}
		<10	10~16	>16	<10	10~16	>16
载荷变动微小	液体搅拌机、通风机和鼓风机（≤7.5kW）、离心式水泵和压缩机、轻型输送机	1.0	1.1	1.2	1.1	1.2	1.3
载荷变动小	带式输送机（不均匀载荷）、通风机（>7.5kW）、旋转式水泵和压缩机（非离心式）、发电机、金属切削机床、旋转筛、锯木机和木工机械	1.1	1.2	1.3	1.2	1.3	1.4
载荷变动较大	制砖机、斗式提升机、往复式水泵和压缩机、起重机、磨粉机、冲剪机床、橡胶机械、振动筛、纺织机械、重载输送机	1.2	1.3	1.4	1.4	1.5	1.6

（续）

载荷性质	工作机		原动机					
			空、轻载起动			重载起动		
			每天工作时间/h					
			<10	10~16	>16	<10	10~16	>16
载荷变动很大	破碎机（旋转式、颚式等）、磨碎机（球磨、棒磨、管磨）		1.3	1.4	1.5	1.5	1.6	1.8

表 3-7 包角系数 K_α（摘自 GB/T 13575.1—2008）

小带轮包角/(°)	180	175	170	165	160	155	150	145	140	135	130	125	120
K_α	1	0.99	0.98	0.96	0.95	0.93	0.92	0.91	0.89	0.88	0.86	0.84	0.82

表 3-8 带基准长度 L_d 和带长修正系数 K_L（摘自 GB/T 13575.1—2008）

普通 V 带													
Y		Z		A		B		C		D		E	
L_d/mm	K_L	L_d/mm	K_L	L_d/mm	K_L	L_d/mm	K_L	L_d/mm	K_L	L_d/mm	K_L	L_d/mm	K_L
200	0.81	405	0.87	630	0.81	930	0.83	1565	0.82	2740	0.82	4660	0.91
224	0.82	475	0.90	700	0.83	1000	0.84	1760	0.85	3100	0.86	5040	0.92
250	0.84	530	0.93	790	0.85	1100	0.86	1950	0.87	3330	0.87	5420	0.94
280	0.87	625	0.96	890	0.87	1210	0.87	2195	0.90	3730	0.90	6100	0.96
315	0.89	700	0.99	990	0.89	1370	0.90	2420	0.92	4080	0.91	6850	0.99
355	0.92	780	1.00	1100	0.91	1560	0.92	2715	0.94	4620	0.94	7650	1.01
400	0.96	920	1.04	1250	0.93	1760	0.94	2880	0.95	5400	0.97	9150	1.05
450	1.00	1080	1.07	1430	0.96	1950	0.97	3080	0.97	6100	0.99	12230	1.11
500	1.02	1330	1.13	1550	0.98	2180	0.99	3520	0.99	6840	1.02	13750	1.15
		1420	1.14	1640	0.99	2300	1.01	4060	1.02	7620	1.05	15280	1.17
		1540	1.54	1750	1.00	2500	1.03	4600	1.05	9140	1.08	16800	1.19
				1940	1.02	2700	1.04	5380	1.08	10700	1.13		
				2050	1.04	2870	1.05	6100	1.11	12200	1.16		
				2200	1.06	3200	1.07	6815	1.14	13700	1.19		
				2300	1.07	3600	1.09	7600	1.17	15200	1.21		
				2480	1.09	4060	1.13	9100	1.21				
				2700	1.10	4430	1.15	10700	1.24				
						4820	1.17						
						5370	1.20						
						6070	1.24						

窄 V 带					窄 V 带				
L_d/mm	SPZ	SPA	SPB	SPC	L_d/mm	SPZ	SPA	SPB	SPC
	K_L					K_L			
630	0.82				3150	1.11	1.04	0.98	0.90
710	0.84				3550	1.13	1.06	1.00	0.92
800	0.86	0.81			4000		1.08	1.02	0.94
900	0.88	0.83			4500		1.09	1.04	0.96
1000	0.90	0.85			5000			1.06	0.98
1120	0.93	0.87			5600			1.08	1.00
1250	0.94	0.89	0.82		6300			1.10	1.02
1400	0.96	0.91	0.84		7100			1.12	1.04
1600	1.00	0.93	0.86		8000			1.14	1.06
1800	1.01	0.95	0.88		9000				1.08
2000	1.02	0.96	0.90	0.81	10000				1.10
2240	1.05	0.98	0.92	0.83	11200				1.12
2500	1.07	1.00	0.94	0.86	12500				1.14
2800	1.09	1.02	0.96	0.88					

四、V 带传动的设计内容及设计流程图

1. 已知条件

1）传动的用途和工作情况已知。

2）传递的功率 P 已知。

3）主动轮转速 n_1、从动轮转速 n_2（或传动比 i）已知。

4）对外廓尺寸的要求。

2. 设计内容

1）根据使用条件和要求选择带的类型。

2）确定带的型号、根数、带传动的尺寸及张紧方式等。

3）带轮的结构、尺寸及材料等（详见本章第五节）。

3. 设计应满足的条件

1）运动学条件。带轮直径 d_{d1}、d_{d2} 必须满足传动比 $i = n_1/n_2 \approx d_{d2}/d_{d1}$ 的要求。

2）强度条件。为保证带传动在不打滑的条件下有足够的寿命，带根数 Z 应满足式（3-21）的条件。

3）几何条件。带轮直径 d_{d1}、d_{d2}、带长 L、中心距 a 应满足一定的几何关系。

4）约束条件。带传动的工作原理和设计计算理论决定了为使带传动保持良好的工作状态，设计参数必须合理，小带轮包角 α_1、带速度 v、小带轮直径 d_{d1} 应在合理范围内：①由前述对带传动最大有效拉力的分析可知，为保证传动能力（不打滑），一般应使 $\alpha_1 \geqslant 120°$。②考虑离心力的影响，如 v 过大，则传动能力下降，易打滑；但若 v 太小，则有效拉力 $F_e = 1000P/v$ 过大，带的根数过多。带速 v 一般应在 $5 \sim 25\text{m/s}$ 范围之内。③根据带传动的应力分析，为保证带的疲劳寿命，应使小带轮直径 $d_{d1} \geqslant d_{d\min}$。

4. 设计流程图

V 带传动的设计可按图 3-11 所示的设计计算框图进行。

五、V 带传动的参数选择与设计计算

1. 初选带的型号

根据设计功率 P_d 和小轮转速 n_1，由图 3-12 和图 3-13 初选带的型号。

2. 带轮基准直径的选择与计算

1）初选小带轮基准直径 d_{d1}。根据 V 带类型，参考表 3-10 及表 3-2 选取适当的值。

2）计算从动轮的基准直径 $d_{d2} = i d_{d1}$，并按 V 带轮的基准直径系列表 3-10 取标准值。

3. 确定中心距、带长和包角

如果中心距未给定，一般可按下式初选中心距 a_0：

$$0.7(d_{d1} + d_{d2}) \leqslant a_0 \leqslant 2(d_{d1} + d_{d2}) \tag{3-22}$$

然后根据带传动的几何关系按式（3-1）初算带的基准长度 L_0，根据初算带长 L_0 由表 3-9 选取相近的标准基准带长 L_d，再根据 L_d 计算实际中心距 a，即

$$a \approx a_0 + \frac{L_d - L_0}{2} \tag{3-23}$$

考虑安装调整和补偿初拉力的需要，中心距的变动范围为

$$a_{\min} = a - 0.015 L_d \qquad a_{\max} = a + 0.03 L_d$$

小带轮包角按式（3-2）计算，并验算 $\alpha_1 \geqslant 120°$。

若中心距较小，则传动紧凑，但带的长度也小，将使单位时间内带绕经带轮的次数增

多；若中心距过大，使传动装置的尺寸过大，且当速度较高时，易引起带的颤动。

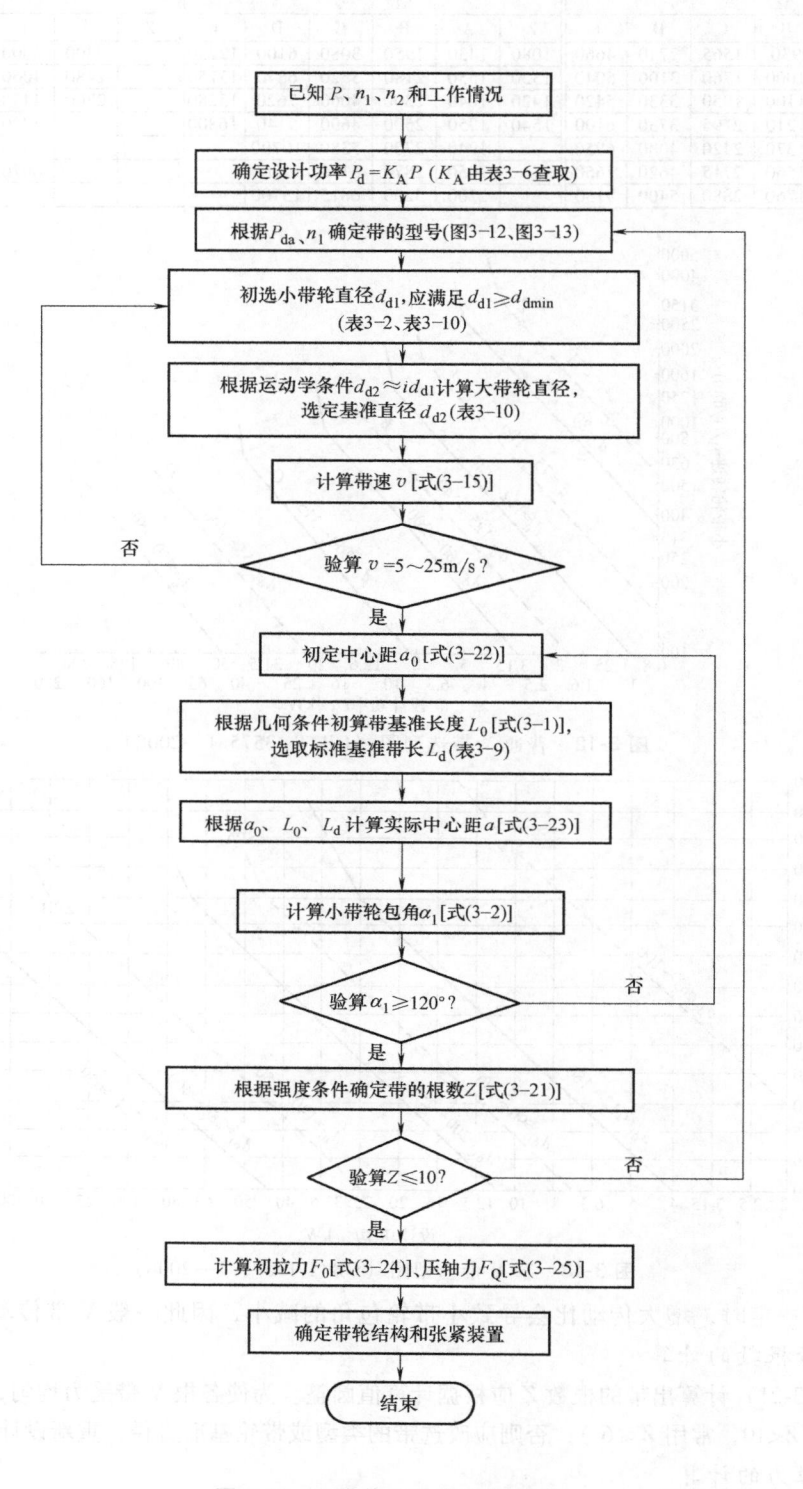

图 3-11　V带传动设计计算框图

表 3-9 普通 V 带基准长度（摘自 GB/T 11544—2012） （单位：mm）

Z	A	B	C	D	E	Z	A	B	C	D	E	Z	A	B	C	D	E
406	630	930	1565	2740	4660	1080	1430	1950	3080	6100	12230	2300	3600	7600	15200		
475	700	1000	1760	3100	5040	1330	1550	2180	3520	6840	13750	2480	4060	9100			
530	790	1100	1950	3330	5420	1420	1640	2300	4060	7620	15280	2700	4430	10700			
625	890	1210	2195	3730	6100	1540	1750	2500	4600	9140	16800		4820				
700	990	1370	2420	4080	6850		1940	2700	5380	10700			5370				
780	1100	1560	2715	4620	7650		2050	2870	6100	12200			6070				
920	1250	1760	2880	5400	9150		2200	3200	6815	13700							

其中型号列标题均为"型 号"，子列为 Z、A、B、C、D、E。

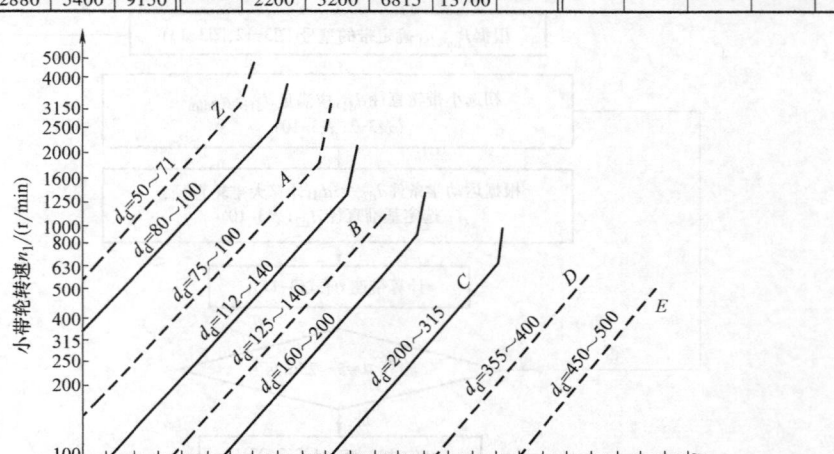

图 3-12 普通 V 带选型图（GB/T 13575.1—2008）

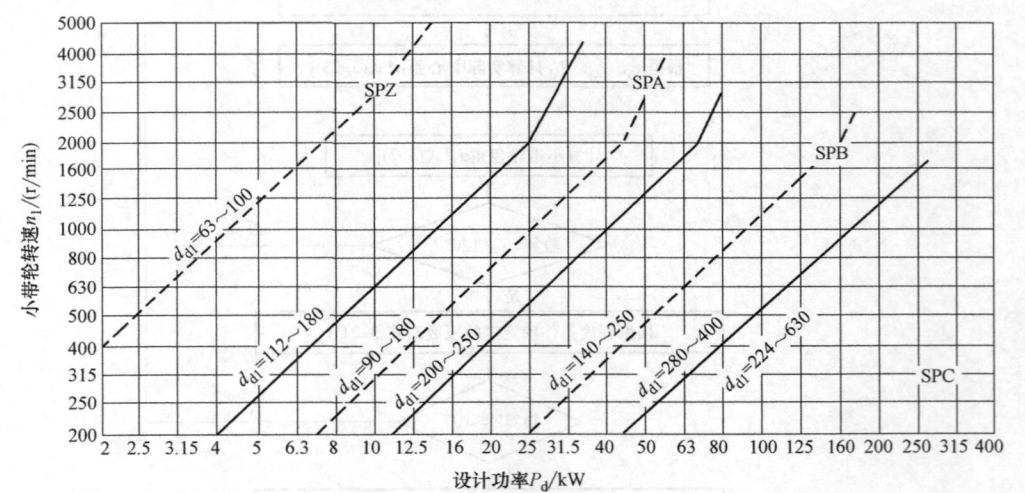

图 3-13 窄 V 带选型图（GB/T 13575.1—2008）

中心距一定时，增大传动比会导致小带轮包角的减小，因此一般 V 带传动比 $i \leqslant 7$。

4. V 带根数的计算

由式（3-21）计算出带的根数 Z 应根据计算值圆整。为使各根 V 带受力均匀，带的根数不宜过多（一般 $Z < 10$，常用 $Z \leqslant 6$），否则应改选带的类型或带轮基准直径，重新设计计算。

5. 初拉力的计算

既保证传递功率，又保证足够寿命的单根 V 带所需初拉力 F_0 可由下式计算：

$$F_0 = 500 \frac{P_{\text{ca}}}{Zv}\left(\frac{2.5}{K_\alpha} - 1\right) + qv^2 \tag{3-24}$$

6. 压轴力 F_Q 的计算

为设计支承带轮的轴和轴承，需知带作用在轴上的压轴力 F_Q（图 3-14）。F_Q 可近似按下式计算：

$$F_Q = 2ZF_0\sin\frac{\alpha_1}{2} \tag{3-25}$$

式中，Z 为带的根数；F_0 为单根带的初拉力（N）；α_1 为小带轮包角（°）。

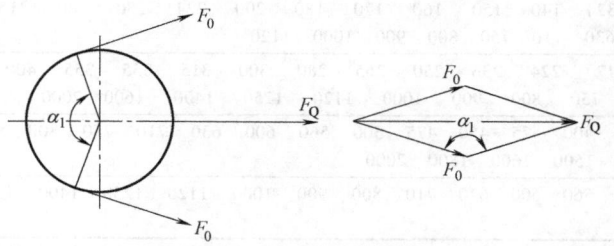

图 3-14 带作用在轮轴上的载荷

第五节　V 带轮设计及带传动的张紧装置

一、V 带轮的设计

1. 带轮材料

带轮常用铸铁制造，常用牌号为 HT150 或 HT200，允许的最大圆周速度为 25m/s。转速较高时宜采用铸钢或钢板冲压后焊接；功率较小时可用铸铝或塑料制造。

2. V 带轮的结构

如图 3-15 所示，带轮的外缘部分称为轮缘，轮与轴相连接的部分称为轮毂，连接轮缘与轮毂的部分称为轮辐。

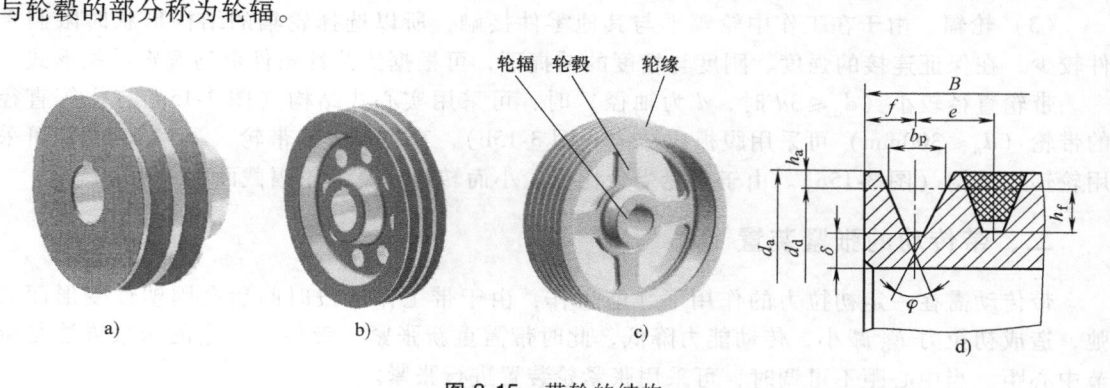

图 3-15 带轮的结构
a）实心式结构　b）腹板式结构　c）轮辐式结构　d）断面图

带轮的结构设计主要是根据带轮的基准直径选择结构形式，并根据带的型号及根数确定轮缘宽度和轮槽尺寸。轮槽形状见图 3-15d。

（1）轮缘　V 带带轮基准直径见表 3-10。

表 3-10　V 带带轮基准直径（GB/T 13575.1—2008）

槽型	基准直径 d_d/mm														
Y	20	22.4	25	28	31.5	35.5	40	45	50	56	80	90	112	125	
Z SPZ	（50	56）	63	71	75	80	90	100	112	125	132	140	150	160	180	200	224	250
	280	315	355	400	500	630									
A SPA	（75	80	85）	90	95	100	106	112	118	125	132	140	150	160	180	200	224	250
	280	315	355	400	450	500	630	710	800						
B SPB	（125	132）	140	150	160	170	180	200	224	250	280	315	355	400	450	500
	560	600	630	710	750	800	900	1000	1120						
C SPC	（200	212）	224	236	250	265	280	300	315	335	355	400	450	500	560	600
	630	710	750	800	900	1000	1120	1250	1400	1600	2000				
D	355	375	400	425	450	475	500	560	600	630	710	750	800	900	1000	1060	1120
	1250	1400	1500	1600	1800	2000									
E	500	530	560	600	670	710	800	900	1000	1120	1250	1400	1500	1600	1800	2000
	2240	2500													

注：表中四组带括号的带轮直径只适合对应槽型的普通 V 带，同一栏所列其他尺寸的带轮直径同时适用于对应的普通 V 带和窄 V 带。

普通 V 带和窄 V 带的楔角 α 都是 40°，为保证带和带轮工作面的良好接触，带轮槽角 φ 应适当减小，常见有 φ = 32°、34°、36°、38°四种。

（2）轮毂　带轮通过轮毂与轴连接实现定位和传递载荷，为保证足够的承载能力和定位精度，应合理地确定轮毂的宽度和直径。

轮毂宽度可取为轮毂孔直径的 0.8~1.2 倍。非实心的轮毂应具有适当的厚度，通常取轮毂外径为轮毂孔直径的 1.6~1.8 倍，承受较大载荷、承受冲击载荷、由于其他结构（如键槽、销孔）对强度有较大削弱的轮毂应取较大值。

轮毂形状设计主要考虑毛坯制造工艺性的要求。对于铸造及模锻毛坯的轮毂应设置起（拔）模斜度，轮毂外形为圆锥形，由切削加工方法制造的轮毂外形通常为圆柱形；为减少应力集中，在轮毂与轮辐的过渡处应设有较大的圆角；通常轮毂在轴向相对于轮辐及轮缘对称布置。

（3）轮辐　由于在工作中轮辐不与其他零件接触，所以选择轮辐的结构形状时限制条件较少，在保证连接的强度、刚度与精度的前提下，可根据工艺性条件灵活确定结构形式。

带轮直径较小（$d_d \leqslant 3d$ 时，d 为轴径）时，可采用实心式结构（图 3-15a）；中等直径的带轮（$d_d \leqslant 300$mm）可采用腹板式结构（图 3-15b），直径较大的带轮（$d_d > 300$mm）可采用轮辐式结构（图 3-15c）。由于带轮受力比齿轮小而转速较高，轮辐截面常采用椭圆形。

二、带传动的张紧装置

带传动需在一定初拉力的作用下才能工作，由于带工作一段时间后会因塑性变形而松弛，造成初拉力 F_0 减小，传动能力降低，此时带需重新张紧。带传动常用的张紧方法是调节中心距。当中心距不可调时，可采用张紧轮装置进行张紧。

1. 定期张紧

图 3-16a 所示为利用螺旋传动定期调节中心距进行的张紧装置，图 3-16b 所示为张紧轮

定期张紧装置。

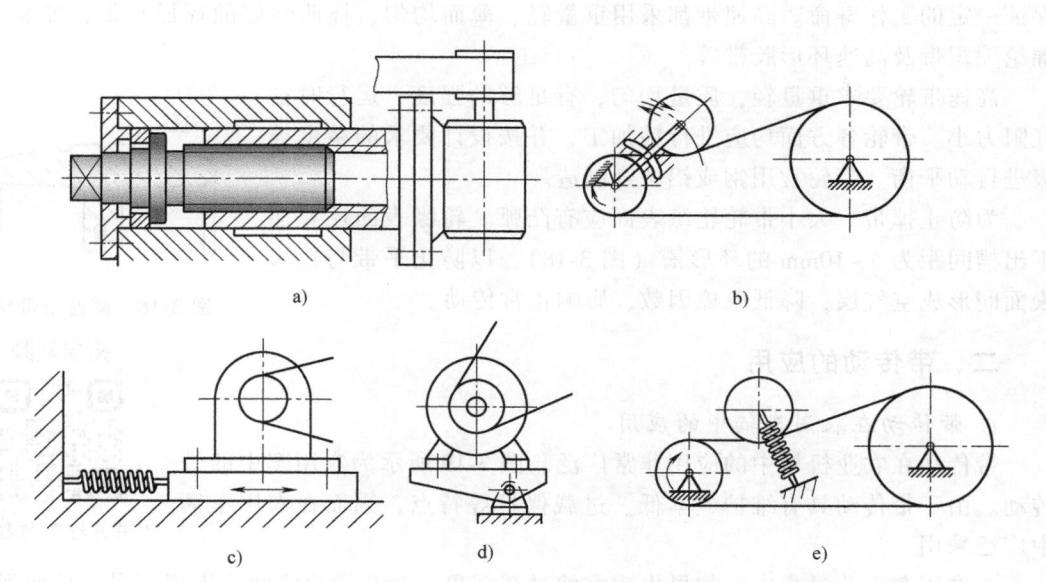

图 3-16　带传动的张紧装置

a）利用螺旋传动定期调节中心距的张紧装置　b）张紧轮定期张紧装置　c）、d）、e）自动张紧

2. 自动张紧

1）对水平传动，可利用弹簧力的作用使带始终在一定的张紧力下工作（图 3-16c）。

2）当传动不是水平布置且功率较小时，可利用浮动架和电动机自重实现自动张紧（图 3-16d）。

3）图 3-16e 所示为张紧轮自动张紧。张紧轮应置于松边。

第六节　其他带传动简介及带传动的应用

一、其他带传动简介

1. 同步带传动

同步带是工作面上带齿的环状带，以钢丝绳或玻璃纤维绳等为抗拉层、氯丁橡胶或聚氨酯橡胶为基体，同步带与同步带轮靠啮合传递运动和动力（图 3-17）。由于抗拉层承载后变形很小，能保持带齿的节距不变，故同步带与带轮之间没有相对滑动，从而有准确的传动比，从而可实现同步传动。

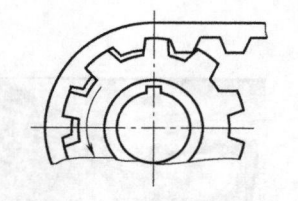

图 3-17　同步带传动

同步带传动的适用范围较广，通常带速 $v < 50 \mathrm{m/s}$，传递功率 $P < 300 \mathrm{kW}$，传动比 $i \leqslant 10$。由于同步带传动兼有普通带传动和啮合传动的优点，所以常用于要求传动比准确的场合，如打印机、放映机、纺织机械等。其主要缺点是制造和安装精度要求较高。同步带传动的设计可参阅有关设计手册。

2. 高速平带传动

带速 $v > 30 \mathrm{m/s}$、高速轴转速 $n_1 = 10000 \sim 50000 \mathrm{r/min}$ 的带传动属于高速带传动。它主要

用于增速传动，如离心机、搅拌机和其他高速机械。高速带传动要求运转平稳，传动可靠，保证一定的工作寿命。高速带都采用重量轻、薄而均匀、挠曲性好的环形平带，如麻织带、锦纶编织带及高速环形胶带等。

高速带轮要求重量轻，质量均匀，有足够的强度，运行时空气阻力小。带轮各方面均应进行精加工，并按设计要求的精度等级进行动平衡。带轮常用钢或铝合金制造。

为防止掉带，大小带轮轮缘表面应有凸弧。轮缘表面还要加工出槽间距为 5~10mm 的环形槽（图 3-18），以防止平带与轮缘表面间形成空气层，降低摩擦因数，影响正常传动。

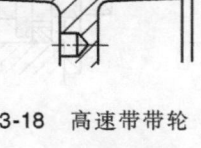

图 3-18 高速带带轮

拓展视频

"东方红"拖拉机

二、带传动的应用

1. 带传动在农用车辆中的应用

带传动在农业机械中的应用非常广泛。图 3-19 所示为农用车中的带传动。由于带传动具有维护成本低、过载保护等特点，因而在农用车辆中广泛采用。

在农用车作业过程中，如果出现突然过载现象，带与带轮之间将出现打滑，从而保护系统的其他零件。即使出现带的疲劳断裂等失效形式，由于带是标准件，购买方便，且带的更换操作也简单易行，也不会对生产造成较大影响。

2. 无级变速传动

通常的带传动都是定传动比传动（忽略滑动率），实际上带传动在无级变速传动中的应用也非常广泛，如包装机中常用带传动实现无级变速。带式无级变速器的基本结构和传动原理与带传动相似，是利用传动带左右两侧面与主、从动带轮锥盘接触产生的摩擦力进行传动的，通过改变两锥盘的轴向距离来改变 V 形槽的相对宽度，使 V 带处于不同的工作直径，以达到无级变速目的。无级变速器中应用最广的带型是宽 V 带。宽 V 带挠曲性较好，变速范围大，传递功率较大。图 3-20 所示为两种主要变速方式。

图 3-19 农用车中的带传动

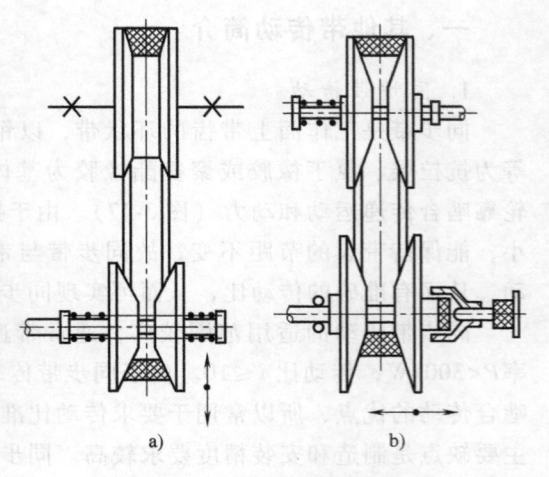

图 3-20 变速方式
a) 单变速轮式 b) 双变速轮式

例题 3-1　设计某带式输送机传动系统所用的 V 带传动。已知电动机额定功率 $P = 5.5\text{kW}$，转速 $n_1 = 1440\text{r/min}$，传动比 $i = 3.9$，每天运转时间为 18h。

解：（1）确定设计功率 P_d　由表 3-6 查得工作情况系数 $K_A = 1.3$，故 $P_d = K_A P = 1.3 \times 5.5\text{kW} = 7.15\text{kW}$。

（2）选取 V 带带型　根据 P_d、n_1，由图 3-12 确定选用 B 型 V 带。

（3）确定带轮基准直径　由表 3-2，取主动轮基准直径 $d_{d1} = 125\text{mm}$，则从动轮基准直径 $d_{d2} = i d_{d1} = 3.9 \times 125\text{mm} = 487.5\text{mm}$。根据表 3-10，取 $d_{d2} = 500\text{mm}$，则带速

$$v = \frac{\pi d_{d1} n_1}{60 \times 1000} = \frac{\pi \times 125\text{mm} \times 1440\text{r/min}}{60 \times 1000} = 9.42\text{m/s}$$

符合 $5\text{m/s} < v < 25\text{m/s}$ 的要求。

（4）确定 V 带的基准长度和传动中心距　根据式（3-22）得 $437.5\text{mm} < a_0 < 1250\text{mm}$，初步确定中心距 $a_0 = 438\text{mm}$。

由式（3-1）计算带所需基准长度为

$$L_0 = 2a_0 + \frac{\pi}{2}(d_{d1} + d_{d2}) + \frac{(d_{d2} - d_{d1})^2}{4a_0}$$

$$= 2 \times 438\text{mm} + \frac{\pi}{2}(500\text{mm} + 125\text{mm}) + \frac{(500\text{mm} - 125\text{mm})^2}{4 \times 438\text{mm}} = 1937.5\text{mm}$$

由表 3-9 选带的基准长度 $L_d = 1950\text{mm}$，由式（3-23）得实际中心距为

$$a = a_0 + \frac{L_d - L_0}{2} = 438\text{mm} + \frac{1950\text{mm} - 1937.5\text{mm}}{2} = 444.3\text{mm}$$

（5）验算主动轮上的包角 α_1　由式（3-2）得

$$\alpha_1 = 180° - \frac{d_{d2} - d_{d1}}{a} \times 57.3° = 180° - \frac{500\text{mm} - 125\text{mm}}{444.3\text{mm}} \times 57.3° = 131.6° > 120°$$

主动轮包角合适。

（6）计算 V 带的根数 Z　由式（3-21）知

$$Z = \frac{P_d}{[P]} = \frac{K_A P}{(P_0 + \Delta P_0) K_\alpha K_L}$$

由 $n_1 = 1440\text{r/min}$，$d_{d1} = 125\text{mm}$，$i = 3.9$，查表 3-4 和表 3-5 得 $P_0 = 2.19\text{kW}$，$\Delta P_0 = 0.46\text{kW}$。查表 3-7 得 $K_\alpha = 0.87$，查表 3-8 得 $K_L = 0.97$，则

$$Z = \frac{1.3 \times 5.5\text{kW}}{(2.19\text{kW} + 0.46\text{kW}) \times 0.87 \times 0.97} = 3.2$$

取 $Z = 4$。

（7）计算张紧力 F_0　由式（3-24）知

$$F_0 = 500 \frac{P_d}{Zv}\left(\frac{2.5}{K_\alpha} - 1\right) + qv^2$$

查表 3-3 得 $q = 0.17\text{kg/m}$，故

$$F_0 = 500 \times \frac{7.15\text{kW}}{4 \times 9.42\text{m/s}} \times \left(\frac{2.5}{0.87} - 1\right) + 0.17\text{kg/m} \times (9.42\text{m/s})^2 = 192.8\text{N}$$

（8）计算作用在轴上的压轴力 F_Q 由式（3-25）得

$$F_Q = 2ZF_0 \sin\frac{\alpha_1}{2} = 2 \times 4 \times 192.8\text{N} \times \sin$$

$$\frac{131.6°}{2} = 1407.2\text{N}$$

例题 3-2 一带式制动器如图 3-21 所示。已知其制动轮直径 $D = 120\text{mm}$，力矩 $T = 12000\text{N} \cdot \text{mm}$，制动带与制动轮间包角 $\alpha = 180°$，摩擦因数 $f = 0.4$，杆长 $l = 300\text{mm}$。求：加在制动杆处的作用力 F 应是多少？

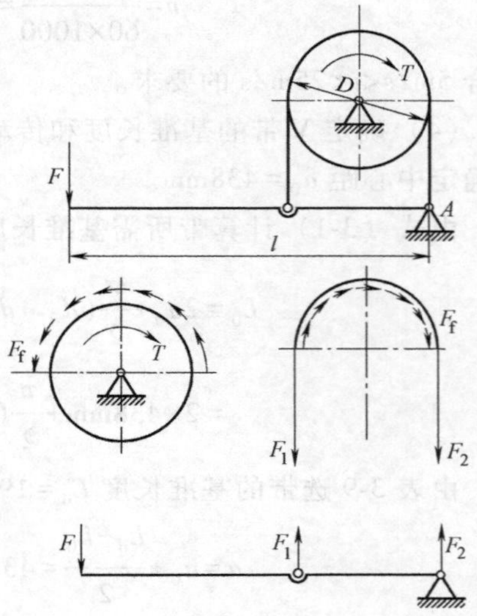

解：（1）取制动轮为研究对象，求制动轮受摩擦力 F_f 和力矩 T

根据力矩平衡方程 $F_f \dfrac{D}{2} = T$，得

$$F_f = \frac{2T}{D} = \frac{2 \times 12000\text{N} \cdot \text{mm}}{120\text{mm}} = 200\text{N}$$

（2）取制动带为研究对象，带受摩擦力 F_f、紧边拉力 F_1、松边拉力 F_2

根据力矩平衡方程

$$F_1 \frac{D}{2} = F_2 \frac{D}{2} + F_f \frac{D}{2}$$

因此 $F_1 - F_2 = F_f = 200\text{N}$

又根据欧拉公式得 $\dfrac{F_1}{F_2} = e^{f\alpha} = e^{0.4\pi} \approx 3.51$

解以上二方程，得 $F_1 = 279.7\text{N}$，$F_2 = 79.7\text{N}$。

（3）取制动杆为研究对象，对 A 点的力矩平衡方程为

$$Fl = F_1 D$$

则

$$F = \frac{D}{l} F_1 = \frac{120\text{mm}}{300\text{mm}} \times 279.7\text{N} = 112\text{N}$$

图 3-21 例题 3-2 图

讨论：①若制动轮反转时，所需制动力 F 应为多少？②制动轮朝哪个方向转动更好？③如要求制动轮正反转动时，所需制动力 F 不变，应如何设计？

讨 论 题

3-1 带的楔角与带轮轮槽的槽角是否相同？为什么？

3-2 带传动中的弹性滑动是怎么产生的？为什么说弹性滑动是不可避免的？

3-3 带传动在什么情况下会发生打滑？打滑一般先发生在大轮上还是小轮上？为什么？

3-4 V 带传动设计中，为什么小带轮直径应满足 $d_{d1} \geqslant d_{dmin}$ 条件的限制？

3-5 在多根 V 带传动中，当一根带失效时，为什么要全部更换？

3-6 有一双速电动机与 V 带组成的传动装置，改变电动机转速可使从动轴得到 300r/min 和 600r/min 两种转速。若从动轴输出功率不变，试问在设计带传动时应按哪种转速计算？为什么？

3-7 在 V 带传动中，为什么初拉力不能过大或过小？

3-8 从小带轮包角 α_1 的大小、弯曲应力 σ_b 的变化分析图 3-22 中带传动张紧轮布置的利与弊，张紧轮的布置应考虑哪些因素？图 3-22 中哪两种布置比较合理？

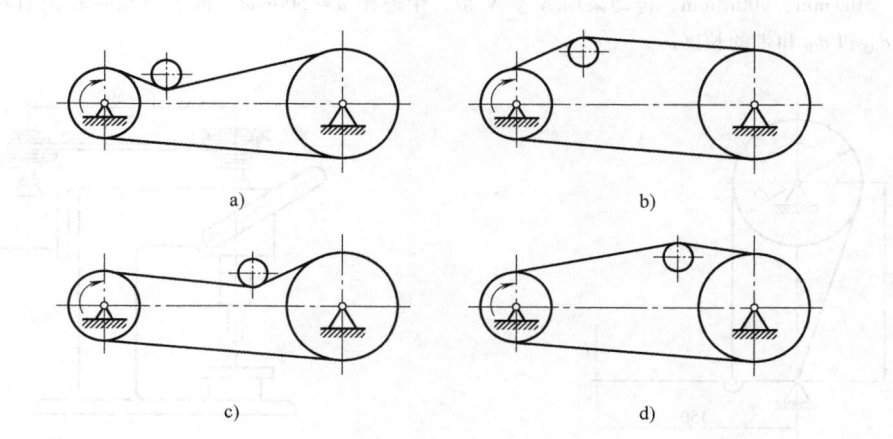

a)   b)

c)   d)

图 3-22 讨论题 3-8 图

3-9 进行带传动设计时为什么传动比不能过大，带的根数不宜过多？

3-10 带传动为什么要张紧？常用的张紧方法有哪几种？

习 题

3-1 单根 B 型 V 带传动传递稳定功率 $P = 2kW$，小带轮转速 $n_1 = 1400r/min$，小带轮包角 $\alpha_1 = 175°$，当量摩擦因数 $f_v = 0.51$，如下三种情况下分别计算紧边拉力 F_1、松边拉力 F_2，并分析带的传动能力。

1）当小轮直径 $d_{d1} = 125mm$，初拉力 $F_0 = 160N$ 时；

2）当小轮直径 $d_{d1} = 140mm$，初拉力 $F_0 = 160N$ 时；

3）当小轮直径 $d_{d1} = 125mm$，初拉力 $F_0 = 180N$ 时。

3-2 一鼓风机采用 V 带传动，电动机功率为 5.5kW，主动轮转速 $n_1 = 1440r/min$，中心距 $a = 800mm$，每天工作 12h，传动比为 3.5，试设计该 V 带传动。

3-3 一普通 V 带传递的功率 $P = 5.5kW$，小带轮转速 $n_1 = 960r/min$，小带轮直径 $d_{d1} = 140mm$，初拉力 $F_0 = 300N$，试求有效拉力 F_e、紧边拉力 F_1 和松边拉力 F_2。

3-4 有一 A 型 V 带传动，传递功率 $P = 2kW$，初拉力 $F_0 = 190N$，主动轮直径 $d_{d1} = 90mm$，从动轮直径 $d_{d2} = 180mm$，中心距 $a = 480mm$，主动轮转速 $n_1 = 1400r/min$，带的弹性模量 $E = 300MPa$。试求：1）传动中带的最大应力 σ_{max} 值。2）分析哪种应力对带的寿命影响最大。

3-5 一离心水泵采用三根 B 型 V 带传动，主动轮直径 $d_{d1} = 140mm$，从动轮直径 $d_{d2} = 280mm$，中心距 $a = 800mm$。若要求输出转速 $n_2 = 480r/min$，工况系数 $K_A = 1.1$，试问：

1）允许传递的最大功率是多少？

2）带传动作用在轴上的压轴力有多大？

3-6 有一带式制动器如图 3-23 所示。制动带轮直径 $D = 100\text{mm}$，制动力矩 $T = 90\text{N} \cdot \text{m}$，摩擦因数 $f = 0.3$。试求：

1）求加在杆端的力 F 是多少？

2）如果制动轮反方向转动，加在杆端的力 F 又是多少？

3）设计制动器时拉紧力是作用在带的松边好，还是紧边好？

3-7 如图 3-24 所示，台钻用塔轮传动变速。已知电动机转速为 750r/min，要求主轴有三种转速：625r/min、750r/min、900r/min，传动采用 A 型 V 带，中心距 $a \approx 500\text{mm}$。试求各级带轮的直径 d_{d1}、d_{d2}、d_{d3}、d_{d4}、d_{d5} 和 d_{d6} 和带的长度。

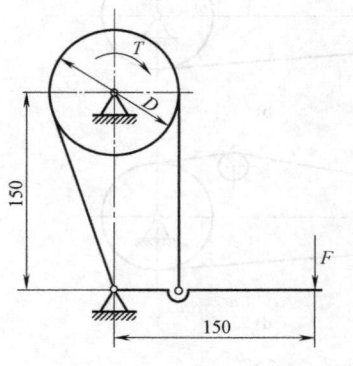

图 3-23 习题 3-6 图

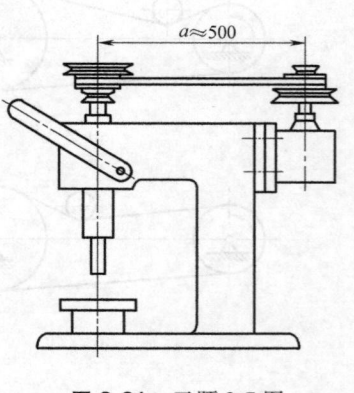

图 3-24 习题 3-7 图

3-8 The capacity of a V-belt drive is to be 5.5kW, the initial tension $F_0 = 400\text{N}$, a driver has a diameter of $d_{d1} = 200\text{mm}$, a speed of $n_1 = 1800\text{r/min}$. Determine the tensions on the tight side and the tensions on the slack side.

第四章 链传动设计

第一节 链传动的特点和类型

链传动是由链条和安装在平行轴上的链轮组成的，如图 4-1 所示。链传动以链条为中间挠性件，通过链条链节和链轮轮齿连续不断的啮合来传递运动和动力。

一、链传动的特点

与带传动相比，链传动的优点是：①没有弹性滑动，平均传动比准确，传动可靠。②张紧力小，轴与轴承所受载荷较小。③效率较高，可达 98%。④链条在机构中应用很广泛。

与齿轮传动相比，链传动的优点是：①可以有较大的中心距。②可在高温环境中工作，也可以用于灰尘多的环境（如农业机械、建筑机械），但寿命缩短。③成本较低。

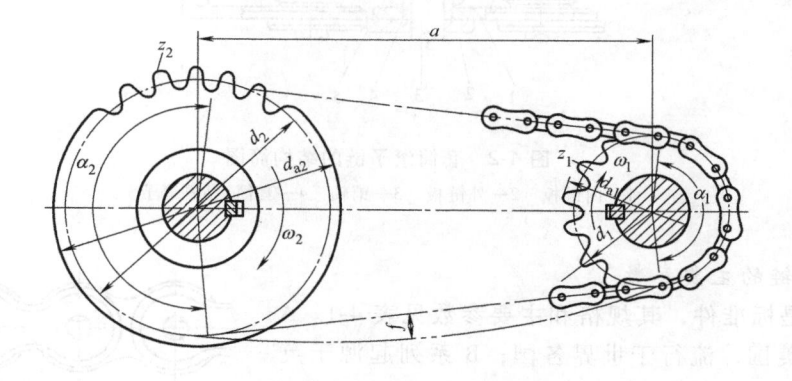

图 4-1 链传动

链传动的缺点是：①链的瞬时速度和瞬时传动比都是变化的，传动平稳性较差，工作时有噪声，不适合高速场合。②不适用于转动方向频繁改变的情况。③只能用于平行轴间传动。

链传动主要用于中心距较大、要求平均传动比准确、对平稳性要求不高的场合，在农业、冶金、起重、石油、化工等行业都有广泛的应用。按用途不同，链传动中的链可分为传动链、起重链和曳引链。起重链和曳引链用于起重机械和运输机械，传动链在一般机械传动中的应用最广泛。通常传动链的工作范围是：链速 $v \leqslant 15\text{m/s}$，传递功率 $P < 100\text{kW}$，传动比

$i \leqslant 8$。

二、传动链与链轮

传动链主要有传动用短节距精密套筒链（简称套筒链）、传动用短节距精密滚子链（简称滚子链）、传动用齿形链和成型链等类型。其中滚子链应用非常广泛，本章主要讨论滚子链。

（一）滚子链

1. 滚子链的结构

滚子链的结构如图 4-2 所示，它由内链板 1、外链板 2、销轴 3、套筒 4 和滚子 5 组成。内链板与套筒之间、外链板与销轴之间分别用过盈配合连接。滚子与套筒之间、套筒与销轴之间分别用间隙配合连接。当链节屈伸时，套筒可绕销轴自由转动。

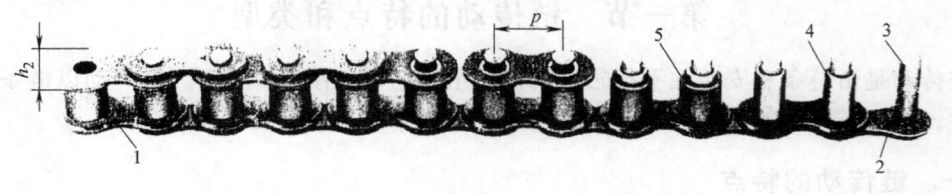

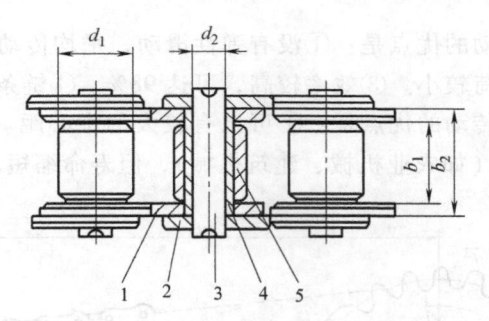

图 4-2　套筒滚子链的结构简图

1—内链板　2—外链板　3—销轴　4—套筒　5—滚子

2. 滚子链的主要参数

滚子链是标准件，其规格和主要参数见表 4-1。A系列起源于美国，流行于世界各国；B 系列起源于英国，主要流行于欧洲；我国以 A 系列的设计应用为主，B 系列主要供维修与出口。滚子链的特性参数是链的节距 p，即链条上相邻两销轴中心的距离。链的节距 p 越大，链的尺寸和传递的功率就越大。传递的功率较大时，可采用双排链（图 4-3）或多排链。多排链是将单排链并列，由长销轴连接而成的。多排链的承载能力和排数成正比，但排数越多，各排链受力不均匀的现象就越明显，因此一般排数不超过 3~4 排。

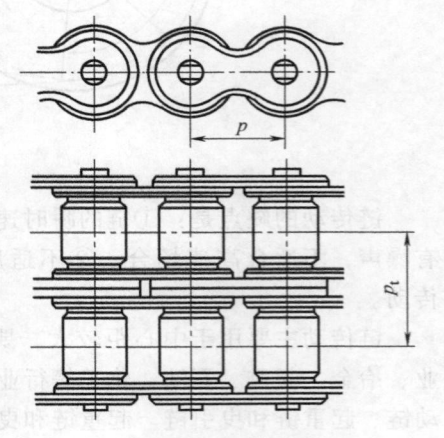

图 4-3　双排链

表 4-1　滚子链的规格和主要参数（摘自 GB/T 1243—2006）

链号	节距 p /mm	滚子直径 d_1 /mm	内节内宽 b_1 /mm	内节外宽 b_2 /mm	销轴直径 d_2 /mm	内链板高度 h_2 /mm	抗拉强度 F_u （单排）/kN	每米质量 q[①] （单排）/kg	排距 p_t /mm
05B	8.00	5.00	3.00	4.77	2.31	7.11	4.4	0.18	5.64
06B	9.525	6.35	5.72	8.53	3.28	8.26	8.9	0.40	10.24
08A	12.70	7.92	7.85	11.17	3.98	12.07	13.9	0.65	14.38
08B	12.70	8.51	7.75	11.3	4.45	11.81	17.8	0.65	13.92
10A	15.875	10.16	9.40	13.84	5.09	15.09	21.8	1.00	18.11
10B	15.875	10.16	9.65	13.28	5.08	14.73	22.2	1.0	16.59
12A	19.05	11.91	12.57	17.75	5.96	18.10	31.3	1.50	22.78
12B	19.05	12.07	11.68	15.62	5.72	16.13	28.9	1.50	19.46
16A	25.4	15.88	15.75	22.60	7.94	24.13	55.6	2.60	29.29
16B	25.4	15.88	17.02	25.45	8.28	21.08	60.0	2.60	31.88
20A	31.75	19.05	18.90	27.45	9.54	30.17	86.7	3.80	35.76
20B	31.75	19.05	19.56	29.01	10.19	26.42	95.0	3.80	36.45
24A	38.10	22.23	25.22	35.45	11.11	36.20	125	5.60	45.44
24B	38.10	25.4	25.4	37.92	14.63	33.4	160.0	5.60	48.36

① 表中每米质量 q 列数据在现行国标中未列出，但因实际使用意义，在表中列出。

GB/T 1243—2006 规定了滚子链的标记方法：链号—排数-整链链节数—国家标准代号

例如，10A-2-90 GB/T 1243—2006 表示按本标准制造的 A 系列、节距为 15.875mm，双排、90 节的滚子链。节距=链号×25.4/16mm。

链的长度用链节数表示，为使链条连成环形时正好是内链板与外链板相连接，链节数最好是偶数，这时接头处可用开口销（图 4-4a）或弹簧锁片（图 4-4b）来固定。当链节数是奇数时，采用过渡链节连接（图 4-4c）。

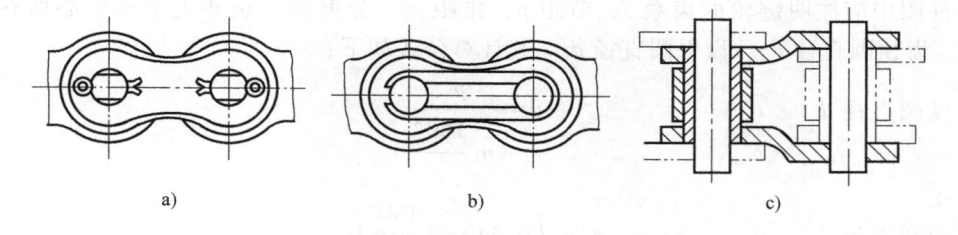

a)　　　　　　　　b)　　　　　　　　c)

图 4-4　链接头形式

（二）其他传动链

1. 套筒链

套筒链除了没有滚子外，其他结构与滚子链相同。套筒链的结构简单，价格便宜，但工作时套筒与链轮轮齿有相对滑动，易引起链轮的磨损，因而用在传递功率小、速度低的场合。

2. 齿形链

齿形链（图 4-5）由多排链片铰接而成，比套筒滚子链工作平稳，噪声小，承受冲击载荷能力强，但结构较复杂，成本较高。

（三）滚子链链轮的齿形和基本参数

滚子链与链轮的啮合属于非共轭啮合，链轮齿形的设计可以有较大的灵活性，但链轮的齿形应便于加工，保证链节能平稳自如地进入啮合和退出啮合，不易脱链，且尽量减少啮合时与链节的冲击。

有关链轮齿形的国家标准中仅仅规定了最大齿槽形状、最小齿槽形状及其极限参数，常用齿廓形状为三圆弧一直线齿形（图 4-6）。当选用这种齿形并用相应的标准刀具加工时，链轮端面齿形不必在零件图上画出来，只需在图上注明"齿形按 GB/T 1243—2006 规定制造"即可。但应绘制链轮的轴向齿形（图 4-7），有关尺寸参阅有关设计手册[25]。

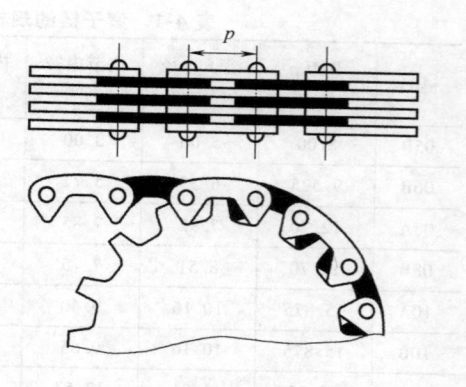

图 4-5 齿形链

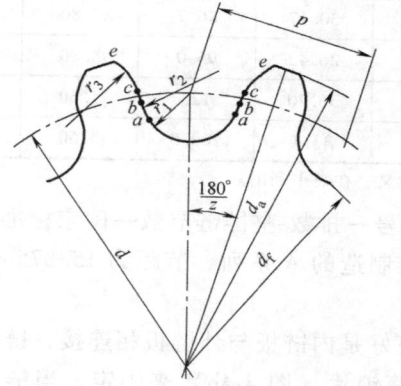

图 4-6 三圆弧一直线齿形

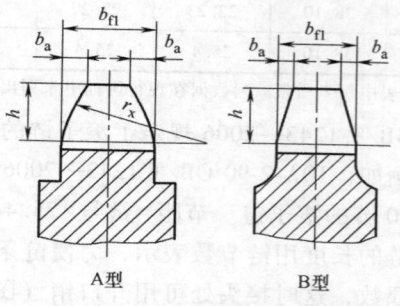

图 4-7 滚子链轮的轴向齿廓

零件图中应注明链轮的齿数 z、节距 p、排距 p_t、分度圆（链轮上滚子中心所在的圆）直径 d、齿顶圆直径 d_a、齿根圆直径 d_f。其计算公式如下：

分度圆直径 d

$$d = \frac{p}{\sin \dfrac{180°}{z}} \tag{4-1}$$

齿顶圆直径 d_a

$$d_a = p\left(0.54 + \cot \frac{180°}{z}\right)$$

齿根圆直径 d_f

$$d_f = d - d_1$$

式中，d_1 为滚子外径（mm）。

第二节 链传动的运动分析

一、链传动的平均速度与平均传动比

链条是挠性件，而组成链条的链节是刚性件，当链与链轮啮合时，链条呈折线包在链轮

上，组成正多边形的一部分。正多边形的边数等于链轮齿数 z，边长等于链条节距 p。链轮每转一周，随之转过的链长为 zp。当主、从动链轮转速分别为 n_1、n_2 时，链的平均速度 v_m 可表示为

$$v_m = \frac{n_1 z_1 p}{60 \times 1000} = \frac{n_2 z_2 p}{60 \times 1000} \tag{4-2}$$

式中，p 为节距（mm）；n_1、n_2 分别为主、从动链轮的转速（r/min）。

利用式（4-2）可求出链传动的平均传动比

$$i = \frac{n_1}{n_2} = \frac{z_2}{z_1} \tag{4-3}$$

所以平均链速和平均传动比是常数。

二、链传动的运动不均匀性

由于围绕在链轮上的链条形成了正多边形，事实上，瞬时链速和瞬时传动比是在一定范围内变化的：当主动链轮以等角速度 ω_1 转动时，链速 v 和从动链轮角速度 ω_2 是变化的。

如图 4-8 所示，假设紧边在传动时总是处于水平位置。当链节进入主动轮时，其铰链的销轴总是随着链轮的转动而不断改变其位置，销轴 A 的轴心是沿着链轮分度圆运动的，其圆周速度 $v_1 = R_1 \omega_1$。

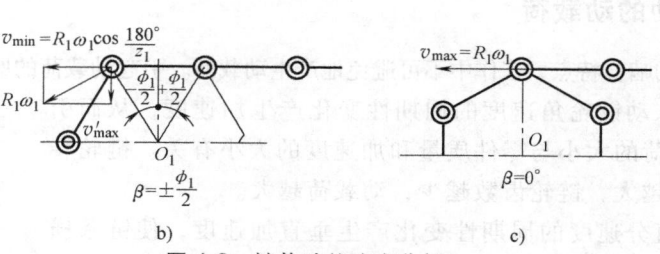

图 4-8　链传动的速度分析

当销轴轴心位于 β 角瞬时，其圆周速度可分解为沿着链条前进方向的水平分速度 v 和做上下运动的垂直分速度 v'，即有

$$\left.\begin{array}{l} v_1 = R_1 \omega_1 \\ v = R_1 \omega_1 \cos\beta \\ v' = R_1 \omega_1 \sin\beta \end{array}\right\} \tag{4-4}$$

由图 4-8 可知，主动链轮上每个链节对应的中心角 $\phi_1 = 360°/z_1$，β 角是在 $-\phi_1/2 \sim +\phi_1/2$ 之间变化的，因而即使 ω_1 是常数，链速 v 也是变化的。显然，当 $\beta = \pm\dfrac{\phi_1}{2} = \dfrac{180°}{z_1}$ 时，链速 v 最小，$v_{min} = R_1\omega_1\cos\dfrac{180°}{z_1}$（图 4-8b）；当 $\beta = 0°$ 时，链速 v 最大，$v_{max} = R_1\omega_1$（图 4-8c）。

由此可见，主动链轮等速回转时，链速 v 是周期性地变化的（图 4-9）。每转过一个链节，就重复上述变化一次。齿数越少，β 角的变化范围就越大，链速的不均匀性也就越明显。

与此同时，链条做上下运动的垂直分速度 $v' = R_1\omega_1\sin\beta$ 也在周期性变化，链节以减速上升，然后以加速下降。链速这种忽快忽慢、忽上忽下的变化，导致链传动的不平稳性和链沿垂直方向产生有规律的振动。

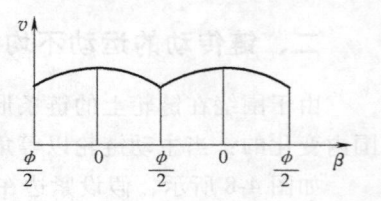

从动链轮上每个链节对应的中心角 $\phi_2 = 360°/z_2$，γ 角是在 $-\phi_2/2 \sim +\phi_2/2$ 之间变化的。由于链条与链轮的啮合作用，从动链轮以角速度 ω_2 转动，从动链轮 B 点的圆周速度 $v_2 = v/\cos\gamma = R_2\omega_2$，则

$$\omega_2 = \frac{v}{R_2\cos\gamma} = \frac{R_1\omega_1\cos\beta}{R_2\cos\gamma}$$

由于链速 v 不为常数和 γ 角的不断变化，从动链轮的角速度 ω_2 也是变化的，所以瞬时传动比为

$$i = \frac{\omega_1}{\omega_2} = \frac{R_2\cos\gamma}{R_1\cos\beta} \tag{4-5}$$

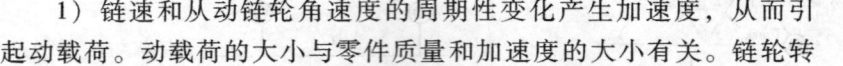

图 4-9　链速的变化规律

随着 β 角和 γ 角的不断变化，链传动的瞬时传动比也是不断变化的。当主动链轮以等角速度 ω_1 转动时，从动链轮的角速度 ω_2 将周期性地变化。只有在 $z_1 = z_2$，且传动的中心距恰为节距 p 的整数倍时，传动比才可能在啮合过程中保持不变，恒为 1。

三、链传动的动载荷

由于链传动的啮合特点，工作中不可避免地产生动载荷。引起动载荷的原因主要有以下几点：

1）链速和从动链轮角速度的周期性变化产生加速度，从而引起动载荷。动载荷的大小与零件质量和加速度的大小有关。链轮转速越高，链节距越大，链轮齿数越少，动载荷越大。

2）链条垂直分速度的周期性变化产生垂直加速度，使链条横向振动。

3）链节进入链轮的瞬间，链节和轮齿以一定的相对速度啮合，使链和轮齿受到冲击，并产生附加的冲击载荷（图 4-10）。

4）若链张紧不好，有较大的松边垂度，在起动、制动、反转、载荷变化的情况下，将产生惯性冲击，使链传动产生较大的惯性冲击载荷。

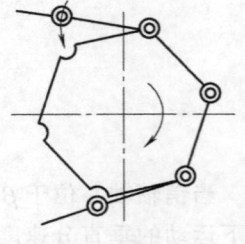

图 4-10　链节和链轮啮合时产生冲击载荷

第三节　链传动的受力分析

链在传动中的主要作用力有：

（1）有效圆周力 F_e　$F_e = \dfrac{1000P}{v}$

式中，P 为传递的功率（kW）；v 为链速（m/s）。

（2）离心拉力 F_c　$F_c = qv^2$

式中，q 为链条单位长度质量（kg/m）；v 为链速（m/s）。

（3）垂度拉力 F_f　由链条本身重量而产生，其大小与链条的松边垂度及传动的布置方式有关（图4-11），f 为下垂度，β 为两轮中心连线与水平面的倾斜角。

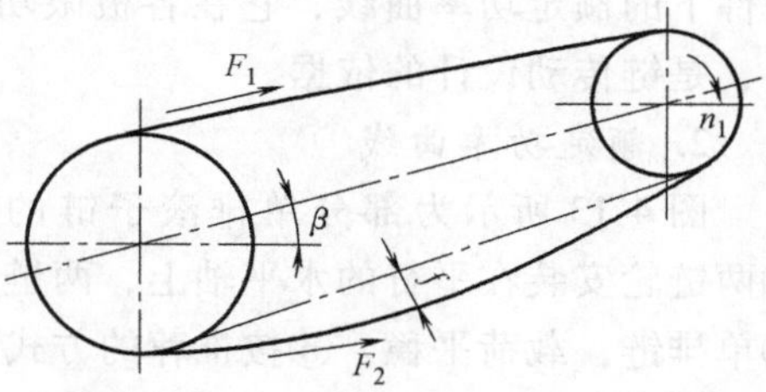

F_f 可按求悬索拉力的方法近似求得

$$F_f \approx K_f qga$$

式中，a 为链传动的中心距（mm）；g 为重力加速度，$g = 9800\,\mathrm{mm/s^2}$；$K_f$ 为垂度系数，即下垂度 $f = 0.02a$ 时的拉力系数，对水平传动（$\beta = 0°$），$K_f \approx 6$；当 $\beta < 40°$ 时，$K_f \approx 4$；当 $\beta > 40°$ 时，$K_f \approx 2$；对垂直传动（$\beta = 90°$），$K_f \approx 1$。

图 4-11　链的紧边拉力与松边拉力

在工作过程中，链的紧边拉力和松边拉力是不等的，若不计传动中的动载荷，则有

紧边拉力　　　　　　　　　$F_1 = F_e + F_c + F_f$　　　　　　　　　　（4-6）

松边拉力　　　　　　　　　$F_2 = F_c + F_f$　　　　　　　　　　　　（4-7）

第四节　链传动的设计计算

一、链传动的失效形式

1. 铰链的磨损

链条工作时销轴与套筒间承受较大的压力，且彼此相对转动，导致铰链的磨损，使链条节距增大，容易造成跳齿和脱链的现象。

2. 链板的疲劳破坏

链条工作时各元件处于变应力的作用下，经过一定的循环次数后链板会出现疲劳断裂，滚子、套筒表面会出现疲劳点蚀。

3. 冲击疲劳

由于链传动的工作特点，销轴、套筒和滚子受到较大的冲击载荷，经过一定次数的冲击后会产生冲击疲劳。

4. 铰链的胶合

在润滑不当或链轮转速过高时，销轴和套筒间的润滑油膜被破坏，导致胶合。

5. 过载拉断

在链速很低（$v<0.6\text{m/s}$）时，传动链承受的载荷超过链条极限拉伸载荷 Q 时链条会被拉断。

二、滚子链传动的额定功率

1. 极限功率曲线

不同工作条件链传动的主要失效形式也不同，链传动的承载能力受到多种失效形式的限制。图 4-12 所示为链传动在一定的使用寿命和润滑良好的条件下，由各种失效形式所限定的极限功率曲线。曲线 5 是在润滑良好条件下的额定功率曲线，它在各极限功率曲线的范围之内，是链传动设计的依据。

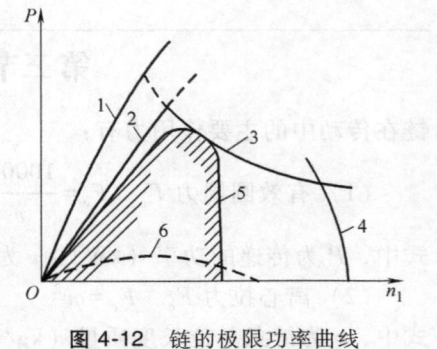

图 4-12 链的极限功率曲线

1—润滑良好时由磨损失效限定 2—由链板疲劳破坏限定 3—由滚子、套筒冲击疲劳限定 4—由销轴和套筒胶合限定 5—额定功率曲线 6—润滑恶劣时由磨损失效限定

2. 额定功率曲线

图 4-13 所示为部分单排滚子链的额定功率曲线，是在标准试验条件下得到的，即：①两链轮安装在平行的水平轴上，两链轮共面。②小链轮齿数 $z_1 = 19$。③链长 $L_P = 120$ 节。④单排链，载荷平稳。⑤按推荐的方式润滑。⑥能连续 15000h 满负荷运转。⑦链条节距因磨损引起的相对伸长量 $\Delta p/p$ 不超过 3%。B 系列滚子链的额定功率曲线可参阅文献 [25]。

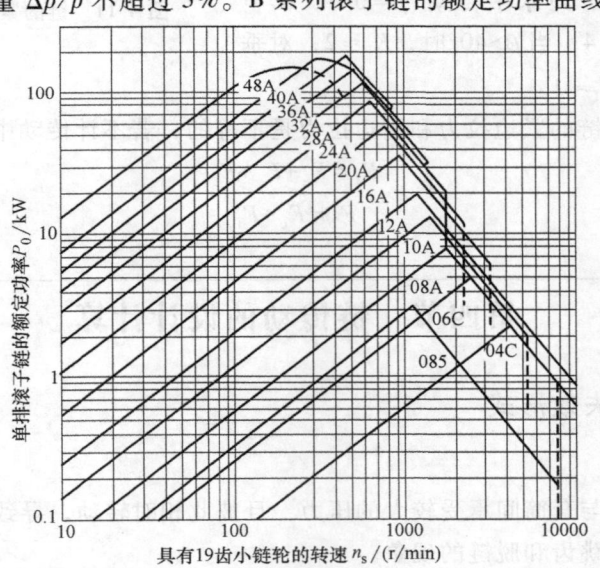

图 4-13 部分单排滚子链的额定功率曲线（GB/T 18150—2006）

实际使用条件大多与试验条件不同，因而应对其传递功率进行修正，得到链传动的设计计算公式为

$$P_{ca} = K_A P \leqslant K_z K_m P_0 \tag{4-8}$$

式中，P_0 为额定功率（kW），即在上述试验条件下，单排链所能传递的功率，由图 4-13 查得；P 为名义功率（kW）；P_{ca} 为计算功率（kW）；K_A 为工作情况系数，见表 4-2；K_z 为小链轮齿数系数，见表 4-3；K_m 为多排链的排数系数，见表 4-4。

图 4-14 所示为推荐的润滑方式，若不能按此方式润滑，则设计时应将额定功率值 P_0 适

当降低，参见文献［19］。

表 4-2 工作情况系数 K_A

从动机械特性		主 动 机 械 特 性		
		电动机、汽轮机和燃气轮机、带有液力偶合器的内燃机	六缸或六缸以上带机械式联轴器的内燃机、经常起动的电动机（一日两次以上）	少于六缸带机械式联轴器的内燃机
平稳运转	离心泵、压缩机、印刷机械、均匀加料的带式输送机、自动扶梯、液体搅拌机和混料机、风机	1.0	1.1	1.3
中等冲击	三缸或三缸以上的泵和压缩机、混凝土搅拌机、载荷非恒定的输送机	1.4	1.5	1.7
严重冲击	刨煤机、电铲、轧机、球磨机、压力机、剪床、石油钻机、橡胶加工机械	1.8	1.9	2.1

表 4-3 小链轮齿数系数 K_z

z_1	9	10	11	12	13	14	15	16	17	18	19	20	21	22	23
K_z	0.446	0.500	0.554	0.609	0.664	0.719	0.775	0.831	0.887	0.943	1.00	1.06	1.11	1.17	1.23
K_z'	0.326	0.382	0.441	0.502	0.566	0.633	0.701	0.773	0.846	0.922	1.00	1.08	1.16	1.25	1.33

注：当链传动工作在图 4-13 中高峰值左侧时，主要失效形式为链板疲劳破坏，取 $K_z = (z_1/19)^{1.08}$。

当链传动工作在图 4-13 中高峰值右侧时，主要失效形式为冲击疲劳破坏，取 $K_z' = (z_1/19)^{1.5}$。

表 4-4 多排链的排数系数 K_m

排数 m	1	2	3	4	5	6
排数系数 K_m	1	1.7	2.5	3.3	4.0	4.6

三、滚子链传动的典型设计步骤和设计计算方法

原始数据：功率 P、主动链轮转速 n_1、从动链轮转速 n_2（或传动比 i）、原动机种类、工作情况等。

1. 链轮齿数 z_1、z_2 和传动比 i

链轮齿数的多少不但对传动尺寸有影响，而且对链传动的平稳性和使用寿命有较大的影响，若齿数过少，将会导致：①传动的不均匀性和动载荷增大。②链条进入和退出啮合时，链节间的相对转角增大，使铰链的磨损加剧。③节距 p 一定时，链轮分度圆直径 d 较小，有效圆周力增大，加速链条的磨损。但是若小链轮齿数 z_1 较多，大链轮齿数 z_2 将随之增多，除增大了传动尺寸和质量外，还容易发生因链条节距的伸长而引起的跳齿和脱链现象，导致链条使用寿命缩短。由图 4-15 可知，当链节磨损后，由于销轴磨细、套筒磨薄等原因，使链条的节距由 p 增大到 $p+\Delta p$。链条绕在链轮上的直径不再是分度圆直径 d，而是增大到 $d+\Delta d$，由图 4-16 知

$$\Delta d = \frac{\Delta p}{\sin \dfrac{180°}{z}}$$

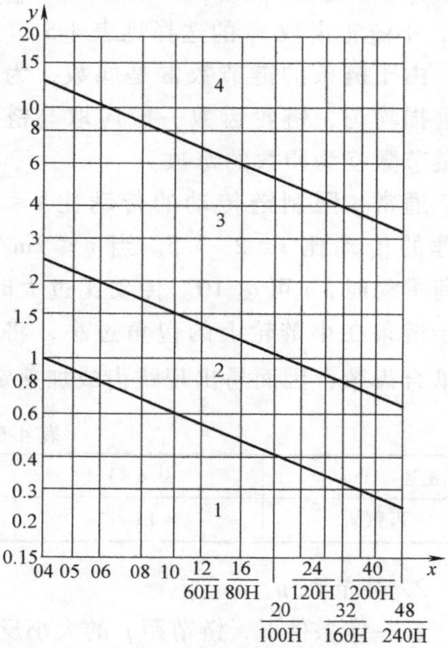

x — A系列/A加重系列或B系列链号；

y — 链条速度 v/(m/s)。

图 4-14 推荐的润滑方式

1—定期人工润滑 2—滴油润滑

3—油池润滑或油盘飞溅润滑 4—强制润滑

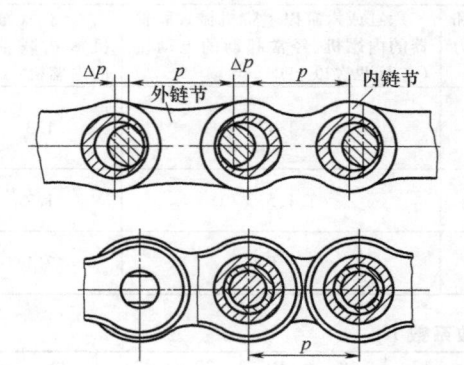

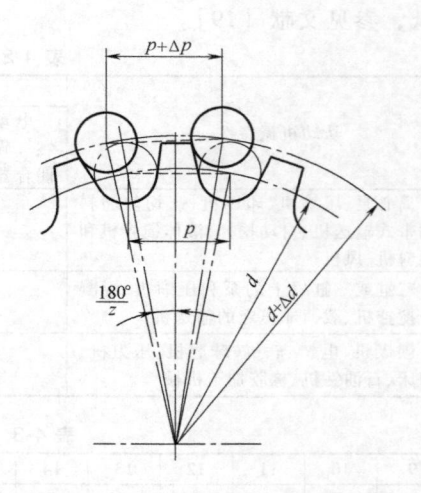

图 4-15 链条磨损后节距的增加

图 4-16 链节距的增长量和啮合圆外移量的关系

由上式可知，对于相同磨损程度的链条，即当节距增量 Δp 一定时，齿数越多，Δd 越大，发生脱链（图 4-16）和跳齿（图 4-17）的可能性就越大。所以脱链总是先出现在大链轮上。大链轮齿数 z_2 不宜过多，通常限定最大齿数 $z_{2max} = 120$，小链轮齿数 z_1 的选择见表 4-5。

由于链条的链节数常是偶数，为考虑磨损均匀，链轮齿数一般应取与链条的链节数互为质数的奇数。

通常，限制链传动的传动比 $i \leqslant 8$，推荐的传动比 $i = 2 \sim 3.5$。当 $v \leqslant 2\text{m/s}$、载荷平稳时，i 可达 10。传动比过大时，由于链条在小链轮上的包角过小，将减

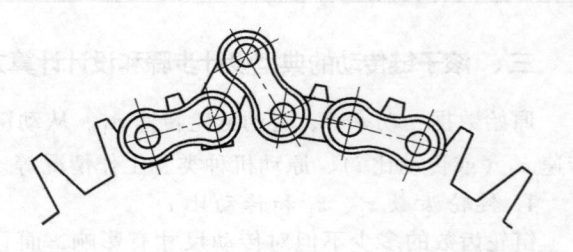

图 4-17 跳齿

少啮合齿数，因而易出现跳齿或加速链轮的磨损，故可采用二级或二级以上传动。

表 4-5 小链轮齿数 z_1 的选择

链速 v/(m/s)	0.6~3	3~8	>8	>25
齿数 z_1	$\geqslant 15 \sim 17$	$\geqslant 19 \sim 21$	$\geqslant 23 \sim 25$	$\geqslant 35$

2. 链节距 p

在一定条件下，链节距 p 的大小反映了链传动的承载能力。链节距 p 可根据计算功率 P_{ca} 和小链轮转速 n_1 由额定功率曲线（图 4-13）选取。链节距越大，承载能力越强，传动尺寸越大，链条的速度越高，于是振动、冲击、噪声也就越严重。所以设计时，在满足承载能力的条件下，应尽量选用较小节距的单排链。高速、重载、中心距小时，则选用小节距的多排链。

3. 链传动的中心距和链节数

中心距的大小对传动性能有很大影响。中心距小，则链节数少，链速一定时，单位时间内链条绕转次数增多，链条屈伸次数和应力循环次数增多，因而加剧了链的磨损和疲劳。同

时，由于中心距小，链条在小链轮上的包角变小，在包角范围内，每个轮齿所受的载荷增大，且易出现跳齿和脱链现象。中心距太大，会引起松边垂度过大，传动时造成松边振动。因此，若中心距不受其他条件限制，一般可取 $a_0 = (30 \sim 50) p$，最大取 $a_{0max} = 80p$。有张紧装置时，中心距 a_{0max} 可大于 $80p$；对中心距不能调整的传动，$a_{0max} = 30p$。

链条长度以链节数（节距的倍数）来表示。与带传动相似，链节数 L_p 与中心距 a 之间的关系为

$$L_p = \frac{2a_0}{p} + \frac{z_1 + z_2}{2} + \frac{p}{a_0}\left(\frac{z_2 - z_1}{2\pi}\right)^2 \tag{4-9}$$

计算出的链节数应圆整为整数，最好取偶数。然后根据圆整后的链节数计算理论中心距，即

$$a = \frac{p}{4}\left[\left(L_p - \frac{z_1 + z_2}{2}\right) + \sqrt{\left(L_p - \frac{z_1 + z_2}{2}\right)^2 - 8\left(\frac{z_2 - z_1}{2\pi}\right)^2}\right] \tag{4-10}$$

为保证链条松边有一个合适的安装垂度 $f = (0.01 \sim 0.02)a$，实际中心距 a' 应较理论中心距小一些，即 $a' = a - \Delta a$。理论中心距 a 的减小量 $\Delta a = (0.002 \sim 0.004)a$。对于中心距可调整的链传动，$\Delta a$（即相当于 f）可取较大值；对于中心距不可调整或没有张紧装置的链传动，则应取较小值。

4. 链传动作用在轴上的力（简称压轴力）F_Q

链传动的压轴力 F_Q 可近似取为

$$F_Q \approx K_Q F_e \tag{4-11}$$

式中，F_e 为有效圆周力（N）；K_Q 为压轴力系数。对水平传动或倾斜传动，$K_Q = (1.15 \sim 1.20)K_A$；对垂直传动，$K_Q = 1.05K_A$。其中，$K_A$ 为工作情况系数（表4-2）。

需要明确的是，在传递载荷相同时，链传动的压轴力较带传动小得多。这是因为给链条一定张紧力的目的与带传动不同。链传动张紧力的大小并不决定传动的工作能力，而主要是使松边垂度不至过大。若松边太松，将影响链条与链轮轮齿的啮合，容易产生振动、跳齿和脱链。链传动的张紧是靠保持适当的垂度产生悬垂力或通过张紧装置达到的。

5. 低速链传动的静强度计算

对于链速 $v < 0.6 \text{m/s}$ 的低速链传动，为防止过载拉断，应进行静强度校核。静强度安全系数应满足

$$S = \frac{Q}{K_A F_e + F_c + F_f} \geqslant 4 \sim 8 \tag{4-12}$$

式中，S 为链抗拉静强度的计算安全系数；Q 为链的抗拉强度（N），可查表4-1；K_A 为工作情况系数，可查表4-2；F_e 为链的有效圆周力（N）；F_c 为离心拉力（N）；F_f 为垂度拉力（N）。

四、链传动的应用

（一）链条机构简介

链条作为一种标准化零件，其结构简单，经济实用，不仅是一种重要的传动零件，而且也是一种应用广泛的机构元件。链条机构种类很多，而且不断有所创新。

1. 利用链条形式的改变，组成各种机构

链传动通常是由主、从动链轮和环形链条（图 4-18）组成的，通过变换链条形式，如把链条断开、拉直或组成齿圈，且只用一个链轮时，便组成各种新型链条机构。

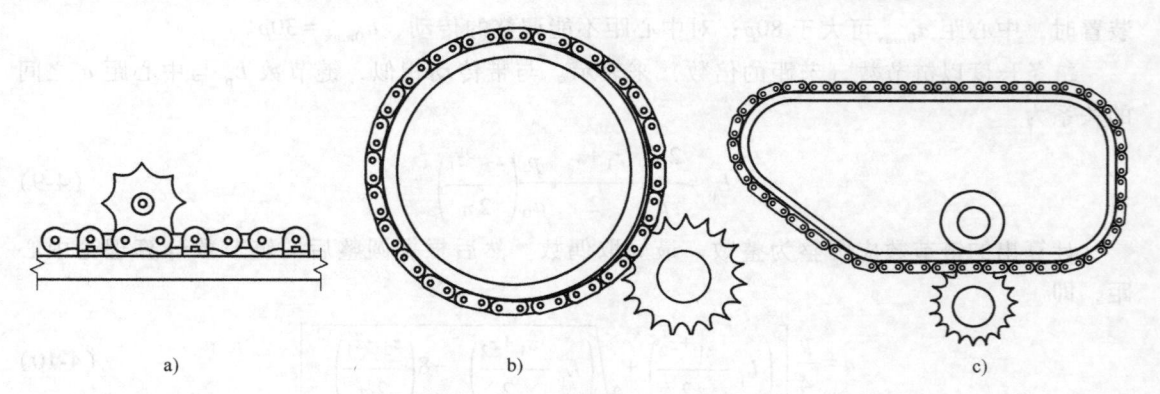

a)　　　　　　　　　　b)　　　　　　　　　　c)

图 4-18 不同链条形式组成不同传动方式
a）链式齿条　b）齿圈机构　c）仿形机构

直线式链条和链轮组成链式齿条（图 4-18a）；链式齿圈和链轮组成齿圈机构（图 4-18b）；非圆齿圈和链轮组成仿形机构（图 4-18c）；链条绕过链轮铰接在工作台上形成摆动倾斜机构（图 4-19）。

2. 利用链条元件的某些改变，形成调节与控制机构

如图 4-20 所示，在链条的某个链节上装有一个小凸块，链条每运行一周，小凸块将摆杆顶起一次，也就使接触器触点断开一次。可以通过改变链条长度的方法来调节通断时间。

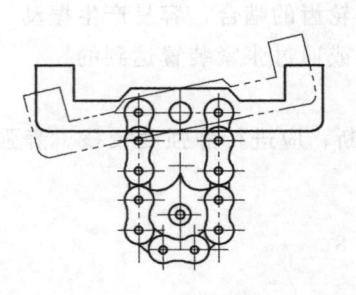

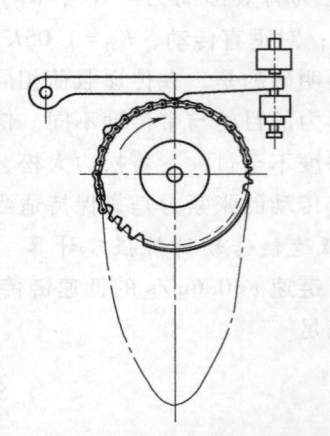

图 4-19 摆动倾斜机构　　　　　　**图 4-20** 接触器通断控制机构

（二）播种机中链传动的应用

链传动主要用于中心距较大、转速较低、对平稳性要求不高的场合。图 4-21 所示为播种机中链传动的应用。由于链传动与带传动比较具有张紧力小、轴与轴承的载荷较小等优点，因此在播种机中采用链传动更有尺寸小、调整方便的优势。此外，播种机的转速较低，地轮转速约为 36r/min，也不适合采用带传动。

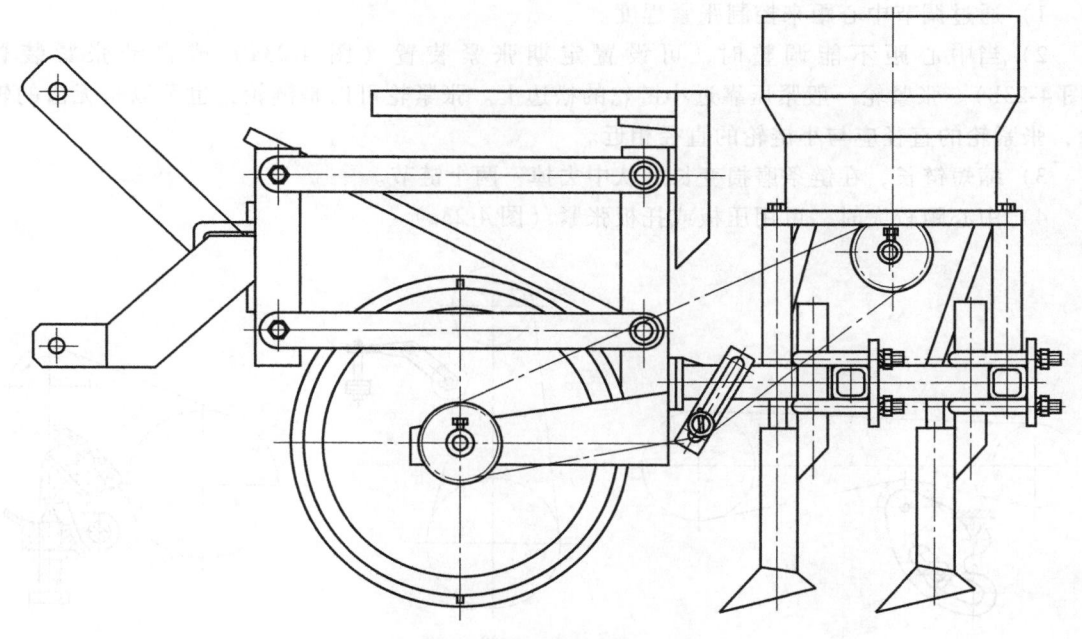

图 4-21　播种机中链传动的应用

第五节　链传动的布置、张紧和润滑

一、链传动的布置

链传动的合理布置应从以下几方面考虑：

1）链传动应布置在铅垂平面内，尽可能避免布置在水平或倾斜平面内。如确有需要，则应考虑加托板或张紧轮等装置，并且设计较紧凑的中心距。

2）两链轮的回转平面应在同一平面内，否则易使链条脱落，或产生不正常磨损。

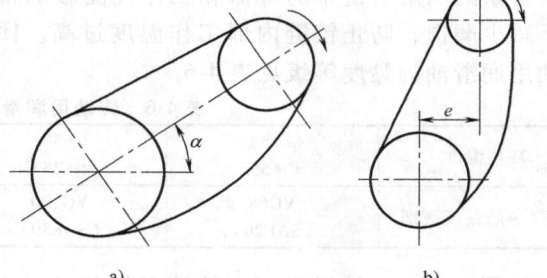

图 4-22　链传动的布置

3）两链轮中心连线最好在水平面内，若需要倾斜布置时，倾角 α 应尽量小于 45°（图 4-22a）。不得已需两轮上下布置时，应避免 $\alpha = 90°$，最好使上下链轮左右偏移一段距离 e，且小链轮布置在上方。

4）链传动最好紧边在上、松边在下，以防松边下垂量过大会使链条与链轮轮齿发生干涉或松边与紧边相碰。

二、链传动的张紧

链传动常用的张紧方法有：

1）通过调节中心距来控制张紧程度。

2）当中心距不能调整时，可设置定期张紧装置（图 4-23a）或自动张紧装置（图 4-23b）。张紧轮一般紧压靠近小链轮的松边上。张紧轮可以是链轮，也可以是无齿的辊轮，张紧轮的直径应与小链轮的直径相近。

3）缩短链长，在链条磨损变长后从中去掉一两个链节。

4）中心距较大时，可用压板或托板张紧（图 4-23c）。

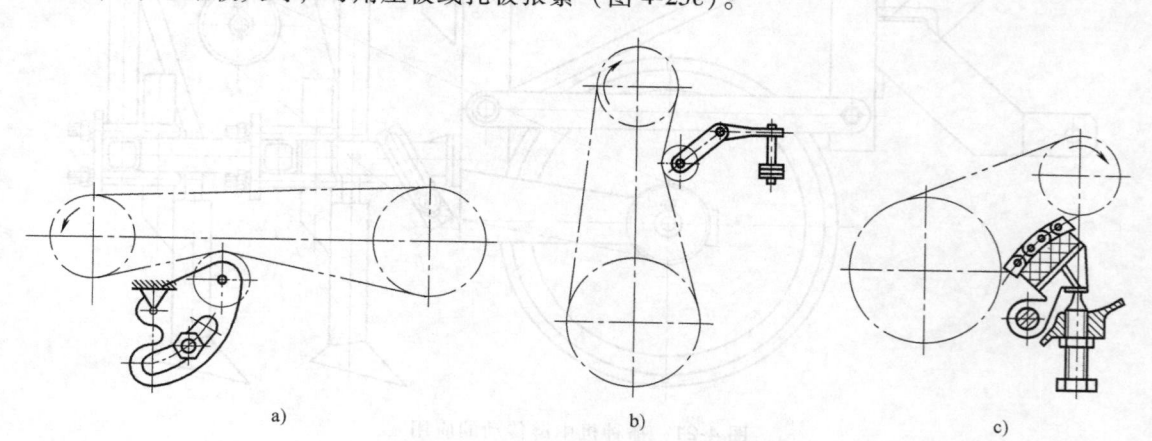

a)   b)   c)

图 4-23 链传动的张紧装置

a）定期张紧装置 b）自动张紧装置 c）压板或托板张紧装置

三、链传动的润滑

链条的润滑对链条的寿命和工作性能影响很大。良好的润滑可以缓和链节和链轮的冲击，减少磨损，防止铰链内部工作温度过高。闭式链传动的推荐润滑方式如图 4-14 所示。传动用润滑油的黏度等级见表 4-6。

表 4-6 传动用润滑油的黏度等级

环境温度	$\geqslant -5℃$ $\leqslant +5℃$	$>+5℃$ $\leqslant +25℃$	$>+25℃$ $\leqslant +45℃$	$>+45℃$ $\leqslant +70℃$
润滑油的黏度级别	VG68（SAE20）	VG100（SAE30）	VG150（SAE40）	VG220（SAE50）

例题 设计一鼓风机用套筒滚子链传动，水平布置。已知：$P = 5.5\text{kW}$，$n = 720\text{r/min}$，电动机型号为 YX3-160M2-8，$i = 2.6$，按推荐方式润滑，载荷平稳。

解：（1）选择链轮齿数 z_1、z_2

假定链速 $v = 3 \sim 8\text{m/s}$，由表 4-5 初取 $z_1 = 21$。

从动链轮齿数 $z_2 = iz_1 = 2.6 \times 21 = 54.6$，取 $z_2 = 55$。

实际传动比 $i = z_2/z_1 = 55/21 = 2.62$。

（2）确定计算功率 由表 4-2 查得 $K_A = 1.0$，$P_{ca} = K_A P = 1.0 \times 5.5\text{kW} = 5.5\text{kW}$。

（3）单排链传动的功率 由表 4-3 和表 4-4 查得 $K_z = 1.11$，$K_m = 1$（按小链轮转速估计，链工作在功率曲线的左侧）。

由式（4-8）得

$$P_0 \geqslant \frac{P_{ca}}{K_z K_m} = \frac{5.5\text{kW}}{1.11 \times 1} = 4.95\text{kW}$$

（4）选链条节距 根据图 4-13 选链号 10A，链节距 $p = 15.875\text{mm}$。

（5）初定中心距 $a_0 = 40p = 40 \times 15.875\text{mm} = 635\text{mm}$。

（6）确定链节数 由式（4-9）有

$$L_p = \frac{2a_0}{p} + \frac{z_1 + z_2}{2} + \frac{p}{a_0}\left(\frac{z_2 - z_1}{2\pi}\right)^2 = \frac{2 \times 40p}{p} + \frac{21 + 55}{2} + \frac{p}{40p} \times \left(\frac{55 - 21}{2\pi}\right)^2 = 118.7$$

取 $L_p = 118$ 节。

（7）验算链速 v_m

$$v_m = \frac{n_1 z_1 p}{60 \times 1000} = \frac{720\text{r/min} \times 21 \times 15.875\text{mm}}{60 \times 1000} = 4.0\text{m/s}$$

链速 v_m 在假定范围内。

（8）理论中心距 a 由式（4-10）有

$$a = \frac{p}{4}\left[\left(L_p - \frac{z_1 + z_2}{2}\right) + \sqrt{\left(L_p - \frac{z_1 + z_2}{2}\right)^2 - 8\left(\frac{z_2 - z_1}{2\pi}\right)^2}\right]$$

$$= \frac{15.875\text{mm}}{4} \times \left[\left(118 - \frac{21 + 55}{2}\right) + \sqrt{\left(118 - \frac{21 + 55}{2}\right)^2 - 8 \times \left(\frac{55 - 21}{2\pi}\right)^2}\right]$$

$$= 629.1\text{mm}$$

（9）计算压轴力 F_Q 由式（4-11），$F_Q \approx K_Q F_e$，水平传动，取 $K_Q = 1.2K_A = 1.2 \times 1.0 = 1.2$，则

$$F_e = \frac{1000P}{v} = \frac{1000 \times 5.5\text{kW}}{4.0\text{m/s}} = 1375\text{N}$$

$$F_Q \approx K_Q F_e = 1.2 \times 1375.0\text{N} = 1650\text{N}$$

讨 论 题

4-1 带传动和链传动采用张紧装置的目的是否相同？

4-2 观察变速自行车的张紧装置，说明其张紧原理。

4-3 链传动中限制最少齿数的目的是什么？限制最多齿数的目的是什么？

4-4 水平或接近水平布置的链传动，为什么其紧边应在上边？

4-5 汽车用内燃机凸轮轴与曲轴的转速之比应该是 1:2 的关系，即曲轴转 2 圈，凸轮轴转 1 圈，它们之间的传动件可以用齿轮、齿形链、同步带，试比较它们的优缺点。

4-6 进行链传动设计，当传递功率较大时，可选用大节距单排链，也可选用小节距多排链，两种方案各有什么特点？分别适用于什么场合？

4-7 引起链传动速度不均匀的原因是什么？其主要影响因素有哪些？

4-8 链传动设计中为什么尽量避免采用过渡链节？

习 题

4-1 一输送装置用套筒滚子链传动。已知输送功率 $P = 7.5\text{kW}$，主动链轮转速 $n_1 = 960\text{r/min}$，从动链

轮转速 $n_2 = 320r/min$，中心距 $a \approx 650mm$，试设计该链传动。

4-2 设计某带式输送机中的链传动。已知电动机功率 $P = 11kW$，主动链轮转速 $n_1 = 1400r/min$，传动比 $i = 3$，按规定方式润滑，两班制工作，载荷平稳。①分别按单排链、双排链设计该链传动，并分析比较设计结果。②分别取不同的小链轮齿数按单排链设计，并分析比较设计结果。③分别取不同的中心距按单排链设计，并分析比较设计结果。

4-3 当链节磨损率 $\Delta p/p = 3\%$、链节距 $p = 12.7mm$ 时，分别求出链轮齿数 $z = 50$、100、150 时的分度圆直径 d 的增量 Δd，并分析齿数对脱链可能性的影响。

4-4 计算当小链轮齿数 z_1 分别为 9、11、13、15、19、21、23、25、27、29 时的链速变化率 ε，$\varepsilon = \dfrac{v_{max} - v_{min}}{v_{max}} \times 100\%$，并绘出链速变化率 ε 与 z_1 的关系曲线。

4-5 某滚子链传动，小链轮齿数 $z_1 = 15$，链节距 $p = 25.4mm$，小链轮转速 $n_1 = 500r/min$、求平均链速 v_m、最大水平分速度 v_{max}、最小水平分速度 v_{min} 及链速变化率 ε 之值。

4-6 已知一链传动的主动链轮转速 $n_1 = 480r/min$，齿数 $z_1 = 21$，从动链轮齿数 $z_2 = 43$，中心距 $a = 700mm$，选用链号为 12A 的链条，工况系数 $k_A = 1$，试求该链传动所能传递的功率。

第五章 螺旋传动设计

螺旋传动是利用带有螺纹的零件（外螺纹件常称螺旋）组成的传动。螺旋传动一般用来将回转运动转变为直线运动，也可将直线运动转变为回转运动（比较少见）。螺旋传动主要用来传递运动和动力，因而除对强度要求外，还要有较高的传动效率和传动精度，足够的耐磨性和使用寿命。螺旋传动也用于零部件之间相互位置的调整或精密测量，有时几种作用兼而有之，应用广泛。

第一节 概 述

一、圆柱螺纹的基本参数

螺纹有多种类型，以普通螺纹（三角形螺纹）为例，圆柱螺纹的基本参数如图 5-1 所示，其中大径为 d，小径为 d_1，中径为 d_2，螺距为 P，导程为 P_h（$P_h = nP$），螺纹线数为 n，螺纹升角为 γ，牙型角为 α，牙侧角为 β 和螺纹副工作高度为 h 等。除管螺纹外，都以大径为公称直径。

螺纹的螺旋升角 γ 在不同直径处其值的大小不同，γ 通常是指中径处螺旋线的切线与垂直于螺纹轴线平面之间的夹角（图 5-1），即

$$\gamma = \arctan \frac{nP}{\pi d_2} = \arctan \frac{P_h}{\pi d_2} \tag{5-1}$$

内外螺纹可组成螺旋副，螺旋副必须有足够的旋合长度（两个互相配合的螺纹沿螺纹轴线方向相互旋合部分的长度，称为螺纹旋合长度）才能正常工作。

二、螺纹的类型

螺纹分为圆柱螺纹和圆锥螺纹。按螺纹牙型分为三角形螺纹、梯形螺纹、锯齿形螺纹、圆弧形螺纹和矩形螺纹，如图 5-2 所示。其中三角形螺纹牙型角 $\alpha = 60°$，摩擦因数大，强度高，主要用于连接；梯形、锯齿形、矩形螺纹主要用于传动。圆弧螺纹用于排污设备、水闸闸门的传动螺旋及玻璃器皿的瓶口和起重吊钩的螺旋等；矩形螺纹因牙根强度低，精确制造困难，对中性差，已逐渐被淘汰。根据螺旋线的绕行方向，螺纹分为右旋螺纹和左旋螺纹，如图 5-3 所示。一般用右旋螺纹（图 5-4a），有特殊要求时采用左旋螺纹（图 5-4b）。根据螺纹线数，螺纹分为单线螺纹（图 5-4a）、双线螺纹（图 5-4b）和多线螺纹，如三线螺纹

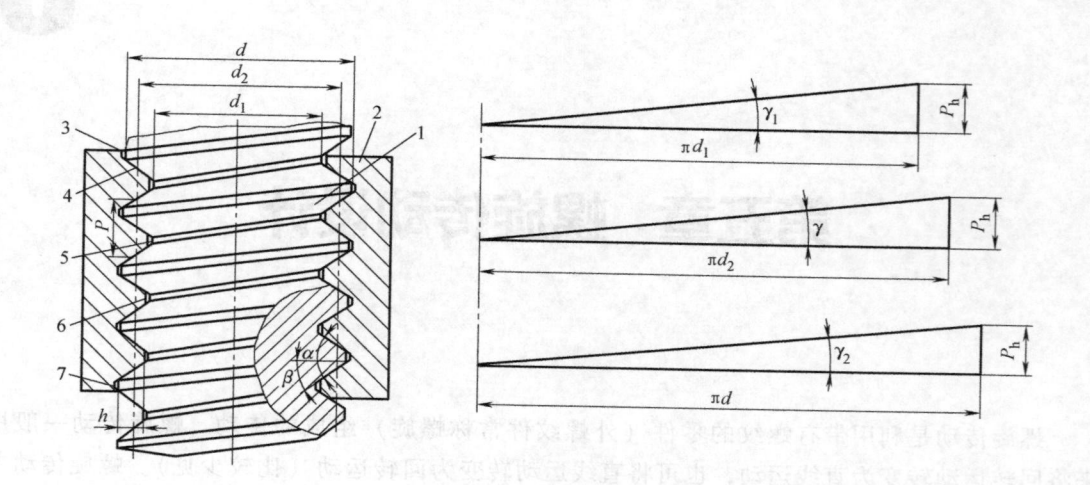

图 5-1 圆柱螺纹基本参数

1—外螺纹 2—内螺纹 3—外螺纹牙顶 4—螺纹牙侧 5—外螺纹牙底 6—内螺纹牙顶 7—内螺纹牙底

（图 5-4c）。此外，按照用途不同还可分为连接螺纹和传动螺纹。连接多用单线螺纹。

螺纹标准参见机械设计手册。

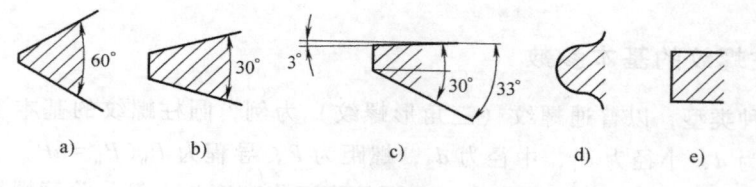

图 5-2 螺纹牙型

a）三角形 b）梯形 c）锯齿形 d）圆弧形 e）矩形

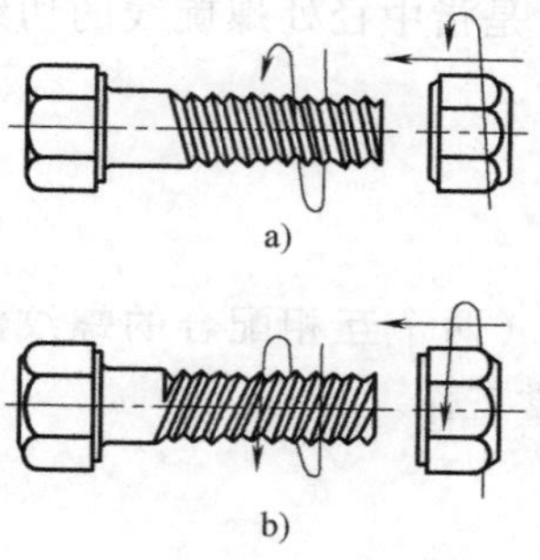

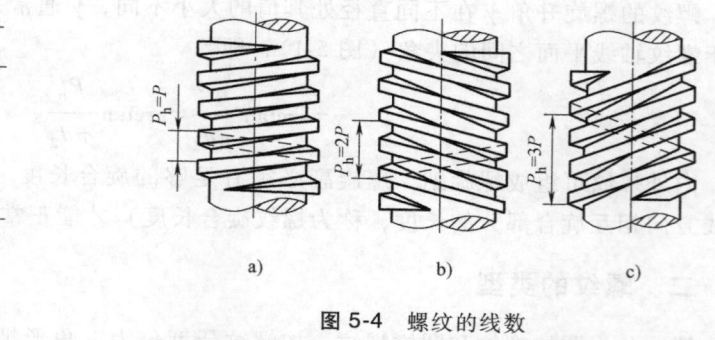

图 5-3 螺纹的旋向

a）右旋螺纹 b）左旋螺纹

图 5-4 螺纹的线数

a）右旋单线 b）左旋双线 c）右旋三线

三、机械制造中常用的螺纹

螺纹种类很多，几种常用螺纹的特点和适用场合介绍如下。

1. 普通螺纹

普通螺纹也称一般用途的螺纹，牙型为三角形，它是以原始三角形为 60° 的等边三角形为基础，在其顶部和底部削去 $H/8$ 和 $H/4$ 构成的（图 13-1），其中 H 为原始三角形高度。基本牙型见标准代号 GB/T 192—2003（等效 ISO68），牙型角 $\alpha = 60°$，牙侧角 $\beta = 30°$，当量摩擦因数大，自锁性能好，主要用于连接。普通螺纹的基本尺寸见 GB/T 196—2003，同一公称直径 d 时，可按螺距大小将螺纹分为粗牙螺纹和细牙螺纹，其中螺距最大的为粗牙螺纹，其余称为细牙螺纹。粗牙螺纹螺距大，直径和螺距的比例适中，螺纹牙强度高，应用广泛；公称直径相同时，细牙螺纹的螺距小，因而小径较大，抗拉强度高，螺旋升角和导程较小，自锁性强，但牙型细小易滑扣，多用于薄壁零件、切制粗牙对强度影响较大的零件，也用于微调机构的调整螺纹。

2. 梯形螺纹

牙型为梯形，基本牙型标准代号为 GB/T 5796.1—2005，牙型角 $\alpha = 30°$，牙根强度高，加工工艺性好，形成的螺纹副对中性较好，有较高的传动效率，主要用于传动。

3. 锯齿形螺纹

牙型为不等腰梯形，基本牙型标准代号为 GB/T 13576.1—2008，牙型角 $\alpha = 33°$，工作强度和传动效率均高于梯形螺纹，螺纹副大径处无间隙，对中性好，两牙侧角分别为 $\beta = 3°$ 和 $\beta' = 30°$，适合单向传力的传动螺旋。

四、传动螺纹的选择

一般情况下，传动螺纹需要有较大的传动效率（牙侧角要小），有双向传力要求时宜选用梯形螺纹；要求传力大、效率高、只有单向传力时宜选用锯齿形螺纹；在受力不大的调整螺旋中有时也用三角形螺纹；清污设备、水闸阀门宜选用圆弧螺纹。螺纹的旋向一般为右旋，有特殊要求时可采用左旋。螺纹的线数应根据螺旋传动的运动要求、自锁性要求及效率要求予以确定。

普通螺纹的精度等级分为精密级、中等级和粗糙级三个级别，精密级用于要求配合性质相对稳定的场合；中等级用于一般情况；粗糙级用于要求不高或加工困难的场合。

第二节 螺旋传动设计计算

一、螺旋传动的特点

1）传动比大。螺旋副中一个组成零件（如螺母）旋转一周，另一个组成零件（如螺杆）只移动一个导程，而螺纹的导程通常可以很小。

2）增力作用。在主动件上施加较小的转矩，从动件可获得到较大的轴向推力，即用较小的转矩可得到较大的轴向推力，因此常用于起重机械和夹紧机构（图 5-5a、b）。

3）传动精度高。当螺纹导程很小时，可以很精确地调整机构的直线运动距离或位置。高精度螺旋传动可用于精密机械和测量仪器（图 5-5c），特别适用于一些机构的微调节。

4）易实现自锁（滑动螺旋）。选择合适的螺旋升角，螺旋副就有较好的自锁性，用于垂直举起重物的机械或需要在任意位置得到精确定位的水平推力运动机构（机床工作台进给机构）。

5）传动平稳，结构简单，噪声小。

6）摩擦磨损较大（滑动螺旋），传动效率较低（滑动螺旋），尤其是自锁螺旋其效率通常低于50%。

二、螺旋传动的运动方式

螺杆与螺母的相对运动是确定的，但通过固定不同的构件，可以得到四种不同的螺旋传动运动方式，即螺杆转动螺母移动（图5-5a）、螺母静止螺杆转动并移动（图5-5b、c）、螺母转动螺杆移动（图5-5d）及螺杆静止螺母转动并移动（图5-5e）等。通过附加其他装置，即可得到不同用途的螺旋传动机械。螺旋传动在机床进给机构、起重机械、压力机械、测量仪器、工具、玩具及其他工业装备中有着广泛的应用。

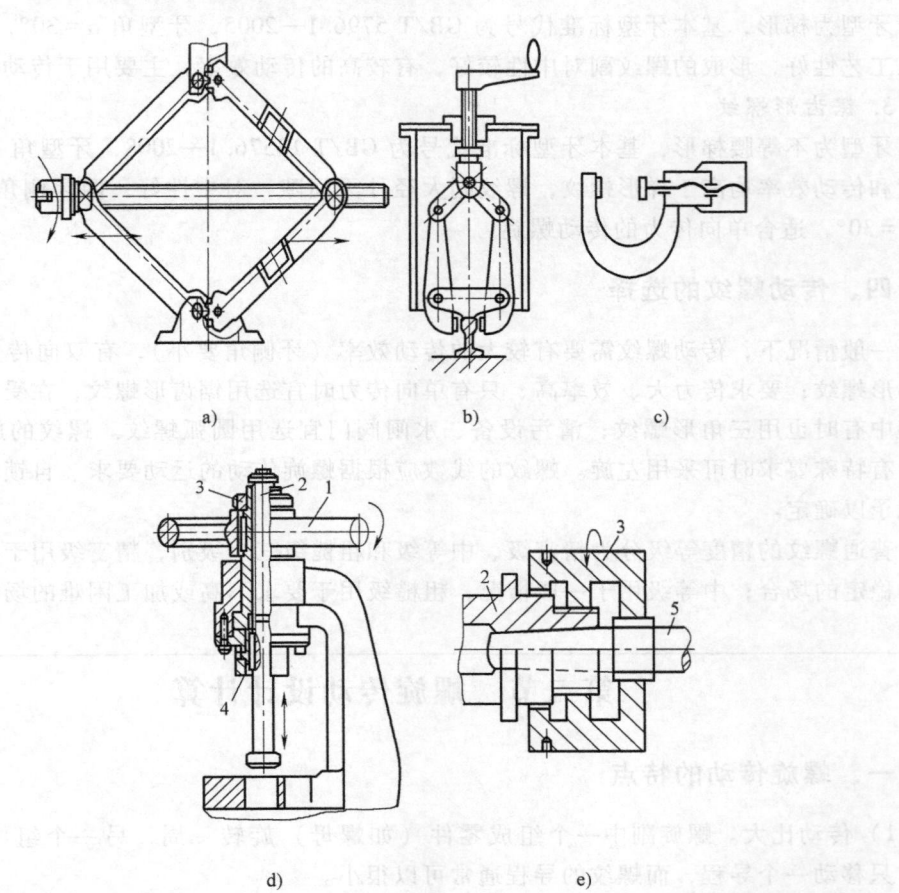

图 5-5　螺旋传动的应用

a）桥式起重器　b）防风夹轨器　c）外径千分尺　d）压力机　e）铣刀心轴紧固机构

1—手轮　2—螺杆　3—螺母　4—防转装置　5—刀轴

三、螺旋传动的类型

1. 按用途分类

螺旋传动分为以下三种基本类型。

（1）传力螺旋　以传力为主，如起重螺旋（图 5-5a）、夹紧机构螺旋（图 5-5b）等。其主要特点是以较小的转矩获得很大的轴向力，能承受较大的轴向载荷，间歇性工作，工作速度不高，通常要求自锁。传力螺旋一般要求自锁，常采用单线螺纹。

（2）传导螺旋　以传递运动为主，有时也承受较大的轴向力，能够实现精确的直线移动，如金属切削机床的螺旋进给机构（图 5-6）、螺旋压力机等。其特点是：一般需在较长时间内连续工作，工作速度较高，要求具有较高的传动精度或工作速度。对于传动精度要求高的传导螺旋，常采用单线螺纹；对于传动效率高的传导螺旋，多采用多线螺纹，$n = 2 \sim 4$。

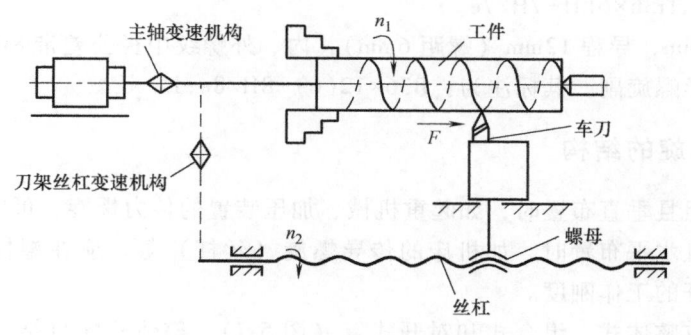

图 5-6　车床进给螺旋

（3）调整螺旋　主要用于调整或固定零部件之间的相对位置，如各种仪器仪表及测量装置中的微调机构，如图 5-5c 所示。其特点是不经常转动，并在空载下进行。

2. 按摩擦性质分类

螺旋传动可分为滑动螺旋、滚动螺旋和静压螺旋。

滑动螺旋结构简单，容易制造，易于自锁，但其主要缺点是摩擦阻力大，易磨损，低速时还可能出现爬行现象，传动精度和传动效率较低，尤其是逆行程效率更低，甚至自锁。所以滑动螺旋传动一般只用于将旋转运动转变为直线运动。滚动螺旋和静压螺旋（流体摩擦）的摩擦阻力小，传动精度高，且正反传动均有较高的效率，可用于将直线运动转变为旋转运动，但结构复杂，成本较高。本节主要介绍滑动螺旋的设计计算。

四、滑动螺旋副的精度和公差

国家标准规定梯形螺纹和锯齿形螺纹有中等级和粗糙级两种公差精度。其选用原则是：一般用途采用中等公差精度，对精度要求不高的螺旋采用粗糙公差精度。

1. 梯形螺纹的公差

一般用途的梯形滑动传力螺纹多采用 30°牙型角的梯形螺纹，可按国家标准 GB/T 5796.4—2005《梯形螺纹　第 4 部分：公差》中的规定选取梯形螺纹的内、外螺纹的公差等级和公差带。

对于有严格运动精度要求的梯形螺旋传动，应按 JB/T 2886—2008《机床梯形丝杠、螺母　技术条件》的规定选取其精度等级。该标准中，根据用途将精度分为 3、4、5、6、7、8、9 共七个精度等级，其中 3 级精度最高，依次逐渐降低。

2. 锯齿形螺纹的公差

对于一般用途的锯齿形滑动传力螺纹，可按国家标准 GB/T 13576.4—2008《锯齿形螺

纹　第 4 部分：公差》中的规定选取其内、外螺纹的公差等级和公差带，设计时可按 GB/T 13576.4—2008选取。

3．螺旋的标注

螺旋副标注的内容如下：

螺纹代号（梯形螺纹代号 Tr，锯齿形螺纹代号 B）公称直径×导程（P 螺距）螺纹旋向（左旋 LH，右旋不标）-螺母/螺杆（丝杠）中径公差带-旋合长度

标注示例：公称直径 36mm，螺距 6mm，内、外螺纹中径公差带 7H、7e 的左旋梯形螺旋副，其标注为：Tr36×6LH-7H/7e。

公称直径 36mm，导程 12mm（螺距 6mm），内、外螺纹中径公差带 8H、8e 的长旋合长度双线右旋锯齿形螺旋副，其标注为：B36×12(6)-8H/8e-L。

五、滑动螺旋的结构

当螺杆短而粗且垂直布置时，如起重机械、加压装置的传力螺旋，可以利用螺母作为支承。当螺杆细长且水平布置时，如机床的传导螺旋（丝杠）等，应在螺杆两端或中间附加支承，以提高螺杆的工作刚度。

螺母的结构有整体式、组合式和对开式等（图 5-7）。整体式螺母结构简单，但由磨损而产生的轴向间隙不能补偿，只适合在精度要求较低的螺旋中使用。对于经常双向传动的传导螺旋，为了消除和补偿由磨损产生的轴向间隙，避免反向传动时的空行程，常采用组合式螺母或对开式螺母。

六、传动螺旋（滑动螺旋）受力及失效

传动螺旋在机床和螺旋压力机中应用广泛，常用于将旋转运动转换为直线往复运动。图 5-6 所示为机床进给传动螺旋，刀架固定在螺母上，当螺杆（丝杠）转动时，螺母带动刀架沿丝杠往复运动，完成切削加工的进给。

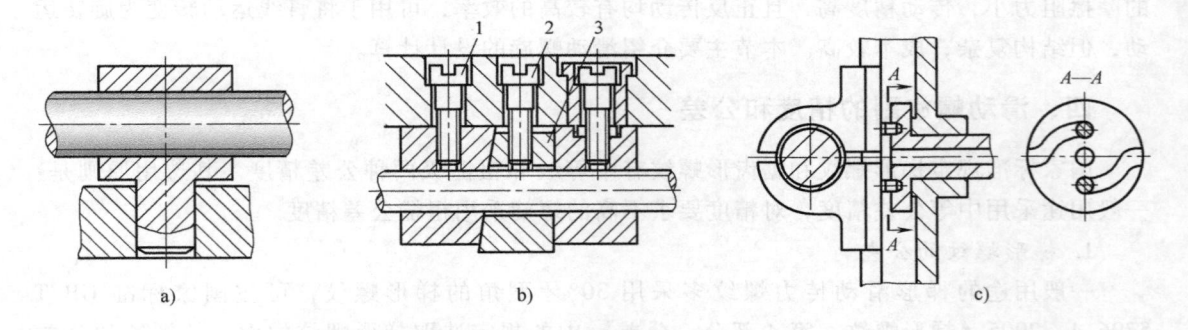

a)　　　　　　　　　　　b)　　　　　　　　　　c)

图 5-7　螺旋副螺母结构

a）整体式　b）组合式　c）对开式

1—固定螺钉　2—调整螺钉　3—调整垫块

螺旋传动工作时螺杆通常受螺纹力矩 T 和轴向载荷 F 的复合作用，在螺杆截面内产生扭转切应力和拉（或压）应力，且螺旋副内部还存在较大的滑动摩擦。其主要失效形式有螺纹牙的磨损、螺纹牙破坏及螺杆的疲劳，当螺杆为受压的细长杆时还可能发生过度变形和

失稳。

七、传动螺旋的设计计算

根据工作条件和可能出现的失效形式，应选择不同的计算方法，通常有耐磨性计算、强度计算和稳定性计算。对于传递运动的小功率传导螺旋，传动精度是首要的，主要进行耐磨性计算，尤其是传动精度要求特别高的螺旋，还应考虑拉（压）载荷及扭转载荷引起的导程变化，进行螺杆刚度计算；对于受压的细长杆螺旋（大长径比），除进行耐磨性计算外，还应校核其稳定性；对于受力大、传动精度要求不高的传力螺旋，则以强度计算为主；有自锁性要求时，还应校核自锁性；对于一般的无特殊要求的螺旋传动，则可根据经验参照同类机型直接选用。

设计方法为根据抗磨损确定直径，选择螺距，校核螺杆和螺母强度等。

1. 耐磨性计算

传动螺旋的耐磨性计算，主要是校核螺旋在轴向载荷 F 作用下螺纹工作面上产生的压强是否超过螺旋材料的许用值，如果产生过大的压强，螺纹牙会很快磨损而失去运动精度。耐磨性计算主要用来确定螺杆的直径 d_2 和螺母的高度 H。

如果螺旋上作用的总轴向载荷为 F，则螺纹牙工作面上产生的单位压力为 p，其强度条件为

$$p = \frac{F}{Z\pi d_2 h} \leq [p] \tag{5-2}$$

式中，$[p]$ 为滑动螺旋副材料的许用压强（MPa），见表5-4；F 为螺杆上的轴向载荷（N）；h 为螺纹牙的工作高度（mm），可近似取 $h=(d-d_1)/2$；Z 为旋合圈数，$Z=H/P$（H 为螺母的高度，P 为螺距），一般 $Z \leq 10$。设计时因螺母高度 H 未知，所以引进高径比系数 ϕ，$\phi=H/d_2$。整体式螺母 $\phi=1.2\sim1.5$；剖分式螺母 $\phi=2.5\sim3.5$。

将 $Z=H/P=\phi d_2/P$ 代入式（5-2）整理得螺纹中径

$$d_2 \geq \sqrt{\frac{FP}{\pi h \phi [p]}} \tag{5-3}$$

2. 强度计算

（1）螺杆的强度校核　受力很大的螺杆需要进行强度计算。由于一般螺杆常受拉（压）应力和扭转切应力的复合作用，根据工程力学第四强度理论可求出螺杆危险截面的当量应力 σ_v，其强度条件为

$$\sigma_\mathrm{v} = \sqrt{\left(\frac{4F}{\pi d_1^2}\right)^2 + 3\left(\frac{T}{0.2d_1^3}\right)^2} \leq [\sigma] \tag{5-4}$$

式中，T 为螺杆危险截面上的扭矩（N·mm），$T=F\dfrac{d_2}{2}\tan(\gamma+\varphi_\mathrm{v})$，$\varphi_\mathrm{v}$ 为当量摩擦角，见表5-1；$[\sigma]$ 为螺杆材料的许用应力，见表5-5。

（2）螺纹牙的强度计算　如果螺母材料的强度低于螺杆，螺纹牙的剪切和弯曲破坏多发生在螺母上，因此一般只对螺母进行强度校核。螺杆和螺母旋合圈数为 Z，将螺母的一圈螺纹在中径 d_2 处展开，螺母的螺纹牙可看作是受均布载荷 F/Z 作用的悬臂梁，如图5-8所示。螺纹牙根部受切应力和弯曲应力作用，其螺纹牙强度条件有弯曲强度条件和剪切强度条件。

弯曲强度条件为

$$\sigma_F = \frac{M}{W} \quad M = \frac{F}{Z} \cdot \frac{h}{2} \quad W = \frac{\pi db^2}{6}$$

$$\sigma_F = \frac{3Fh}{\pi db^2 Z} \leqslant [\sigma_F] \qquad (5-5)$$

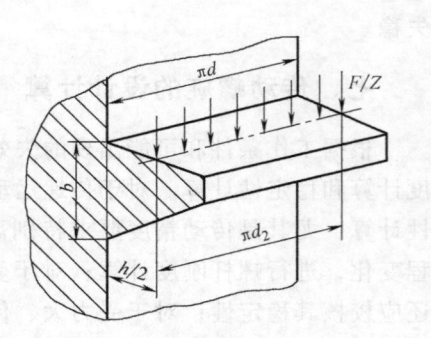

图5-8 螺母一圈螺纹牙受力

式中，$[\sigma_F]$ 为许用弯曲应力（MPa），见表5-5；b 为螺纹牙根部的厚度（mm），梯形螺纹 $b = 0.65P$，锯齿形螺纹 $b = 0.75P$，P 为螺距（mm）；d 为螺纹的公称直径（mm），如果计算螺杆螺纹牙强度，则取小径 d_1。

剪切强度条件为

$$\tau = \frac{F}{\pi dbZ} \leqslant [\tau] \qquad (5-6)$$

式中，$[\tau]$ 为许用切应力（MPa），见表5-5。

3. 传动螺旋副效率计算

当运动方向与轴向载荷方向相反时

$$\eta = \frac{\tan\gamma}{\tan(\gamma + \varphi_v)} \qquad (5-7)$$

4. 传动螺旋刚度计算

对于传动精度要求较高的螺旋，通常还要计算刚度。

每个导程 P_h 的变形总量为

$$\lambda = \lambda_F + \lambda_T$$

式中，λ_F 为轴向载荷 F 使每个导程 P_h 产生的变形量，$\lambda_F = \frac{4FP_h}{\pi E d_1^2}$；$\lambda_T$ 为转矩 T 使每个导程 P_h 产生的变形量，$\lambda_T = \frac{16TP_h^2}{\pi^2 G d_1^4}$，$G$ 为材料的切变模量。

因此

$$\lambda = \frac{4FP_h}{\pi E d_1^2} + \frac{16TP_h^2}{\pi^2 G d_1^4} \qquad (5-8)$$

每个导程上单位长度变形量 $\Delta = \lambda / P_h$。

除上述计算外，对于不同用途的传动螺旋要增加不同的内容，如对细长的受压螺杆通常还要进行稳定性计算，对高速旋转的传动螺旋还要进行临界转速的校核，见表5-1，对夹紧装置和压力机螺旋还要进行自锁条件校核。

表 5-1　螺杆稳定性、刚度、自锁及临界转速校核

内容		计算公式和参数		备　注
受压螺杆稳定性校核	材料	$\delta=\dfrac{4\mu l}{d_1}$	稳定临界载荷 F_c	δ 为螺杆的柔度；μ 为螺杆的长度系数，见表 5-2；l 为螺杆的最大工作长度（mm）；I_a 为螺杆危险截面的惯性矩，$I_a=\dfrac{\pi d_1^4}{64}$（mm⁴）；$E$ 为螺杆材料的弹性模量（MPa）；$\delta<40$ 时不必进行稳定性校核
	淬火钢	$\delta\geqslant 85$	$F_c=\dfrac{\pi^2 EI_a}{(\mu l)^2}$ $\quad$ (5-9)	
		$40\leqslant\delta<85$	$F_c=\dfrac{490}{1+0.0002\delta^2}\cdot\dfrac{\pi d_1^2}{4}$ $\quad$ (5-10)	
	未淬火钢	$\delta\geqslant 90$	同式(5-8)	
		$40\leqslant\delta<90$	$F_c=\dfrac{340}{1+0.00013\delta^2}\cdot\dfrac{\pi d_1^2}{4}$ $\quad$ (5-11)	
		$S_c=\dfrac{F_c}{F}\geqslant S_s$（不满足此条件应增大 d_1）$\quad$ (5-12) 传力螺旋 $S_s=3.5\sim5$；传导螺旋 $S_s=2.5\sim4$；精密螺杆或水平安装的螺杆 $S_s>4$		S_c 为螺杆稳定性安全系数；F 为轴向载荷（N）；F_c 为稳定临界载荷（N），与螺杆的柔度 δ 有关；S_s 为螺杆稳定性安全系数
临界转速校核		$n_c=302\mu_1\sqrt{\dfrac{EI_a}{ml_c^3}}$ 对于钢制螺杆 $n_c=12.3\times10^6\dfrac{\mu_1^2 d_1}{l_c^2}$ $\quad$ (5-13) 高速旋转的螺旋传动 $n\leqslant0.8n_c$		n 为螺旋传动最高转速（r/min）；n_c 为临界转速（r/min）；m 为螺杆总质量（kg）；l_c 为螺杆两支承之间的距离（mm）；μ_1 为长度系数，见表 5-2
自锁性校核		$\gamma<\varphi_v$		$\varphi_v=\arctan\dfrac{f}{\cos\gamma}$ 螺旋副的摩擦因数 f 见表 5-3

表 5-2　长度系数 μ 和 μ_1

螺杆端部结构	长度系数 μ	长度系数 μ_1	备　注
两端固定	0.5	4.730	若采用滑动轴承支承（轴承宽度为 B，轴承孔直径为 d），$B/d<1.5$ 时为铰支，$B/d=1.5\sim3$ 时为不完全固定，$B/d>3$ 时为固定 若采用滚动轴承支承，只有径向约束时为铰支，径向和轴向均有约束时为固定
一端固定，一端不完全固定	0.6	—	
一端固定，一端铰支	0.7	3.927	
两端铰支	1.0	3.142	
一端固定，一端自由	2.0	1.875	

表 5-3　滑动螺旋副的摩擦因数 f

螺杆材料	螺母材料	摩擦因数 f
钢	青铜	0.08～0.10
淬火钢	青铜	0.06～0.08
钢	耐磨铸铁	0.10～0.12
钢	灰铸铁	0.12～0.15
钢	钢	0.11～0.17

八、起重螺旋的设计计算

螺旋起重器中的起重螺旋通常工作速度较低，且多为间歇性工作，其设计计算包括以下两大部分。

1. 螺杆的设计计算

（1）螺杆的抗拉强度计算

$$\sigma = \frac{1.3 \times 4F}{\pi d_1^2} \leqslant [\sigma] \tag{5-14}$$

（2）稳定性计算（表5-1）

（3）自锁能力计算（表5-1）

2. 螺母的设计计算

（1）螺母螺纹牙的工作圈数及螺母高度　螺旋起重器要求自锁，均采用单线螺纹，由式（5-3）得到高径比 ϕ，进而求得螺母高度（图5-9）为

$$H \geqslant \frac{P_h F}{\pi d_2 h [p]} \tag{5-15}$$

由于螺母和螺杆的螺纹牙变形不同，又存在着制造误差，因而载荷在螺母上的分布是不均匀的，各圈螺纹受力自上而下依次递减，因此螺母的圈数不应太多，通常取 $Z \leqslant 10$。

螺旋起重器工作时，螺母凸缘与机架的接触面间产生挤压应力；凸缘根部受弯曲应力和切应力的作用；螺母下段承受拉力和螺旋副的摩擦力矩的作用。

螺母凸缘与机架的接触面间挤压强度计算公式为

$$\sigma_p = \frac{F}{\frac{\pi}{4}(D_1^2 - D^2)} \leqslant [\sigma] \tag{5-16}$$

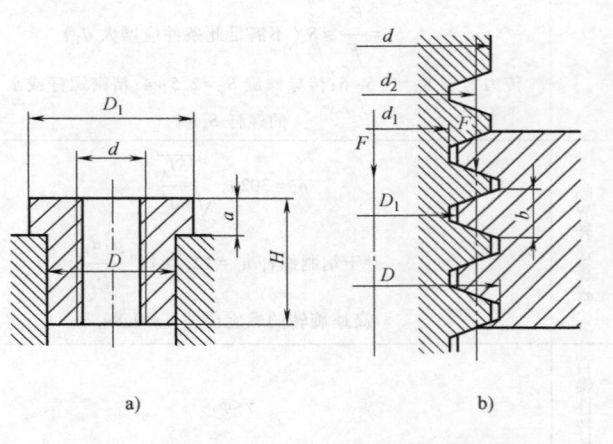

图5-9 螺母支承和受力

a）螺母支承　b）螺母螺纹牙受力

（2）螺母外径 D　考虑螺旋副摩擦力矩的作用，螺母悬置部分受拉，因此螺母的拉伸强度条件为

$$\sigma = \frac{(1.2 \sim 1.3)F}{\frac{\pi}{4}(D^2 - d^2)} \leqslant [\sigma] \tag{5-17}$$

（3）螺母凸缘根部的弯曲强度　计算公式为

$$\sigma_F = \frac{3(D_1 - d)F}{2\pi D a^2} \leqslant [\sigma_F] \tag{5-18}$$

螺母凸缘根部的剪切强度较大，通常不必计算。

九、滑动螺旋传动的材料和许用应力

1. 滑动螺旋副的材料

螺杆材料应具有较高的强度、较高的耐磨性及良好的加工性能，对于高精度的螺旋传动，其螺杆材料还应有良好的热处理后尺寸稳定性。对于不重要的低精度螺杆，其材料可选用 45 钢、50 钢和 Y40Mn 钢等，且可以不经热处理；对于重要、转速较高的螺杆，可选用 T12、65Mn、40Cr 等，且需要热处理；对于精密传动的螺杆，可选用 38CrMoAl、CrWMn、9Mn2V 等，并且需要热处理。

螺母材料除要求有较高的强度外，还应有较好的减摩性（与螺杆配合时摩擦因数小）、较高的耐磨性及抗胶合性。对于轻载低速、手动传动，可选用耐磨铸铁或灰铸铁；对于重载低速滑动螺旋，可选用高强度铸造青铜或铸造黄铜，如 ZCuAl10Fe3、ZCuZn25Al6Fe3Mn3；对于轻载中、高速及一般传动，可选用铸造青铜，如 ZCuSn10P1 等；对于重载调整螺旋，也可选用 35 钢或球墨铸铁。

2. 滑动螺旋副材料的许用压强（表 5-4）

表 5-4　滑动螺旋副材料的许用压强 $[p]$　　　　　　（单位：MPa）

螺杆-螺母材料 滑动速度 $v/(\text{m/s})$	钢-钢	钢-铸铁	钢-耐磨铸铁	钢-青铜	淬火钢-青铜
低速或手动	7.5~13	—	—	18~25	
<0.05		13~18		11~18	
0.1~0.2		4~7	6~8	7~10	10~13
>0.25		—		1~2	

3. 滑动螺旋副材料的许用应力（表 5-5）

表 5-5　滑动螺旋副材料的许用应力　　　　　　（单位：MPa）

螺旋副材料		许用应力 $[\sigma]$	许用弯曲应力 $[\sigma_\text{F}]$	许用切应力 $[\tau]$
螺杆	钢	$\dfrac{\sigma_\text{s}}{S}(S=3\sim5)$		
螺母	青铜		40~60	30~40
	灰铸铁		45~55	40
	耐磨铸铁		50~60	40
	钢		$(1.0\sim1.2)[\sigma]$	$0.6[\sigma]$

注：载荷稳定时，许用应力取大值。

例题　千斤顶螺杆为梯形螺纹，如图 5-10 所示。螺距 $P=6\text{mm}$，公称直径 $d=36\text{mm}$，螺纹工作高度 $h=0.5P$，螺母高度 $H=48\text{mm}$，螺杆材料为 45 钢，螺母材料为铸造锡青铜 ZCuSn10P1。假设载荷稳定，按耐磨性条件，求千斤顶能承受的最大载荷 F_{max}。

解：查设计手册公称直径为 36mm、螺距为 6mm 的梯形螺纹，中径 $d_2=33\text{mm}$。查表 5-4，因千斤顶为手动工具，螺旋副许用压强 $[p]=25\text{MPa}$。

根据耐磨性的强度条件

$$p = \frac{F}{Z\pi d_2 h} \leq [p]$$

及旋合圈数 $Z = H/P$ 得

$$F_{\max} = \frac{\pi d_2 h H[p]}{P} = \frac{\pi \times 33\text{mm} \times 0.5 \times 6\text{mm} \times 48\text{mm} \times 25\text{MPa}}{6\text{mm}}\text{N} = 62.2\text{kN}$$

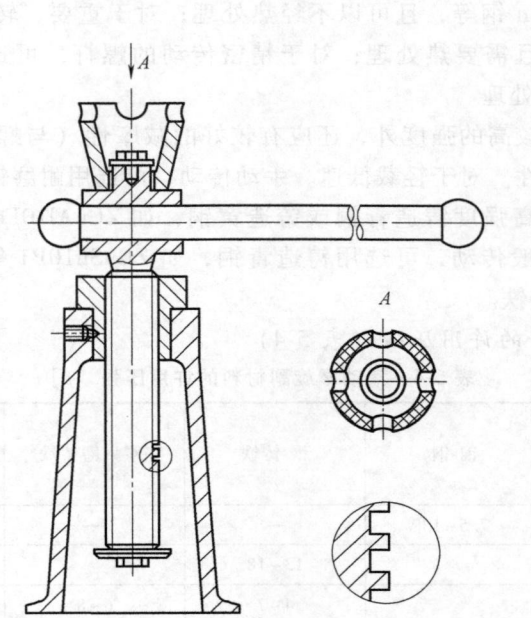

图 5-10 千斤顶

第三节 滚动螺旋传动简介

滚动螺旋传动是指将螺杆和螺母的螺纹制成滚道，在滚道中布置适量的滚动体，螺杆或螺母转动时，滚动体沿滚道滚动，使螺杆和螺母之间的摩擦成为滚动摩擦。这种传动摩擦阻力小，传动效率高达 90% 以上，在同样载荷的条件下，所需驱动转矩较滑动螺旋传动降低 65%~75%；磨损小，寿命长，可以通过调整装置消除轴向间隙，增大轴向刚度，具有较高的传动和定位精度；具有可逆性，即可将旋转运动转变为直线运动，也可将直线运动转变为旋转运动，后者传动效率也可达 85% 以上；在航空、汽车、机床等制造业中应用较广。但滚动螺旋结构复杂，制造困难，成本较高，近年来由于滚动螺旋的成批生产，成本有所下降，采用滚动螺旋的成套产品逐渐增加；滚动螺旋传动不能自锁，对有自锁要求的场合，必须采用制动装置；另外，承载能力、刚性和抗振性尚低于滑动螺旋。

一、滚动螺旋传动的结构和类型

滚动螺旋的滚动体可以是球，也可以是滚子，分别称为滚珠螺旋和滚子螺旋。但后者制造工艺复杂，应用较少。通常所说的滚动螺旋是指滚珠螺旋。

（1）根据滚动体循环方式不同分类　两类结构如图 5-11 所示。

1）内循环。螺母上开有侧向孔，孔内装有反向器，将相邻的两螺纹滚道连接起来，滚珠从螺纹滚道进入反向器，再进入相邻螺纹滚道。这种循环方式中，每一圈螺纹有一个反向器，滚珠在本圈内的循环运动称为内循环，如图 5-11a 所示。

2）外循环。在螺母的外圆柱面上制有螺旋形回球槽或外接弯管，与螺母的螺纹滚道相切，形成滚珠通道，称为外循环，如图 5-11b 所示。

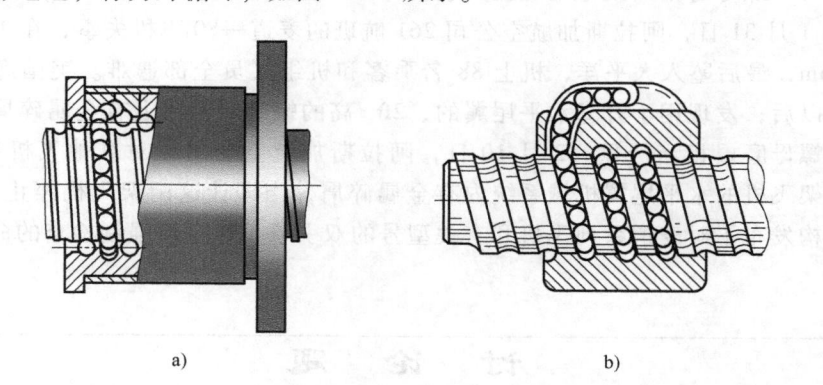

a)　　　　　　　　　　　b)

图 5-11　滚动螺旋传动循环方式

a）内循环　b）外循环

（2）根据螺纹滚道的形式不同分类　三种形式如图 5-12 所示。

1）矩形滚道。制造方便，接触应力高，承载能力低，用于轴向载荷小、传动精度要求不高的场合。

2）半圆弧滚道。半圆弧滚道砂轮成形简单，易得到较高的制造精度，接触应力小，承载能力较高。但为保证接触角 $\theta = 45°$，必须有消除轴向间隙和调整轴向预紧的措施，结构复杂。

3）双圆弧滚道。接触角（$\theta = 45°$）较稳定，接触强度高，承载能力大，轴向间隙和径向间隙理论上为零，传动精度高，加工复杂。

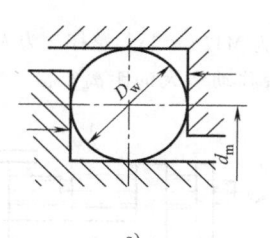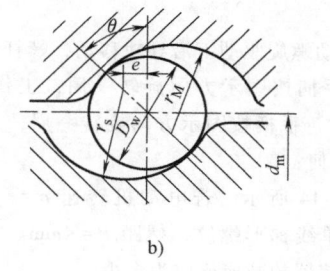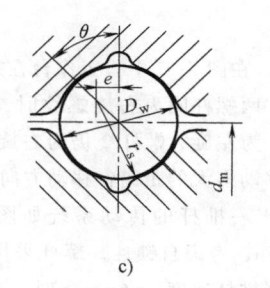

a)　　　　　　　　　　b)　　　　　　　　　　c)

图 5-12　螺纹滚道形式

a）矩形滚道　b）半圆弧滚道　c）双圆弧滚道

二、滚动螺旋副的主要参数与设计计算

滚动螺旋副的主要参数有公称直径 d_m 和基本导程 P_h，d_m 是钢球中心所在圆柱的直径。滚动螺旋的主要失效形式有接触疲劳点蚀和塑性变形，应根据转速来确定计算准则。与

滚动轴承相似，当工作转速高时，按寿命计算来确定基本尺寸；当工作转速低时，按寿命和静强度计算来确定基本尺寸；当工作转速低于 10r/min 时，只按静强度计算来确定基本尺寸。另外还需要校核螺杆的稳定性、临界转速、螺杆强度、系统刚度等。滚动螺旋传动设计的详细内容和设计过程，请查阅有关参考文献 [19]、[25]。

案例学习 螺母磨损失效导致飞机失事。

2000 年 1 月 31 日，阿拉斯加航空公司 261 航班的麦道—80 飞机失事，在 1 分多钟的时间下坠 5456m，最后坠入太平洋，机上 88 名乘客和机组人员全部遇难。美国海军将失事飞机打捞上来以后，发现用于升降水平尾翼的、2ft⊖ 高的螺旋起重器上有金属碎屑，这表明该机械装置的螺母磨损相当严重。2 月 10 日，阿拉斯加航空公司在对其他飞机进行检查时，又发现有两架飞机的水平尾翼机械系统内有金属碎屑，当即让这两架飞机停止飞行。对此，美国有关机构发布了对麦道系列飞机和有关型号的双引擎飞机进行强制检查的命令。

讨 论 题

5-1 螺纹有哪些类型？试说明常用螺纹的主要特点和主要用途。

5-2 螺纹的主要参数有哪些？螺纹的旋向如何判断？螺距和导程的区别是什么？

5-3 连接螺纹通常是单线还是多线？用于传动的螺纹呢？

5-4 粗牙螺纹与细牙螺纹相比各有何特点？哪一个自锁性强？分别适用于什么场合？

5-5 滑动螺旋的主要失效形式有哪些？

5-6 传动螺旋螺母的结构有几种？各有何优缺点？

5-7 传动螺旋主要进行哪些内容的设计计算？控制的是哪些失效形式？

5-8 螺旋传动件强度计算中，为什么一般螺纹牙按螺母计算？

习 题

5-1 在图 5-13 中，工作台在差动螺旋驱动下沿导轨移动，螺杆 1 为 M12×1.25，螺杆 2 为 M10×0.75。试问：①两螺杆同为右旋螺纹时，手柄按图示方向旋转一周，工作台移动多大的距离？移动方向如何？②螺杆 1 为左旋，螺杆 2 仍为右旋时，手柄按图示方向旋转一周，工作台移动多大的距离？移动方向如何？

5-2 一推杆的传动系统如图 5-14 所示。若电动机转速 $n=$ 1450r/min，考虑自锁性，螺杆采用单线梯形螺纹，螺距 $P=4$mm。试求：当推杆速度 $v=6$mm/s 时，减速器的减速比应为多少？

5-3 图 5-15 所示为一个螺杆转动并移动（螺母固定不动）的机构，转动手轮时螺杆转动，使杠杆绕轴 1 转动，杠杆转角范围为 ±3°。要求：手轮每转一圈，杠杆转动 0.6° 左右，且转动灵敏，阻力均匀，手轮后退时杠杆没有空回。试设计此结构，包括确定主要尺寸、参数，并画出装配图。

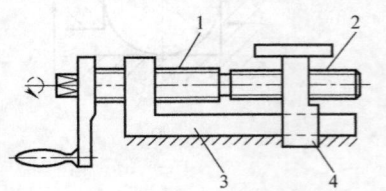

图 5-13 习题 5-1 图
1、2—螺杆 3—导轨 4—工作台

⊖ 1ft = 0.3048m。

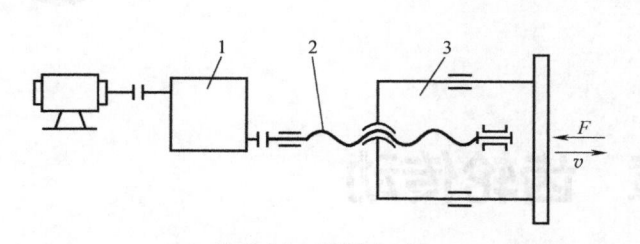

图 5-14　习题 5-2 图

1—减速器　2—螺杆　3—推杆

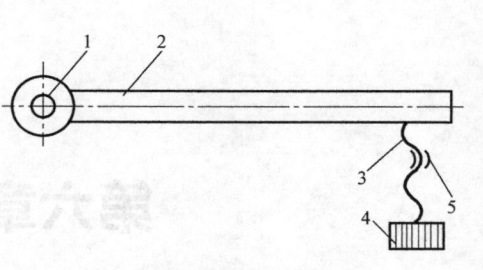

图 5-15　习题 5-3 图

1—轴　2—杠杆　3—螺杆　4—手轮　5—螺母

5-4　设计螺旋器起重器，最大载荷 $F = 40\text{kN}$，最大升距 $h = 180\text{mm}$，试：

1）选择螺杆、螺母、托杯等各零件材料。

2）计算螺杆、螺母的主要参数及其他尺寸。

3）检验稳定性和自锁性。

4）计算手柄的截面尺寸和长度。

5）绘制装配图（参考图 5-10），标注有关尺寸，填写标题栏及零件明细表。

5-5　图 5-16 中螺旋拉紧装置，按图示方向转动连接器，会使两螺杆靠拢而拉紧。试确定两个螺杆的旋向，绘出连接器和螺杆受力图（轴力图和转矩图）。

5-6　图 5-17 所示弓形夹钳用 M30 的螺杆夹紧工件，夹紧力为 40kN，螺杆材料为 45 钢，屈服强度 $\sigma_s = 300\text{MPa}$。设螺纹副和螺杆末端与工件的摩擦因数为 $f = 0.15$，试校核此螺杆的强度。

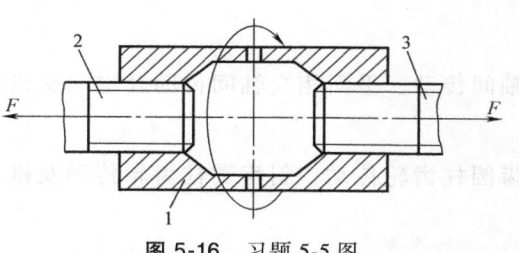

图 5-16　习题 5-5 图

1—连接器　2、3—螺杆

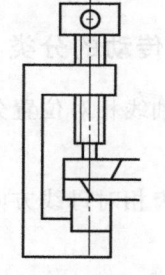

图 5-17　习题 5-6 图

第六章　齿轮传动

第一节　概　述

一、齿轮传动的特点

齿轮传动是机械传动中最重要、应用最广泛的一种传动。其主要优点是：工作可靠，寿命长，传动比准确，传动效率高，结构紧凑，功率及速度适用范围广。其主要缺点是：制造精度要求高，制造费用大，精度低时振动和噪声大，不宜用于轴间距离较大的传动。

二、齿轮传动的分类

（1）按两轴线相对位置分类　可分为平行轴间传动、平面相交轴间传动及空间交错轴间传动。

（2）按轮齿相对母线方向分类　可分为直齿圆柱齿轮传动、斜齿圆柱齿轮传动及锥齿轮传动。

（3）按工作条件分类　可分为开式齿轮传动和闭式齿轮传动。开式齿轮传动的齿轮完全外露，易落入灰尘和杂物，不能保证良好的润滑，故轮齿易磨损，多用于低速、不重要的场合；闭式齿轮传动的齿轮和轴承完全封闭在箱体内，能保证良好的润滑和较好的啮合精度，应用广泛。

（4）按齿面硬度分类　分可分为软齿面齿轮传动和硬齿面齿轮传动。软齿面齿轮的齿面硬度≤350HBW，热处理简单，加工容易，但承载能力较低；硬齿面齿轮的齿面硬度>350HBW，热处理复杂，需磨齿，承载能力较高。

三、基本要求

机械系统对齿轮传动的基本功能要求是：①瞬时传动比恒定不变。②承载能力大，工作可靠。③具有较高的运动精度。④能达到预定的工作寿命。⑤结构紧凑。只要齿轮设计合理，保证加工质量，就能满足预期的功能要求。

四、国内齿轮制造知名企业网址（见教材网络资源）

第二节　齿轮传动的失效形式和设计准则

一、齿轮传动的失效形式

齿轮传动的失效一般都发生在轮齿部分。两齿轮啮合时，齿面接触点及轮齿根部均受到变应力作用，使齿轮产生失效。齿轮传动常见的失效形式如下。

1. 轮齿弯曲折断

单向回转齿轮的轮齿受力后，其根部一般承受脉动变化的弯曲应力作用，在齿根过渡圆角处，应力大且有较大的应力集中，易产生弯曲疲劳折断（图6-1）。当齿轮受到较大短期过载或冲击载荷时，对铸铁或淬火齿轮，可能会发生轮齿过载折断，称为静载折断。疲劳折断与静载折断可从断口形貌上进行区别。

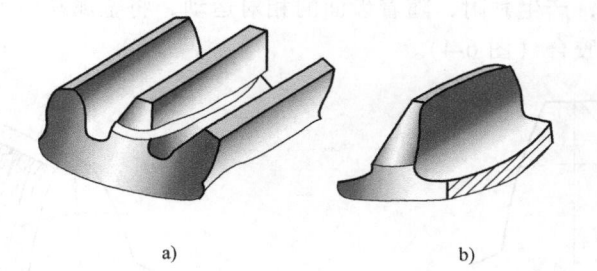

a)　　　　　　　　　　　b)

图 6-1　弯曲折断

a）整齿疲劳折断　b）部分齿疲劳折断

2. 齿面疲劳

轮齿受力后，齿面接触处将产生脉动循环变化的接触应力。轮齿在接触应力反复作用下，表面或次表层出现疲劳裂纹。疲劳裂纹扩展的结果，使齿面金属脱落而形成麻点状凹坑，称为齿面疲劳失效（疲劳磨损），简称为点蚀。齿轮在啮合过程中，因轮齿在节线处啮合，同时啮合齿对数少，接触应力大，且在节点处齿廓相对滑动速度小，油膜不易形成，故点蚀首先出现在节线附近的齿根表面上，然后再向其他部位扩展。

点蚀分为初期点蚀和扩展性点蚀（图6-2）。在工作初期，由于相啮合的齿面接触不良，

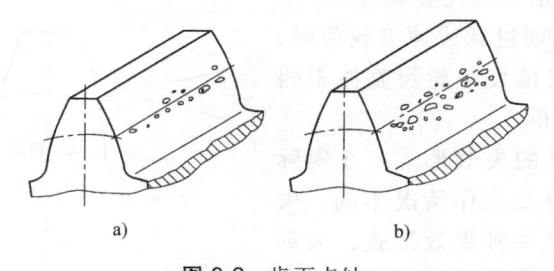

a)　　　　　　　　　　　b)

图 6-2　齿面点蚀

a）初期点蚀　b）扩展性点蚀

造成局部应力过高而出现麻点。齿面经一段时间跑合后，接触应力趋于均匀，麻点不再扩展，甚至消失，这种点蚀称为初期点蚀。这种情况只出现在闭式软齿面齿轮上。随工作时间增加，齿面点蚀面积不断扩展，麻点尺寸、数量不断增多，称为扩展性点蚀。此时产生强烈的振动和噪声，导致齿轮失效。

点蚀是润滑良好的闭式软齿面传动中最常见的失效形式。硬齿面齿轮，其齿面接触疲劳强度高，一般不易出现点蚀，但一旦出现点蚀，即为扩展性点蚀。在开式齿轮传动中，一般不会出现点蚀。这是因为开式齿轮磨损速度一般大于疲劳裂纹扩展速度。

3. 齿面磨损

在齿轮传动中，由于齿面有相对滑动，会产生齿面磨损（图6-3）。由于齿根及齿顶相对滑动速度大，齿根及齿顶部分磨损严重。齿面磨损后，齿廓形状破坏，引起冲击、振动和噪声，且由于齿厚减薄而可能发生轮齿折断。磨料磨损是开式齿轮传动的主要失效形式。

4. 齿面胶合

由于轮齿齿面为高副接触，接触面积小、压力大，接触点附近温度升高，使油膜破裂，两金属表面直接接触，产生黏附，随着齿面的相对运动，将金属从齿面上撕落而引起严重的黏着磨损，称为齿面胶合（图6-4）。

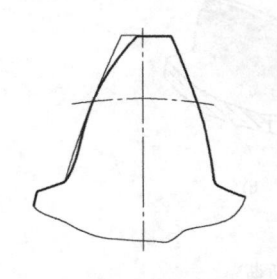

图 6-3 齿面磨损

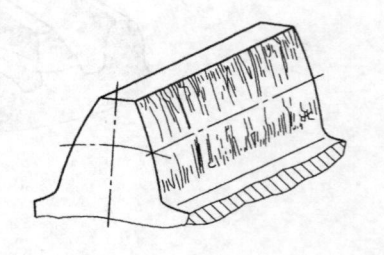

图 6-4 齿面胶合

5. 塑性变形

当齿面应力较大时，齿面表层的材料就会沿着摩擦力的方向流动，称为塑性变形（图6-5）。轮齿在啮合过程中，由于主动轮齿上所受的摩擦力是背离节线分别朝向齿顶及齿根作用的，故产生塑性变形后，齿面沿节线处形成凹沟。从动轮齿上所受的摩擦力方向则相反，塑性变形后，齿面沿节线处形成凸棱。

当齿轮受到较大短期过载或冲击载荷时，较软材料做成的齿轮可能发生轮齿整体歪斜变形，称为齿体塑性变形。

以上均为齿轮常见的失效形式。在实际工作中，根据齿轮本身及工作情况不同，失效形式也不同。有时是一种失效形式，大部分情况是两种或多种失效形式的组合，且各种失效形式相互影响，设计时应综合考虑。

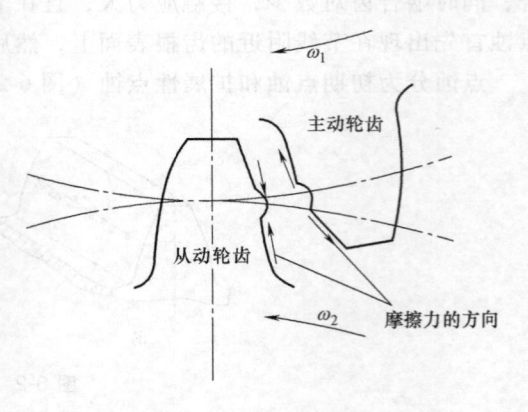

图 6-5 齿面塑性变形

二、齿轮传动的设计准则

齿轮轮齿究竟发生什么形式的失效，这主要取决于齿轮的材质和具体的工作条件。实践经验证明：闭式齿轮传动中，当齿面硬度较低（≤350HBW）时，主要失效形式是齿面疲劳点蚀；当齿面硬度较高（>350HBW）时，主要失效形式是轮齿弯曲疲劳折断，也可能发生齿面表层剥落。在高速重载情况下，轮齿可能发生胶合失效；在严重过载时，还可能发生齿面塑性变形、齿体塑性变形和过载断齿。开式齿轮传动中，齿轮的主要失效形式是磨损，往往由于齿面过度磨损或轮齿磨薄后弯曲折断而失效。因为目前尚无可靠的计算磨损的方法，一般只按轮齿弯曲疲劳强度进行设计计算，确定齿轮的参数和尺寸。为保证轮齿磨损变薄后仍有足够的弯曲疲劳强度，通常采用将按弯曲疲劳强度计算得到的模数增大 5%～15% 的办法来解决。

至于齿轮抗胶合能力的计算，国家标准中有推荐方法，在必要时可参照有关手册。

如果齿轮传动在工作时有偶然过载或短期尖峰载荷出现，为避免轮齿过载折断或塑性变形，还须验算齿轮传动的抗过载能力。

第三节　常用材料及其许用应力

一、齿轮材料及热处理方式

制造齿轮的材料主要是钢，其次是球墨铸铁、灰铸铁和非金属材料。

1. 钢

常用优质碳素钢、合金钢。由于锻钢较同样材料的铸钢性能优越，一般均选锻钢，只有当毛坯直径过大（d_a>400～600mm）又没有大型锻造设备或形状复杂时，才选用铸钢。

用锻钢制造的齿轮按热处理方式和齿面硬度不同分为两类：

（1）软齿面齿轮　这种齿轮用正火或调质处理后的锻钢切齿而成，其齿面硬度不超过350HBW。由于硬度低，承载能力受限制；但可以在热处理以后切齿，成本低。软齿面齿轮常用于中载、中速、对结构尺寸不限制的场合。由于啮合过程中小齿轮的啮合次数比大齿轮多，小齿轮的齿面硬度应比大齿轮高 30～50HBW。

两齿轮齿数比较大（u>5）时，亦可采用硬齿面小齿轮和软齿面大齿轮的组合。

（2）硬齿面齿轮　这种齿轮一般用锻钢切齿后经表面硬化处理（表面淬火、渗碳淬火、渗氮等），淬火后（特别是渗碳淬火），因热处理变形大，一般都要经过磨齿等精加工，以保证齿轮所需的精度。这类齿轮承载能力高于软齿面齿轮，常用于高速、重载、要求结构紧凑的场合。随着硬齿面加工技术的进一步发展，硬齿面齿轮的应用将越来越广泛。在精度低于 7 级时，一般不需磨齿。渗氮齿轮，因硬化层深度很小，不宜用于有冲击或有磨料磨损的场合。

2. 灰铸铁及球墨铸铁

灰铸铁的抗弯及耐冲击性能较差，主要用于低速、工作平稳、传递功率不大和对尺寸与重量无严格要求的开式齿轮。球墨铸铁的强度、韧性等力学性能优于灰铸铁，可用作齿轮材料，在要求不高的场合，可代替铸钢。

3. 非金属材料

非金属材料（如夹布胶木、尼龙等）的弹性模量小，在承受同样的载荷作用下，其接触应力小。但它的硬度、接触强度和抗弯强度低。因此，非金属材料常用于高速、小功率、精度不高或要求噪声低的齿轮传动中。

常用的齿轮材料及其力学性能见表 6-1。

表 6-1 齿轮常用材料及力学性能

材　料	热处理	力学性能		硬　度	
		σ_b/MPa	σ_s/MPa	HBW	HRC
45 钢	正火	569	284	162~217	
	调质	628	343	217~255	
	表面淬火				40~50
40Cr	调质	700	500	241~286	
	表面淬火				48~55
42SiMn	调质	735	461	217~269	
	表面淬火				45~55
35CrMo	调质	686	490	207~269	
	表面淬火				40~45
42CrMo	调质	637	490	207~269	
40CrNi	调质	≥735	≥549	255	
37SiMn2MoV	调质	814	637	241~286	50~55
38CrMoAlA	调质	981	834	229	渗氮>850HV
40CrNiMoA	表面淬火+高温回火	981	834	269	
20Cr	渗碳淬火+低温回火	637	392		56~62
17CrNiMo6	渗碳淬火+低温回火	980~1270	685		54~62
20Cr2Ni4	渗碳淬火+低温回火	≥1079	≥834		≥60
20CrMnMo	渗碳淬火+低温回火	1177	883		56~62
20CrMnTi	渗碳淬火+低温回火	1079	834		56~62
ZG340-640	正火	640	340	179~207	
ZG35SiMn	正火、回火	569	343	163~217	
	调质	785	588	197~248	
	表面淬火				40~45

（续）

材　　料	热处理	力学性能		硬　　度	
		σ_b/MPa	σ_s/MPa	HBW	HRC
ZG42SiMn	正火、回火	588	373	163~217	
	调质	637	441	197~248	
	表面淬火				40~45
HT300		300		190~240	
HT350		350		210~260	
QT500-7		500	320	170~230	
QT600-3		600	370	190~270	

二、许用应力

齿轮的许用应力是根据试验齿轮的接触疲劳极限和弯曲疲劳极限确定的，试验齿轮的疲劳极限又是在一定试验条件下获得的。当设计齿轮的工作条件与试验条件不同时，需加以修正。

齿面许用接触疲劳应力　　　　　　　　　$$[\sigma_H] = \frac{\sigma_{H\lim}}{S_{H\min}} Z_N \tag{6-1}$$

齿根许用弯曲疲劳应力　　　　　　$$[\sigma_F] = \frac{\sigma_{F\lim}}{S_{F\min}} Y_{ST} Y_N = \frac{\sigma_{FE}}{S_{F\min}} Y_N \tag{6-2}$$

式中，$\sigma_{H\lim}$、$\sigma_{F\lim}$ 分别为失效概率为 1% 时，试验齿轮的接触疲劳极限（MPa）和弯曲疲劳极限（MPa）；Z_N、Y_N 分别为接触强度和弯曲强度计算的寿命系数，设计时以 $\sigma_{FE} = \sigma_{F\lim} Y_{ST}$ 进行计算，其中 Y_{ST} 为试验齿轮的应力校正系数，一般取 $Y_{ST} = 2$；$S_{H\min}$、$S_{F\min}$ 分别为接触强度和弯曲强度计算的安全系数。

（1）试验齿轮的疲劳极限 $\sigma_{H\lim}$、σ_{FE}　由图 6-6、图 6-7 中查出。图中，ME、MQ、ML 分别表示对齿轮的材料冶金和热处理质量有优、中、低要求时的疲劳极限，MX 表示对淬透性及金相组织有特殊考虑的调质合金钢取值。对于弯曲疲劳极限，由于试验时应力为脉动循环，若实际齿轮应力为对称循环时，将极限应力乘以 0.7，双向运转时，将极限应力乘以 0.8。

（2）寿命系数 Z_N、Y_N　因图 6-6、图 6-7 中的疲劳极限是按无限寿命试验得到的数据，当要求所设计的齿轮为有限寿命时，其疲劳极限还会有所提高，应进行修正。齿轮受稳定载荷作用时，Z_N 按轮齿经受的循环次数 N 由图 6-8a 查取，Y_N 按 N 由图 6-8b 查取。转速不变时，N 可由下式计算：

$$N = 60 \gamma n t_h$$

式中，n 为齿轮转速（r/min）；γ 为齿轮每转一转，轮齿同侧齿面啮合次数；t_h 为齿轮总工作时间（h）。

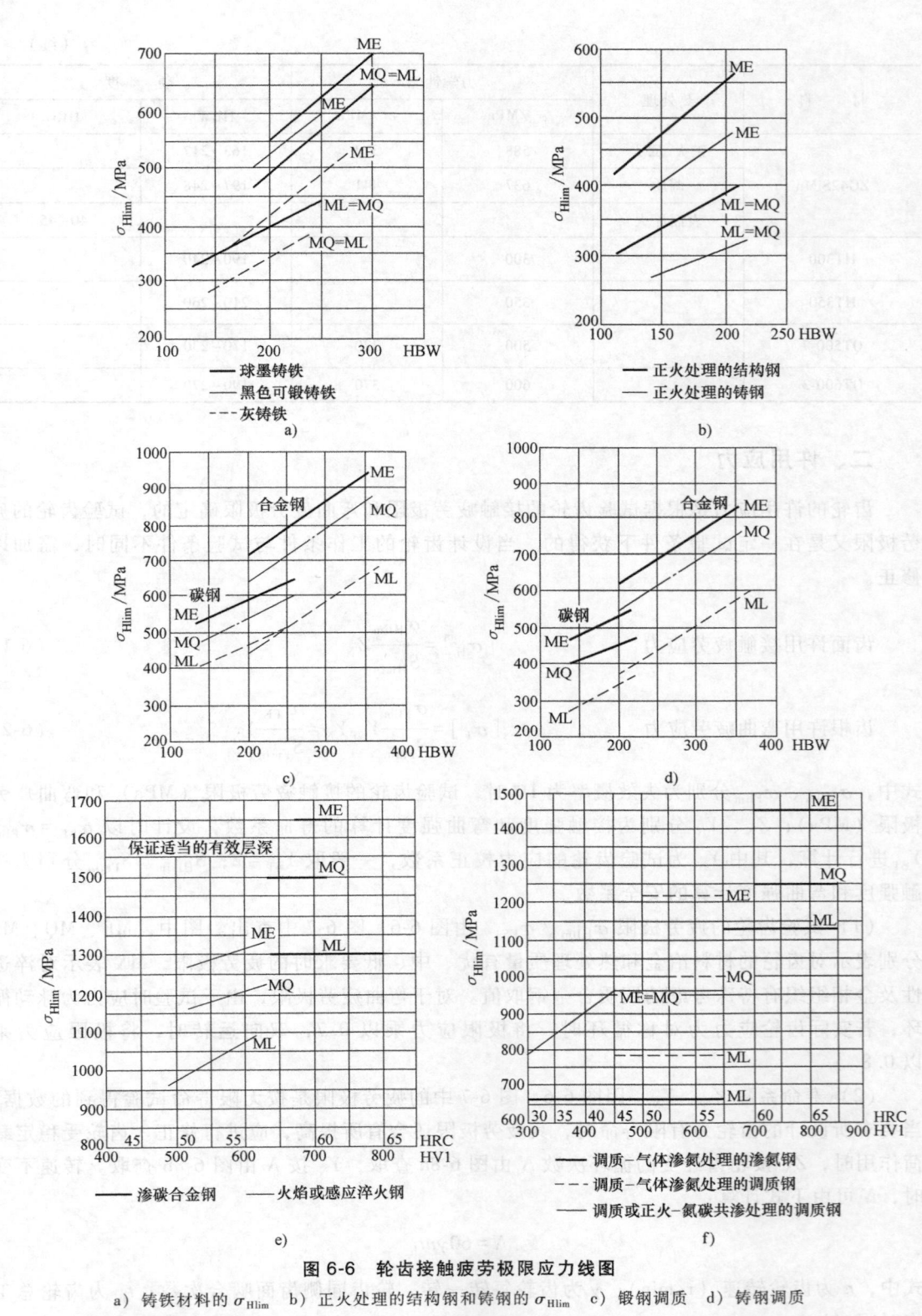

图 6-6 轮齿接触疲劳极限应力线图

a）铸铁材料的 σ_{Hlim} b）正火处理的结构钢和铸钢的 σ_{Hlim} c）锻钢调质   d）铸钢调质

e）渗碳淬火钢和表面硬化（火焰或感应淬火）钢的 σ_{Hlim} f）渗氮和氮碳共渗钢的 σ_{Hlim}

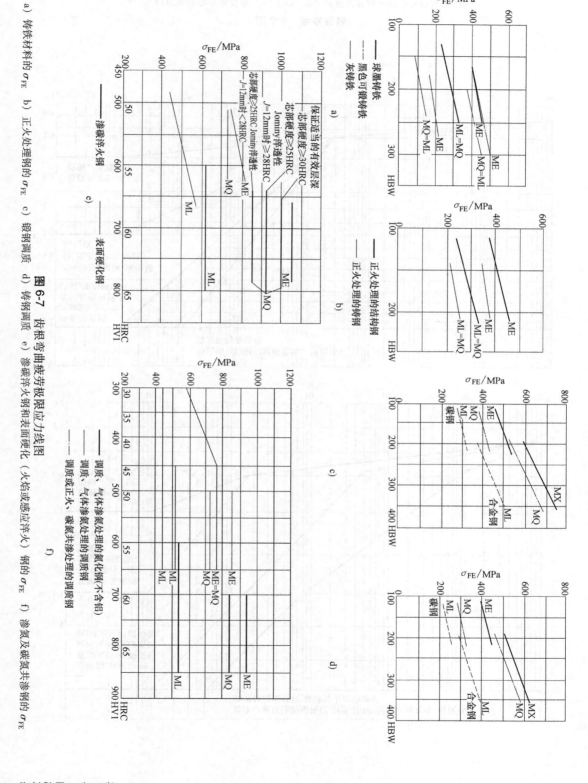

图 6-7 齿根弯曲疲劳极限应力线图

a) 铸铁材料的 σ_{FE} b) 正火处理钢的 σ_{FE} c) 锻钢调质 d) 铸钢调质 e) 渗碳淬火钢和表面硬化（火焰或感应淬火）钢的 σ_{FE} f) 渗氮及碳氮共渗钢的 σ_{FE}

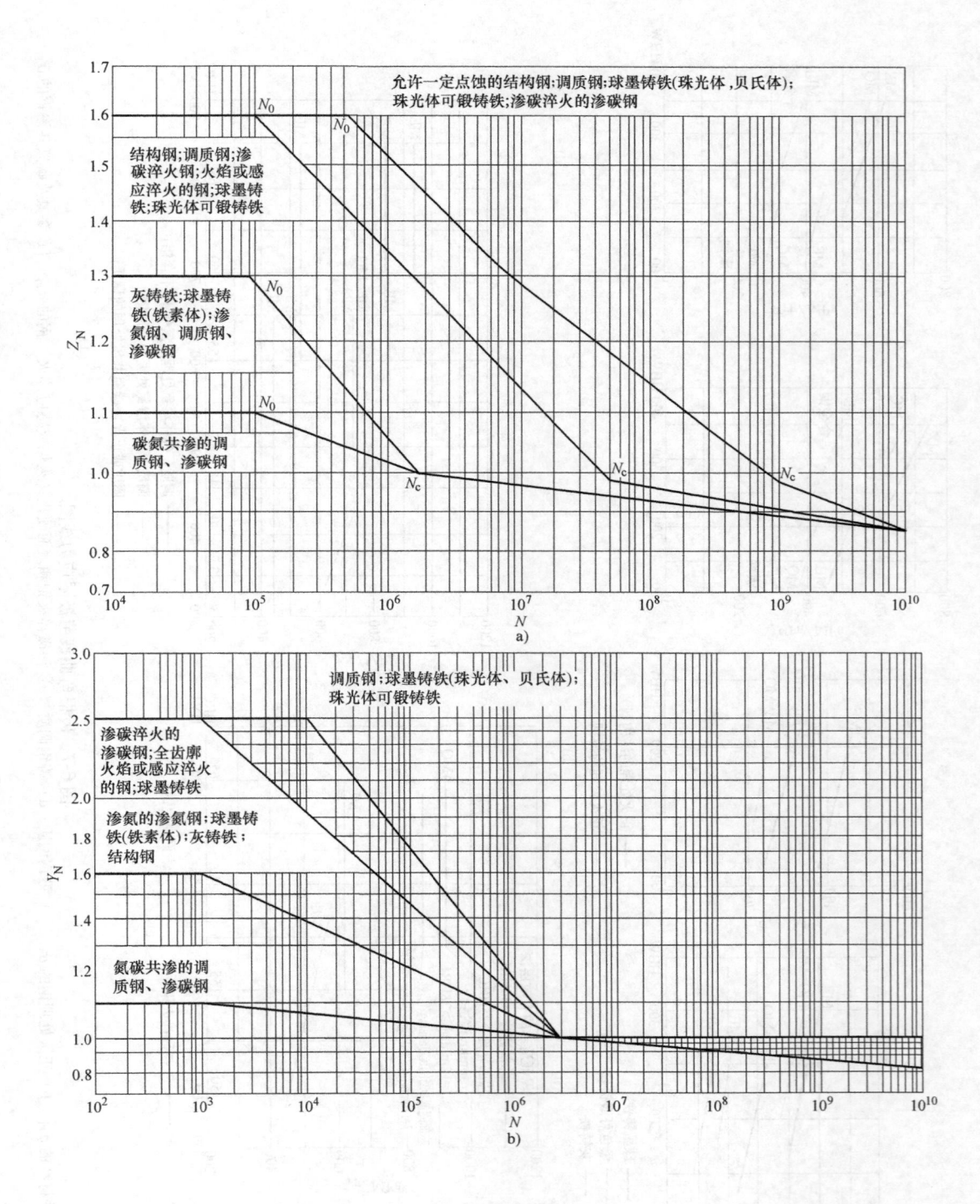

图 6-8 寿命系数

a) 轮齿接触疲劳寿命系数（当 $N > N_c$ 时，可根据经验在阴影区内取 Z_N 值）

b) 齿根弯曲疲劳寿命系数（当 $N > N_c$ 时，可根据经验在阴影区内取 Y_N 值）

（3）最小安全系数 S_{Hmin}、S_{Fmin}　选择最小安全系数时，应考虑齿轮的载荷数据和计算方法的正确性以及对齿轮的可靠性要求等。S_{Hmin}、S_{Fmin} 值可按表6-2查取。在计算数据的准确性较差，计算方法粗糙，失效后可能造成严重后果等情况下，二者均应取大值。

表6-2　最小安全系数

使用要求	最小安全系数	
	S_{Hmin}	S_{Fmin}
高可靠度（失效概率不大于1/10000）	1.5	2.0
较高可靠度（失效概率不大于1/1000）	1.25	1.6
一般可靠度（失效概率不大于1/100）	1.0	1.25
低可靠度（失效概率不大于1/10）	0.85（可能在点蚀前出现塑性变形）	1.0

第四节　齿轮的计算载荷

齿轮工作时所受转矩为

$$T_1 = 9.55 \times 10^6 \frac{P_1}{n_1} \tag{6-3}$$

式中，P_1 为主动齿轮传递的功率（kW）；n_1 为主动齿轮的转速（r/min）。

按式（6-3）计算的 T_1 是作用在轮齿上的名义载荷，为了考虑工作时不同因素对齿轮受载的影响，应将名义载荷乘以载荷系数，修正为计算载荷，并按计算载荷进行齿轮强度计算。

计算载荷（转矩）为

$$T_{1c} = KT_1 = K_A K_\alpha K_\beta K_v T_1 \tag{6-4}$$

式中，K 为载荷系数；K_A 为使用系数；K_α 为齿间载荷分配系数；K_v 为动载系数；K_β 为齿向载荷分布系数。

（1）使用系数 K_A　用来考虑原动机和工作机的工作特性等引起的动载荷对轮齿受载的影响，见表6-3。

表6-3　使用系数 K_A

原动机特性 工作机特性	均匀平稳	轻微冲击	中等冲击	严重冲击
	电动机	汽轮机、液压马达	多缸内燃机	单缸内燃机
均匀平稳	1.00	1.10	1.25	1.50
轻微冲击	1.25	1.35	1.50	1.75
中等冲击	1.50	1.60	1.75	2.00
严重冲击	1.75	1.85	2.00	2.25

注：表中所列 K_A 值仅适用于减速传动，若为增速传动，K_A 值为表值的1.1倍。

（2）动载系数 K_v　用来考虑齿轮副在啮合过程中，因啮合误差（基节误差、齿形误差和轮齿变形等）所引起的内部附加动载荷对轮齿受载的影响，见图6-9。

轮齿啮合时，只有啮合轮齿的基节完全相等，才能保证瞬时传动比相等。而由于弹性变形和制造误差，轮齿的基节不可能完全相等。这样，轮齿啮合时瞬时速比发生变化而产生冲击和动载荷。齿轮的速度越高，加工精度越低，齿轮动载荷越大。

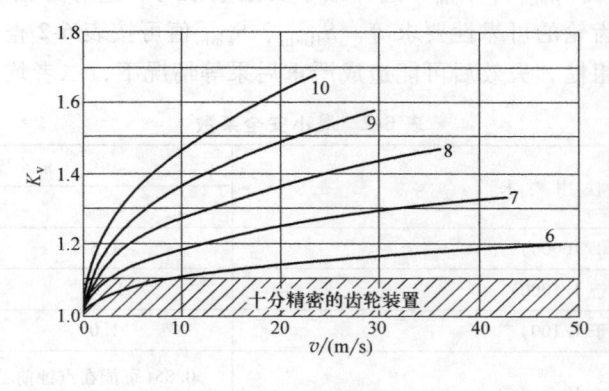

图 6-9　动载系数

对齿轮进行适当的齿顶修形，也可达到降低动载荷的目的。斜齿圆柱齿轮传动因传动平稳，K_v 取值可比直齿圆柱齿轮传动小。

（3）齿向载荷分布系数 K_β　用以考虑由于轴的变形和齿轮制造误差等引起载荷沿齿宽方向分布不均匀的影响，见表 6-4。

表 6-4　齿向载荷分布系数 K_β

布置形式		小齿轮齿面硬度（HBW）	$\varphi_d = b/d_1$									
			0.2	0.4	0.6	0.8	1.0	1.2	1.4	1.6	1.8	2.0
对称布置		≤350	—	1.01	1.02	1.03	1.05	1.07	1.09	1.13	1.17	1.22
		>350	—	1.00	1.03	1.06	1.10	1.14	1.19	1.25	1.34	1.44
非对称布置	轴的刚性较大	≤350	1.00	1.02	1.04	1.06	1.08	1.12	1.14	1.18	—	—
		>350	1.00	1.04	1.08	1.13	1.17	1.23	1.28	1.35	—	—
	轴的刚性较小	≤350	1.03	1.05	1.08	1.11	1.14	1.18	1.23	1.28	—	—
		>350	1.05	1.10	1.16	1.22	1.28	1.36	1.45	1.55	—	—
悬臂布置		≤350	1.08	1.11	1.16	1.23	—	—	—	—	—	—
		>350	1.15	1.21	1.32	1.45	—	—	—	—	—	—

注：1. 表中数值为 8 级精度的 K_β 值。若精度高于 8 级，表中值应减小 5%～10%，但不得小于1；若精度低于 8 级，表中值应增大 5%～10%。

2. 轴承间跨度 L 与小齿轮直径之比 $L/d \approx 2.5\sim3$，为刚性大的轴；$L/d>3$，为刚性小的轴。

3. 对于锥齿轮，$\varphi_d = \varphi_{dm} = b/d_{m1} = \varphi_R \sqrt{u^2+1}/(2-\varphi_R)$，其中 d_{m1} 为小齿轮的平均分度圆直径（mm）；u 为齿数比；$\varphi_R = b/R$ 其中 R 为锥齿轮的锥距。

齿轮受载后，轴产生弯曲变形，两齿轮随之偏斜，使得作用在齿面上的载荷沿接触线分布不均匀，如图 6-10a 所示。当齿轮相对轴承布置不对称时，偏载更严重。轴因受转矩作用而发生扭转变形，同样会产生载荷沿齿宽分布不均匀。为了减小轴扭转变形对齿轮偏载的影响，应将齿轮布置在远离转矩输入端。

此外，齿宽、齿轮制造和安装误差、齿面磨合、轴承及箱体的变形等对载荷集中均有影响。

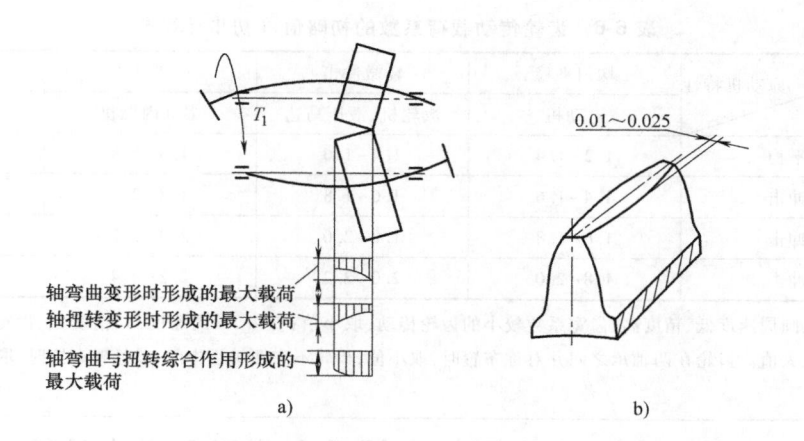

图 6-10　载荷沿齿向的分布及修形

　　提高齿轮的制造和安装精度以及轴承和箱体的刚度、合理选择齿宽、合理布置齿轮在轴上的位置、将齿侧沿齿宽方向进行修形使齿面制成鼓形（图 6-10b）等，均可降低轮齿上的载荷集中。当两轮之一为软齿面、宽径比 b/d 较小、齿轮在两支承中间对称布置、轴的刚性大时，K_β 取小值；反之，取大值。

　　（4）齿间载荷分配系数 K_α　用以考虑同时啮合的各对轮齿间载荷分配不均匀的影响。齿轮在啮合过程中，重合度 $\varepsilon>1$，在实际啮合线上，存在单对齿啮合区和双对齿啮合区。在双对齿啮合区啮合时，由于轮齿的弹性变形和制造误差，载荷在两对齿上的分配是不均匀的。这是因为轮齿从齿根到齿顶啮合过程中，齿面上载荷作用点随轮齿在啮合线上位置的不同而改变。由于齿面上力作用点位置的改变，轮齿在啮合线上不同位置的变形及刚度不同，刚度大者承担载荷大，因此在同时啮合的两对轮齿间，载荷的分配是不均匀的。此外，基节误差、齿轮的重合度、齿面硬度、齿顶修缘等对齿间载荷分配也有影响。斜齿圆柱齿轮传动中，K_α 取值可比直齿圆柱齿轮传动中的小。当齿轮制造精度低、齿面为硬齿面时，取大值；反之，取小值。齿间载荷分配系数 K_α 见表 6-5。

表 6-5　齿间载荷分配系数 K_α

$K_A F_t/b$	$\geqslant 100\text{N/mm}$				$<100\text{N/mm}$
精度等级	5	6	7	8	5~9 级
经表面硬化的直齿轮	1.0		1.1	1.2	$\geqslant 1.2$
经表面硬化的斜齿轮	1.0	1.1	1.2	1.4	$\geqslant 1.4$
未经表面硬化的直齿轮	1.0			1.1	$\geqslant 1.2$
未经表面硬化的斜齿轮	1.0	1.1	1.2		$\geqslant 1.4$

　　注：1. 对修形齿，取 $K_\alpha=1$。

　　　　2. 若大、小齿轮精度等级不同时，按精度等级较低者取值。

　　总之，载荷系数 K 的取值影响因素很多，需综合考虑。初步设计时，可按表 6-6 查取；验算时，再精确查取和计算。

表 6-6　齿轮传动载荷系数的初略值（初步计算参考）

工作机特性 ＼ 原动机特性	均匀平稳 电动机	轻微冲击 汽轮机、液压马达	中等冲击 多缸内燃机	严重冲击 单缸内燃机
均匀平稳	1.2~1.4	1.4~1.6	1.6~1.8	1.8~2.0
轻微冲击	1.4~1.6	1.6~1.8	1.8~2.0	2.0~2.2
中等冲击	1.6~1.8	1.8~2.0	2.0~2.2	2.2~2.4
严重冲击	1.8~2.0	2.0~2.2	2.2~2.4	2.4~2.6

注：斜齿、圆周速度低、精度高、齿宽系数较小的齿轮传动，取小值；直齿、圆周速度高、精度低、齿宽系数较大的齿轮传动，取大值。齿轮在两轴承之间并对称布置时，取小值；齿轮不在两轴承中间，或悬臂布置时，取大值。

第五节　直齿圆柱齿轮受力分析和强度计算

一、受力分析

图 6-11 所示为一对直齿圆柱齿轮，设 T_1 为作用于主动齿轮的驱动转矩，T_2 为作用于从动齿轮的外界阻力矩。若略去齿面间的摩擦力，对于作用于轮齿上的分布力以作用于齿宽中点的集中力来表示，轮齿上的法向力 F_n 垂直于齿廓，其方向沿啮合线 $N_1 N_2$，可分解为两个互相垂直的分力：圆周力 F_t 及径向力 F_r，分别为

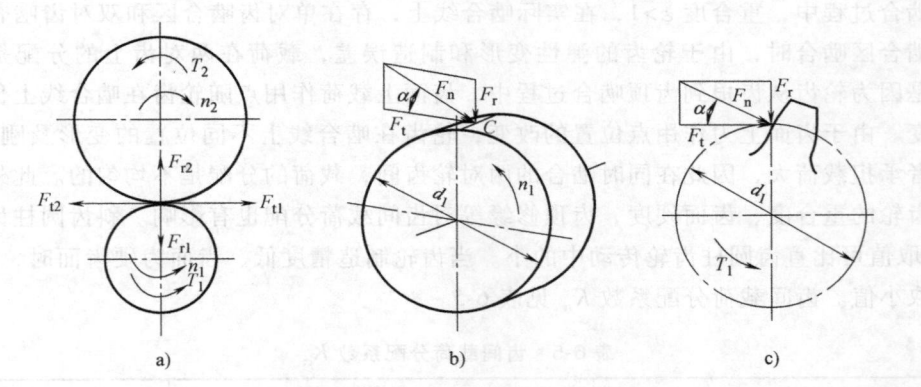

图 6-11　直齿圆柱齿轮传动受力分析

$$F_t = \frac{2T_1}{d_1} \qquad F_r = F_t \tan\alpha \tag{6-5}$$

式中，T_1 为主动齿轮传递的名义转矩（N·mm），计算公式为

$$T_1 = 9.55 \times 10^6 \frac{P_1}{n_1} \tag{6-6}$$

式中，P_1 为主动齿轮传递的功率（kW）；d_1 为主动齿轮的节圆直径（mm）；α 为节圆压力角（°），标准齿轮为 $\alpha = 20°$；n_1 为主动齿轮的转速（r/min）。

忽略摩擦力，作用于主动齿轮和从动齿轮上的各对力应等值反向。各分力的方向：①圆周力 F_t，对于主动齿轮为阻力，与回转方向相反；对于从动齿轮为驱动力，与回转方向相

同。②径向力 F_{r1}、F_{r2} 分别指向各自轮心（外啮合齿轮）。下标 1 表示主动齿轮，下标 2 表示从动齿轮。

二、齿面接触疲劳强度计算

齿面疲劳与齿面接触应力大小有关，设计准则是限制齿面接触应力，以避免发生齿面疲劳。两轮齿齿面接触时，如图 6-12 所示，采用的简化模型是用轴线平行的两圆柱体的接触代替一对轮齿的接触，两齿在接触处的曲率半径分别等于两圆柱体的半径。

为了防止齿面出现疲劳点蚀，齿面接触疲劳强度条件为

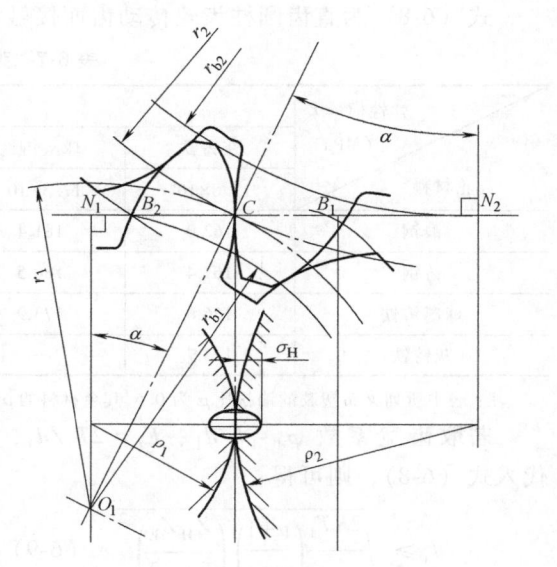

图 6-12　齿面接触应力

$$\sigma_H = \sqrt{\frac{F_n\left(\dfrac{1}{\rho_1} \pm \dfrac{1}{\rho_2}\right)}{\pi\left[\left(\dfrac{1-\mu_1^2}{E_1}\right) + \left(\dfrac{1-\mu_2^2}{E_2}\right)\right] b}} \leqslant [\sigma_H]$$

(6-7)

式中，σ_H 为接触应力（MPa）；$[\sigma_H]$ 为许用接触应力（MPa）；F_n 为两齿轮节点 C 处的法向载荷（N）；ρ_1、ρ_2 为两轮齿接触点曲率半径（mm），"+" 号用于外啮合，"–" 号用于内啮合；μ_1、μ_2、E_1、E_2 分别为两齿轮材料的泊松比及弹性模量（MPa）；b 为齿轮的工作宽度（mm）。

轮齿在啮合过程中，齿廓接触点是不断变化的，因此齿廓的曲率半径也将随着啮合位置的不同而变化。对于重合度 $1 \leqslant \varepsilon \leqslant 2$ 的渐开线直齿圆柱齿轮传动，在双齿对啮合区，载荷将由两对齿承担；在单齿对啮合区，全部载荷由一对齿承担。节点 C 处的应力值虽不是最大，但该点一般为单对齿啮合，且根据实际情况点蚀也往往先在节线附近的表面出现。因此，接触疲劳强度计算通常以节点为计算点。

在节点 C 处，$\rho_1 = \dfrac{d_1}{2}\sin\alpha$，$\rho_2 = \dfrac{d_2}{2}\sin\alpha$，则 $\dfrac{1}{\rho_1} \pm \dfrac{1}{\rho_2} = \dfrac{2}{d_1\sin\alpha} \cdot \dfrac{u \pm 1}{u}$。其中，$u$ 为大齿轮齿数与小齿轮齿数之比，称为齿数比。

将 $\dfrac{1}{\rho_1} \pm \dfrac{1}{\rho_2}$ 代入式（6-7）得

$$\sigma_H = \sqrt{\frac{F_n\left(\dfrac{2}{d_1\sin\alpha}\right) \cdot \left(\dfrac{u \pm 1}{u}\right)}{\pi\left[\left(\dfrac{1-\mu_1^2}{E_1}\right) + \left(\dfrac{1-\mu_2^2}{E_2}\right)\right] b}} = \sqrt{\frac{\left(\dfrac{F_t}{\cos\alpha}\right) \cdot \left(\dfrac{2}{d_1\sin\alpha}\right) \cdot \left(\dfrac{u \pm 1}{u}\right)}{\pi\left[\left(\dfrac{1-\mu_1^2}{E_1}\right) + \left(\dfrac{1-\mu_2^2}{E_2}\right)\right] b}} \leqslant [\sigma]_H$$

令 $Z_E = \sqrt{\dfrac{1}{\pi\left[\left(\dfrac{1-\mu_1^2}{E_1}\right)+\left(\dfrac{1-\mu_2^2}{E_2}\right)\right]}}$ ，为弹性系数（MPa），见表 6-7；$Z_H = \sqrt{2/\sin\alpha\cos\alpha}$ ，为区

域系数（图 6-13），α 为齿轮压力角（°），标准直齿轮 $\alpha = 20°$。将两系数代入式（6-7），并将 F_t 用 KF_t 代入，得

$$\sigma_H = Z_H Z_E \sqrt{\frac{KF_t}{bd_1}\left(\frac{u\pm1}{u}\right)} \leqslant [\sigma_H] \tag{6-8}$$

式（6-8）为直齿圆柱齿轮传动齿面接触承载能力的验算公式。

表 6-7　弹性系数 Z_E　　　　　　　　（单位：$\sqrt{\text{MPa}}$）

弹性模量 E /（MPa） 齿轮材料	配对齿轮材料				
	灰铸铁	球墨铸铁	铸钢	锻钢	夹布塑胶
	11.8×10^4	17.3×10^4	20.2×10^4	20.6×10^4	0.785×10^4
锻钢	162.0	181.4	188.9	189.9	56.4
铸钢	161.4	180.5	188.0		
球墨铸铁	156.6	173.9	—		
灰铸铁	143.7	—			

注：表中所列夹布塑胶的泊松比 μ 为 0.5，其余材料的 μ 均为 0.3。

若取齿宽系数 $\varphi_d = b/d_1$、$F_t = 2T_1/d_1$，代入式（6-8），则可得

$$d_1 \geqslant \sqrt[3]{\frac{2KT_1}{\varphi_d}\left(\frac{u\pm1}{u}\right)\left(\frac{Z_H Z_E}{[\sigma_H]}\right)^2} \tag{6-9}$$

对于标准齿轮，取 $Z_H = 2.5$，则式（6-9）可写为

$$d_1 \geqslant 2.32\sqrt[3]{\frac{KT_1}{\varphi_d}\left(\frac{u\pm1}{u}\right)\left(\frac{Z_E}{[\sigma_H]}\right)^2} \tag{6-10}$$

式（6-10）为保证齿面接触承载能力的直齿圆柱齿轮传动的设计公式。

由式（6-8）可知，一对相啮合的大、小齿轮的齿面接触应力相等，而大、小齿轮的材料和热处理方法不尽相同，即两齿轮的许用齿面接触疲劳应力不一定相同。因此，在运用式（6-9）和式（6-10）时，应取两齿轮中较小的许用接触疲劳应力进行计算。

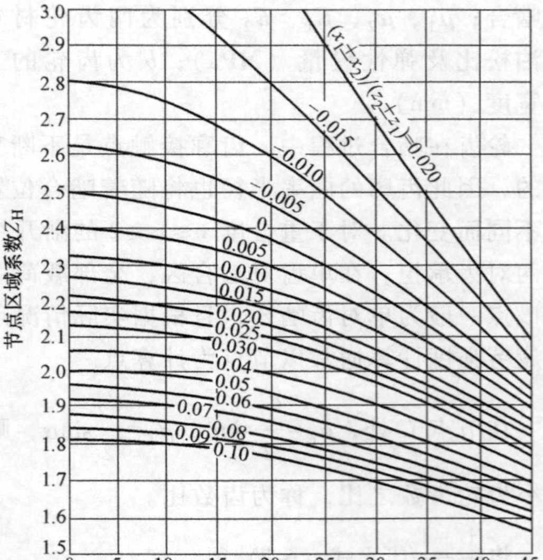

图 6-13　区域系数（$\alpha = 20°$）
x_1、x_2 为轮齿的变位系数

由式（6-8）可知，载荷和材料一定时，影响齿轮接触强度的几何参数主要有：两齿轮直径 d、齿宽 b、齿数比 u 和啮合角 α。增大齿轮的变位系数（x_1+x_2），也可提高齿轮接触疲劳强度。在直径 d 确定后，齿宽 b 过大会造成偏载严重，因此，齿轮接触强度主要取决于

两齿轮的 d，而与齿数多少及模数大小无关。两齿轮的 d 越大，σ_H 越小。提高齿轮精度等级，改善齿轮材料和热处理方式，均可提高齿轮接触疲劳强度。

三、轮齿弯曲疲劳强度计算

计算轮齿弯曲应力时，要确定齿根危险截面和作用在轮齿上的载荷作用点。

齿根危险截面一般用 30°切线法确定，即作与轮齿对称中线成 30°角并与齿根过渡曲线相切的切线，通过两切点作平行于齿轮轴线的截面，此截面即为齿根危险截面（图 6-14）。

载荷作用点：啮合过程中，轮齿上的载荷作用点是变化的，应将其中使齿根产生最大弯矩者作为计算时的载荷作用点。当在齿顶啮合时，力臂最大，但此时为双齿对啮合区，有两对轮齿共同承担载荷，齿根所受弯矩不是最大；轮齿在单齿对啮合区最上点啮合时，力臂虽较前者稍小，但仅一对轮齿承担总载荷，因此齿根所受弯矩最大，应以该点作为计算时的载荷作用点。但由于按此点计算较为复杂，为简化计算，对一般精度齿轮可将齿顶作为载荷的作用点，且认为载荷由一对齿承担。

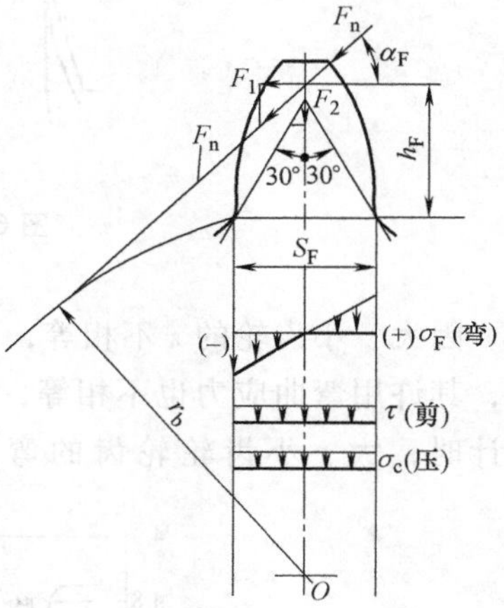

为了计算方便，将作用于齿顶的法向力 F_n 移至轮齿的对称线上，如图 6-14 所示。将 F_n 分解为水平分力 $F_1 = F_n\cos\alpha_F$ 和垂直分力 $F_2 = F_n\sin\alpha_F$。F_1 使齿根截面产生弯曲应力和切应力；F_2 使齿根截面产生压应力。由于切应力和压应力比弯曲应力小得多，且齿根弯曲疲劳裂纹首

图 6-14　齿根危险截面应力状态

先发生在轮齿的拉伸侧，故齿根弯曲疲劳强度校核时，应按危险截面拉伸侧的弯曲应力进行计算，弯曲力臂为 h_F。因此，齿根危险截面上的最大弯曲应力为

$$\sigma_F = \frac{M}{W} = \frac{F_n\cos\alpha_F h_F}{(bS_F^2)/6} = \frac{6F_n\cos\alpha_F h_F}{bS_F^2} = \frac{6F_t\cos\alpha_F h_F}{bS_F^2\cos\alpha} = \frac{F_t}{bm} \cdot \frac{6\cos\alpha_F(h_F/m)}{(S_F/m)^2\cos\alpha}$$

式中，S_F 为齿根危险截面厚度（mm）；b 为齿宽（mm）。

令 $Y_{Fa} = \dfrac{6\cos\alpha_F(h_F/m)}{(S_F/m)^2\cos\alpha}$，称为齿形系数；考虑齿根应力集中和危险截面上的压应力和切应力的影响，引入应力修正系数 Y_{FS}，并令复合齿形系数 $Y_F = Y_{Fa}Y_{FS}$，得轮齿弯曲疲劳强度验算式为

$$\sigma_F = \frac{KF_t}{bm}Y_F \leqslant [\sigma_F] \tag{6-11}$$

式中，$[\sigma_F]$ 为许用弯曲疲劳应力（MPa）。

取齿宽系数 $\varphi_d = b/d_1$、$F_t = 2T_1/d_1$，代入式（6-11），则可得设计式

$$m \geqslant \sqrt[3]{\frac{2KT_1}{\varphi_d z_1^2}\frac{Y_F}{[\sigma_F]}} \tag{6-12}$$

齿形系数 Y_{Fa} 为无量纲量,只与轮齿齿廓形状有关,与轮齿大小(模数 m)无关。对于标准齿轮,齿形主要与齿数 z 和变位系数 x 有关。如图 6-15 所示,齿数少,齿根厚度薄,Y_{Fa} 大,弯曲强度低。正变位齿轮($x>0$),齿根厚度大,使 Y_{Fa} 减小,可提高齿根弯曲强度。应力修正系数 Y_{FS} 同样主要与 z、x 有关。复合齿形系数 Y_F 可根据 z 和 x 由图 6-16 查得。

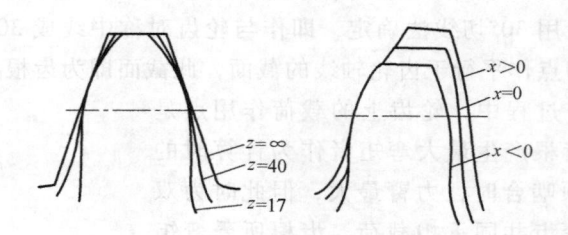

图 6-15　齿数及变位系数对齿形的影响

因大、小齿轮的 z 不相等,所以,它们的最大弯曲应力不相等,材料或热处理方式不同时,其许用弯曲应力也不相等,故进行轮齿弯曲强度校核时,大、小齿轮应分别计算。而在设计时,大、小齿轮轮齿的弯曲强度可能不同,应取弯曲疲劳强度较小的计算,即以

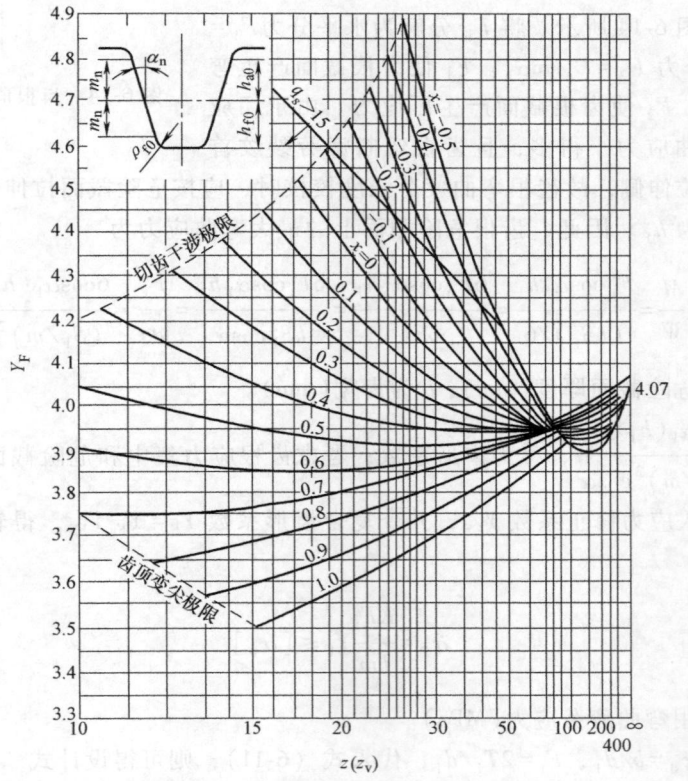

$\alpha_n=20°,h_{a0}/m_n=1,h_{f0}/m_n=1.25,\rho_{f0}/m_n=0.38$

图 6-16　外齿轮复合齿形系数

$\dfrac{Y_{F1}}{[\sigma_{F1}]}$、$\dfrac{Y_{F2}}{[\sigma_{F2}]}$两者中的大值代入计算。求得 m 后，应圆整为标准模数。

四、齿轮传动材料、精度及主要参数的选择与调整

由前可知，除了齿轮材质外，影响齿轮传动齿面接触承载能力的主要参数是两齿轮直径 d（中心距 a）。直径越大，齿轮传动齿面接触承载能力越高。因此，从齿面接触承载能力出发进行设计时，首先按式（6-9）求出小齿轮直径，然后确定其他参数，并验算轮齿弯曲承载能力。

同样，影响轮齿弯曲承载能力的主要参数是模数 m。因此，从轮齿弯曲承载能力出发进行设计时，首先按式（6-12）求出齿轮模数，然后再确定其他参数，并验算齿轮传动的齿面接触承载能力。

此外，参数的选择不仅要满足承载能力的要求，而且要考虑减少切削加工量、金属消耗和设备体积，降低成本以及安装测量方便等，即应合理地选择，必要时可进行调整。

1. 齿轮材料、热处理方式

选择齿轮材料时，应使轮芯具有足够的强度和韧性，以抵抗轮齿折断和齿体变形；齿面具有较高的硬度和耐磨性，以抵抗齿面的点蚀、胶合、磨损和塑性变形。另外，还应考虑齿轮加工和热处理的工艺性及经济性等要求。通常，对于重载、高速或体积、重量受到限制的重要场合，应选用较好的材料和热处理方式；反之，可选用性能较差但较经济的材料和热处理方式。

2. 齿轮精度等级

国家标准规定，齿轮精度分为13级，按 0~12 数序排列，0 级最高，12 级最低。其中：0~2 级为待发展的特高精度等级，3~5 级为高精度等级，6~8 级为中等精度等级，9~12 级为低精度等级。

精度等级应根据齿轮传动的用途、工作条件、传递功率和圆周速度的大小及其他技术要求等来选择。一般，在传递功率大、圆周速度高、要求传动平稳、噪声低等场合，应选用较高的精度等级；反之，为了降低制造成本，精度等级可选得低些。表6-8列出了动力齿轮传动不同精度等级的速度范围，可供选择时参考。

表6-8　动力齿轮传动不同精度等级的速度范围　　　　（单位：m/s）

精度等级	圆柱齿轮传动		锥齿轮传动	
	直　齿	斜　齿	直　齿	斜　齿
5 级以上	>20	>40	≥12	≥20
6 级	<15	<30	<12	<20
7 级	<10	<15	<8	<10
8 级	<6	<10	<4	<7
9 级	<2	<4	<1.5	<3

注：锥齿轮的圆周速度按平均直径计算。

3. 中心距 a、齿数 z 与模数 m

按承载能力要求算得中心距 a 后，应尽可能圆整成整数，最好尾数为 0 或 5。

　　齿轮齿数多，齿轮传动的重合度大，传动平稳；同时，当中心距 a 一定时，齿数增多则模数减小，因而齿顶圆直径减小，可节约材料，减轻重量；模数小则齿槽小，可减少切削加工量，节省工时，降低成本；并且模数越小，在同样的加工条件下，可获得较高的精度。但模数又是影响轮齿弯曲承载能力的主要因素，模数过小，轮齿弯曲强度可能不足。因此，一般是在满足轮齿弯曲承载能力的前提下，齿数适当取多些，模数取小些。但是，并非齿数越多越好，因为现代研究已证明，齿数过多，反而会增加齿轮传动的附加动载荷，亦即使载荷系数 K 增大。

　　通常，对于闭式软齿面齿轮传动，因容易发生齿面接触疲劳失效，一般按齿面接触疲劳承载能力求出中心距 a 后，再按经验公式初步确定模数，即取 $m=(0.007\sim0.02)a$。载荷平稳或中心距 a 较大时取小值；有冲击载荷或中心距 a 较小时取大值。为了防止轮齿在意外严重冲击时折断，凡传递动力的齿轮，应取 $m\geqslant1.5\sim2\mathrm{mm}$。按经验公式估算出的模数必须取最接近的标准模数值（表 6-9），然后再按公式 $a=m(z_1+z_2)/2$ 确定小齿轮齿数 z_1 和大齿轮齿数 z_2。两齿轮的齿数 z_1、z_2 必须圆整成整数。齿数圆整后再按上式重新计算中心距 a。如中心距不为整数，最好调整齿数使中心距为整数，a 数值不得小于按齿面接触承载能力求出的中心距数值，否则齿面接触承载能力可能就不足。齿数圆整或调整后，齿数比 u 可能与要求的有出入，一般允许其误差不超过 $\pm(3\%\sim5\%)$。

表 6-9　标准模数系列（摘自 GB/T 1357—2008）　（单位：mm）

第一系列	1	1.25	1.5	2	2.5	3	4	5	6
	8	10	12	16	20	25	32	40	50
第二系列	1.125	1.375	1.75	2.25	2.75	3.5	4.5	5.5	(6.5)
	7	9	11	14	18	22	28	36	45

　　当闭式软齿面齿轮传动的中心距 a 求出后，也可以先取定齿数，后确定模数，即取 $z_1\geqslant20$（载荷较平稳和短期过载不大时可取大值），再按式 $z_1=uz_2$ 确定 z_2，然后按式 $m=2a/(z_1+z_2)$ 计算模数并选取标准模数值。

　　对于闭式硬齿面齿轮传动，其主要失效形式是齿根弯曲疲劳，一般按轮齿弯曲疲劳承载能力求出模数 m 并取标准值后，亦可取 $z_1\geqslant17\sim30$，一般为减小齿轮尺寸，尤其在没有较大过载的情况下，应取小值。

　　对于开式齿轮传动，不论是硬齿面还是软齿面，为保证有足够的轮齿弯曲强度，除按轮齿弯曲疲劳承载能力求出应有的模数值外，还应加大 $5\%\sim15\%$，并取标准值；而为了开式齿轮传动尺寸不至过大，z_1 应在 $17\sim30$ 范围内取小值；载荷平稳、不重要的或手动机械中的开式齿轮，甚至可取 $z_1=13\sim14$（有轻微切齿干涉）。

　　对于高速齿轮传动，不论是闭式还是开式，是软齿面还是硬齿面，应取 $z_1\geqslant25$。

　　4. 齿数比 u

　　齿数比与传动比 i 的含义不同，齿数比 $u=$ 大齿轮齿数/小齿轮齿数，大于或等于1。传动比 $i=n_1/n_2$，n_1 为主动齿轮转速，n_2 为从动齿轮转速。对于减速齿轮传动，$u=i$；对于增速齿轮传动，$u=1/i$。单级齿轮传动齿数比不宜过大，否则大、小齿轮尺寸悬殊，总体尺寸也会过大，通常取单级齿轮传动齿数比 $u\leqslant(5\sim7)$。

5. 齿宽系数 φ_d

适当增加齿宽系数 φ_d，则计算所得齿轮直径较小，结构紧凑，但由于制造误差、安装误差以及受力时的弹性变形等原因，使得载荷沿轮齿接触线分布不均匀的现象严重。φ_d 的取值见表 6-10。

表 6-10 齿宽系数 φ_d

装置状况	对称布置	非对称布置	悬臂布置
φ_d	0.9~1.4(1.2~1.9)	0.7~1.15(1.1~1.65)	0.4~0.6

注：1. 直齿圆柱齿轮宜取小值，斜齿圆柱齿轮可取大值。

2. 硬齿面时，取小值；软齿面时，可取大值。

3. 载荷稳定轴刚度大时可取大值；变载荷、轴刚度小时应取较小值。

4. 括号内数值用于人字齿轮，b 为人字齿轮总宽度。

考虑到圆柱齿轮传动安装时可能需要在轴向做些调整，为保证齿轮传动有足够的啮合宽度，一般取小齿轮的齿宽 $b_1 = b+(5\sim10)\,\text{mm}$，取大齿轮的齿宽 $b_2 = b$。b 为啮合宽度。

6. 变位系数 x

变位齿轮通过选取不同的变位系数 x，可避免根切，得到非标准的齿厚。正变位，齿厚增加，承载能力增大；负变位，齿厚减薄，承载能力减小。一对齿轮选用不同的变位系数，可提高承载能力，使两齿轮等强度及可调凑中心距等。但变位系数过大会使轮齿齿顶变尖，重合度减小，影响正常传动，因此选择时应全面考虑。

设计时，可按图 6-17 选择变位系数。图 6-17 用于小齿轮齿数 $z_1 \geq 12$，其右侧部分线图

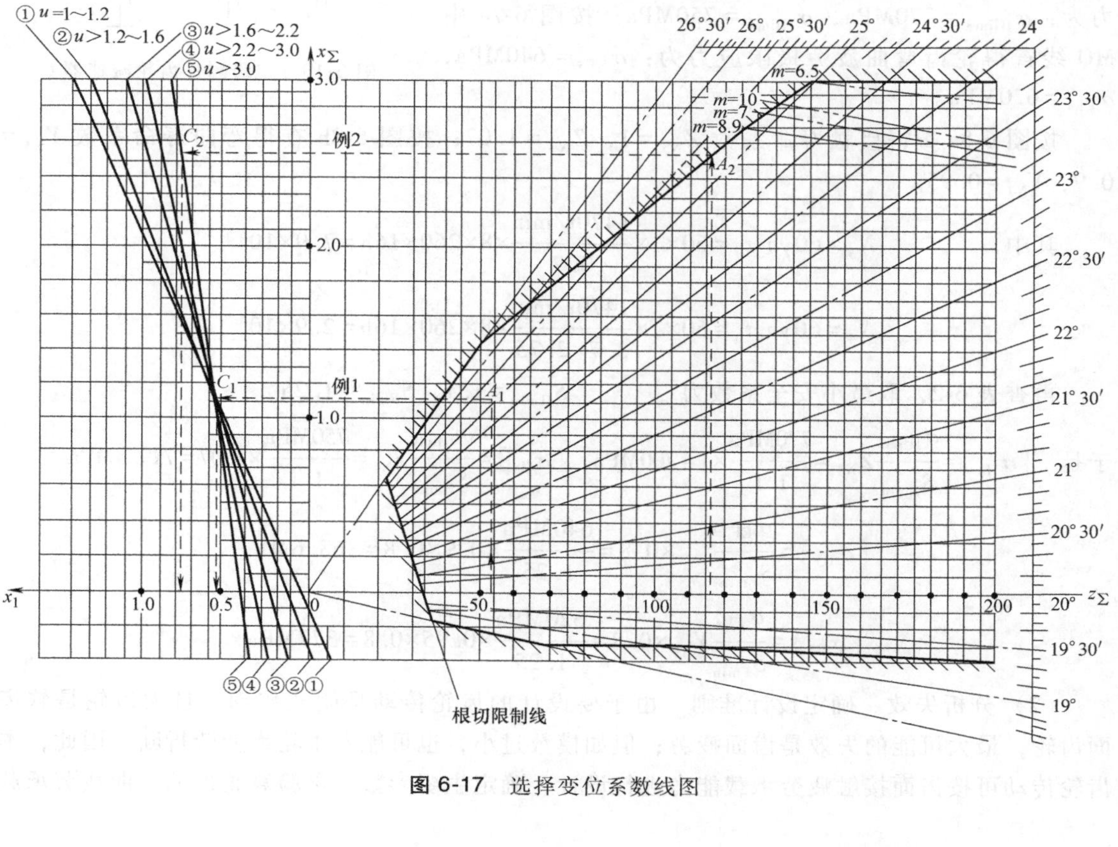

图 6-17 选择变位系数线图

的横坐标为一对齿轮的齿数和 z_Σ，纵坐标为一对齿轮的总变位系数 x_Σ，图中阴影线内为许用区，许用区内各射线为同一啮合角时总变位系数 x_Σ 与齿数和 z_Σ 的函数关系。使用时，可根据齿数和 z_Σ 的大小及其他具体条件，在许用区内选择总变位系数 x_Σ，再按该线图左侧的五条斜线分配变位系数 x_1 和 x_2。该部分线图的纵坐标仍为总变位系数 x_Σ，而横坐标表示小齿轮的变位系数 x_1。根据 x_Σ 及齿数比 $u = z_2/z_1$ 即可确定 x_1，从而得 $x_2 = x_\Sigma - x_1$。

例题 6-1　二级圆柱齿轮减速器如图 6-18 所示。减速器由电动机驱动，电动机转速 $n_1 = 1470\text{r/min}$，双向运转，载荷有中等冲击，要求该减速器能传递 17kW 的功率，两班制工作，折旧期为 8 年，每年工作 260 天，高速级传动比 $i_1 = 3.7$，低速级传动比 $i_2 = 2.75$，要求结构紧凑。试设计此减速器的低速级齿轮传动（传动效率忽略不计）。

解题分析：①根据题意，本题属设计题，即选择齿轮材料，通过承载能力计算确定齿轮传动参数和尺寸。②考虑到要求结构紧凑，采用硬齿面齿轮，但因是低速级齿轮传动，传递的转矩大，因而大齿轮尺寸较大，不便于硬化处理。故考虑采用中硬齿面齿轮。③因双向运转，轮齿弯曲疲劳极限应力应乘以 0.8。④因无严重短期过载，不必验算过载能力。

解：（1）选择齿轮材料、热处理方法并确定许用应力　参考表 6-1 初选材料。小齿轮：40CrNi2Mo，调质，齿面硬度 294～326HBW；大齿轮：37SiMn2MoV，调质，齿面硬度 263～294HBW。

根据小齿轮齿面硬度 310HBW 和大齿轮齿面硬度 280HBW，按图 6-6c 中 MQ 线查得齿面接触疲劳极限应力为：$\sigma_{Hlim3} = 770\text{MPa}$，$\sigma_{Hlim4} = 750\text{MPa}$；按图 6-7c 中 MQ 线查得轮齿弯曲疲劳极限应力为：$\sigma_{EF3} = 640\text{MPa}$，$\sigma_{EF4} = 620\text{MPa}$。

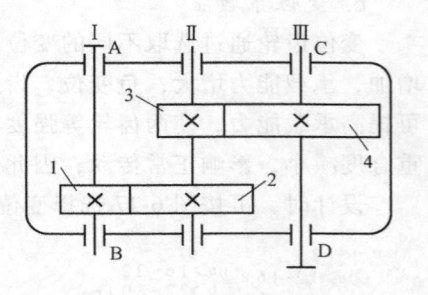

图 6-18　二级圆柱齿轮减速器

按图 6-8a 查得接触寿命系数 $Z_{N3} = 1$，$Z_{N4} = 1.07$；按图 6-8b 查得弯曲寿命系数 $Y_{N3} = 0.9$，$Y_{N4} = 0.95$。

其中
$$N_3 = 60\gamma n_3 t_h = 60 \times 1 \times \frac{1470\text{r/min}}{3.7} \times 8 \times 260 \times 16\text{h} = 7.9 \times 10^8$$

$$N_4 = 60\gamma n_4 t_h = 60 \times 1 \times \frac{1470\text{r/min}}{3.7 \times 2.75} \times 8 \times 260 \times 16\text{h} = 2.9 \times 10^8$$

再查表 6-2，取最小安全系数为　　　　　$S_{Hmin} = 1.1$，$S_{Fmin} = 1.25$

于是　$[\sigma_{H3}] = \dfrac{\sigma_{Hlim3}}{S_{Hmin}} Z_{N3} = \dfrac{770\text{MPa}}{1.1} \times 1 = 700\text{MPa}$　$[\sigma_{H4}] = \dfrac{\sigma_{Hlim4}}{S_{Hmin}} Y_{N4} = \dfrac{750\text{MPa}}{1.1} \times 1.07 = 729.5\text{MPa}$

$$[\sigma_{F3}] = \frac{\sigma_{EF3}}{S_{Fmin}} Y_{N3} \times 0.8 = \frac{640\text{MPa}}{1.25} \times 0.9 \times 0.8 = 368.6\text{MPa}$$

$$[\sigma_{F4}] = \frac{\sigma_{EF4}}{S_{Fmin}} Y_{N4} \times 0.8 = \frac{620\text{MPa}}{1.25} \times 0.95 \times 0.8 = 377\text{MPa}$$

（2）分析失效、确定设计准则　由于要设计的齿轮传动是闭式传动，且大齿轮是软齿面齿轮，最大可能的失效是齿面疲劳；但如模数过小，也可能发生轮齿疲劳折断。因此，本齿轮传动可按齿面接触疲劳承载能力进行设计，确定主要参数，再验算轮齿的弯曲疲劳承载能力。

（3）按齿面接触疲劳承载能力计算齿轮主要参数

根据式（6-9）有
$$d_3 \geqslant \sqrt[3]{\frac{2KT_3}{\varphi_d}\left(\frac{u\pm1}{u}\right)\left(\frac{Z_H Z_E}{[\sigma_H]}\right)^2}$$

因属减速传动，$u=i_2=2.75$。确定计算载荷：

小齿轮转矩
$$T_3 = 9.55\times10^3\frac{P_3}{n_3} = 9.55\times10^3\frac{17\text{kW}}{1470\text{r/min}/3.7} = 408.6\text{N}\cdot\text{m}$$

$$KT_3 = K_A K_\alpha K_\beta K_v T_3$$

查表6-6，考虑本齿轮传动是直齿圆柱齿轮传动，电动机驱动，载荷有中等冲击，轴承相对齿轮不对称布置，取载荷系数 $K=1.8$，则

$$KT_3 = K_A K_\alpha K_\beta K_v T_3 = 1.8\times408.6\text{N}\cdot\text{m} = 735.5\text{N}\cdot\text{m}$$

区域系数查图6-13，标准齿轮 $Z_H=2.5$，弹性系数查表6-7得 $Z_E=189.9\sqrt{\text{MPa}}$，齿宽系数查表6-10，软齿面取 $\varphi_d=\dfrac{b}{d_1}=1$；因小齿轮的许用齿面接触疲劳应力值较小，故将 $[\sigma_{H3}]=$ 700MPa 代入，于是得

$$d_3 \geqslant \sqrt[3]{\frac{2\times735.5\text{N}\cdot\text{m}\times10^3}{1}\times\left(\frac{2.75+1}{2.75}\right)\times\left(\frac{2.5\times189.9\sqrt{\text{MPa}}}{700\text{MPa}}\right)^2} = 97.3\text{mm}$$

$$a \geqslant (1+u)d_3/2 = (1+2.75)\times97.3\text{mm}/2 = 182.4\text{mm}$$

取 $a=185\text{mm}$，按经验式 $m=(0.007\sim0.02)a$，取 $m=0.015a=0.015\times185\text{mm}=2.78\text{mm}$，取标准模数 $m=3\text{mm}$。因此有

$$z_3 = \frac{2a}{m(1+u)} = \frac{2\times185\text{mm}}{3\text{mm}\times(1+2.75)} = 32.9$$

考虑传动比精确及中心距值个位数为0或5，取 $z_3=35$，$z_4=95$，反算中心距为

$$a = \frac{m}{2}(z_3+z_4) = \frac{3\text{mm}}{2}\times(35+95) = 195\text{mm}$$

符合要求。

检验传动比 $u=\dfrac{z_4}{z_3}=\dfrac{95}{35}=2.71$，传动比误差 $\dfrac{u-u'}{u}\times100\% = \dfrac{2.75-2.71}{2.75}\times100\% = 1.3\%$，符合要求，可用。

（4）选择齿轮精度等级

$$d_3 = mz_3 = 3\text{mm}\times35 = 105\text{mm}$$

齿轮圆周速度
$$v = \frac{\pi d_3 n_3}{60\times1000} = \frac{\pi\times105\text{mm}\times1470\text{r/min}/3.7}{60\times1000} \approx 2.18\text{m/s}$$

查表6-8，并考虑该齿轮传动的用途，选择8级精度齿轮。

（5）精确计算计算载荷

$$KT_3 = K_A K_\alpha K_\beta K_v T_3 \qquad K = K_A K_\alpha K_\beta K_v$$

查表6-3，$K_A=1.5$；查图6-9，$K_v=1.14$。

齿轮传动啮合宽度 $b = \varphi_d d_3 = 1 \times 105\text{mm} = 105\text{mm}$。

查表 6-5，$\dfrac{K_A F_t}{b} = \dfrac{1.5 \times 2 \times 408.6\text{N} \cdot \text{m}}{105\text{mm} \times 10^{-3} \times 105} = 111\text{N/mm} > 100\text{N/mm}$，$K_\alpha = 1.2$。

查表 6-4，$\varphi_d = 1.0$，减速器轴刚性较大，$K_\beta = 1.08$。综上可得

$$K = K_A K_\alpha K_\beta K_v = 1.5 \times 1.2 \times 1.08 \times 1.14 = 2.22$$

$$KT_3 = K_A K_\alpha K_\beta K_v T_3 = 2.22 \times 408.6\text{N} \cdot \text{m} = 907\text{N} \cdot \text{m}$$

$$KF_{t3} = \frac{2KT_3}{d_3} = \frac{2 \times 907\text{N} \cdot \text{m} \times 10^3}{105\text{mm}} = 17.3\text{kN}$$

（6）验算轮齿接触疲劳承载能力

$$\sigma_H = Z_H Z_E \sqrt{\frac{KF_t}{bd_3}\left(\frac{u \pm 1}{u}\right)} = 2.5 \times 189.9\sqrt{\text{MPa}} \times \sqrt{\frac{17.3\text{kN} \times 10^3}{105\text{mm} \times 105\text{mm}} \times \left(\frac{2.71 + 1}{2.71}\right)}$$

$$= 696\text{MPa} < [\sigma_H] = 700\text{MPa}$$

（7）验算轮齿弯曲疲劳承载能力　由 $z_3 = 35$，$z_4 = 95$，查图 6-16，得两轮复合齿形系数为 $Y_{F3} = 4.03$，$Y_{F4} = 3.95$，于是

$$\sigma_{F1} = \frac{17.3\text{kN} \times 10^3}{105\text{mm} \times 3} \times 4.03 = 221\text{MPa} \leqslant [\sigma_{F1}] = 368.6\text{MPa}$$

$$\sigma_{F2} = \frac{17.3\text{kN} \times 10^3}{105\text{mm} \times 3} \times 3.95 = 217\text{MPa} \leqslant [\sigma_{F2}] = 377\text{MPa}$$

轮齿弯曲疲劳承载能力足够。

（8）直齿圆柱齿轮传动几何尺寸计算（表 6-11）

表 6-11　直齿圆柱齿轮传动几何尺寸计算

名　　称	计　算　公　式	
	小　齿　轮	大　齿　轮
模数 m/mm	3	3
压力角 α/(°)	20	20
分度圆直径 d/mm	$d_3 = mz_3 = 3 \times 35 = 105$	$d_4 = mz_4 = 3 \times 95 = 285$
齿顶高 h_a/mm	$h_{a3} = h_a^* m = 1 \times 3 = 3$	$h_{a4} = h_a^* m = 1 \times 3 = 3$
齿根高 h_f/mm	$h_{f3} = (h_a^* + c^*)m = (1 + 0.25) \times 3 = 3.75$	$h_{f4} = (h_a^* + c^*)m = (1 + 0.25) \times 3 = 3.75$
全齿高 h/mm	$h_3 = h_{a3} + h_{f3} = (2h_a^* + c^*)m$ $= (2 \times 1 + 0.25) \times 3 = 6.75$	$h_4 = h_{a4} + h_{f4} = (2h_a^* + c^*)m$ $= (2 \times 1 + 0.25) \times 3 = 6.75$
齿顶圆直径 d_a/mm	$d_{a3} = mz_3 + 2h_{a3} = 3 \times 35 + 2 \times 3 = 111$	$d_{a4} = mz_4 + 2h_{a4} = 3 \times 95 + 2 \times 3 = 291$
齿根圆直径 d_f/mm	$d_{f3} = mz_3 - 2h_{f3} = 3 \times 35 - 2 \times 3.75 = 97.5$	$d_{f4} = mz_4 - 2h_{f4} = 3 \times 95 - 2 \times 3.75 = 277.5$
基圆直径 d_b/mm	$d_{b3} = mz_3 \cos\alpha = 3 \times 35 \times \cos 20° = 98.67$	$d_{b4} = mz_4 \cos\alpha = 3 \times 95 \times \cos 20° = 267.81$
齿距 p/mm	$p = \pi m = \pi \times 3 = 9.42$	
基圆齿距 p_b/mm	$p_b = \pi m \cos\alpha = \pi \times 3 \times \cos 20° = 8.85$	
齿厚 s/mm	$s = \dfrac{1}{2}p = \dfrac{1}{2}\pi \times 3 = 4.71$	

（续）

名　称	计　算　公　式	
	小　齿　轮	大　齿　轮
齿槽宽 e/mm	$e=\dfrac{1}{2}p=\dfrac{1}{2}\pi\times3=4.71$	
顶隙 c/mm	$c=c^{*}m=0.25\times3=0.75$	
标准中心距 a/mm	$a=\dfrac{m}{2}(z_3+z_4)=\dfrac{3}{2}\times(35+95)=195$	
节圆直径 d'/mm	$d'_3=d_3=105$	$d'_4=d_4=285$
传动比 i	$i=\dfrac{n_3}{n_4}=\dfrac{z_4}{z_3}=\dfrac{95}{35}=2.71$	

第六节　斜齿圆柱齿轮受力分析和强度计算

斜齿圆柱齿轮传动，因其接触线倾斜，同时啮合的齿数多，重合度大，故传动平稳，噪声小，承载能力高，常在速度较高的传动系统中使用。

一、受力分析

若略去齿面间的摩擦力，则作用于节点 C 的法向力 F_n 在法面内可分解为径向力 F_r 和分力 F'_n，F'_n 又可分为圆周力 F_t 和轴向力 F_a（图 6-19）。根据 F_t、F_r、F_a 的空间相对位置及几何关系，可得

$$F_t=\frac{2T}{d_1}$$

$$F_r=\frac{F_t\tan\alpha_n}{\cos\beta} \tag{6-13}$$

$$F_a=F_t\tan\beta$$

式中，α_n 为法向分度圆压力角（°）；β 为分度圆螺旋角（°）。

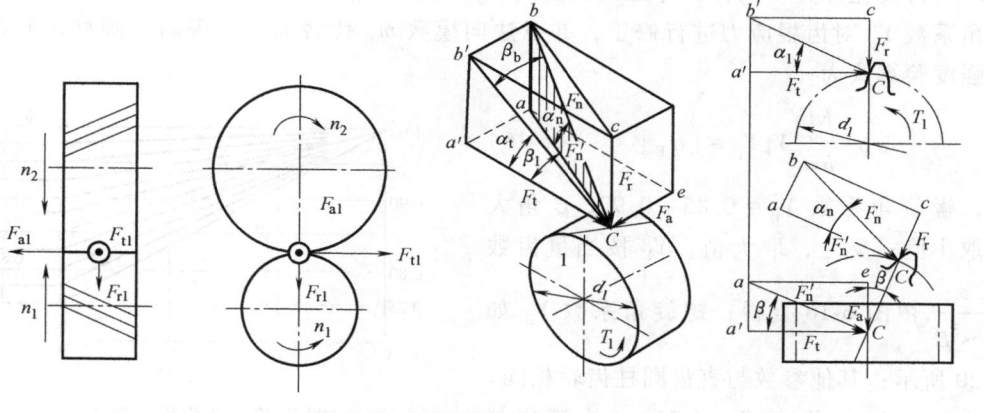

图 6-19　斜齿圆柱齿轮受力分析

忽略摩擦力，作用于主动齿轮和从动齿轮上的各对分力等值反向。各分力的方向：①圆周力 F_t，对于主动齿轮为阻力，与回转方向相反；对于从动齿轮为驱动力，与回转方向相同。②径向力 F_r，分别指向各自轮心（外啮合齿轮）。③轴向力 F_a，其方向取决于齿轮的回转方向和螺旋线方向，可用"主动齿轮左、右手定则"来判断：当主动齿轮为右旋时，用右手；主动齿轮为左旋时，用左手；以四指的弯曲方向表示主动齿轮的转向，拇指指向即为它所受轴向力的方向。从动齿轮上的轴向力方向与主动齿轮的相反。上述"左、右手定则"仅适用于主动齿轮。

二、齿面接触疲劳强度计算

斜齿圆柱齿轮传动接触应力可参照直齿圆柱齿轮传动接触应力的计算公式计算，按当量齿轮参数即法向参数计算。由于斜齿圆柱齿轮啮合的接触线是倾斜的，有利于提高接触疲劳强度，引入螺旋角系数 $Z_\beta = \sqrt{\cos\beta}$，则斜齿圆柱齿轮传动齿面接触疲劳强度验算式为

$$\sigma_H = Z_H Z_E Z_\beta \sqrt{\frac{KF_t}{bd_1}\left(\frac{u \pm 1}{u}\right)} \leq [\sigma_H] \tag{6-14}$$

式中各参数的意义与直齿轮相同，但 $Z_H = \sqrt{\dfrac{2\cos\beta_b}{\sin\alpha'_t\cos\alpha'_t}}$，其值可由图 6-13 查得，$\alpha'_t$ 为齿轮端面啮合角，β_b 为齿轮基圆螺旋角。

取 $\varphi_d = b/d_1$ 代入式（6-14），可得齿面接触疲劳强度设计式

$$d_1 \geq \sqrt[3]{\frac{2KT_1}{\varphi_d}\left(\frac{u \pm 1}{u}\right)\left(\frac{Z_H Z_E Z_\beta}{[\sigma_H]}\right)^2} \tag{6-15}$$

由于斜齿圆柱齿轮的 Z_H 小于直齿圆柱齿轮，$Z_\beta < 1$，在同样条件下，斜齿圆柱齿轮传动的接触疲劳强度比直齿圆柱齿轮传动高。

三、齿根弯曲疲劳强度计算

由于斜齿圆柱齿轮的接触线是倾斜的，所以轮齿往往局部折断，而且在啮合过程中，其接触线和危险截面的位置都在不断变化，因此其齿根应力近似按当量直齿圆柱齿轮，利用式（6-11）进行简化计算。同样，考虑到斜齿圆柱齿轮倾斜的接触线对提高弯曲强度有利，引入螺旋角系数 Y_β 对齿根应力进行修正，并以法向模数 m_n 代替 m，可得斜齿圆柱齿轮的弯曲疲劳强度验算式为

$$\sigma_F = \frac{KF_t}{bm_n}Y_F Y_\beta \leq [\sigma_F] \tag{6-16}$$

式中，螺旋角系数 $Y_\beta = 0.85 \sim 0.92$，β 角大时，取小值；反之，取大值。Y_F 按当量齿数 $z_v = \dfrac{z}{\cos^3\beta}$，由图 6-16 查得；螺旋角系数 Y_β 如图 6-20 所示；其他参数与直齿圆柱齿轮相同。

取 $\varphi_d = b/d_1$ 代入式（6-16），为简化公

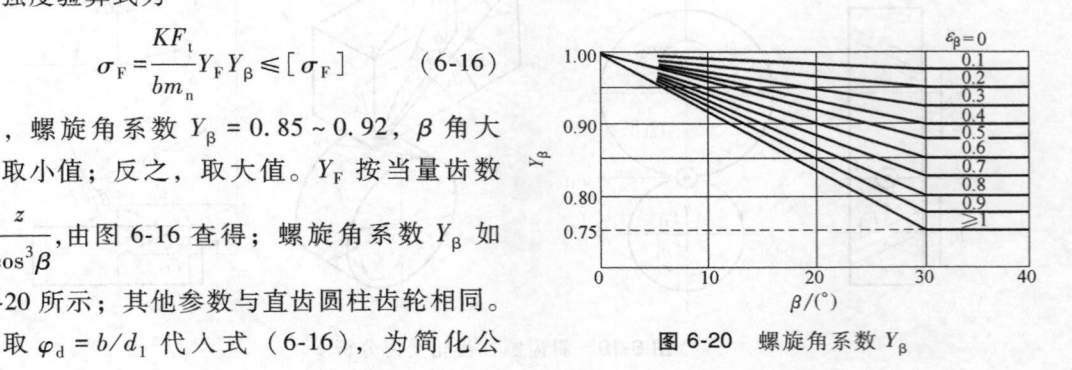

图 6-20　螺旋角系数 Y_β

式，并取偏安全值，取 $Y_\beta = 1$，可得弯曲疲劳强度设计式为

$$m_n \geqslant \sqrt[3]{\frac{2KT_1\cos^2\beta}{\varphi_d z_1^2}\frac{Y_F}{[\sigma_F]}} \qquad (6-17)$$

由于 $z_v > z$、$Y_\beta < 1$，可知，在相同条件下，斜齿圆柱齿轮传动的轮齿弯曲疲劳强度比直齿圆柱齿轮传动的高。

四、参数选择

斜齿圆柱齿轮传动的参数选择与直齿圆柱齿轮传动基本相同，只是由于有螺旋角 β 而略有不同。β 角过大，轴向力大，易对轴及轴承造成损伤；β 角过小，斜齿轮的特点显示不明显，一般取 $\beta = 8° \sim 20°$，常用 $\beta = 8° \sim 15°$，近年来设计中 β 角有增大趋势，有的达到 25°；双斜齿轮的螺旋角 β 可选大些。在设计时应先初选 β 角，其他参数确定后，再精确计算。

由于 β 角取值有一定范围，还可用来调整中心距：

因为
$$a = \frac{m_n(z_1 + z_2)}{2\cos\beta}$$

所以
$$\beta = \arccos\frac{m_n(z_1 + z_2)}{2a}$$

可先将中心距直接圆整，再将圆整后的中心距代入，反求 β 角，至满足要求即可。

例题 6-2　试设计例 6-1 中二级圆柱齿轮减速器中的高速级齿轮传动。其他条件同例题 6-1。

解题分析：题意要求紧凑，且为二级圆柱齿轮减速器中的高速级齿轮，转速较高，传动平稳性要求也较高，故选用传动平稳性高、结构紧凑、承载能力高的斜齿圆柱齿轮。同时，为使结构更加紧凑，采用硬齿面齿轮传动。由于是闭式硬齿面齿轮，其主要失效形式是轮齿弯曲疲劳折断，故先按轮齿弯曲疲劳承载能力设计，然后验算它的齿面接触疲劳承载能力。因无严重短期过载，故不必验算过载能力。因双向运转，轮齿弯曲疲劳极限应力应乘以 0.8。

解：　（1）选择材料和热处理方法，确定许用应力　参考表 6-1 初选材料。小齿轮：17CrNiMo6，渗碳淬火，54～62HRC；大齿轮：37SiMn2MoV，表面淬火，50～55HRC。

根据小齿轮齿面硬度 58HRC 和大齿轮齿面硬度 52HRC，按图 6-6e 所示 MQ 线查得齿面接触疲劳极限应力为：$\sigma_{Hlim1} = 1500\text{MPa}$，$\sigma_{Hlim2} = 1180\text{MPa}$；按图 6-7e 所示 MQ 线查得轮齿弯曲疲劳极限应力为：$\sigma_{FE1} = 850\text{MPa}$，$\sigma_{FE2} = 720\text{MPa}$。

按图 6-8a 查得接触寿命系数 $Z_{N1} = 0.9$，$Z_{N2} = 1$；按图 6-8b 查得弯曲寿命系数 $Y_{N1} = 0.87$，$Y_{N2} = 0.9$。

其中
$$N_1 = 60\gamma n_1 t_h = 60 \times 1 \times 1470\text{r/min} \times 8 \times 260 \times 16\text{h} = 2.9 \times 10^9$$

$$N_2 = 60\gamma n_2 t_h = 60 \times 1 \times \frac{1470}{3.7}\text{r/min} \times 8 \times 260 \times 16\text{h} = 7.9 \times 10^8$$

再查表 6-2，取最小安全系数为
$$S_{Hmin} = 1.2, \quad S_{Fmin} = 1.5$$

于是
$$[\sigma_{H1}] = \frac{\sigma_{Hlim1}}{S_{Hmin}}Z_{N1} = \frac{1500\text{MPa}}{1.2} \times 0.9 = 1125\text{MPa}$$

$$[\sigma_{H2}] = \frac{\sigma_{Hlim2}}{S_{Hmin}} Z_{N2} = \frac{1180MPa}{1.2} \times 0.95 = 934MPa$$

$$[\sigma_{F1}] = \frac{\sigma_{EF1}}{S_{Fmin}} Y_{N1} \times 0.8 = \frac{850MPa}{1.5} \times 0.87 \times 0.8 = 394MPa$$

$$[\sigma_{F2}] = \frac{\sigma_{EF2}}{S_{Fmin}} Y_{N2} \times 0.8 = \frac{720MPa}{1.5} \times 0.9 \times 0.8 = 345.6MPa$$

（2）分析失效、确定设计准则　由于要设计的齿轮传动是闭式齿轮传动，且为硬齿面齿轮，最大可能的失效是齿根疲劳折断，也可能发生齿面疲劳。因此，本齿轮传动可按轮齿的弯曲疲劳承载能力进行设计，确定主要参数，再验算齿面接触疲劳承载能力。

（3）按轮齿的弯曲疲劳承载能力计算齿轮主要参数

根据式（6-17）

$$m_n \geqslant \sqrt[3]{\frac{2KT_1\cos^2\beta}{\varphi_d z_1^2} \frac{Y_F}{[\sigma_F]}}$$

确定计算载荷：

小齿轮转矩

$$T_1 = 9.55 \times 10^3 \frac{P_1}{n_1} = 9.55 \times 10^3 \times \frac{17kW}{1470r/min} = 110.4N \cdot m$$

$$KT_1 = K_A K_\alpha K_\beta K_v T_1$$

查表 6-6，考虑本齿轮传动是斜齿圆柱齿轮传动，电动机驱动，载荷有中等冲击，轴承相对齿轮不对称布置，取载荷系数 $K = 1.7$，则

$$KT_1 = K_A K_\alpha K_\beta K_v T_1 = 1.7 \times 110.4N \cdot m = 187.7N \cdot m$$

齿宽系数查表 6-10，硬齿面取 $\varphi_d = \frac{b}{d_1} = 1$，初选 $z_1 = 20$，$z_2 = i_1 z_1 = 3.7 \times 20 = 74$，$\beta = 11°$，则

$$z_{v1} = \frac{20}{\cos^3\beta} = \frac{20}{\cos^3 11°} = 21.14 \quad z_{v2} = \frac{74}{\cos^3\beta} = \frac{74}{\cos^3 11°} = 78.23$$

查图 6-16，得两轮复合齿形系数 $Y_{F1} = 4.33$，$Y_{F2} = 3.95$。

由于 $\frac{Y_{F1}}{[\sigma_{F1}]} = \frac{4.33}{394} = 0.0110 < \frac{Y_{F2}}{[\sigma_{F2}]} = \frac{3.95}{345.6} = 0.0114$，将二齿轮参数代入计算，于是

$$m_n \geqslant \sqrt[3]{\frac{2KT_1\cos^2\beta}{\varphi_d z_1^2} \frac{Y_F}{[\sigma_F]}} = \sqrt[3]{\frac{2 \times 187.7N \cdot m \times 10^3 \times \cos^2 11°}{1 \times 20^2} \times \frac{3.95}{345.6MPa}} = 2.19mm$$

取标准模数 $m_n = 2.5mm$，则

$$a = \frac{m_n}{2\cos\beta}(z_1 + z_2) = \frac{2.5mm}{2 \times \cos 11°} \times (20 + 74) = 119.7mm$$

取标准中心距 $a = 120mm$，则

$$\beta = \arccos\frac{m_n}{2a}(z_1 + z_2) = \arccos\frac{2.5mm}{2 \times 120mm} \times (20 + 74) = \arccos 0.979167 = 11°42'57''$$

（4）选择齿轮精度等级

$$d_1 = \frac{m_n z_1}{\cos\beta} = \frac{2.5\text{mm}\times 20}{\cos 11°42'57''} = 51.064\text{mm}$$

齿轮圆周速度　$v = \dfrac{\pi d_1 n_1}{60\times 1000} = \dfrac{\pi\times 51.064\text{mm}\times 1470\text{r/min}}{60\times 1000} \approx 3.93\text{m/s}$

查表 6-8，并考虑该齿轮传动的用途，选择 7 级精度。

（5）精确计算计算载荷

$$KT_1 = K_A K_\alpha K_\beta K_v T_3 \qquad K = K_A K_\alpha K_\beta K_v$$

查表 6-3，$K_A = 1.5$；查图 6-9，$K_v = 1.13$。

齿轮传动啮合宽度 $b = \varphi_d d_1 = 1\times 51.064\text{mm} = 51.064\text{mm} \approx 52\text{mm}$，于是有

$$F_t = \frac{2T_1}{d_1} = \frac{2\times 110.4\text{N}\cdot\text{m}}{51.064\text{mm}} = 4.32\text{kN}$$

由于 $\dfrac{K_A F_t}{b} = \dfrac{1.5\times 4.32\text{kN}\times 10^3}{52\text{mm}} = 124.6\text{N/mm} > 100\text{N/mm}$，故查表 6-5 得 $K_\alpha = 1.2$。

查表 6-4，$\varphi_d = 1.0$，减速器轴刚性较大，$K_\beta = 1.17$，综上所述有

$$K = K_A K_\alpha K_\beta K_v = 1.5\times 1.2\times 1.17\times 1.13 = 2.38$$

$$KT_1 = K_A K_\alpha K_\beta K_v T_1 = 2.38\times 110.4\text{N}\cdot\text{m} = 267.8\text{N}\cdot\text{m}$$

$$KF_{t1} = 2.38\times 4.32\text{kN} = 10.29\text{kN}$$

（6）验算轮齿接触疲劳承载能力

$$\sigma_H = Z_H Z_E Z_\beta \sqrt{\frac{KF_t}{bd_1}\left(\frac{u\pm 1}{u}\right)} \leqslant [\sigma_H]$$

区域系数查图 6-13，标准齿轮 $Z_H = 2.45$，弹性系数查表 6-7 得 $Z_E = 189.9\sqrt{\text{MPa}}$，$Z_\beta = \sqrt{\cos\beta} = \sqrt{0.97241} = 0.89$；因大齿轮的许用齿面接触疲劳应力值较小，故将 $[\sigma_{H2}] = 983\text{MPa}$ 代入，于是

$$\sigma_H = Z_H Z_E Z_\beta \sqrt{\frac{KF_t}{bd_1}\left(\frac{u\pm 1}{u}\right)} = 2.45\times 189.9\sqrt{\text{MPa}}\times 0.89\times \sqrt{\frac{10.29\text{kN}\times 10^3}{52\text{mm}\times 51.064\text{mm}}\times\left(\frac{3.7+1}{3.7}\right)}$$

$$= 927.5\text{MPa} < [\sigma_{H2}] = 983\text{MPa}$$

齿面接触疲劳强度足够。

（7）验算轮齿弯曲疲劳承载能力

$$\sigma_F = \frac{KF_t}{bm}Y_F Y_\beta \leqslant [\sigma_F]$$

$$\varepsilon_\beta = \frac{b\sin\beta}{\pi m_n} = \frac{52\text{mm}\times\sin 11°42'57''}{\pi\times 2.5\text{mm}} = 1.34$$

查图 6-20，得 $Y_\beta = 0.91$，则

$$\sigma_{F1} = \frac{KF_t}{bm}Y_{F1}Y_{\beta 1} = \frac{10.29\text{kN}\times 10^3}{52\text{mm}\times 2.5\text{mm}}\times 4.33\times 0.91 = 311.9\text{MPa} < [\sigma_{F1}] = 394\text{MPa}$$

$$\sigma_{F2} = \frac{KF_t}{bm}Y_{F2}Y_{\beta 2} = \frac{10.29\times 10^3}{52\text{mm}\times 2.5\text{mm}}\times 3.95\times 0.91 = 284.5\text{MPa} < [\sigma_{F2}] = 345.6\text{MPa}$$

轮齿弯曲疲劳承载能力足够。

（8）斜齿圆柱齿轮传动几何尺寸计算（表6-12）

表6-12 斜齿圆柱齿轮传动几何尺寸计算

名　称	计　算　公　式	
	小　齿　轮	大　齿　轮
法向模数 m_n/mm	2.5	2.5
法向压力角 α/(°)	20	20
螺旋角 β	11°42′57″	11°42′57″
分度圆直径 d/mm	$d_1 = \dfrac{m_n z_1}{\cos\beta} = \dfrac{2.5\times 20}{11°42'57''} = 51.064$	$d_2 = \dfrac{m_n z_2}{\cos\beta} = \dfrac{2.5\times 74}{11°42'57''} = 188.936$
齿顶高 h_a/mm	$h_{a1} = h_a^* m_n = 1\times 2.5 = 2.5$	$h_{a2} = h_a^* m_n = 1\times 2.5 = 2.5$
齿根高 h_f/mm	$h_{f1} = (h_a^* + c^*)m = (1+0.25)\times 2.5 = 3.125$	$h_{f2} = (h_a^* + c^*)m = (1+0.25)\times 2.5 = 3.125$
全齿高 h/mm	$h_1 = h_{a1} + h_{f1} = (2h_a^* + c^*)m$ $= (2\times 1 + 0.25)\times 2.5 = 5.625$	$h_2 = h_{a2} + h_{f2} = (2h_a^* + c^*)m$ $= (2\times 1 + 0.25)\times 2.5 = 5.625$
齿顶圆直径 d_a/mm	$d_{a1} = d_1 + 2h_{a1} = 51.064 + 2\times 2.5 = 56.064$	$d_{a2} = d_2 + 2h_{a2} = 188.936 + 2\times 2.5 = 193.936$
齿根圆直径 d_f/mm	$d_{f1} = d_1 - 2h_{f1} = 51.064 - 2\times 3.125 = 44.814$	$d_{f2} = d_2 - 2h_{f2} = 188.936 - 2\times 3.125 = 186.686$
顶隙 c/mm	$c = c^* m_n = 0.25\times 2.5 = 0.625$	
标准中心距 a/mm	$a = \dfrac{m_n(z_1 + z_2)}{2\cos\beta} = \dfrac{2.5\times(20+74)}{2\cos 11°42'57''} = 120$	
节圆直径 d'/mm	$d_1' = d_1 = 51.064$	$d_2' = d_2 = 188.936$
传动比 i	$i = \dfrac{n_1}{n_2} = \dfrac{z_2}{z_1} = \dfrac{74}{20} = 3.7$	

例题 6-3 试设计带式输送机用一级圆柱齿轮减速器。已知小齿轮传递功率 $P_1 = 9.5\text{kW}$，小齿轮转速 $n_1 = 584\text{r/min}$，传动比 $i = 4.2$，两班制工作，折旧期10年，每年工作260天。运输机由电动机驱动，单向运转，载荷有轻微冲击。对传动尺寸不作严格限制，小批量生产，允许出现少量点蚀。

解题分析：①根据题意，本题属设计题。②考虑到对传动尺寸不作严格限制，可采用软齿面。③因无严重短期过载，不必验算过载能力。

解：采用教材网站提供的中齿轮设计软件进行设计。

（1）选择材料和热处理方法　参考表6-1初选材料。小齿轮：40Cr，调质，241～286HBW；大齿轮：42SiMn，调质，217～269HBW。

（2）将已知参数输入程序对话框　"圆柱齿轮传动设计及绘图"对话框如图6-21所示。由于齿轮速度较低，选择7级精度，其中工作模式按图6-22所示选择。

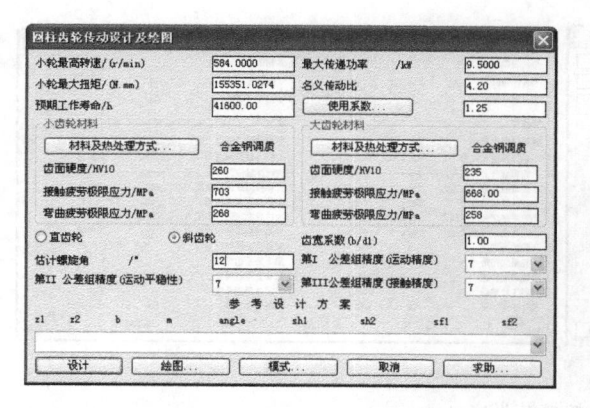

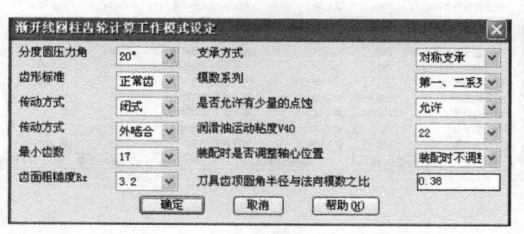

图 6-21　"圆柱齿轮传动设计　　　　　　　图 6-22　"渐开线圆柱齿轮计算
　　　　 及绘图"对话框　　　　　　　　　　　　　　工作模式设定"对话框

齿轮设计参考方案为一系列，如图 6-23 所示。

z1	z2	b	m	angle	sh1	sh2	sf1	sf2
17	71	86.0	5.00	12.000	497.22	497.22	65.74	61.33
18	76	82.0	4.50	12.000	533.51	533.51	79.34	75.07
19	80	87.0	4.50	12.000	491.97	491.97	70.58	67.59
20	84	81.0	4.00	12.000	543.28	543.28	89.94	87.04
21	88	80.0	3.75	12.000	555.31	555.31	98.03	95.76
22	92	84.0	3.75	12.000	518.28	518.28	88.94	87.61
23	97	82.0	3.50	12.000	537.18	537.18	99.39	98.68
24	101	85.0	3.50	12.000	505.89	505.89	91.58	91.53
25	105	83.0	3.25	12.000	529.39	529.39	104.08	104.64
26	109	86.0	3.25	12.000	500.48	500.48	96.41	97.46
27	113	82.0	3.00	12.000	533.51	533.51	113.45	115.24
28	118	85.0	3.00	12.000	505.89	505.89	105.50	107.68
29	122	81.0	2.75	12.000	545.17	545.17	126.63	129.76
30	126	84.0	2.75	12.000	518.28	518.28	118.16	121.51
31	130	87.0	2.75	12.000	493.57	493.57	110.54	114.04
32	134	81.0	2.50	12.000	543.28	543.28	138.06	142.86
33	139	84.0	2.50	12.000	518.28	518.28	129.39	134.30
34	143	86.0	2.50	12.000	497.22	497.22	122.55	127.52
35	147	80.0	2.25	12.000	555.31	555.31	157.23	163.97
36	151	82.0	2.25	12.000	533.51	533.51	149.14	155.85
37	155	85.0	2.25	12.000	510.95	510.95	140.50	147.08
38	160	87.0	2.25	12.000	491.97	491.97	133.68	140.23
39	164	89.0	2.00	12.000	474.15	474.15	127.38	133.82
40	168	81.0	2.00	12.000	543.28	543.28	171.48	180.40
41	172	83.0	2.00	12.000	524.03	524.03	163.47	172.20
17	71	86.0	5.00	12.000	497.22	497.22	65.74	61.33

图 6-23　齿轮设计参考方案

（3）结果分析　由图 6-23 可知共有 25 组结果数据，小齿轮齿数 $z_1 = 17 \sim 41$，模数 $m_n = 2 \sim 5 \text{mm}$。由于是软齿面，按接触强度设计，使中心距基本不变，齿数取小值时，模数取大值。每组结果均满足设计要求，但应通过分析选择其中最合理的一种方案。

在方案中选取 $z_1 = 18$，$m_n = 4.5 \text{mm}$，校核结果如图 6-24a 所示。其中心距个位数不为 0、5，可用变位系数及螺旋角调整。螺旋角取整数有利于加工，此处用变位系数调整。由于小齿轮齿数少，选择大齿轮为负变位，小齿轮为正变位，调整后的校核结果如图 6-24b 所示。

由校核结果可以看出，轮齿弯曲强度过于富余，且齿数少，传动平稳性差，应尽可能在满足弯曲强度条件下选择齿数多、模数小的设计结果。因而重选 $z_1 = 41$，$m_n = 2 \text{mm}$，其校核结果如图 6-25a 所示。

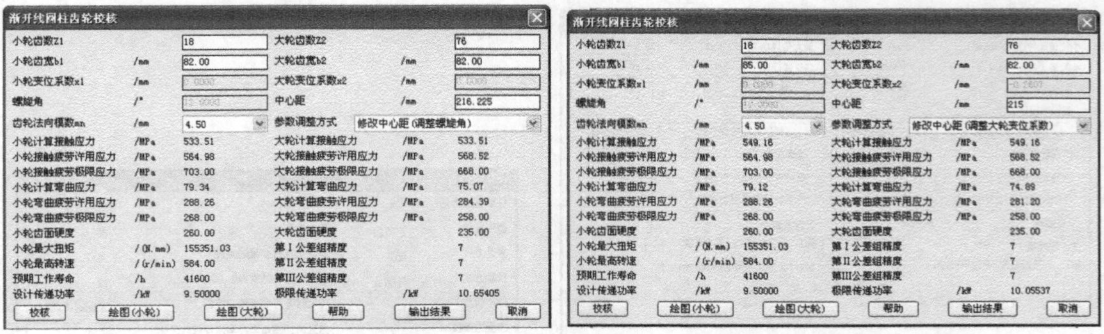

图 6-24　校核结果之一

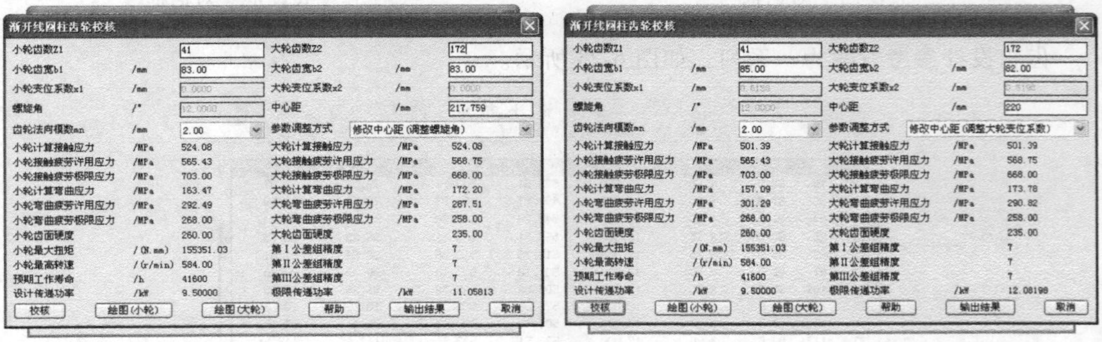

图 6-25　校核结果之二

调整中心距时，为避免齿顶变尖，选择大、小齿轮均正变位，小齿轮变位系数大于大齿轮变位系数，以使一对齿轮接近等强度。同时，为使安装方便，调整轮齿宽度。调整后的校核结果如图 6-25b 所示。

结论：综合考虑，选择图 6-25b 所示设计方案。主要参数：$z_1 = 41$，$z_2 = 172$，$m_n = 2mm$，$a = 220mm$。其他参数略。

案例学习　在斜沟煤矿选煤厂带式运输机上使用的 GAH2SH250 型减速器，自投用以来发生多次轮齿断裂，分析齿轮轮齿断裂的原因。图 6-26 所示为减速器实物照片，图中可清晰看出断裂轮齿。图 6-27 所示为减速器装配图，为闭式二级圆柱齿轮减速器。

低速级小齿轮功率 $P_1 = 548.8kW$，转速 $n_1 = 293r/min$，$z_1 = 18$，$z_2 = 68$，$m_n = 10mm$，$\beta = 10°$，工作齿宽 $b = 192mm$，总变位系数 $x = 0.8318$，$x_1 = 0.5762$，$x_2 = 0.3156$。材料和热处理：17CrNiMo6，渗碳淬火处理，质量等级为 MQ。电动机驱动，工作平稳，工作机载荷轻微振动或中等振动，寿命为 50000h，一般可靠度（$R = 0.99$），齿轮精度等级为 6 级，矿物油润滑，运动黏度（40℃）为 $100mm^2/s$。

按国标方法计算，得到以下结果：$S_{F1} = 1.80$，$S_{F2} = 1.63$，$S_{H1} = 1.23$，$S_{H2} = 1.29$，均大于最小安全系数。因此只要是正常情况，齿轮是不可能疲劳断裂的。通过对轮齿断裂断口宏观及齿面接触痕迹观察，发现齿轮的偏载十分严重而造成局部弯曲疲劳失效，导致减速器失效。

为便于列举零件进行设计，给出传动系统的计算简图，如图 6-28 所示。

图 6-27　GAH25H250 减速器装配图

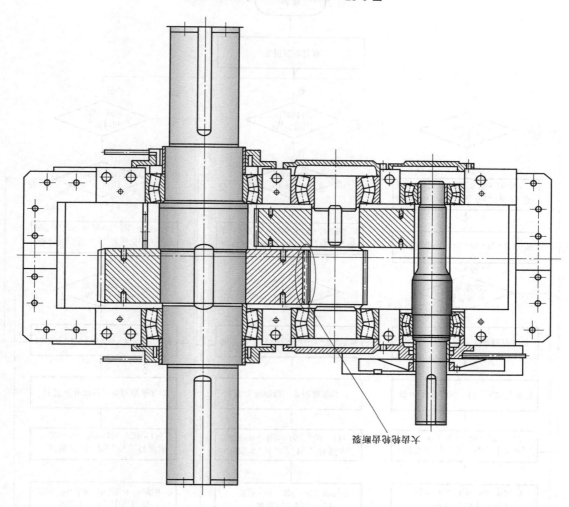

大齿轮齿面磨损

图 6-26　GAH25H250 减速器实物图

磨损↑齿

磨损↑齿

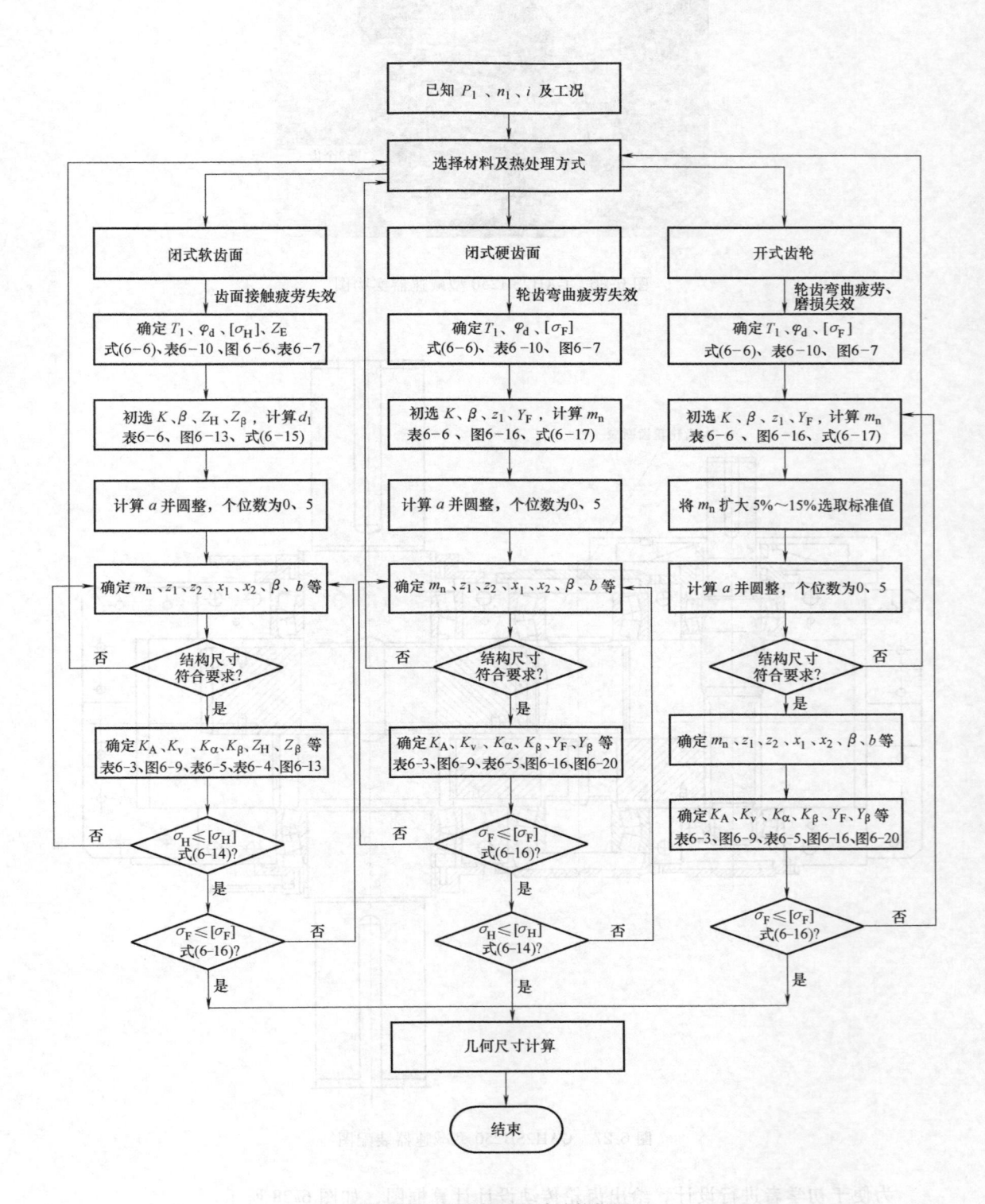

图 6-28 齿轮传动设计计算框图

第七节 直齿锥齿轮受力分析和强度计算

锥齿轮传动常用于传递两相交轴之间的运动和动力。本节仅介绍常用的轴交角 $\sum\delta=\delta_1+\delta_2=90°$ 的直齿锥齿轮传动。

直齿锥齿轮的标准模数为大端模数 m，锥齿轮模数另有标准，常用标准模数系列见表 6-13。其几何尺寸按大端计算，而强度计算以齿宽中点的当量直齿圆柱齿轮作为计算基础。

表 6-13　锥齿轮常用标准模数系列（摘自 GB/T 12368—1990）　（单位：mm）

1	1.125	1.25	1.375	1.5	1.75	2	2.25	2.5	2.75	3	3.25
3.5	3.75	4	4.5	5	5.5	6	6.5	7	8	9	10

一、受力分析

不计齿面间的摩擦力，齿面间的法向力 F_n 可分解为三个分力：圆周力 F_t、径向力 F_r 和轴向力 F_a，如图 6-29 所示。各分力的大小为

$$F_{t1}=\frac{2T_1}{d_{m1}}=-F_{t2}$$

$$F_{r1}=F_{t1}\tan\alpha\cos\delta_1=-F_{a2} \tag{6-18}$$

$$F_{a1}=F_{t1}\tan\alpha\sin\delta_1=-F_{r2}$$

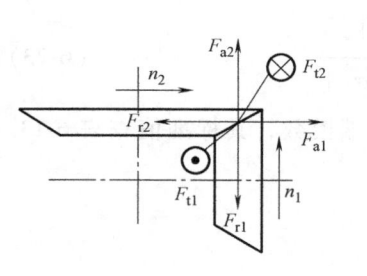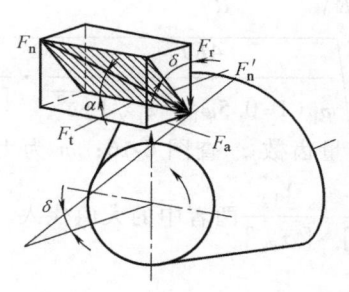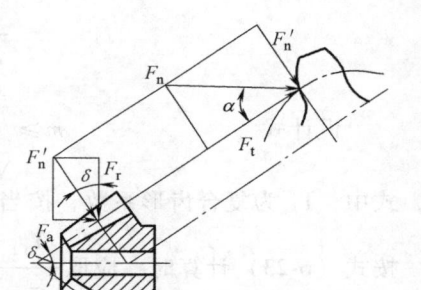

图 6-29　直齿锥齿轮受力分析

各分力的方向判定方法如下：

圆周力 F_t：在主动齿轮上是阻力，与回转方向相反；在从动齿轮上是驱动力，与回转方向相同。

径向力 F_r：分别指向各自的轮心。

轴向力 F_a：分别指向各齿轮的大端。

下标 1、2 分别表示主动齿轮、从动齿轮。

二、计算载荷

与圆柱齿轮相同，直齿锥齿轮传动的计算圆周力为

$$F_{tc} = KF_t = K_A K_v K_\alpha K_\beta F_t \tag{6-19}$$

式中，K_A、K_v、K_α、K_β 的意义与圆柱齿轮相同，一般精度要求时，K 可按表 6-6 查取；如需精确计算，可参照国家标准。

三、齿面接触疲劳强度计算

齿面接触疲劳强度按齿宽中点处的当量直齿圆柱齿轮进行计算，即以其平均直径处的参数代入直齿圆柱齿轮的计算公式，简化后得齿面接触疲劳强度计算式为

验算式 $$\sigma_H = Z_E Z_H \sqrt{\frac{4KT_1}{\frac{b}{R}\left(1-0.5\frac{b}{R}\right)^2 d_1^3 u}} \leqslant [\sigma_H] \tag{6-20}$$

设计式 $$d_1 \geqslant \sqrt[3]{\frac{4KT_1}{\varphi_R(1-0.5\varphi_R)^2 u}\left(\frac{Z_E Z_H}{[\sigma_H]}\right)^2} \tag{6-21}$$

式中，Z_E、Z_H、u 与直齿圆柱齿轮传动相同；φ_R 为齿宽系数，$\varphi_R = b/R$，R 为锥顶距。

四、轮齿弯曲疲劳强度计算

与齿面接触疲劳强度计算相同，按齿宽中点的当量直齿圆柱齿轮进行计算，以平均直径处的参数代入直齿圆柱齿轮的计算公式，简化后得齿面弯曲疲劳强度计算式为

验算式 $$\sigma_F = \frac{4KT_1 Y_F}{\frac{b}{R}\left(1-0.5\frac{b}{R}\right)^2 m^3 z_1^2 \sqrt{1+u^2}} \leqslant [\sigma_F] \tag{6-22}$$

设计式 $$m \geqslant \sqrt[3]{\frac{4KT_1}{\varphi_R(1-0.5\varphi_R)^2 z_1^2 \sqrt{1+u^2}} \cdot \frac{Y_F}{[\sigma_F]}} \tag{6-23}$$

式中，Y_F 为复合齿形系数，按当量齿数 z_v 查图 6-16；m 为大端模数，其标准值查表 6-13。

按式（6-23）计算时，应取 $\dfrac{Y_{F1}}{[\sigma_{F1}]}$、$\dfrac{Y_{F2}}{[\sigma_{F2}]}$ 两者中的大值代入。

五、参数选择

直齿锥齿轮传动的参数选择与直齿圆柱齿轮传动基本相同，由于锥齿轮加工精度较低，尤其大直径锥齿轮精度更难于保证，因此，取齿数比 $u = 1 \sim 3$；φ_R 通常取 $0.2 \sim 0.35$。

例题 6-4 设计一级直齿锥齿轮减速器齿轮。传动比 $i = 2.5$，高速轴转速 $n_1 = 390$ r/min，输出转矩 $T_2 = 500$N·m，载荷平稳，长期运转，可按无限寿命设计。计算中不计效率损失。

解题分析：根据题意为设计题目。由于直齿锥齿轮加工难于磨齿，故较少采用硬齿面齿轮传动。由于是闭式软齿面齿轮，其主要失效形式是齿面接触疲劳折断，先按轮齿齿面接触疲劳承载能力设计，然后验算它的轮齿弯曲疲劳承载能力。

解：（1）选择材料和热处理方法，确定许用应力 参考表 6-1 初选材料。小齿轮：40Cr，调质，241~286HBW；大齿轮：42SiMn，调质，217~269HBW。

根据小齿轮齿面硬度 260HBW 和大齿轮齿面硬度 240HBW，按图 6-6c 所示 MQ 线查得齿面接触疲劳极限应力：$\sigma_{Hlim1} = 720\text{MPa}$，$\sigma_{Hlim2} = 680\text{MPa}$；按图 6-7c 所示 MQ 线查得轮齿弯曲疲劳极限应力：$\sigma_{FE1} = 590\text{MPa}$，$\sigma_{FE2} = 570\text{MPa}$。按无限寿命计算，查图 6-8a、b 知 $Z_{N1} = Z_{N2} = 0.95$，$Y_{N1} = Y_{N2} = 0.9$。

查表 6-3，取最小安全系数为 $\qquad S_{Hmin} = 1.1 \qquad S_{Fmin} = 1.3$

于是

$$[\sigma_{H1}] = \frac{\sigma_{Hlim1}}{S_{Hmin}} Z_{N1} = \frac{720\text{MPa}}{1.1} \times 0.95 = 622\text{MPa}$$

$$[\sigma_{H2}] = \frac{\sigma_{Hlim2}}{S_{Hmin}} Z_{N2} = \frac{680\text{MPa}}{1.1} \times 0.95 = 587\text{MPa}$$

$$[\sigma_{F1}] = \frac{\sigma_{FE1}}{S_{Fmin}} Y_{N1} = \frac{590\text{MPa}}{1.3} \times 0.9 = 408\text{MPa}$$

$$[\sigma_{F2}] = \frac{\sigma_{FE2}}{S_{Fmin}} Y_{N2} = \frac{570\text{MPa}}{1.3} \times 0.9 = 395\text{MPa}$$

（2）分析失效，确定设计准则　由于要设计的齿轮传动属闭式传动，且为软齿面齿轮，最大可能的失效是齿面接触疲劳；但如模数过小，也可能发生轮齿疲劳折断。因此，本齿轮传动可按齿面接触疲劳承载能力进行设计，确定主要参数，再验算轮齿的弯曲疲劳承载能力。

（3）按齿面接触疲劳承载能力计算齿轮主要参数

根据式（6-21）　$\qquad d_1 \geqslant \sqrt[3]{\dfrac{4KT_1}{\varphi_R(1-0.5\varphi_R)^2 u}\left(\dfrac{Z_E Z_H}{[\sigma_H]}\right)^2}$

因属减速传动，$u = i = 2.5$。确定计算载荷：

小齿轮转矩 $\qquad T_1 = \dfrac{T_2}{i} = \dfrac{500\text{N}\cdot\text{m}}{2.5} = 200\text{N}\cdot\text{m}$

$$KT_1 = K_A K_\alpha K_\beta K_v T_1$$

查表 6-6，考虑该齿轮传动是锥齿轮传动，电动机驱动，载荷平稳，轴承相对齿轮不对称布置，取载荷系数 $K = 1.5$。

$$KT_1 = K_A K_\alpha K_\beta K_v T_1 = 1.5 \times 200\text{N}\cdot\text{m} = 300\text{N}\cdot\text{m}$$

区域系数查图 6-13，标准齿轮 $Z_H = 2.5$，弹性系数查表 6-7，$Z_E = 189.9\sqrt{\text{MPa}}$，齿宽系数取 $\varphi_R = b/R = 0.25$；因大齿轮的许用齿面接触疲劳应力值较小，故将 $[\sigma_{H2}] = 587\text{MPa}$ 代入，于是

$$d_1 \geqslant \sqrt[3]{\frac{4 \times 300\text{N}\cdot\text{m} \times 10^3}{0.25 \times (1-0.5 \times 0.25)^2 \times 2.5} \times \left(\frac{189.9\sqrt{\text{MPa}} \times 2.5}{587}\right)^2} = 117.9\text{mm}$$

取 $z_1 = 26$，$z_2 = iz_1 = 26 \times 2.5 = 65$，则模数 $m = \dfrac{d_1}{z_1} = \dfrac{117.9\text{mm}}{26} = 4.53\text{mm}$，查表 6-13，取标准模数 $m = 5\text{mm}$，有

$$d_1 = mz_1 = 5\text{mm} \times 26 = 130\text{mm}$$

$$\delta_1 = \arctan \frac{1}{i} = \arctan \frac{1}{2.5} = 21°48'5'' \qquad \delta_2 = \arctan i = \arctan 2.5 = 68°11'55''$$

$$R = \frac{d_1}{2\sin\delta_1} = \frac{130\text{mm}}{2\times\sin21°48'5''} = 175.01\text{mm}$$

$$d_{m1} = (1-0.5\varphi_R)d_1 = (1-0.5\times0.25)\times130\text{mm} = 113.75\text{mm}$$

（4）选择齿轮精度等级

齿轮圆周速度 $v = \dfrac{\pi d_{m1} n_1}{60\times1000} = \dfrac{\pi\times113.75\text{mm}\times390\text{r/min}}{60\times1000} \approx 2.32\text{m/s}$

查表 6-8，并考虑该齿轮传动的用途，选择 8 级精度。

（5）精确计算计算载荷

$$KT_1 = K_A K_\alpha K_\beta K_v T_1$$

$$K = K_A K_\alpha K_\beta K_v$$

$$F_t = \frac{2T_1}{d_{m1}} = \frac{2\times200\text{N}\cdot\text{m}}{113.75\text{mm}} = 3.52\text{kN}$$

查表 6-3，$K_A = 1$；查图 6-9，$K_v = 1.15$。

齿轮传动啮合宽度 $b = \varphi_R R = 0.25\times175.01\text{mm} = 43.75\text{mm} \approx 45\text{mm}$。

查表 6-5 得 $\dfrac{K_A F_t}{b} = \dfrac{1\times3.52\times10^3\text{N}}{45\text{mm}} = 78.2\text{N/mm} < 100\text{N/mm}$，$K_\alpha = 1.3$。

查表 6-4 得 $\varphi_{d_m} = \dfrac{b}{d_{m1}} = \dfrac{45}{113.75} = 0.40$，轴悬臂布置，$K_\beta = 1.12$。综上有

$$K = K_A K_\alpha K_\beta K_v = 1\times1.3\times1.12\times1.15 = 1.67$$

$$KT_1 = K_A K_\alpha K_\beta K_v T_3 = 1.67\times200\text{N}\cdot\text{m} = 334\text{N}\cdot\text{m}$$

$$KF_t = \frac{2KT_1}{d_{m1}} = \frac{2\times334\text{N}\cdot\text{m}\times10^3}{113.75\text{mm}} = 5.87\text{kN}$$

（6）验算轮齿接触疲劳承载能力

$$\sigma_H = Z_E Z_H \sqrt{\frac{4KT_1}{\dfrac{b}{R}\left(1-0.5\dfrac{b}{R}\right)^2 d_1^3 u}}$$

$$= 189.9\sqrt{\text{MPa}}\times2.5\times\sqrt{\frac{4\times334\text{N}\cdot\text{m}\times10^3}{\dfrac{45\text{mm}}{175.01\text{mm}}\times\left(1-0.5\times\dfrac{45\text{mm}}{175.01\text{mm}}\right)^2\times(130\text{mm})^3\times2.5}}\text{MPa}$$

$$= 529.87\text{MPa} \leqslant [\sigma_H] = 587\text{MPa}$$

轮齿接触疲劳承载能力足够。

（7）验算轮齿弯曲疲劳承载能力

$$\sigma_F = \frac{4KT_1 Y_F}{\dfrac{b}{R}\left(1-0.5\dfrac{b}{R}\right)^2 m^3 z_1^2\sqrt{1+u^2}} \leqslant [\sigma_F]$$

由 $z_{v1} = z_1/\cos\delta_1 = 26/\cos21°48'5'' = 28.00$，$z_{v2} = z_2/\cos\delta_2 = 65/\cos68°11'55'' = 175.02$，查图 6-16，得两轮复合齿形系数 $Y_{F1} = 4.12$，$Y_{F2} = 3.95$，于是

$$\sigma_{F1} = \frac{4×334\text{N}\cdot\text{m}×10^3×4.12}{0.25×(1-0.5×0.25)^2×(5\text{mm})^3×26^2×\sqrt{1+2.5^2}} = 103.1\text{MPa} \leqslant [\sigma_{F1}] = 408\text{MPa}$$

$$\sigma_{F2} = \frac{4×334\text{N}\cdot\text{m}×10^3×3.95}{0.25×(1-0.5×0.25)^2×(5\text{mm})^3×26^2×\sqrt{1+2.5^2}} = 98.85\text{MPa} \leqslant [\sigma_{F1}] = 395\text{MPa}$$

轮齿弯曲疲劳承载能力足够。

(8) 直齿锥齿轮传动几何尺寸计算 (表 6-14)

表 6-14　直齿锥齿轮传动几何尺寸计算

名　称	计 算 公 式	
	小　齿　轮	大　齿　轮
模数 m/mm	5	5
齿数 z	26	65
压力角 $\alpha(°)$	20	20
锥顶角 δ	21°48'5''	68°11'55''
齿宽 b/mm	48	45
大端分度圆直径 d/mm	$d_1 = mz_1 = 5×26 = 130$	$d_2 = mz_2 = 5×65 = 325$
齿顶高 h_a/mm	$h_{a1} = h_a^* m = 1×5 = 5$	$h_{a2} = h_a^* m = 1×5 = 5$
齿根高 h_f/mm	$h_{f1} = (h_a^* + c^*)m = (1+0.2)×5 = 6$	$h_{f2} = (h_a^* + c^*)m = (1+0.2)×5 = 6$
全齿高 h/mm	$h_1 = h_{a1} + h_{f1} = (2h_a^* + c^*)m$ $= (2×1+0.2)×5 = 11$	$h_2 = h_{a2} + h_{f2} = (2h_a^* + c^*)m$ $= (2×1+0.2)×5 = 11$
大端齿顶圆直径 d_a/mm	$d_{a1} = mz_1 + 2m\cos\delta_1$ $= 5×26 + 2×5\cos21°48'5'' = 139.28$	$d_{a2} = mz_2 + 2m\cos\delta_2$ $= 5×65 + 2×5\cos68°11'55'' = 328.71$
大端齿根圆直径 d_f/mm	$d_{f1} = mz_1 - 2.4m\cos\delta_1$ $= 5×26 - 2.4×5\cos21°48'5'' = 118.86$	$d_{f2} = mz_2 - 2.4m\cos\delta_2$ $= 5×65 - 2.4×5\cos68°11'55'' = 320.54$
锥距 R/mm	$R = \dfrac{d_1}{2\sin\delta_1} = \dfrac{130}{2×\sin21°48'5''} = 175.01$	
齿顶角 θ_a	$\theta_a = \arctan\dfrac{h_a}{R} = \arctan\dfrac{5}{175.01} = 1°38'12''$	
齿根角 θ_f	$\theta_f = \arctan\dfrac{h_f}{R} = \arctan\dfrac{6}{175.01} = 1°57'49''$	
顶锥角 δ_a	$\delta_{a1} = \delta_1 + \theta_a$ $= 21°48'5'' + 1°38'12'' = 23°26'17''$	$\delta_{a2} = \delta_2 + \theta_a$ $= 68°11'55'' + 1°38'12'' = 69°50'7''$
根锥角 δ_f	$\delta_{f2} = \delta_2 - \theta_a = 21°48'5'' - 1°57'49'' = 19°50'16''$	$\delta_{a2} = \delta_2 - \theta_a = 68°11'55'' - 1°57'12'' = 66°14'43''$

第八节 齿轮热功率计算方法简介

齿轮传动中会产生效率损耗，这些损耗会产生热量，若不能及时散发出去，会使传动装置发热，进而使润滑油温度升高，黏度降低，油膜承载能力下降，导致齿轮寿命降低。为保证齿轮寿命，需计算油池温度不超出规定值时允许连续传递的最大功率，也就是齿轮额定热功率。

影响齿轮装置发热的因素有：齿轮啮合、搅油、风阻功率损耗，轴承的功率损耗，油泵的功率损耗。而影响齿轮装置散热的因素有：齿轮装置的表面积，空气流过齿轮装置表面的速度，油池与周围空气的温度差，油到齿轮箱的传热系数及齿轮箱与周围空气间的传热系数等。为保证油池温度不超出规定值，必须使齿轮装置发热量不大于其散热量，尤其现在随着加工制造技术的提高，齿轮多为合金钢、硬齿面，整体尺紧凑，散热面积减小，齿轮热功率计算尤为重要。GB/Z 22559.1—2008 及 GB/Z 22559.2—2008 中规定了齿轮热功率计算方法，在进行齿轮设计计算时应遵照验算。

第九节 其他齿轮传动简介

一、曲线齿锥齿轮传动

由于直齿锥齿轮精度较低，传动中易产生较大的振动和噪声，不宜用于高速齿轮传动。因此，高速时宜采用曲线齿锥齿轮传动。

曲线齿锥齿轮传动又称螺旋锥齿轮传动，由于轮齿倾斜，重合度大，较之直齿锥齿轮传动具有承载能力高、传动效率高、传动平稳、动载荷和噪声小等优点，因而获得了日益广泛的应用。常用曲线齿锥齿轮传动有圆弧齿（格里森制齿轮）锥齿轮传动和延伸外摆线齿锥齿轮传动。

圆弧齿锥齿轮传动，其轮齿沿齿长方向的齿线为圆弧（图6-30a），可在专用的格里森铣齿机上切齿，并容易磨齿，是曲线齿锥齿轮中应用最为广泛的一种。

零度弧齿锥齿轮传动（图6-30b）平稳性和生产率比直齿锥齿轮传动高，并因齿宽中点的螺旋角 β_m 为零，轴向力方向不随转矩方向改变而改变，其磨齿后速度可达50m/s。

延伸外摆线锥齿轮传动，其轮齿沿齿长方向为延伸外摆线（图6-30c），采用等高齿，可在奥利康机床上切齿。这种齿轮传动的主要优点是：齿的接触区较理想，生产率高；其缺点是：磨齿困难，不宜用于高速传动。

二、圆弧齿圆柱齿轮传动

渐开线圆柱齿轮传动具有易于精确加工、便于安装、中心距误差不影响承载能力等优点。但是，渐开线齿轮外啮合时存在以下缺点：①接触点的综合曲率半径较小，齿面接触强度较低，难于满足重载齿轮要求。②轮齿间的接触是线接触，对制造和安装误差较敏感，易引起轮齿上载荷集中，降低承载能力。③齿廓间滑动系数是变化的，易造成磨损不均匀。为了克服渐开线圆柱齿轮的这些缺点，近年来发展了圆弧齿圆柱齿轮，采用这种齿轮的传动简

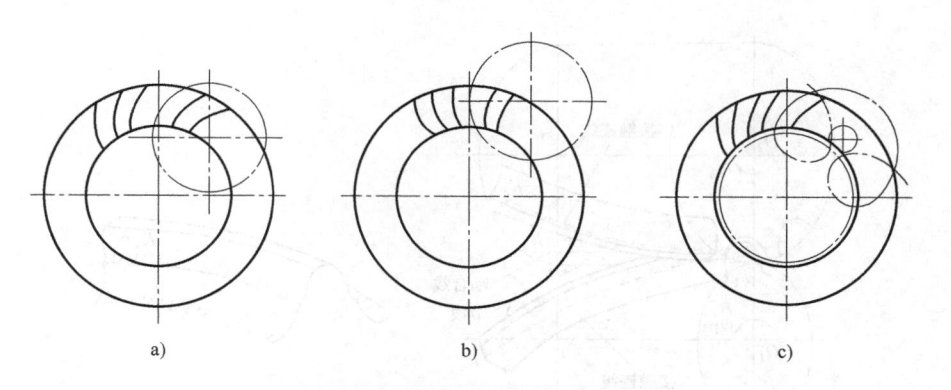

a)   b)   c)

图 6-30 曲线齿锥齿轮传动

称圆弧齿轮传动（图 6-31）。

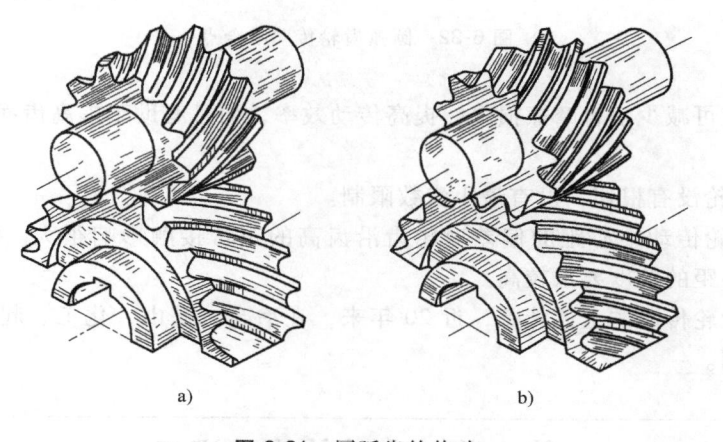

a)   b)

图 6-31 圆弧齿轮传动

    圆弧齿轮传动，其端面或法向齿廓为圆弧，由于圆弧不是共轭曲线，要使瞬时传动比为常数，必须使轴面重合度大于 1，所以必须为斜齿轮传动。啮合处两齿面为一凸一凹，且凹齿的齿廓半径略大于凸齿的齿廓半径。因此，轮齿在端面上是点接触。圆弧齿轮传动分为单圆弧齿轮传动和双圆弧齿轮传动。

    单圆弧齿轮传动（图 6-31a）通常将小齿轮做成凸齿，大齿轮做成凹齿，凸齿的工作齿廓在节圆以外，凹齿的工作齿廓在节圆以内，啮合时，啮合点沿齿廓由一端面向另一端面移动，如图 6-32a 中的 $K_b K'_c$ 线。

    双圆弧齿轮传动（图 6-31b），每一齿廓均为齿顶部分为凸齿，齿根部分为凹齿。每对齿在啮合时，分别在凸的齿顶和凹的齿根接触一次，即在端面上有两个啮合点（图 6-32b），也同时有两条啮合线。双圆弧齿轮的齿根抗弯能力比单圆弧齿轮高。

    圆弧齿轮传动与渐开线齿轮传动相比有下列特点：

    1) 圆弧齿轮传动啮合轮齿的综合曲率半径较大（相当于内啮合），轮齿具有较高的接触强度。其弯曲强度虽不够理想，但仍比渐开线齿轮高。

    2) 圆弧齿轮传动具有良好的磨合性，相啮合的轮齿能紧密贴合，实际啮合面积大；轮齿在啮合过程中主要是滚动摩擦，啮合点又以相当高的速度沿啮合线移动，对齿面间的油膜

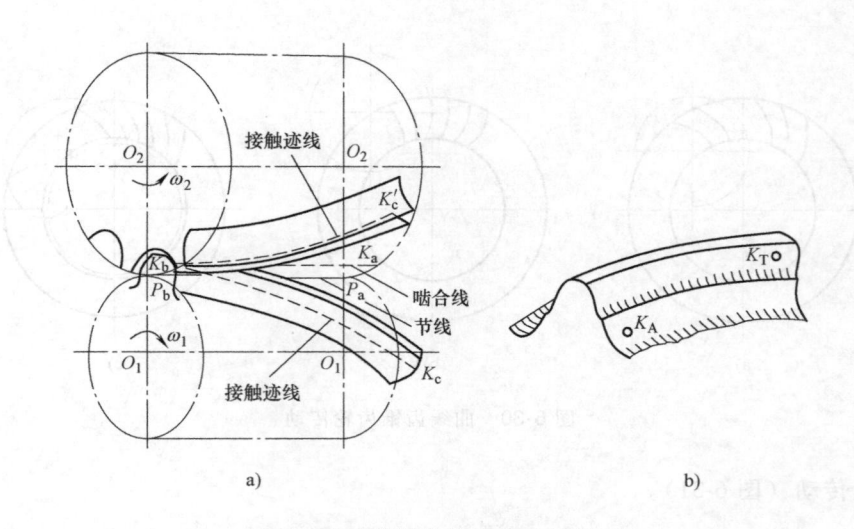

图 6-32 圆弧齿轮传动啮合点

形成有利，不仅可减少啮合摩擦损失，提高传动效率，而且有助于提高齿面的接触强度和耐磨性。

3）圆弧齿轮没有根切，没有最小齿数限制。

4）圆弧齿轮传动中心距的偏差对轮齿沿齿高的正常接触影响很大。它将降低承载能力，因而对中心距的精度要求较高。

由于圆弧齿轮传动的上述特点，近 20 年来，在冶金、矿山、化工、起重运输等机械中得到广泛的应用。

第十节　齿轮结构及润滑

一、齿轮的结构

通过齿轮传动承载能力的计算，只能确定齿轮传动的主要参数和尺寸，如模数、齿数、中心距、分度圆直径、齿宽以及锥齿轮传动的锥距等，而轮缘、轮辐或辐板和轮毂的形状和尺寸则需通过结构设计来确定。对结构设计的主要要求是：既要工艺性好，又要有足够的强度和刚度，并尽可能减轻齿轮的重量。设计时，可根据齿轮尺寸的大小、材料、加工方法和生产数量等条件，选择合理的结构形式，再根据经验计算式确定各部分尺寸。

齿轮毛坯按制造方法的不同，可分为锻造齿轮毛坯、铸造齿轮毛坯、焊接齿轮毛坯和组合齿轮毛坯。

锻造齿轮毛坯力学性能好，生产周期短，但受锻造设备能力的限制，一般适用于齿轮齿顶圆直径 $d_a \leqslant 400 \sim 600\text{mm}$ 的齿轮（图 6-33）。齿轮 $d_a > 400 \sim 600\text{mm}$ 时，一般采用铸造毛坯，如图 6-34 所示。单件生产的大齿轮不便于铸造时，采用焊接毛坯（图 6-35）。为节约优质钢材，大型齿轮亦可采用组合式毛坯结构，如用优质锻钢做轮缘，并与铸钢或铸铁制的轮芯联接起来，如图 6-36 所示。

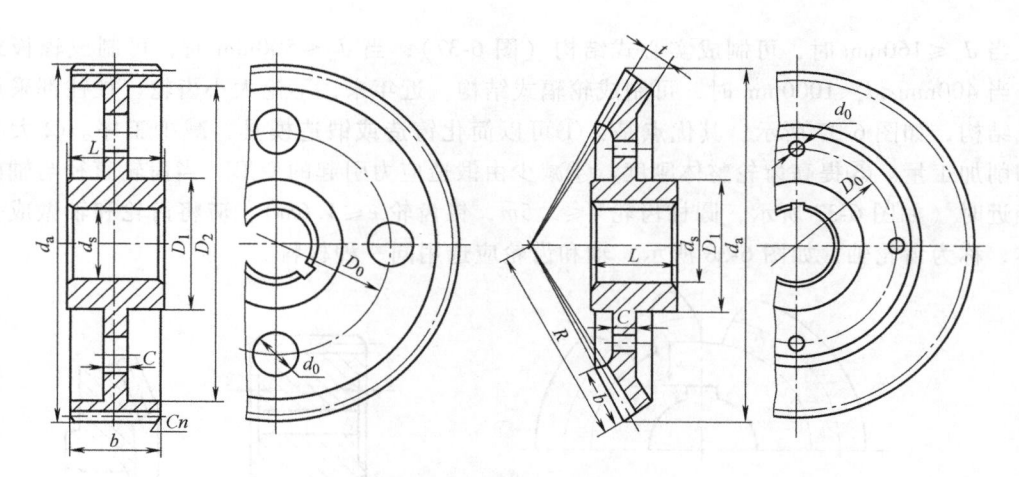

图 6-33 锻造毛坯辐板式齿轮

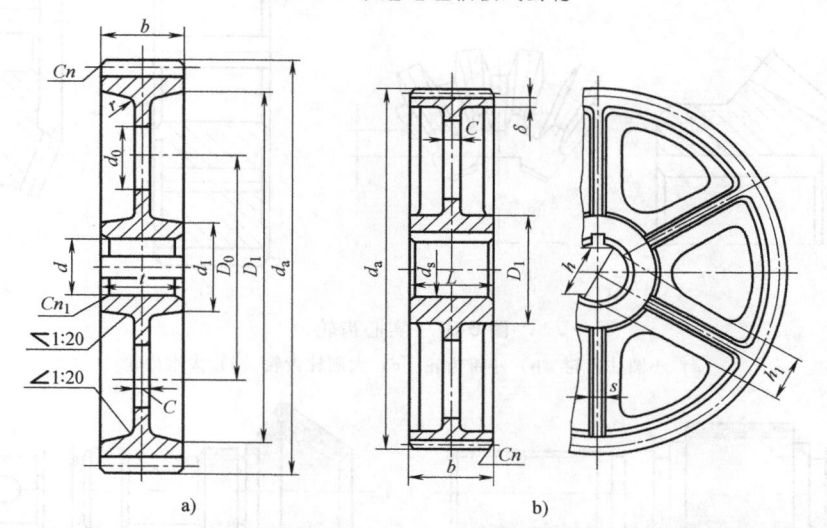

a)   b)

图 6-34 铸造毛坯齿轮

a）辐板式齿轮   b）辐条式齿轮

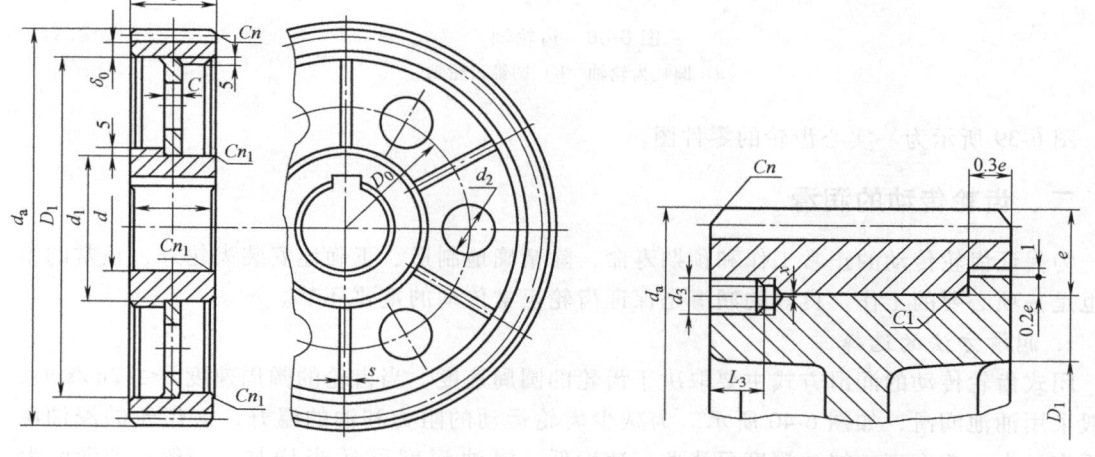

图 6-35 焊接毛坯齿轮   **图 6-36 组合式齿轮**

当 $d_a \leqslant 160$mm 时，可制成实心式结构（图 6-37）；当 $d_a \leqslant 500$mm 时，可制成辐板式结构；当 400mm$<d_a<$1000mm 时，可制成轮辐式结构。近年来，不论大小齿轮，往往都采用实心式结构，如图 6-37 所示。其优点是：①可以简化铸造或锻造模具，减少工序。②大大减少切削加工量。③提高齿轮整体刚度。④减少由锻造应力引起的变形。当齿轮直径与轴的直径相近时（如图 6-37 所示，圆柱齿轮 $e \leqslant 2.5m$，锥齿轮 $e \leqslant 1.6m$），应将齿轮和轴做成一个整体，称为齿轮轴，如图 6-38 所示，轴和齿轮应选用同一种材料。

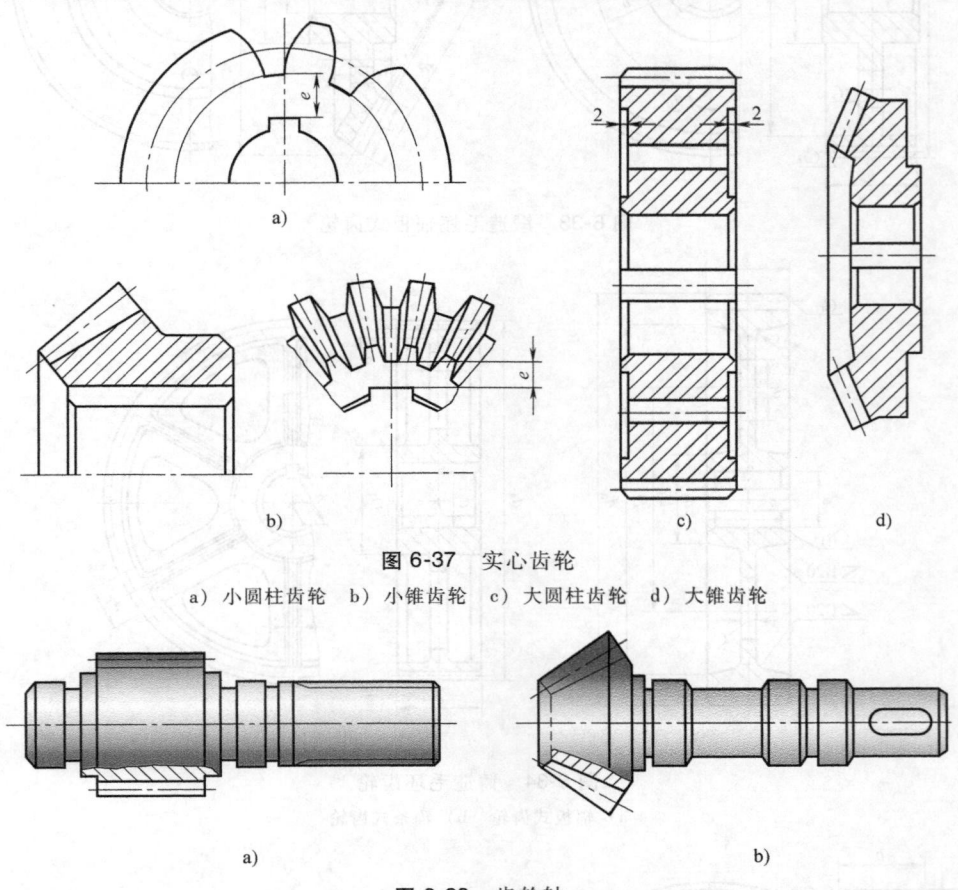

图 6-37 实心齿轮

a）小圆柱齿轮 b）小锥齿轮 c）大圆柱齿轮 d）大锥齿轮

图 6-38 齿轮轴

a）圆柱齿轮轴 b）圆锥齿轮轴

图 6-39 所示为一实心齿轮的零件图。

二、齿轮传动的润滑

为保证齿轮传动的正常工作和预期寿命，除精确地制造、正确地安装齿轮外，正常的维护也是一项必要的工作。良好的润滑是保证齿轮正常传动的重要环节。

1. 润滑方法的选择

闭式齿轮传动的润滑方式主要取决于齿轮的圆周速度。当齿轮的圆周速度 $v \leqslant 12$m/s 时，一般采用油池润滑，如图 6-40 所示。为减少齿轮运动的阻力和油的温升，大齿轮的浸油深度不宜过大。速度高，浸油深度可浅些；速度低，浸油深度可适当增加。一般浸油深度为

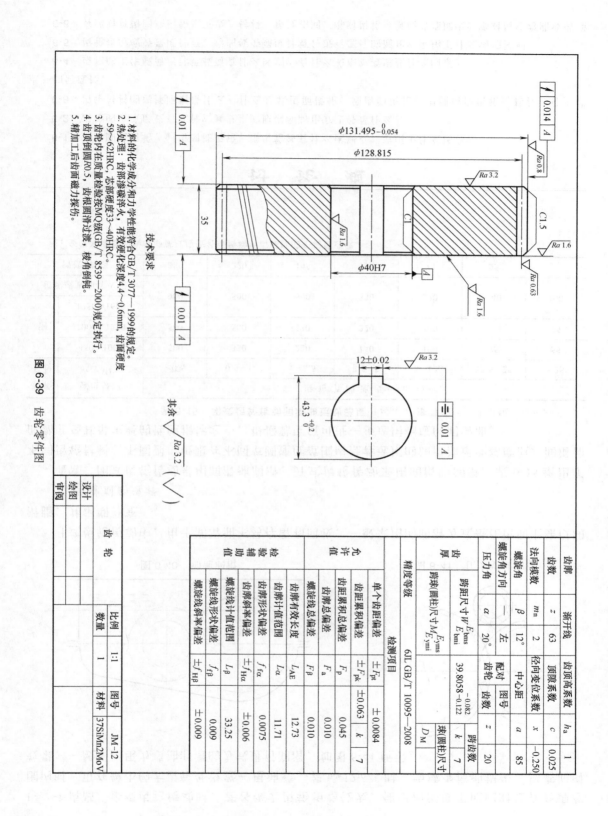

图 6-39　齿轮零件图

1~2 个齿高。多级齿轮传动时，若各级大齿轮相差较大，使浸油深度不能同时处在合理范围内时，可在较小的大齿轮处设置一甩油轮。若 $v>12\text{m/s}$ 时，为减少搅油损失，提高润滑效果，一般采用压力喷油润滑的方式进行润滑，如图 6-41 所示。

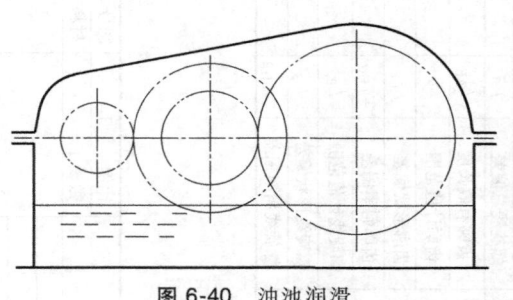

图 6-40　油池润滑

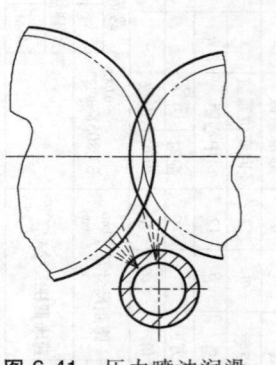

图 6-41　压力喷油润滑

开式齿轮传动中，由于润滑油不易存留和回收，一般采用的润滑方式是在齿面上涂以润滑脂，并定期补充。

2. 润滑剂的选择

通常，闭式齿轮传动采用润滑油润滑，开式齿轮传动采用润滑脂润滑。表 6-15 给出了不同齿轮材料、不同强度极限在不同节圆速度范围内推荐选用的润滑油运动黏度值。润滑油的黏度是其最主要的性能指标之一，根据黏度值可进一步选用相应的润滑油。

表 6-15　闭式齿轮传动润滑油运动黏度（$\nu_{40℃}$）推荐值　　　（单位：mm^2/s）

齿轮材料	强度极限 σ_B/MPa	齿轮节圆速度 $v/(\text{m/s})$						
		<0.5	0.5~1	1~2.5	2.5~5	5~12.5	12.5~25	>25
钢	450~1000	500	330	220	140	100	75	55
	1000~1250	500	500	330	220	140	100	75
	1250~1600	900	500	500	330	220	140	100
渗碳或表面淬火钢								
铸铁、青铜		380	220	145	100	75	55	

注：多级减速器的润滑油黏度应按各级传动所需黏度的平均值选取。

讨　论　题

6-1　直齿圆柱齿轮、斜齿圆柱齿轮、锥齿轮各有什么优缺点？适用于什么场合？

6-2　齿轮的失效形式有几种？其发生的原因和防止方法各是什么？

6-3　齿轮材料的选择原则是什么？什么是软齿面齿轮、硬齿面齿轮、中硬齿面齿轮？其各有什么特点？如何选择？

6-4　齿轮的工作载荷与计算载荷有什么区别？有什么关系？考虑些什么因素？

6-5　齿轮接触疲劳强度计算、弯曲疲劳强度计算各进行怎样的简化？采用了什么物理模型？

6-6　有两对直齿圆柱齿轮见下表，材料、精度相同，哪对齿轮接触疲劳强度大？哪对齿轮弯曲疲劳强度大？哪对齿轮切齿加工时间长？

齿　轮	z_1	z_2	m/mm	$a(°)$	$b(°)$
1	25	65	4	180	80
2	50	130	2	180	80

6-7 什么情况下，大小齿轮应该有硬度差？相差多少？

6-8 齿轮宽度如何定？宽度大、小各有什么优缺点？

6-9 设计一对斜齿圆柱齿轮，要求传动比 $i = 3.75$（允许误差 ±5%），中心距 $a = 145mm$（不允许有误差），如何确定其主要参数？

6-10 齿轮的精度如何选择？

6-11 一般情况下设计齿轮传动已知条件包括什么？通过计算要确定的是什么？（按直齿圆柱齿轮、斜齿圆柱齿轮、直齿锥齿轮分别说明）

6-12 例题 6-2 中按弯曲强度计算 $m_n \geqslant 2.18mm$，如圆整为 2.25 或 3 有何利弊？

习　题

6-1 斜齿圆柱齿轮传动如图 6-42 所示，试分析中间齿轮的受力，并在啮合点画三个分力。

1）当轮 1 主动时；

2）当轮 2 主动时。

6-2 图 6-43 所示为一二级斜齿圆柱齿轮减速器，动力由 Ⅰ 轴输入，Ⅲ 轴输出，螺旋线方向及 Ⅲ 轴转向如图，求：

1）使载荷沿齿向分布均匀的输入端和输出端；

2）使轴 Ⅱ 轴承所受轴向力最小时各齿轮的螺旋线方向；

3）齿轮 2、3 所受各分力的方向。

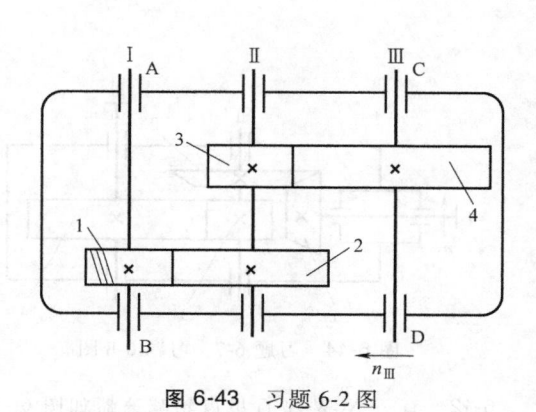

图 6-42　习题 6-1 图　　　　　　　　图 6-43　习题 6-2 图

6-3 设计一传动比 $i = 3.2$ 的直齿圆柱齿轮传动时，初选 $z_1 = 28$，$z_2 = 90$，$m = 2.5mm$，能满足承载能力要求，但中心距不为整数，试将中心距调整为以 0、5 结尾的整数，要求传动比误差 ± ≤3%，并保证承载能力仍满足要求。试确定：

1）有几种调整方法。

2）这几种调整方法的齿轮参数和主要尺寸。

6-4 若将习题 6-3 中直齿圆柱齿轮传动改为斜齿圆柱齿轮传动，$\beta = 15°$ 左右，z_1、z_2 可以改变，其他条件不变。试确定：

1）中心距有几种调整方法（传动比误差<±3%）。

2）这几种调整方法的结果。

6-5 试设计一级直齿圆柱齿轮减速器。电动机驱动，电动机转速 $n_1 = 970$ r/min，单向运转，载荷有中等冲击，要求该减速器能传递 15kW 的功率，传动比为 $i_1 = 3.5$。两班制工作，折旧期为 8 年，每年工作 260 天（传动效率忽略不计）。

6-6 试设计一级斜齿圆柱齿轮传动。已知：$P = 21$kW，$n_1 = 2940$r/min，$i = 4.4$，电动机驱动，单向运转，载荷有轻微冲击，齿轮相对于轴承对称布置，不允许有点蚀，要求中心距 $a \leqslant 150$mm，要求寿命 $N = 10^8$。

6-7 图 6-44 所示为锥-圆柱齿轮减速器，动力由 I 轴输入，III 轴输出，I 轴转向如图，求：

1）为使轴 II 轴承所受轴向力最小，各圆柱齿轮的螺旋线方向。

2）齿轮 2、3 所受各分力的方向。

6-8 图 6-44 所示锥-圆柱齿轮减速器中，已知：$P_1 = 8.7$kW，$n_1 = 970$r/min，$z_1 = 21$，$z_2 = 69$，$m = 3$mm，齿轮单向运转，单班工作，工作 10 年。齿轮 1 材料为 40MnB，调质；齿轮 2 材料为 45 钢，调质。试验算高速级锥齿轮强度。

6-9 设计一对开式直齿圆柱齿轮传动。已知：主动齿轮转速为 85r/min，传动比 $i = 3.2$，传递功率 $P = 7.5$kW，载荷平稳，寿命为 10 年。

6-10 设计直齿锥齿轮传动。已知：传递功率 $P = 4.2$kW，主动齿轮转速为 820r/min，传动比 $i = 2.4$，有轻微冲击，寿命为 10 年。

6-11 一对交错轴圆柱齿轮副，两轴交错角 90°。两齿轮法向模数 $m_{n1} = m_{n2} = 2$mm，齿数 $z_1 = 20$，$z_2 = 41$，传递功率 $P = 0.25$kW，主动齿轮转速 $n_1 = 400$r/min，齿轮的法向压力角 $\alpha_n = 20°$。两齿轮分度圆直径相等，其齿向如图 6-45 所示。求：

1）二齿轮螺旋角 β_1、β_2 及中心距 a。

2）从动轮转向。

3）从动轮受力用三个分力表示，计算其大小，并在图上标出方向。计算中忽略摩擦阻力。

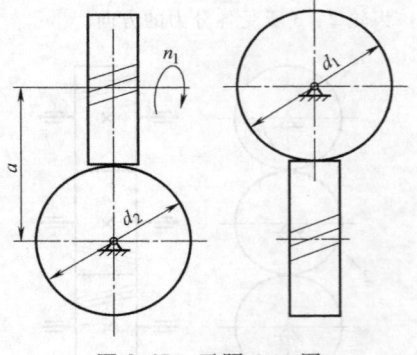

图 6-44 习题 6-7、习题 6-8 图　　　　图 6-45 习题 6-11 图

6-12 有一 NGW 型行星齿轮减速器如图 6-46 所示，主动齿轮转速 $n_1 = 720$r/min，输入功率 $P = 7.5$kW，各轮齿数 $z_a = 20$，$z_b = 40$，$z_c = 100$，压力角 $\alpha_n = 20°$，模数 $m = 4$mm。求：

1）从动轮转速和传动比。

2）行星轮在 a、b 二点所受的力（大小及方向），忽略摩擦损失。

6-13 有一斜齿圆柱齿轮增速装置，主动齿轮转速 $n_1 = 1450$r/min，从动齿轮转速 $n_2 = 5000$r/min，传递功率 $P = 100$kW，原动机为电动机，工作机有轻微冲击，寿命为 8 年，每天工作 16h，设计此传动装置的齿轮传动。

6-14　图 6-47 所示为齿轮轮齿失效断面的示意图，试分析断齿机理。如为疲劳断裂，请指出裂纹源、扩展线、疲劳裂纹区及脆性断裂区。

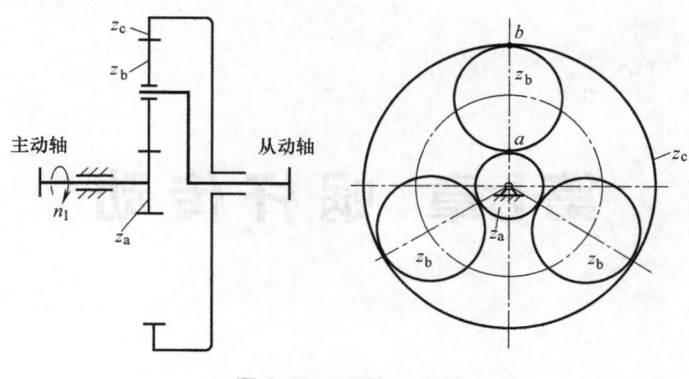

图 6-46　习题 6-12 图

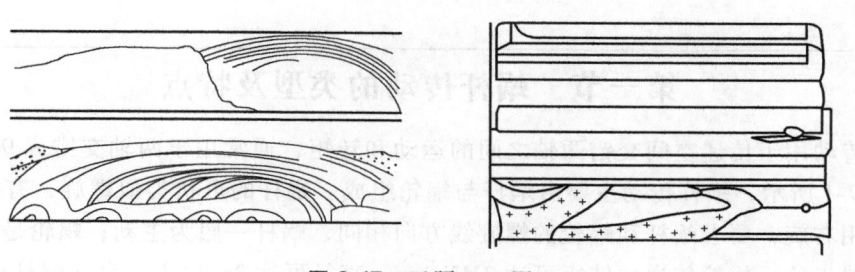

图 6-47　习题 6-14 图

第七章　蜗杆传动

第一节　蜗杆传动的类型及特点

蜗杆传动用于传递空间交错两轴之间的运动和转矩，通常用于两轴交错成 90°的减速传动。如图 7-1 所示，蜗杆传动主要由蜗杆与蜗轮组成。蜗杆的形状类似螺旋，有左旋和右旋之分，常用右旋，要求蜗杆和蜗轮的螺旋线方向相同，蜗杆一般为主动；蜗轮是一个具有特殊形状的斜齿轮。蜗轮传递的转矩可达 2MN·m，直径可达 2m 以上。目前蜗杆传动在机床、起重、运输、冶金、矿山、轻工、化工等各个行业中得到广泛应用。蜗杆传动的主要优点是结构紧凑、工作平稳、无噪声、冲击振动小，以及能得到很大的单级传动比。在传递动力时，传动比一般为 5~80，常用 15~50；在分度机构或手动机构中，传动比可达 300；若只传递运动，传动比可达 1000。蜗杆导程角很小时能实现反行程自锁。蜗杆传动的主要缺点是：传动效率较低，发热大，不宜大功率、长时间连续工作；为了减

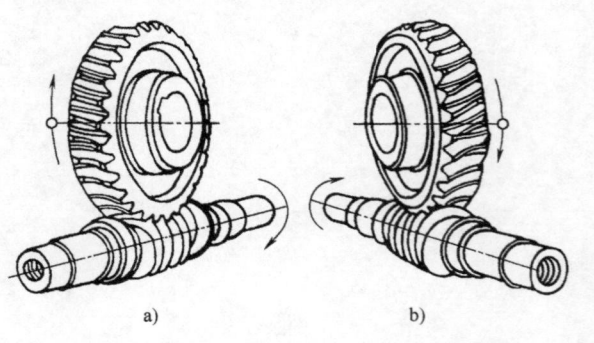

图 7-1　蜗杆传动
a) 蜗杆蜗轮均为右旋　b) 蜗杆蜗轮均为左旋

小摩擦和磨损，蜗轮常需要用较贵重的青铜制造，故成本较高。

按照蜗杆形状的不同，蜗杆传动可分为圆柱蜗杆传动（图 7-2a）、环面蜗杆传动（图 7-2b）和锥蜗杆传动（图 7-2c）。环面蜗杆和锥蜗杆的制造较困难，安装要求较高，因而应用不如圆柱蜗杆广泛。下面主要介绍圆柱蜗杆传动。

圆柱蜗杆传动包括普通圆柱蜗杆传动和圆弧圆柱蜗杆传动两大类。

一、普通圆柱蜗杆传动

普通圆柱蜗杆的齿形多用成形线为直线的刀具加工而成。根据刀具安装位置的不同，所

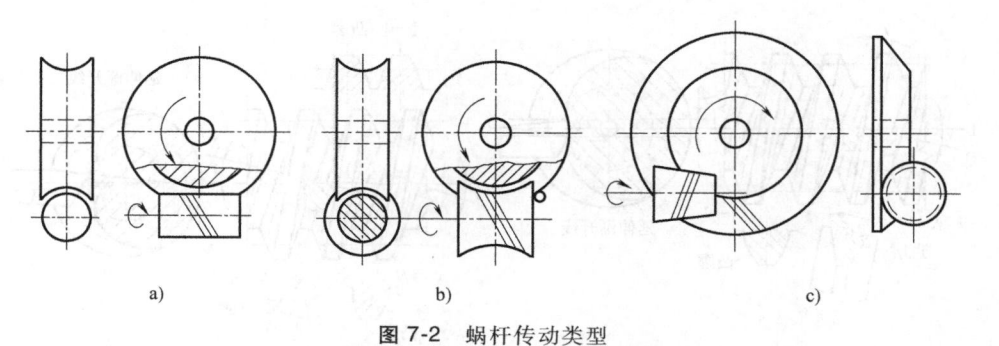

图 7-2 蜗杆传动类型

a）圆柱蜗杆传动 b）环面蜗杆传动 c）锥蜗杆传动

加工出的蜗杆齿面在不同截面中的齿廓曲线形状也不同。根据蜗杆齿廓曲线的形状，普通圆柱蜗杆可分为阿基米德蜗杆（ZA 蜗杆）、渐开线蜗杆（ZI 蜗杆）、法向直廓蜗杆（ZN 蜗杆）和锥面包络蜗杆（ZK 蜗杆）等四种。GB/T 10085—1988 中推荐采用 ZI 蜗杆和 ZK 蜗杆两种。下面分别介绍以上四种蜗杆齿形。

（1）阿基米德蜗杆（ZA 蜗杆）
这种蜗杆的齿面为阿基米德螺旋面。在垂直蜗杆轴线的平面（即端面）上，齿廓为阿基米德螺旋线（图 7-3），在包含轴线的平面（即轴面）上的齿廓为直线，其齿形角 $\alpha_0 = 20°$。此种蜗杆可用直刃的单刀（当导程角 $\gamma \leqslant 3°$ 时）或双刀（当导程角 $\gamma > 3°$ 时）在车床上加工。安装刀具时，切削刃的顶面必须通过蜗杆的轴线。阿基米德蜗杆难以用直廓砂轮磨削出精确齿形，当导程角较大（$\gamma > 15°$）时，径向车削也较困难。

（2）法向直廓蜗杆（ZN 蜗杆）
此种蜗杆的法面（N—N 面）齿廓为直线，端面齿廓为延伸渐开线（图 7-4a），轴面齿廓为凸廓线。ZN 蜗杆也是用直刃的单刀或双刀在车床上车削加工而成的，刀具的安装形式如图 7-4 所示。此种蜗杆也难以磨削。

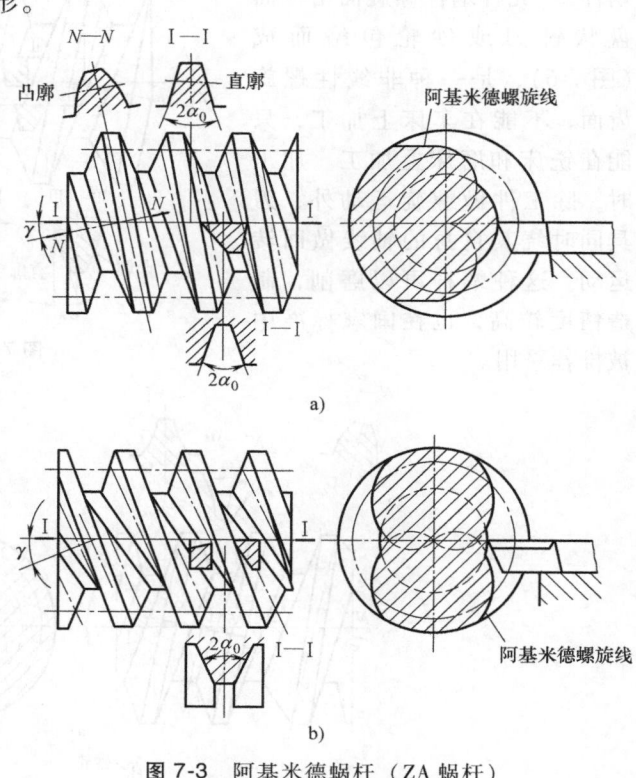

图 7-3 阿基米德蜗杆（ZA 蜗杆）

a）单刀加工 b）双刀加工

（3）渐开线蜗杆（ZI 蜗杆） 此种蜗杆的齿面为渐开线螺旋面，端面齿廓为渐开线（图 7-5），可视为一个齿数等于蜗杆头数的大螺旋角渐开线圆柱斜齿轮。此种蜗杆可以用两把直刃车刀在车床上车削加工，也可以用齿轮滚刀滚削，还可以用单面或锥面砂轮磨削，制造精度较高，适用于成批生产和大功率传动，是普通圆柱蜗杆传动中较理想的传动，故在 GB/T 10085—1988 标准中被推荐采用。

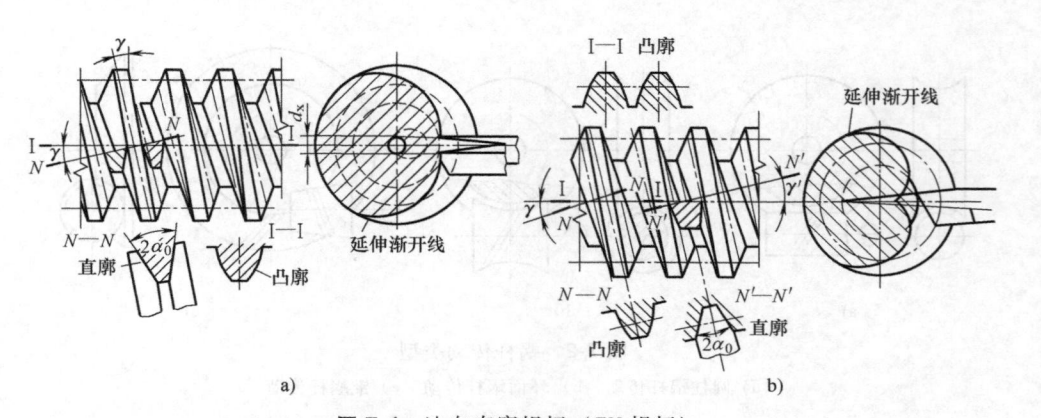

图 7-4 法向直廓蜗杆（ZN 蜗杆）

a）车刀对中齿厚中线法面 b）车刀对中齿槽中线法面

（4）锥面包络蜗杆（ZK 蜗杆） 此种蜗杆螺旋面由锥面盘状铣刀或砂轮包络而成（图 7-6），是一种非线性螺旋齿面，不能在车床上加工，只能在铣床和磨床上加工。加工时，除工件做螺旋运动外，刀具同时绕其自身的轴线做回转运动。这种蜗杆可以磨削，制造精度较高，也在国家标准中被推荐采用。

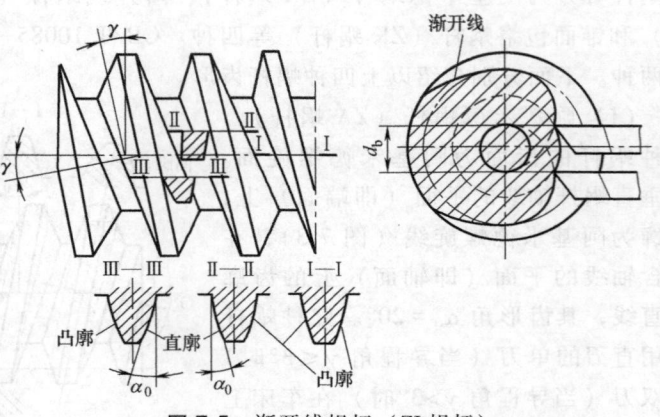

图 7-5 渐开线蜗杆（ZI 蜗杆）

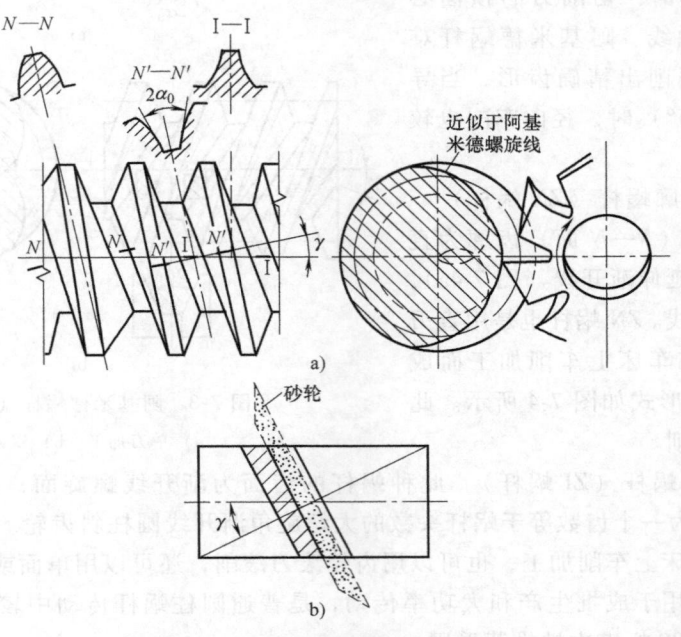

图 7-6 锥面包络蜗杆（ZK 蜗杆）

用上述不同类型的蜗杆与其相应的蜗轮一起就组成了不同类型的圆柱蜗杆传动。蜗轮的齿廓随蜗杆齿廓而异。切削蜗轮的滚刀的参数和形状必须和工作蜗杆一致，滚铣中心距也应和传动中心距相同。由于制造误差，切出的蜗轮齿形不可能与蜗杆精确啮合，所以必须经过装配后的磨合来改善和适应。

二、圆弧圆柱蜗杆传动（ZC 蜗杆）

圆弧圆柱蜗杆是一种非直纹面圆柱蜗杆。这种蜗杆的螺旋面是用刃边为凸圆弧形的刀具切制的，其齿面一般为圆弧形凹面，而蜗轮是用展成法制造的，其齿面为圆弧形凸面。由图 7-7 可以看出，圆弧圆柱蜗杆传动是一种凸凹弧齿廓相啮合的传动，也是一种线接触的啮合传动。其主要特点为：制造工艺简单；承载能力高，一般可较普通圆柱蜗杆传动高出 50% ~ 150%；传动效率高，一般可达 90% 以上；体积小；结构紧凑；重量轻。这种传动已广泛应用到起重、运输、冶金、矿山、轻工、化工、建筑等机械设备的减速机构中。

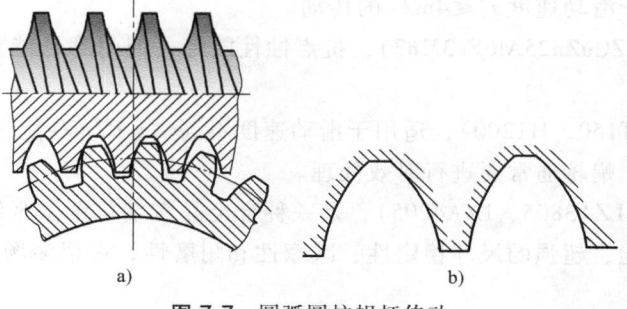

图 7-7　圆弧圆柱蜗杆传动

三、圆柱蜗杆传动的精度等级及其选择

GB/T 10089—1988 中对蜗轮、蜗杆和蜗杆传动规定了 12 个精度等级；第 1 级精度最高，第 12 级精度最低。按照公差的特性对传动性能的主要保证作用，将蜗轮、蜗杆和蜗杆传动的公差分成了三个公差组。

对于动力蜗杆传动，一般按照 6~9 级精度制造。6 级精度的传动可用于中等精密机床的分度机构和发动机调节系统的传动。7 级精度的传动可用于中等精度的运输机及中等功率的蜗杆传动。8 级精度的传动可用于圆周速度较低、每天只有短时工作的次要传动。9 级精度的传动只能用于不重要的低速传动及手动传动。

第二节　蜗杆传动的失效形式和材料选择

一、失效形式

蜗杆传动的失效形式和齿轮传动类似，也有齿面点蚀、磨损、胶合及轮齿的弯曲折断。由于材料和结构上的原因，蜗杆螺旋齿部分的强度总是高于蜗轮轮齿的强度，所以失效经常发生在蜗轮轮齿上。在闭式传动中，蜗杆副多因齿面胶合或点蚀而失效。在开式传动中，蜗轮的失效形式主要是齿面磨损和过度磨损引起的轮齿折断。

二、材料选择

由蜗杆副必须经过磨合后才能正常使用及蜗杆传动的失效形式可知，蜗杆、蜗轮的材料首先要有优良的磨合性、减摩性和耐磨性，其次还要有一定的强度。

蜗杆材料主要有碳钢和合金钢。高速重载蜗杆常用 15Cr 和 20Cr 并经渗碳淬火，硬度为 58~63HRC；也可用 40 钢、45 钢或 40Cr 并经淬火，硬度为 45~55HRC。这样可以提高表面硬度，增加耐磨性。对于一般不太重要的低速中载的蜗杆，可采用 40 钢或 45 钢，并经调质处理，硬度为 220~300HBW。

常用的蜗轮材料有：

1）铸造锡青铜（ZCuSn10P1、ZCuSnPb5Zn5），耐磨性最好，价格较高，用于滑动速度 $v_s \geq 3\text{m/s}$ 的重要传动。

2）铸造铝铁青铜（ZCuAl10Fe3、ZCuAl10Fe3Mn2），耐磨性较铸造锡青铜差一些，但价格便宜，一般用于滑动速度 $v_s \leq 4\text{m/s}$ 的传动。

3）铸铝黄铜（ZCuZn25Al6Fe3Mn3），抗点蚀性能好，但耐磨性能差，宜用于低滑动速度场合。

4）灰铸铁（HT150、HT200），适用于滑动速度不高（$v_s < 2\text{m/s}$）、效率也要求不高的场合。为了防止变形，蜗轮通常要进行时效处理。

5）微晶合金（LZA3805、LZA4205），是一种合金晶粒细化至微米级的合金材料，具有优异的综合力学性能、超强的尺寸稳定性、减摩性和耐磨性，在很多场合下可用于替代铜合金制造蜗轮。

第三节 普通圆柱蜗杆传动的基本参数和几何尺寸计算

一、普通圆柱蜗杆传动的基本参数

1. 模数和压力角

在中间平面内，蜗杆与蜗轮的啮合相当于齿条与渐开线齿轮的啮合。因此蜗杆的轴面模数 m_{a1} 应与蜗轮的端面模数 m_{t2} 相等，轴向压力角 α_{a1} 应与蜗轮的端面压力角 α_{t2} 相等，即

$$m_{a1} = m_{t2} = m \qquad \alpha_{a1} = \alpha_{t2}$$

在 GB/T 10088—1988 中，将蜗杆轴向模数规定为标准值，简称模数，用 m 表示，其值可查表 7-1。GB/T 10087—1988 中还规定 ZA 蜗杆的轴向压力角（齿形角）α_a 为标准值，即 $\alpha_a = \alpha = 20°$，其余三种（ZN、ZI、ZK）蜗杆的法向压力角 α_n 为标准值（20°），蜗杆轴向压力角与法向压力角的关系为

$$\tan\alpha_a = \frac{\tan\alpha_n}{\cos\gamma} \tag{7-1}$$

式中，γ 为蜗杆导程角。

2. 蜗杆分度圆直径 d_1

为了减少蜗轮滚刀的规格数量，GB/T 10088—1988 中将蜗杆分度圆直径 d_1 规定为标准

值，与模数相对应，见表7-1。过去人们常采用蜗杆直径系数 q 来确定 d_1，其关系式为 $d_1 = mq$。现在规定 d_1 为标准值，则 q 为导出值，即 $q = d_1/m$。d_1 大，蜗杆强度和刚性好，但传动效率低。因此，在满足强度和刚性的前提下，为了提高传动效率，应选用较小的 d_1。

表 7-1 蜗杆的基本尺寸和参数（摘自 GB/T 10085—1988）

模数 m /mm	分度圆直径 d_1/mm	蜗杆头数 z_1	直径系数 q	m^2d_1 /mm³	模数 m /mm	分度圆直径 d_1/mm	蜗杆头数 z_1	直径系数 q	m^2d_1 /mm³
1.25	20	1	16.000	31.25	6.3	(80)	1,2,4	12.698	3175
	22.4	1	17.900	35		112	1	17.778	4445
1.6	20	1,2,4	12.500	51.2	8	(63)	1,2,4	7.875	4032
	28	1	17.500	71.68		80	1,2,4,6	10.000	5120
2	(18)	1,2,4	9.000	72		(100)	1,2,4	12.500	6400
	22.4	1,2,4,6	11.200	89.6		140	1	17.500	8960
	(28)	1,2,4	14.000	112	10	(71)	1,2,4	7.100	7100
	35.5	1	17.750	142		90	1,2,4,6	9.000	9000
2.5	(22.4)	1,2,4	8.960	140		(112)	1,2,4	11.200	11200
	28	1,2,4,6	11.200	175		160	1	16.000	16000
	(35.5)	1,2,4	14.200	211.88	12.5	(90)	1,2,4	7.200	14062
	45	1	18.000	281.25		112	1,2,4	8.960	17500
3.15	(28)	1,2,4	8.889	277.83		(140)	1,2,4	11.200	21875
	35.5	1,2,4,6	11.270	352.25		200	1	16.00	31250
	(45)	1,2,4	14.286	446.51	16	(112)	1,2,4	7.000	28672
	56	1	17.778	555.66		140	1,2,4	8.750	35840
4	(31.5)	1,2,4	7.875	504		(180)	1,2,4	11.250	46080
	40	1,2,4,6	10.000	640		250	1	15.625	64000
	(50)	1,2,4	12.500	800	20	(140)	1,2,4	7.000	56000
	71	1	17.750	1136		160	1,2,4	8.000	64000
5	(40)	1,2,4	8.000	1000		(224)	1,2,4	11.200	89600
	50	1,2,4,6	10.000	1250		315	1	15.750	126000
	(63)	1,2,4	12.600	1575	25	(180)	1,2,4	7.200	112500
	90	1	18.000	2250		200	1,2,4	8.000	125000
6.3	(50)	1,2,4	7.936	1984.5		(280)	1,2,4	11.200	175000
	63	1,2,4,6	10.000	2500.5		400	1	16.000	250000

注：1. 表中所列为 GB/T 10088—1988 中第一系列模数和蜗杆分度圆直径，第二系列模数（mm）有：1.5，3，3.5，4.5，5.5，6，7，12，14。第二系列蜗杆分度圆直径（mm）有：30，38，48，53，60，67，75，85，95，106，118，132，144，170，190，300。优先选用第一系列值。

2. 括号中的数字尽可能不用。

3. m^2d_1 值非国家标准内容。

3. 蜗杆头数 z_1

蜗杆头数推荐值为 $z_1 = 1$、2、4、6。当要求传动比大或传递转矩大时，z_1 取小值；要求

自锁时取 $z_1 = 1$。蜗杆头数多时，传动效率高，但头数过多时，导程角大，制造困难。通常蜗杆头数可根据传动比按表7-2选择。

表 7-2 蜗杆头数和蜗轮齿数的选取

传动比 i	≈5	7~15	14~30	29~82
蜗杆头数 z_1	6	4	2	1
蜗轮齿数 z_2	29~31	29~61	29~61	29~82

4. 蜗杆导程角 γ

蜗杆分度圆柱螺旋线上任一点的切线与其端面间所夹的锐角称为蜗杆的导程角。导程角大，传动效率高；导程角小，传动效率低。由图7-8可知

$$\tan\gamma = \frac{p_z}{\pi d_1} = \frac{z_1 p_a}{\pi d_1} = \frac{z_1 \pi m}{\pi d_1} = \frac{z_1 m}{d_1} = \frac{z_1}{q} \tag{7-2}$$

式中，p_a 为蜗杆的轴向齿距（mm）；p_z 为蜗杆螺旋线的导程（mm）。

5. 传动比 i 和齿数比 u

传动比

$$i = \frac{n_1}{n_2}$$

式中，n_1、n_2 分别为蜗杆和蜗轮的转速（r/min）。

齿数比

$$u = \frac{z_2}{z_1}$$

式中，z_2 为蜗轮的齿数。

蜗杆主动时，传动比 i 与齿数比 u 相等。须注意：蜗杆传动的传动比不等于蜗轮、蜗杆的分度圆直径比，即

$$i = \frac{n_1}{n_2} \neq \frac{d_2}{d_1}$$

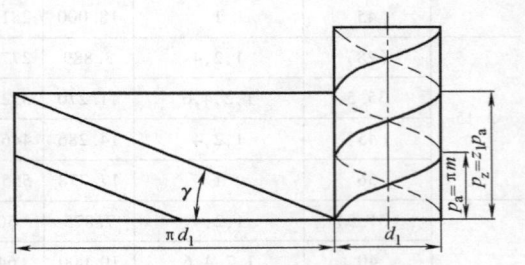

图 7-8 导程角与导程的关系

6. 蜗轮齿数 z_2

蜗轮齿数 $z_2 = iz_1$，在动力传动中，为增加同时啮合齿对数，使传动平稳，通常规定 $z_2 \geq 28$。对于动力传动，z_2 一般不大于80。z_2 过大会导致模数过小，使蜗轮齿根弯曲强度不足或使蜗轮直径过大，蜗杆支承间距加长而刚度不足。z_2 的选择可参考表7-2，同时还要考虑表7-3中的基本参数匹配关系。进行非标准或分度传动设计时，z_2 的选择可不受此表的限制。

表 7-3 普通圆柱蜗杆基本尺寸和参数及其与蜗轮参数的匹配

中心距 a /mm	传动比 i	模数 m /mm	蜗杆分度圆直径 d_1 /mm	直径系数 q	$m^2 d_1$ 值 /mm³	蜗杆头数 z_1	蜗轮齿数 z_2	蜗轮变位系数 x_2
50	9.75	2	22.4	11.2	89.6	4	39	-0.100
	19.5	2	22.4	11.2	89.6	2	39	-0.100
	39	2	22.4	11.2	89.6	1	39	-0.100
	82	1	18	18	18	1	82	0.000

（续）

中心距 a /mm	传动比 i	模数 m /mm	蜗杆分度 圆直径 d_1 /mm	直径 系数 q	$m^2 d_1$ 值 /mm³	蜗杆头数 z_1	蜗轮齿数 z_2	蜗轮变 位系数 x_2
63	10.25	2.5	25	10	156.25	4	41	-0.300
	20.5	2.5	25	10	156.25	2	41	-0.300
	41	2.5	25	10	156.25	1	41	-0.300
	82	1.25	22.4	17.92	25	1	82	+0.440
80	10.25	3.15	31.5	10	312.56	4	41	-0.103
	20.5	3.15	31.5	10	312.56	2	41	-0.103
	41	3.15	31.5	10	312.56	1	41	-0.103
	82	1.6	28	17.5	71.68	1	82	+0.250
100	10.25	4	40	10	640	4	41	-0.500
	20.5	4	40	10	640	2	41	-0.500
	41	4	40	10	640	1	41	-0.500
	82	2	35.5	17.75	142	1	82	+0.125
125	10.25	5	50	10	1250	4	41	-0.500
	20.5	5	50	10	1250	2	41	-0.500
	41	5	50	10	1250	1	41	-0.500
	82	2.5	45	18	281.25	1	82	0.000
160	10.25	6.3	63	10	2500.5	4	41	-0.1032
	20.5	6.3	63	10	2500.5	2	41	-0.1032
	41	6.3	63	10	2500.5	1	41	-0.1032
	83	3.15	56	17.778	555.66	1	83	+0.4048
(180)	9.5	8	63	7.875	4032	4	38	-0.4375
	19	8	63	7.875	4032	2	38	-0.4375
	38	8	63	7.875	4032	1	38	-0.4375
	80	4	40	10	640	1	80	0.000
200	10.25	8	80	10	5120	4	41	-0.500
	20.5	8	80	10	5120	2	41	-0.500
	41	8	80	10	5120	1	41	-0.500
	82	4	71	17.75	1136	1	82	+0.125
(225)	9.5	10	71	7.1	7100	4	38	-0.050
	19	10	71	7.1	7100	2	38	-0.050
	38	10	71	7.1	7100	1	38	-0.050
	80	5	50	10	1250	1	80	0.000
250	10.25	10	90	9	9000	4	41	0.000
	20.5	10	90	9	9000	2	41	0.000
	41	10	90	9	9000	1	41	0.000
	81	5	90	18	2250	1	81	+0.500

注：本表摘自 GB/T 10085—2018，所摘表中的数据为基本传动比及所对应的数据。括号中的数系尽可能不采用。

7. 蜗杆传动的标准中心距 a

蜗杆传动的标准中心距为

$$a = \frac{1}{2}(d_1 + d_2) = \frac{1}{2}(q + z_2)m \tag{7-3}$$

标准普通圆柱蜗杆传动的基本尺寸和参数见表7-3。应该指出，在蜗杆传动的中心距计算中一定要注意：$a = \frac{1}{2}(d_1 + d_2) \neq \frac{1}{2}(z_1 + z_2)m$。在按接触强度或弯曲强度设计普通圆柱蜗杆减速装置的中心距 a 或 $m^2 d_1$ 后，当要求中心距为标准值时（如标准蜗杆减速器），应按表7-3中的数据来匹配蜗杆与蜗轮的尺寸和参数。当自行加工蜗轮滚刀或减速器箱体时，也可不按表7-3选配参数。

国家标准 GB/T 19935—2005 中规定的蜗杆传动装置和蜗杆副中心距（mm）有：25，32，40，50，63，80，100，125，140，160，180，200，225，250，280，315，355，400，450，500。

8. 变位系数

蜗杆传动变位的主要目的是配凑标准中心距的系列值（表7-3），此外通过变位也可在一定范围内调整传动比，改善啮合情况，适当提高承载能力及传动效率，以及避免根切和齿顶变尖。蜗杆传动的变位方法与齿轮传动的变位方法相同，即在切削时，用改变刀具相对蜗轮毛坯的径向位置来实现。蜗杆齿廓的形状和尺寸与加工蜗轮滚刀的形状和尺寸相当，所以蜗杆尺寸保持不变，而只是对蜗轮进行变位。由图7-9可知，变位以后，只是蜗杆在中间平面上的节线有所改变，不再与分度线重合，而蜗轮节圆仍旧与分度圆重合。

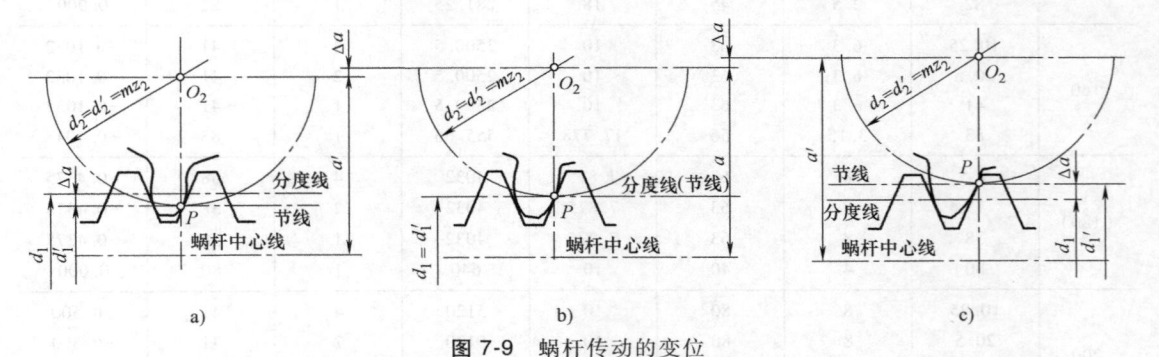

图 7-9　蜗杆传动的变位

a）减小中心距变位传动 $x_2 < 0$，$z_2' = z_2$，$a' < a$　b）标准传动 $x_2 = 0$，$z_2' = z_2$，$a' = a$，

中心距 $a = 0.5m\ (q + z_2)$　c）加大中心距变位传动 $x_2 > 0$，$z_2' = z_2$，$a' > a$

根据不同使用场合需要，蜗杆传动主要有以下两种变位方式可供选择：

未变位蜗杆传动的中心距（图7-9b）

$$a = \frac{1}{2}(d_1 + d_2) = \frac{1}{2}(q + z_2)m$$

变位蜗杆传动的中心距

$$a' = \frac{1}{2}(d_1 + d_2 + 2x_2 m) = \frac{1}{2}(q + z_2 + 2x_2)m \tag{7-4}$$

由以上两式可求出调整中心距的变位系数为

$$x_2 = \frac{a'}{m} - \frac{1}{2}(q + z_2) = \frac{a' - a}{m} \tag{7-5}$$

当 $a' < a$、$a' > a$ 时，分别对应于 $x_2 < 0$、$x_2 > 0$，如图7-9a、图7-9c所示。x_2 为正值时有利

于提高蜗轮轮齿强度。

考虑到蜗轮轮齿根切、齿顶变尖及齿面接触等情况，蜗轮变位系数范围为 $-0.7<x_2<0.8$，因此，蜗轮齿数的调整范围也非常有限。

二、普通圆柱蜗杆传动的几何尺寸计算

圆柱蜗杆传动的几何尺寸如图 7-10 所示，有关计算公式见表 7-4。

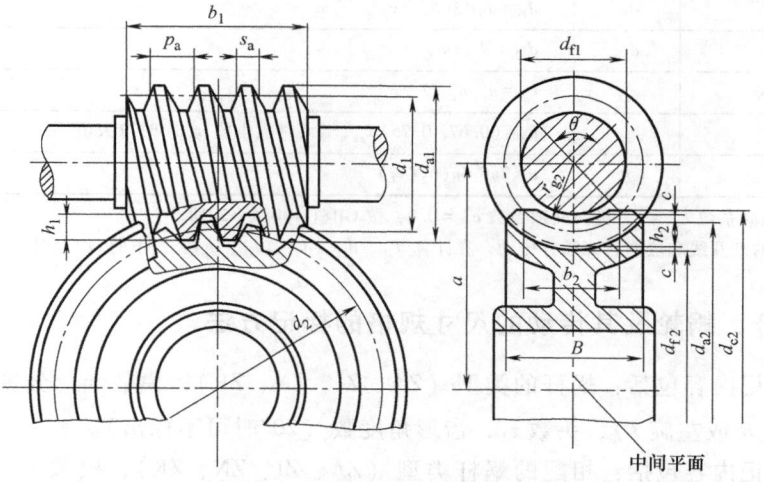

图 7-10　普通圆柱蜗杆传动的基本几何尺寸

表 7-4　圆柱蜗杆传动几何尺寸计算

名　称	代号	公式与说明
中心距	a、a'	$a=(d_1+d_2)/2=m(q+z_2)/2$ $a'=(d_1+d_2+2x_2m)/2$（按表 7-3 中规定选取）
蜗杆头数	z_1	一般取为 1、2、4、6
蜗轮齿数	z_2	按传动比由表 7-2 或表 7-3 中选取
齿型角	α	对 ZA 蜗杆 $\alpha_a=20°$；对 ZN、ZI、ZK 蜗杆 $\alpha_n=20°$，$\tan\alpha_n=\tan\alpha_a\cos\gamma$
模数	m	$m=m_a=m_n/\cos\gamma$（按表 7-1 中规定选取）
传动比	i	$i=n_1/n_2$ 蜗杆为主动（按表 7-2 或表 7-3 中规定选取）
齿数比	u	$u=z_2/z_1$
蜗轮变位系数	x_2	$x_2=\dfrac{a}{m}-\dfrac{d_1+d_2}{2m}$
蜗杆直径系数	q	$q=d_1/m$
蜗杆轴向齿距	p_a	$p_a=\pi m$
蜗杆导程	p_z	$p_z=\pi m z_1$
蜗杆分度圆直径	d_1	$d_1=mq$（按规定由表 7-1 确定）
蜗杆齿顶圆直径	d_{a1}	$d_{a1}=d_1+2h_{a1}=d_1+2h_a^*m$
蜗杆齿根圆直径	d_{f1}	$d_{f1}=d_1-2h_{f1}=d_1-2(h_a^*+c^*)m$
蜗杆节圆直径	d_1'	$d_1'=d_1+2x_2m=(q+2x)m$
蜗杆分度圆导程角	γ	$\tan\gamma=mz_1/d_1=z_1/q$
蜗杆节圆导程角	γ'	$\tan\gamma'=\dfrac{z_1}{q+2x}$

（续）

名　称	代号	公式与说明
蜗杆螺旋部分长度	b_1	建议取 $b_1 \approx 2m\sqrt{z_2+1}$
渐开线蜗杆基圆直径	d_{b1}	$d_{b1} = d_1\tan\gamma/\tan\gamma_b = mz_1/\tan\gamma_b$，$\cos\gamma_b = \cos\alpha_n\cos\gamma$
蜗轮分度圆直径	d_2	$d_2 = mz_2 = 2a' - d_1 - 2xm$
蜗轮喉圆直径	d_{a2}	$d_{a2} = d_2 + 2(h_a^* + x_2)m$
蜗轮齿根圆直径	d_{f2}	$d_{f2} = d_2 - 2(h_a^* - x_2 + c^*)m$
蜗轮外径	d_{e2}	$d_{e2} \approx d_{a2} + m$
蜗轮咽喉母圆半径	r_{g2}	$r_{g2} = a' - d_{a2}/2$
蜗轮齿宽	b_2	$b_2 = (0.67 \sim 0.75)d_{a1}$，$z_1$ 大时取小值，z_1 小时取大值
蜗轮齿宽角	θ	$\theta = 2\arcsin(b_2/d_1)$

注：1. 取齿顶高系数 $h_a^* = 1$，径向间隙系数 $c^* = 0.2$，按 GB/T 10085—2018。

2. $\gamma > 15°$ 的渐开线和法向直廓蜗杆传动，在计算 d_{a1}、d_{f1}、d_{a2}、d_{f2}、d_{e2} 公式中的 m 应代以 m_n（$m_n = m\cos\gamma$）。

三、蜗杆、蜗轮及其传动的尺寸规格的标记方法

蜗杆的标记内容包括：蜗杆的类型（ZA、ZI、ZN、ZK），模数 m，分度圆直径 d_1，螺旋方向（右旋 R 或左旋 L），头数 z_1，齿形角度数（20°时可不标出）。

蜗轮的标记内容包括：相配的蜗杆类型（ZA、ZI、ZN、ZK），模数 m，齿数 z_2，齿形角度数（20°时可不标出）。

蜗杆传动的标记方法用分式表示，其中分子为蜗杆的代号，分母为蜗轮的齿数 z_2。

例　蜗杆的类型 ZN，模数 $m = 10\text{mm}$，分度圆直径 $d_1 = 90\text{mm}$，蜗杆头数 $z_1 = 2$，螺旋方向为右旋，蜗轮齿数 $z_2 = 81$，齿形角 $\alpha_n = 15°$ 的圆柱蜗杆传动。

蜗杆的标记：蜗杆 ZN10×90R2×15°

蜗轮的标记：蜗轮 ZN10×81×15°

蜗杆传动的标记：ZN10×90R2×15°/81

第四节　蜗杆传动的受力分析和效率计算

一、蜗杆传动的受力分析

如图 7-11 所示，蜗杆传动的作用力与斜齿圆柱齿轮相似，作用在工作面节点 C 处的法向力 F_n 可分解为三个相互垂直的分力：圆周力 F_{t1}、径向力 F_{r1} 和轴向力 F_{a1}。由于蜗杆和蜗轮轴线相互垂直交错，根据力的作用原理，各力的大小可按下列各式计算：

$$F_{t1} = F_{a2} = \frac{2T_1}{d_1} \tag{7-6}$$

$$F_{a1} = F_{t2} = \frac{2T_2}{d_2} \tag{7-7}$$

$$F_{r1} = F_{r2} = F_{t2}\tan\alpha_a \tag{7-8}$$

$$T_2 = T_1 i_{12} \eta \tag{7-9}$$

式中，T_1、T_2 分别为蜗杆及蜗轮上的公称转矩（N·mm）；d_1、d_2 分别为蜗杆及蜗轮的分度圆直径（mm）；i_{12} 为蜗杆蜗轮的传动比；η 为蜗杆蜗轮间的传动效率，初算时可按表 7-5 查取。

表 7-5　估算效率值

蜗杆头数	1	2	4	6
传动效率 η	0.7~0.75	0.75~0.82	0.87~0.92	0.95

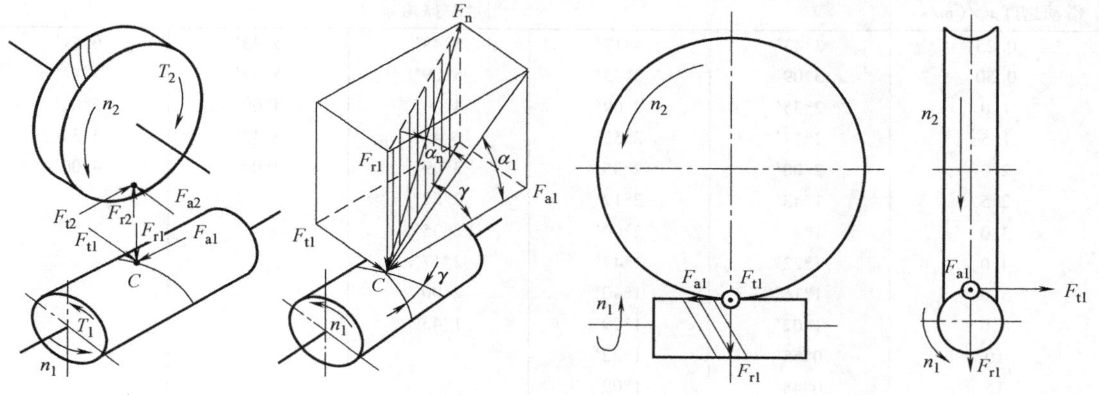

图 7-11　蜗杆传动的受力分析

一般情况下蜗杆为主动，则 F_{t1} 的方向与蜗杆在啮合点处的运动方向相反，而 F_{t2} 的方向与蜗轮在啮合点处的运动方向相同；F_{r1}、F_{r2} 各指向自己的轴心。F_{a1}、F_{a2} 的方向可用左、右手定则判定（见第六章第六节）。

由于蜗杆所受轴向力 F_{a1} 与蜗轮所受的圆周力 F_{t2} 互为作用力和反作用力，故 F_{t2} 与 F_{a1} 方向相反，F_{t2} 推动蜗轮转动，与蜗轮的转动方向相同。简单地说，蜗轮沿按左、右手定则确定蜗杆所受轴向力 F_{a1} 的相反方向转动。

二、蜗杆传动的效率

蜗杆传动的功率损失包括三部分：螺旋啮合摩擦损失、轴承摩擦损失和蜗杆或蜗轮的搅油损失。蜗杆传动效率比齿轮传动低的主要原因是螺旋啮合摩擦损失较大。蜗杆传动的总效率为

$$\eta = \eta_1 \eta_2 \eta_3$$

式中，η_1、η_2、η_3 分别为单独考虑螺旋啮合摩擦损失、轴承摩擦损失和蜗杆或蜗轮的搅油损失时的效率。其中，η_1 在总效率中起主要作用，按以下公式计算：

蜗杆主动时
$$\eta_1 = \frac{\tan\gamma}{\tan(\gamma + \varphi_v)} \tag{7-10}$$

蜗轮主动时
$$\eta_1 = \frac{\tan(\gamma - \varphi_v)}{\tan\gamma} \tag{7-11}$$

式中，φ_v 为当量摩擦角，其值与蜗杆和蜗轮材料、润滑油的种类、啮合角及滑动速度 v_s 等

有关。可根据滑动速度 v_s 由表7-6选取。表中的滑动速度 v_s（图7-12）应根据下式计算：

$$v_s = \frac{v_1}{\cos\gamma} = \frac{\pi d_1 n_1}{60 \times 1000\cos\gamma} \tag{7-12}$$

式中，v_1 为蜗杆分度圆的速度（m/s）；n_1 为蜗杆的转速（r/min）。

表 7-6 普通圆柱蜗杆传动的当量摩擦角 φ_v 的值

蜗杆齿圈材料	锡 青 铜		无锡青铜	灰 铸 铁	
蜗杆齿面硬度	≥45HRC	<45HRC	≥45HRC	≥45HRC	<45HRC
滑动速度 v_s/（m/s）	当量摩擦角 φ_v				
0.25	3°43′	4°17′	5°43′	5°43′	6°51′
0.50	3°09′	3°43′	5°09′	5°09′	5°43′
1.0	2°35′	3°09′	4°00′	4°00′	5°09′
1.5	2°17′	2°52′	3°43′	3°43′	4°34′
2.0	2°00′	2°35′	3°09′	3°09′	4°00′
2.5	1°43′	2°17′	2°52′		
3.0	1°36′	2°00′	2°35′		
4.0	1°22′	1°47′	2°17′		
5.0	1°16′	1°40′	2°00′		
8.0	1°02′	1°29′	1°43′		
10	0°55′	1°22′			
15	0°48′	1°09′			
24	0°45′				

注：1. 如滑动速度与表中数值不一致时，可用插值法求得当量摩擦角。

2. 硬度≥45HRC 的蜗杆，其当量摩擦角的值是指齿面经过磨削或抛光并仔细磨合、正确安装、采用黏度合适的润滑油进行充分润滑时的情况。

对于变位的蜗杆传动，滑动速度应为蜗杆节圆直径处的圆周速度。由于轴承摩擦和搅油的功率损失不大，一般取 $\eta_2\eta_3 = 0.95 \sim 0.97$，则蜗杆主动时的总效率 η 为

$$\eta = \eta_1\eta_2\eta_3 = (0.95 \sim 0.97)\frac{\tan\gamma}{\tan(\gamma+\varphi_v)} \tag{7-13}$$

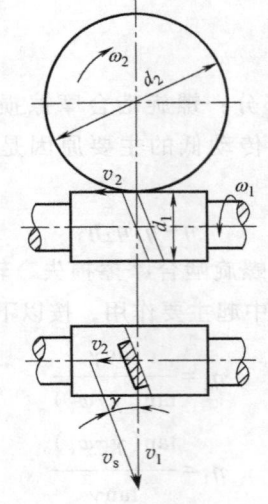

图 7-12 蜗杆传动滑动速度

第五节　蜗杆传动的强度计算

蜗杆传动的强度计算通常包括蜗轮齿面接触疲劳强度计算、蜗轮轮齿弯曲疲劳强度计算、蜗杆传动的温升验算和蜗杆轴的刚度验算等。对于闭式传动，主要进行蜗轮齿面的接触疲劳强度计算，以防止齿面的点蚀和胶合，同时还要进行轮齿的弯曲疲劳强度的校核。此外，还需进行温升和蜗杆刚度的验算。对于开式传动，蜗轮齿面多因过度磨损和轮齿折断而导致传动失效，因此主要进行蜗轮的弯曲疲劳强度计算。

一、蜗轮齿面接触疲劳强度计算

将赫兹公式中的法向载荷 F 换算成蜗轮分度圆直径 d_2 与蜗轮转矩 T_2 的关系式，再将蜗轮分度圆直径 d_2、接触线长度 L 和综合曲率半径 ρ_Σ 等换算成中心距 a 的函数后，可得到蜗轮齿面接触疲劳强度的验算公式为

$$\sigma_H = Z_E Z_\rho \sqrt{KT_2/a^3} \leqslant [\sigma_H] \quad (7\text{-}14)$$

式中，Z_E 为材料的弹性影响系数（$\sqrt{\text{MPa}}$），当钢制蜗杆与铸锡青铜蜗轮配对时 $Z_E = 150$ $\sqrt{\text{MPa}}$，与铸铝青铜和灰铸铁蜗轮配对时 $Z_E = 160\sqrt{\text{MPa}}$；$Z_\rho$ 为考虑齿面曲率和接触线长度影响的系数，简称接触系数，可由图 7-13 中查取；K 为载荷系数，可直接由表 7-7 中查取；σ_H、$[\sigma_H]$ 分别为蜗轮齿面的接触应力（MPa）与许用接触应力（MPa）。

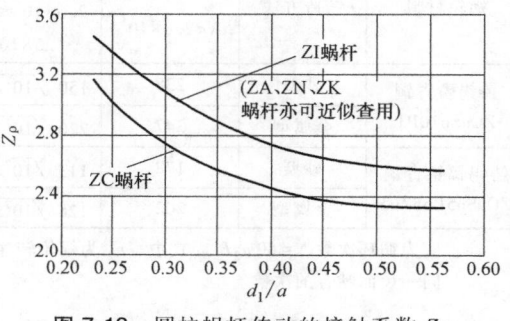

图 7-13 圆柱蜗杆传动的接触系数 Z_ρ

表 7-7 载荷系数 K

工作类型	I		II		III	
载荷性质	均匀、无冲击		不均匀、小冲击		不均匀、大冲击	
每小时起动次数	<25		25~50		>50	
起动载荷	小		较大		大	
蜗轮圆周速度 $v_2/$（m/s）	≤3	>3	≤3	>3	≤3	>3
K	1.05	1.15	1.5	1.7	2	2.2

当蜗轮材料为灰铸铁或高强度青铜（$\sigma_b \geqslant 300\text{MPa}$）时，蜗杆传动的主要失效形式是胶合失效。通常胶合失效主要与齿面间的滑动速度有关，而与应力循环次数 N 无关。由于目前尚无完善的胶合强度计算公式，故通常采用接触疲劳强度计算来作为胶合强度的条件性计算。$[\sigma_H]$ 的值可由表 7-8 中查出。当蜗轮材料为锡青铜（$\sigma_b < 300\text{MPa}$）时，蜗轮主要为接触疲劳失效，此时 $[\sigma_H]$ 的值与应力循环次数 N 有关，可由表 7-9 中查取。

蜗杆传动的接触疲劳强度设计公式为

$$a \geqslant \sqrt[3]{KT_2\left(\frac{Z_E Z_\rho}{[\sigma_H]}\right)^2} \quad (7\text{-}15)$$

表 7-8　灰铸铁、铸铝铁青铜蜗轮的许用接触应力 $[\sigma_H]$　　　　（单位：MPa）

材料		滑动速度 $v_s/(m/s)$						
蜗杆	蜗轮	<0.25	0.25	0.5	1	2	3	4
20 钢或 20Cr 钢渗碳、淬火，45 钢淬火，齿面硬度大于 45HRC	灰铸铁 HT150	206	166	150	127	95	—	—
	灰铸铁 HT200	250	202	182	154	115		
	铸铝铁青铜 ZCuAl10Fe3			250	230	210	180	160
45 钢，Q275	灰铸铁 HT150	172	139	125	106	79	—	—
	灰铸铁 HT200	208	168	152	128	96	—	—

表 7-9　铸锡青铜蜗轮的许用接触应力 $[\sigma_H]$　　　　（单位：MPa）

蜗轮材料	铸造方法	蜗杆齿面硬度 ≤45HRC			蜗杆齿面硬度 >45HRC		
		$N<2.6\times10^5$	$2.6\times10^5 \leq N \leq 25\times10^7$	$N>25\times10^7$	$N<2.6\times10^5$	$2.6\times10^5 \leq N \leq 25\times10^7$	$N>25\times10^7$
铸锡磷青铜 ZCuSn10P1	砂型	238	$150\sqrt[8]{10^7/N}$	100	284	$180\sqrt[8]{10^7/N}$	120
	金属型	347	$220\sqrt[8]{10^7/N}$	147	423	$268\sqrt[8]{10^7/N}$	179
铸锡锌铅青铜 ZCuSn5Pb5Zn5	砂型	178	$113\sqrt[8]{10^7/N}$	76	213	$135\sqrt[8]{10^7/N}$	90
	金属型	202	$128\sqrt[8]{10^7/N}$	86	221	$140\sqrt[8]{10^7/N}$	94

注：应力循环次数 $N=60jn_2L_h$。式中，n_2 为蜗轮转速（r/min）；L_h 为工作寿命（h）；j 为蜗轮每转一转，每个轮齿同一齿面啮合的次数。

　　由式（7-15）算出蜗杆传动的中心距 a 后，可根据预选的传动比 i 从表 7-3 中选择一合适的 a 值，以及与其相匹配的蜗杆、蜗轮的其他参数。对于非标准蜗杆减速装置也可用以下公式进行设计：

$$m^2 d_1 \geq 9KT_2 \left(\frac{Z_E}{z_2 [\sigma_H]} \right)^2 \tag{7-16}$$

　　由式（7-16）求出 $m^2 d_1$ 后，按照表 7-1 查出相应的 m、d_1 及 q 值，作为蜗杆的设计参数。

二、蜗轮齿根弯曲疲劳强度计算

　　在蜗轮齿数较多（如 $z_2>90$ 时）或开式传动中，容易出现蜗轮轮齿因弯曲强度不够而失效的情况。与齿轮传动相类似，蜗轮轮齿的弯曲疲劳强度也取决于轮齿模数的大小。由于蜗轮轮齿的齿形要比圆柱渐开线齿轮复杂得多，所以要精确计算齿根的弯曲应力是比较困难的，通常是把蜗轮近似地当作斜齿圆柱齿轮来考虑，进行条件性计算，其近似的蜗轮齿根弯曲应力计算公式为

$$\sigma_F = \frac{1.53KT_2}{d_1 d_2 m \cos\gamma} Y_{Fa2} Y_\beta \leq [\sigma_F] \tag{7-17}$$

式中，σ_F 为蜗轮齿根弯曲应力（MPa）；Y_{Fa2} 为蜗轮齿形系数，可由蜗轮的当量齿数 $z_{v2}=z_2/\cos^3\gamma$ 及蜗轮的变位系数 x_2 从图 7-14 中查取；Y_β 为螺旋角影响系数，$Y_\beta=1-\gamma/120°$；$[\sigma_F]$

为蜗轮的许用弯曲应力（MPa），由表 7-10 中选取。

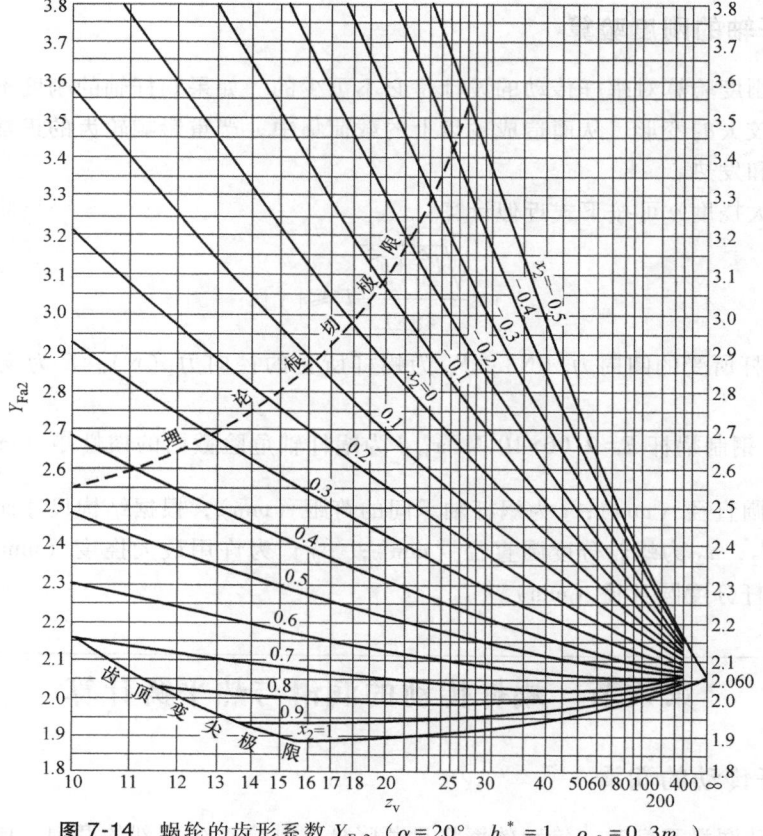

图 7-14　蜗轮的齿形系数 Y_{Fa2} （ $\alpha = 20°$ ， $h_a^* = 1$ ， $\rho_{a0} = 0.3m_n$ ）

表 7-10　蜗轮的许用弯曲应力 $[\sigma_F]$　　　　　　（单位：MPa）

蜗轮材料		铸造方法	单侧工作 $[\sigma_{0F}]$			双侧工作 $[\sigma_{-1F}]$		
			$N < 10^5$	$10^5 \leq N$ $\leq 25 \times 10^7$	$N > 25 \times 10^7$	$N < 10^5$	$10^5 \leq N$ $\leq 25 \times 10^7$	$N > 25 \times 10^7$
铸锡磷青铜 ZCuSn10P1		砂型	51.7	$40\sqrt[9]{10^6/N}$	21.7	37.5	$29\sqrt[9]{10^6/N}$	15.7
		金属型	72.3	$56\sqrt[9]{10^6/N}$	30.3	51.7	$40\sqrt[9]{10^6/N}$	21.7
铸锡锌铅青铜 ZCuSn5Pb5Zn5		砂型	33.6	$26\sqrt[9]{10^6/N}$	14.1	28.4	$22\sqrt[9]{10^6/N}$	11.9
		金属型	41.3	$32\sqrt[9]{10^6/N}$	17.3	33.6	$26\sqrt[9]{10^6/N}$	14.1
铸铝铁青铜 ZCuAl10Fe3		砂型	103	$80\sqrt[9]{10^6/N}$	43.3	73.6	$57\sqrt[9]{10^6/N}$	30.9
		金属型	116	$90\sqrt[9]{10^6/N}$	48.7	82.7	$64\sqrt[9]{10^6/N}$	34.6
灰铸铁	HT150	砂型	113	$40\sqrt[9]{10^6/N}$	21.7	36.2	$28\sqrt[9]{10^6/N}$	15.2
	HT200	砂型	128	$48\sqrt[9]{10^6/N}$	26	43.9	$34\sqrt[9]{10^6/N}$	18.4

注：应力循环次数 N 的计算同表 7-9 的注。

由式（7-17）可推导出蜗轮轮齿按弯曲疲劳强度条件下的设计公式，即

$$m^2 d_1 \geq \frac{1.53KT_2}{z_2[\sigma_F]\cos\gamma} Y_{Fa2} Y_\beta \tag{7-18}$$

计算出 m^2d_1 后，可从表 7-1 或表 7-3 中选出有关相匹配的基本参数。

三、蜗杆轴的刚度验算

蜗杆轴的刚度验算对蜗杆传动的设计是必不可少的。如果蜗杆轴的刚度不足，则当蜗杆受力后会产生较大的变形，从而造成轮齿上的载荷集中，严重影响轮齿的正常啮合，造成偏载，加剧磨损和发热。

蜗杆的最大挠度 y 可按下式近似计算：

$$y = \frac{\sqrt{F_{t1}^2 + F_{r1}^2}}{48EI}l^3 \leq [y] \tag{7-19}$$

式中，F_{t1} 为蜗杆所受的圆周力（N）；F_{r1} 为蜗杆所受的径向力（N）；E 为蜗杆材料的弹性模量（MPa），钢制蜗杆 $E = 2.06 \times 10^5$ MPa；I 为蜗杆轴危险截面的惯性矩（mm^4），$I = \frac{\pi d_{f1}^4}{64}$，$d_{f1}$ 为蜗杆齿根圆直径（mm）；l 为蜗杆轴承间的跨距（mm），根据结构尺寸而定，初步计算时可取 $l = 0.9d_2$，d_2 为蜗轮分度圆直径（mm）；$[y]$ 为许用最大挠度（mm），$[y] = d_1/1000$，d_1 为蜗杆分度圆直径（mm）。

第六节 蜗杆传动的润滑与热平衡计算

一、蜗杆传动的润滑

当蜗杆传动润滑不良时，传动效率将显著降低，并会产生剧烈的磨损，同时还带来胶合破坏的危险，所以常采用黏度大的矿物油进行良好的润滑，在润滑油中还常加入添加剂，提高其抗胶合能力。

1. 润滑油及给油方式

润滑油的种类很多，需根据蜗杆、蜗轮配对材料和运转条件合理选用。润滑油黏度及给油方法，一般根据滑动速度及载荷类型进行选择。在钢蜗杆配青铜蜗轮的闭式传动中，常用的润滑油黏度及给油方式见表 7-11；对于开式传动，则采用黏度较高的齿轮油或润滑脂。如果采用喷油润滑，喷油嘴要对准蜗杆啮入端。蜗杆正反转时，两边都要装有喷油嘴，而且要控制一定的油压。

表 7-11 蜗杆传动常用的润滑油黏度及给油方式

CKE 轻负荷蜗轮蜗杆油	220	320	460	680
黏度指数（≥）			90	
闪点(开口)/℃（≥）			180	
倾点/℃（≤）			-6	
运动黏度 $\nu_{40}/(10^{-6} \text{m}^2/\text{s})$	198~242	288~352	414~506	612~748
蜗杆传动的相对滑动速度 $v_s/(\text{m/s})$	>5~10	0~5	0~2.5	0~1.5
给油方式	喷油润滑或油池润滑	油池润滑		

2. 润滑油量

对闭式蜗杆传动采用油池润滑时，在搅油损耗不至过大的情况下，应有适当的油量。这样不仅有利于动压油膜的形成，而且有助于散热。对于蜗杆下置式或蜗杆侧置式的传动，浸油深度应为蜗杆的一个齿高；对于蜗杆上置式的传动，浸油深度约为蜗轮外径的 1/3。蜗杆减速箱油池注油量也可以根据传动中心距参考表 7-12 选取。

表 7-12　蜗杆减速箱油池注油量参考表

中心距 a/mm	63	80	100	125	140	160	180	200	225	250	280	315
油量/L	0.8	1.6	2.7	4.5	6.5	8.8	13	16	22	28	38	50

二、蜗杆传动的热平衡计算

蜗杆传动由于传动效率低，工作时会产生较多的热量。在闭式传动中，若产生的热量不能及时散出，则易于造成润滑油工作温度过高，导致黏度降低，加速润滑油的老化和添加剂的析出，密封圈损坏，摩擦损失增加，甚至有可能发生胶合。因此，有必要进行蜗杆传动的热平衡计算。保持温升不超过一定值的必要条件是单位时间内的发热量 Q_1 与散热量 Q_2 平衡。

由摩擦损耗功率 $P_f = P(1-\eta)$ 产生的热流量为

$$Q_1 = P(1-\eta) \tag{7-20}$$

式中，P 为蜗杆传递的功率（kW）。

以自然冷却方式，从箱体外壁散发到周围空气中的热流量 Q_2（W）为

$$Q_2 = \alpha_d A(t_0 - t_a) \tag{7-21}$$

式中，α_d 为箱体的表面传热系数，可取 $\alpha_d = (12\sim18)\,\mathrm{W/(m^2 \cdot ℃)}$，箱体周围空气流通良好时取偏大值；$A$ 为箱体的散热面积（m^2），箱体有好的散热肋片时，可近似取 $A \approx 9\times10^{-5}a^{1.85}$，散热肋片较少时，可近似取 $A \approx 9\times10^{-5}a^{1.5}$，其中 a 为蜗杆传动中心距（mm）；t_0 为油的工作温度，一般限制在 $60\sim70℃$，最高不应超过 $80℃$；t_a 为周围空气的温度，常温下可取为 $20℃$。

既定工作条件下的油温 t_0 可按热平衡条件（$Q_1 = Q_2$）求出，即

$$t_0 = t_a + \frac{1000P(1-\eta)}{\alpha_d A} \tag{7-22}$$

保持传动能在正常温度下工作所需要的散热面积 A（m^2）为

$$A = \frac{1000P(1-\eta)}{\alpha_d(t_0 - t_a)} \tag{7-23}$$

在 t_0 超过 $80℃$ 或有效散热面积不足时，可采取下述措施：

1）在箱体上增加散热肋片，如图 7-15 所示。

2）在蜗杆轴端加装风扇以加速空气流动，如图 7-15 所示。

3）采用循环强迫冷却，如油池内加装冷却蛇形水管，如图 7-16 所示。

4）改变设计，加大箱体尺寸。

5）采用喷油润滑系统，特别是蜗杆上置时，如图 7-17 所示。

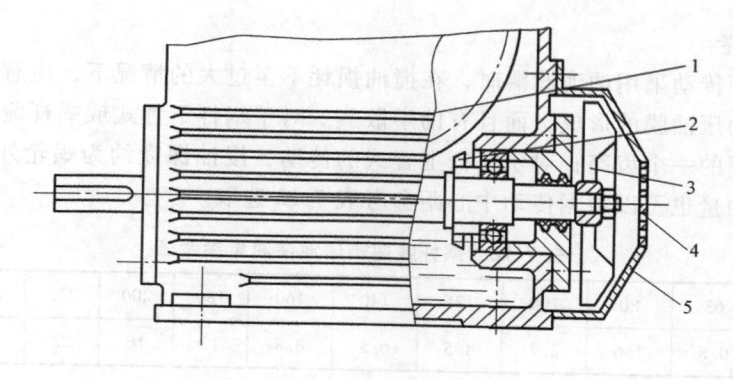

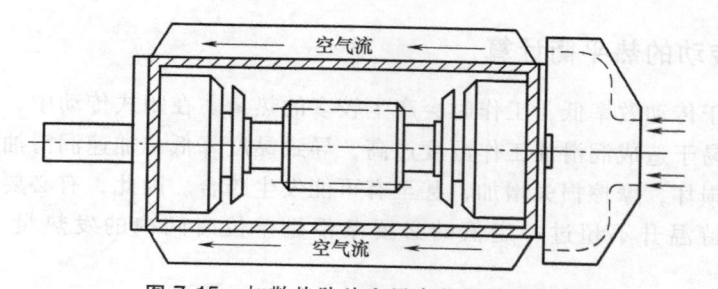

图 7-15　加散热肋片和风扇的蜗杆减速器

1—散热片　2—溅油轮　3—风扇　4—过滤网　5—集气罩

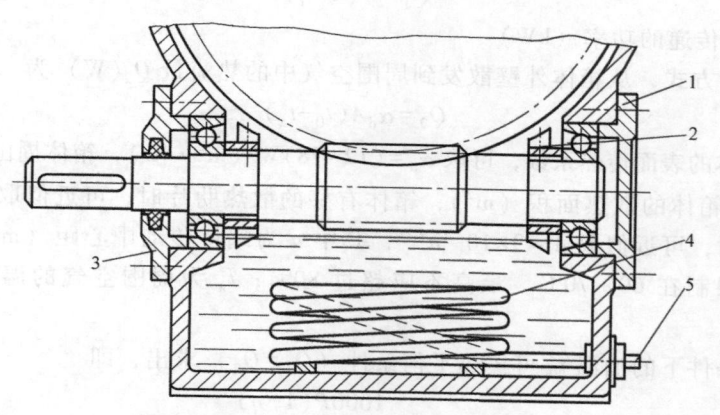

图 7-16　加装冷却蛇形水管的蜗杆减速器

1—闷盖　2—溅油轮　3—透盖　4—蛇形管　5—冷却水出、入接口

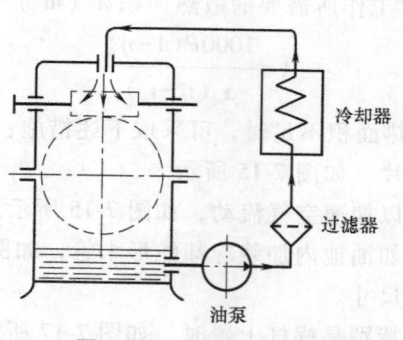

图 7-17　喷油润滑系统

第七节 圆柱蜗杆和蜗轮的结构

蜗杆一般常和轴做成一体，称为蜗杆轴。蜗杆轴的结构要考虑蜗杆齿面的加工方法。常见的蜗杆轴结构如图 7-18 所示，其中图 7-18a、b 所示的结构既可以车制也可以铣制；对于图 7-18c 所示的结构，由于齿根圆直径小于相邻轴段的直径，因此只能铣制。图 7-18b 所示蜗杆轴的刚度较其他两种差。

蜗轮常见的结构有整体式和组合式两种。铸铁蜗轮和小尺寸青铜蜗轮常采用整体式结构（图 7-19）。对于较大尺寸的蜗轮，为了节省有色金属，常采用青铜齿圈和铸铁轮芯的组合结构。图 7-20a 所示是在铸铁轮芯上加铸青铜齿圈，然后切齿，常用于成批制造的蜗轮；图 7-20b 所示是用过盈配合将齿圈装在铸铁轮芯上，为了增加连接的可靠性，常在接合缝处拧上螺钉，螺钉孔中心线要偏向铸铁一边，以易于钻孔；当蜗轮直径较大时，齿圈和轮芯可采用加强杆螺栓连接（图 7-20c）。

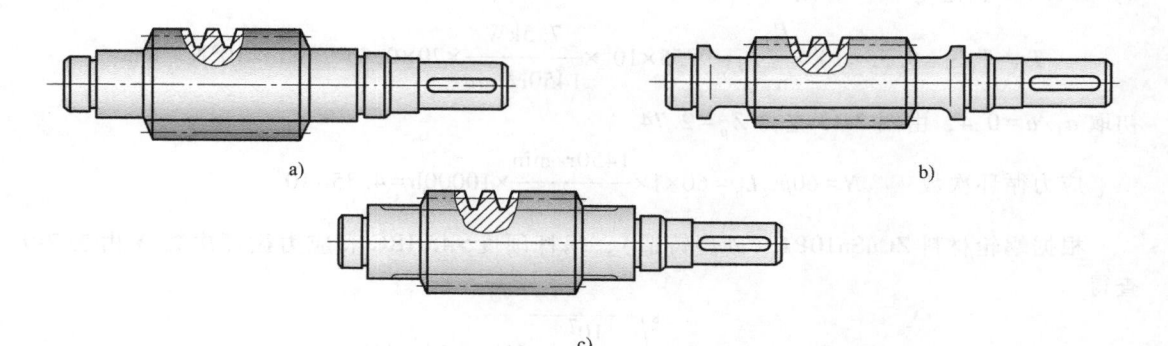

图 7-18 蜗杆轴的常见结构

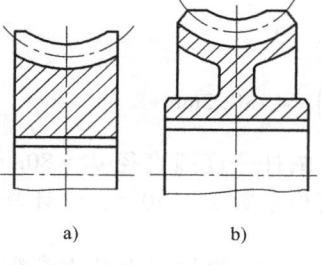

图 7-19 整体式蜗轮

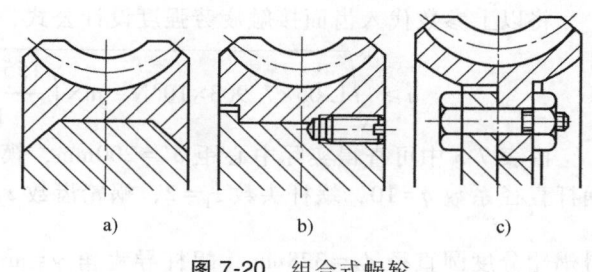

图 7-20 组合式蜗轮

例题 7-1 现需设计一阿基米德（ZA）蜗杆减速器。已知：蜗杆头数 $z_1 = 1$，蜗杆分度圆 $d_1 = 56$mm，蜗杆轴向模数 $m = 3.15$mm，蜗轮齿数 $z_2 = 62$，实际中心距 $a' = 125$mm。试确定蜗轮的变位系数 x_2。

解： 蜗轮分度圆直径 $d_2 = mz_2 = 3.15$mm$\times 62 = 195.3$mm

未变位蜗杆传动中心距 $a = \dfrac{1}{2}(d_1 + d_2) = \dfrac{1}{2} \times (56\text{mm} + 195.3\text{mm}) = 125.65$mm

根据式（7-5）可求得

$$x_2 = \frac{a'-a}{m} = \frac{125\text{mm}-125.65\text{mm}}{3.15\text{mm}} = -0.2063$$

例题 7-2 设计一带式输送机用的蜗杆减速器。已知：输入功率 $P_1 = 7.5$kW，转速 $n_1 = 1450$r/min，传动比 $i = 20$，工作机载荷较稳定，连续单向运转，预期寿命 $L_h = 10000$h。

解：（1）选择蜗杆传动类型及精度等级 根据 GB/T 10087—1988 的推荐，采用渐开线蜗杆（ZI 蜗杆），7 级精度。

（2）材料选择 蜗杆选用 45 钢，淬火处理，表面硬度为 45~55HRC；蜗轮采用铸造锡青铜（ZCuSn10P1）砂型铸造。

（3）按齿面接触疲劳强度进行设计 齿面接触疲劳强度设计公式为

$$a \geqslant \sqrt[3]{KT_2 \left(\frac{Z_E Z_\rho}{[\sigma_H]} \right)^2}$$

假定 $v_2 < 3$m/s，空载起动，由表 7-7 查得载荷系数 $K = 1.05$。根据传动比由表 7-3 取 $z_1 = 2$，由表 7-5 初选 $\eta = 0.8$，则

$$T_2 = T_1 i\eta = 9.55 \times 10^6 \times \frac{P_1}{n_1} i\eta = 9.55 \times 10^6 \times \frac{7.5\text{kW}}{1450\text{r/min}} \times 20 \times 0.8 = 7.903 \times 10^5 \text{N} \cdot \text{mm}$$

初取 $d_1/a = 0.4$，由图 7-13 查得 $Z_\rho = 2.74$。

应力循环次数 $N = 60jn_2L_h = 60 \times 1 \times \dfrac{1450\text{r/min}}{20} \times 10000\text{h} = 4.35 \times 10^7$

根据蜗轮材料 ZCuSn10P1（砂型铸造）、蜗杆硬度 >45HRC 和应力循环次数 N 由表 7-9 查得

$$[\sigma_H] = 180 \times \sqrt[8]{\frac{10^7}{4.35 \times 10^7}} \text{MPa} = 149.8\text{MPa}$$

当钢制蜗杆与铸锡青铜配对时，取 $Z_E = 155\sqrt{\text{MPa}}$。

将以上参数代入齿面接触疲劳强度设计公式，得

$$a \geqslant \sqrt[3]{1.05 \times 7.903 \times 10^5 \text{N} \cdot \text{m} \times \left(\frac{155\sqrt{\text{MPa}} \times 2.74}{149.8\text{MPa}} \right)^2} = 188.2\text{mm}$$

由表 7-3 中可查得实际中心距 $a' = 200$mm，模数 $m = 8$mm，蜗杆分度圆直径 $d_1 = 80$mm，蜗杆直径系数 $q = 10$，蜗杆头数 $z_1 = 2$，蜗轮齿数 $z_2 = 41$，蜗轮变位系数 $x_2 = -0.5$，经计算可得蜗轮分度圆直径 $d_2 = 328$mm，蜗杆导程角 $\gamma = \arctan\left(\dfrac{z_1}{10}\right) = 11.31°$。根据以上基本参数即可计算其他有关参数。

实际传动比 $i = 20.5$，误差为（20.5 - 20）/20 = 0.025，满足传动比精度要求。$d_1/a = 0.4$，与假设相同。实际 $v_2 = \dfrac{\pi d_2 n_2}{60 \times 1000} = \dfrac{\pi \times 328\text{mm} \times 1450\text{r/min}/20.5}{60 \times 1000} = 1.21$m/s，小于 3m/s，符合原假设。有了以上参数，就可以进行效率计算。

滑动速度 $v_s = \dfrac{\pi d_1 n_1}{60 \times 1000\cos\gamma} = \dfrac{\pi \times 80\text{mm} \times 1450\text{r/min}}{60 \times 1000 \times 11.31°} = 6.19$m/s

根据 $v_s = 6.19$，由表 7-6 查得 $\varphi_v = 1°11' = 1.18°$，则

$$\eta = 0.95 \times \frac{\tan 11.31°}{\tan(11.31° + 1.18°)} = 0.858$$

$$T_2 = T_1 i \eta = 9.55 \times 10^6 \times \frac{P_1}{n_1} i \eta = 9.55 \times 10^6 \times \frac{7.5 \text{kW}}{1450 \text{r/min}} \times 20.5 \times 0.858 = 8.69 \times 10^5 \text{N} \cdot \text{mm}$$

将重新计算的参数代入齿面接触疲劳强度设计公式得

$$a \geqslant \sqrt[3]{1.05 \times 8.69 \times 10^5 \text{N} \cdot \text{m} \times \left(\frac{155\sqrt{\text{MPa}} \times 2.74}{149.8 \text{MPa}}\right)^2} = 194.2 \text{mm}$$

仍满足要求。

（4）蜗轮齿根弯曲疲劳强度校核

校核公式为

$$\sigma_F = \frac{1.53 K T_2}{d_1 d_2 m \cos\gamma} Y_{Fa2} Y_\beta \leqslant [\sigma_F]$$

确定公式中各参数：

由于是单向运转，所以应查表 7-10 中单侧工作时的许用应力，代入可得

$$[\sigma_F] = 40 \times \sqrt[9]{\frac{10^6}{4.35 \times 10^7}} \text{MPa} = 26.3 \text{MPa}$$

蜗轮当量齿数 $z_{v2} = z_2 / \cos^3\gamma = z_2 / \cos^3 11.31° = 43.48$。根据 z_{v2} 和 $x_2 = -0.5$，由图 7-14 查得 $Y_{Fa2} = 2.84$，螺旋角影响系数 $Y_\beta = 1 - 11.31° / 120° = 0.906$。

将以上参数代入校核公式，得

$$\sigma_F = \frac{1.53 \times 1.05 \times 8.68 \times 10^5 \text{N} \cdot \text{m}}{80 \text{mm} \times 328 \text{mm} \times 8 \text{mm} \times \cos 11.31°} \times 2.84 \times 0.906 = 6.77 \text{MPa} < [\sigma_F]$$

满足抗弯疲劳强度要求。

（5）蜗杆传动的热平衡计算　设周围空气温度适宜，通风良好，箱体有较好的散热肋片，散热面积近似取为 $A = 9 \times 10^{-5} a^{1.85} = 9 \times 10^{-5} \times (200 \text{mm})^{1.85} = 1.63 \text{m}^2$，取箱体表面传热系数 $\alpha_d = 15 \text{W}/(\text{m}^2 \cdot \text{℃})$，根据式（7-22）计算工作油温为

$$t_0 = t_a + \frac{1000 P (1 - \eta)}{\alpha_d A} = 20℃ + \frac{1000 \times 7.5 \text{kW} \times (1 - 0.858)}{15 \text{W}/(\text{m}^2 \cdot \text{℃}) \times 1.63 \text{m}^2} = 63.56℃$$

工作油温符合要求。

（6）蜗杆刚度计算

蜗杆公称转矩　$T_1 = 9.55 \times 10^6 \times \dfrac{7.5 \text{kW}}{1450 \text{r/min}} = 4.94 \times 10^4 \text{N} \cdot \text{mm}$

蜗轮公称转矩　$T_2 = T_1 i \eta = 4.94 \times 10^4 \text{N} \cdot \text{m} \times 20.5 \times 0.858 = 8.69 \times 10^5 \text{N} \cdot \text{mm}$

蜗杆所受的圆周力　$F_{t1} = 2 T_1 / d_1 = 2 \times 4.94 \times 10^4 \text{N} \cdot \text{mm} / 80 \text{mm} = 1235 \text{N}$

蜗轮所受的圆周力　$F_{t2} = 2 T_2 / d_2 = 2 \times 8.69 \times 10^5 \text{N} \cdot \text{mm} / 328 \text{mm} = 5298.8 \text{N}$

蜗杆所受的径向力　$F_{r1} = F_{t2} \dfrac{\tan\alpha_n}{\cos\gamma} = 5298.8 \text{N} \times \tan 20° / \cos 17.31° \text{N} = 1966.8 \text{N}$

许用最大挠度　　　$[y]=d_1/1000=80\text{mm}/1000=0.08\text{mm}$

蜗杆轴承间的跨距　　$l=0.9\times328\text{mm}=295.2\text{mm}$

钢制蜗杆材料的弹性模量　$E=2.06\times10^5\text{MPa}$

蜗杆轴危险截面的惯性矩　$I=\dfrac{\pi d_{f1}^4}{64}=\dfrac{\pi\times(60.8\text{mm})^4}{64}=6.704\times10^5\text{mm}^4$

蜗杆的最大挠度 $y(\text{mm})$ 可按式（7-19）近似计算

$$y=\frac{\sqrt{F_{t1}^2+F_{r1}^2}}{48EI}l^3=\frac{\sqrt{(1235\text{N})^2+(1966.8\text{N})^2}}{48\times2.06\times10^5\text{MPa}\times6.704\times10^5\text{mm}^4}\times(342\text{mm})^3=0.014\text{mm}\leqslant[y]$$

满足刚度要求。

（7）主要参数与几何尺寸

实际中心距　　　　　　　　$a'=200\text{mm}$

蜗杆分度圆直径　　　　　　$d_1=80\text{mm}$

模数　　　　　　　　　　　$m=8\text{mm}$

蜗杆头数　　　　　　　　　$z_1=2$

蜗杆直径系数　　　　　　　$q=10$

蜗轮变位系数　　　　　　　$x_2=-0.5$

蜗轮齿数　　　　　　　　　$z_2=41$

表7-4为圆柱蜗杆传动几何尺寸计算（表7-13）。

表7-13　圆柱蜗杆传动几何尺寸计算

名　称	代号	计　算　公　式
蜗杆轴向齿距	p_a	$p_a=\pi m=25.12\text{mm}$
蜗杆导程	p_z	$p_z=\pi mz_1=50.24\text{mm}$
蜗杆齿顶圆直径	d_{a1}	$d_{a1}=d_1+2h_{a1}=d_1+2h_a^*m=80\text{mm}+2\times1\times8\text{mm}=96\text{mm}$
蜗杆齿根圆直径	d_{f1}	$d_{f1}=d_1-2h_{f1}=d_1-2(h_a^*+c^*)m=80\text{mm}-2\times(1+0.2)\times8\text{mm}=60.8\text{mm}$
蜗杆节圆直径	d_1'	$d_1'=d_1+2x_2m=(q+2x)m=[8+2\times(-0.5)]\times8\text{mm}=56\text{mm}$
蜗杆分度圆导程角	γ	$\gamma=\arctan\dfrac{z_1}{q}=11.31°$
蜗杆节圆导程角	γ'	$\gamma'=\arctan\dfrac{z_1}{q+2x_2}=\arctan\dfrac{2}{8+2\times(-0.5)}=15.945°$
蜗杆螺旋部分长度	b_1	$b_1\approx2\times8\times\sqrt{41+1}\text{mm}=103.7\text{mm}$，取 $b_1=104\text{mm}$
渐开线蜗杆基圆直径	d_{b1}	$d_{b1}=d_1\tan\gamma/\tan\gamma_b=80\text{mm}\times\dfrac{\tan11.31°}{\tan22.86°}=37.95\text{mm}$，$\gamma_b=\arccos[\cos20°\times\cos11.31°]=22.862°$
蜗轮分度圆直径	d_2	$d_2=mz_2=8\text{mm}\times41=328\text{mm}$
蜗轮喉圆直径	d_{a2}	$d_{a2}=d_2+2(h_a^*+x_2)m=328\text{mm}+2\times(1-0.05)\times8\text{mm}=336\text{mm}$
蜗轮齿根圆直径	d_{f2}	$d_{f2}=d_2-2(h_a^*-x_2+c^*)m=328\text{mm}-2\times[1-(-0.5)+0.2]\times8\text{mm}=300.8\text{mm}$
蜗轮外径	d_{e2}	$d_{e2}\approx d_{a2}+m=(300.8+8)\text{mm}=308.8\text{mm}$
蜗轮咽喉母圆半径	r_{g2}	$r_{g2}=a'-d_{a2}/2=200\text{mm}-300.8\text{mm}/2=49.6\text{mm}$
蜗轮齿宽	b_2	$b_2=(0.67\sim0.75)d_{a1}=(0.67\sim0.75)\times96\text{mm}=64.3\sim72\text{mm}$，取 $b_2=65\text{mm}$
蜗轮齿宽角	θ	$\theta=2\arcsin\left(\dfrac{b_2}{d_1}\right)=2\arcsin\dfrac{65\text{mm}}{80\text{mm}}=108.7°$

（8）绘制蜗杆蜗轮零件图（从略）

<h1 style="text-align:center">讨 论 题</h1>

7-1 与齿轮传动相比，蜗杆传动有哪些优点？

7-2 按照蜗杆形状的不同，蜗杆传动可分为哪几种类型？

7-3 为了提高蜗轮转速，能否改用相同分度圆直径、相同模数的双头蜗杆来替代单头蜗杆，与原来的蜗轮啮合？为什么？

7-4 蜗杆传动比能否写成 $i=d_2/d_1$ 的形式？

7-5 分析影响蜗杆传动啮合效率的几何因素有哪些。

7-6 对于反向自锁的蜗杆传动，其蜗杆的蜗杆导程角 γ 与当量摩擦角 φ_v 应满足什么关系？

7-7 为什么对连续传动的闭式蜗杆传动必须进行热平衡计算？可采用哪些措施来改善散热条件？

7-8 为什么斜齿圆柱齿轮法向模数为标准值，而蜗杆的轴向模数规定为标准值？

<h1 style="text-align:center">习 题</h1>

7-1 标出图 7-21 各分图中未注明的蜗杆或蜗轮的转动方向及螺旋线方向，绘出蜗杆和蜗轮在啮合点处的各个分力。图中 n_1 为主动齿轮转向，n_2 为从动齿轮转向。

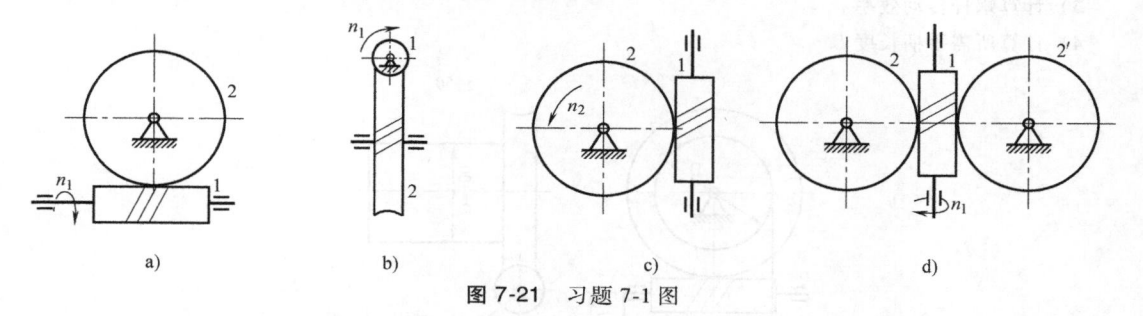

a)　　　　　　b)　　　　　　c)　　　　　　d)

图 7-21 习题 7-1 图

7-2 在图 7-22 所示的蜗杆传动中，蜗杆右旋、主动。为了让 B 轴上的蜗轮、蜗杆上的轴向力能相互抵消一部分，请确定蜗杆 3 的螺旋线方向及蜗轮 4 的回转方向，并确定蜗杆、蜗轮所受各力的作用位置及方向。

7-3 图 7-23 所示为一圆柱蜗杆-锥齿轮传动，已知输出轴上的锥齿轮 z_4 的转速 n_4，为使中间轴上的轴向力互相抵消一部分，在图中画出：

1）蜗杆 1、蜗轮 2 的转向及螺旋线方向。

2）各轮所受轴向力方向。

7-4 有一钢制蜗杆和锡青铜蜗轮组成的蜗杆传动。已知蜗杆 ZA3.15×31.5R2，转速 $n_1=1430\mathrm{r/min}$。求蜗杆导程角 γ、啮合节点处的滑动速度 v_s、当量摩擦角 φ_v 和啮合效率 η_1。

7-5 验算蜗杆传动 ZA6.3×63R2/41 的接触疲劳强度和弯曲疲劳强度。已知蜗杆下置，由电动机直接驱动，输入功率 $P_1=3\mathrm{kW}$，转速 $n_1=1430\mathrm{r/min}$，载荷稳定，单向传动，预期寿命 $L_h=12000\mathrm{h}$。蜗杆材料为 45 钢，表面淬火，齿面硬度约为 45HRC，蜗轮材料为铸造锡青铜 ZCuSn10P1，金属型铸造，润滑及通风良好。

7-6 现有一搅拌机，拟采用蜗杆传动。电动机驱动，已知输入功率 $P_1 = 2.2\text{kW}$，输入转速 $n_1 = 960\text{ r/min}$，输出转速 $n_2 = 47\text{r/min}$，蜗杆下置，连续双向转动，有轻微冲击，请设计此蜗杆传动。

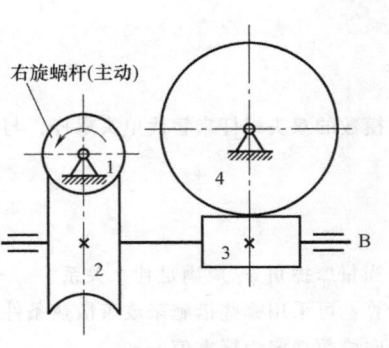

图 7-22 习题 7-2 图

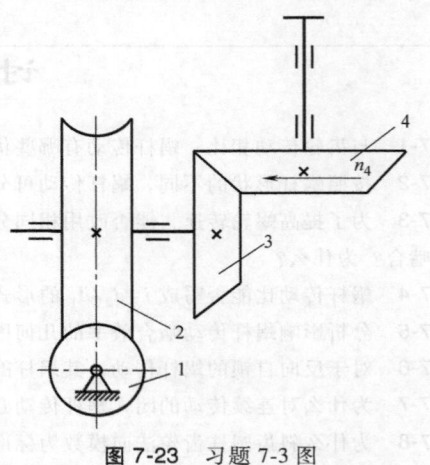

图 7-23 习题 7-3 图

7-7 图 7-24 所示为一手动绞车，采用蜗杆传动装置。已知蜗杆模数 $m = 10\text{mm}$，蜗杆分度圆 $d_1 = 90\text{mm}$，齿数 $z_1 = 1$，$z_2 = 50$，卷筒直径 $D = 300\text{mm}$，重物 $W = 1500\text{N}$，当量摩擦因数 $f_v = 0.15$，人手推力 $F = 120\text{N}$。求：

1）欲使重物上升 1m，手柄应转多少转？在图上画出重物上升时的手柄转向。

2）计算蜗杆的分度圆柱导程角 γ，当量摩擦角 φ_v，并判断能否自锁。

3）计算蜗杆传动效率。

4）计算所需手柄长度 l。

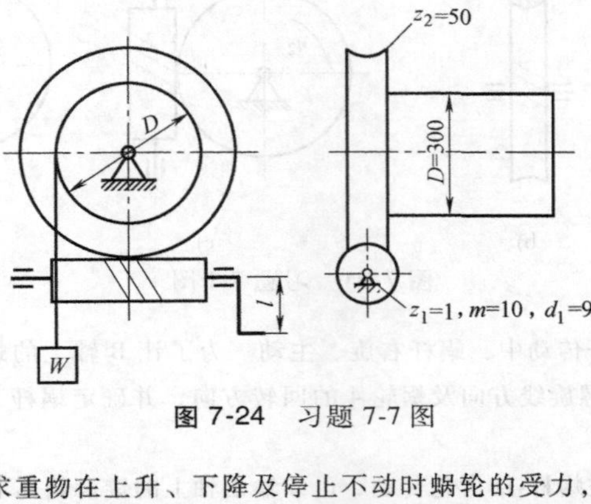

图 7-24 习题 7-7 图

7-8 已知条件同上题，求重物在上升、下降及停止不动时蜗轮的受力，各用三个分力表示。

7-9 在蜗杆传动中，蜗杆轴向模数 $m = 8\text{mm}$，传动比 $i = 19$，蜗杆分度圆直径 $d_1 = 63\text{mm}$，蜗杆头数 $z_2 = 2$，中心距 $a = 183.5\text{mm}$，要使中心距为 185mm，求变位系数和蜗杆、蜗轮的主要几何尺寸 z_2、x_2、q、d_1、d_{a1}、d_{f1}、d_2、d_{a2}、d_{f2}、d_{e2}，见表 7-4。

7-10 蜗杆传动的中心距 $a = 125\text{mm}$，蜗杆头数 $z_1 = 2$，蜗轮齿数 $z_2 = 40$，传动比 $i = 20$，蜗杆轴向模数 $m = 5\text{mm}$，蜗杆分度圆直径 $d_1 = 50\text{mm}$，要求在保持中心距 a 不变的情况下，改变传动比，使 $z_2 = 41$（$i = 20.5$），试按表 7-3 确定蜗轮的变位系数，并按表 7-4 计算 x_2、q、d_1、d_{a1}、d_{f1}、d_2、d_{a2}、d_{f2}、d_{e2}、r_{g2}。

7-11 试证明自锁的蜗杆传动效率小于 50%。

3

第三篇　机械中的支撑设计

第八章 轴 的 设 计

第一节 概 述

轴是机器中重要的机械零件之一。例如机床主轴、自行车轮轴、录音机磁带轴、计算机磁盘中心轴等，都是其中非常关键的零件。轴属于非标准件，其设计内容包括材料选择、结构设计、工作能力计算等。轴设计的一般步骤是：根据工作要求选择轴的材料和热处理方法；然后根据传动系统简图计算出轴的转矩，进行最小直径估算；再根据轴上零件的安装和受力等情况进行轴的初步结构设计；最后对轴的工作能力进行校核计算，若不满足要求，则需重新进行结构设计和工作能力计算。因此，轴的设计过程是结构设计和工作能力计算交替进行、逐步完善的。本章主要介绍轴的工作能力设计问题。

一、轴的功用和分类

轴的结构一般是横截面为圆形的回转体。轴上零件也大多是回转件。轴的主要作用是支撑机器中的其他回转零件，如齿轮、飞轮等，并在传动零件之间传递运动和动力。

轴的分类方法有许多种，概括起来，可以按两种方法分类，即按轴所受载荷类型分类和按轴的结构类型分类。

轴按所受载荷类型分为心轴、传动轴和转轴（表 8-1）。

表 8-1 轴按所受载荷类型分类

轴的类型	轴所受载荷	图 例	
心轴	只受弯矩 M	a) 火车轮轴	b) 自行车前轴

（续）

轴的类型	轴所受载荷	图　例
传动轴	只受扭矩 T	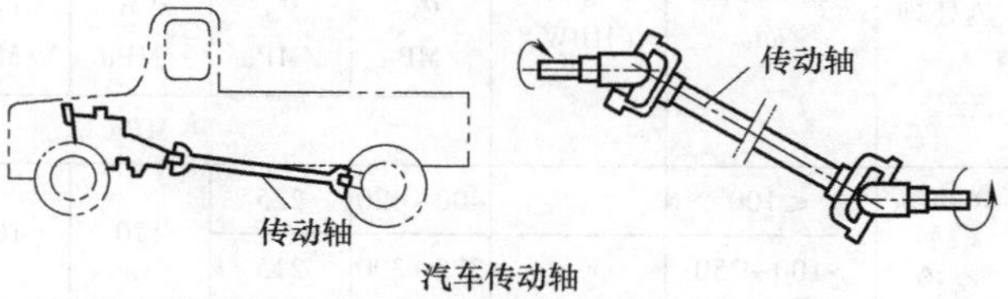 汽车传动轴
转轴	既受弯矩 M 又受扭矩 T	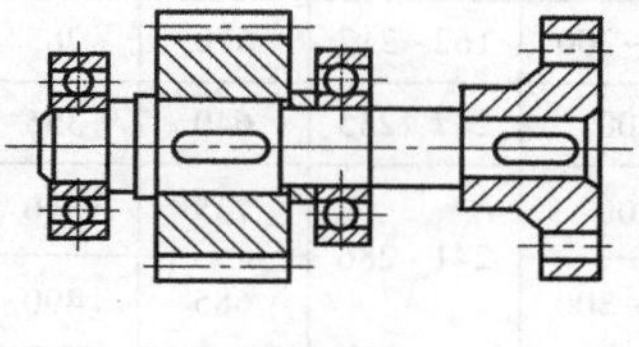 减速器转轴

轴按结构类型分为直轴和曲轴（图 8-1）、光轴和阶梯轴、实心轴和空心轴（图 8-2）。图 8-3 所示为钢丝软轴。

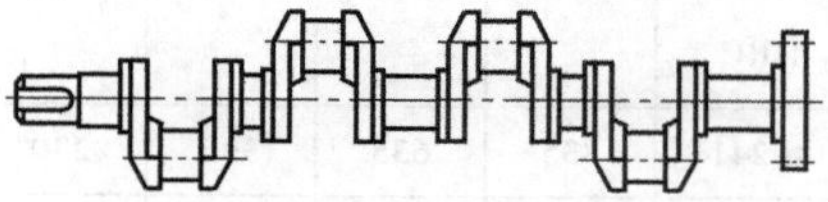

图 8-1　内燃机曲轴

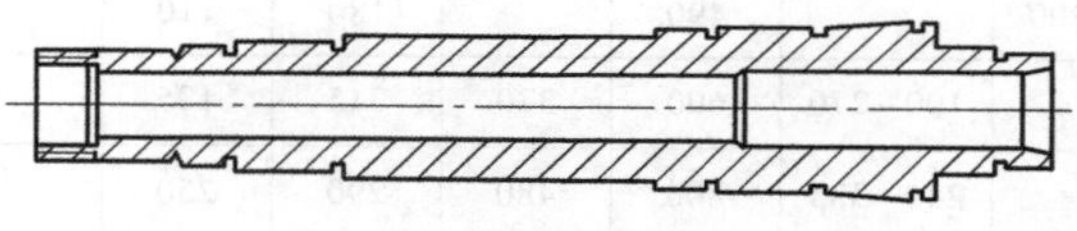

图 8-2　车床主轴

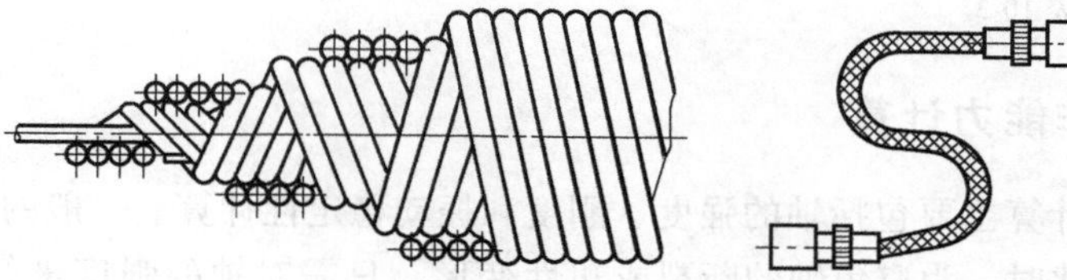

图 8-3　钢丝软轴

二、轴的材料

轴的材料主要采用碳钢和合金钢。钢轴的毛坯大多用轧制圆钢和锻件，也有的直接用圆钢。由于碳钢比合金钢价格低廉，对应力集中的敏感性较小，所以应用较为广泛。合金钢常用于载荷大、要求结构紧凑、耐磨或工作条件较为恶劣的场合。钢材的种类和热处理对其弹性模量的影响很小，因此选用高性能钢材来提高轴的刚性并无实效。对于形状复杂的轴，轴的材料也可以采用铸造性能好的高强度铸铁和球墨铸铁。表 8-2 列出了轴的常用材料及其主要力学性能，其他材料可以参阅文献［25］。

表 8-2 轴的常用材料及其主要力学性能

材料牌号	热处理	毛坯直径 /mm	硬度 （HBW）	抗拉强度 σ_b /MPa	屈服强度 σ_s /MPa	弯曲疲劳极限 σ_{-1} /MPa	剪切疲劳极限 τ_{-1} /MPa	许用弯曲应力 $[\sigma_F]$ /MPa	备 注
						MPa			
Q235A	热轧或锻后空冷	≤100		400~420	225	170	105	40	用于不重要及受载荷不大的轴
		>100~250		375~390	215				
45 钢	正火回火	≤100	170~217	590	295	255	140	55	应用最广泛
		>100~300	162~217	570	285	245	135		
	调质	≤200	217~255	640	355	275	155	60	
40Cr	调质	≤100	241~286	735	540	355	200	70	用于载荷较大而无很大冲击的重要轴
		>100~300		685	490	335	185		
40CrNi	调质	≤100	270~300	900	735	430	260	75	用于重要的轴
		>100~300	240~270	785	570	370	210		
20Cr	渗碳淬火回火	≤60	渗碳 56~62 HRC	640	390	305	160	60	用于要求强度及韧性均较高的轴
30Cr13	调质	≤100	≥241	835	635	395	230	75	用于腐蚀条件下的轴
1Cr18Ni9Ti	淬火	≤100	≤192	530	195	190	115	45	用于高、低温及腐蚀条件下的轴
		>100~200		490		180	110		
QT600-3			190~270	600	370	215	185		用于制造复杂外形的轴
QT800-2			245~335	800	480	290	250		

注：表中许用弯曲应力 $[\sigma_F]$ 为对称循环变应力特征下的许用应力；若为其他弯应力特征时，其许用弯曲应力值可
参见文献 [5] 表 10-3。

三、轴的工作能力计算

轴的工作能力计算主要包括轴的强度、刚度和振动稳定性计算。一般的轴只要满足强度条件即可正常工作。此时，为避免轴的断裂或塑性变形，只需对轴的强度进行计算。而有的轴，如车床主轴和受力大的细长轴，为避免轴产生过大的弹性变形而造成失效，需要对轴的刚度进行计算。对于高速旋转的轴，为避免产生共振而造成失效，需要对轴的振动稳定性进行计算。

第二节 轴的强度计算

轴的强度计算方法主要分为两大类：①按疲劳强度计算，包括按扭转强度条件计算、按弯扭合成强度条件计算和按疲劳强度条件进行精确校核三种方法。②按静强度计算。

按扭转强度条件计算的方法主要用于以下几种情况：①传动轴的计算。②初步估算转轴受扭段的最小直径，以便进行轴的结构设计。③不重要的轴。若存在不大的弯矩时，则通过

降低许用切应力来考虑弯矩的影响。

按弯扭合成强度条件计算的方法主要用于一般转轴和心轴的计算。

按疲劳强度条件计算的方法比较复杂，主要用于重要转轴的精确计算。

按静强度条件计算的方法主要用于瞬时过载很大的轴的计算。

这四种方法可以单独使用，也可以联合使用，视具体情况而定。

一、按扭转强度条件计算

根据材料力学知识，轴的扭转强度条件为

$$\tau_T = \frac{T}{W_T} = \frac{9.55 \times 10^6 \dfrac{P}{n}}{0.2d^3} \leqslant [\tau_T] \tag{8-1}$$

式中，τ_T 为扭转切应力（MPa）；T 为轴所受的扭矩（N·mm）；W_T 为轴的抗扭截面系数（mm^3），查表 8-3；n 为轴的转速（r/min）；P 为轴所传递的功率（kW）；d 为计算截面处轴的直径（mm）；$[\tau_T]$ 为许用抗扭切应力（MPa），见表 8-4。

表 8-3　轴抗弯和抗扭截面系数计算公式

截 面 形 状	抗弯截面系数 W	抗扭截面系数 W_T
	$\dfrac{\pi d^3}{32} \approx 0.1d^3$	$\dfrac{\pi d^3}{16} \approx 0.2d^3$
	$\dfrac{\pi d^3}{32}(1-\gamma^4) \approx 0.1d^3(1-\gamma^4)$ $\left(\gamma = \dfrac{d_0}{d}\right)$	$\dfrac{\pi d^3}{16}(1-\gamma^4) \approx 0.2d^3(1-\gamma^4)$
	$\dfrac{\pi d^3}{32} - \dfrac{bt(d-t)^2}{2d}$	$\dfrac{\pi d^3}{16} - \dfrac{bt(d-t)^2}{2d}$
	$\dfrac{\pi d^3}{32} - \dfrac{bt(d-t)^2}{d}$	$\dfrac{\pi d^3}{16} - \dfrac{bt(d-t)^2}{d}$
	$\dfrac{\pi d^3}{32}\left(1-1.54\dfrac{d_0}{d}\right)$	$\dfrac{\pi d^3}{16}\left(1-\dfrac{d_0}{d}\right)$

（续）

截 面 形 状	抗弯截面系数 W	抗扭截面系数 W_T
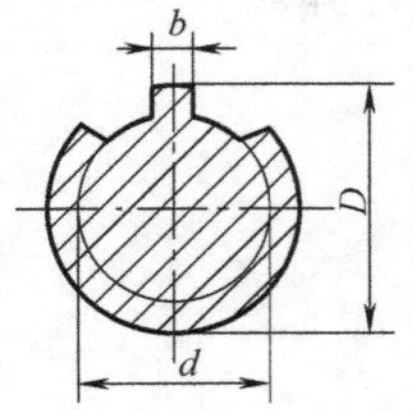	$\dfrac{\pi d^4+bz_n(D-d)(D+d)^2}{32D}$ （z_n——花键齿数）	$\dfrac{\pi d^4+bz_n(D-d)(D+d)^2}{16D}$
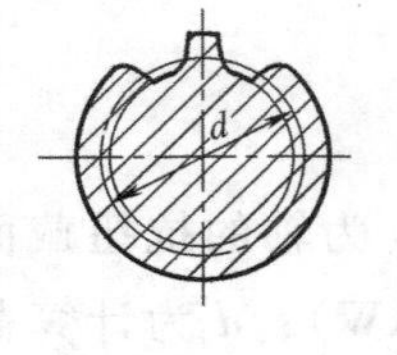	$\dfrac{\pi d^3}{32}\approx 0.1d^3$	$\dfrac{\pi d^3}{16}\approx 0.1d^3$

表 8-4　轴常用几种材料的 [τ_T] 及 A_0 值

轴的材料	Q235A、20	Q275、35 （1Cr18Ni9Ti）	45	40Cr、35SiMn 38SiMnMo、30Cr13
[τ_T]	15～25	20～35	25～45	35～55
A_0	149～126	135～112	126～103	112～97

由式（8-1）可得轴的直径

$$d\geqslant\sqrt[3]{\frac{9.55\times10^6 P}{0.2[\tau_T]n}}=\sqrt[3]{\frac{9.55\times10^6}{0.2[\tau_T]}}\sqrt[3]{\frac{P}{n}}=A_0\sqrt[3]{\frac{P}{n}} \tag{8-2}$$

式中，$A_0=\sqrt[3]{\dfrac{9.55\times10^6}{0.2\,[\tau_T]}}$，见表 8-4。对于直径 $d>100\mathrm{mm}$ 的轴，当轴的同一截面上开有一个键槽时，轴径应加大 7%。对于 $d\leqslant100\mathrm{mm}$ 的轴，当轴的同一截面上开有一个键槽时，轴径应加大 5%；有两个键槽时，轴径加大 10%～15%。

通常把式（8-1）称为校核公式，把式（8-2）称为设计公式。

二、按弯扭合成强度条件计算

当轴的结构设计初步完成后，轴的主要结构尺寸、轴上零件的位置以及载荷作用位置已经确定。这时即可用弯扭合成强度条件计算轴的强度，以图 8-4a 所示轴为例，一般计算步骤如下：

（1）作轴的计算简图（即力学模型，图 8-4b）　通常把轴当作置于铰链支座上的梁。将轴上的作用力分解并作出水平面受力图（图 8-4c）和垂直面受力图（图 8-4e）。求出水平面和垂直面内支承点的支反力。

（2）作弯矩图　根据受力分析，分别在水平面和垂直面内计算各力产生的弯矩，并分别作出水平面弯矩图（图 8-4d）M_H 和垂直面弯矩图 M_V（图 8-4f）。图中，使截面上部受压、下部受拉的弯矩为正。

（3）作合成弯矩图 将水平面和垂直面内的弯矩合成为合成弯矩 M，得

$$M = \sqrt{M_H^2 + M_V^2} \qquad (8\text{-}3)$$

并据此作出合成弯矩图（图 8-4g）。

（4）作扭矩图 根据轴所受扭矩 T 作出各截面所受的扭矩图（图 8-4h）。

（5）作当量弯矩图 对于受弯扭复合应力的轴，通常由弯矩产生的弯曲应力 σ 是对称循环变应力，而由扭矩产生的扭转切应力 τ 则通常不是对称循环变应力。考虑到两者循环特性的不同，引入折合系数 α，则弯扭复合计算应力为

$$\sigma_{ca} = \sqrt{\sigma^2 + 4(\alpha\tau)^2} \qquad (8\text{-}4)$$

当弯曲应力为对称循环应力时，应把扭转切应力转化为当量值再与弯曲应力叠加。当扭转切应力为静应力时，$\alpha = 0.3$；当扭转切应力为脉动循环变应力时，$\alpha = 0.6$；当扭转切应力为对称循环变应力时，$\alpha = 1$。

对于直径为 d 的实心圆轴，弯曲应力为 $\sigma = \dfrac{M}{W}$，扭转切应力为 $\tau = \dfrac{T}{W_T} = \dfrac{T}{2W}$，将二者代入式（8-4），得

$$\sigma_{ca} = \sqrt{\left(\frac{M}{W}\right)^2 + 4\left(\frac{\alpha T}{2W}\right)^2}$$

$$= \frac{\sqrt{M^2 + (\alpha T)^2}}{W} \qquad (8\text{-}5)$$

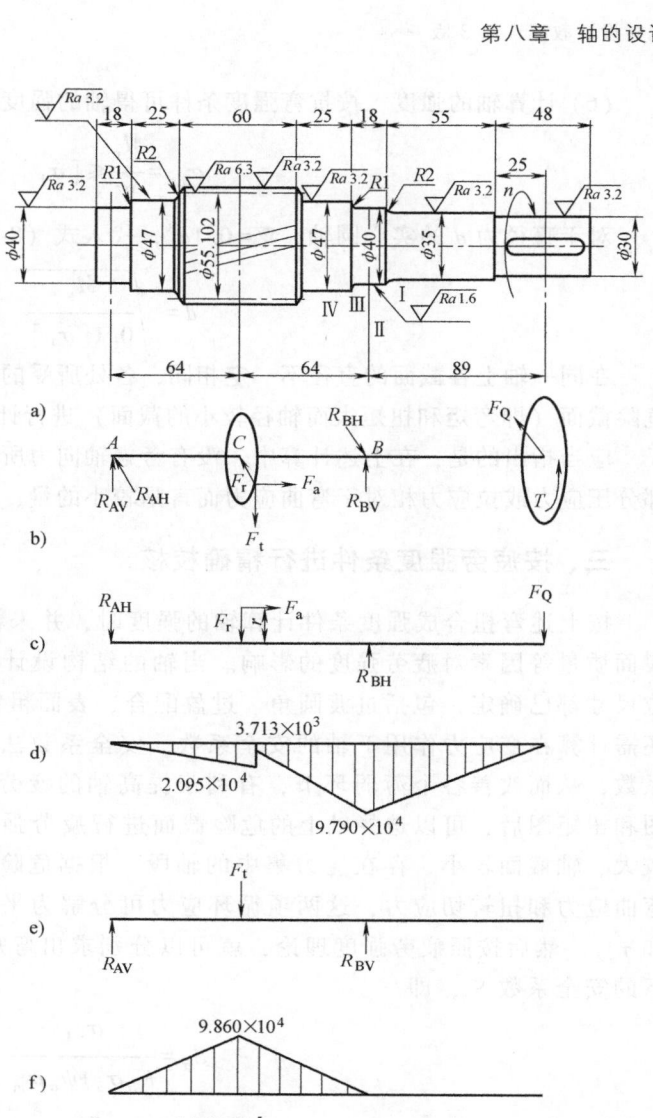

图 8-4 轴的载荷分析图

式中，σ_{ca} 为轴的计算应力（MPa）；M 为轴所受的弯矩（N·mm）；T 为轴所受的扭矩（N·mm）；W 为轴的抗弯截面系数（mm^3），可查表 8-3 计算得到。

令 $M_e = \sqrt{M^2 + (\alpha T)^2}$，称为当量弯矩，则可由此作出当量弯矩图（图 8-4i）。

（6）计算轴的强度　按抗弯强度条件可得轴的强度校核公式如下：

$$\sigma_{ca} = \frac{M_e}{W} \leqslant [\sigma_F]\tag{8-6}$$

对于直径为 d 的实心圆轴，$W = 0.1d^3$，代入式（8-6）可得轴径设计公式如下：

$$d = \sqrt[3]{\frac{M_e}{0.1[\sigma_F]}}\tag{8-7}$$

在同一轴上各截面的直径不一定相同，各处所受的应力也不同，设计计算时应选择若干危险截面（即弯矩和扭矩大而轴径较小的截面）进行计算。

应当指出的是，在上述计算中，没有考虑轴向力所引起的压应力或拉应力，这是因为这部分压应力或拉应力相对于弯曲应力而言是较小的量，所以忽略不计。

三、按疲劳强度条件进行精确校核

按上述弯扭合成强度条件计算轴的强度时，并未精确计算轴的应力集中、绝对尺寸、表面质量等因素对疲劳强度的影响。当轴的结构设计完成后，轴的各部分定形尺寸和定位尺寸都已确定，包括过渡圆角、过盈配合、表面粗糙度等细节。因此，对于重要的轴，还需计算在变应力作用下轴的安全系数。安全系数法校核计算能判断危险截面处的安全系数，从而改善各个薄弱环节，有利于提高轴的疲劳强度。在上述方法中作出合成弯矩图和扭矩图后，可以选择轴上的危险截面进行疲劳强度精确校核。危险截面一般取弯矩较大、轴截面较小、存在应力集中的轴段。根据危险截面上所受的弯矩和扭矩，可求出弯曲应力和扭转切应力，这两项循环应力可分解为平均应力（σ_m 和 τ_m）和应力幅（σ_a 和 τ_a）。然后按照疲劳强度理论，就可以分别求出弯矩作用下的安全系数 S_σ 和扭矩作用下的安全系数 S_τ，即

$$S_\sigma = \frac{\sigma_{-1}}{K_\sigma \sigma_a + \psi_\sigma \sigma_m}\tag{8-8}$$

$$S_\tau = \frac{\tau_{-1}}{K_\tau \sigma_a + \psi_\tau \tau_m}\tag{8-9}$$

最后求出总的计算安全系数并满足下列条件：

$$S_{ca} = \frac{S_\sigma S_\tau}{\sqrt{S_\sigma^2 + S_\tau^2}} \geqslant S\tag{8-10}$$

以上各式中的符号及有关数据参见第一章有关内容。设计安全系数 S 可按下述情况选取：

1）当材料均匀、载荷与应力计算精确时，$S = 1.3 \sim 1.5$。

2）当材料不够均匀、计算精确较低时，$S = 1.5 \sim 1.8$。

3）当材料均匀性和计算精确很低，或轴的直径 $d > 200\mathrm{mm}$ 时，$S = 1.8 \sim 2.5$。

四、按静强度条件计算

按静强度条件计算轴的强度，目的是评定轴抵抗塑性变形的能力。当轴的瞬时过载很大、频繁正反转或应力循环的不对称性较为严重时，有必要对轴的静强度进行校核。轴的静

强度条件校核公式为

$$S_{\text{sca}} = \frac{S_{\text{s}\sigma} S_{\text{s}\tau}}{\sqrt{S_{\text{s}\sigma}^2 + S_{\text{s}\tau}^2}} \geqslant S_{\text{s}} \tag{8-11}$$

式中，S_{sca} 为危险截面静强度的计算安全系数；$S_{\text{s}\sigma}$ 为只考虑弯矩和轴向力时的安全系数，见式（8-12）；$S_{\text{s}\tau}$ 为只考虑扭矩时的安全系数，见式（8-13）；S_{s} 为按屈服强度设计的许用安全系数，可查表 8-5 获取。

表 8-5　静强度许用安全系数

$\sigma_{\text{s}}/\sigma_{\text{b}}$	$0.45 \sim 0.55$	$0.55 \sim 0.7$	$0.7 \sim 0.9$	铸　　件
S_{s}	$1.2 \sim 1.5$	$1.4 \sim 1.8$	$1.7 \sim 2.2$	$1.6 \sim 2.5$

注：当最大载荷只能近似求得时，表中的 S_{s} 值应增大 20%～50%。

$$S_{\text{s}\sigma} = \frac{\sigma_{\text{s}}}{\left(\dfrac{M_{\max}}{W} + \dfrac{F_{\max}}{A} \right)} \tag{8-12}$$

$$S_{\text{s}\tau} = \frac{\tau_{\text{s}}}{\dfrac{T_{\max}}{W_{\text{T}}}} \tag{8-13}$$

式中，σ_{s}、τ_{s} 分别为材料的抗拉强度（MPa）和剪切屈服强度（MPa），$\tau_{\text{s}} = (0.55 \sim 0.62)$ σ_{s}，σ_{s} 的值查表 8-2 获得；$M_{\max}$、$T_{\max}$ 分别为轴的危险截面上所受的最大弯矩（N·mm）和最大扭矩（N·mm）；$F_{\max}$ 为轴的危险截面上所受的最大轴向力（N）；A 为轴的危险截面的面积（mm²）；W、W_{T} 分别为轴的危险截面的抗弯截面系数（mm³）和抗扭截面系数（mm³），可查表 8-3 计算获得。

例题 8-1　图 8-5 所示为一带式输送机的传动方案。其中齿轮减速器的斜齿圆柱齿轮传动的功率 $P = 4\text{kW}$，小齿轮轴转速 $n = 450\text{r/min}$，齿数 $z_1 = 18$，$z_2 = 80$，模数 $m_{\text{n}} = 3\text{mm}$，中心距 $a = 150\text{mm}$。小齿轮轮毂宽度 $b = 60\text{mm}$；大带轮轮毂宽度 $L = 50\text{mm}$。带轮作用在轴上的力 $F_{\text{Q}} = 1100\text{N}$，水平方向。小齿轮轴的结构如图 8-4a 所示。试按弯扭合成强度校核小齿轮轴的强度。

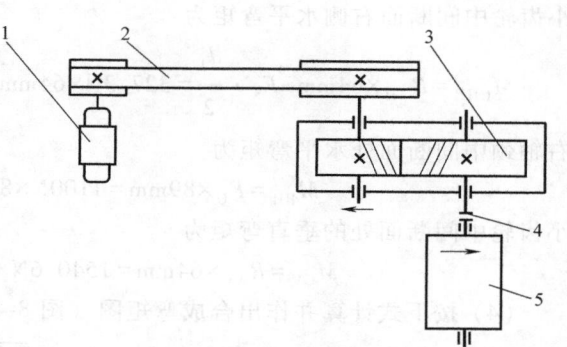

图 8-5　传动方案图

1—电动机　2—V 带传动　3—斜齿圆柱齿轮传动　4—联轴器　5—传动滚筒

解：（1）计算齿轮受力

斜齿圆柱齿轮螺旋角

$$\beta = \arccos \frac{m_{\text{n}}(z_1 + z_2)}{2a} = \arccos \frac{3\text{mm} \times (18 + 80)}{2 \times 150\text{mm}} = 11°28'42''$$

小齿轮直径

$$d_1 = \frac{m_{\text{n}} z_1}{\cos \beta} = \frac{3\text{mm} \times 18}{\cos 11°28'42''} = 55.102\text{mm}$$

小齿轮受力

扭矩
$$T = 9.55 \times 10^6 \frac{P}{n} = 9.55 \times 10^6 \times \frac{4\text{kW}}{450\text{r/min}} = 84889\text{N} \cdot \text{mm}$$

圆周力
$$F_t = \frac{2T_1}{d_1} = \frac{2 \times 84889\text{N} \cdot \text{mm}}{55.102\text{mm}} = 3081.2\text{N}$$

径向力
$$F_r = \frac{F_t \tan\alpha_n}{\cos\beta} = \frac{3081.2\text{N} \times \tan20°}{\cos11°28'42''} = 1144.4\text{N}$$

轴向力
$$F_a = F_t \tan\beta = 3081.2\text{N} \times \tan11°28'42'' = 625.7\text{N}$$

由此可画出小齿轮的轴受力图,如图 8-4b 所示。

(2)计算轴承支反力(图 8-4c、e)

水平面
$$R_{AH} = \frac{F_Q \times 89 + F_a \times \dfrac{d_1}{2} - F_r \times 64}{64+64} = \frac{1100\text{N} \times 89\text{mm} + 625.7\text{N} \times \dfrac{55.102\text{mm}}{2} - 1144.4\text{N} \times 64\text{mm}}{128} = 327.3\text{N}$$

$$R_{BH} = F_Q + F_r + F_{AH} = 1100\text{N} + 1144.4\text{N} + 327.3\text{N} = 2571.7\text{N}$$

垂直面
$$R_{AV} = R_{BV} = \frac{F_t}{2} = \frac{3081.2\text{N}}{2} = 1540.6\text{N}$$

(3)画出水平面弯矩 M_H 图(图 8-4d)和垂直面弯矩 M_V 图(图 8-4f)

小齿轮中间断面左侧水平弯矩为
$$M_{CHL} = R_{AH} \times 64\text{mm} = 327.3\text{N} \times 64\text{mm} = 2.095 \times 10^4\text{N} \cdot \text{mm}$$

小齿轮中间断面右侧水平弯矩为
$$M_{CHR} = R_{AH} \times 64\text{mm} - F_a \cdot \frac{d_1}{2} = 327.3\text{N} \times 64\text{mm} - 625.7\text{N} \times \frac{55.102\text{mm}}{2} = 3.711 \times 10^3\text{N} \cdot \text{mm}$$

右轴颈中间断面处水平弯矩为
$$M_{BH} = F_Q \times 89\text{mm} = 1100\text{N} \times 89\text{mm} = 9.790 \times 10^4\text{N} \cdot \text{mm}$$

小齿轮中间断面处的垂直弯矩为
$$M_{CV} = R_{AV} \times 64\text{mm} = 1540.6\text{N} \times 64\text{mm} = 9.860 \times 10^4\text{N} \cdot \text{mm}$$

(4)按下式计算并作出合成弯矩图(图 8-4g)
$$M = \sqrt{M_H^2 + M_V^2}$$

小齿轮中间断面左侧弯矩为
$$M_{CL} = \sqrt{M_{CHL}^2 + M_{CV}^2} = \sqrt{(2.095 \times 10^4\text{N} \cdot \text{mm})^2 + (9.860 \times 10^4\text{N} \cdot \text{mm})^2} = 1.008 \times 10^5\text{N} \cdot \text{mm}$$

小齿轮中间断面右侧弯矩为
$$M_{CR} = \sqrt{M_{CHR}^2 + M_{CV}^2} = \sqrt{(3.711 \times 10^3\text{N} \cdot \text{mm})^2 + (9.860 \times 10^4\text{N} \cdot \text{mm})^2} = 9.867 \times 10^4\text{N} \cdot \text{mm}$$

(5)计算并画出轴的扭矩 T 图(图 8-4h)
$$T = 84889\text{N} \cdot \text{mm}$$

(6)按下式求当量弯矩并画当量弯矩图(图 8-4i)

$$M_e = \sqrt{M^2 + (\alpha T)^2}$$

这里，取 $\alpha = 0.6$，$\alpha T = 0.6 \times 84889 \text{N} \cdot \text{mm} = 5.093 \times 10^4 \text{N} \cdot \text{mm}$。由图 8-4 可知，在小齿轮中间断面右侧和右轴颈中间断面处的最大当量弯矩分别为

$$M_C = \sqrt{M_{CR}^2 + (\alpha T)^2} = \sqrt{(9.867 \times 10^4 \text{N} \cdot \text{mm})^2 + (5.093 \times 10^4 \text{N} \cdot \text{mm})^2} = 1.110 \times 10^5 \text{N} \cdot \text{mm}$$

$$M_B = \sqrt{M_{BH}^2 + (\alpha T)^2} = \sqrt{(9.790 \times 10^4 \text{N} \cdot \text{mm})^2 + (5.093 \times 10^4 \text{N} \cdot \text{mm})^2} = 1.104 \times 10^5 \text{N} \cdot \text{mm}$$

（7）选择轴的材料，确定许用应力　轴材料选用 45 钢，调质，硬度为 217～255HBW。查表 8-2 得 $[\sigma_F] = 60 \text{MPa}$。

（8）校核轴的强度　取 B 和 C 两截面作为危险截面。由式（8-6）得 B 截面处的强度条件为

$$\sigma = \frac{M_B}{W} = \frac{M_B}{0.1 d^3} = \frac{1.104 \times 10^5 \text{N} \cdot \text{mm}}{0.1 \times 40^3 \text{mm}^3} = 17.25 \text{MPa} < [\sigma_F]$$

C 截面处的强度条件为

$$\sigma = \frac{M_C}{W} = \frac{M_C}{0.1 d_f^3} = \frac{1.110 \times 10^5 \text{N} \cdot \text{mm}}{0.1 \times 47.602^3 \text{mm}^3} = 10.29 \text{MPa} < [\sigma_F]$$

式中，d_f 为小齿轮齿根圆直径，即

$$d_f = d_1 - 2(h_a^* + c^*) m_n = 55.102 \text{mm} - 2 \times (1.0 + 0.25) \times 3 \text{mm} = 47.602 \text{mm}$$

结论：按弯扭合成强度校核小齿轮轴的强度足够安全。

例题 8-2　按疲劳强度条件校核例题 8-1 中小齿轮轴的强度。

解：如果单纯使用疲劳强度条件中安全系数校核的方法，上例步骤（1）～（5）各步仍需进行。此后要计算的项目如下：

（1）判断危险断面　初步分析 Ⅰ、Ⅱ、Ⅲ、Ⅳ 四个断面有较大的应力和应力集中。下面以断面 Ⅰ 为例进行安全系数校核（图 8-4a）。

（2）选择轴的材料，确定许用应力　轴材料选用 45 钢，调质，硬度为 217～255HBW。查表 8-2 得 $\sigma_b = 640 \text{MPa}$，$\sigma_s = 355 \text{MPa}$，$\sigma_{-1} = 275 \text{MPa}$，$\tau_{-1} = 155 \text{MPa}$。

查表 1-1 得 $\psi_\sigma = 0.34$，$\psi_\tau = 0.21$。

（3）求断面 Ⅰ 的应力

弯矩　　　　　　　$M_I = 1100 \text{N} \times (25 \text{mm} + 55 \text{mm}) = 88000 \text{N} \cdot \text{mm}$

弯曲应力　　　　　$\sigma = \frac{M_I}{W} = \frac{88000 \text{N} \cdot \text{mm}}{0.1 \times 35^3 \text{mm}^3} = 20.53 \text{MPa}$

切应力　　　　　　$\tau = \frac{T}{W_T} = \frac{84889 \text{N} \cdot \text{mm}}{0.2 \times 35^3 \text{mm}^3} = 9.9 \text{MPa}$

由于弯曲应力属于对称循环变应力，所以

$$\sigma_a = \sigma = 20.53 \text{MPa} \quad \sigma_m = 0$$

由于扭转切应力属于脉动循环变应力，所以

$$\tau_a = \tau_m = \frac{\tau}{2} = 4.95 \text{MPa}$$

（4）求断面 I 的有效应力集中系数　因在此断面处有轴的直径变化，过渡圆角半径

$$r = 2\text{mm}, \quad \frac{D-d}{r} = \frac{40\text{mm}-35\text{mm}}{2\text{mm}} = 2.5, \quad \frac{r}{d} = \frac{2\text{mm}}{35\text{mm}} = 0.057。$$有效应力集中系数可由表 1-3 查得。

由 $\sigma_b = 640\text{MPa}$ 用插值法查得

$$k_\sigma = 1.64 \quad k_\tau = 1.445$$

如果一个断面上有多种产生应力集中的结构，则分别求出其有效应力集中系数，从中取最大值。

（5）表面质量系数 β 及绝对尺寸系数 ε_σ 和 ε_τ　由表 1-6 查得 $\beta = 0.92$（$Ra = 3.2\mu\text{m}$）。由表 1-5 查得 $\varepsilon_\sigma = 0.88$，$\varepsilon_\tau = 0.81$（按靠近应力集中处的最小直径 $\phi35\text{mm}$ 查得）。

（6）求安全系数　按应力循环特性 $r = C$ 的情形计算安全系数。由式（1-12）得出轴仅受正应力或切应力时的安全系数分别为

$$S_\sigma = \frac{\sigma_{-1}}{\dfrac{k_\sigma}{\varepsilon_\sigma \beta}\sigma_a + \psi_\sigma \sigma_m} = \frac{275\text{MPa}}{\dfrac{1.64}{0.92 \times 0.88} \times 20.53\text{MPa}} = 6.61$$

$$S_\tau = \frac{\tau_{-1}}{\dfrac{k_\tau}{\varepsilon_\tau \beta}\tau_a + \psi_\tau \tau_m} = \frac{155\text{MPa}}{\dfrac{1.445}{0.92 \times 0.81} \times 4.95\text{MPa} + 0.21 \times 4.95\text{MPa}} = 14.57$$

由式（8-10）得计算安全系数为

$$S_{ca} = \frac{S_\sigma S_\tau}{\sqrt{S_\sigma^2 + S_\tau^2}} = \frac{6.61 \times 14.57}{\sqrt{6.61^2 + 14.57^2}} = 6.02 > S$$

这里，设计安全系数取为 $S = 1.5$。

结论：根据校核，断面 I 足够安全，其他断面仍需做进一步分析与校核。

应当注意，当轴的强度富余量较大或计算安全系数较大时，对轴做全面分析后应考虑有无可能减小轴的直径。当轴的强度不能满足要求时，应修改轴的结构或重新选择轴的材料。校核和修改常常相互配合、交叉进行。应当指出，常有这种情况：仅仅从强度的角度来看，轴的结构尺寸似乎可以缩小，然而考虑到轴的刚度、振动稳定性、加工和装配工艺条件以及与轴有关联的其他零件和结构的限制，往往又不能缩小轴的结构尺寸。

第三节　轴的刚度计算简介

轴的刚度不足会引起轴上零件和有关部分不能正常工作。例如，若车床主轴刚度不足会产生较大变形，从而影响车床的精度；电动机轴的弯曲变形会改变转子与定子之间的间隙等。因此，在很多情况下要进行轴的刚度计算。

轴的刚度分为弯曲刚度和扭转刚度。弯曲刚度用挠度 y 和偏转角 θ 度量（图 8-6a）；扭转刚度用单位长度转角 φ 度量（图 8-6b）。刚度校核计算就是计算在工作载荷下轴的变形是否超过允许值。一般用途的轴，变形的允许值见表 8-6。扭转刚度计算公式见式（8-14），弯曲刚度计算公式见材料力学、机械设计教材或有关手册，如参考文献 [9]、[25]。

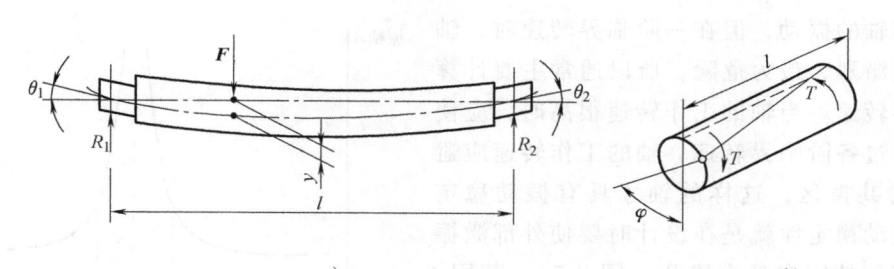

图 8-6　轴的变形

表 8-6　轴的挠度 y、偏转角 θ 和扭转角 φ 的允许值

变形种类	应用范围	许用值	变形种类	应用范围	许用值
允许挠度 $[y]$	一般用途的轴 车床主轴 感应电动机轴 安装齿轮的轴 安装蜗轮的轴	$(0.0003 \sim 0.0004)l$ $0.0002l$ 0.1Δ $(0.01 \sim 0.03)m_n$ $(0.02 \sim 0.05)m$	允许偏转角 $[\theta]$	滑动轴承 深沟球轴承 调心球轴承 圆柱滚子轴承 圆锥滚子轴承 安装齿轮处	$0.06°$ $0.3°$ $3°$ $0.15°$ $0.09°$ $0.06° \sim 0.12°$
			允许扭转角 $[\varphi]$	精密传动 一般传动 要求不高的传动	$0.25° \sim 0.5°$ $0.5° \sim 1°$ $>1°$

注：l—轴承跨距 mm；Δ—定子与转子气隙 mm；m_n—齿轮法向模数 mm；m—蜗轮端面模数 mm。

光轴的扭转刚度计算公式为

$$\varphi = 5.73 \times 10^4 \frac{T}{GI_P} \leqslant [\varphi] \tag{8-14}$$

式中，I_P 为轴断面的极惯性矩（mm^4），对于直径为 d 的实心圆轴，$I_P = \dfrac{\pi d^4}{32}$；对于内径为 d_1、外径为 d_2 的空心圆轴，$I_P = \dfrac{\pi}{32}(d_2^4 - d_1^4)$；$G$ 为材料的切变模量（MPa），对于钢 $G = 8.1 \times 10^4$ MPa；T 为转矩（N·mm）；$[\varphi]$ 为允许扭转角（°/m），见表 8-6。

第四节　轴的振动稳定性计算简介

　　当轴和轴上零件组成一个构件做整体运动时，如果它所受外力的激振频率与自身的固有频率相同或接近时，那么轴将产生共振现象，这种现象称为轴的振动。轴在引起共振时的转速称为临界转速。轴的振动稳定性计算的目的就是使轴的工作转速避开其临界转速。

　　轴的振动分为弯曲振动、扭转振动和纵向振动等。一般而言，轴的弯曲振动现象最为常见。在转速不高的一般通用机械中，轴的振动问题不是很突出，常予以忽略。但在高速运转的轴中，就必须对轴的振动稳定性问题进行计算分析。当激振频率与零件的固有频率成整数倍关系时，零件就会发生共振而失效。共振时的转速称为临界转速。高转速的轴，其临界转速有许多个，由低到高分别称为一阶临界转速、二阶临界转速等。各阶临界转速区的共振

都会加剧轴的振动，但在一阶临界转速时，轴
的振动最激烈，最为危险，所以通常主要计算
一阶临界转速。当轴的工作转速很高时，应使
轴快速通过各阶临界转速。轴的工作转速应避
开相应的共振区，这样的轴才具有振动稳定
性。即振动稳定性就是在设计时要使外部激振
频率与零件的固有频率错开（图 8-7）。若用 f
表示零件固有频率，f_p 表示激振频率，则振动
稳定性条件为

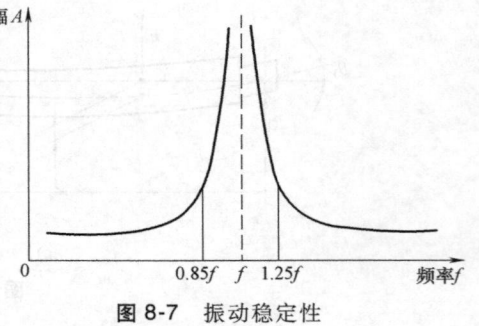

图 8-7　振动稳定性

$$f_p < 0.85f \text{ 或 } f_p > 1.25f \tag{8-15}$$

把激振源与零件隔离，阻止激振能量向零件的传播；采用阻尼以减小零件的振幅，或改
变零件结构或质量等，都会改善零件的振动稳定性。

关于轴的振动稳定性计算可以参考文献 [1]、[6]、[25]、[37]。

案例学习　图 8-8a 所示为一水电站浇注水坝机械设备的一根轴，轴上有四个滑轮，受
力分别为 $F_1 = 13.4t$，$F_2 = 2.2t$，$F_3 = 2.2t$，$F_4 = 2.2t$，轴的材料为 45 钢，调质，要求核算轴
的强度。

解：此轴为一转动心轴，先按弯扭合成强度条件计算。再按疲劳强度条件进行精确
校核。

（1）按弯扭合成强度条件计算　由受力情况分析，此轴为一转动心轴。轴承反力为

$$F_A = (F_1 \times 560mm + F_2 \times 390mm + F_3 \times 730mm + F_4 \times 900mm)/1200mm$$
$$= (13.4t \times 560mm + 2.2t \times 390mm + 2.2t \times 730mm + 2.2t \times 900mm)/1200mm = 9.96t$$
$$F_B = (F_1 \times 640mm + F_2 \times 810mm + F_3 \times 470mm + F_4 \times 300mm)/1200mm$$
$$= (13.4t \times 640mm + 2.2t \times 810mm + 2.2t \times 470mm + 2.2t \times 300mm)/1200mm$$
$$= 10.04t$$

危险截面弯曲力矩　$M = F_B \times 510mm - F_2 \times 120mm = (10.04t \times 510mm - 2.2t \times 120mm) = 4.86 \times 10^3 t \cdot mm \approx 4.86 \times 10^7 N \cdot mm$

危险截面弯曲应力　$\sigma = M/W = 4.86 \times 10^7 N \cdot mm/(0.1 \times 140^3 mm^3) = 177.1MPa$

由表 8-2 查得 45 钢调质抗拉强度 $\sigma_b = 640MPa$，许用弯曲应力 $[\sigma_F] = 60MPa$，由式（8-5）

$\sigma_{ca} = \dfrac{\sqrt{M^2 + (\alpha T)^2}}{W}$，由于本例中心轴 $T = 0$，$\sigma_{ca} = \sigma = 177.1MPa > [\sigma_F] = 60MPa$，不安全。

（2）按疲劳强度条件进行精确校核

由式（8-8）得 $S_\sigma = \dfrac{\sigma_{-1}}{K_\sigma \sigma_a + \psi_\sigma \sigma_m}$，由表 8-2 查得 45 钢调质弯曲疲劳极限 $\sigma_{-1} = 275MPa$，
由上面计算得 $\sigma_a = 173.1MPa$，$\sigma_m = 0$。

根据第一章式（1-7），有 $K_\sigma = k_\sigma/(\varepsilon_\sigma \beta)$，并由第一章查得有关系数：

在危险截面处过渡圆角 $r = 2mm$，$(D-d)/r = (160mm - 140mm)/2mm = 10$，$r/d = 2mm/140mm = 0.014$；由表 1-3 查得圆角的有效应力集中系数 $k_\sigma = 2.15$（用差值方法计算）；由表
1-5 查得绝对尺寸影响系数 $\varepsilon_\sigma = 0.68$；由表 1-6 查得表面质量系数 $\beta = 1$（该处表面经过磨削

$Ra = 0.32\mu m$）。

所以 $\qquad\qquad K_{\sigma} = 2.15/(0.68×1) = 3.16$

由式（8-8）得安全系数 $S = S_{\sigma} = \sigma_{-1}/(K_{\sigma}\sigma_a) = 275MPa/(3.16×177.1MPa) = 0.49$，不安全。

由以上两种计算方法可知，该轴不安全。请读者提出改进方案。

注：本案例是作者在实际工作中接受的失效分析任务，经作者把有关数据圆整，结构适当简化而成，希望读者领会。本书的两种计算方法在使用中得到的结论是一致的，作者在被邀请对设计进行鉴定时，使用本书的方法，发现了原设计者计算中的问题。

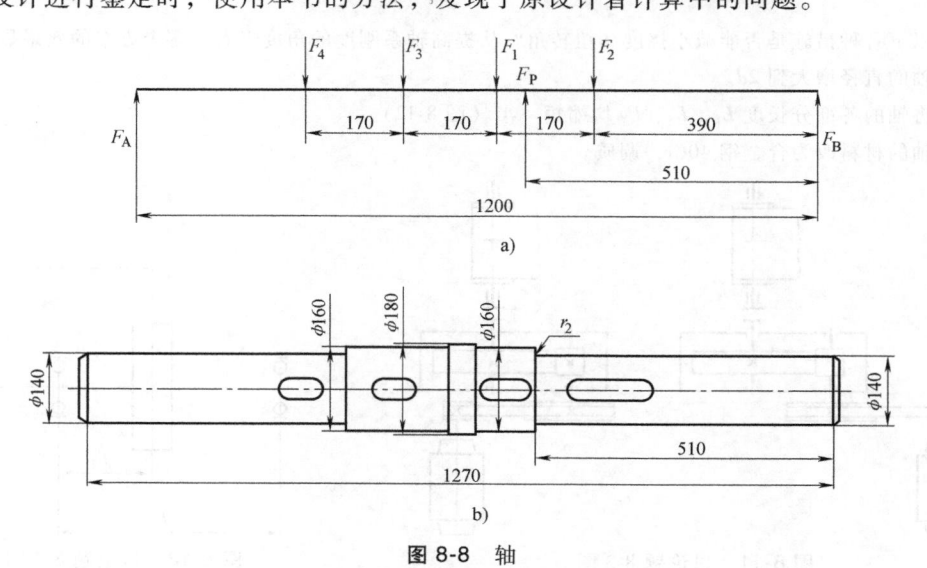

图 8-8 轴

a）轴受力简图　　b）轴结构简图

讨 论 题

8-1　图 8-9 所示的实心轴仅受脉动性循环弯曲应力的作用。如果仅从等强度条件考虑，轴的截面尺寸沿轴线方向如何变化？这样的结果是否实用？为什么？

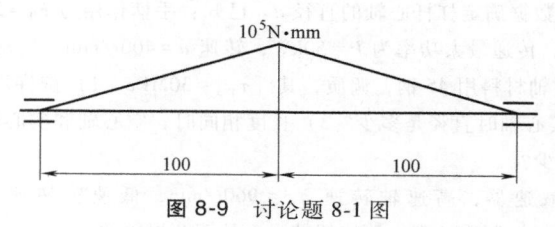

图 8-9 讨论题 8-1 图

8-2　图 8-10 所示为起重机卷筒轴的四种结构方案，试比较：1）哪个方案的卷筒轴是心轴？哪个是转轴？2）从轴的应力分析来看，哪个方案的轴较重？哪个方案的轴较轻？

8-3　图 8-11 所示为某传动系统的两种布置方案。若传递功率和各传动件的参数及尺寸完全相同，减速器输入轴受力大小和方向有何不同？按强度计算两轴的直径是否相同？

8-4　安装齿轮的轴用材料为 45 钢，调质。安装齿轮处轴的直径为 d，此处的挠度和扭转角分别为 y 和

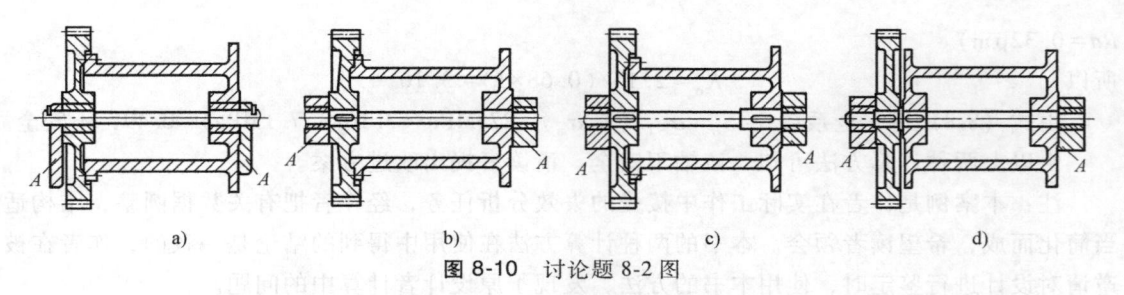

a) b) c) d)

图 8-10 讨论题 8-2 图

φ。问：以下各种措施是否能减小挠度和扭转角？从提高轴系刚度的角度来看，哪个方案的效果显著？

1）轴的直径增大到 $2d$。

2）将轴的各部分长度 L_1、L_2、L_3 均缩短一半（图 8-12）。

3）轴的材料改为合金钢 40Cr，调质。

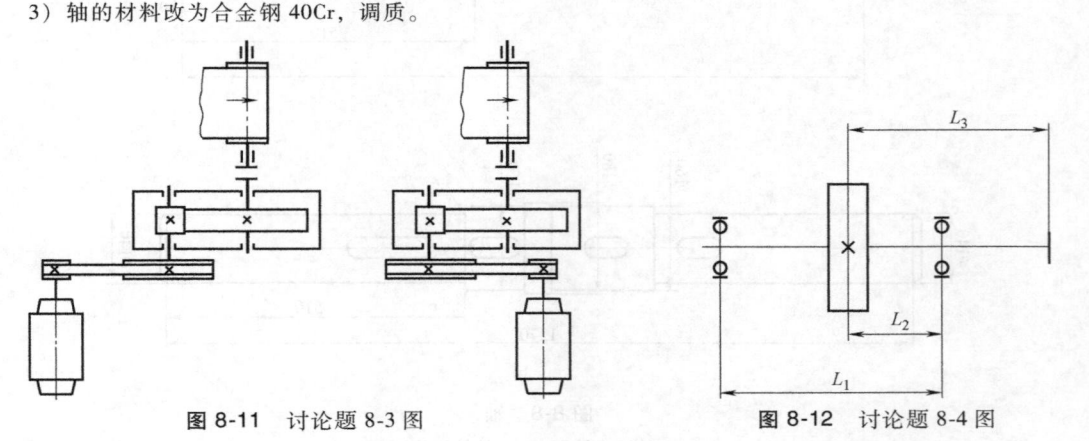

图 8-11 讨论题 8-3 图 **图 8-12** 讨论题 8-4 图

习　题

8-1 图 8-13 所示为桥式起重机起升机构，电动机通过联轴器与两级斜齿圆柱齿轮减速器相连接。减速器的低速轴Ⅳ端部装有一齿轮联轴器，它直接带动卷筒转动。卷筒上的钢丝绳通过滑轮组带动吊钩起升货物（图中未画出）。请问根据承载类型分类判断该传动系统中各轴分别属于什么轴。

8-2 根据图 8-14 所示数据确定杠杆心轴的直径 d。已知：手柄作用力 $F_1 = 250N$，心轴材料为 Q235A。

8-3 有一汽车传动轴，传递最大功率为 $P = 50kW$，转速 $n = 400r/min$。传动采用空心轴：轴外径 $d_2 = 70mm$，轴内径 $d_1 = 55mm$，轴材料用 45 钢，调质，其 $[\tau_T] = 30MPa$。1）按许用扭转强度校核空心轴的强度。2）若材料不变，采用实心轴时直径是多少？3）长度相同时，空心轴和实心轴重量相差多少？4）二者的扭转刚度（GI_P）相差多少？

8-4 一级圆柱齿轮减速器，高速轴转速 $n_1 = 960r/min$，低速轴转速 $n_2 = 300r/min$，传递功率 $P = 5.4kW$，轴用 45 钢制造，经调质处理，请按扭转强度计算两根轴的直径。

8-5 减速器的低速齿轮轴上有一斜齿圆柱齿轮 $d_2 = 377.8mm$ 和一个直齿圆柱齿轮 $d_3 = 150mm$，其他尺寸及受力如图 8-15 所示。请选择轴材料和热处理方法，并按弯扭合成条件计算轴危险断面直径。

8-6 在图 8-16 所示的斜齿圆柱齿轮传动中，$z_1 = 19$，$z_2 = 56$，$z_3 = 80$，$m_n = 4mm$，$a_1 = 155mm$，小齿轮 z_1 的转矩 $T_1 = 1.28 \times 10^5 N \cdot mm$。试分析齿轮 2 的受力，画出轴 2 的弯矩图、转矩图，用弯曲疲劳强度计算轴受力最大的断面直径。

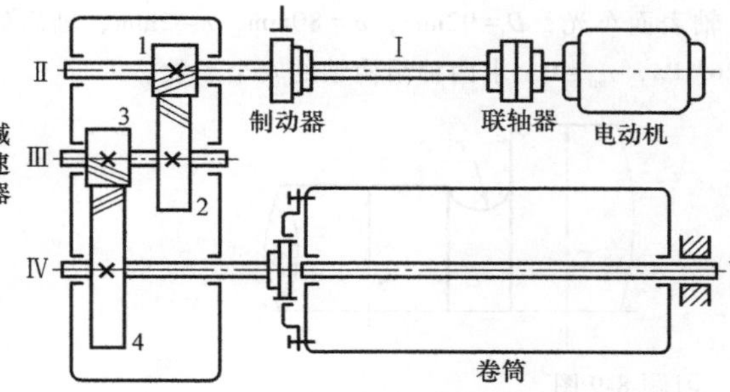

图 8-13 习题 8-1 图

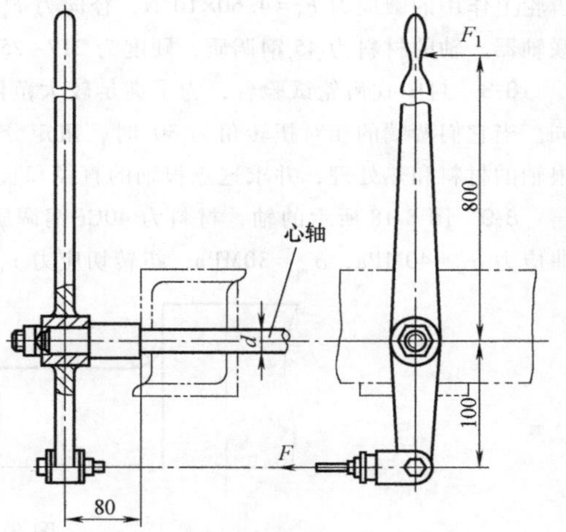

图 8-14 习题 8-2 图

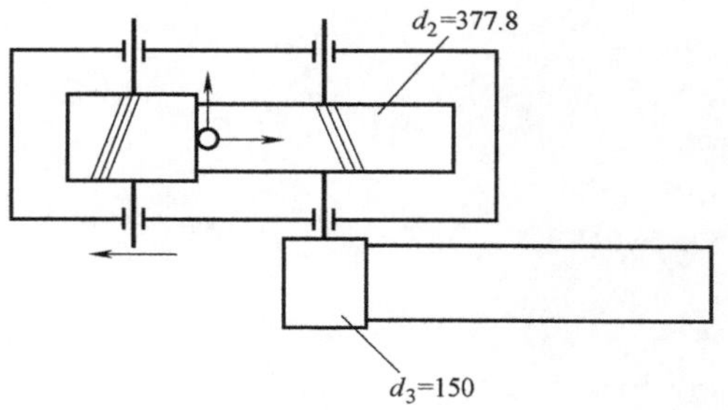

图 8-15 习题 8-5 图

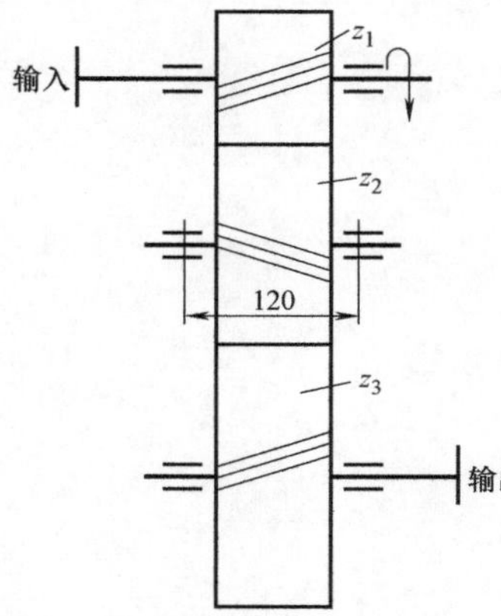

图 8-16 习题 8-6 图

8-7 图 8-17 所示为斜齿圆柱齿轮轴系结构。斜齿轮分度圆直径 $d=200\text{mm}$，传递的扭矩 $T=4.60\times10^{5}\text{N·mm}$，

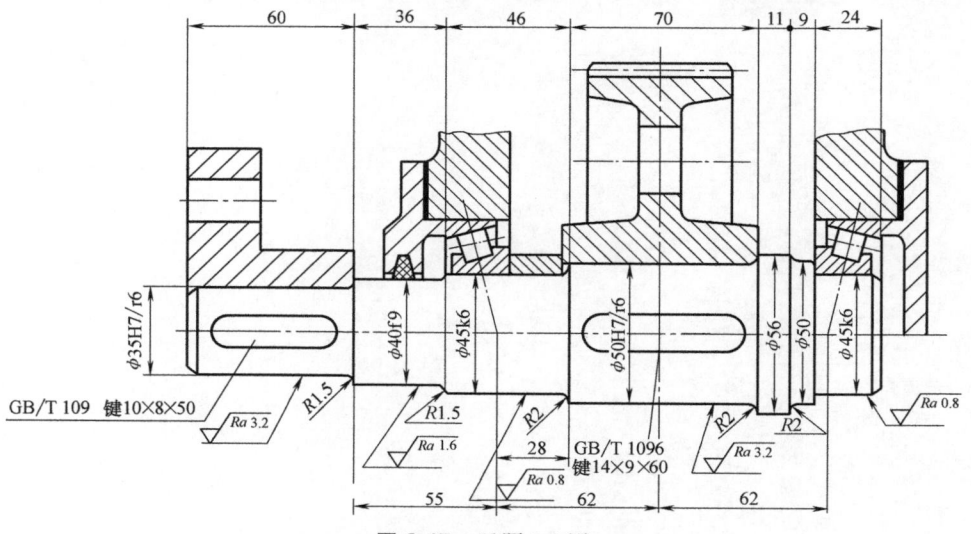

图 8-17 习题 8-7 图

齿轮上作用的圆周力 $F_t = 4.60 \times 10^3\,\text{N}$，径向力 $F_r = 1.80 \times 10^3\,\text{N}$，轴向力 $F_a = 1.40 \times 10^3\,\text{N}$，方向指向轴的左端联轴器。轴的材料为 45 钢调质，硬度为 217~255HBW。试用安全系数法校核轴的强度。

8-8 封闭式齿轮试验台，为了满足较大范围的测试要求，要求做三根长度相同的光轴，各轴直径不同。当它们两端的相对扭转角为 30°时，扭矩分别为 $10^5\,\text{N}\cdot\text{mm}$、$2.5 \times 10^5\,\text{N}\cdot\text{mm}$、$6 \times 10^5\,\text{N}\cdot\text{mm}$。选定三根轴的材料和热处理，并求这三根轴的直径和长度。

8-9 图 8-18 所示的轴，材料为 40Cr 钢调质，轴表面车光，$D = 92\,\text{mm}$，$d = 80\,\text{mm}$，$r = 2\,\text{mm}$，轴肩处弯曲应力 $\sigma_a = 40\,\text{MPa}$，$\sigma_m = 30\,\text{MPa}$，扭转切应力 $\tau_a = 26\,\text{MPa}$，$\tau_m = 0$。求两种结构轴的安全系数。

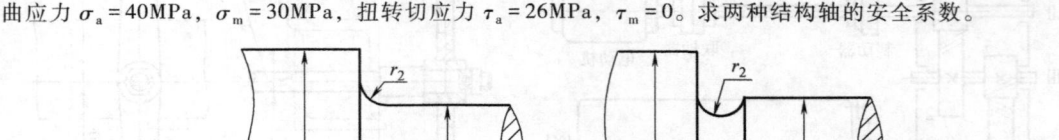

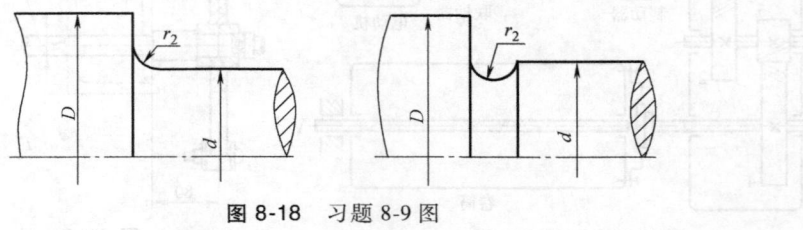

图 8-18 习题 8-9 图

第九章 滚动轴承

第一节 滚动轴承的结构、类型和代号

一、滚动轴承的结构

滚动轴承的典型结构如图 9-1 所示。它是由内圈 1、外圈 2、滚动体 3 和保持架 4 组成的。保持架的作用是把滚动体均匀地隔开。滚动体的形状很多,常见的有球、圆柱滚子、滚针、圆锥滚子、球面滚子和非对称球面滚子等,如图 9-2 所示。

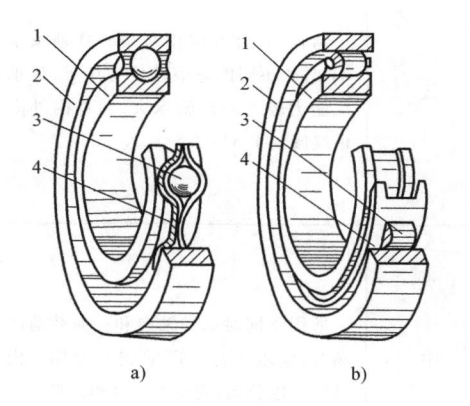

图 9-1 滚动轴承的典型结构
1—内圈 2—外圈 3—滚动体 4—保持架

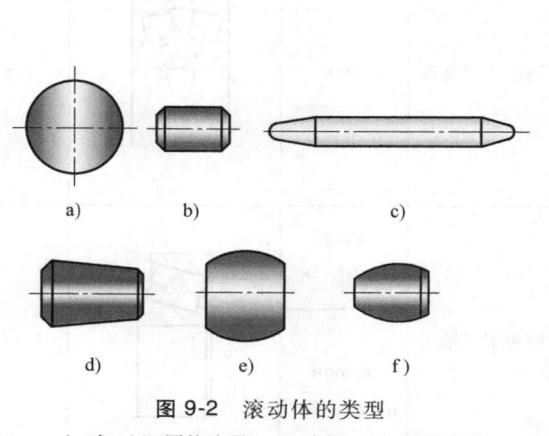

图 9-2 滚动体的类型
a) 球 b) 圆柱滚子 c) 滚针 d) 圆锥滚子
e) 球面滚子 f) 非对称球面滚子

二、滚动轴承的主要类型和性能

按滚动体来分,滚动轴承可分为球轴承和滚子轴承;按滚动轴承能否自动调心,可分为调心轴承和非调心轴承;按滚动轴承的滚动体列数来分,可分为单列、双列和多列轴承;按滚动轴承能承受主要载荷的方向来分,有向心轴承($\alpha = 0°$)、推力轴承($\alpha = 90°$)和角接

触轴承（0°<α<90°）。α 为公称接触角，是指滚动轴承的外圈与滚动体接触点的法线和垂直于轴承轴线平面的夹角。

向心轴承主要承受径向载荷；推力轴承主要承受轴向载荷；角接触轴承可以承受径向、轴向联合载荷（接触角 α 越大，其承受轴向载荷的能力也越大）。为了满足不同的需要，向心角接触球轴承有 α=15°（70000C 型）、α=25°（70000AC 型）和 α=40°（70000B 型）等多种公称接触角；圆锥滚子轴承的接触角 α≈10°~29°。

滚动轴承是标准件，在滚动轴承的国家标准中，将滚动轴承分为 13 种基本类型，表 9-1 中列出了其中常见的几种。此外，还有附加其他元件如密封盖、紧定套或支承座等的滚动轴承，以及滚针轴承与推力球轴承的组合等。生产滚动轴承的厂商很多，知名品牌及网址参见教材网络资源。

表 9-1 常用滚动轴承的类型、代号和特性（摘自 GB/T 272—2017 和 JB/T 2974—2004）

类型名称	类型代号	结构简图	额定动载荷比[①]	极限转速比[②]	特 性
调心球轴承	10000		0.6~0.9	中	外圈的滚道是以轴承中心为球心的内球面，故可以自动调心，允许内外圈轴线在倾斜 1.5°~3°条件下工作 主要承受径向载荷，也能承受微量的轴向载荷
调心滚子轴承	20000		1.8~4	低	结构、特性和应用与调心球轴承基本相同，不同的是滚动体为滚子，故承载能力较调心球轴承大，允许内外圈轴线倾斜 1.5°~2.5°
圆锥滚子轴承	30000 α=10°~18° 30000B α=27°~30°		1.1~2.5	中	适用于同时承受轴向和径向载荷的场合，应用广泛。通常成对使用。内外圈可以分离，安装时应调整游隙
推力球轴承	50000		1	低	只能承受轴向载荷。内孔较小的是轴圈，与轴配合；内孔较大的是孔圈，与机座固定在一起。极限转速较低 51000 型只能承受单向轴向载荷；52000 可以承受双向轴向载荷

（续）

类型名称	类型代号	结构简图	额定动载荷比①	极限转速比②	特　性
深沟球轴承	60000		1	高	摩擦力小,极限转速高,结构简单,使用方便,应用最广泛。但轴承本身刚性差,承受冲击载荷的能力较差 　主要承受径向载荷,也能承受少量的轴向载荷,适用于高速场合。内、外圈的轴线相对倾斜2′~10′
角接触球轴承	70000C α=15° 70000AC α=25° 70000B α=40°		1	高	除滚动体为球外,其结构、特性和应用与圆锥滚子轴承基本相同,故承载能力较圆锥滚子轴承小,但极限转速比圆锥滚子轴承高
圆柱滚子轴承	外圈无挡边 N0000 内圈无挡边 NU0000		1.5~3	高	只能承受径向载荷,对轴的相对偏斜很敏感,只允许内外圈轴线倾斜在2′以内。内外圈可以分离,工作时允许内外圈有小的相对轴向位移
滚针轴承	NA0000		—	低	在相同的内径下,其外径最小。用于承受纯径向载荷和径向尺寸受限制的场合。对轴的变形和安装误差非常敏感。一般不带保持架
四点接触球轴承	QJ		1	高	每个滚动体(球)有四点与内外圈接触,能同时承受径向载荷和双向轴向载荷,可替代在一个支点上对称安装的一对角接触球轴承
滚针和推力球组合轴承	NKX		—	低	具有推力球轴承和滚针轴承的联合特性,可以承受较大的径向载荷和轴向载荷,结构紧凑

① 额定动载荷比:指同一尺寸系列（直径及宽度）、各种类型和结构形式的轴承的额定动载荷与单列深沟球轴承（推力球轴承为单向推力球轴承）的额定动载荷之比。

② 极限转速比:指同一系列0级公差的各类轴承脂润滑时的极限转速与单列深沟球轴承（推力球轴承为单向推力球轴承）的极限转速之比。

三、滚动轴承的代号

滚动轴承的类型很多，同一种类型又有不同的结构、尺寸和公差等级区别，为了便于制造、标记和选用，GB/T 272—2017 和 JB/T 2974—2004 中规定了滚动轴承代号表示方法。轴承代号由基本代号、前置代号和后置代号组成，其含义见表9-2。

表9-2　滚动轴承代号

前 置 代 号	基 本 代 号				后 置 代 号	
	五	四	三	二　一	内部结构代号	公差等级代号
	类型代号	尺寸系列代号		内径代号	密封与防尘结构代号	游隙代号
轴承分部件代号		宽度（或高度）系列代号	直径系列代号		保持架及其材料代号	多轴承配置代号
					特殊轴承材料代号	其他代号

1. 基本代号

基本代号表示滚动轴承的类型、内径、直径系列和宽度（或高度）系列。

（1）内径代号　用基本代号右起第一、第二位数字表示。内径 $d = 10 \sim 480mm$（其中 22、28 、32mm 除外）的常用轴承，其内径表示方法见表9-3。内径小于 10mm 和大于 500mm 的轴承的内径代号另有规定，见滚动轴承标准 GB/T 272—2017。

表9-3　滚动轴承内径尺寸代号

内径尺寸代号	00	01	02	03	04～96
轴承内径/mm	10	12	15	17	内径尺寸代号×5

（2）尺寸系列代号　对于同一内径的轴承，为了能适应不同承载能力、转速或结构尺寸的需要，采用不同大小的滚动体可以制成不同外径和宽度（对于推力轴承则为高度），以基本代号右起第三（直径系列）、第四位数字（宽度系列，0 表示正常系列，可省略）代表外廓尺寸系列。结构相同、内径相同，直径系列不同，轴承的宽度、直径和额定动载荷不同，如图9-3所示。

（3）类型代号　从基本代号右起第五位起，用 1 位或 2 位数字，或拉丁字母表示轴承的类型。常用轴承类型代号见表9-1。

2. 前置代号

前置代号表示成套轴承的分部件，用拉丁字母表示，代号及其含义见滚动轴承标准。

3. 后置代号

后置代号是轴承在内部结构、密封防尘与外部形状、轴承零件材料、保持架及其材料、公差等级、游隙、成对轴承在一个支点处配置方式等有变化时，在基本代号后面所加的补充代号。后置代号用拉丁字母（或加数字）表示，代号及其含义见滚动轴承标准。

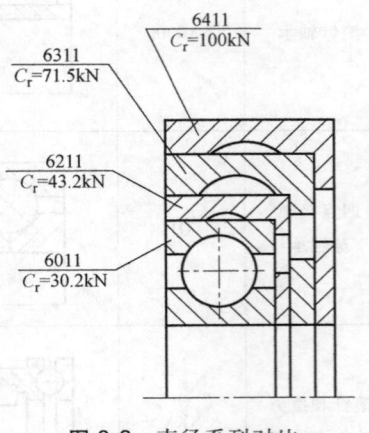

图9-3　直径系列对比

公差等级代号表示轴承制造的精度等级，分别用/P0（为普通级精度，可省略）、/P6x、/P6、/P5、/P4、/P2表示，精度按以上次序由低到高。

游隙代号：轴承游隙是轴承滚动体与轴承内外圈之间的间隙。代号有C2、CN、C3、C4、C5、CA、CM及C9等，具体含义可查看GB/T 272—2017。

例题9-1 某轴承代号为16008，试判断它的类型、内径尺寸、公差等级和游隙组别。

解： 查表9-1和表9-3，或查滚动轴承标准，可知各数字（自右至左）代号的含义如下：

08——内径代号，内径$d=8×5mm=40mm$；0——外廓尺寸系列代号（外径和宽度都是较小的一种），其中特宽系列代号"0"省去不写；16——类型代号，16代表深沟球轴承的一种。无后置代号，说明该轴承公差等级为0级，径向游隙为0组。

第二节 滚动轴承的受力、应力分析及其失效形式

以只承受径向载荷F_R的深沟球轴承为例，设有半圈滚动体承载，如图9-4所示。承载区内各位置的滚动体所承受的载荷大小是不同的，因而处于各位置的滚动体与内、外圈之间的接触应力也是不同的。若轴承外圈固定，内圈旋转，外圈承载区上某点接触应力都受脉动循环接触应力。

在安装、润滑、维护良好的条件下，由于受变化的接触应力，滚动轴承的正常失效形式是滚动体、内外圈滚道点蚀，故大多数的滚动轴承按动态承载能力来选择其型号，即计算滚动轴承不发生点蚀前的疲劳寿命。

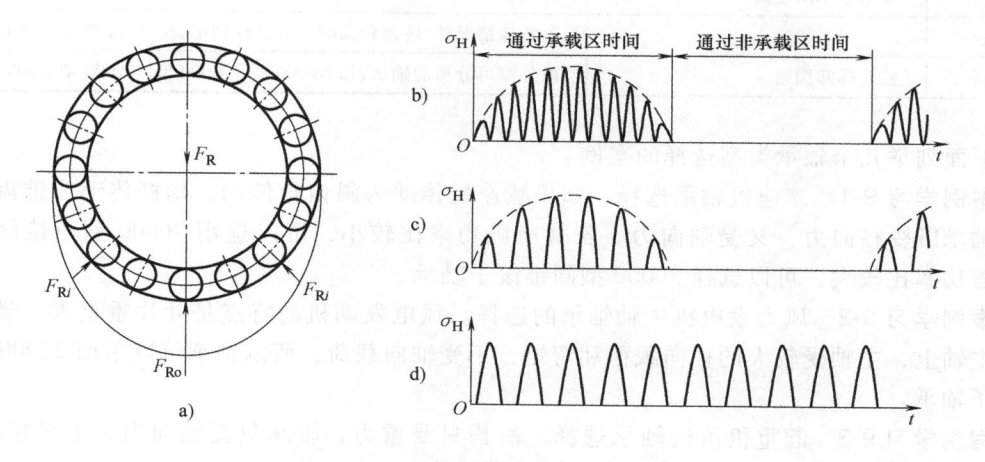

图9-4 轴承的受力和应力图

a）轴承受力图 b）滚动体上某点的应力图 c）内圈上某点的应力图 d）外圈上某点的应力图

如果滚动轴承不转动、低速转动（$n \leq 10r/min$）或摆动，则一般不会发生疲劳破坏，这时，轴承元件的主要失效形式是塑性变形。因此，应按静态承载能力来选择轴承的尺寸（型号）。

此外，工作环境恶劣（如多灰尘、酸碱腐蚀性介质等）、密封不好、润滑不良、安装使

用不当或高速重载等原因，也可能引起轴承发生过度磨损、化学腐蚀、元件碎裂或胶合而失效。不过，对这些失效形式，只要在设计和使用时注意防止，还是可以避免的。

第三节 滚动轴承的类型选择

在设计机械时，滚动轴承的合理选择是重要的一环。首先选择轴承的类型，然后选择轴承尺寸，即型号。滚动轴承的类型选择可参考表9-4。

表9-4 滚动轴承的类型选择

考虑因素	应用条件	适应轴承类型
载荷方向	径向载荷	10000型、20000型、60000型主要承受径向力和少许轴向力 N0000型、NU000型、NA0000型只能承受纯径向力
	轴向载荷	51000型、52000型主要承受径向力
	轴向、径向联合载荷	一般选70000型、30000型、29000型。接触角α根据轴向载荷的大小而定，若轴向载荷较大，则选择α大一些的轴承
载荷大小	轻、中载荷	球轴承
	重载荷	滚子轴承
允许空间	径向空间受限制	滚针轴承、直径系列为0、1的其他轴承
	轴向空间受限制	宽度系列为0、1的轴承
对中性	有对中性误差，如轴和支撑变形大，安装精度低	10000型、20000型、29000型等调心轴承
刚度	要求轴承刚度高	滚子轴承
转速		除特殊情况外，转速较高时一般选球轴承；反之，选择滚子轴承
安装拆卸	安装拆卸频繁	内外圈可分离的轴承，如N0000型、NU000型、NA000型、30000型

下面列举几个轴承类型选择的案例。

案例学习9-1 减速机轴承选择。如果减速机传动为斜齿轮传动、蜗杆传动或锥齿轮传动，轴承既受径向力，又受轴向力。若减速机功率比较小，可以选用70000型角接触球轴承；若功率比较大，可以选择30000型圆锥滚子轴承。

案例学习9-2 风力发电机主轴轴承的选择。风电发动机的特点是叶片重量大，悬臂安装在主轴上，主轴受较大的径向载荷和弯矩，不受轴向载荷，所以轴承可以采用20000型调心滚子轴承。

案例学习9-3 起重机吊钩轴承选择。吊钩只受重力，轴承只受轴向力，不受径向力，故可以选择50000型的推力轴承。

第四节 滚动轴承的动态承载能力计算

一、滚动轴承的基本额定动载荷和基本额定寿命

滚动轴承的寿命是指轴承中任意元件出现疲劳点蚀前的总转数，或在一定转速下的工作

小时数。由于制造精度、材料均质等差异，即使同样材料、型号及同一批生产的轴承在同一条件下工作，其寿命也是非常离散的。轴承的可靠度与寿命的关系大致可描绘成图 9-5 所示的曲线。滚动轴承的基本额定寿命是指同一批轴承，在同一条件下，其中 10% 的轴承产生疲劳点蚀，而 90% 的轴承不产生疲劳点蚀时，轴承所转的总圈数（用 L_{10} 表示），或在一定转速下的工作小时数（用 L_h 表示）。

滚动轴承在基本额定寿命 L_{10} 恰好等于 10^6 r（转）时所能承受的载荷，称为基本额定动载荷，用 C 表示。对于向心轴承，标记为 C_r；对于推力轴承，标记为 C_a。对于向心轴承 C_r 值是平稳的纯径向载荷；对于推力轴承 C_a 是平稳的纯轴向载荷；对于角接触轴承，基本额定动载荷是特定条件下载荷的径向或轴向分量。图 9-6 所示的 6208 型轴承的基本额定动载荷 $C_r = 29.5$kN。C 值与滚动轴承的类型、材料、尺寸等有关。各种型号轴承的 C_r 和 C_a 值在滚动轴承样本和机械设计手册中均可查得。

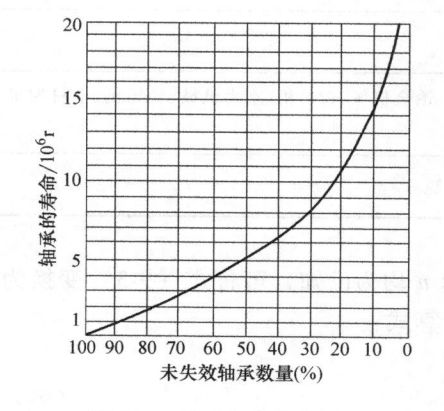

图 9-5　轴承寿命分布曲线

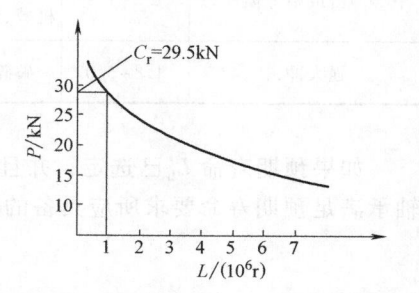

图 9-6　轴承（6208 型）载荷-寿命曲线

二、寿命计算

当作用在轴承上的载荷 P 等于基本额定动载荷 C 时，轴承的寿命等于 10^6 r。大量试验表明，当作用在轴承上的载荷 P 不等于 C 时，滚动轴承的载荷 P 与寿命 L_{10} 的关系如图 9-6 所示，其方程为

$$L_{10} = \left(\frac{C}{P}\right)^{\varepsilon} \tag{9-1}$$

式中，ε 为寿命指数，由试验得，球轴承 $\varepsilon = 3$，滚子轴承 $\varepsilon = 10/3$；L_{10} 为寿命（10^6 r）。

通常，滚动轴承的寿命不是按转数（r）计算的，而是按一定转速 n(r/min) 下的工作小时数 L_h(h) 计算，即

$$L_h = \frac{10^6}{60n}\left(\frac{C}{P}\right)^{\varepsilon} \tag{9-2}$$

式中，L_h 为时间寿命（h）。

由于滚动轴承的基本额定动载荷 C 是在工作温度不大于 100℃ 下确定的，当工作温度大于 100℃ 时，由于轴承元件表面软化而降低其承载能力，故引入温度系数 f_T，参见表 9-5。又由于机器在工作中往往有振动和冲击，使滚动轴承实际承受载荷大于名义工作载荷，故引

入一个载荷系数 f_P，将当量动载荷予以适当放大。载荷系数 f_P 值可参考表 9-6 确定。

因此，滚动轴承的寿命计算公式为

$$L_h = \frac{10^6}{60n}\left(\frac{f_T C}{f_P P}\right)^\varepsilon \tag{9-3}$$

表 9-5 滚动轴承的温度系数 f_T

轴承工作温度/℃	≤100	125	150	175	200	225	250	300
f_T	1.0	0.95	0.9	0.85	0.8	0.75	0.7	0.6

表 9-6 滚动轴承的载荷系数 f_P

载荷性质	f_P	应用举例
无冲击或轻微冲击	1.0~1.2	电动机、汽轮机、通风机、水泵等
中等冲击或中等惯性力	1.2~1.8	车辆、动力机械、起重机、造纸机、冶金机械、选矿机、水力机械、卷扬机、木材加工机械、传动装置、机床等
强大冲击	1.8~3.0	破碎机、轧钢机、石油钻机、振动筛

如果预期寿命 L_h' 已选定，并且当量动载荷 P 和转速 n 均为已知，可将式（9-3）变换为轴承满足预期寿命要求所应具备的额定动载荷 C' 值的计算式：

$$C' = f_P P \left(\frac{60nL_h'}{10^6}\right)^{1/\varepsilon} \tag{9-4}$$

选择滚动轴承类型后，选择其型号的方法或有关计算参见例题 9-2 和例题 9-3。

三、滚动轴承当量动载荷 P 的计算

滚动轴承实际运转时所受的载荷性质和工作条件与试验时的载荷性质和工作条件一般不完全一致。当实际载荷是既有径向载荷又有轴向载荷的联合载荷时，必须把它们换算成纯径向载荷值或纯轴向载荷值，才能和基本额定动载荷 C 相比较。换算后的载荷是一个等效的假想载荷，称当量动载荷 P。

通过大量的试验研究和理论分析，人们研究了径向载荷 F_R 和轴向载荷 F_A 联合作用时对轴承寿命的影响，并建立了滚动轴承当量动载荷的计算公式如下：

$$P = XF_R + YF_A \tag{9-5}$$

式中，F_R 为径向载荷；F_A 为轴向载荷；X 为径向系数，其值查表 9-7；Y 为轴向系数，其值查表 9-7。

在应用表 9-7 查 X、Y 时，对于一些轴承需要先确定系数 e，它是表征轴向载荷对向心轴承受力影响的判别系数，其数值与轴承的类别和实际接触角有关。深沟球轴承（公称接触角 $\alpha = 0$）和公称接触角较小（$\alpha = 15°$）的角接触球轴承的实际接触角随实际轴向载荷 F_A 的增大而增大。所以，可以按 iF_A/C_{0r} 或 f_0F_A/C_{0r} 来确定判别系数 e。C_{0r} 是滚动轴承的额定静

载荷，i 是滚动体的列数，f_0 是基本额定静载荷的计算系数，与滚动体的列数、滚动体直径和滚动体个数有关，详见 GB/T 4662—2012。滚动体直径和滚动体个数可以查阅滚动轴承产品样本。表 9-7 中的 X、Y 值还与 $F_A/F_R \leqslant e$ 和 $F_A/F_R > e$ 有关。例如，当 $F_A/F_R \leqslant e$ 时，表明轴向载荷 F_A 对向心单列轴承寿命的影响很小或可不计。

表 9-7　当量动载荷的径向系数 X 和轴向系数 Y（摘自 GB/T 6391—2010）

轴承类型		相对载荷		判断系数 e	单列轴承				双列轴承			
		$\dfrac{iF_A}{C_{0r}}$	$\dfrac{f_0 F_A}{C_{0r}}$		$F_A/F_R \leqslant e$		$F_A/F_R > e$		$F_A/F_R \leqslant e$		$F_A/F_R > e$	
					X	Y	X	Y	X	Y	X	Y
深沟球轴承		0.014	0.172	0.19				2.30				2.30
		0.028	0.345	0.22				1.99				1.99
		0.056	0.689	0.26				1.71				1.71
		0.084	1.03	0.28				1.55				1.55
		0.11	1.38	0.30	1	0	0.56	1.45	1	0	0.56	1.45
		0.17	2.07	0.34				1.31				1.31
		0.28	3.45	0.38				1.15				1.15
		0.42	5.17	0.42				1.04				1.04
		0.56	6.89	0.44				1.00				1.00
角接触球轴承	$\alpha = 15°$	$\leqslant 0.015$	0.178	0.38				1.47		1.65		2.39
		0.029	0.357	0.40				1.40		1.57		2.28
		0.058	0.714	0.43				1.30		1.46		2.11
		0.087	1.07	0.46				1.23		1.38		2.00
		0.12	1.43	0.47	1	0	0.44	1.19	1	1.34	0.72	1.93
		0.17	2.14	0.50				1.12		1.26		1.82
		0.29	3.57	0.55				1.02		1.14		1.66
		0.44	5.35	0.56				1.00		1.12		1.63
		$\leqslant 0.58$	7.14	0.56				1.00		1.12		1.63
	$\alpha = 25°$	—	—	0.68	1	0	0.41	0.87	1	0.92	0.67	1.41
	$\alpha = 40°$	—	—	1.14	1	0	0.35	0.57	1	0.55	0.57	0.93
圆锥滚子轴承		—	—	$1.5\tan\alpha$	1	0	0.4	$0.4\cot\alpha$	1	$0.45\cot\alpha$	0.67	$0.67\cot\alpha$
调心球轴承		—	—	$1.5\tan\alpha$					1	$0.42\cot\alpha$	0.65	$0.65\cot\alpha$
调心滚子轴承		—	—	$1.5\tan\alpha$					1	$0.45\cot\alpha$	0.67	$0.67\cot\alpha$

注：表中圆锥滚子轴承和调心球轴承，有的机械设计手册或产品样本没有列出接触角 α，而是直接给出 e 值和 Y 值。

例题 9-2　设某支撑根据工作条件决定选用深沟球轴承。轴承轴向载荷 $F_A = 2000\text{N}$，径向载荷 $F_R = 5000\text{N}$ 和转速 $n = 1250\text{r/min}$，载荷平稳，工作温度在 100℃ 以下。要求轴承寿命 $L_h' \geqslant 5000\text{h}$，轴承内径 $d = 50 \sim 60\text{mm}$。试选择轴承型号。

解：（1）初选轴承型号　因为同时承受径向载荷 F_R 和轴向载荷 F_A 的深沟球轴承，在计算其当量动载荷 P 时，要根据比值 F_A/C_{0r} 来确定径向系数 X 和轴向系数 Y。但符合需要的轴承型号尚未选择出来，其基本额定静载荷 C_{0r} 尚未知，故须先根据载荷和尺寸限制，从

《机械设计手册》中初步选择 6211 型轴承，其主要数据如下：$d = 55\text{mm}$，$D = 100\text{mm}$，$C_{0r} = 29200\text{N}$，$C_r = 43200\text{N}$。

（2）计算当量动载荷　由 $\dfrac{F_A}{C_{0r}} = \dfrac{2000N}{29200N} = 0.0685$，在表 9-7 中介于 $0.056 \sim 0.084$ 之间，对应的 e 值在 $0.26 \sim 0.28$ 之间。由于 $\dfrac{F_A}{F_R} = \dfrac{2000}{5000} = 0.4 > e$，查得 $X = 0.56$，Y 值在 $1.71 \sim 1.55$ 之间，用线性插值法求 Y，得

$$Y = 1.55 + \frac{(1.71 - 1.55) \times (0.084 - 0.0685)}{0.084 - 0.056} = 1.64$$

由计算式（9-5）计算当量动载荷，得

$$P = XF_R + YF_A = 0.56 \times 5000N + 1.64 \times 2000N = 6080N$$

（3）求寿命　由于载荷平稳，查表 9-6，取 $f_P = 1.0$。工作温度在 100℃ 以下，查表 9-5，取 $f_T = 1.0$。对于球轴承 $\varepsilon = 3$，于是有

$$L_h = \frac{10^6}{60n}\left(\frac{f_T C_r}{f_P P}\right)^{\varepsilon} = \frac{10^6}{60 \times 1250\text{r/min}} \times \left(\frac{1.0 \times 43200N}{1.0 \times 6080N}\right)^3 = 4782\text{h}$$

所以，6211 型轴承不满足寿命要求，可改选 6212 或 6311，验算从略。

四、角接触轴承和轴向载荷 F_A 的计算

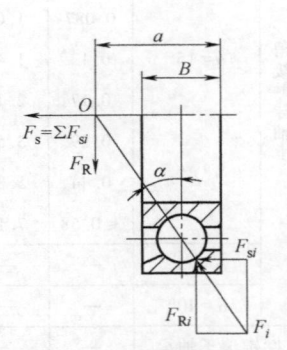

为了计算滚动轴承的当量动载荷，须按力学方法计算轴承所受的径向载荷 F_R 和轴向载荷 F_A。但是在计算圆锥滚子轴承（30000 型）和角接触球轴承（70000 型）所承受的载荷时，要注意两点：第一，由于这两种轴承结构上的原因，在支撑轴时，它的支反力作用点不在轴承宽度 B 的中点，而在各滚动体的法向载荷作用线与轴线的交点 O，如图 9-7 所示。点 O 称为载荷作用中心，点 O 到轴承外侧面的距离 a，可从滚动轴承样本或《机械设计手册》中查到。第二，它们承受径向载荷 F_R 时，各承载的滚动体均产生派生轴向力 F_{si}。总派生轴向力等于各滚动体派生轴向力之和，即 $F_s = \sum F_{si}$。派生轴向力 F_s 经验计算公式见表 9-8，F_s 的方向如图 9-7 所示。

图 9-7　角接触轴承载荷

表 9-8　角接触球轴承派生轴向力 F_s 的计算

轴承内型	向心角接触球轴承[①]			向心圆锥滚子轴承
	70000C 型（旧 36000 型）$\alpha = 15°$	70000AC 型（旧 46000 型）$\alpha = 25°$	70000B 型（旧 36000 型）$\alpha = 40°$	30000 型（旧 7000 型）
F_s	eF_R	$0.68F_R$	$1.14F_R$	$F_R/2Y$

注：圆锥滚子轴承的 $e = 1/2Y$，此处的 Y 是 $F_A/F_R > e$ 时的轴向系数，查表 9-7。

① 70000C 型轴承的 $e = 0.38 \sim 0.56$，它随 iF_A/C_{0r} 而变，初选轴承时可近似取 $e \approx 0.47$。

图 9-8a、b 所示为成对使用的角接触球轴承的两种安装方式，其中图 9-8b 所示为正装（或称"面对面"安装），图 9-8a 所示为反装（或称"背靠背"安装）。图 9-8c、d 所示分别为图 9-8a、b 所示的受力简图。F_a 和 F_r 是作用在轴上的外载荷，F_{R1}、F_{R2} 分别是轴承 1 和轴承 2 的径向支反力，F_{s1}、F_{s2} 分别是轴承 1 和轴承 2 的派生轴向力。

以图 9-8a、c 为例，若 $F_a + F_{s2} \geqslant F_{s1}$ 时，轴（连同轴承内圈和滚动体）有向左移动的趋势。轴承 1 被"压紧"，而轴承 2 被"放松"。被"压紧"的轴承轴向力等于其余轴向力之和；被"放松"的轴承轴向力等于其自身内部轴向力，即

$$F_{A1} = F_a + F_{s2} \tag{9-6}$$

$$F_{A2} = F_{s2} \tag{9-7}$$

若 $F_a + F_{s2} \leqslant F_{s1}$ 时，轴（连同轴承内圈和滚动体）有向右移动的趋势。轴承 2 被"压紧"，而轴承 1 被"放松"。同理有

$$F_{A2} = F_{s1} - F_a \tag{9-8}$$

$$F_{A1} = F_{s1} \tag{9-9}$$

计算图 9-8b、d 所示轴承轴向载荷的方法与此相同。

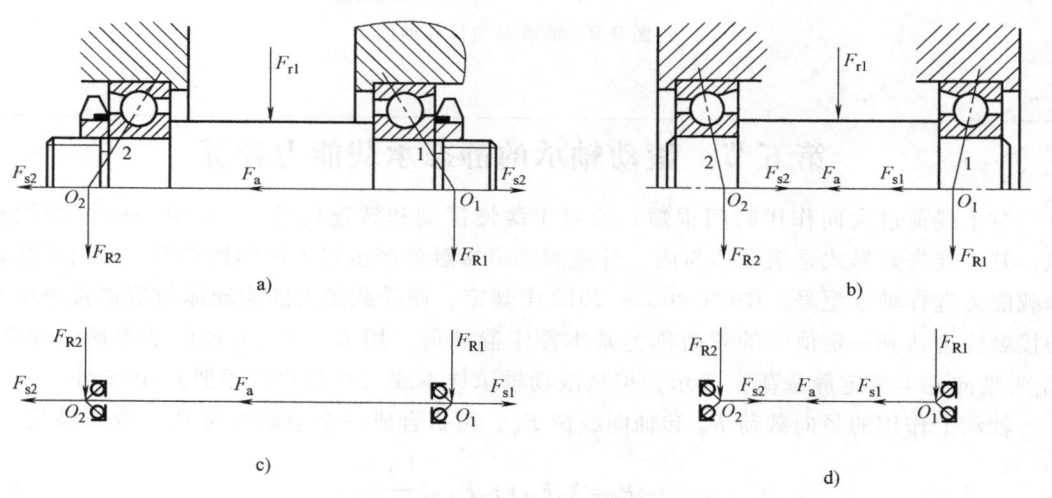

图 9-8 向心角接触轴承的轴向载荷

五、滚动轴承寿命计算

通常滚动轴承设计过程是：在轴的结构设计中，根据载荷大小和性质选择轴承的种类和型号，再校核轴承的寿命。滚动轴承寿命过程较复杂，可参见图 9-9 所示的计算框图。

计算向心角接触轴承的轴向载荷的方法可归纳如下：①根据轴上全部轴向力（包括外加轴向力 F_a 和轴承派生轴向力 F_s 合力的指向，判明哪端轴承被"压紧"，哪端轴承被"放松"。②被"放松"的轴承的轴向载荷等于它本身的派生轴向力。③被"压紧"的轴承的轴向载荷等于除它本身的派生轴向力以外的其他轴向力的矢量和。

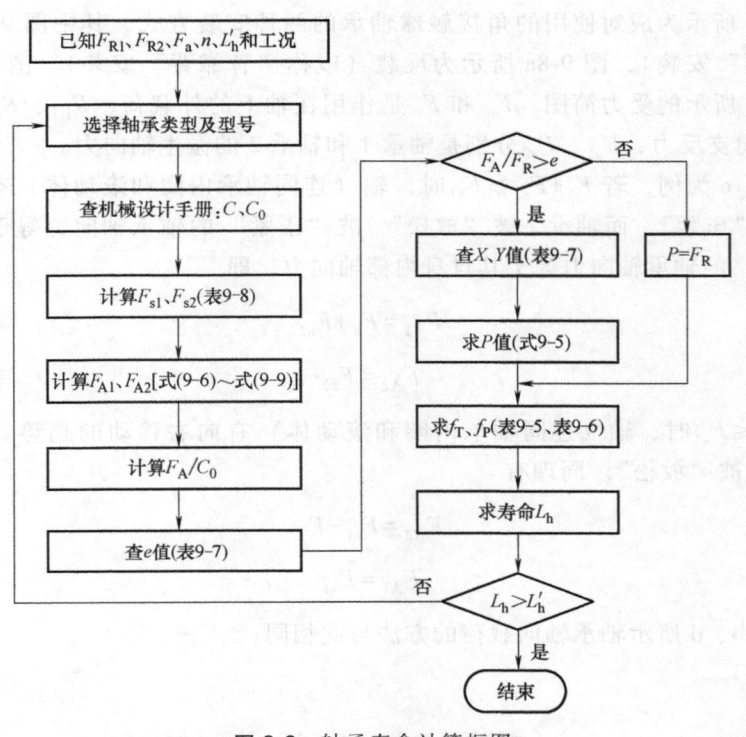

图 9-9 轴承寿命计算框图

第五节　滚动轴承的静态承载能力计算

对于载荷过大而作用时间很短，或对于缓慢摆动和转速极低（$n \le 10\text{r/min}$）的滚动轴承，其主要失效形式是滚动体与内、外座圈滚道接触处产生过大的塑性变形，这时应按静态承载能力选择轴承型号。GB/T 4662—2012 中规定，使受载最大的滚动体与滚道接触中心处的接触应力达到一定值时的载荷称为基本额定静载荷，用 C_0（C_{0r} 为径向基本额定静载荷，C_{0a} 为轴向基本额定静载荷）表示，可从滚动轴承样本或《机械设计手册》中查到。

轴承上作用的径向载荷 F_R 和轴向载荷 F_A，可折合成一个当量载荷 P_0，要求满足

$$P_0 = X_0 F_R + Y_0 F_A \le \frac{C_0}{S_0} \tag{9-10}$$

式中，X_0、Y_0 分别为径向静载荷系数和轴向静载荷系数，可查手册；S_0 为轴承静强度安全系数，其值的选取见表 9-9。

表 9-9　静强度安全系数 S_0

旋转条件	载荷条件	S_0	使用条件	S_0
连续旋转轴承	普通载荷	1~2	高精度旋转场合	1.5~2.5
	冲击载荷	2~3	振动冲击场合	1.2~2.5
不旋转及做摆动运动轴承	普通载荷	0.5	普通精度旋转场合	1.0~1.2
	冲击及不均匀载荷	1~1.5	允许有变形量	0.3~1.0

例题 9-3 某减速器的一根轴用两个 0 级的 30308 型轴承支撑，图 9-10 所示为其安装示意图。两轴承的径向载荷分别为 $F_{R1} = 5000N$，$F_{R2} = 2600N$，轴的轴向外载荷 $F_a = 1250N$，各载荷方向如图所示；转速 $n = 1450r/min$；三班制工作，有轻微冲

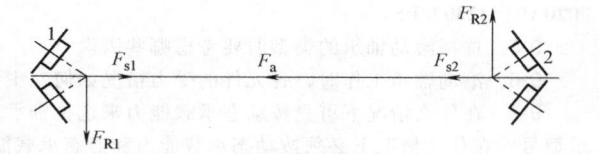

图 9-10 例题 9-3 图

击；轴承工作温度在 100℃ 以下。要求轴承寿命不少于 10 年，试校核轴承。

解：（1）计算轴承的轴向载荷 查《机械设计手册》，30308 型轴承为圆锥滚子轴承，其基本额定动载荷 $C_r = 90800N$，$Y = 1.7$，$e = 0.35$。查表 9-8 两轴承的派生轴向力分别为

$$F_{s1} = \frac{1}{2Y}F_{R1} = \frac{1}{2 \times 1.7} \times 5000N = 1470N \qquad F_{s2} = \frac{1}{2Y}F_{R2} = \frac{1}{2 \times 1.7} \times 2600N = 764.7N$$

F_{s1}、F_{s2} 的方向如图 9-10 所示。由于 $F_a + F_{s2} = 1250N + 764.7N = 2014.7N > F_{s1}$，因而轴有向左移动的趋势，即轴承 1 被"压紧"，轴承 2 被"放松"，所以有

$$F_{A1} = F_a + F_{s2} = 2014.7N \qquad F_{A2} = F_{s2} = 764.7N$$

（2）计算当量动载荷

因 $\dfrac{F_{A1}}{F_{R1}} = \dfrac{2014.7N}{5000N} = 0.403 > e = 0.35$，$\dfrac{F_{A2}}{F_{R2}} = \dfrac{764.7}{2600} = 0.294 < e = 0.35$，由表 9-7 得

$$X_1 = 0.4 \quad Y_1 = 1.7 \quad X_2 = 1.0 \quad Y_2 = 0$$

由式（9-5） $P = XF_R + YF_A$ 得

$$P_1 = 0.4 \times 5000N + 1.7 \times 2014.7N = 5425N$$

$$P_2 = 1 \times 2600N + 0 \times 764.7N = 2600N$$

$P_1 > P_2$，所以只需校核轴承 1 的寿命。

（3）求轴承 1 的寿命 由于有轻微冲击，故由表 9-6 取 $f_P = 1.1$。工作温度低于 100℃，查表 9-5 得 $f_T = 1.0$。轴承 1 的寿命为

$$L_{h1} = \frac{10^6}{60n}\left(\frac{f_T C_r}{f_P P_1}\right)^{\varepsilon} = \frac{10^6}{60 \times 1450r/min} \times \left(\frac{90800N}{1.1 \times 5425N}\right)^{10/3} h = 1.003 \times 10^5 h$$

一年的工作天数 $= 365 - 52 \times 2$（双休日）$- 10$（节假日）≈ 250 天。三班制，即一天工作 24h。所以将轴承 1 的寿命折合为年得

$$\frac{100300h}{250 \times 24} = 16.72 \ \text{年}$$

满足要求。

讨 论 题

9-1 滚动轴承的基本元件有哪些？各起什么作用？

9-2 滑动轴承和滚动轴承各有什么优缺点？适用于什么场合？

9-3 试画出深沟球轴承、调心球轴承、角接触球轴承、圆锥滚子轴承和推力球轴承的结构示意图。它们承受径向载荷和轴向载荷的能力如何？

9-4 根据下列滚动轴承的代号，指出它们的类型、内径尺寸、公差等级、游隙组别：6210；N2218E；

7020AC；32307/P5。

9-5 选择滚动轴承的类型时要考虑哪些因素？

9-6 滚动轴承工作时，各元件的受力情况如何？主要失效形式有哪些？

9-7 在什么情况下可只按动态承载能力来选择轴承型号？在什么情况下可只按静态承载能力来选择轴承型号？在什么情况下必须按动态承载能力和静态承载能力来选择轴承型号？

9-8 什么是滚动轴承的基本额定寿命？在额定寿命内，某一个轴承是如发生点蚀失效，说明什么问题？应如何处理？

9-9 什么是基本额定动载荷？在基本额定动载荷下，轴承工作寿命为 10^6r 时，其可靠度为多少？

9-10 什么是滚动轴承的当量动载荷？为什么要按当量动载荷来计算滚动轴承的寿命？当量动载荷如何计算？

9-11 为什么角接触球轴承和圆锥滚子轴承要成对使用？

9-12 若对 200 个同一型号的滚动轴承做疲劳试验，按其基本额定动载荷加载，试验机主轴转速 $n=2000$r/min。设轴承均为正品，则当试验进行了 8h20min，你估算应该有多少轴承失效？

9-13 如果有一辆已使用约 5 年以上的自行车，请拆开车轮轴处的轴承，它是否有内外圈？其内圈和外圈分别是什么？轴承发生了什么形式的失效？

习 题

9-1 要求深沟球轴承在径向载荷 $F_R=7000$N、转速 $n=1480$r/min 时能工作 4000h（载荷平稳，工作温度在 100℃ 以下），试求此轴承必须具有的基本额定动载荷。

9-2 核验 6306 型轴承的承载能力。其工作条件如下：径向载荷 $F_R=2600$N，有中等冲击；内圈转动，转速 $n=2000$r/min，工作温度在 100℃ 以下，要求寿命 $L_h>10000$h。

9-3 一轴流风机决定采用深沟球轴承，轴颈直径 $d=40$mm，转速 $n=2900$r/min，已知径向载荷 $F_R=2000$N，轴向载荷 $F_A=900$N，要求轴承寿命不少于 8000h，试选择轴承型号。

9-4 一轴的支撑结构如图 9-8b 所示。轴承 1 的径向载荷 $F_{R1}=2000$N；轴承 2 的径向载荷 $F_{R2}=1600$N；轴向力 $F_a=500$N；轴向力方向见图；轴的转速 $n=1470$r/min；工作温度在 100℃ 以下，载荷系数 $f_P=1.5$；要求寿命 $L_h\geq8000$h。试选择轴承型号。

9-5 某减速器高速轴用两个圆锥滚子轴承支撑，如图 9-11 所示。齿轮所受载荷为：径向力 $F_{r1}=433$N，圆周力 $F_{t1}=1160$N，轴向力 $F_{a1}=267.8$N，方向如图所示；转速 $n=960$r/min；工作时有轻微冲击；轴承工作温度允许达到 120℃；要求寿命 $L_h\geq15000$h。试选择轴承型号。（可认为轴承宽度的中点即为轴承载荷作用点）

9-6 把题 9-5 图中圆锥滚子轴承换成角接触球轴承，试选择轴承型号。

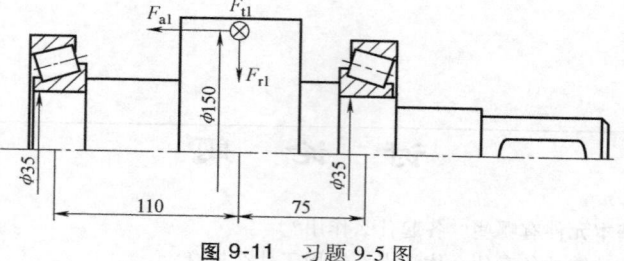

图 9-11 习题 9-5 图

第十章　滑动轴承设计

　　滑动轴承通过润滑剂作为中间介质将旋转的轴与固定的机架（座）分隔开，以达到减少摩擦的目的，这是一种工作在滑动摩擦状态下的轴承。滑动轴承主要用于滚动轴承难以满足工作要求的场合，如高转速、长寿命、低摩擦阻力、承受大的冲击载荷、低噪声和无污染等条件。另外，为降低成本，一些极简单的回转支撑也常采用滑动轴承。

　　滑动轴承设计的主要内容是：轴承材料的选择，轴承的结构设计，润滑剂与润滑方式的选择，轴承工作能力设计计算等。

第一节　滑动轴承的主要类型和特点

一、滑动轴承的主要类型

　　滑动轴承类型很多，按照不同的分类依据有多种分类方法。

　　首先，根据承受载荷方向的不同，滑动轴承可分为径向滑动轴承（承受径向力）、推力（止推）滑动轴承（承受轴向力）和径向推力滑动轴承（同时承受径向力和轴向力）。

　　其次，按照润滑状态的不同，滑动轴承又可分为液体润滑轴承、气体润滑轴承、固体润滑轴承和混合润滑轴承。其中，液体润滑轴承和气体润滑轴承统称流体润滑轴承。根据流体膜承载机理的不同，流体润滑轴承又可分为流体静压润滑轴承和流体动压润滑轴承。前者依靠液压或气动系统供给压力介质，迫使轴承摩擦副表面被流体膜隔开，通过介质的静压力平衡外载荷；而后者通过摩擦副表面的相对运动将润滑介质带入收敛间隙内，形成分隔摩擦副表面的流体膜，并利用产生的介质压力来平衡外载荷。流体静压润滑轴承的流体膜的形成与转速无关，因此在零速、低速或高速下均能正常工作，刚度和旋转精度高，起动力矩小，寿命长，但设备运行和维护费用高；而流体动压润滑轴承主要用于转速较高的场合。固体润滑轴承是指在工作过程中，不添加流体润滑剂而直接通过基体材料匹配或使用固体润滑剂的轴承。固体润滑轴承主要用于超高温、低温、辐射、真空、腐蚀、氧化等工作环境，以及润滑油或润滑脂难以供给的场合。混合润滑轴承是在边界摩擦与流体润滑并存的摩擦状态下运行的轴承。混合润滑轴承的摩擦磨损较大，精度不高，但供油和轴承结构较为简单，广泛应用于要求不高的通用设备中。

　　此外，根据轴承的结构形式，滑动轴承还可分为整体式滑动轴承和剖分式滑动轴承；后者更便于拆装，常用于轴颈端部装拆困难和需要调整轴承间隙的场合。

二、滑动轴承的特点

滑动轴承具有一系列特点。

1）滑动轴承的摩擦副为面-面配合副，承载能力强。

2）当滑动轴承为流体润滑状态时，其摩擦因数非常小，且流体膜具有良好的抗冲击性和吸振性，能有效减小噪声，轴承使用寿命长。流体润滑轴承工作时的摩擦阻力主要是流体的内摩擦，其摩擦因数最小可以达到 0.001，比滚动轴承小（最小可到 0.008）。而混合润滑轴承的摩擦因数较大，最小在 0.1 左右。当润滑剂不足、转速过低或做间歇旋转时，流体润滑轴承也会处于混合润滑状态。因此，流体动压润滑轴承的起动力矩一般大于滚动轴承。

3）滑动轴承的中间元件少，可以达到很高的回转精度。

4）滑动轴承结构简单，径向尺寸小，适合于要求结构紧凑的场合；同时，滑动轴承可做成剖分式结构，拆装方便。

5）滑动轴承对润滑条件的要求一般较高，维护复杂，因而使用和维护成本较高；但是，对于载荷不大、转速和旋转精度要求不高的场合，滑动轴承的结构和润滑均可大幅简化，其制造和使用成本可比相同规格的滚动轴承更低。

第二节　滑动轴承的常用材料和结构

一、滑动轴承常用材料

为提高轴承的耐磨性并保证支撑刚度，滑动轴承结构通常由两部分组成：由钢或铸铁等强度较高的材料制成的轴承座与由铜合金、铝合金或轴承合金等减摩耐磨材料制成的轴瓦。常用滑动轴承材料及其主要性能见表 10-1。

表 10-1　常用滑动轴承材料及其主要性能

轴承材料		最大允许值				应用范围
名称	牌　号	$[p]$/MPa	$[v]$ /(m/s)	$[pv]$/ (MPa·m/s)	最高工作 温度 t/℃	
锡基轴 承合金	ZSnSb11Cu6	平稳载荷			150	用于高速重载条件下的重要轴承，变载荷下易于疲劳，价格高。如：汽轮机、大于 750kW 的电动机、内燃机、高速机床主轴的轴承等
		25	80	20		
	ZSnSb8Cu4	冲击载荷				
		20	60	15		
铅基轴 承合金	ZPbSb16Sn16Cu2	15	12	10	150	用于中速、中载、不宜受冲击载荷的轴承。可作为锡锑轴承合金的替代品。如：车床、发电机、压缩机、轧钢机等的轴承
	ZPbSb15Sn5Cu3Cd2	5	8	5		
	ZPbSb15Sn10	20	15	15		
锡青铜	ZCuSn10P1 （10-1 锡青铜）	15	10	15	280	用于中速、重载及变载荷的轴承
	ZCuSn5Pb5Zn5 （5-5-5 锡青铜）	8	3	15		用于中速、中载的轴承。如：减速器、起重机的轴承及机床的一般主轴承

（续）

轴承材料		最大允许值				应用范围
名　称	牌　　号	$[p]$/MPa	$[v]$/(m/s)	$[pv]$/(MPa·m/s)	最高工作温度 t/°C	
铅青铜	ZCuPb30（30 铅青铜）	25	12	30	280	用于高速轴承，能承受变载和冲击。如：精密机床主轴轴承
铝青铜	ZCuAl10Fe3（10-3 铝青铜）	15	4	12	280	最适用于润滑充分的低速、重载轴承
铸造黄铜	ZCuZn16Si4（16-4 硅黄铜）	12	2	10	200	用于低速、中载轴承。如：起重机、机车、挖掘机、破碎机的轴承
铸造黄铜	ZCuZn38Mn2Pb2（40-2 锰黄铜）	10	1	10	200	用于高速、中载轴承，是较新的轴承材料。可用于增压强化柴油机的轴承
铸造铝合金	2%铝锡合金	28~35	14	—	140	
灰铸铁	HT150 HT200 HT250	1~4	0.5~2	1~4	150	用于低速、轻载、不重要的轴承，价格低廉
非金属材料	酚醛树脂	41	13	0.18	120	耐水、酸，抗振性极好。导热性差，重载时需用水或油充分润滑。吸水时易膨胀，轴承间隙宜取大
非金属材料	尼龙	14	3	0.1	90	摩擦因数小，自润滑性好，用水润滑最好。导热性差，吸水易膨胀
非金属材料	聚四氟乙烯（PTFE）	3.0	1.3	0.04~0.09	280	摩擦因数小，自润滑性好，低速时无爬行，能耐任何化学药品的侵蚀
非金属材料	石墨	4	13	0.5（干）5.25（润滑）	400	自润滑性能好，耐高温、耐化学腐蚀，热（膨）胀系数低，常用于要求清洁的机器中

案例学习 10-1　滑动轴承材料的选择　往复式活塞发动机中的曲轴和连杆机构，由于结构特殊和工作空间的限制，全部选用滑动轴承作为支撑零件。发动机中的滑动轴承工作条件非常复杂和恶劣，主要特点是：

1）轴承工作载荷大（如连杆轴承的最大油膜压力一般可达 140~240MPa），这一峰值压力大大超过了轴承材料的屈服强度，并且轴承载荷的大小和方向随时间的变化而变化。

2）工作温度高，轴承表面温度一般在 100~170°C。

3）发动机连杆的运动速度变化很大，瞬时有效速度为零时很难形成润滑油膜，因此工作周期内的摩擦状态包括了边界润滑、流体润滑和混合润滑的多种状态。

4）润滑油中残留的水分、盐分等杂质，燃料及其燃烧物，95°C 以上高温润滑油氧化和添加剂分解等都会引起轴承材料的腐蚀磨损。

5）制造安装误差、制造安装过程中产生的微量金属磨粒、密封不良带来的尘埃等还会引起轴承的表面擦伤、磨粒磨损等。

发动机用滑动轴承的上述工作特点，决定了轴承材料应该满足以下的要求。

1）高的承载能力和疲劳强度。

2）良好的摩擦顺应性、嵌藏性和抗咬粘性。

3）高的耐蚀性。

4）高的熔化温度和良好的高温力学性能。

5）良好的制造工艺性和经济性。

用于制造发动机轴承的材料要满足上述全部要求是不可能的，如一般疲劳强度和承载能力高的轴承材料，其硬度也高，弹性模量大，它的嵌藏性和顺应性等表面性能就较差。反之亦然。因此在选材时只能采用"折中"的办法。所谓轴承材料的"好与坏"是在某种特定的使用条件下相对而言的。实际应用中，一种较好的轴承材料是疲劳强度、耐蚀性以及表面性能的统一体。

在选择发动机轴承材料时，大多采用了薄壁双金属轴承材料，即内壁（轴瓦）采用很薄的轴承合金（表10-1中的锡基和铅基轴承合金，又称巴氏合金），外壁为提高机械强度采用钢背结构。因为大量试验表明，轴承合金层越薄，其疲劳强度越高，所以使用轴承合金不仅可以减少合金层的厚度，而且其与轴承座孔表面贴合良好。另外，轴承合金材料的弹性模量与钢背材料的弹性模量比值较大，因此其抗疲劳能力也较大。

因为锡与铁只能生成脆弱稳定的金属间化合物，铅与铁互不固溶又不生成化合物，所以锡和铅的合金具有最好的抗咬粘性。

而材料的顺应性和弹性模量有关，弹性模量越小，其顺应性越好。轴承合金中铅基合金的弹性模量最小，所以其顺应性最好。对于嵌藏性，轴承合金都有较好性能，而且合金层越厚其嵌藏性越好。但是，考虑到合金层的疲劳强度，又不宜过厚，一般为 0.03~0.07mm。

轴承合金的耐蚀性具有选择性，如铅易与润滑油在高温时产生的过氧化物生成氧化铅，且受润滑油中的有机酸作用发生腐蚀。铝锡合金不受润滑油中的有机酸的腐蚀作用，但是易受润滑油中的碱分和铅的卤化物侵蚀作用。如果工作表面能生成较厚而稳定的耐磨氧化膜，腐蚀速度较缓慢，合金的耐蚀性就会提高。

二、径向滑动轴承结构

径向滑动轴承有两种典型结构。图 10-1 所示为整体式径向滑动轴承结构。这种滑动轴承结构简单，成本低，但是安装、拆卸和调整都不方便，常用于低速、轻载的工作场合。

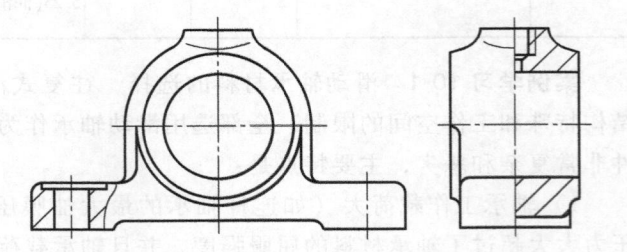

图 10-1　整体式径向滑动轴承结构

图 10-2 所示为剖分式径向滑动轴承结构，轴承座沿轴线剖开，使轴系的装配与拆卸都很方便。在剖开的轴承座与轴承盖之间设有止口结构，保证装配时轴承座与轴承盖的准确定位。双头螺柱和螺母用于轴承座与轴承盖的连接。为便于轴承的润滑，轴承盖顶部设有注油孔。

图 10-3 所示为斜剖分径向滑动轴承结构，剖分面不与底面平行，以适应载荷方向或安装、调整等方面的要求。

如果轴的刚度较小，或轴承座的安装精度差，可采用图 10-4 所示的调心滑动轴承结构，轴瓦可在轴承座的球面内摆动，自动适应轴线方向的变化。

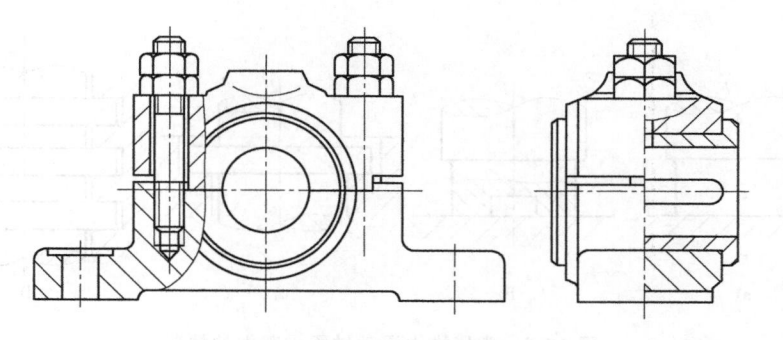

图 10-2　剖分式径向滑动轴承结构

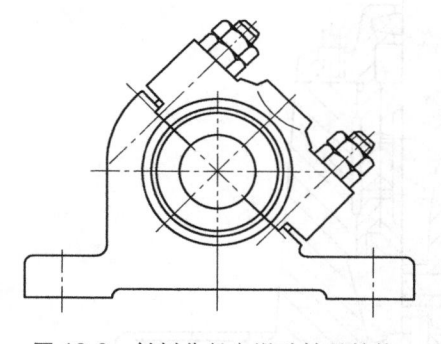

图 10-3　斜剖分径向滑动轴承结构

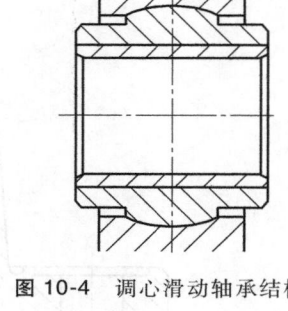

图 10-4　调心滑动轴承结构

图 10-5 所示为可调间隙的径向滑动轴承结构，通过调整轴承两端的螺母可以使轴瓦沿轴线移动，在轴瓦外圆锥面的作用下，轴瓦在沿轴线移动的同时内径尺寸发生变化，补偿由于磨损而失去的精度。

三、推力滑动轴承结构

推力滑动轴承的承载面与轴线垂直，用以承受轴向载荷。

图 10-6 所示为常用的推力滑动轴承承载面的情况。图 10-6a所示为实心端面推力滑动轴承，这种轴承结构简单，但是承载面沿直径方向速度变化大，产生不均匀的磨损以后，导致压强分布不均匀；图 10-6b 所示为空心端面推力滑动轴承，靠近中心处不承载，避免了实心式结构的缺点；

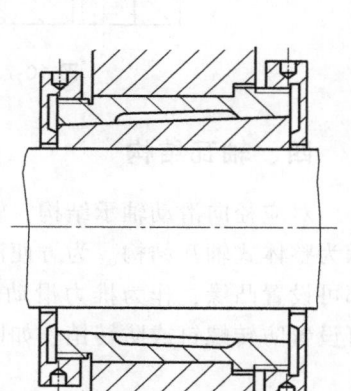

图 10-5　可调间隙的径向
滑动轴承结构

图 10-6c 所示为单环式推力滑动轴承，可承受单向轴向载荷，承载面可利用径向滑动轴承（图 10-2）的端面；图 10-6d 所示为多环式推力滑动轴承，承载面积增大，承载能力提高，可承受双向轴向载荷，但是各环之间载荷分布不均匀，承载能力受各环加工误差的影响较大。

图 10-7 所示为径向滑动轴承与推力滑动轴承的组合结构。轴端承载面采用镶嵌结构，以利加工；轴瓦背面采用球面调心结构，可防止偏载，且轴瓦背面设有防转销。

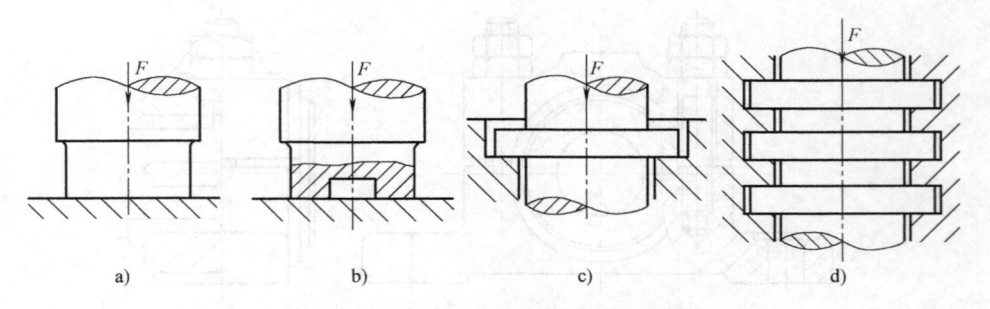

图 10-6 常用推力滑动轴承承载面的情况

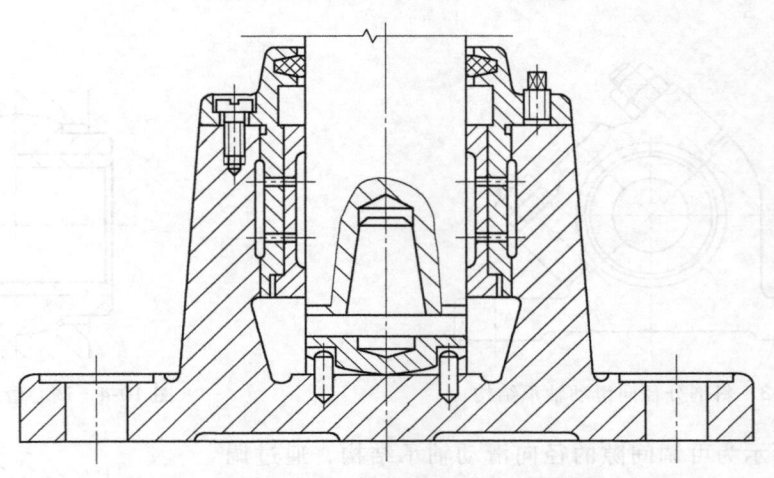

图 10-7 径向滑动轴承与推力滑动轴承的组合结构

四、轴瓦结构

对应径向滑动轴承结构，轴瓦也有整体式结构和剖分式结构。图 10-8 所示为整体式轴瓦结构。为方便润滑，可在轴瓦表面开设油孔和油沟。轴瓦端部可设置凸缘，作为推力滑动轴承的承载面。为防止轴瓦在轴承座中转动，可设置防转螺钉或防转销，如图 10-9 所示。

拓展视频

焦裕禄主持研制
的双筒提升机

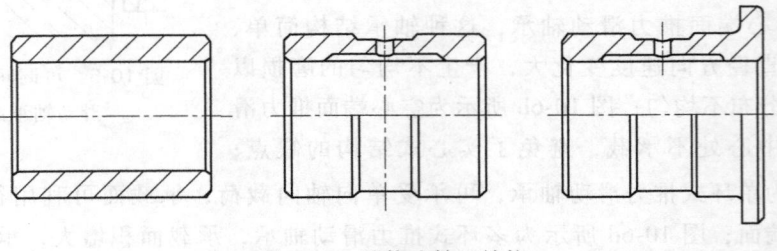

图 10-8 整体式轴瓦结构

轴瓦可以用一种材料制造，也可以用两种或三种材料制造。用两种材料制造的双金属轴瓦是将轴承合金浇铸在青铜或钢制瓦背上，并经轧制或切削加工制成的。轴承合金与青铜材料结合牢固，但是青铜强度差，如果在轴承合金与青铜构成的轴瓦外再附上一层钢制瓦背就

成为三金属轴瓦。为提高轴承合金与瓦背的
结合强度，防止脱落，常在瓦背表面制出螺
纹、凹槽及榫头结构，如图 10-10 所示。

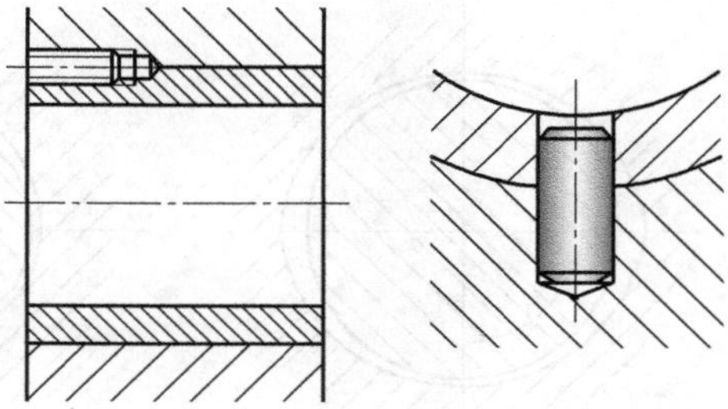

　　在轴瓦内设置油孔和油沟有助于润滑剂
充满润滑区域。对于工作在边界润滑状态的
滑动轴承，应将油沟开在承载区域，使承载
区得到良好的润滑。油沟不应过多、过宽，
以免占用过多的承载面积，影响承载能力。

　　对于工作在流体动压润滑状态的滑动轴
承，油孔和油沟不应开在承载区，而应开在

图 10-9　轴瓦防转结构

收敛油楔的入口端。图 10-11 表示开设在油膜承载区的油沟对油膜压力分布的影响，其中图
10-11a 表示油沟对周向压力分布的影响，图 10-11b 表示油沟对轴向压力分布的影响。

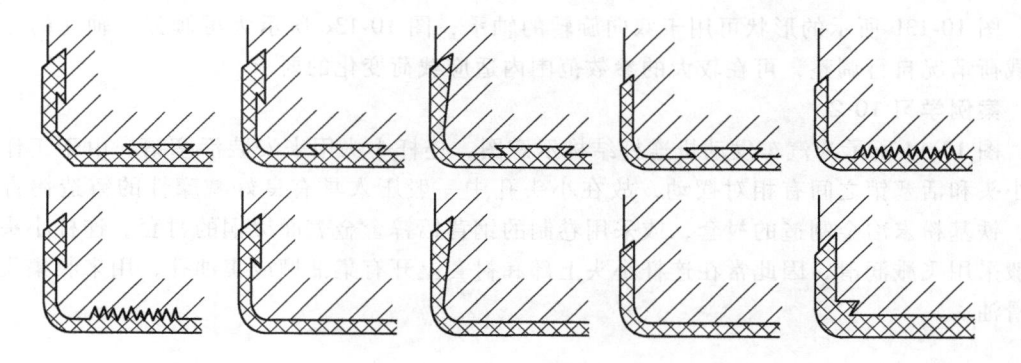

图 10-10　瓦背内表面结构

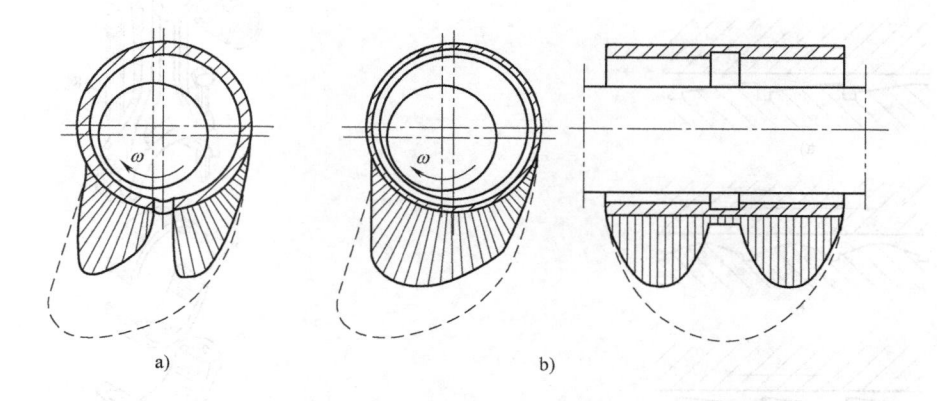

a)　　　　　　　　　　　　b)

图 10-11　承载区的油沟对动压滑动轴承压力分布的影响

　　油沟位置应与载荷方向相对固定。如果载荷方向是固定的，油沟应开在固定零件上
（通常为轴瓦），如果载荷方向是旋转的，应将油沟开在旋转零件上（通常为轴）。

　　为提高径向滑动轴承的油膜刚度和避免高速轻载轴承的振动，可在圆周方向布置多个油
楔，形成图 10-12 所示的多油楔轴承。

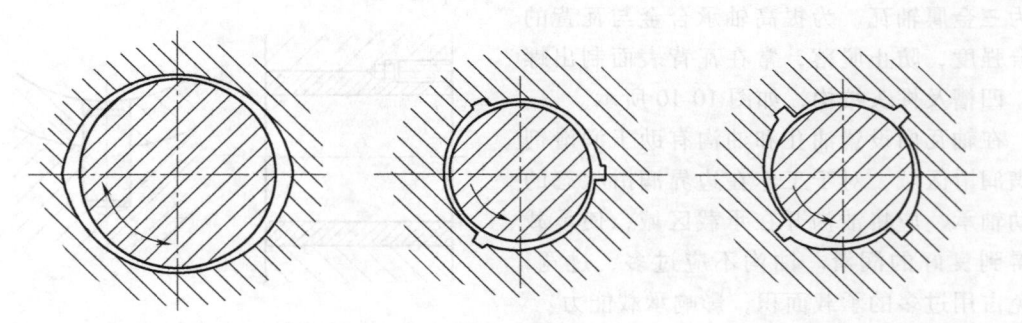

图 10-12　多油楔轴承

　　要使推力滑动轴承表面形成流体动压，需要在轴瓦表面加工出收敛的油楔，为保证推力轴承在起动和停止时有足够的边界润滑承载能力，在轴瓦表面应留出一定面积的平台。

　　图 10-13 所示为推力滑动轴承轴瓦形状，其中图 10-13a 所示的形状用于单向旋转的轴承，图 10-13b 所示的形状可用于双向旋转的轴承，图 10-13c 所示为可倾瓦。轴瓦的方向可随载荷情况自行调整，可在较大的参数范围内适应载荷变化的要求。

案例学习 10-2

　　图 10-14 所示为汽车发动机连杆结构示意图，连杆小头用来安装活塞销。由于工作时连杆小头和活塞销之间有相对摆动，故在小头孔中一般压入具有良好减摩性的铸造锡青铜衬套、铁基粉末冶金制造的衬套，或采用卷制的钢背铝锌合金表面镀铜的衬套。连杆小头轴承一般采用飞溅润滑，因此常在连杆小头上部和衬套上开有集油槽或集油孔，用来收集飞溅的润滑油。

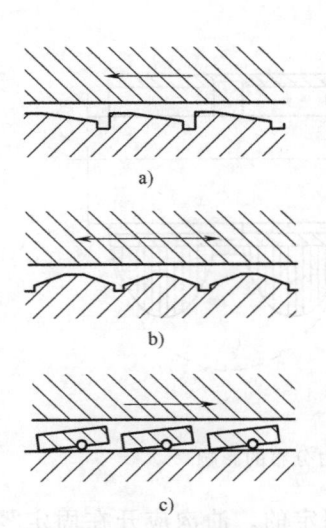

图 10-13　推力滑动轴承轴瓦形状

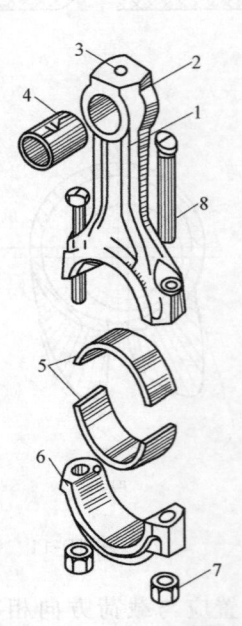

图 10-14　汽车发动机连杆结构示意图

1—连杆体　2—连杆小头　3—油孔　4—小头衬套
5—大端轴瓦　6—大端盖　7—连杆螺母　8—连杆螺栓

连杆大端与发动机曲轴连接，工作时有高速的相对运动，因此在连杆大端和曲轴之间装有轴瓦，且由于曲轴的特殊形状，轴瓦采用剖分式结构。

第三节　混合润滑滑动轴承的工作能力设计

在滑动轴承中，随着工况参数的变化，其摩擦状态是变化的。图 10-15 表示出滑动轴承的摩擦状态转化过程及摩擦因数与无量纲轴承特性数 $\dfrac{\eta n}{p}$ 之间的关系。其中，η 为润滑剂的黏度；n 为转速；p 为压强。

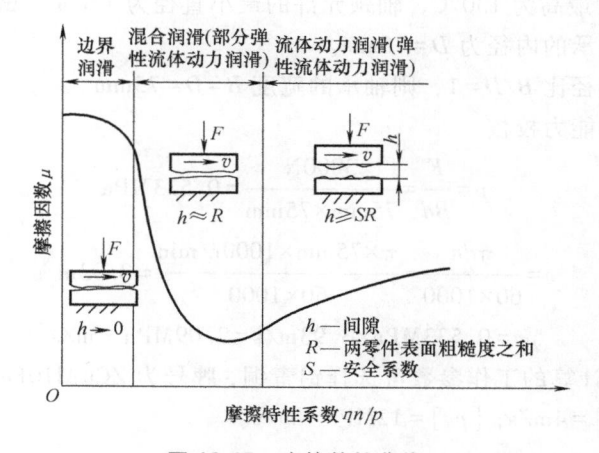

图 10-15　摩擦特性曲线

当滑动轴承在润滑剂缺乏或形成流体动力润滑之初润滑剂不充分的情况下，滑动轴承会处于混合润滑的状态。此时滑动轴承的失效方式是千变万化的，影响因素也非常复杂，其中由于温升或疲劳产生的磨损失效是主要的表现形式。因此，混合润滑条件下的滑动轴承条件性计算主要包括：①限制磨损的平均压强计算。②限制温升过高的 pv 值计算。③同时考虑磨损和温升的滑动速度计算。

一、混合润滑径向滑动轴承的工作能力设计

图 10-16a 所示为径向滑动轴承主要结构尺寸示意图。

1．平均压强验算

$$p = \frac{F}{Bd} \leqslant [p] \qquad (10-1)$$

式中，p 为平均压强（MPa）；F 为作用在轴承上的径向载荷（N）；B 为轴承宽度（mm）；d 为轴颈直径（mm）；$[p]$ 为轴承材料的许用压强（MPa）。

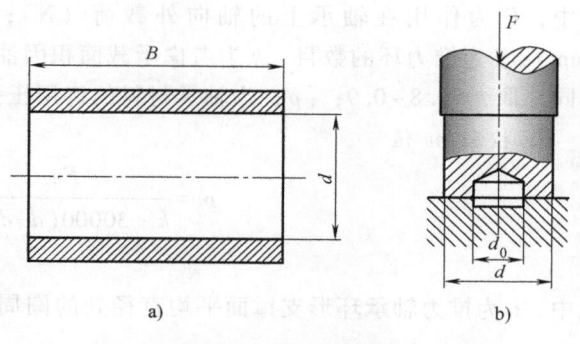

图 10-16　滑动轴承主要结构尺寸示意图

a）径向滑动轴承　b）推力滑动轴承

2. pv 值验算

$$pv \leqslant [pv] \tag{10-2}$$

式中，v 为轴颈的圆周速度（m/s）；$[pv]$ 为轴承材料的许用值（MPa·m/s）。

3. 轴颈速度验算

$$v \leqslant [v] \tag{10-3}$$

式中，$[v]$ 为轴颈圆周速度的许用值（m/s）。

常用材料的 $[p]$、$[pv]$ 和 $[v]$ 许用值见表 10-1。

例题 处于混合润滑状态的一个径向滑动轴承，径向外载荷的大小为 3.0kN，轴转速为 1000r/min，工作温度最高为 130°C，轴颈允许的最小直径为 75mm。试设计此轴承。

解：（1）初取轴承的内径为 $D=75$mm。

（2）设轴承的宽径比 $B/D=1$，则轴承的宽度 $B=D=75$mm。

（3）轴承的工作能力校核

平均压强的校核　　　$p = \dfrac{F}{Bd} = \dfrac{3000\text{N}}{75\text{mm} \times 75\text{mm}} = 0.533\text{MPa}$

速度校核　　　$v = \dfrac{\pi dn}{60 \times 1000} = \dfrac{\pi \times 75\text{mm} \times 1000\text{r/min}}{60 \times 1000} = 3.93\text{m/s}$

pv 值校核　　　$pv = 0.533\text{MPa} \times 3.93\text{m/s} = 2.09\text{MPa} \cdot \text{m/s}$

查表 10-1，根据计算的工作参数可选择铝青铜，牌号为 ZCuAl10Fe3。其相应的最大许用值为 $[p]=15$MPa，$[v]=4$m/s，$[pv]=12$MPa·m/s。

二、混合润滑推力轴承的工作能力设计

图 10-16b 所示为推力滑动轴承主要结构尺寸示意图。推力滑动轴承的混合润滑条件性计算如下。

1. 校验平均压强 p

$$p = \dfrac{F}{k \dfrac{\pi}{4}(d^2 - d_0^2)z} \leqslant [p] \tag{10-4}$$

式中，F 为作用在轴承上的轴向外载荷（N）；d、d_0 为推力环的外径（mm）与内径（mm）；z 为推力环的数目；k 为考虑承载面积因油沟而减少的系数，随油沟的数目与宽度的不同，取 $k=0.8\sim0.9$；$[p]$ 为轴承材料的许用压强（MPa）。

2. 校验 pv 值

$$pv = \dfrac{Fn}{k \cdot 30000(d-d_0)z} \leqslant [pv] \tag{10-5}$$

式中，v 为推力轴承环形支撑面平均直径处的圆周速度（m/s），$v = \dfrac{\pi n(d+d_0)}{60 \times 1000 \times 2}$；$[pv]$ 为轴承材料的许用值（MPa·m/s）。单环或端面推力轴承所用材料的许用值 $[p]$、$[pv]$ 见表

10-1。但对于多环轴承（图 10-6d），因各环受力不均，这些许用值比表 10-1 中的值要降低 20%~30%。

第四节　流体动压润滑滑动轴承的工作能力设计

流体润滑滑动轴承可以通过静压原理，即通过液压泵将一定压力的润滑油压入滑动轴承与轴颈之间获得，也可以通过流体动压原理获得。这里主要介绍流体动压润滑径向滑动轴承的工作原理及其设计方法。

一、流体动压润滑的机理

如图 10-17 所示，假设两平板间流体为层流流动，忽略重力、惯性力和磁力的影响，取一微元体，根据 x 方向受力平衡条件，得

$$p\mathrm{d}y\mathrm{d}z+\tau\mathrm{d}x\mathrm{d}y=\left(p+\frac{\partial p}{\partial x}\mathrm{d}x\right)\mathrm{d}y\mathrm{d}z+\left(\tau+\frac{\partial\tau}{\partial z}\mathrm{d}z\right)\mathrm{d}x\mathrm{d}y$$

整理后得

$$\frac{\partial p}{\partial x}=-\frac{\partial\tau}{\partial z} \tag{10-6}$$

式中，p 为流体的压强（Pa）；τ 为流体内摩擦应力，即黏滞剪应力，（Pa）。

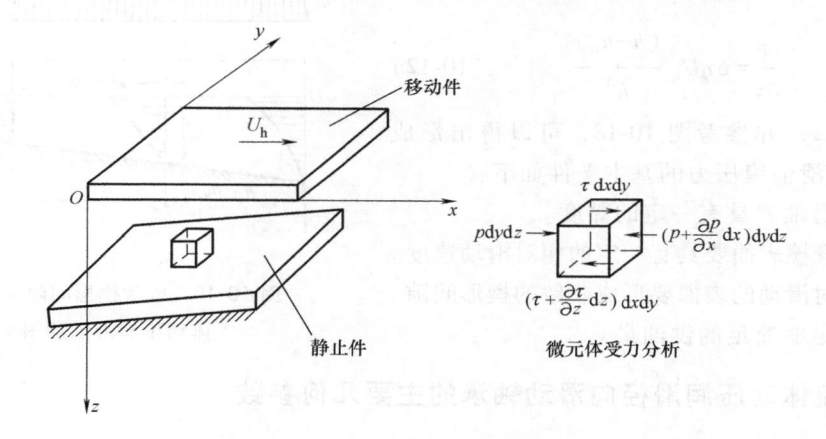

图 10-17　流体动压润滑形成机理

假设流体为牛顿流体 [动力黏度为 η（Pa·s）]，则有物理方程

$$\tau=-\eta\frac{\partial u}{\partial z} \tag{10-7}$$

将式（10-7）代入式（10-6），得

$$\frac{\partial p}{\partial x}=\eta\frac{\partial^2 u}{\partial z^2} \tag{10-8}$$

将式（10-8）积分，可以得到油膜沿膜厚方向（z 轴）的速度分布方程为

$$u=\frac{1}{2\eta}\frac{\partial p}{\partial x}z^2+C_1 z+C_2 \tag{10-9}$$

如图 10-8 所示,根据边界条件:$z = h$ 时,$u = 0$;$z = 0$ 时,$u = U_h$。因此,积分常数 C_1、C_2 分别为 $C_1 = -\dfrac{U_h}{h} - \dfrac{\partial p}{\partial x}\dfrac{h}{2\eta}$,$C_2 = U_h$。即润滑油膜内任意点在 x 方向上的流速 $u = \dfrac{1}{2\eta} \cdot \dfrac{\partial p}{\partial x}(z^2 - zh) + U_h \dfrac{h-z}{h}$。润滑油在单位时间内沿 x 方向流过任意截面单位宽度面积的体积流量为

$$q_x = \int_0^h u\,dz = -\frac{h^3}{12\eta} \cdot \frac{\partial p}{\partial x} + U_h \frac{h}{2}$$

假设润滑油沿 y 轴不流动(无端泄),且不可压缩流体流量是连续的,则在任何截面上的 q_x 都是常数,即

$$\frac{dq_x}{dx} = \frac{U_h}{2} \cdot \frac{dh}{dx} - \frac{d}{dx}\left(\frac{h^3}{12\eta} \cdot \frac{\partial p}{\partial x}\right) = 0 \tag{10-10}$$

整理后得

$$\frac{\partial}{\partial x}\left(h^3 \cdot \frac{\partial p}{\partial x}\right) = 6\eta \cdot U_h \cdot \frac{dh}{dx} \tag{10-11}$$

式(10-11)为一维雷诺方程。

设当 $\dfrac{\partial p}{\partial x} = 0$ 时,油膜的厚度为 h_0,则有

$$\frac{\partial p}{\partial x} = 6\eta U_h \frac{(h-h_0)}{h^3} \tag{10-12}$$

由式(10-12)并参考图 10-18,可以得出形成流体动压润滑油膜压力的基本条件如下:

1)润滑油要具有一定的黏度。
2)两摩擦表面要具有一定的相对滑动速度。
3)相对滑动的表面要形成收敛的楔形间隙。
4)有足够充足的供油量。

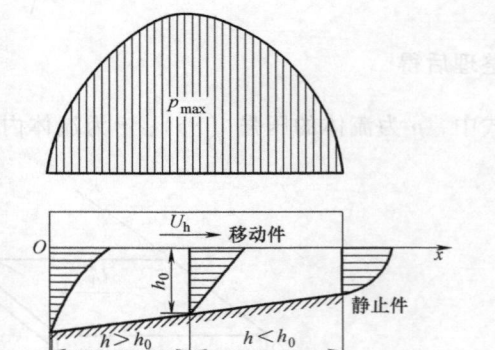

图 10-18 收敛楔形间隙形成流体动压润滑示意图

二、流体动压润滑径向滑动轴承的主要几何参数

流体动压润滑径向滑动轴承在轴颈起动状态时,由于轴颈与轴承内壁摩擦力的作用,使轴颈沿轴承内壁向前滚动(图 10-19a、b),轴颈到达稳定工作状态后,由于轴颈转速足够高,可将润滑油带入收敛的楔形间隙而形成稳定的流体动压润滑状态(图 10-19c)。

流体动压润滑径向滑动轴承稳定工作时的主要参数包括以下几个。

1. 相对间隙 ψ

$$\psi = \frac{R-r}{r} = \frac{\delta}{r}$$

式中,R 为轴承内圆半径(mm);r 为轴颈半径(mm);δ 为轴承的半径间隙(mm),$\delta = R - r$。

2. 偏心率 ε

$$\varepsilon = \frac{e}{\delta}$$

式中，e 为轴承的偏心距（mm）。

3. 偏位角 θ 和轴承包角 β

径向滑动轴承稳定工作时，径向外载荷 F 与轴承孔和轴颈中心连心线之间的夹角称为偏位角，记作 θ。轴承包角 β 一般为 120°和 180°等。

4. 最小油膜厚度 $h_{\min}$

$$h_{\min} = \delta - e = r\psi(1-\varepsilon) \tag{10-13}$$

5. 承载区内任意处的油膜厚度

$$h \approx R - r + e\cos\varphi = \delta(1+\varepsilon\cos\varphi) \tag{10-14}$$

三、流体动压润滑径向滑动轴承的工作能力设计

流体动压润滑径向滑动轴承在稳定工作状态下，轴颈与轴承内表面被润滑油隔开。轴瓦的主要失效形式是：由于制造过程中残留切屑或润滑油中的污物颗粒造成的磨粒磨损、由于温升过高使轴承和轴颈发生咬死的黏着磨损以及润滑油污染等造成的腐蚀磨损等。所以滑动轴承的工作能力设计要保证轴承具有一定的承载能力，同时严格控制温升。

1. 承载量的设计

如图 10-19c 所示，对于流体动压润滑径向滑动轴承，取 $x=r\varphi$，其承载量为

$$\left.\begin{aligned} F = F_z = \int_0^B \int_{\varphi_1}^{\varphi_2} -p(\varphi,y)\cos(\varphi+\theta)r\mathrm{d}\varphi\mathrm{d}y \\ F_x = 0 \end{aligned}\right\} \tag{10-15}$$

为便于实际的工程设计，定义无量纲承载系数——索氏数 S_0 为

$$S_0 = \frac{F\psi^2}{Bd\eta\omega} \tag{10-16}$$

式中，F 为轴承的径向外载荷（N）；ψ 为轴承的相对间隙；B 为轴承宽度（m）；d 为轴颈的直径（m）；η 为润滑油的动力黏度（Pa·s）；ω 为轴颈的转速（rad/s）。

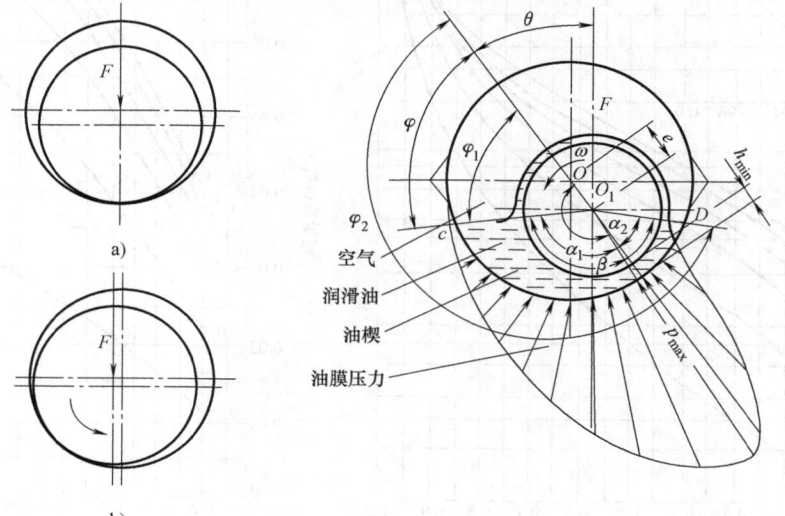

图 10-19 流体动压润滑径向滑动轴承稳定工作状态下的几何参数及起动过程

将 S_0 与偏心率及轴承宽径比之间的关系绘制成图 10-20，则可以对已知几何参数的滑动轴承计算出一定工作条件下的承载量大小，或设计出给定外载荷及相关工作条件下所需滑动轴承的几何参数。

2. 热平衡计算

根据能量守恒的原理，单位时间内轴承产生的热量 H_1 应与散出的热量 H_2 相等。

轴承的热量主要是流体内部的摩擦热即

$$H_1 = fFv = P_f \tag{10-17}$$

式中，f 为润滑油的液体摩擦因数；F 为轴承径向外载荷（N）；v 为轴颈的切线速度(m/s)；P_f 为轴承的摩擦功耗（W）。

滑动轴承的散热包括两个方面：一部分通过流动的润滑油带走，另一部分通过热对流和辐射从轴承座扩散到空气中。所以，单位时间散热为

$$H_2 = (Q\rho c_p + \alpha_s \pi dB)\Delta t \tag{10-18}$$

式中，Q 为润滑油的流量（m^3/s），且 $Q = q_V \omega \psi d^3$，其中 q_V 为流量系数，如图 10-21 所示；ρ 为润滑油密度（kg/m^3），矿物油 $\rho = 850 \sim 900 kg/m^3$；$c_p$ 为润滑油比定压热容 [$J/(kg \cdot ℃)$]，矿物油为 $1675 \sim 2090 J/(kg \cdot ℃)$；$\alpha_s$ 为轴承的散热系数 [$W/(m^2 \cdot ℃)$]，轻型轴承或环境温度高、轴承散热困难的情况下，$\alpha_s = 50$，中型轴承或一般通风条件下的轴承，$\alpha_s = 80$，重型轴承或冷却和通风条件良好的轴承，$\alpha_s = 140$；d 为轴颈的直径（m）；B 为轴承宽度（m）；Δt 为轴承的温升，$\Delta t = t_o - t_i$，t_o、t_i 分别为润滑油的出口温度（℃）和入口温度（℃）。

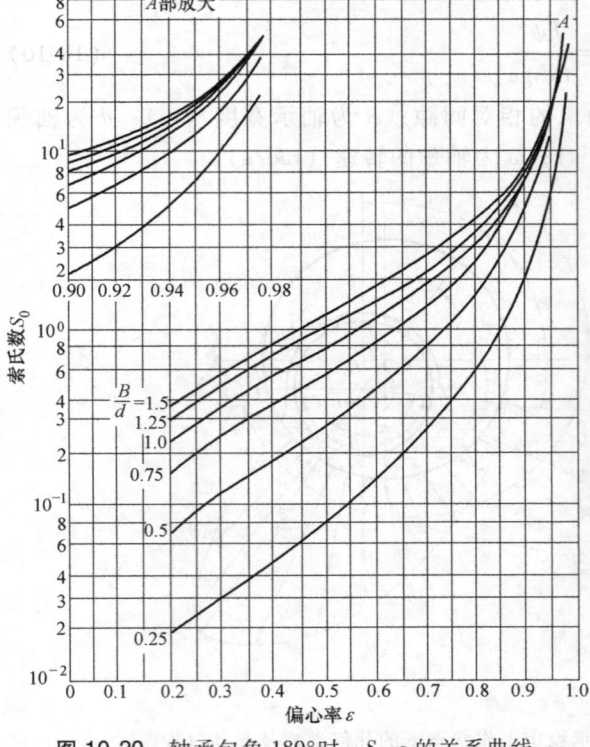

图 10-20 轴承包角 180°时，S_0-ε 的关系曲线

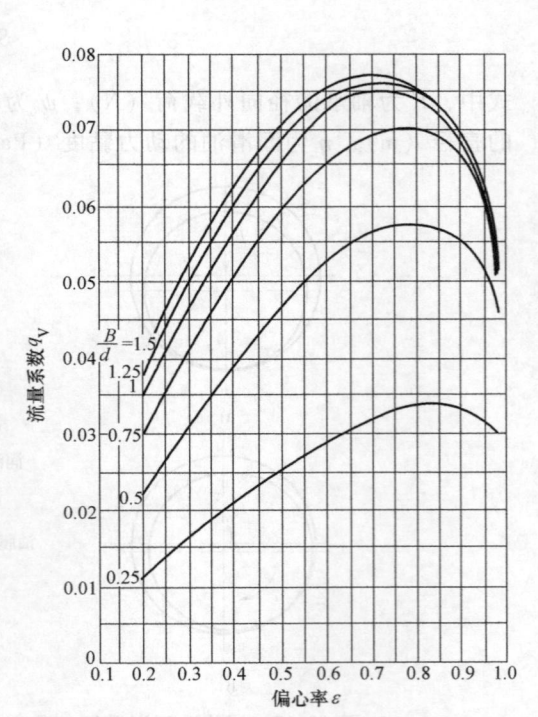

图 10-21 轴承包角 180°时，q_V-ε 的关系曲线

因为 $H_1 = H_2$，所以

$$fFv = fBdpv = (Q\rho c_p + \alpha_s \pi dB)\Delta t$$

工作时轴承的温升为

$$\Delta t = \frac{fBdpv \times 10^6}{Q\rho c_p + \alpha_s \pi dB} = \frac{\left(\dfrac{f}{\psi}\right)p}{\left(\dfrac{Q}{\psi Bdv}\right)\rho c_p + \dfrac{\alpha_s \pi}{\psi v}} = \frac{\bar{f}p}{2q_V \rho c_p \dfrac{d}{B} + \dfrac{\alpha_s \pi}{\psi v}} \qquad (10\text{-}19)$$

式中，$\bar{f} = \dfrac{f}{\psi}$ 为摩擦特性系数，如图 10-22 所示；p 为轴承平均压强（MPa）。

为保证轴承的正常工作，一般要求轴承的工作平均温度不超过 75℃，即 $t_{平均} = \dfrac{t_o + t_i}{2} \leqslant 75℃$。

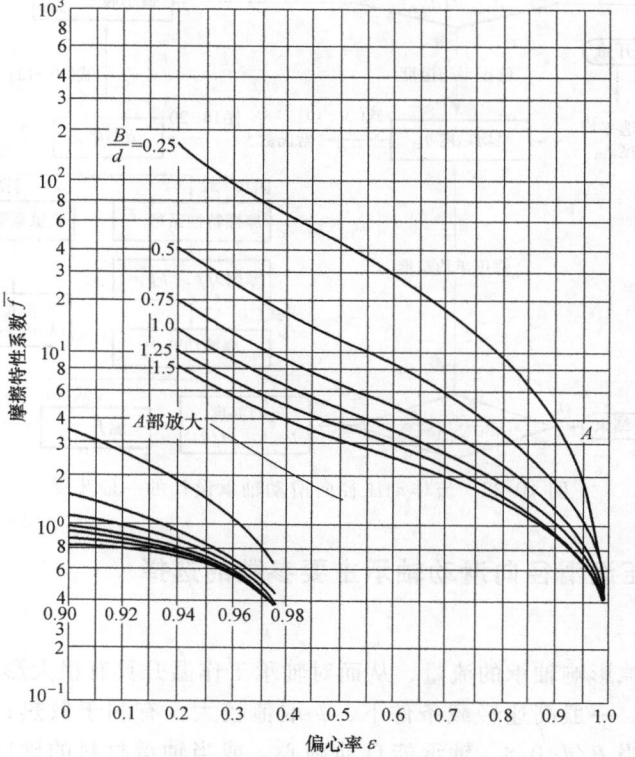

图 10-22 轴承包角为 180°时，$\bar{f}$-ε 关系曲线

润滑油入口油温一般比室温高，可取为 30~45℃。

3. 形成流体动压润滑所需最小油膜厚度

由于轴承和轴颈的加工表面具有一定的表面粗糙度，为实现流体动压润滑状态，要保证轴承正常工作时的最小油膜厚度，即

$$h_{min} \geqslant [h_{min}] \qquad (10\text{-}20)$$

$$[h_{\min}] = S(Rz_1 + Rz_2) \tag{10-21}$$

式中，S 为考虑零件表面几何形状不准确和变形的安全系数，一般取 $S \geqslant 2$；Rz_1、Rz_2 分别为轴颈与轴承内表面的表面轮廓最大高度（μm），参见表 10-2。

表 10-2　不同加工表面的表面轮廓最大高度 Rz　　　　　　　　（单位：μm）

加工方法	精车或精镗、中等磨光、刮（每 1cm² 内有 1.5~3 个点）	铰、精磨、刮（每 1cm² 内有 3~5 个点）	金刚石刀镗、研磨	研磨、抛光、超精加工等
Rz	≥3.2~10	0.8~1.6	0.2~0.8	0.05~0.2

4. 流体动压润滑径向滑动轴承的设计步骤

当已知轴承的工作载荷、转速时，轴承的基本尺寸（B，d，ψ）、润滑油牌号可初步选定，然后按图 10-23 所示的步骤进行设计。

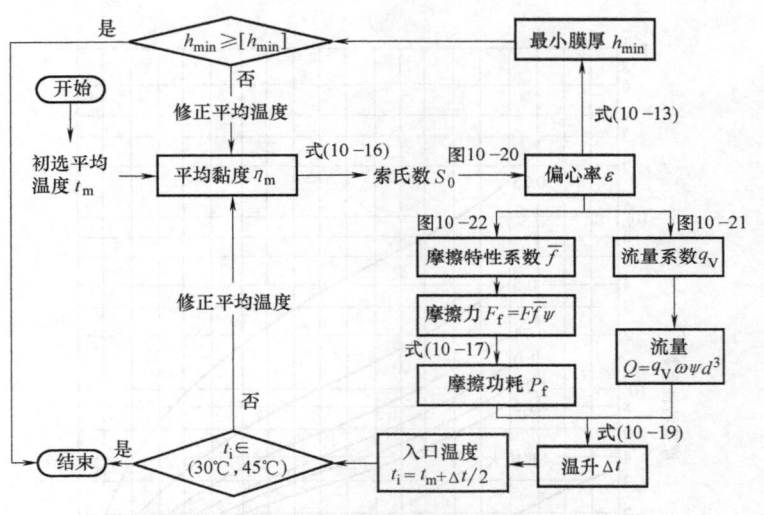

图 10-23　流体动压径向滑动轴承设计的一般步骤

四、流体动压润滑径向滑动轴承主要参数的选择

1. 相对间隙 ψ

轴承的相对间隙影响轴承的流量，从而对轴承工作温升具有很大影响。ψ 的取值取决于轴承的载荷与速度。一般高速轻载条件下，ψ 取值较大，有利于散热；重载时，ψ 取小值，以提高承载能力；当 $B/d < 0.8$、轴承能自动调心，或当轴承材料的硬度较低时，ψ 取小值；反之取大值。设计时可按照下面的公式初取 ψ，即

$$\psi = (0.6 \sim 1.0) \times \sqrt[4]{v} \times 10^{-3} \tag{10-22}$$

式中，v 为轴颈的圆周速度（m/s）。

2. 轴承的宽径比 B/d

轴承宽径比大，承载能力强，但由于润滑油端泄受到影响，而使轴承的散热能力降低；反之，虽然取较小的宽径比会提高轴承的散热能力，但轴承的承载能力相对降低。因此，

B/d 不应小于 0.25。一般情况取 $B/d \approx 1$。常用机器中滑动轴承的宽径比可参考表 10-3。不同工况下的宽径比见表 10-4。

表 10-3　常用机器的宽径比 B/d 值

机器名称	汽轮机	电动机、发电机	离心压缩机、离心泵	轧钢机	齿轮减速器	机床	传动轴	车辆轴承箱
B/d 值	0.25~1.0	0.6~1.5	0.5~1.2	0.6~0.9	0.6~1.2	0.8~1.2	0.8~1.5	1.4~2.0

注：应优先选用下限值。

表 10-4　根据工况选用 B/d 值

工作条件	载荷		速度		轴的挠性		要求转子系统的刚度	
	大	小	高	低	大	小	大	小
B/d 值	较大	较小	较小	较大	较小	较大	较大	较小

3. 润滑油黏度 η 的选择

润滑油黏度对轴承的承载能力和温升都有重要影响。一般重载低速、轴承工作表面粗糙或未经磨合的表面、轴承间隙较大时采用黏度高的润滑油，使之易形成油膜，并具有高的承载能力。另外，在工作环境温度高时，应选择黏度指数大的油，减少温度对润滑油黏度的影响。

选用润滑油可以按照现有机器的使用经验，用类比法确定。流体润滑轴承一般需经过计算确定。

五、流体动压润滑径向滑动轴承的计算机辅助设计举例（辅助设计软件见机械工业出版社教育服务网）

试设计一流体动压润滑径向滑动轴承。其径向外载荷为 5000N，轴颈转速为 960r/min，轴颈所允许的最小直径为 30mm。

解：1）输入已知参数及选择轴承宽度、包角、材料（图 10-24，左侧）。

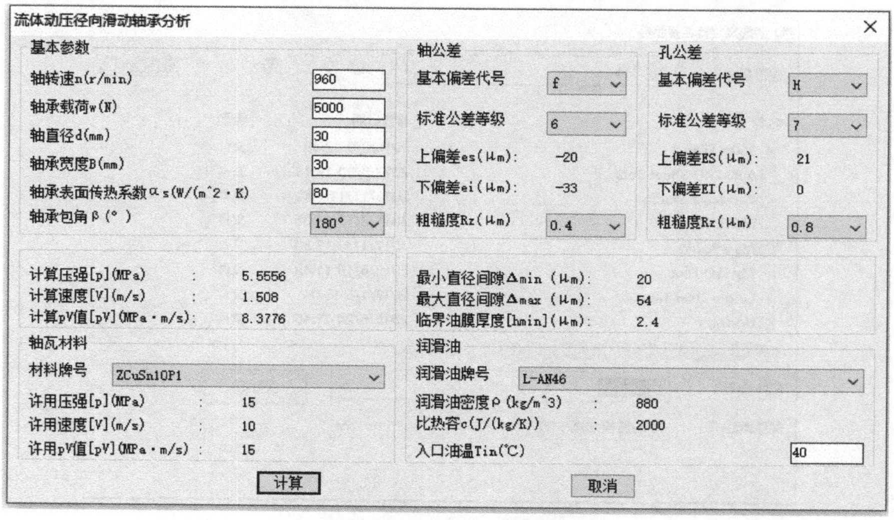

图 10-24　参数输入界面

2）设计轴、孔偏差，确定相对间隙值（最小、最大直径间隙）及轴的表面粗糙度（图10-24 右侧上）。

3）选择润滑油牌号及供油温度（图10-24 右侧下）。

4）单击"计算"按钮，得到图10-25 所示的设计结果。进而可根据最小油膜厚度判据式（10-20）和润滑油温升或平均温度 $\leq 75℃$，判断设计结果是否满足要求，本设计结果满足设计要求。

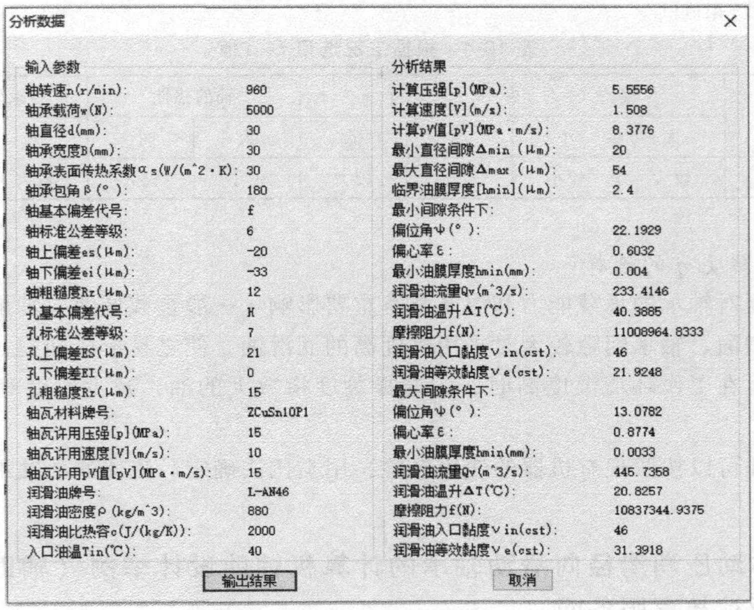

分析数据 ×

输入参数		分析结果	
轴转速n(r/min):	960	计算压强[p](MPa):	5.5556
轴承载荷w(N):	5000	计算速度[V](m/s):	1.508
轴直径d(mm):	30	计算pV值[pV](MPa·m/s):	8.3776
轴承宽度B(mm):	30	最小直径间隙Δmin(μm):	20
轴承表面传热系数αs(W/(m^2·K):	30	最大直径间隙Δmax(μm):	54
轴承包角β(°):	180	临界油膜厚度[hmin](μm):	2.4
轴基本偏差代号:	f	最小间隙条件下:	
轴标准公差等级:	6	偏位角ψ(°):	22.1929
轴上偏差es(μm):	-20	偏心率ε:	0.6032
轴下偏差ei(μm):	-33	最小油膜厚度hmin(mm):	0.004
轴粗糙度Rz(μm):	12	润滑油流量Qv(m^3/s):	233.4146
孔基本偏差代号:	H	润滑油温升ΔT(℃):	40.3885
孔标准公差等级:	7	摩擦阻力f(N):	11008964.8333
孔上偏差ES(μm):	21	润滑油入口黏度νin(cst):	46
孔下偏差EI(μm):	0	润滑油等效黏度νe(cst):	21.9248
孔粗糙度Rz(μm):	15	最大间隙条件下:	
轴瓦材料牌号:	ZCuSn10P1	偏位角ψ(°):	13.0782
轴瓦许用压强[p](MPa):	15	偏心率ε:	0.8774
轴瓦许用速度[V](m/s):	10	最小油膜厚度hmin(mm):	0.0033
轴瓦许用pV值[pV](MPa·m/s):	15	润滑油流量Qv(m^3/s):	445.7358
润滑油牌号:	L-AN46	润滑油温升ΔT(℃):	20.8257
润滑油密度ρ(kg/m^3):	880	摩擦阻力f(N):	10837344.9375
润滑油比热容c(J/(kg/K)):	2000	润滑油入口黏度νin(cst):	46
入口油温Tin(℃):	40	润滑油等效黏度νe(cst):	31.3918

输出结果　　　　取消

图 10-25　设计结果

5）继续单击按钮"输出结果"，可将上述设计数据保存为".TXT"文件（图10-26），以便进行后续处理。

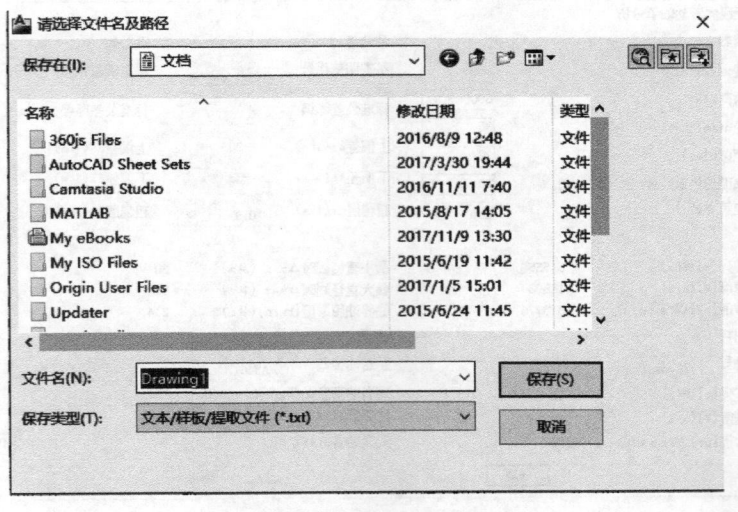

图 10-26　保存计算结果

讨 论 题

10-1　滑动轴承选择材料应满足哪些要求？

10-2　滑动轴承计算中，计算 p、pv、v 各考虑什么问题？

10-3　实现流体润滑的主要途径有哪些？各有什么优缺点？应用场合有何不同？

10-4　图 10-27 中的_____情况可以形成流体动压润滑。

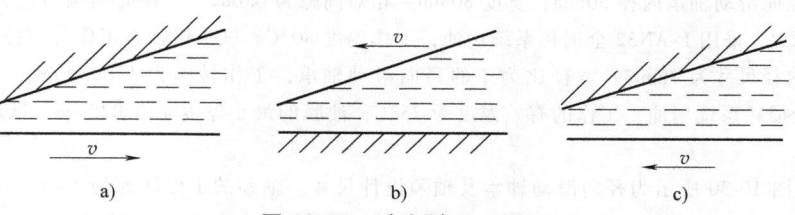

a)　　　　　　　　　　　　b)　　　　　　　　　　　　c)

图 10-27　讨论题 10-4 图

10-5　流体动压润滑径向轴承设计的已知条件一般是什么？设计的主要参数包括哪些？

10-6　滑动轴承的宽径比 B/d 在设计中如何选取？它对轴承的工作性能有何影响？

10-7　滑动轴承为什么要进行热平衡计算？热平衡计算不能满足工作条件时，如何改进滑动轴承的设计参数？

习 题

10-1　改正图 10-28 中滑动轴承座的结构错误。

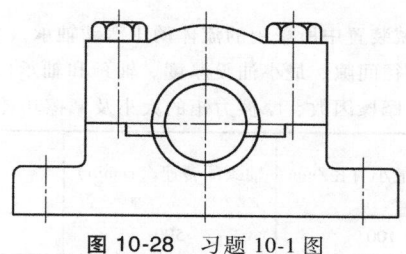

图 10-28　习题 10-1 图

10-2　一混合润滑径向滑动轴承，已知 $F = 10\text{kN}$，轴颈直径 $d = 45\text{mm}$，宽径比 $B/d = 1.0$，转速 $n = 480\text{r/min}$。选择轴承材料和润滑油型号。

10-3　一混合润滑径向滑动轴承，轴颈转速为 1000r/min，径向载荷为 30000N，载荷平稳，轴径 ≥ 80mm。试设计该轴承（选择轴承材料、润滑剂及润滑方式，并确定轴承的内径 d 和宽度 B）。

10-4　一非液体润滑径向轴承，轴瓦材料选用 ZPbSb15Sn10。已知轴承的宽径比 $B/d = 1.0$，轴颈的转速分别为 1440r/min 和 500r/min。求该轴承最大的承载能力及尺寸（B 和 d 的值）。

10-5　某种办公设备主传动轴选用自润滑径向滑动轴承支承，其径向工作载荷 $F = 100\text{N}$，工作转速 $n = 2000\text{r/min}$，轴承宽径比 $0.8 \leqslant B/d \leqslant 1.2$。试设计此轴承（选择轴承材料，设计 B、d 并进行必要的工作能力校核）。

10-6　一发电机转子采用流体动压滑动轴承支承，径向载荷 $F = 45\text{kN}$，转速 $n = 1200\text{r/min}$，轴颈直径

$d=150\text{mm}$，轴承宽径比 $B/d=1$，轴承包角 $\beta=180°$，相对间隙 $\psi=0.0014$。

1）试选择适当的轴承材料，并校核起停过程中轴承是否满足工作要求。

2）设计轴颈与轴承直径尺寸的极限与配合。

3）选择适当的润滑油，并按照轴颈与轴承之间的最大、最小间隙校核轴承稳定工作状态下的工作性能。

10-7 图10-29所示为一个轻型圆锥轴，轴直径为 d，锥顶角为 2α，并以速度 n 在一锥形支座上旋转。支座与轴之间的间隙内充满厚度为 h 的润滑油，润滑油的动力黏度为 η。试求作用于圆锥轴上的转矩 T 的大小。

10-8 一径向滑动轴承内径50mm，宽度80mm，相对间隙为0.001，工作时轴颈转速为1200r/min，摩擦功耗为0.14kW，采用 L-AN32 全损耗系统用油，工作温度80°C。试求该轴承工作时的径向载荷。

10-9 一内径尺寸为75mm、宽径比为1的径向滑动轴承，工作转速为1200r/min，相对间隙0.001，采用 L-AN22 全损耗系统用油，工作的有效温度为75°C，油膜的最小厚度是0.025mm。试求工作时该轴承的径向外载荷。

10-10 如图10-30所示为径向滑动轴承及轴颈设计尺寸。轴颈的工作转速为1500r/min，轴承包角为180°。润滑油采用 L-AN32 全损耗润滑油，工作时润滑油的平均温度为50°C。试求：此径向滑动轴承在最小和最大相对间隙时的承载力大小及最小油膜厚度。（建议采用机械工业出版社教育服务网中辅助设计软件计算）

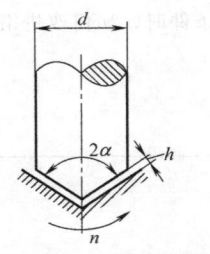

图10-29 习题10-7图

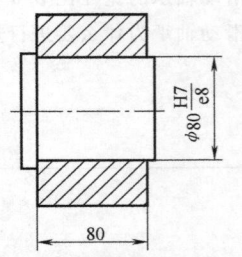

图10-30 习题10-10图

10-11 设计表中所列出的机械装置中所采用的流体动压滑动轴承（轴承包角均为180°），包括：轴颈最终直径、轴承的宽度、轴承的直径间隙、最小油膜厚度、轴颈和轴承内表面的表面粗糙度值、选用的润滑油牌号、轴承工作的最高温度、摩擦因数、摩擦力矩的大小及摩擦功耗。

序号	径向载荷/N	轴颈的最小直径/mm	轴颈的转速/(r/min)	用　　　途
1	18700	100	500	链传动的支承轴承
2	2250	25	2200	机床
3	5750	65	1740	打印机

第十一章 联轴器和离合器

联轴器和离合器是连接两轴、使两轴共同旋转并传递转矩的机械装置。联轴器与离合器有时也可作为安全装置，在过载时自动脱开或打滑，保证机器中的主要零部件不致因过载而损坏。通过联轴器连接的两轴只有通过拆卸联轴器才能分离，而通过离合器连接的两轴可以在工作中随时结合或分离。

第一节 联 轴 器

一、联轴器的特性及分类

由于制造、安装的误差，以及工作中零部件的变形，用联轴器连接的两轴轴线之间会存在相对位置误差，如图 11-1 所示。这种误差可以分为轴向误差（图11-1a）、径向误差（图 11-1b）、角度误差（图11-1c）和综合误差（图11-1d）。

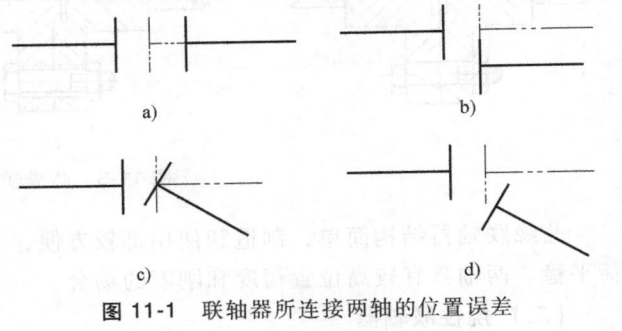

图 11-1 联轴器所连接两轴的位置误差

具有自动补偿被连接两轴轴线相对位置误差能力的联轴器称为挠性联轴器，不具有自动补偿能力的联轴器称为刚性联轴器。挠性联轴器按照其补偿方法可分为有弹性元件的挠性联轴器和无弹性元件的挠性联轴器。有弹性元件的挠性联轴器依靠联轴器中的弹性元件的变形实现补偿，无弹性元件的挠性联轴器则依靠联轴器中不同零件之间的相对运动实现补偿。有弹性元件的挠性联轴器按照弹性元件的材料可以分为金属弹性元件挠性联轴器和非金属弹性元件挠性联轴器。

二、联轴器的类型

（一）刚性联轴器

刚性联轴器不具有自动补偿被连接两轴轴线相对位置误差的能力，要求所连接的两轴具有较高的位置精度和刚度。刚性联轴器具有较高的承载能力。常用的刚性联轴器有套筒联轴器、凸缘联轴器和夹壳联轴器。

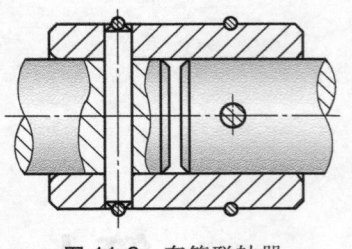

图 11-2 套筒联轴器

1. 套筒联轴器

套筒联轴器连接结构如图 11-2 所示，它通过联轴套连接两轴，所连接两轴的直径可以相同，也可以不相同，联轴套与轴之间可以通过销连接传递转矩，也可以通过键连接或花键连接传递转矩。

套筒联轴器结构简单，制造方便，成本低，占用径向尺寸小；但是装配和拆卸都不方便。套筒联轴器适用于低速、轻载、工作平稳的连接。

2. 凸缘联轴器

凸缘联轴器由两个带有凸缘的半联轴器组成。两个半联轴器分别安装在两个被连接的轴端，半联轴器与轴通过轴毂连接传递转矩。两个半联轴器之间通过螺栓连接传递转矩，根据传递转矩的大小，可采用普通螺栓连接，也可以采用加强杆螺栓连接。两个半联轴器之间可以通过加强杆螺栓连接定心，如图 11-3a 所示；也可以用对中榫定心，如图 11-3b 所示；还可以通过对中环定心，如图 11-3c 所示。

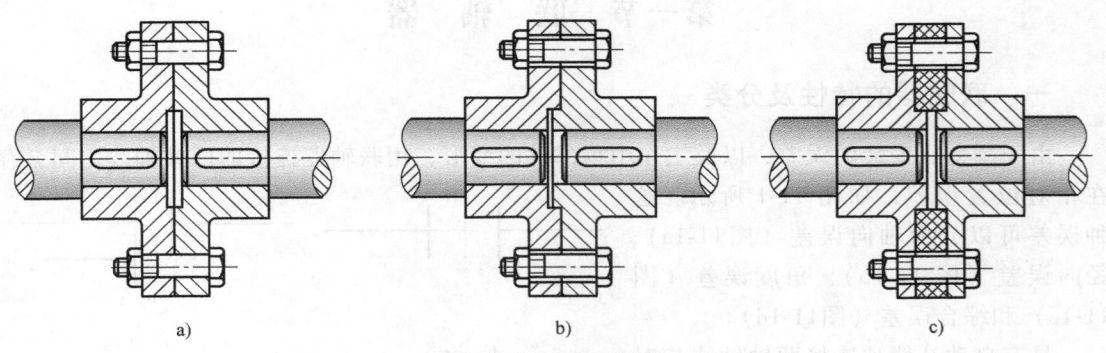

a)   b)   c)

图 11-3 凸缘联轴器

凸缘联轴器结构简单，制造和使用都较方便，工作可靠，承载能力大，适用于高速、载荷平稳、两轴具有较高位置精度和刚度的场合。

（二）挠性联轴器

1. 无弹性元件挠性联轴器

无弹性元件的挠性联轴器依靠联轴器中不同零件之间的相对运动来补偿两轴轴线之间的位置误差，通常需要在良好的润滑和密封条件下工作，不具有缓解载荷冲击的能力。常用的类型有滑块联轴器、齿式联轴器、万向联轴器和链条联轴器等。

（1）滑块联轴器 滑块联轴器如图 11-4 所示，两个半联轴器端部开有滑槽，中间滑块两端榫块断面形状为矩形，矩形宽度与半联轴器端部滑槽宽度相等，滑块同时嵌入两个半联轴器的滑槽中，通过滑块与半联轴

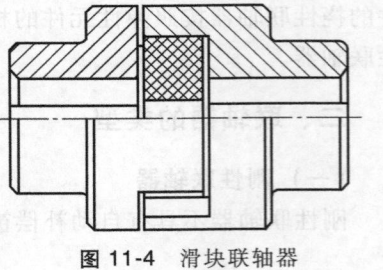

图 11-4 滑块联轴器

滑槽之间的相对滑动，滑块联轴器可以补偿所连接两轴之间的径向位置误差。

滑块联轴器工作中有噪声、传动效率低、滑块磨损较快，常用于低速、无冲击载荷的场合。

（2）齿式联轴器 齿式联轴器通过齿数相同的内、外齿轮啮合传递转矩，同时承载的齿数多，承载能力大，径向尺寸小，但成本较高。

齿式联轴器具有综合误差补偿能力，如图 11-5 所示。为提高补偿能力，通常将轮齿沿轴向修成球面，球心在轴线上，将齿面沿轴向修成鼓形，齿侧留有较大的间隙。齿式联轴器需要在良好的润滑与密封条件下工作。

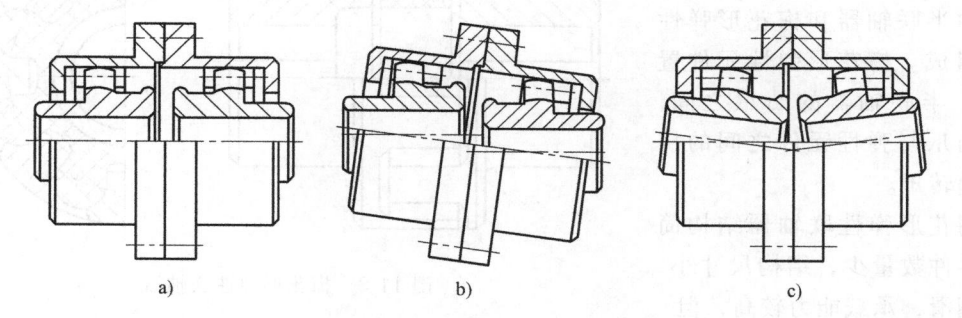

图 11-5 齿式联轴器误差补偿

a）轴向误差补偿 b）角度误差补偿 c）综合误差补偿

2. 有弹性元件的挠性联轴器

有弹性元件的挠性联轴器通过内部弹性元件的变形，除可补偿被连接两轴轴线相对位置误差以外，还具有缓解冲击载荷、吸收振动的作用。联轴器中的弹性元件可以是金属材料，也可以是非金属材料。

（1）弹性套柱销联轴器 弹性套柱销联轴器如图 11-6 所示，由两个半联轴器和多组带有弹性套的柱销（弹性元件）组成，形状与凸缘联轴器相近，将带有弹性套的柱销装入半联轴器的凸缘孔中，通过柱销在两个半联轴器之间传递转矩。

弹性套柱销联轴器结构简单，制造和使用都很方便，成本低，但是弹性元件工作寿命短，承载能力小。

在结构设计中，应为更换弹性套留出必要的空间。

（2）弹性柱销齿式联轴器 弹性柱销齿式联轴器（图 11-7）将尼龙柱销置于两个半联

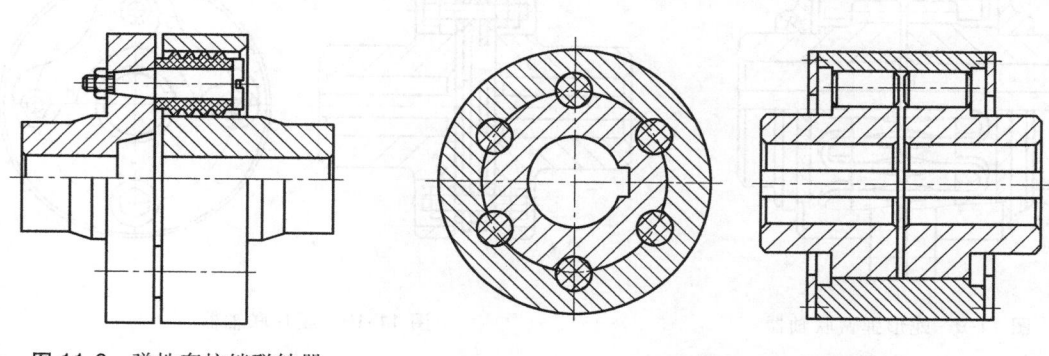

图 11-6 弹性套柱销联轴器

图 11-7 弹性柱销齿式联轴器

轴器与联轴器外套之间，通过柱销的剪切，在半联轴器外表面的圆弧槽与联轴器外套内表面圆弧槽之间传递转矩。为防止柱销沿轴向脱落，在外套两端设有挡板。

弹性柱销齿式联轴器结构简单，制造和使用方便，工作寿命长，使用中不需要采取专门的润滑和密封措施，成本低，承载能力强。由于弹性零件的刚性较大，减振效果较差，工作中有噪声。

（3）梅花形弹性联轴器
梅花形弹性联轴器（图 11-8）由两个形状相同的、端部带有凸爪的半联轴器和梅花形弹性元件组成。梅花形弹性元件置于两个半联轴器的凸爪之间，通过凸爪与弹性元件之间的挤压传递转矩。

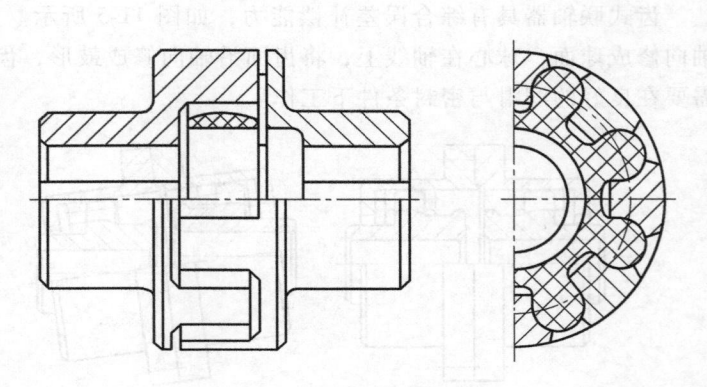

图 11-8　梅花形弹性联轴器

梅花形弹性联轴器结构简单，零件数量少，结构尺寸小，不需润滑，承载能力较高，但是更换弹性元件时需要将半联轴器沿轴向移动。

（4）蛇形弹簧联轴器　蛇形弹簧联轴器（图 11-9）将蛇形弹簧嵌在两个半联轴器凸缘的齿间，通过蛇形弹簧在两个半联轴器之间传递转矩。蛇形弹簧用金属材料制造，承载能力大，工作寿命长，通过改变与弹簧接触的齿面形状可以得到不同的刚度特性。由于弹簧与齿面接触点处有相对滑动，为改善润滑条件，并防止弹簧因离心力被甩出，需要将联轴器的工作空间封闭，并加注润滑油。

（5）膜片联轴器　膜片联轴器如图 11-10 所示，用螺栓连接将多组金属膜片交错地安装在两个半联轴器之间，通过膜片在两个半联轴器之间传递转矩，通过膜片的弹性变形实现对所连接的两轴相对位置误差的补偿。这种补偿方法无工作间隙，无相对滑动，工作无噪声，不需要润滑，承载能力大，工作寿命长。

通过改变每组膜片的数量，可以改变其承载能力。膜片形状可以是连杆式，也可以是整片式。

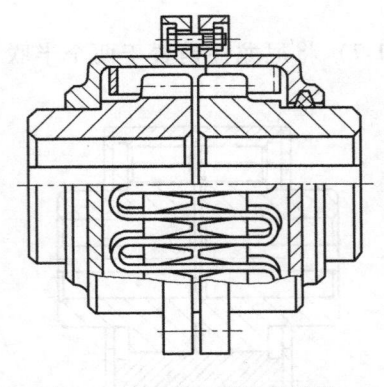

图 11-9　蛇形弹簧联轴器

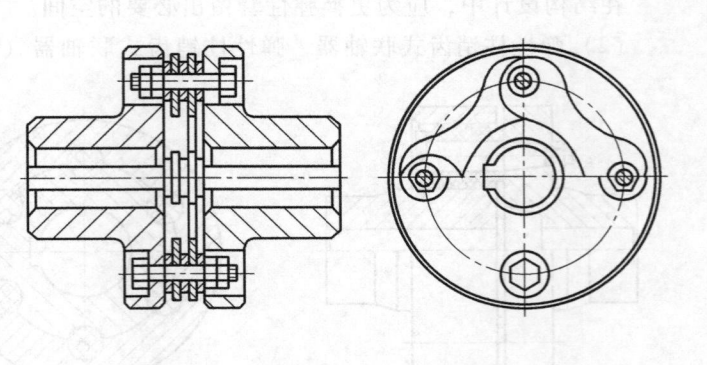

图 11-10　膜片联轴器

三、联轴器的选用

联轴器是常用标准部件，除了有关于各种类型联轴器的尺寸、形状、承载能力、最高转速等内容的标准外，GB/T 12458—2017 中还定义了联轴器的分类方法，GB/T 3507—2008 中规定了联轴器的转矩系列，GB/T 3852—2017 中规定了联轴器的轴孔和连接形式与尺寸。常用联轴器多已标准化，用户只需根据有关标准和产品样本选用。选用联轴器包括选择联轴器的类型、尺寸（型号）及联轴器与轴的连接方式。

1. 联轴器的类型选择

不同类型联轴器的工作性能差异很大，选择联轴器的类型应综合考虑工作条件对联轴器各方面工作性能的要求，合理选用。

原动机的种类和工作机的载荷性质是选择联轴器类型的重要依据，电动机的输出转速平稳，而内燃机的输出转速波动随内燃机缸数的减少而加剧；工作机如有较大的冲击、振动、载荷变化较大、频繁起动或频繁变换传动方向等都会对联轴器的工作能力有较大影响，应选用具有缓冲、减振特性的弹性联轴器。

如果被联轴器连接的两轴轴线位置精度较高，可以选用刚性联轴器；如果由于制造、安装的误差，受力后结构的变形及零部件的磨损等原因使轴线位置精度变差，应选用具有补偿两轴轴线相对位移能力的挠性联轴器。

不同类型和尺寸的联轴器由于材料、结构、径向尺寸不同，所允许的转速范围不同，在要求转速较高的情况下除应选择许用转速较高的联轴器类型外，还应对联轴器进行动平衡。

如果工作环境中具有灰尘、蒸汽或腐蚀性介质，应考虑环境对联轴器材料的影响。例如在高温、低温、有油及酸、碱介质的条件下，应避免选用橡胶弹性元件的弹性联轴器。有些联轴器（如弹性柱销齿式联轴器）的工作噪声较大，对噪声有严格要求的场合不宜选用。

不同类型的联轴器由于结构的复杂程度不同，所用材料不同，对加工精度的要求不同，成本差异很大，使用中不应盲目选择性能好、精度高、价格高的联轴器，应综合考虑各方面的要求，选择最适合需要的联轴器。

2. 选择联轴器型号

确定联轴器的类型后应根据工作能力确定联轴器的型号（尺寸）。

JB/T 7511—1994 中规定了机械式联轴器的选用计算方法，下面介绍的方法是对这一标准的简化。

根据机械设计手册或相关国家标准等可以查询各种型号的联轴器许用转矩 $[T]$，如果原动机和工作机引起严重的载荷波动，将对联轴器的工作能力产生较大影响，应根据有关手册推荐的方法对许用转矩进行修正。所确定的联轴器型号应保证

$$T_{ca} = KT \leqslant [T] \tag{11-1}$$

式中，T_{ca} 为联轴器需要传递的计算转矩（N·m）；T 为联轴器传递的转矩（N·m）；K 为使用系数，见表 11-1；$[T]$ 为所选择联轴器的许用转矩（N·m）。

为保证所选联轴器正常工作，在确定联轴器型号时还应保证

$$n \leqslant n_{max} \tag{11-2}$$

式中，n 为联轴器的转速（r/min）；n_{max} 为所选联轴器允许的最高转速（r/min）。

表 11-1 联轴器使用系数 K

工作机		原动机			
转矩变化情况		电动机 汽轮机	四缸和四 缸以上内 燃机	双缸内 燃机	单缸内 燃机
分类	举例				
变化很小	发动机(小型)、通风机(小型)、离心泵	1.3	1.5	1.8	2.2
变化小	透平压缩机、木工机床、运输机	1.5	1.7	2.0	2.4
变化中等	搅拌机、增压泵、压缩机、压力机	1.7	1.9	2.2	2.6
变化中等有冲击	水泥搅拌器、织布机、拖拉机	1.9	2.1	2.4	2.8
变化较大有较大冲击	造纸机械、挖掘机、起重机、碎石机	2.3	2.5	2.8	3.2
变化大有强烈冲击	压延机、重型初轧机	3.1	3.3	3.6	4.0

3. 确定联轴器与轴的连接方式

同一型号的联轴器一般允许有几种不同的直径尺寸系列值可供选用，可以选择圆柱孔或圆锥孔，同时可以选用多种不同的轴毂连接方式，具体可参考有关手册或标准。

例题 球磨机采用 Y112M-2 型三相异步电动机驱动，经过蜗杆减速器，其传动比为 $i=12$。减速器输入轴直径 $d_2 = 25\text{mm}$，输出轴直径 $d_3 = 40\text{mm}$，球磨机输入轴直径 $d_4 = 42\text{mm}$，球磨机输入转矩 $T_o = 120\text{N} \cdot \text{m}$。减速器和球磨机共同安装在一个平台上，平台可以保证减速器输出轴与球磨机输入轴同轴；电动机轴与减速器输入轴之间可能存在综合误差；球磨机工作中有冲击。试选择电动机与减速器之间及减速器与球磨机之间的联轴器。

解: Y112M-2 型三相异步电动机轴直径 $d_1 = 28\text{mm}$，满载转速 2890r/min，额定功率 $P = 4\text{kW}$，蜗杆减速器输出转速为 $n_2 = n_1/i = 2890\text{r/min}/12 = 241\text{r/min}$。假设减速器传动效率 $\eta = 0.85$，则减速器输入端转矩为 $T_i = T_o/(i\eta) = 120\text{N} \cdot \text{m}/(12 \times 0.85) = 11.8\text{N} \cdot \text{m}$。

电动机与减速器之间选择 LT4 型弹性套柱销联轴器，J 型孔：

LT4 联轴器 $\dfrac{\text{J}28 \times 62}{\text{J}25 \times 62}$ GB/T 4323—2017

联轴器公称转矩 $[T] = 63\text{N} \cdot \text{m}$，许用转速 $[n] = 5700\text{r/min}$。

由于减速器输出轴与球磨机输入轴之间可以保证同轴，减速器与球磨机之间可以选择刚性联轴器，故选择 GYS5 型凸缘联轴器，J_1 型孔：

GYS5 联轴器 $\dfrac{\text{J}_1 40 \times 84}{\text{J}_1 42 \times 84}$ GB/T 5843—2003

联轴器公称转矩 $[T] = 400\text{N} \cdot \text{m}$，许用转速 $[n] = 8000\text{r/min}$。

两种联轴器的公称转矩和许用转速都远大于设计要求，但是由于轴孔直径的限制，无法选用其他型号的联轴器。

<h1 align="center">第二节 离 合 器</h1>

使用离合器连接的两轴可以在工作中随时结合或分离，如果这种工作状态的转换需要通过人为操纵实现则称为操纵式离合器，如果工作状态转换可根据工况（转速、转矩等）自

动完成则称为自动式离合器。通过摩擦力在零件之间传递转矩的离合器称为摩擦式离合器，通过工作表面之间的啮合传递转矩的离合器称为啮合式离合器。以下介绍离合器的常用类型。

一、操纵式离合器

1. 单圆盘式摩擦离合器

单圆盘式摩擦离合器依靠圆盘表面间的摩擦力在两个半离合器之间传递转矩，如图11-11所示的单圆盘式摩擦离合器只有一对摩擦表面，通过移动右侧半离合器上的操纵环可以使离合器结合或分离。

单圆盘式摩擦离合器在汽车、摩托车等车辆上得到广泛应用。

2. 多盘式摩擦离合器

图 11-12 所示为多盘式摩擦离合器，分别由外侧带齿的外摩擦盘和内侧带齿的内摩擦盘交错放置构成。外摩擦盘通过外齿与外轮毂及左侧轴相连，内摩擦盘通过内齿与套筒及右侧轴相连。当滑环移动到左侧（图示位置）时，压杆压紧摩擦盘，使离合器结合；当滑环移动到右侧时，摩擦盘松开，离合器分离。

多盘式摩擦离合器在机床等机械中应用广泛。

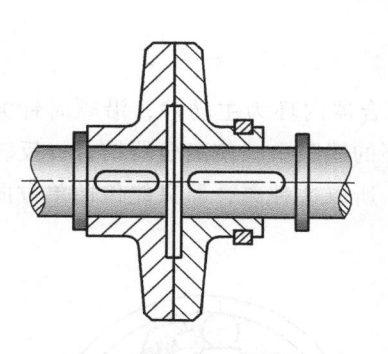

图 11-11　单圆盘式摩擦离合器

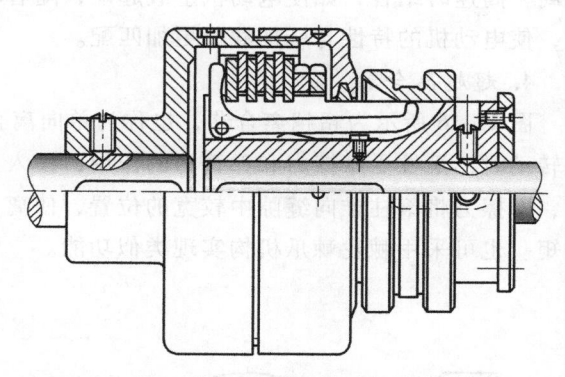

图 11-12　多盘式摩擦离合器

二、自动式离合器

1. 牙嵌安全离合器

图 11-13 所示为一种牙嵌安全离合器，通过两个半离合器端面齿牙的啮合传递转矩。牙嵌式离合器的牙形可以是三角形、梯形或锯齿形等。图 11-13 中离合器的牙形为梯形。当所传递的转矩过大时，啮合齿面间所产生的轴向推力使左侧弹簧压缩，离合器自动分离。牙嵌离合器用于低速轻载的场合。当传递载荷过大时，安全离合器自动分离，中断传动链，防止过载，对传动链中的其他传动零件起到保护作用。

2. 剪切销安全离合器

图 11-14 所示为剪切销安全离合器，通过销在两个半离合器之间传递转矩。通常离合器处于结合状态。当传动过载，销工作断面上的切应力超过其抗剪强度时，销被剪断，离合器分离，对其他零件起到保护作用。通过改变销的尺寸、数量、材料及热处理方式，可以改变

离合器传递的最大载荷。

由于材料的力学性能比较离散，所以剪切销安全离合器的工作精度不高。

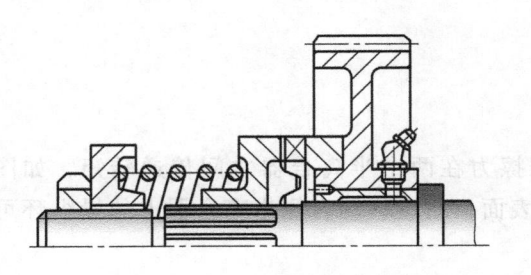

图 11-13 牙嵌安全离合器

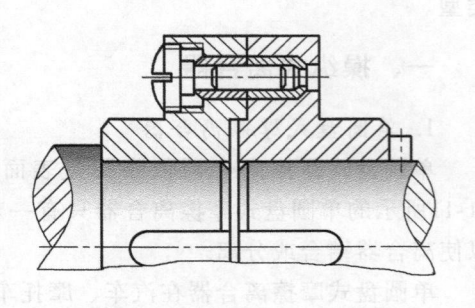

图 11-14 剪切销安全离合器

3. 离心离合器

图 11-15 所示的离心离合器低速工作时，摩擦块在弹簧力的作用下压紧主动轮，离合器结合；当转速增大时，由于离心力的作用，摩擦块与主动轮之间的作用力减小，直至松脱，离合器分离。这种离心离合器可以防止转速过高。应用类似的原理，可以使离合器在低速时分离，高速时结合，如使电动机空载起动，随着转速的不断升高，离合器逐渐结合，逐渐加载，使电动机的特性与所加载荷更加匹配。

4. 超越离合器

图 11-16 所示为超越离合器，也称为单向离合器。当离合器内环为主动件，沿顺时针方向转动时，滚柱受摩擦力和弹簧力的作用，楔入外环与内环的缝隙中，使离合器结合；反转时，摩擦力将滚柱推向缝隙中较宽的位置，使离合器分离。所以这种离合器只能传递单方向转矩。也可采用棘轮棘爪机构实现类似功能。

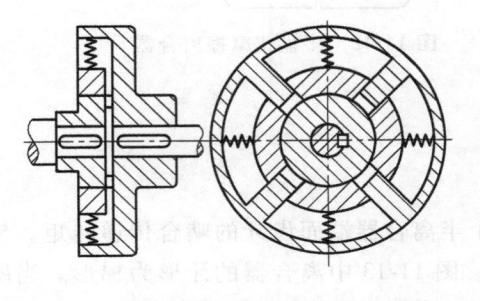

图 11-15 离心离合器

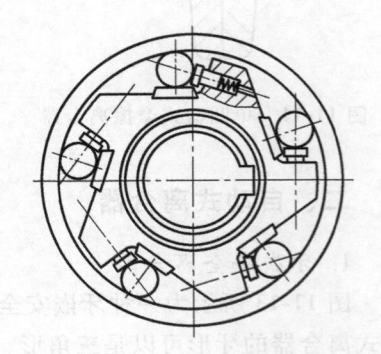

图 11-16 超越离合器

超越离合器应用广泛。自行车链传动在从动轮内加装超越离合器，既可以通过链传动驱动车轮，也可以在自行车靠惯性前进时使曲柄停止转动。液力变矩器导轮中的超越离合器使得车辆起动或爬坡时导轮与轴结合，导轮对涡轮起到增大转矩的作用，车辆高速行驶时导轮自由旋转。在脉动无级变速器中，通过摇杆与输出轴之间的超越离合器将摇杆的往复摆动转换为输出轴的单向转动。

讨 论 题

11-1 机械装置中为什么需要联轴器?

11-2 联轴器与离合器的功能差别是什么?

11-3 挠性联轴器通过什么原理调整所连接轴轴线之间的位置误差?

11-4 金属弹性元件和非金属弹性元件挠性联轴器的主要性能差别有哪些?

11-5 弹性联轴器的弹性对传动系统的振动可能产生什么影响?

习 题

11-1 图 11-17 所示为铸造车间的混砂机,电动机输出功率 $P = 3\text{kW}$,转速 $n = 1420\text{r/min}$,减速器减速比 $i = 18$,减速器的输入端和输出端分别通过两个联轴器与电动机和锥齿轮相连,电动机轴直径与减速器输入轴直径均为 $d = 28\text{mm}$,锥齿轮轴直径与减速器输出轴直径均为 $d = 50\text{mm}$。试选择两个联轴器的种类和型号。

11-2 电动机与液压泵之间用弹性套柱销联轴器相连,传递功率 $P = 20\text{kW}$,转速 $n = 960\text{r/min}$,两轴直径均为 35mm,选择连接电动机和液压泵的联轴器。

11-3 图 11-13 所示为牙嵌安全离合器,离合器外径 $D = 80\text{mm}$,内径 $D_1 = 64\text{mm}$,轴径 $d = 40\text{mm}$,牙面间摩擦因数 $f = 0.12$,轮毂与键之间的摩擦因数 $f' = 0.1$,牙型倾斜角 $\alpha = 8°$,传递转矩 $T = 500\text{N·m}$,要求在超载 100% 时两轴分离。求弹簧的压紧力。(由于离合器分离时的行程较小,可以假设在离合器分离过程中弹簧力为常数)

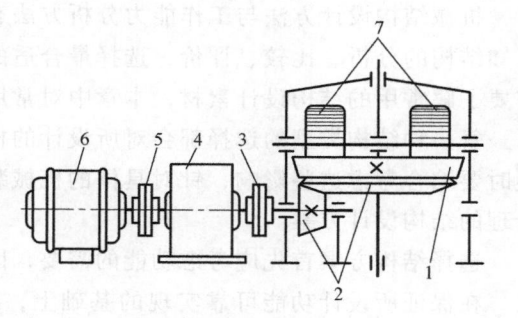

图 11-17 习题 11-1 图
1—大锥齿轮 2—小锥齿轮 3、5—联轴器
4—减速器 6—电动机 7—混砂轮

11-4 设单圆盘式摩擦离合器摩擦面上的压强 p 均匀分布,摩擦因数为 f,摩擦盘外径为 D,内径为 d,试推导传递转矩 T 与所需压紧力 F_Q 的计算公式。

第十二章　轴系结构设计

本章重点分析与传动系统有关的轴毂连接和滚动轴承轴系结构的设计问题。

机械结构在工作中要承担由于各种原因引起的不同形式的载荷；机械结构执行运动传递与运动变换功能；机械结构完成对物料运送与加工；机械结构是实现机械功能的物质基础，是结构分析评价及工作能力设计的依据。

机械结构设计方法与工作能力分析方法有较大差别。结构设计的基本方法是通过对多种已知结构的分析、比较、评价，选择最合适的结构类型。要能够正确地进行机械结构设计，需要了解常用的结构设计素材，本章中对常用的结构类型进行分类介绍。

每一种结构类型的选择都会对所设计的机械装置的多方面性能产生影响，在确定结构类型时要综合考虑这些影响，针对具体的机械装置的要求，根据设计所追求的优化目标确定最合理的结构设计方案。

选择结构方案首先应考虑功能的需要，因为"功能"是应首先保证的设计目标。

在保证所设计功能可靠实现的基础上，还必须保证结构可以通过工业化生产的方法实现，零件可以制造，结构可以装配，零件和装置整体可以运输等，保证为实现所设计的装置必须进行的工艺环节的可能性和方便性。

经济性原则是处理工程问题必须关注的基本原则，在很多情况下经济性原则是决定性的原则，不但应注意所设计的装置的一次性制造成本，而且应注意使用成本。

在结构设计中还应考虑结构对社会、对环境的影响。

第一节　轴毂连接设计

一、键连接

键连接是应用非常广泛的一类轴毂连接形式。键连接可实现轴与轮毂之间的周向定位，同时可传递转矩。

键连接按照键的形状可分为平键连接、半圆键连接、楔键连接和切向键连接等类型。以下分析平键连接和半圆键连接的设计。

1. 平键连接

普通平键连接结构如图 12-1 所示，平键的断面形状为矩形；平键连接中键及键槽的两侧面为工作面，键的上表面与键槽顶面间有间隙，工作中靠工作面之间的挤压传递转矩。平键连接不具有轴向承载能力，不具有确定轴与轮毂间轴向位置的功能。平键连接结构简单，拆装方便，轴与轮毂的对中性好，是应用最为广泛的轴毂连接形式。

在轴与轮毂形成的静连接中应用的平键连接为普通平键连接，在轴与轮毂形成的滑动连接中应用的平键连接为滑动平键（滑键）连接或导向平键（导键）连接。普通平键连接按照键的轴向截面形状可分为圆头平键（A 型平键）连接、方头平键（B 型平键）连接和单圆头平键（C 型平键）连接，如图 12-1 所示。

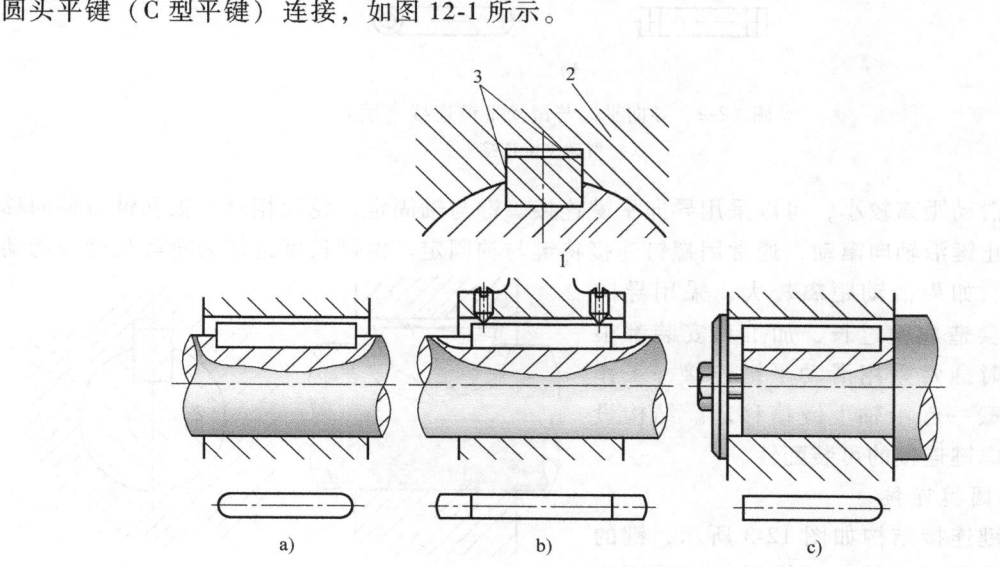

图 12-1　普通平键连接

a）圆头平键（A 型）连接　b）方头平键（B 型）连接　c）单圆头平键（C 型）连接

1—轴　2—轮毂　3—工作面

采用圆头平键时轴上键槽使用面铣刀加工，键在轴槽中轴向定位好，安装方便；但是键的圆头部分不承载，这对于较窄的轮毂的转矩承载能力有较大影响；轴上键槽端部的形状造成轴的弯曲应力集中严重。采用方头平键时轴上键槽用盘形铣刀加工，键槽对轴所造成的应力集中较小，承载能力大，但是键与轴之间的轴向定位不好，为防止键的轴向窜动可用紧定螺钉固定。单圆头平键用于轴端部的轴毂连接。

当轴与轮毂构成滑动连接时，可采用滑动平键连接或导向平键连接，如图 12-2 所示。

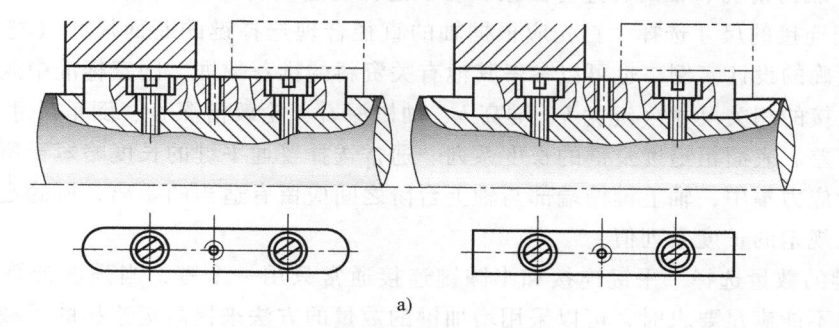

a）

图 12-2　导向平键与滑动平键连接

a）导向平键连接

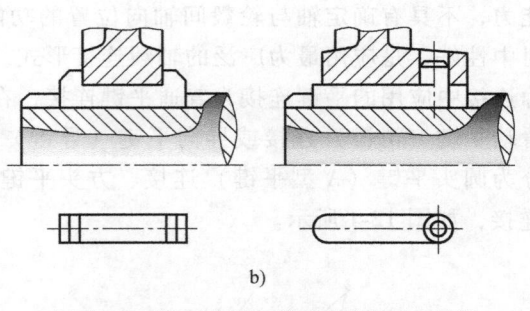

b)

图 12-2 导向平键与滑动平键连接（续）

b）滑动平键连接

如果滑动距离较小，可以采用导向平键连接。键与轴固定，轮毂相对于轴和键沿轴向移动。为防止键沿轴向窜动，通常用螺钉连接将键与轴固定。滑键长度近似为轮毂长度与滑动距离之和。如果滑动距离较大，采用导向平键结构会造成键过长，加工和安装都很困难，此时通常采用滑动平键连接，工作中键随轮毂一起沿轴上键槽移动。结构设计中应考虑键连接的可装配性。

2. 半圆键连接

半圆键连接结构如图 12-3 所示，键的断面形状为圆弧，轴上键槽用与键的宽度及圆弧直径相同的盘形铣刀加工。半圆键

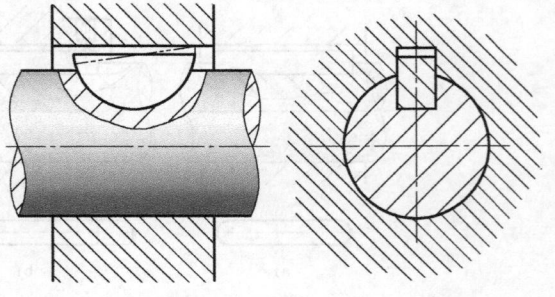

图 12-3 半圆键连接

连接的工作原理与平键连接相同。由于键在轴槽中可自由摆动，安装较方便，特别适合于锥形轴或轴端的轴毂连接。由于半圆键连接中轴上键槽较深，对轴的强度削弱较大，所以不宜在轴上应力较大处使用。

3. 键连接的参数选择

在键连接的设计中，要根据工作要求合理选择键连接的类型、尺寸、配合、键的数量、材料及热处理方式等参数。

（1）键连接的类型选择 不同的键连接形式各有特点，设计中应综合考虑连接类型（静、动）、载荷情况、轴的转速等因素，合理选择键连接的类型。

（2）键连接的尺寸选择 首先应根据轴的直径合理选择键的断面尺寸（宽度和高度），可以参考正确的设计实例，也可以参考其他有关资料的推荐数据。国家标准中规定了不同断面尺寸键连接的相关尺寸（键宽 b、键高 h、轴槽深 t_1、轮毂槽深 t_2、倒角尺寸 r）、尺寸公差、几何公差、表面粗糙度及键的长度系列。通常选择普通平键的长度略短于所在的轴段长度。为减少应力集中，轴上键槽端部与轴上台阶之间应留有适当的距离，所确定的长度应符合国家标准规定的长度系列值。

（3）键的数量选择 平键连接和半圆键连接通常只用一个键，当强度计算表明一个键的工作能力不能满足要求时，可以采用增加键的数量的方法来提高键连接的承载能力。采用双键连接时由于两个键连接之间载荷分布不均匀，其承载能力只按单键连接的 1.5 倍计算。使用两个以上键的键连接极少采用。如果双键连接的工作能力仍不能满足要求，则应改用其

他轴毂连接形式，如采用花键连接形式。

普通平键连接的主要失效方式是构成键连接的三个零件（轴、毂、键）中强度较弱者被压溃。键连接中键通常采用抗拉强度不低于 600MPa 的钢材制造。由于轮毂上的键槽较浅，通常失效发生在轮毂上。

平键连接强度计算中，假设挤压应力在工作表面上均匀分布，挤压应力的合力作用在轴的外径处，如图 12-4 所示，键连接的强度条件为

$$\sigma_{\mathrm p}=\frac{2T}{dlk}\leqslant[\sigma_{\mathrm p}] \qquad (12\text{-}1)$$

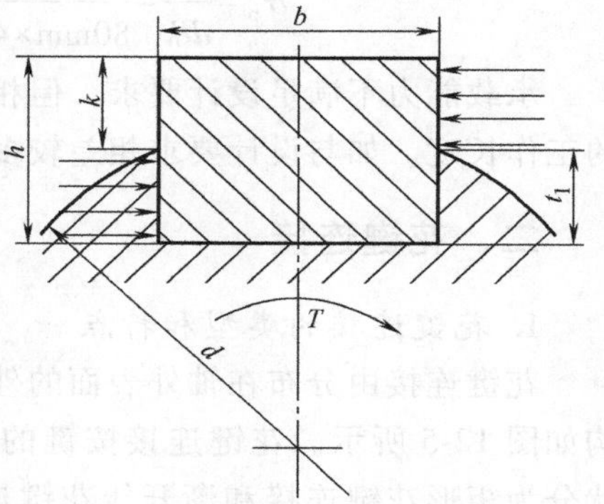

式中，T 为键连接所传递的转矩（N·mm）；d 为轴直径（mm）；l 为键的工作长度（mm），方头平键的工作长度等于键长，圆头平键端部的圆头不承载，工作长度等于键长 L 减去键宽 b，即 $l=L-b$；k 为键连接中强度较弱零件的工作高度（mm）；$[\sigma_{\mathrm p}]$ 为强度较弱零件的许用挤压应力，见表 12-1。

图 12-4　平键连接受力图

表 12-1　键连接的许用挤压应力 $[\sigma_{\mathrm p}]$ 和许用压强 $[p]$ （单位：MPa）

许用挤压应力、许用压强	连接工作方式	连接中的较弱零件材料	载 荷 性 质		
			静载荷	轻微冲击	冲 击
$[\sigma_{\mathrm p}]$	静连接	钢	120~150	100~120	60~90
		铸铁	70~80	50~60	30~45
$[p]$	动连接	钢	50	40	30

注：1. 表中许用挤压应力 $[\sigma_{\mathrm p}]$ 和许用压强 $[p]$ 值按连接中最弱的零件选取。

　　2. 动连接中的连接零件如经淬火，则许用压强 $[p]$ 值可提高 2~3 倍。

导向平键连接及滑动平键连接由于工作中零件间有滑动，主要失效形式是相对滑动的两零件（导向平键与轮毂、滑键与轴）中强度较弱的材料磨损，强度条件为

$$p=\frac{2T}{dlk}\leqslant[p] \qquad (12\text{-}2)$$

式中，p 为工作压强（MPa）；$[p]$ 为许用压强（MPa）；l 为键的工作长度（mm），是相对滑动的两零件之间的实际接触长度。

半圆键连接为静连接，其失效形式与普通平键连接相似，强度条件相同，计算公式中的键工作长度及工作高度参考有关国家标准。

当平键连接采用双键时，两键沿周向对称布置（相隔 180°）；半圆键连接采用双键时，两键沿圆周上同一条母线布置（即沿轴的长度方向布置）。

例题 12-1　有一钢制齿轮与钢轴构成静连接，齿轮位于两轴承之间，载荷有轻微冲击，轴毂连接传递的转矩为 1200N·m，轴直径为 80mm，轴段长 78mm，轮毂长 80mm，试选择轴毂连接的类型和尺寸。

解：由于轴毂连接为静连接，齿轮位于两轴承间，轴上有较大弯矩，因此选择轴毂连接类型为普通平键连接，端部类型为圆头，键槽两端与轴端各留 4mm 间距，键槽长度 L=

70mm，根据国标 GB/T 1095—2003 选择键宽 $b = 22\text{mm}$，键高 $h = 14\text{mm}$，轴槽深 $t_1 = 9\text{mm}$，轮毂槽深 $t_2 = 5.4\text{mm}$，键的工作长度 $l = L - b = 70\text{mm} - 22\text{mm} = 48\text{mm}$，工作高度 $k = h - t_1 = 5\text{mm}$。根据轴与轮毂的材料，从表 12-1 中查得键连接的许用挤压应力 $[\sigma_\text{p}] = 110\text{MPa}$，挤压应力为

$$\sigma_\text{p} = \frac{2T}{dlk} = \frac{2 \times 1200000\text{N} \cdot \text{mm}}{80\text{mm} \times 48\text{mm} \times 5\text{mm}} = 125\text{MPa} > [\sigma_\text{p}] = 110\text{MPa}$$

承载能力不满足设计要求，但相差较少，可以将圆头平键改为方头平键，以提高键连接的工作长度。如与设计要求相差较多时，可改为双键连接或花键连接。

二、花键连接

1. 花键连接的类型和特点

花键连接由分布在轴外表面的外花键和分布在孔内表面上的内花键构成，内、外花键结构如图 12-5 所示。花键连接按键的断面形状分为矩形花键连接和渐开线花键连接等。花键连接工作中依靠多个键的工作面间的挤压传递转矩，由于在圆周上均匀分布的多个键承担载荷，因此花键连接具有较强的承载能力。根据国家标准，矩形花键连接中的内、外花键以小径定心。由于小径配合具有较高的配合精度，因此矩形花键连接具有较高的定心精度。但是，由于花键连接结构需要专门的设备加工，因此成本较高。

图 12-5 内花键与外花键

矩形花键连接如图 12-6 所示。内花键可用拉床或插床加工，经热处理硬化后可磨内孔（小径），提高定位表面精度；外花键可用铣床加工，经热处理硬化后可磨大径、小径（定位表面）和齿侧。

渐开线花键连接如图 12-7 所示。花键齿形为渐开线，为减少不根切的最小齿数，渐开线花键采用的压力角为 30°、37.5° 及 45°。渐开线花键连接以齿侧面定心，有利于齿间均载，因而承载能力较大。

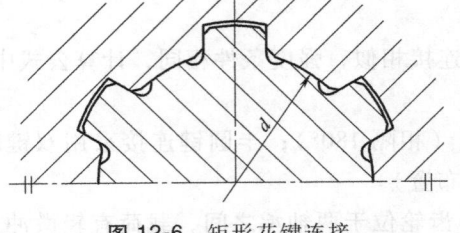

图 12-6 矩形花键连接

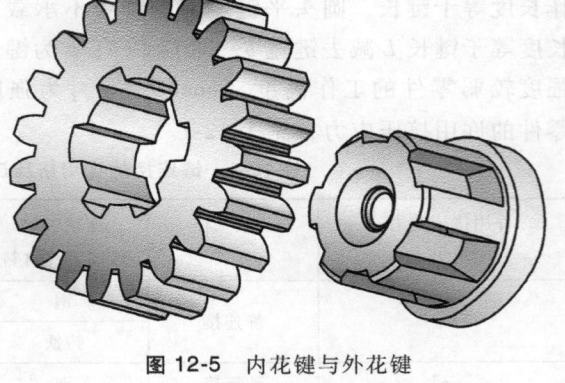

图 12-7 渐开线花键连接

2. 花键连接的参数选择

花键连接设计时，首先根据工作要求和工艺条件选择花键种类。矩形花键按照键高度分为轻系列和中系列。中系列键齿较高，承载能力强；轻系列对轴的强度削弱较小。渐开线花

键的压力角有 30°、37.5° 及 45° 三种。30° 渐开线花键承载能力强，45° 渐开线花键应力集中较小。

　　花键连接的主要失效形式与键连接相似。静连接的主要失效形式是工作表面压溃，强度计算中需要确定挤压应力；而动连接的主要失效形式是工作表面磨损，强度计算中需要确定压强。强度计算中，假设应力在工作面上均匀分布，合力作用在平均直径处（图 12-8），强度条件为

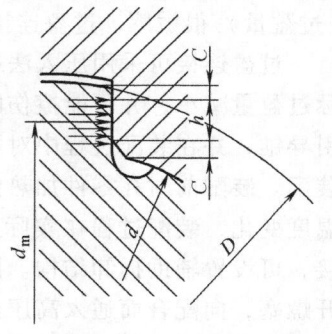

$$\sigma_p = \frac{2T}{\psi z d_m l h} \leqslant [\sigma_p] \qquad (12\text{-}3)$$

式中，T 为花键连接传递的转矩（N·mm）；ψ 为载荷分布不均系数，取 0.7~0.8；z 为花键齿数；d_m 为花键平均直径（mm），$d_m = \frac{D+d}{2}$；l 为花键工作长度（mm）；h 为花键齿工作高度（mm），

图 12-8　花键受力分析

$h = \frac{D-d}{2} - 2C$；D 为花键大径（mm）；d 为花键小径（mm）；C 为花键齿倒角（mm）；$[\sigma_p]$ 为许用挤压应力（MPa），其具体数值见表 12-2。

表 12-2　花键连接的许用挤压应力和许用压强　　　　　　（单位：MPa）

连接工作方式	使用和制造情况	$[\sigma_p]$ 或 $[p]$	
		齿面未经热处理	齿面经过热处理
静连接	不良	35~50	40~70
	中等	60~100	100~140
	良好	80~120	120~200
空载下移动的动连接	不良	15~20	20~35
	中等	20~30	30~60
	良好	25~40	40~70
在载荷作用下移动的动连接	不良	—	3~10
	中等	—	5~15
	良好	—	10~20

　　注：1. 使用和制造情况不良是指受变载，有双向冲击，振动频率高和振幅大，动连接时润滑不良，材料硬度不高或精度不高等。

　　　　2. 同一情况下的较小许用值用于工作时间长和较重要的场合。

动连接的花键强度条件为

$$p = \frac{2T}{\psi z d_m l h} \leqslant [p] \qquad (12\text{-}4)$$

花键连接的零件通常用抗拉强度不低于 600MPa 的钢材制造。矩形花键应经热处理强化，热处理后的表面硬度不低于 40HRC。

三、过盈连接

　　过盈连接结构如图 12-9 所示，轴与孔形成过盈配合，装配后孔被撑紧，直径增大，轴被压缩，直径减小，在配合面间产生径向挤压应力，在有轴向力或转矩作用时，配合面间产

生摩擦力，承担外载荷。过盈连接结构简单，轴与轮毂定心好，可同时承受轴向力和转矩载荷。但过盈连接对零件的加工精度要求较高，连接的承载能力和零件强度都对加工精度（过盈量）很敏感，过盈连接的装配和拆卸也都较困难。

过盈连接可采用压入法或温差法装配。压入法装配使配合面的微观凸起被部分压平，实际过盈量减小，并可能擦伤配合面，影响承载能力。为方便装配，应在配合面的装入端设置引导锥，并在装配过程中对配合面进行润滑。当配合面较长，或过盈量较大时应采用温差法装配。装配前对孔零件加热使其膨胀，同时可对轴零件冷却使其收缩，然后进行装配，由于温度变化，装配过程在实际无过盈的状态下进行。对于需要多次装拆、重复使用的过盈连接，可设置辅助拆卸结构。图 12-10 所示为带有液压辅助拆卸结构的过盈连接，拆卸时可拧开螺塞，向配合面通入高压油。

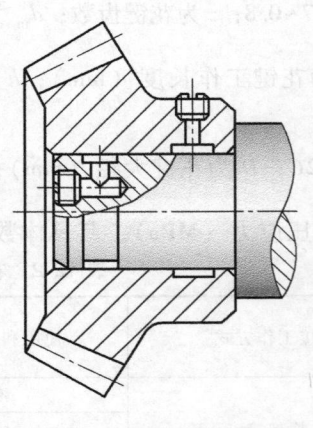

图 12-9 过盈连接   图 12-10 液压辅助拆卸结构

过盈连接装配后在配合面间产生挤压应力，在轴和孔材料内产生径向应力和周向应力，应力分布如图 12-11 所示。其中，图 12-11a 所示为空心轴过盈连接的应力分布，图 12-11b 所示为实心轴过盈连接的应力分布。

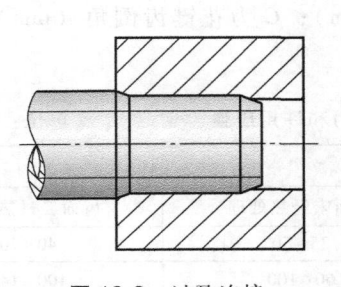

图 12-11 过盈连接应力分布

1、2—径向应力（压）   3—周向应力（压）   4—周向应力（拉）

过盈连接的实际过盈量与所产生的挤压应力的关系为

$$\Delta = \sigma_\text{p} d \left(\frac{C_1}{E_1} + \frac{C_2}{E_2} \right) \times 10^3 \tag{12-5}$$

式中，Δ 为实际过盈量（μm）；σ_p 为挤压应力（MPa）；d 为配合面直径（mm）；E_1、E_2 为轴材料及孔材料的弹性模量（MPa）；C_1 为轴零件刚性系数，$C_1 = \dfrac{d^2 + d_1^2}{d^2 - d_1^2} - \mu_1$；$C_2$ 为孔零件刚性系数，$C_2 = \dfrac{d_2^2 + d^2}{d_2^2 - d^2} + \mu_2$；$d_1$ 为轴零件内径（mm）；d_2 为孔零件外径（mm）；μ_1、μ_2 为轴材料及孔材料的泊松比，对于钢 $\mu = 0.3$，对于铸铁 $\mu = 0.25$。

过盈连接的挤压应力与实际过盈量成正比，承载能力及零件的应力与实际过盈量成正比，实际过盈量越大，过盈连接的承载能力越强，但零件所受应力也就越大。过盈连接设计要合理确定配合公差，使得在配合取得最小过盈量的情况下具有足够的承载能力，在配合取得最大过盈量的情况下零件的应力不超过许用值。

设配合面间径向挤压应力为 σ_p，配合面直径为 d，配合长度为 l，摩擦因数为 f，配合面承受的纯轴向载荷为 F，设计应使过盈连接的最大轴向承载能力 F_max 大于外载荷 F，即

$$F_\text{max} = \pi dl \sigma_\text{p} f > F \tag{12-6}$$

如果配合面承受的是纯转矩 T，应使最大转矩 T_max 大于纯转矩 T，即

$$T_\text{max} = \pi dl \sigma_\text{p} f \frac{d}{2} > T \tag{12-7}$$

如果配合面承受的是轴向力 F 与转矩 T 的共同作用，应使最大摩擦力满足

$$\pi dl \sigma_\text{p} f > \sqrt{F^2 + \left(\frac{2T}{d} \right)^2} \tag{12-8}$$

表 12-3 列出了一些常见工况下的摩擦因数值，供设计时参考。

表 12-3　过盈连接的摩擦因数 f

压　入　法			膨　胀　法		
零件材料	无润滑 f	有润滑 f	零件材料	结合方式，润滑状况	f
钢-铸钢	0.11	0.08	钢-钢	油压扩孔，压力为矿物油	0.125
钢-结构钢	0.10	0.07		油压扩孔，压力油为甘油	0.18
钢-优质结构钢	0.11	0.08		孔零件电炉加热 300℃	0.14
钢-青铜	0.15~0.20	0.03~0.06		孔零件电炉加热 300℃，结合面脱脂	0.2
钢-铸铁	0.12~0.15	0.05~0.10	钢-铸铁	油压扩孔，压力油为矿物油	0.1
铸铁-铸铁	0.15~0.25	0.10~0.15	钢-铝镁合金	无润滑	0.10~0.15

如果过盈连接中的孔零件材料为脆性材料，材料的抗拉强度为 σ_b2，应按第一强度理论计算孔内表面的最大拉应力，强度条件为

$$\sigma_\text{p} \frac{d_2^2 + d^2}{d_2^2 - d^2} \leqslant \frac{\sigma_\text{b2}}{S} \tag{12-9}$$

式中，S 为安全系数，可取 $2\sim3$。

如果孔零件材料为塑性材料，屈服强度为 σ_{s2}，应按第四强度理论计算孔内表面的当量应力，强度条件为

$$\sigma_p \frac{\sqrt{3d_2^4+d^4}}{d_2^2-d^2} \leqslant \sigma_{s2} \tag{12-10}$$

如果轴为空心轴，轴材料为脆性材料，抗拉强度为 σ_{b1}，应计算轴内表面的最大压应力，强度条件为

$$2\sigma_p \frac{d^2}{d^2-d_1^2} \leqslant \frac{\sigma_{b1}}{S} \tag{12-11}$$

式中，安全系数 S 可取 $2\sim3$。

如果轴为空心轴，材料为塑性材料，屈服极限为 σ_{s1}，应根据第四强度理论计算内表面的当量应力，强度条件为

$$2\sigma_p \frac{d^2}{d^2-d_1^2} \leqslant \sigma_{s1} \tag{12-12}$$

如果轴的转速较高，应考虑离心应力的影响。

如果过盈连接采用压入法装配，需要的最大压入力为

$$F_i = \pi dl f \sigma_p \tag{12-13}$$

由于采用压入法装配会使配合面的微观凸起被部分压平，使实际过盈量减小，计算挤压应力 σ_p 时所依据的实际过盈量 Δ 应为名义过盈量 δ 减去被压平的部分，即

$$\Delta = \delta - 0.8(Rz_1+Rz_2) \ \text{或} \ \Delta = \delta - 3.2(Ra_1+Ra_2) \tag{12-14}$$

式中，Rz_1、Rz_2 为轴和孔零件的表面轮廓的最大高度（μm）；Ra_1、Ra_2 为表面轮廓的算术平均偏差（μm）。

选择压入设备时，应使其工作能力大于所需最大压入力的 $1.5\sim2$ 倍。

如果采用加热孔零件的方法进行装配，应使装配时配合面间留有必要的间隙 Δ_0，通常取为 H7/g6 配合的最小间隙，加热温度 t_2 为

$$t_2 = \frac{\delta_{max}+\Delta_0}{\alpha d \times 10^3} + t_0 \tag{12-15}$$

式中，δ_{max} 为最大过盈量（μm）；α 为孔材料的线胀系数（℃^{-1}）；d 为配合面直径（mm）；t_0 为环境温度（℃）。

例题 12-2 图 12-12 所示为一过盈连接的组合齿轮结构，齿圈材料为 40Cr，轮芯材料为 HT200，齿轮传递的最大转矩为 $3\times10^6\text{N}\cdot\text{mm}$，结构尺寸如图所示，采用压入法装配，装配时用全损耗系统用油润滑。试设计过盈连接的配合并计算压入力。

解： 通过表 12-3 查取 $f=0.08$，为保证连接的承载能力，连

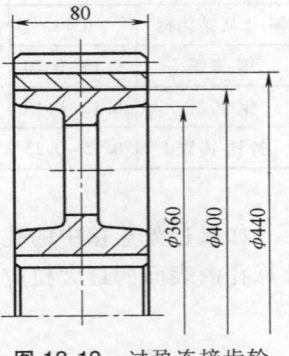

图 12-12 过盈连接齿轮

接所需的最小压强为

$$p_{\min} \geqslant \frac{2T}{\pi d^2 lf} = \frac{2 \times 3 \times 10^6 \text{N} \cdot \text{mm}}{\pi \times (400\text{mm})^2 \times 80\text{mm} \times 0.08} = 1.87\text{MPa}$$

40Cr 材料的屈服强度 $\sigma_{s2} = 785\text{MPa}$，为保证齿圈材料的强度，连接的最大压强应满足

$$p_{\max} \leqslant \frac{\sigma_{s2}(d_2^2 - d^2)}{\sqrt{3d_2^4 + d^4}} = \frac{785\text{MPa} \times (440\text{mm})^2 - (400\text{mm})^2}{\sqrt{3 \times (440\text{mm})^4 + (400\text{mm})^4}} = 71\text{MPa}$$

HT200 材料抗拉强度 $\sigma_{b1} = 170\text{MPa}$，为保证轮毂材料的强度，连接的最大压强应满足

$$p_{\max} \leqslant \frac{\sigma_{b1}}{2.5} \times \frac{d^2 - d_1^2}{2d^2} = \frac{170\text{MPa}}{2.5} \times \frac{(400\text{mm})^2 - (360\text{mm})^2}{2 \times (400\text{mm})^2} = 6.46\text{MPa}$$

根据最小压强计算最小过盈量，首先计算齿圈与轮芯的刚度系数 C_1、C_2。已知 $\mu_1 = 0.25$，$\mu_2 = 0.3$，$E_1 = 1.3 \times 10^5\text{MPa}$，$E_2 = 2.1 \times 10^5\text{MPa}$，则

$$C_1 = \frac{d^2 + d_1^2}{d^2 - d_1^2} - \mu_1 = \frac{(400\text{mm})^2 + (360\text{mm})^2}{(400\text{mm})^2 - (360\text{mm})^2} - 0.25 = 9.28$$

$$C_2 = \frac{d_2^2 + d^2}{d_2^2 - d^2} + \mu_2 = \frac{(440\text{mm})^2 + (400\text{mm})^2}{(440\text{mm})^2 - (400\text{mm})^2} + 0.3 = 10.82$$

所需最小过盈量为

$$\Delta_{\min} = p_{\min} d \left(\frac{C_1}{E_1} + \frac{C_2}{E_2} \right) \times 10^3 = 1.87\text{MPa} \times 400\text{mm} \times \left(\frac{9.28}{1.3 \times 10^5\text{MPa}} + \frac{10.82}{2.1 \times 10^5\text{MPa}} \right) \times 10^3 = 92\mu\text{m}$$

选择配合面的表面粗糙度值为轴 $Rz_1 = 6.3\mu\text{m}$，孔 $Rz_2 = 12.5\mu\text{m}$，名义最小过盈量为

$$\delta_{\min} = \Delta_{\min} + 0.8(Rz_1 + Rz_2) = 92\mu\text{m} + 0.8 \times (6.3\mu\text{m} + 12.5\mu\text{m}) \approx 107\mu\text{m}$$

最大过盈量为

$$\Delta_{\max} = p_{\max} d \left(\frac{C_1}{E_1} + \frac{C_2}{E_2} \right) \times 10^3 = 6.46\text{MPa} \times 400\text{mm} \times \left(\frac{9.28}{1.3 \times 10^5\text{MPa}} + \frac{10.82}{2.1 \times 10^5\text{MPa}} \right) \times 10^3 = 318\mu\text{m}$$

采用基孔制配合，选择孔表面公差为 H7，孔公差带为 $\phi 400^{+0.057}_{0}$，轴的下极限偏差应大于 $(57 + 107)\mu\text{m} = 164\mu\text{m}$；选择轴表面公差为 s6，轴公差带为 $\phi 400^{+0.244}_{+0.208}$，最小过盈量 $\delta_{\min} = (208 - 57)\mu\text{m} = 151\mu\text{m} > 107\mu\text{m}$，最大过盈量 $\delta_{\max} = (244 - 0)\mu\text{m} = 244\mu\text{m} < 318\mu\text{m}$，最大压强为

$$p_{\max} = \frac{\delta_{\max}}{d \left(\dfrac{C_1}{E_1} + \dfrac{C_2}{E_2} \right) \times 10^3} = \frac{244\mu\text{m}}{400\text{mm} \times \left(\dfrac{9.28}{1.3 \times 10^5\text{MPa}} + \dfrac{10.82}{2.1 \times 10^5\text{MPa}} \right) \times 10^3} \approx 4.96\text{MPa}$$

装配所需的最大压入力为

$$F_i = \pi dlf p_{\max} = \pi \times 400\text{mm} \times 80\text{mm} \times 0.08 \times 4.96\text{MPa} = 39891\text{N}$$

四、胀紧套连接

胀紧套连接如图 12-13 所示。通过螺旋压紧结构的作用，使胀紧套相互贴合的内、外环沿轴向相对移动，由于锥面的作用，内环向内收缩抱紧轴，外环向外膨胀撑紧轮毂，在环与轴和轮毂接触的表面上产生径向挤压应力，当有外载荷（轴向力或转矩）作用时，接触面上产生摩擦力，承担外载荷。

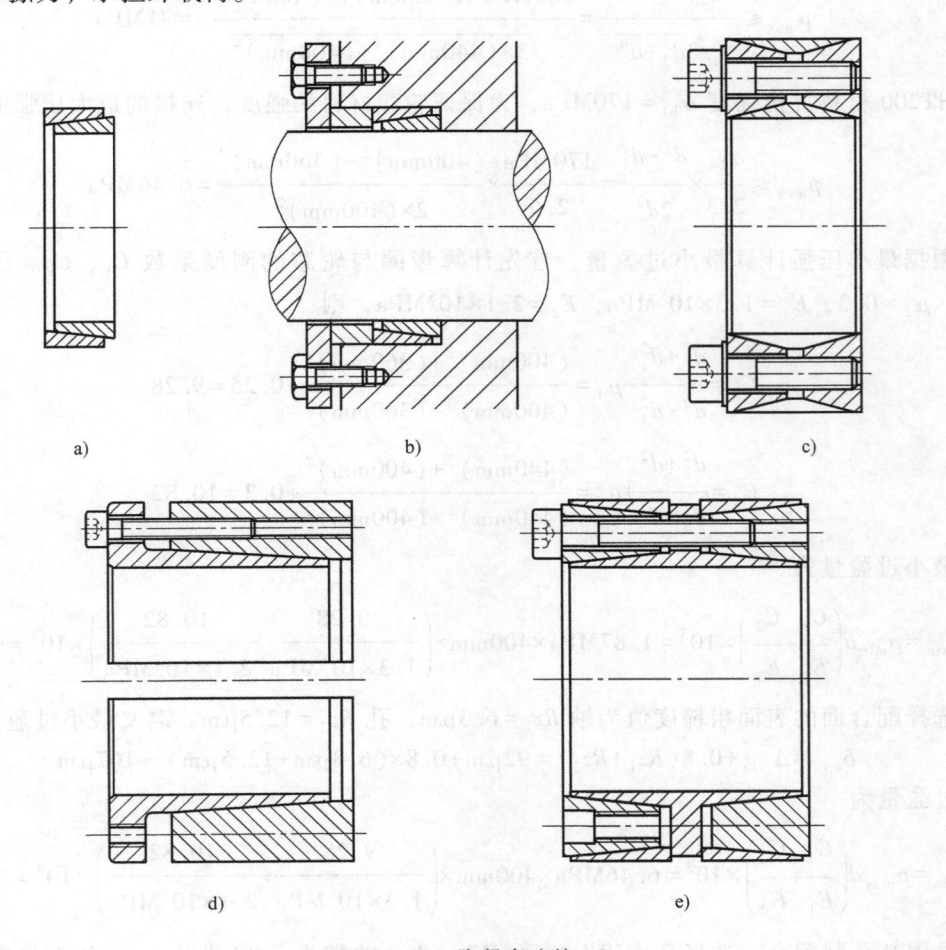

a)　　　　　　　b)　　　　　　　c)

d)　　　　　　　　　e)

图 12-13　胀紧套连接
a) ZJ1 型胀紧套　b) ZJ1 型胀紧套连接　c) ZJ2 型胀紧套连接
d) ZJ3 型胀紧套连接　e) ZJ5 型胀紧套连接

胀紧套连接的承载原理与过盈连接相似，但是过盈连接装配中有过盈，装配困难，对加工精度要求高，而胀紧套连接装配开始时无过盈，装配和拆卸都较容易，且装配和拆卸不会对配合面造成伤害，零件可以重复使用；胀紧套连接对轴和轮毂的加工精度要求低，安装和拆卸都很方便，可承受重载，连接过载时可使结构免受破坏。与过盈连接相比，胀紧套连接所占用的轴向和径向空间较大。

当单级胀紧套连接的承载能力不能满足要求时，可采用多级串联安装方式以提高承载能力。胀紧套连接有多种结构形式，如图 12-13b ~ e 所示。胀紧套连接的其他结构形式、规格尺寸和选用计算方法可参考 GB/T 28701—2012。

第二节　滚动轴承轴系结构设计

滚动轴承轴系是应用较多的一类组合结构，其主要设计任务包括确定轴系结构的组成，确定各零部件的相对位置及连接关系。轴系结构设计在保证轴系运动功能的前提下，需要综合协调多种技术、经济及社会的因素，合理地确定多种结构参数。

一、滚动轴承轴系的轴向固定方法

轴系结构设计要使轴系与机座之间具有确定的相对位置关系，这种位置关系不因轴系工作中的受力及温度变化而被破坏。双支点滚动轴承轴系常用的轴向固定方法有以下几种。

1. 两端单向固定

在这种轴系结构中，位于轴系两支点上的轴承各限制轴系在一个方向的轴向移动，轴系所受某个方向的轴向载荷也通过相应支点传递给箱体。

图 12-14 所示为两端单向固定轴系结构。其中，图 12-14a 所示结构中的左支点轴承限制轴系向左移动，轴系所受的向左的轴向力通过这一端的端盖传递给箱体，右端的轴承限制轴系向右移动，同时传递向右的轴向力。这种轴系结构称为正安装结构，也称为面对面结构，其实际支点跨距小于轴承间距，当径向载荷作用在两支点间时轴系具有较大的刚度。这种轴系结构简单，安装和调整都很方便，是应用最多的轴系结构形式。为使轴系正常运转，在轴系装配时应使其具有适当的轴向间隙。轴向间隙过大，会影响轴系的旋转精度，还会因轴承内承载的滚动体数量减少而影响承载能力；间隙过小，会使在轴受热伸长时出现过盈，使旋转阻力矩增大。

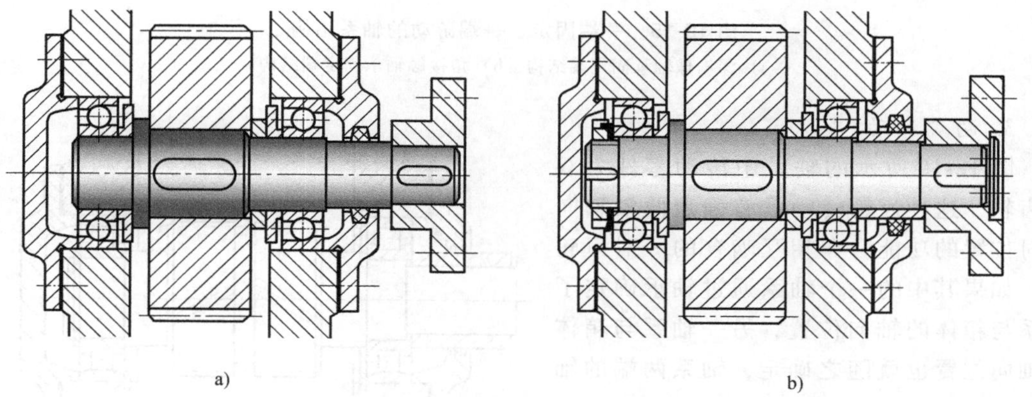

a)　　　　　　　　　　　　　b)

图 12-14　两端单向固定轴系结构
a）正安装结构　b）反安装结构

图 12-14b 所示为反安装结构，也称为背靠背结构。在这种结构中，左端支点轴承限制轴系向右移动，右端支点轴承限制轴系向左移动，轴系的支点跨距大于轴承间距，当径向载荷作用在两支点之外时，轴系具有较大的刚度，当轴受热伸长时轴系的轴向间隙增大。这种

轴系结构的装配和轴向间隙调整都很复杂，使用较少。

两端单向固定轴系结构的最大轴向间隙大于轴的受热伸长量，因此适用于轴系的支点跨距较小或温升较低的情况。

2. 一端固定、一端游动

图 12-15 所示为一端固定、一端游动的轴系结构。这种轴系结构中的一个支点（固定端）上的轴承相对于箱体双向固定，两个方向的轴向载荷均通过这个支点传递给箱体。轴受热伸长时，另一支点（游动端）轴承可相对于箱体沿轴向自由移动，这种移动不会改变轴系的轴向间隙，轴系可以有较高的旋转精度。这种轴系结构较复杂。一端固定、一端游动的轴系结构，适用于轴系的支点跨距较大且温升较高的场合。

轴系的固定端应选用具有双向轴向定位能力的轴承或轴承组合，如深沟球轴承、调心球轴承、调心滚子轴承，或两个向心角接触轴承（角接触球轴承、圆锥滚子轴承）反向组合，或双向推力轴承与径向接触轴承组合。游动端可选用内、外圈不可分离的径向接触轴承，使外圈相对于箱体可双向自由移动，也可选用内、外圈可分离的径向接触轴承，使内圈相对于外圈移动。

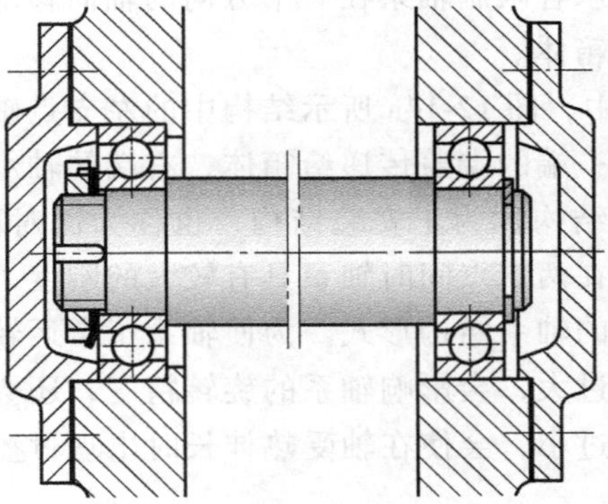

a) 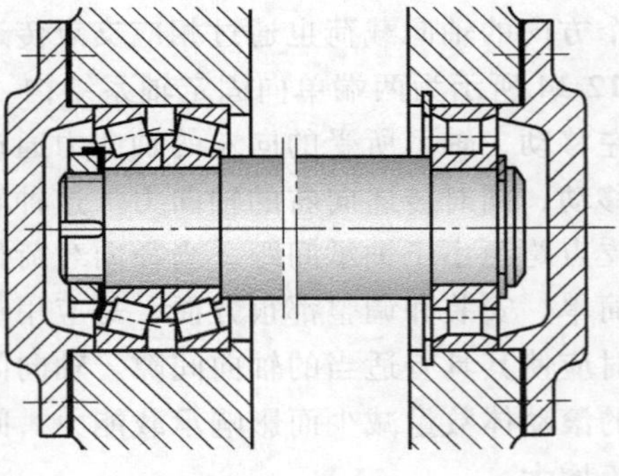　　　　　　　　　　　　　　　　　b)

图 12-15　一端固定、一端游动的轴系结构

a) 深沟球轴承固定端结构　b) 角接触轴承固定端结构

3. 两端游动

图 12-16 所示的轴系中传动零件为双斜齿轮，这种齿轮传动具有确定两轴轴向相对位置的功能。在相互啮合的一对齿轮中，如果其中的一个轴系通过轴承确定了轴系与箱体的轴向位置，另一轴系与箱体的轴向位置也就随之确定，轴系两端的轴承都应采用游动端结构。

二、滚动轴承及轴上零件的轴向固定方法

为保证轴系功能的实现，滚动轴承及轴上零件要保持与轴的正确的相对位置关系。下面介绍常用的滚动轴承及轴上零件的轴向固

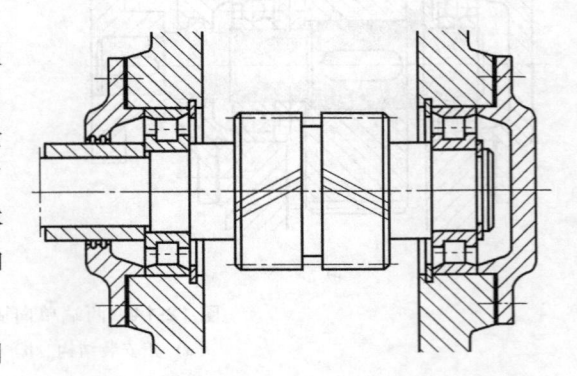

图 12-16　两端游动轴系结构

定方法。

1. 轴肩与轴环

轴肩与轴环（图 12-17）是通过轴上台阶端面确定与之接触的轴上零件轴向位置的方法。为使轴上零件与定位面可靠接触，轴上台阶处的过渡圆角尺寸应小于轴上零件相应位置的倒角或圆角尺寸。为保证定位面的工作能力，定位面应具有足够的实际接触高度（图中尺寸 c），轴环应具有适当的宽度（图中尺寸 b）。与滚动轴承端面接触的台阶高度可参考有关国家标准。为保证定位精度，应合理确定定位面的形状与位置公差。

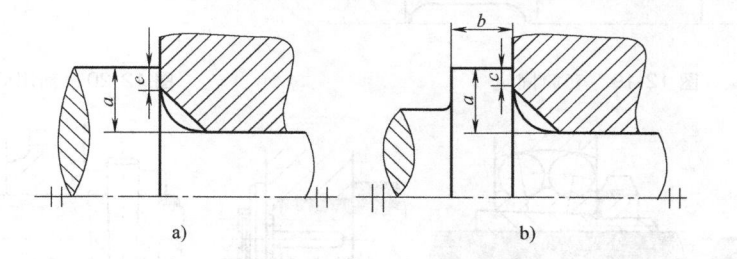

图 12-17　轴肩与轴环
a）轴肩　b）轴环

2. 圆螺母

图 12-18 所示的圆螺母轴向固定方法用以限制轴上零件向定位台阶相反方向移动。轴上的螺纹和退刀槽对轴的强度削弱较大，应避免在载荷较大的轴段上使用。为防止圆螺母松动，图 12-18a 采用双螺母防松结构，图 12-18b 采用圆螺母用止动垫圈防松结构。

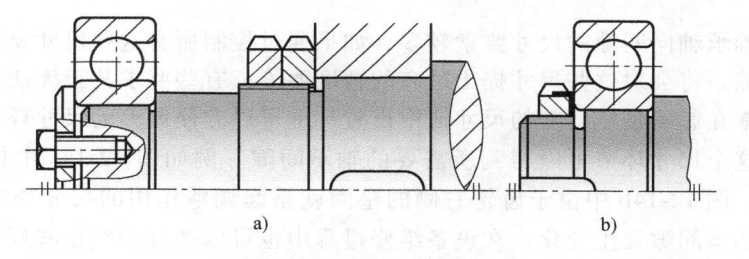

图 12-18　圆螺母轴向固定

3. 套筒

图 12-19 所示的套筒固定方法适用于确定轴上相距较近的两个零件之间的轴向位置。使用套筒固定方法有利于简化轴的结构，简化对轴上台阶的数量、高度及精度的要求。

4. 轴用弹性挡圈

图 12-20 所示为轴用弹性挡圈固定，这种轴向固定方式结构简单，使用方便。在轴上加工的挡圈槽较深，对轴的强度影响较大，而且弹性挡圈的轴向承载能力较小，适用于无轴向载荷的轴向固定结构，常用于轴端部的轴向固定。

图 12-21 所示为其他常用的轴上零件轴向固定结构。其中，图 12-21a 所示的紧定螺钉结构可同时实现轴向和周向固定，但承载能力较小；图 12-21b 所示的紧定套结构常用于滚动轴承内圈与轴的轴向固定；图12-21c所示轴端挡圈结构用于轴端零件的轴向固定；图 12-21d 所示的销连接结构可同时实现轴向和周向固定，承载能力较大，但结构对轴的强度削弱也较大。

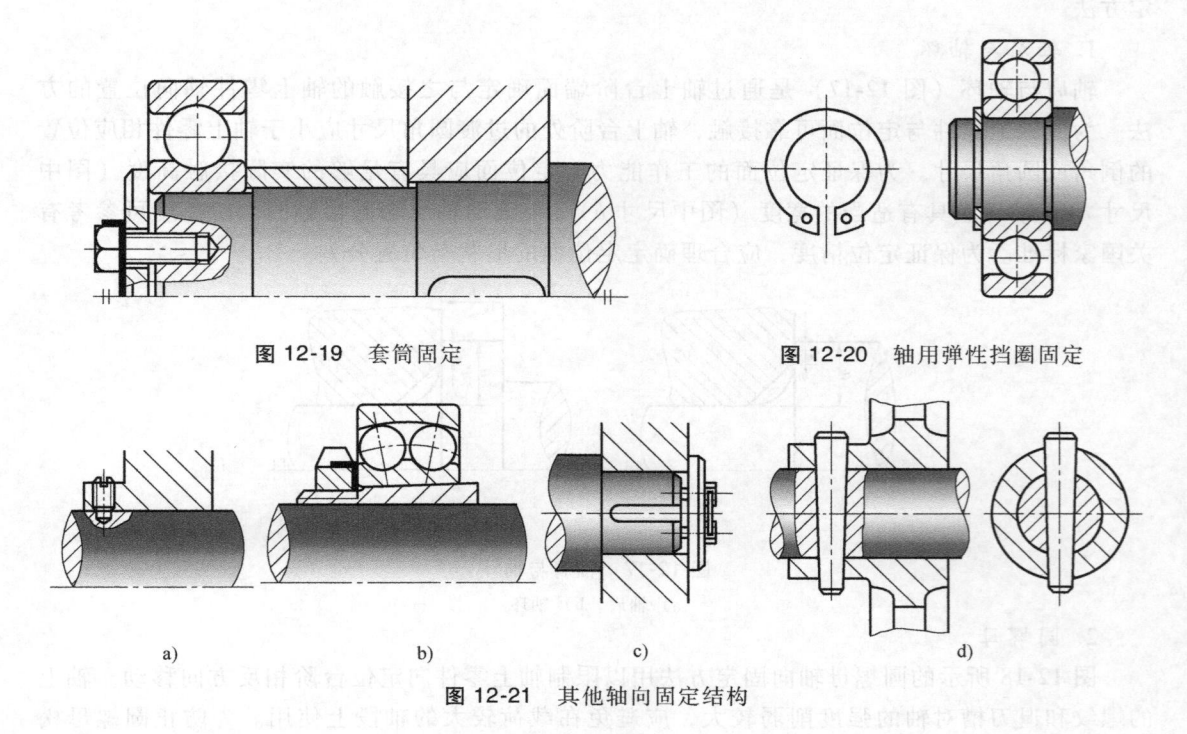

图 12-19 套筒固定　　　　　　　　　　图 12-20 轴用弹性挡圈固定

　　　a)　　　　　　　　b)　　　　　　　　c)　　　　　　　　d)

图 12-21 其他轴向固定结构

三、轴承间隙及轴上零件位置的调整方法

　　影响滚动轴承轴向间隙的尺寸要素较多，如果通过控制所有这些尺寸要素的公差以保证正确的轴承间隙，将会对这些尺寸提出过高的精度要求，有些要求甚至无法实现。在轴系结构设计中，通常在影响轴承间隙的尺寸链中设置一个可以方便调整的尺寸环节，在装配过程中，通过调整这个尺寸环节可以得到所需要的轴承间隙。例如图 12-14a 中位于轴承端盖与箱体之间垫片、图 12-14b 中位于齿轮右侧的垫圈就是起调整作用的尺寸环节。轴承在工作中的磨损会使轴承间隙发生变化，在设备维修过程中也可以通过调整这些环节的尺寸恢复正确的轴承间隙。

　　有些轴系对轴上零件的轴向位置有较高的精度要求，如蜗杆传动要求蜗轮的中心平面与蜗杆轴线重合，锥齿轮传动要求两齿轮的节圆锥顶点重合，这些精度要求也可以通过在轴系结构中设置调整环节的方法实现。

　　在同一轴系中如果有多个轴向位置参数需要调整，就需要在轴系结构中设置多个可独立调整的尺寸环节。

　　图 12-22 所示的锥齿轮传动中，两个轴系都同时需要调整轴承间隙和节圆锥顶点位置。在小锥齿轮轴系中，通过套杯与箱体之间的垫片 1 厚度可以调整锥顶位置，通过改变两轴承间套筒 2 的长度可调整轴承间隙；在大锥齿轮轴系中，通过两端轴承端盖与箱体之间的两组垫片 3、4 厚度之和可调整轴承间隙，通过两组垫片厚度之差可调整锥顶位置。

四、滚动轴承的配合

　　滚动轴承的配合指滚动轴承内圈与轴的配合及滚动轴承外圈与轴承孔之间的配合。滚动

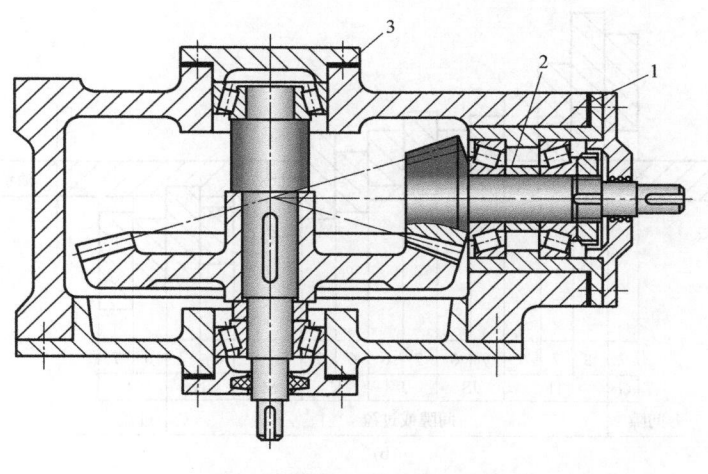

图 12-22　锥齿轮传动

1、3、4—垫片　2—套筒

轴承的配合影响轴承的工作间隙，因而影响轴承的旋转精度、工作温升、工作阻力矩及支点刚度。

（一）滚动轴承配合的特点

滚动轴承是标准件，设计中只能通过改变与之配合的零件的公差以获得不同的配合效果，所以滚动轴承内圈与轴的配合采用基孔制，滚动轴承外圈与孔之间的配合采用基轴制。

国家标准中规定，滚动轴承的内、外圈的尺寸公差均采用上极限偏差为零，下极限偏差为负值的分布，这使得与滚动轴承内圈相配合的轴在采用相同的公差的条件下，与滚动轴承内圈所形成配合比与其他基准孔所形成的配合更紧密。图 12-23 所示为 0 级轴承及其与之配合的零件的公差带关系图。

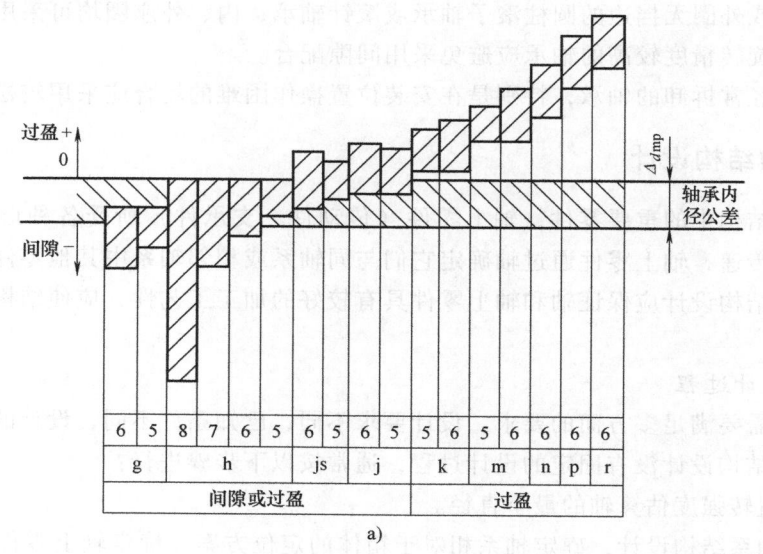

图 12-23　0 级公差轴承及其与之配合的零件的公差带关系图

a）滚动轴承内圈与轴的配合

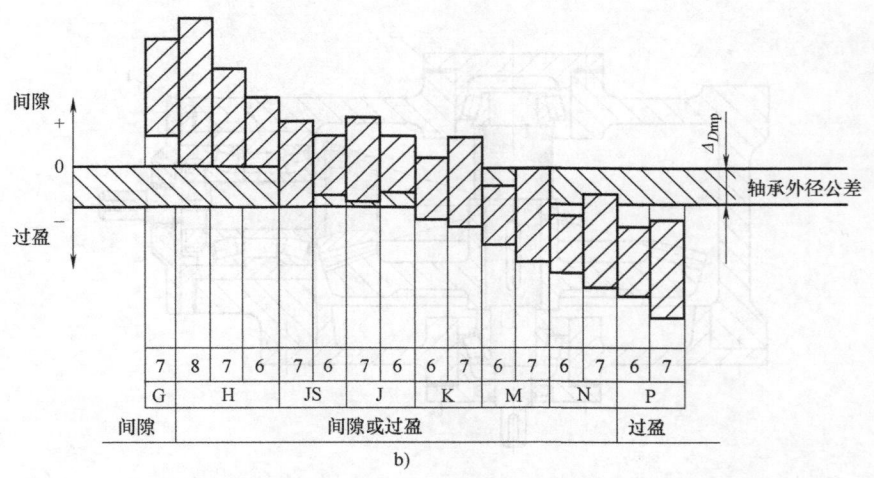

图 12-23　0 级公差轴承及其与之配合的零件的公差带关系图（续）

b）滚动轴承外圈与孔的配合

由于滚动轴承是标准件，在装配图中不标注滚动轴承的公差，只需标注与之配合的轴和孔零件的公差。

（二）滚动轴承配合的选择

选择滚动轴承的配合应综合考虑滚动轴承的功能要求、工作条件和工艺条件。

当载荷相对于座圈摆动或旋转时，座圈容易松动，应选择较紧的配合；当载荷相对于座圈的方向固定时，可选择较松的配合；当载荷较大时应选择较紧的配合。

滚动轴承的发热所引起的温升使得座圈的温度高于相邻零件，温升使内圈配合变松，使外圈配合变紧，所以在温升较大的场合，应将内圈的配合选择得稍紧，外圈的配合稍松。

轴系中游动支点上轴承的外座圈如果需要相对于箱体移动，应选择间隙配合；如果游动支点采用内圈或外圈无挡边的圆柱滚子轴承或滚针轴承，内、外座圈均可采用过盈配合。

对于要求旋转精度较高的轴承应避免采用间隙配合。

对于需要经常拆卸的轴承，特别是在安装位置操作困难的场合应采用较松的配合。

五、轴的结构设计

轴是机械结构中的重要零件，轴上零件（传动件、支承件）所受各种形式的载荷通过轴在零件之间传递，轴上零件通过轴确定它们与同轴系或相邻轴系中其他零件之间的相对位置关系。轴的结构设计应保证轴和轴上零件具有较好的加工工艺性，应使结构便于安装、拆卸和调整。

1．轴的设计过程

轴的设计需要满足多方面的要求。设计要求不同，已知条件不同，设计的方法和过程也不相同。轴的结构设计没有固定的设计过程，通常按以下步骤进行：

1）根据扭转强度估算轴的最小直径。

2）进行轴系结构设计，确定轴系相对于箱体的定位方案，确定轴上零件相对于轴的定位方案，确定轴的形状轮廓。

3）确定各轴段的长度、直径和表面粗糙度。

4）确定各相邻轴段之间的过渡结构。

5）校核轴及轴承的工作能力。

在实际设计中，为了提高设计效率，减少设计失误，以上各步骤在设计中穿插进行。

2. 轴段直径设计

为了方便轴上零件的安装，方便轴的加工，通常将轴的结构设计为阶梯轴。阶梯轴上的台阶可以方便轴上零件的轴向定位，使紧配合结构的装配更加方便，而且阶梯轴结构缩短了各轴段的长度，更有利于提高精加工轴段的加工精度。

根据强度条件确定的轴段直径应圆整；有配合要求的轴段直径应选择标准直径；与标准零部件（如滚动轴承、联轴器、密封圈、弹性挡圈等）配合的轴段直径应选择相应的标准零部件直径系列值；采用标准结构（如螺纹、花键等）的轴段直径应选择相应标准结构的直径系列值。

有配合要求的轴段对轴的加工精度和表面粗糙度都要提出较高的要求，轴设计中应根据功能需要确定零件之间的配合关系，不设置不必要的配合轴段。

确定轴段直径要保证与轴有相对运动的非配合面之间不发生接触，如轴的外伸段与轴承端盖内孔表面无配合关系，不应接触。

3. 轴段长度设计

为保证轴上零件定位可靠，与轮毂配合的轴段长度应比轮毂长度略短。例如，在图12-14所示的轴系结构中，安装齿轮的轴段长度比齿轮轮毂略短，以保证齿轮与轴之间轴向定位可靠。

为了方便轴上零件的装配和拆卸，与轴上零件之间有过盈配合的轴段长度不宜过长。为方便加工，对加工精度要求较高的轴段，其长径比（长度与直径之比）不宜过大。

确定轴段长度时，应保证有相对运动的零件在运动中不发生意外接触。例如，在图12-14所示的轴系结构中，应使齿轮端面与箱体内壁不接触、轴承内圈与端盖不接触、联轴器端面与端盖端面不接触等。

有些结构的安装和调整过程、易损零件的更换过程需要必要的操作空间，在确定轴段长度时应保证这些必要的操作过程所需要的空间。例如楔键连接和切向键连接装配过程中需要移动轮毂或楔键，需要预留必要的安装空间；弹性套柱销联轴器更换弹性套的过程中需要预留必要的拆卸和装配空间。

4. 轴段过渡结构设计

轴段之间的过渡结构对轴段功能的实现、对方便轴的加工都有重要的作用。

轴肩或轴环定位方法简单、可靠。如果台阶过高会使轴直径增大，应力集中加剧，台阶端面与轴颈的垂直度不容易保证；台阶过低使定位面承受应力大，定位不可靠。台阶的合理高度和宽度可参考有关设计资料确定。

为减轻轴台阶处的应力集中，轴段过渡结构可采用图 12-33 所示的凹切圆角、肩环、特殊形状圆角或减载槽结构。

为缓解过盈配合轴段端部存在的应力集中，在配合面端部可设置减载槽结构。

需要磨削加工的轴段应在台阶处设置砂轮越程槽（图 12-18 安装滚动轴承的轴段）；应用螺纹连接件定位的轴段应在螺纹根部设螺纹退刀槽（图 12-18）；为方便装配，轴端通常应设置倒角；为方便配合较紧的轴段装配，应在轴段端部设引导锥。

第三节　轴系的润滑与密封

一、滚动轴承轴系的润滑

润滑是保证滚动轴承正常运转、提高其工作能力的重要技术手段。滚动轴承轴系结构设计中，要根据轴承的工作情况合理选择润滑方式。

以下分析常用的滚动轴承润滑方式。

1. 人工定期加油（脂）润滑

对于转速较低的滚动轴承，可以采用人工定期加油（脂）的方式润滑，将油（脂）直接加注到润滑部位。图 12-24 所示为常用于手工加油的润滑油杯。其中，图 12-24a 所示油杯用于加注润滑油，图 12-24b~d 所示油杯用于加注润滑脂，图 12-24e 所示油杯可通过手工按动手柄进行定量加油。

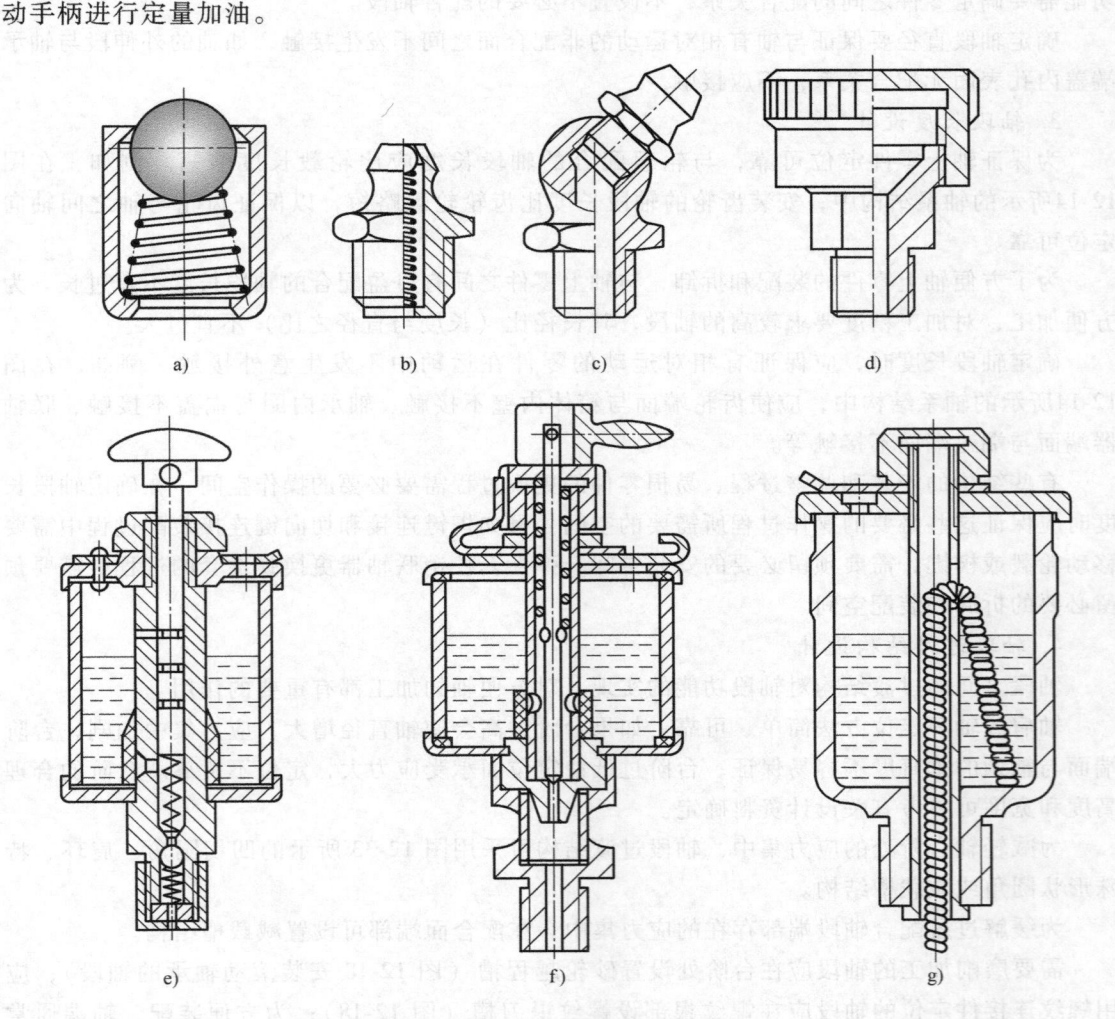

图 12-24 常用于手工加油的润滑油杯

2. 连续滴油润滑

有些润滑部位需要连续少量加注润滑油，图 12-24f 所示的针阀式油杯可通过针阀孔向下连续滴油，通过调整上面的调节螺母和手柄可以改变针阀的开启程度，调节供油量；图 12-24g 所示的油绳式油杯通过油绳的虹吸作用实现连续供油，油绳同时起到对润滑油的过滤作用，但是调节供油量不方便。

3. 浸油润滑

对转速不高的滚动轴承，可以将滚动轴承的局部浸入润滑油中，通过滚动轴承的旋转使所有滚动体都得到润滑。为防止滚动体剧烈搅动润滑油造成能量损失，油面位置应不高于最低位置的滚动体中心。

4. 油环与油链润滑

有些滚动轴承工作中需要连续供油，但是无法直接接触油面，此时可以通过套在轴上的油环或油链将润滑油带到工作位置。图 12-25a 所示为油环润滑结构，图 12-25b 所示为油链润滑结构。为增大油环携带的润滑油量，可在油环上加工出槽或孔。

5. 压力供油润滑

复杂的机械装置可能存在多处需要连续供油润滑的滚动轴承，可采用专门的液压泵为润滑系统供油，通过多条管路将润滑油送到各个需要润滑的部位。

6. 油雾润滑

通过油雾发生器将润滑油雾化，将雾化的润滑油喷射到滚动轴承的工作表面，既可以使轴承得到全面的润滑，又有利于滚动轴承的降温，常用于工作转速较高的滚动轴承的润滑。雾化的润滑油会污染环境，必要时应对空气中的油雾进行收集，或采用通风措施。

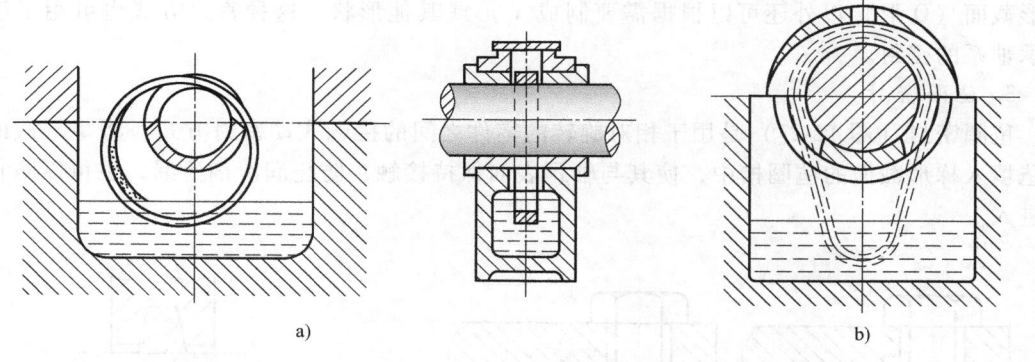

a)　　　　　　　　　　b)

图 12-25　油环与油链润滑

通常根据滚动轴承的 dn 值 [d 为滚动轴承内径（mm）；n 为滚动轴承转速（r/min）] 选择适当的润滑方法，具体选择方法参考表 12-4。

表 12-4　滚动轴承 dn 值与润滑方法　　　（单位：10^4 mm · r/min）

轴承类型	脂润滑	油　润　滑			
		浸油润滑	滴油润滑	压力供油润滑	油雾润滑
深沟球轴承	16	25	40	60	>60
角接触球轴承	16	25	40	60	>60
圆柱滚子轴承	12	25	40	60	>60
圆锥滚子轴承	10	16	23	30	
推力球轴承	4	6	12	15	

二、滚动轴承轴系的密封

密封是防止介质有害泄漏的技术手段。介质既包括机械装置中的润滑剂，也包括装置外的水分、灰尘等物质。防止介质从相对静止的零件之间泄漏的密封措施称为静密封，防止介质从相对运动的零件之间泄漏的密封措施称为动密封，通过零件之间保持接触的方法防止介质泄漏的密封措施称为接触式密封，在零件之间不接触的条件下防止介质泄漏的密封措施称为非接触式密封。以下分析滚动轴承轴系常用的密封结构。

1. 垫片密封

在相对静止的结合面间加入质地较软的垫片，通过向接触面施加压紧力，使垫片变形，填充表面间缝隙，起到密封作用，如图 12-14 所示轴承端盖与箱体之间采用的垫片密封。垫片材料可采用橡胶、皮革、钢板纸等；当工作温度较高时应选用耐热材料，如石棉纸等；如果垫片除起密封作用外还要起到调整作用，应选用弹性模量较大的材料，如铜、铝、低碳钢等。

2. 密封圈密封

垫片密封的接触面积较大，当需要的密封压力较大时，要求对接触面施加的压紧力也较大。例如图 12-26a 所示的液压缸端盖采用垫片密封，要求对连接螺栓施加较大的预紧力，当液压缸内的压力变化时，连接螺栓承受较大的交变载荷；将密封结构改为图 12-26b 所示的密封圈密封结构，由于橡胶密封圈的作用，很容易形成较窄的一圈高压密封区，获得良好的密封效果，同时避免连接螺栓承受较大的交变载荷。密封圈通常采用橡胶制造，除可制成圆形截面（O 形）以外还可以根据需要制成 V 形或其他形状。这种密封方式也可用于滚动轴承轴系的密封。

3. 毡圈密封

毡圈密封（图 12-27）是用于相对旋转的零件之间的接触式动密封方式，将矩形截面的毛毡填入梯形截面的毡圈槽中，使其与轴颈表面保持接触，防止润滑剂泄漏，也可以防止灰尘进入。

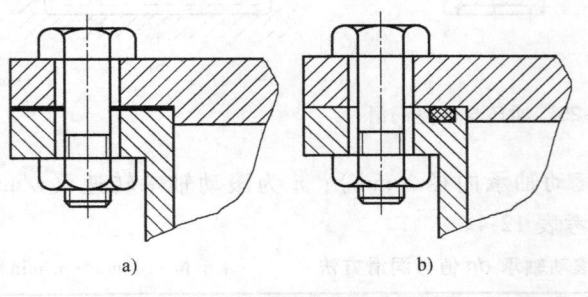

a)　　　　　　　　　　b)

图 12-26 垫片密封与密封圈密封

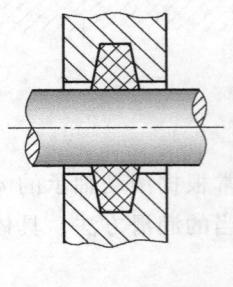

图 12-27 毡圈密封

毡圈密封结构简单，装拆方便。由于毡圈与轴颈的接触面积大，接触压力大，所以摩擦功耗较大，发热严重，通常用于低速、脂润滑条件。

4. 唇形密封圈密封

唇形密封圈是标准件，主体采用橡胶材料，用于旋转零件之间的接触式动密封。密封圈与轴之间通过一圈或几圈较窄的环形区域接触，接触区域可以形成较大的压力，但接触面积小，摩擦功耗小，可用于高速旋转的零件。由于油封内有弹簧箍紧，可以自动补偿磨损，使油封与轴颈保持紧密接触，有些油封可以与轴颈有多个接触唇。无骨架油封刚度较差，装配时需要用压盖压紧，如图 12-28a 所示。为提高油封自身刚度，可在油封上加装钢套，也可在油封内放置钢制骨架，如图 12-28b 所示。

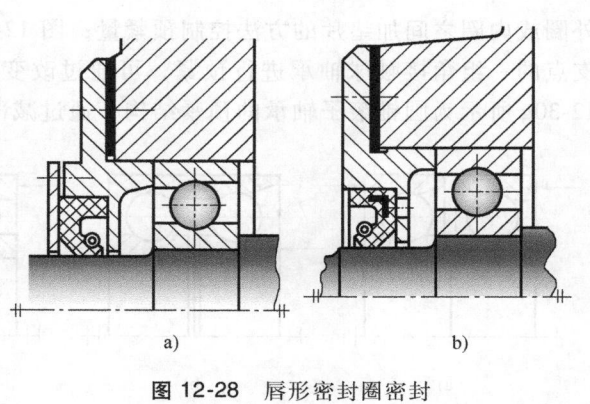

图 12-28　唇形密封圈密封

第四节　提高滚动轴承轴系性能的措施

一、提高轴系旋转精度的结构设计方法

在滚动轴承轴系承受工作载荷之前对其施加预加载荷的方法称为预紧，图 12-29 所示为一组滚动轴承轴系预紧结构。其中，图 12-29a 所示为轴系在预紧前的状态，图 12-29b 所示为预紧后的状态。通过预紧，使轴承承受预加载荷，产生预加变形，由于滚动轴承刚度的非线性特征，使得它在预加载荷的基础上承受工作载荷时，能够表现出更大的刚度；施加到未经预紧的滚动轴承轴系的轴向载荷由单个轴承承受，而经过预紧的轴系上的轴向载荷由两个轴承共同承受。基于以上分析可知，预紧可以有效地提高滚动轴承轴系的刚度，因而也有利于提高轴系的旋转精度。

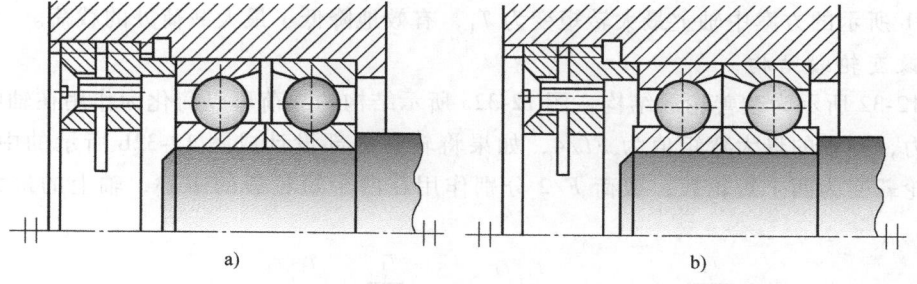

图 12-29　滚动轴承轴系预紧结构

预紧使滚动轴承承受的总载荷增大，因而使其承受工作载荷的能力降低，故预紧结构通常应用在以旋转精度为主要设计目标的场合。预紧滚动轴承上的预加载荷对预紧量（预变形）非常敏感，滚动轴承预紧结构设计应保证操作人员能够精确控制预紧量。

图 12-30 所示为常用的控制预紧量的设计方法。其中，图 12-30a 所示为一对正安装的角接触球轴承，可通过修磨外圈内侧的方法控制预紧量；图 12-30b 所示为一对反安装的角接触球轴承，可通过修磨外圈外侧的方法控制预紧量；图 12-30c、d 所示分别通过在组合轴承

外圈或内圈之间加垫片的方法控制预紧量；图 12-30e、f 所示适用于对分别安装在轴系两个支点的一组角接触球轴承进行预紧，可通过改变内圈与外圈间的套筒长度控制预紧量；图 12-30g 所示为圆锥滚子轴承的预紧结构，通过减薄外圈厚度来预紧。

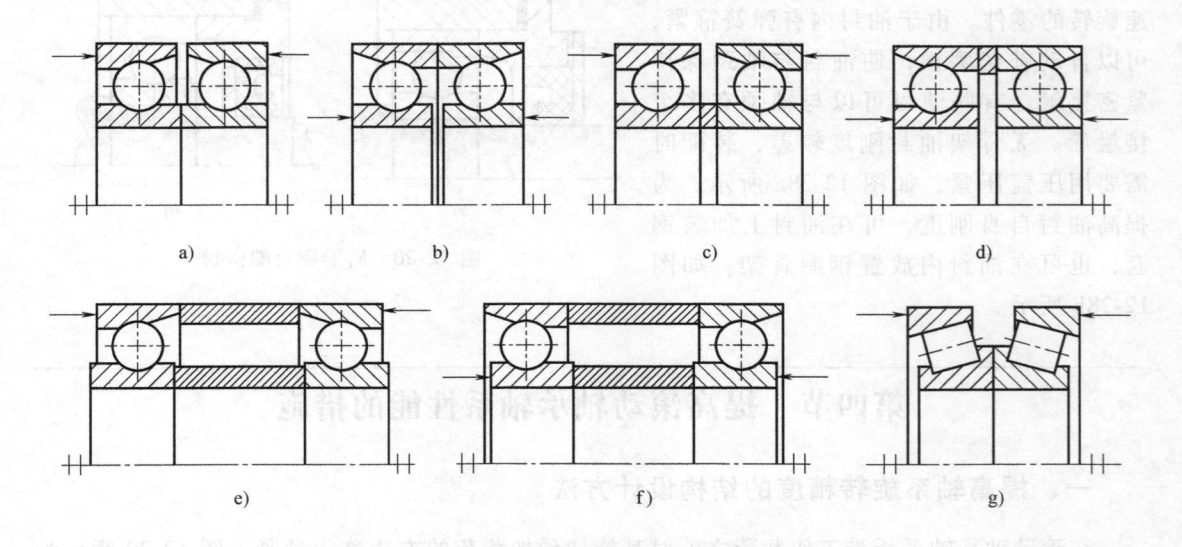

图 12-30　常用的控制预紧量的设计方法

二、提高轴强度的结构设计方法

通过正确的结构设计，可以有效地降低轴上最危险位置处的应力，从而提高轴的强度。

1. 合理安排轴上载荷的传递路线

在图 12-31a 所示的方案中，轴上最大转矩为 T_1+T_2，通过改变输入齿轮在轴上的位置，图 12-31b 所示的方案中轴上最大转矩变为 T_1，有效地降低了最大载荷处的载荷。

2. 改变轮毂结构

图 12-32 所示为改善轮毂结构。图 12-32a 所示结构的载荷可以简化为作用在轴中间的一个集中力，则轴的最大弯矩值为 $FL/4$，如果将轮毂中部设计成图 12-32b 所示的中空结构，一个长轮毂变为两个短轮毂，载荷 $F/2$ 分别作用在两个短轮毂的中心，轴上的最大弯矩值降低。

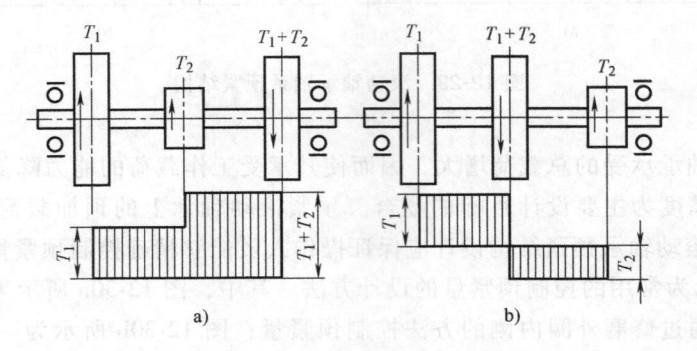

图 12-31　合理安排轴上载荷

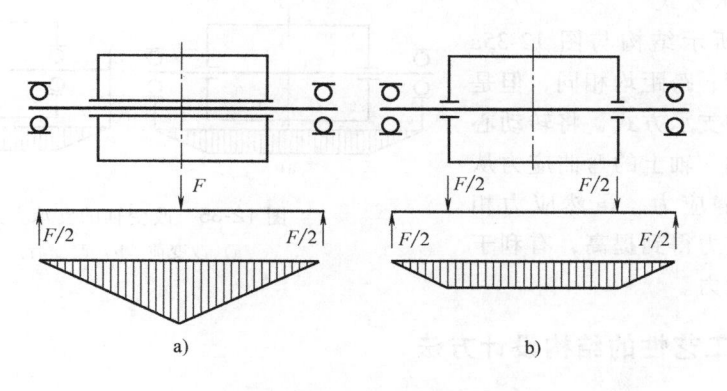

图 12-32　改善轮毂结构

3. 减小应力集中

轴类零件通常承受交变应力，应力集中是影响轴疲劳强度的重要因素，通过结构设计来缓解应力集中是提高轴的承载能力的有效措施。

轴段尺寸突然变化会引起引力集中，应尽量缓解尺寸变化的程度，减小应力集中对轴强度的影响。图 12-33 所示为可缓解轴上台阶处应力集中的结构。

在轴上应力较大处应尽量减少可能削弱轴强度的结构及其对轴强度的削弱程度。图 12-34 所示分别为用面铣刀和盘形铣刀加工的平键键槽结构，由于用盘形铣刀加工的键槽端部尺寸变化较缓，所以当轴受弯矩作用时键槽端部应力集中较小。

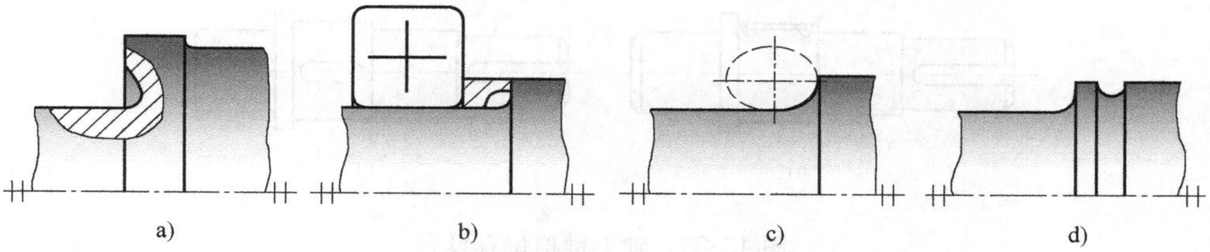

图 12-33　缓解轴上台阶处应力集中的结构

a）凹切圆角　b）肩环　c）椭圆形圆角　d）减载槽

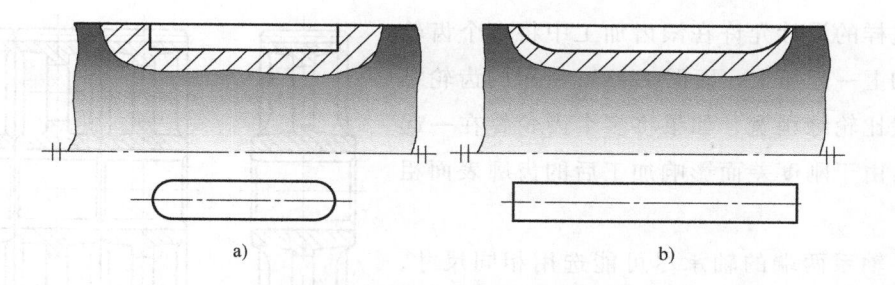

图 12-34　用面铣刀和盘形铣刀加工的键槽

a）用面铣刀加工的键槽　b）用盘形铣刀加工的键槽

多个引起应力集中的结构出现在同一截面处会加剧应力集中，结构设计中应设法避免，如键槽端部和轴上台阶的位置应避免重合。

4. 改变支承方式

图 12-35b 所示结构与图 12-35a 所示结构的载荷、跨距均相同，但是由于改变了轴的支承方式，将转动心轴变为固定心轴，轴上的弯曲应力从交变应力变为静应力，虽然应力相同，但是极限应力得到提高，有利于提高轴的承载能力。

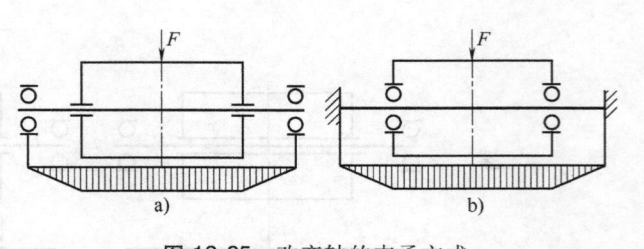

图 12-35 改变轴的支承方式

a）改变前 b）改变后

三、改善工艺性的结构设计方法

机械结构设计的结果要通过工业化生产的方式实现，设计工作在考虑结构的功能要求的同时，也要考虑结构实现的可能性和方便程度。下面分析在结构设计中方便各个工艺环节的设计原则。

1. 方便加工

设计中，设法减少被加工的结构要素的数量、种类、尺寸等措施都有利于减少加工的工作量。

例如在轴上需要加工两个键槽，图 12-36a 所示的方案将两个键槽设计成沿圆周表面相距 90°分布，在加工中必须通过两次装夹才能完成加工。如果在不影响功能要求的前提下修改为图 12-36b 所示的结构，则可以通过一次装夹完成对两个键槽的加工。

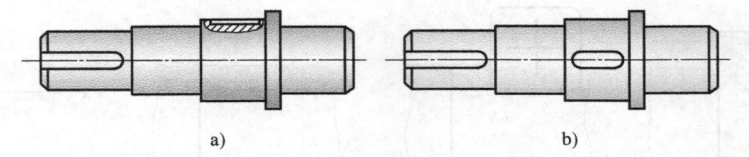

图 12-36 轴上键槽位置设置

a）两个键槽相距 90°分布 b）两个键槽沿同一素线分布

图 12-37 所示为圆柱齿轮结构设计。其中，图 12-37b 中将齿轮的轮毂与轮缘设计成宽度相等，这样的设计允许在滚齿加工中将多个齿轮穿在心轴上一起加工，而图 12-37a 所示的齿轮结构，轮毂比轮缘稍宽，如果将多个齿轮叠在一起加工，会由于刚度差而影响加工后的齿廓表面粗糙度。

同一轴系两端的轴承尽可能选用相同尺寸，这使得箱体两端的轴承孔可以作为同一个结构要素被加工。如果在一个箱体上有多个平行轴系，应使箱体孔端面等宽，将多个孔端面作为同一个平面进行加工。

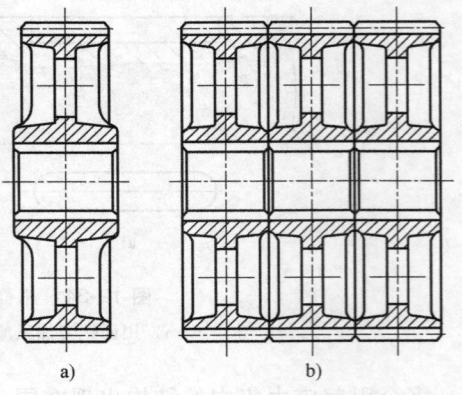

图 12-37 圆柱齿轮结构设计

2. 方便装配

图 12-38a 所示结构需要将两处较紧的配合同时装入，造成装配困难；图 12-38b 所示结构将两处较紧配合错开一段距离，顺序装入。

有些不同结构之间有微小的差别，如果装配错误会影响功能的实现。在设计中应使不同结构的差别足够明显，容易辨别，使结构无法装配到错误的位置，这样的设计有利于降低装配难度，提高装配质量和效率。

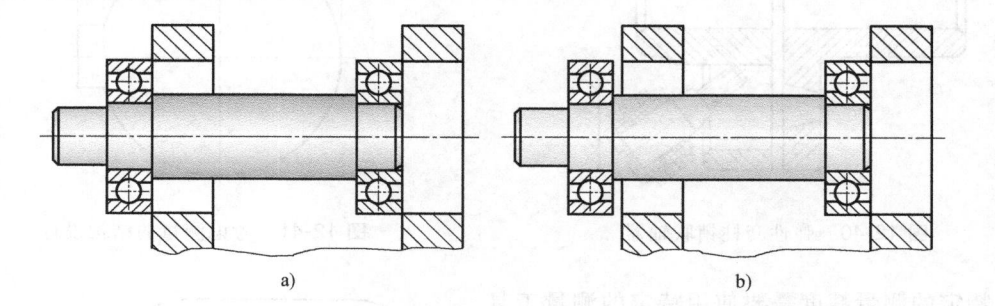

a)　　　　　　　　　　　　　　　　　b)

图 12-38　避免多处较紧配合同时装入

3. 方便拆卸

有些结构在使用过程中需要经历多次维修，设计时要为维修过程中的拆卸创造便利条件。

滚动轴承与轴和孔的配合通常较紧，在拆卸过程中，正确的拆卸方法是使拆卸力直接作用到构成配合的座圈，而不是通过滚动体传递拆卸力，进行结构设计时应为这种正确的拆卸方法创造条件。图 12-39 所示结构通过正确选择滚动轴承定位台阶的尺寸，使用适当的工具可以进行正确的拆卸。如果由于特殊原因无法保证适当的定位台阶尺寸，则可以在定位台阶上设置与拆卸工具尺寸对应的槽，以保证拆卸工具所需的工作空间。

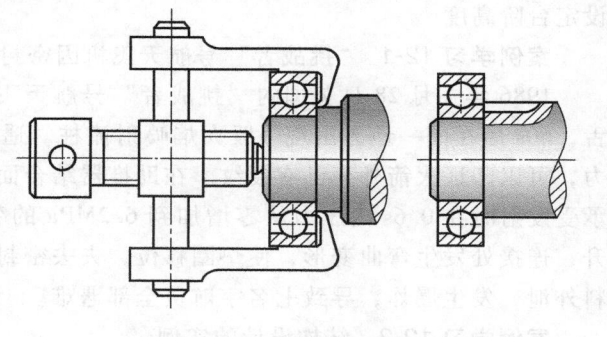

图 12-39　滚动轴承的拆卸

有些零件工作寿命较短，使用中需要经常更换，结构设计时应使更换这些易损零件所必需拆卸和移动的其他零件的数量最少，难度最小。

图 12-40 所示为弹性套柱销联轴器结构，其中的弹性套采用橡胶材料，工作寿命较短，需要多次更换，进行结构设计时要为弹性套的更换留有必要的空间，使得更换弹性套的操作不必移动联轴器所连接的设备。

4. 方便检验

为保证功能的可靠实现，设计要对加工过程提出必要的要求。设计者所提出的所有要求都应是可以检验的，否则加工将无法保证这些要求的实现。

图 12-41 所示的孔键槽深度尺寸标注的三种不同方法中，只有关于 $d+t_2$ 的尺寸标注是

可以直接测量检验的，其他尺寸都必须通过测量后的换算得到，使得测量精度降低。

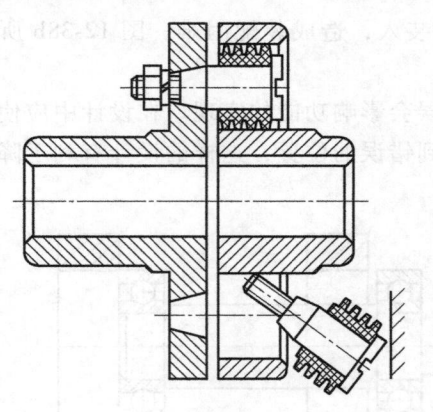

图 12-40 弹性套柱销联轴器

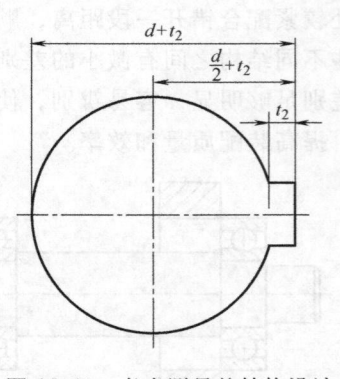

图 12-41 考虑测量的结构设计

特定的测量精度需要使用特定的测量工具，有些测量工具的使用会对被测量要素提出某些要求。

图 12-42 所示的结构尺寸 A 需要用螺旋测微仪测量，如果台阶 h 的高度不够，则会使螺旋测微仪无法接近被测量要素，使测量无法进行。结构设计时要考虑测量工具的需要，适当设定台阶高度。

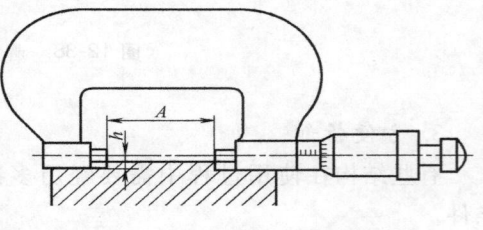

图 12-42 考虑测量的结构设计

案例学习 12-1 "挑战者"号航天飞机因密封失效而爆炸。

1986 年 1 月 28 日美国的"挑战者"号航天飞机发射后 0.4s 在助推器连接点处出现火舌，60s 后在同一地方出现一股火焰喷射流柱。遥测数据表明，右侧助推器已失去 5% 的推力，可以印证火箭外壳已有裂纹。在助推器结合面处有两个由合成橡胶制成的密封垫圈，要承受发射时在 0.6s 内压力从零增加到 6.2MPa 的变化，助推器点火之后，内部压力迅速上升，连接处发生弯曲变形，使垫圈移位，失去密封能力。由于垫圈失效，火箭外壳断裂，燃料外泄，发生爆炸，导致七名宇航员全部遇难。

案例学习 12-2 结构设计的实例。

某硬币自动计数、包卷机的硬币输送装置的工作原理简图如图 12-43 所示，硬币放入币盘 1 上，币盘在立轴 3 的驱动下转动，带缺口的挡板 2 固定在面板上，在离心力的作用下，硬币沿挡板缺口输出，实现硬币的队列化功能。要求设计硬币输送装置中立轴的轴系结构。已知币盘的转速为 150r/min，币盘的直径为 240mm，电动机的功率为 40W，工厂的加工精度一般。

解： 结构设计时，先根据轴的转矩初估轴的最小直径。立轴材料采用 45 钢，忽略摩擦损耗，则立轴的最小直径为

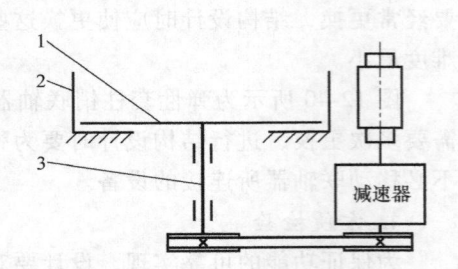

图 12-43 硬币输送装置的工作原理简图
1—币盘 2—固定挡板 3—立轴

$$d \geq C \sqrt[3]{\frac{p}{n}} = 100 \times \sqrt[3]{\frac{0.04\text{kW}}{140\text{r/min}}} = 6.5\text{mm}$$

考虑到轴承的标准和安装，设计立轴轴系的结构如图 12-44 所示。在结构设计时考虑了以下几个方面。

1）由于币盘的直径很大（已知 240mm），而立轴的直径较小，为节约材料和减少加工的切削量，将币盘和立轴设计成两个零件，用连接件实现连接，连接形式采用标准的普通螺纹连接（图 12-44）。

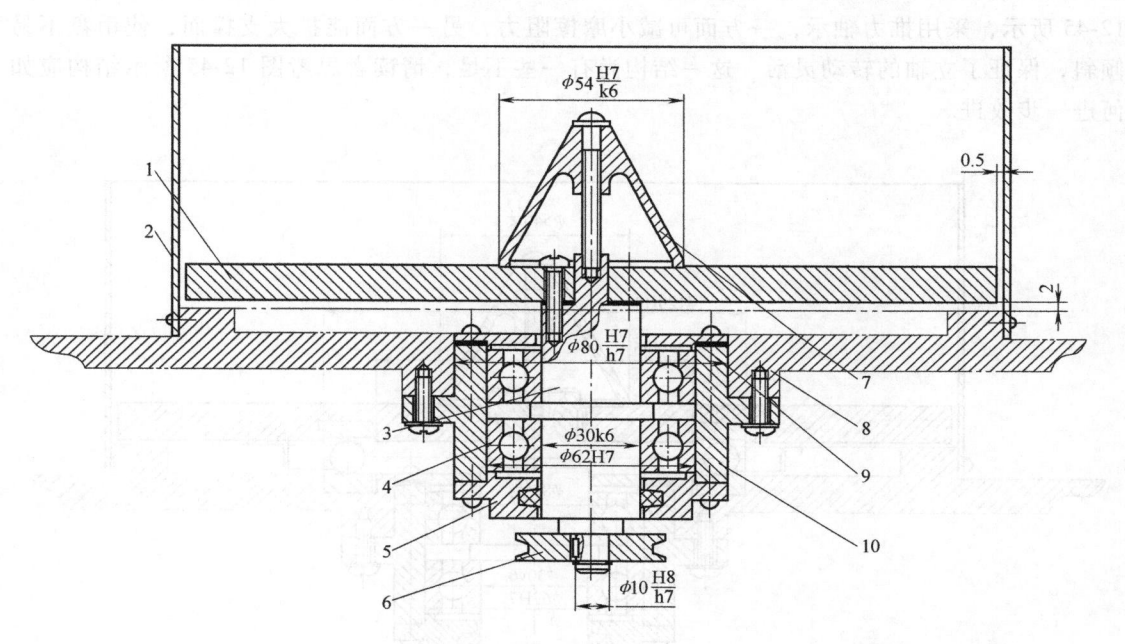

图 12-44　立轴轴系的结构图

1—币盘　2—固定挡板　3—立轴　4—滚动轴承　5—下端盖　6—带轮

7—锥形盖　8—固定面板　9—上端盖　10—轴承座

2）轴系中轴承的选择。轴系工作时轴向载荷主要为币盘和硬币的重量，轴向载荷不大，轴承可采用深沟球轴承，其价格低，安装和调整方便。

3）轴承的密封和润滑。实际使用表明，硬币在队列化输出过程中有较多的灰尘，为保证轴承工作时转动灵活，对轴承设计了密封端盖（图中的件 5 和 9）。由于立轴轴承的转速较低，使用该设备的人员为非机械维护人员，轴承的润滑采用脂润滑，在装配时一次性加入。

4）轴向位置的调整。在立轴与币盘的结合处设有调整垫片，避免由于加工和装配的误差使币盘与固定面板 8 接触并产生摩擦。装配时保证间隙 $\delta = 2\text{mm}$。

5）加工和装配的方便。为保证轴承的装配精度要求，轴承安装在轴承座内，装配时先将轴承装在轴上，再将其装入轴承座，最后固定在机架上。

6）轴上零件的固定和定位。轴下端的带轮不受轴向载荷，用弹性挡圈实现轴向定位，结构简单，尺寸紧凑；带轮周向的定位采用键连接。

7）为防止硬币在转动中心停留（币盘中心离心力小），设计了锥形盖7，通过连接安装在币盘上。

另外，考虑到避免杂物、硬币等进入币盘的下面，结构设计时应使挡板与币盘的间隙为0.5mm。该产品按图12-44的设计进行了小批量生产，在调试和试用时发现，有的币盘空载转动时阻力较大，电动机发热严重；有的币盘阻力小，在负载运行时电动机工作正常。分析原因是立轴上币盘直径较大，而币盘与立轴的支撑面较小，币盘在装配时发生倾斜，阻力增加；同时立轴受到附加载荷，轴承工作时运转不灵活。为此，修改了币盘的支撑结构，如图12-45所示，采用推力轴承，一方面可减小摩擦阻力，另一方面能扩大支撑面，使币盘不易倾斜，保证了立轴的转动灵活。这一结构尚有一些不足，请读者思考图12-45所示结构应如何进一步改进。

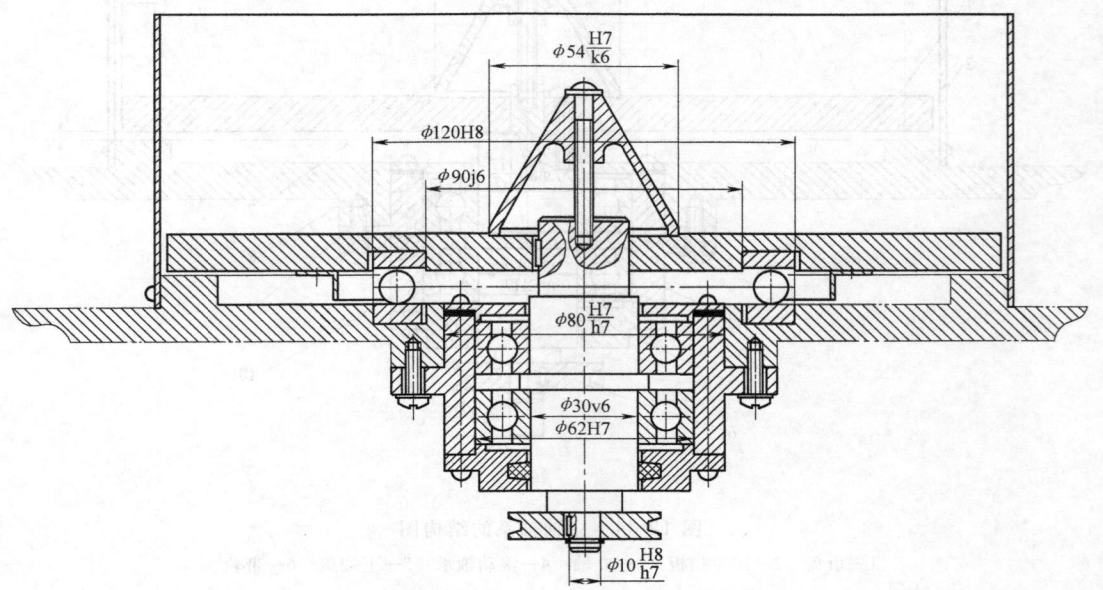

图 12-45 立轴系统改进结构图

（提示：深沟球轴承与推力轴承都有径向定位作用，互相矛盾，应使推力轴承在径向能自由浮动。）

讨 论 题

12-1 试提出两种新的（本教材未列出的）轴毂连接方式。

12-2 设计平键连接时如何确定轴上键槽长度。

12-3 普通平键连接的主要失效形式是什么？滑动平键连接和导向平键连接的主要失效形式是什么？

12-4 半圆键连接中轴上键槽宽度和深度如何确定？为什么平键的剪切强度可不校核？

12-5 键连接采用双键时两键沿圆周方向如何布置?

习　题

12-1 渐开线圆柱齿轮传递转矩 $T=150\mathrm{N}\cdot\mathrm{m}$，轮毂孔直径 $d=25\mathrm{mm}$，轮毂宽度 $L=30\mathrm{mm}$，齿轮与轮毂静连接，齿轮材料为 40Cr，轴材料为 45 钢，轴毂连接处可通过热处理提高承载能力。试选择轴毂连接方式，并校核连接强度。

12-2 图 12-46 所示滑移齿轮传递转矩为 $T=200\mathrm{N}\cdot\mathrm{m}$，载荷平稳，齿轮在空载状态下移动。试选择花键类型，并校核连接强度。

12-3 40Cr 材料的实心轴与 HT200 材料的轮采用过盈连接，轴径 $d=70\mathrm{mm}$，轮外径 $D=100\mathrm{mm}$，轴与轮之间传递的最大转矩 $T=500\mathrm{N}\cdot\mathrm{m}$，过盈连接采用温差法装配。试设计过盈连接。

12-4 改正图 12-47 所示轴系结构中的错误。

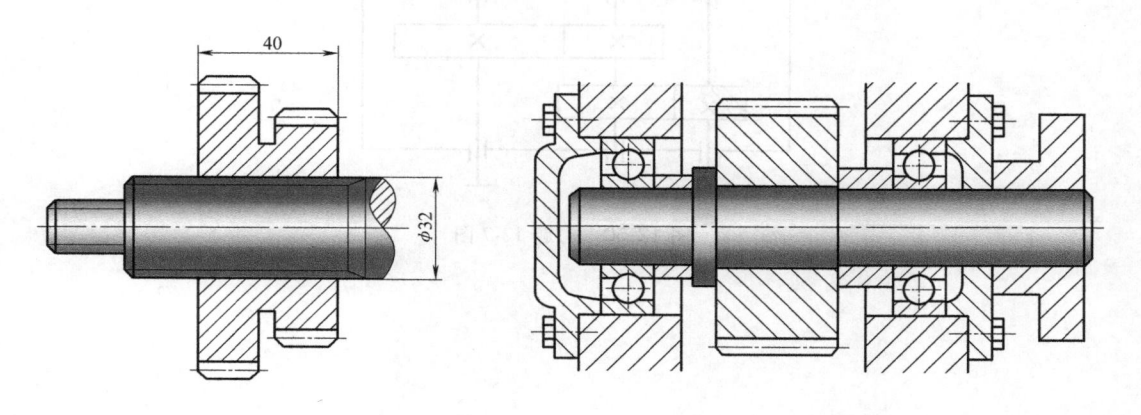

图 12-46　习题 12-2 图　　　　　　　　图 12-47　习题 12-4 图

12-5 改正图 12-48 所示轴系结构中的错误。

12-6 完成图 12-49 所示锥齿轮轴系的结构设计。

12-7 展开式二级圆柱齿轮减速箱如图 12-50 所示，试选择减速箱中齿轮传动的润滑方式、滚动轴承的润滑方式和各轴端的密封方式。

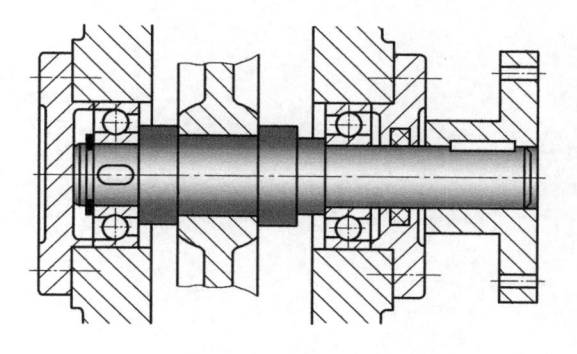

图 12-48　习题 12-5 图

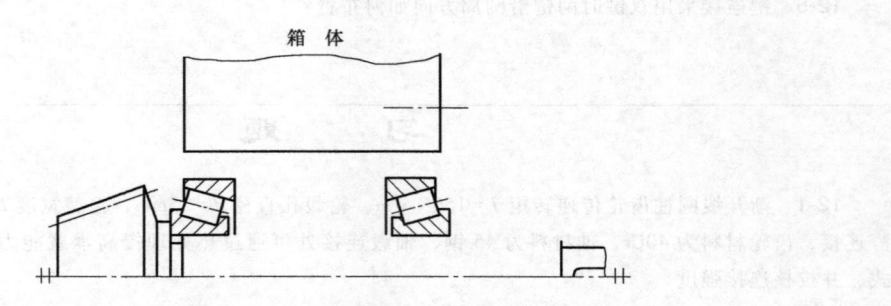

图 12-49 习题 12-6 图

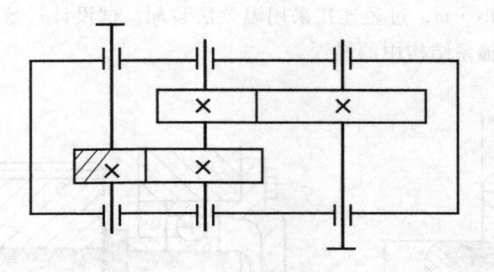

图 12-50 习题 12-7 图

4

第四篇　连接设计与弹簧设计

第十三章　螺纹连接设计

零件要以适当的形式连接起来才能成为机器，实现预定的运动和功能。在高质量的工程设计中，零件的连接方法是极其重要的，设计者必须熟练掌握各种连接和连接件的使用条件和性能。机器运行过程中所有连接必须可靠，否则会酿成大祸。

我国连接件生产用钢大约占钢产量的 1.5%，由此可见机械设备中连接件占有很大的比例。例如波音 747 飞机约有 250 万个连接件，个别连接件的单价高达几美元，因此连接件的价格、质量和性能直接影响组装连接后机器的性能和成本。为使产品成本下降，许多大公司都有连接件研发部门，不断更新连接件的设计（包括结构设计、材料设计和制造工艺设计），所以说连接件在机械设计中有着极其重要的作用。

螺纹连接是利用带有螺纹的零件构成的可拆连接，它的功用是把两个或两个以上的零件连接在一起。这种连接结构简单，拆装方便，互换性好，工作可靠，形式灵活多样，可反复拆装而不必破坏任何零件。螺纹连接有不需要附加零件的连接和采用一个或多个附加零件的连接。这种将零件和零件连接起来的零件称为连接件，也称为紧固件。连接件螺纹的基本牙型为三角形（图 13-1），这种螺纹有很好的自锁性。螺纹连接件多为标准件，它由专业工厂成批生产，成本低廉，因而应用广泛。

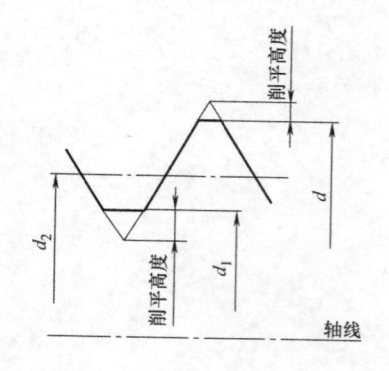

图 13-1　普通螺纹牙型

第一节　概　　述

螺纹连接是利用带有螺纹的零件组成的可拆连接，用于连接两个或两个以上零件。

一、螺纹连接的基本类型

螺纹连接的类型很多，其基本类型见表 13-1。除表 13-1 中所述四种基本类型外，还有几种特殊结构的螺纹连接，应用也较广泛，如固定机械或设备的地脚螺栓连接（图 13-2a）、梯形槽螺栓连接、起吊设备或大型零件用的吊环螺钉连接（图 13-2b）等。

二、标准螺纹连接件

螺纹连接件（紧固件）的种类繁多，根据其使用的广泛性，有适用面广、用量大的通用螺纹连接件，还有适应某种需要、具有特殊结构的专用螺纹连接件。通用螺纹连接件已经标准化。为适应国际技术经济往来，国际标准化组织（Inter national Standard Organization, ISO）发布了许多有关的标准。常用的标准螺纹连接件有螺栓、螺钉、双头螺柱、螺母和垫圈五大类。这些零件的结构

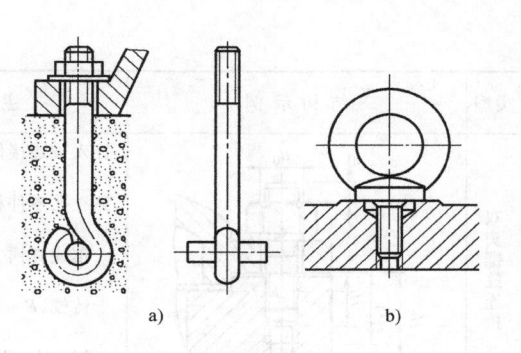

图 13-2 其他螺栓连接
a）地脚螺栓连接 b）吊环螺钉连接

形式、系列和尺寸规格均已标准化，设计螺纹连接时，只需根据有关标准选取适当的连接件即可。

1. 螺栓和螺钉

螺纹连接件是按照使用方法命名的，如果设计结构是将连接件装入螺纹孔，这种连接件是螺钉，在螺钉头部施加转矩就可拧紧连接；如果设计结构是将连接件穿过被连接件的光孔再拧上螺母，这种连接件就是螺栓，拧紧连接需要在螺母上施加转矩。

表 13-1 螺纹连接的基本类型

类型	结 构 示 例	主要尺寸关系	特点和应用
螺栓连接	普通螺栓 加强杆螺栓	螺纹预留长度 l_1 普通螺栓连接 静载荷 $l_1 \geqslant (0.3 \sim 0.5)d$ 变载荷 $l_1 \geqslant 0.75d$ 冲击、弯曲载荷 $l_1 \geqslant d$ 加强杆螺栓连接 l_3 尽可能小 螺纹伸出长度 a $a \approx (0.2 \sim 0.3)d$ 螺栓轴线到边缘的距离 e $e = d + (3 \sim 6)\text{mm}$	主要适用于被连接件不太厚且两端均有装配空间的场合 被连接件上无须切制螺纹，结构简单，拆装方便，应用广泛 普通螺栓连接，孔壁和螺栓杆之间有间隙，孔的加工精度要求较低 加强杆螺栓连接，螺栓杆和孔壁之间多采用 H7/m6 或 H7/u6 配合，可对被连接件进行精确的定位

（续）

类型	结构示例	主要尺寸关系	特点和应用
双头螺柱连接		拧入被连接件深度 H 螺纹孔零件材料为： 钢或青铜，$H \approx d$ 铸铁，$H \approx (1.25 \sim 1.5)d$ 铝合金，$H \approx (1.5 \sim 2.5)d$	适用于需要经常拆卸，而一个被连接件很厚不能采用螺栓连接的场合 当需要拆卸而拧松螺母时，双头螺柱在螺纹孔中不得转动（必须固定）
螺钉连接		螺纹孔深度 H_1 $H_1 = H + (2 \sim 2.5)P$（P 为螺距） 钻孔深度 H_2 $H_2 = H + (0.5 \sim 1.0)d$ 其他同螺栓连接	适用场合与双头螺柱相似，但不适合经常拆卸，否则会损坏被连接件的螺纹孔 不需要螺母，重量轻，且外观较整齐
紧定螺钉连接			用螺钉的尾端直接顶住另外一个被连接件的表面或顶入凹坑中。用以固定两个被连接件的相互位置，可传递较小的力或转矩

螺栓和螺钉有多种头部形状，如六角头、方头、盘头、圆柱头、半圆头、扁圆头、沉头、半沉头、滚花、内六角头及 T 形头等，如图 13-3 所示。除此之外还有地脚、U 形和铰链用螺栓等。

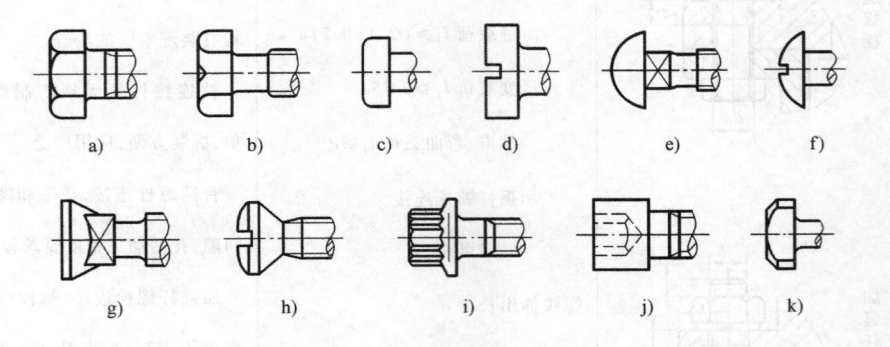

图 13-3 螺栓和螺钉头部形状

a）六角头 b）方头 c）盘头 d）圆柱头 e）半圆头 f）扁圆头

g）沉头 h）半沉头 i）滚花 j）内六角头 k）T 形头

螺栓和螺钉的尾端形状也很多，有辗制端、倒角端、球面端、锥端、截锥端、平端、凹端、圆柱端、刮削端及断颈端等，如图 13-4 所示，设计时根据需要选用适当的尾端形状。

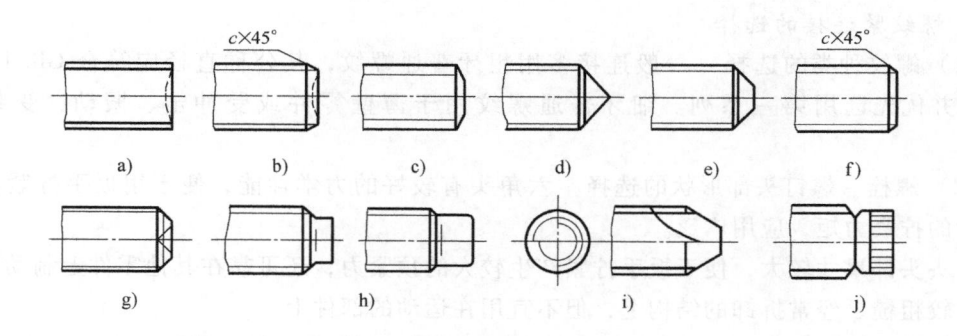

图 13-4　螺栓和螺钉尾部形状
a）辗制端　b）倒角端　c）球面端　d）锥端　e）截锥端　f）平端
g）凹端　h）圆柱端　i）刮削端　j）断颈端

2. 双头螺柱

双头螺柱是无螺钉头的外螺纹连接件，两端螺纹有等长和不等长之分。不等长双头螺柱其两端的螺纹参数可以相同也可以不同，且短的一端旋入机体，应用较为广泛。另外还有一些用于特殊场合的螺柱，如一端有螺纹的焊接螺柱和全螺纹的螺杆。

3. 螺母

螺母是内螺纹连接件，其形状有六角形、方形和圆形。其中六角螺母有普通六角螺母、厚六角螺母和薄六角螺母等，应用最为广泛的是普通六角螺母。

4. 垫圈

垫圈是辅助连接件，置于螺母和支承面之间。垫圈可以增大支撑面，遮盖较大孔或垫平被连接件表面，还可保护被连接件表面。螺纹连接中的垫圈有平垫圈、斜垫圈、弹簧垫圈、止动垫圈等。

三、标准螺纹连接件的选择

1. 螺纹连接件的选用原则

螺纹紧固件的选择首先要明确连接的用途、工作要求和使用条件，以符合技术要求，操作安全方便，经济合理为基本原则。以下几方面供设计参考。

1）同一组螺纹连接应选用同样的螺纹紧固件，包括它的种类、形状、螺纹形式和尺寸、性能等级、产品等级以及表面状态等。

2）首先选用标准紧固件。这些紧固件是由专业生产厂批量生产，市场可以供应的产品，其质量可靠，价格低廉。如果有特殊需要或确无合适的标准紧固件而不得不使用非标准紧固件时，也应尽可能在设计参数或局部与相应标准一致。

3）根据连接的用途和工作条件选定恰当的性能等级和产品等级，过高的等级将使成本增加。

4）根据操作选用适当的连接件。明确采用何种安装工具和安装方法（手工安装、机动工具安装还是自动化安装），是否需要控制预紧力，采用何种方法控制预紧力。

5）便于修理与更换。

2. 螺纹紧连接的选择

（1）螺纹种类的选择　一般连接多用粗牙普通螺纹，其公称直径应符合 GB/T 196—2003，并优先选用第一系列。细牙普通螺纹用于薄壁零件或受冲击、振动、变载荷的连接。

（2）螺栓、螺钉头部形状的选择　六角头有较好的力学性能，便于用扳手拧紧，可施加较大的拧紧力矩，应用广泛。

方头头部尺寸较大，便于扳手拧紧产生较大的预紧力，还可靠在其他零件上制动。它多用于比较粗糙、经常拆卸的结构上，但不宜用在运动的部件上。

盘头头部尺寸较小，占用空间小，为保证有足够的强度，常采用钢结构、高性能等级。用于螺钉时，头部开有一字槽或十字槽两种形状，便于螺钉旋具拧紧。开槽头通用性好，多用于低强度、低旋拧力矩的紧固件；十字槽头部旋转时对中性好，易实现自动化装配，生产效率高，外形美观，槽的强度高，不易拧秃、打滑，但需要专用的旋拧工具。盘头一般用于直径小于 10mm 的螺纹连接件。

圆柱头头部尺寸较小，头部开有一字槽或十字槽两种，一般用于直径小于 10mm 的螺钉。

半圆头多用于结构表面要求较光滑或螺栓头受限制的螺纹连接。

扁圆头较半圆头的高度小，外径稍大，承压面积较半圆头大，多用于薄壁零件、板结构的连接，直径 d 小于 10mm。

沉头头部可沉入被连接件表面的锥坑内，多用于表面要求平滑、外形美观或其结构不允许螺栓头凸出的部位，头部下有方颈或榫，可防止旋拧螺母时转动。用于螺钉时，头部开有一字槽或十字槽两种，直径小于 10mm。

半沉头的特点和沉头相同，头部高度比沉头大些，强度较高。

内六角头部小，头部可埋于零件内，连接强度高，用于结构要求紧凑、外形平滑或无法用普通扳手拧紧的连接，但内六角一旦被破坏则很难拆卸，因此不便经常拆卸。

滚花头头部尺寸较小，受力较小，装拆方便，可用手拧紧。

T 形头可固定在有 T 形槽口的滑道内，并可在槽内移动以调整位置，还可防止转动。

（3）螺栓、螺钉尾端形状的选择　辗制尾端的连接件端部不进行特殊加工，尾端近似为平端，制造简单，不便安装，螺纹易坏，应用较少，仅用于小螺钉和 M8 以下的辗制螺钉。

倒角端端部切断后倒角，便于装配，应用较广。

球面端端部成球面，既便于装配，又有保护端部螺纹的作用，制造稍难。

锥端直接顶紧被连接件，被连接件上要制锥坑，一般用于紧定螺钉，安装后不常拆卸，或用于硬度较小的被连接件，锥端直接顶紧被连接件。

截锥端用于螺栓和螺钉，有较好的导向对中作用，用于紧定螺钉。安装时应在顶紧面上加工出圆柱形沉孔使截锥端挤入沉孔，以增大传递载荷的能力。

平端端部经加工成平面并具有倒角，端面平整美观，各种外螺纹件都有采用；应用于紧定螺钉时，接触面积大，不伤被顶紧表面，常用于顶紧硬度较大或经常调节位置的零件。顶紧面应加工成平面。

凹端端部为环平面，应用和平端相同，但传递载荷能力较小。

圆柱端的短圆柱多用于铰制孔螺栓和配合较紧的螺栓，端部圆柱可保护端部螺纹在拆卸时免遭损坏。长圆柱多用于紧定螺钉和定位螺钉，用来固定装在空心轴（薄壁）上的零件或需要经常调节位置的连接；因圆柱端顶入轴的沉孔中，可传递较大的载荷。

刮削端用于自攻螺钉，端部成锥体，有沟槽，槽口的螺纹牙形成切削刃，拧入被连接件时具有刮削作用，形成配合螺纹。

断颈端端部上方有 $0.75d$ 的颈，用于钢结构件单面安装的扭剪型高强度螺纹连接。

（4）螺母的选择　应用最广的六角螺母有 1 型和 2 型。2 型六角螺母比 1 型约高 10%，主要用于 9 级和 12 级。对于结构要求紧凑或以承受剪切力为主的螺栓连接，以及防松用的副螺母，可以选用六角薄螺母；经常拆卸而六角螺母又不能满足使用要求时，可选用六角厚螺母。

承受振动和变载荷的连接，常选用螺杆带孔的螺栓和开槽螺母，配以开口销防止松动。

（5）垫圈的选择　平垫圈应用最广，对软质零件（如木制品等）宜选用大或特大垫圈。对于表面有斜度的被连接件可选用斜垫圈。为了防止连接松动可选用弹簧垫圈、弹性垫圈、锁紧垫圈以及止动垫圈等。

垫圈的产品等级仅有 A 级和 C 级，一般情况下，C 级螺栓、螺钉和螺母选用 C 级垫圈，其他等级螺栓、螺钉和螺母均用 A 级垫圈。

3. 连接件材料和力学性能等级选择

螺纹紧固件按力学性能分成若干等级（表 13-2），每个等级规定若干性能指标。选用时，只需从标准中选取符合设计要求性能等级的螺纹连接件，而不必考虑或指定选用的材料、加工工艺和热处理等。只有在特定情况下（如承受动载荷、高温载荷等），对螺纹连接件有特殊要求，标准连接件的力学性能不能满足工作要求时，才选定材料、规定性能和试验方法以及技术要求等。

表 13-2　螺栓、螺钉、螺柱和螺母的力学性能等级

（摘自 GB/T 3098.1—2010）和（GB/T 3098.2—2015）

机械或物理性能		力 学 性 能 级 别									
		4.6	4.8	5.6	5.8	6.8	8.8 ≤M16	8.8 >M16	9.8	10.9	12.9
螺栓、螺钉、螺柱	抗拉强度 σ_B/MPa　公称值	400		500		600	800		900	1000	1200
	屈服强度 σ_s/MPa　公称值	240	320	300	400	480	640	640	720	900	1080
	布氏硬度（HBW）　min	114	124	147	152	181	245	250	286	316	380
	维氏硬度（HV）　min	120	130	155	160	190	250	255	290	320	385
	推荐材料	碳素钢或合金钢					碳素钢淬火并回火或合金钢淬火并回火				
相配合螺母	性能级别	4		5		6	8 或 9		9	10	12
	推荐材料	碳素钢	碳素钢淬火并回火			碳素钢	碳素钢淬火并回火				

注：1. 9.8 级仅适合于螺纹大径 $d \leqslant 16\text{mm}$ 的螺栓、螺钉和螺柱。

　　2. 规定性能等级的螺纹连接件在图样中只标注力学性能等级，不应再标出材料。

4．产品等级选择

通用的螺栓、螺钉和螺母分为 A 、B 、C 三个产品等级，A 级最精确，C 级粗糙。对于安装精度要求高，受较大冲击、振动或变载荷的重要连接应选用 A 级。

对于精密机械用连接件、公差要求高的小螺纹紧固件 $d = 1 \sim 3 \text{mm}$，还制定了产品等级为 F 的连接件公差标准。

5．表面处理方法选择

标准螺纹连接件一般不需要表面处理，但为适应防锈、耐蚀、导电或减摩的要求时，可采用不同的表面处理方法，如镀锌、镀镉、镀铬、镀银、钝化、发蓝、磷化及铝和铝合金螺纹件的阳极氧化等。选用表面处理方法时可参考机械工业出版社出版的《机械工程手册》。

第二节 螺纹连接的预紧和防松

一、螺纹连接的预紧及其控制

1．螺纹连接的预紧

绝大多数螺纹连接在装配时都需要拧紧（松螺栓连接除外），称为预紧。预紧可夹紧被连接件，使连接结合面产生压紧力，这个力即为预紧力，它能防止被连接件的分离、相对滑移或结合面开缝。适当选用较大的预紧力可以提高连接的可靠性和紧密性。但过大的预紧力会导致结构尺寸增大，成本增加，也会在装配或偶然过载时发生拉断连接件。因此，既要保证连接所需要的预紧力，又不能使连接件过载。预紧力的大小应根据载荷性质、连接刚度等具体工作条件经设计计算确定。

扳动螺母拧紧连接时，拧紧力矩 T（$T = F_{\text{H}} L$，式中，F_{H} 为作用于手柄上的力，L 为扳手力臂）要克服螺纹副间的螺纹力矩 T_1 和螺母与被连接件（或垫圈）支承面间的摩擦力矩 T_2，如图 13-5 所示，即 $T = T_1 + T_2$。由螺母传给螺栓的螺纹力矩 T_1，则由施加在螺栓头部的夹持力矩 T_4 和螺栓头支承面摩擦力矩 T_3 平衡，即 $T_1 = T_4 + T_3$，如图 13-5b 所示。因此螺栓受扭，其结构和受力（转矩）如图 13-5c 所示。拧紧螺母使螺栓受轴向拉力 F_{p}，而被连接件则由螺栓头和螺母以力 F_{p} 夹紧，此力即为预紧力。

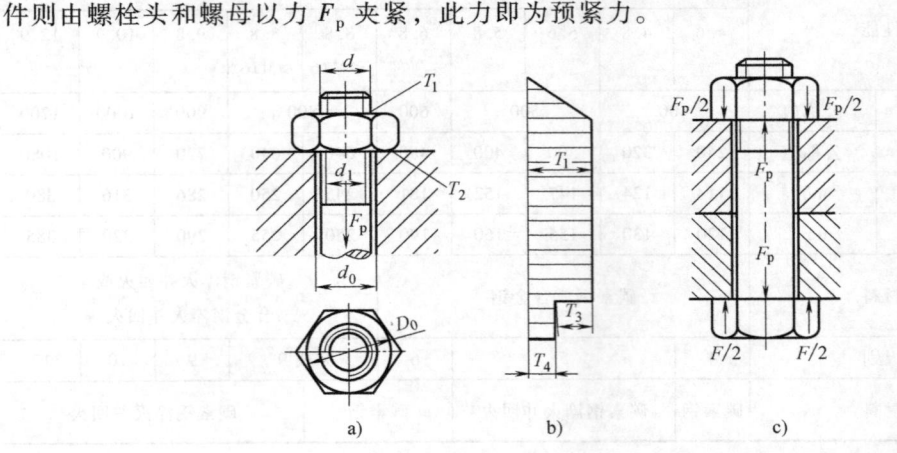

图 13-5 螺纹的拧紧力矩

预紧力 F_p 与螺纹力矩 T_1 的关系为 $\qquad T_1 = \tan(\gamma + \varphi_v) F_p \dfrac{d_2}{2}$ （13-1）

预紧力 F_p 与螺母支承面摩擦力矩 T_2 的关系为

$$T_2 = \frac{1}{3} \frac{D_0^3 - d_0^3}{D_0^2 - d_0^2} F_p f \tag{13-2}$$

由拧紧力矩 $T = T_1 + T_2$ 整理后得

$$T = \frac{1}{2} F_p d \left[\frac{d_2}{d} \tan(\gamma + \varphi_v) + \frac{2f}{3d} \frac{D_0^3 - d_0^3}{D_0^2 - d_0^2} \right] \tag{13-3}$$

式中，d_2 为螺纹中径（mm）；d 为螺纹大径（mm）；γ 为螺纹的螺旋升角（°）；φ_v 为螺纹副的当量摩擦角（°），$\varphi_v = \arctan f_v$，f_v 为螺纹副的当量摩擦因数；f 为螺母或螺钉头支承面的摩擦因数；F_p 为预紧力（N）；D_0、d_0 分别为螺母支承面的内外直径（mm）。

将常用 M10~M64 钢制普通粗牙螺纹的 d_2、γ、D_0、d_0 及螺纹副当量摩擦因数 $f_v = 0.1 \sim 0.2$，以及螺母支承面的摩擦因数 $f = 0.15$ 代入式（13-3），得拧紧力矩 $T = (0.15 \sim 0.25) F_p d$，平均可取

$$T \approx 0.2 F_p d \tag{13-4}$$

对于一定公称直径的螺栓，当要求的预紧力 F_p 已知时，可按式（13-4）确定扳手的拧紧力矩。

2. 预紧力的控制方法

重要的连接应采用一定的方法控制预紧力。预紧力控制方法有以下几种。

（1）利用专门的装配工具　如借助扭力扳手（图 13-6a、b）、定力矩扳手（图 13-6c），通过拧紧力矩控制预紧力。这种方法操作简单，应用较广泛，但控制预紧力准确性较差，适合预紧力精度要求不高的场合，不适合大型螺栓连接和预紧力精度要求高的场合。

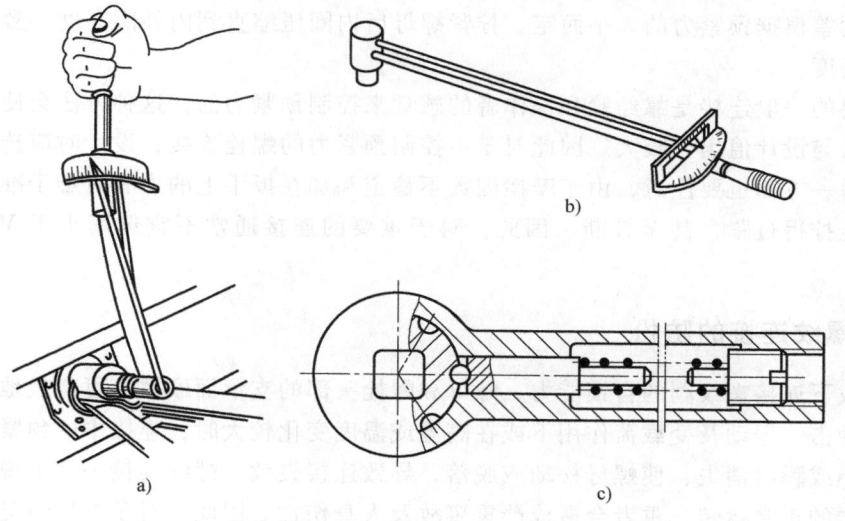

图 13-6　力矩扳手

（2）测量螺栓的伸长量　对大直径螺栓连接，则可通过测量螺栓伸长量的方法来控制

预紧力。通过测微计测量螺栓预紧前后的弹性伸长，然后利用预先校准的螺栓载荷变形曲线或利用公式计算预紧力。当螺母拧到与被连接件贴紧时测量螺栓的原始长度 L_0，根据需要控制的预紧力 F_p，螺母拧紧后螺栓的伸长量应为

$$L = L_0 + \frac{F_p}{c_1} \qquad (13\text{-}5)$$

式中，c_1 为螺栓的刚度（N/mm）。

此方法预紧力控制精度较高，但需要准确地测出伸长量，受连接方式、测量仪器及测量精度限制，不便在生产中应用。

（3）螺栓预伸长法 对于用于尺寸较大和重型机械的螺栓连接，可通过液压拉伸器或将螺栓加热等方法使螺栓伸长到所要求的变形量，再拧紧螺母，拉力卸除后或冷却后螺栓缩短，连接被预紧。螺栓的预伸长量应为

$$L_b = L_0 + F_p\left(\frac{1}{c_1} + \frac{1}{c_2}\right) \qquad (13\text{-}6)$$

式中，c_2 为被连接件的刚度（N/mm）。此方法适用于预紧力精度要求高、装配结构和装配空间允许的场合。

（4）扭角法 通过控制拧紧圈数或螺母转角控制预紧力，与测量螺栓伸长量的原理相同，只是将螺栓的伸长量折算成螺母与被连接件贴紧后再旋拧的角度。螺母转角为

$$\theta = 360\,\frac{F_p}{P}\left(\frac{1}{c_1} + \frac{1}{c_2}\right) \qquad (13\text{-}7)$$

式中，P 为螺栓的螺距（mm）。此方法在有自动旋转的设备上进行时，可得到较高精度的预紧力控制，故适用于汽车、内燃机等重要螺栓组的预紧力控制。

（5）采用预紧力指示垫圈 这种特制垫圈由内外相套的垫圈组成，内圈较高，内圈与外圈的高度差根据预紧力的大小而定。拧紧螺母后内圈压缩直到内外圈高度一致，内圈压缩到了设计高度。

不重要的一般连接是靠经验和操作者的感觉来控制预紧力的，这种方法会使螺栓实际承受的预紧力与设计值出入较大。因此对于不控制预紧力的螺栓连接，设计时应选取较大的安全系数。另一方面也要注意，由于摩擦因数不稳定和加在扳手上的力有时难于准确控制，也可能使螺栓拧得过紧，甚至拧断。因此，对于重要的连接通常不宜选用小于 M12～M16 的螺栓。

二、螺纹连接的防松

在静载下连接螺纹副的自锁能力、螺母和螺栓头部的支承面摩擦力可有效地防止连接松脱。但在冲击、振动及变载荷作用下或在高温或温度变化较大时，连接中的预紧力和摩擦力会逐渐减小或瞬时消失，使螺母松动或脱落，导致连接失效。螺纹连接一旦出现失效，轻者会影响机器的正常运转，重者会造成严重事故及人身伤亡。因此，对于上述情况下的螺纹连接，特别是机器内部不易检查的螺纹连接，必须采用有效、合理的防松措施。

防松的根本问题在于防止螺纹副间的相对运动。常用的防松措施很多，就其工作原理不同，可分为三大类，见表 13-3。

表 13-3　螺纹连接常用的防松方法

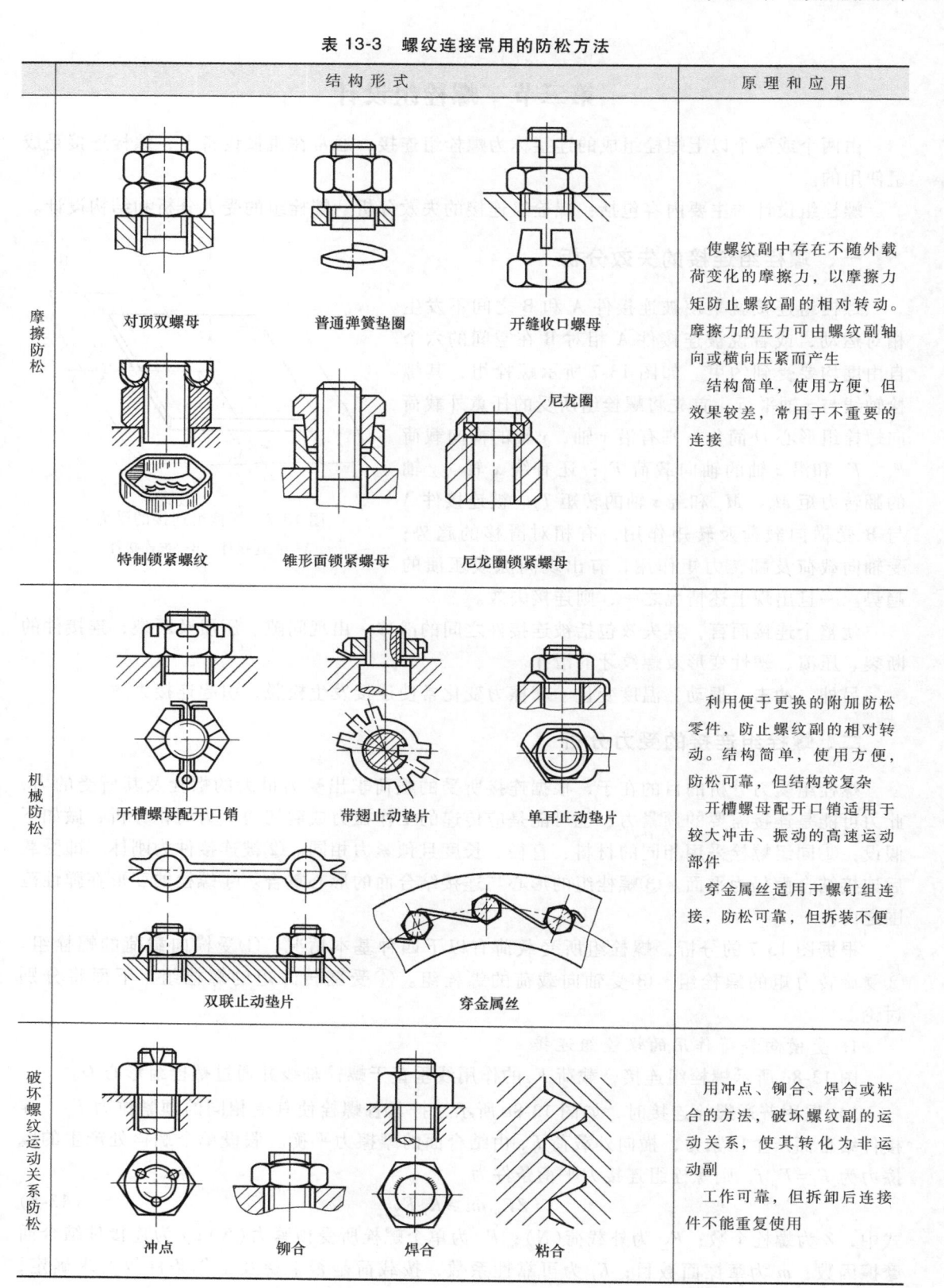

结构形式			原理和应用
摩擦防松	对顶双螺母　　普通弹簧垫圈　　开缝收口螺母 特制锁紧螺纹　锥形面锁紧螺母　尼龙圈锁紧螺母		使螺纹副中存在不随外载荷变化的摩擦力，以摩擦力矩防止螺纹副的相对转动。摩擦力的压力可由螺纹副轴向或横向压紧而产生 结构简单，使用方便，但效果较差，常用于不重要的连接
机械防松	开槽螺母配开口销　带翅止动垫片　单耳止动垫片 双联止动垫片　　　穿金属丝		利用便于更换的附加防松零件，防止螺纹副的相对转动。结构简单，使用方便，防松可靠，但结构较复杂 开槽螺母配开口销适用于较大冲击、振动的高速运动部件 穿金属丝适用于螺钉组连接，防松可靠，但拆装不便
破坏螺纹运动关系防松	冲点　　铆合　　焊合　　粘合		用冲点、铆合、焊合或粘合的方法，破坏螺纹副的运动关系，使其转化为非运动副 工作可靠，但拆卸后连接件不能重复使用

第三节　螺栓组设计

由两个或两个以上螺栓组成的连接称为螺栓组连接，通常在机械设备上，螺栓连接是成组使用的。

螺栓组设计的主要内容包括：螺栓组连接的失效分析、螺栓组的受力分析和结构设计。

一、螺栓组连接的失效分析

螺栓组连接就是使被连接件 A 和 B 之间不发生相对运动，或者说被连接件 A 相对 B 在空间的六个自由度均要受到约束。如图 13-7 所示螺栓组，其螺栓轴线与 z 轴平行。首先将螺栓组所受的任意外载荷向螺栓组形心 O 简化，则有沿 x 轴、y 轴的横向载荷 F_x、F_y 和沿 z 轴的轴向载荷 F_z；还有绕 x 轴、y 轴的翻转力矩 M_x、M_y 和绕 z 轴的转矩 T_z。被连接件 A 与 B 受横向载荷及转矩作用，有相对滑移的趋势；受轴向载荷及翻转力矩作用，有出现间隙或压溃的趋势。一旦出现上述情况之一，则连接失效。

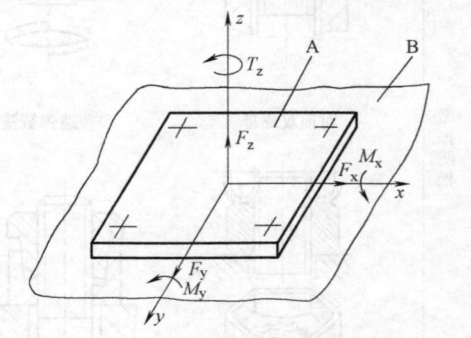

图 13-7　螺栓组连接的受力
A—被连接件　B—被连接件

就整个连接而言，其失效包括被连接件之间的滑移、出现间隙、压溃及断裂；连接件的断裂、压溃、塑性变形及螺纹牙的滑扣。

另外，冲击、振动、温度变化、摩擦力变化常使连接发生松脱，引起连接失效。

二、螺栓组连接的受力分析

螺栓组受力分析的目的在于，根据连接所受的载荷求出受力最大的螺栓及其所受的力，此力可能是连接需要的预紧力，也可能是应传递的工作拉力或剪切力。为简化分析，做如下假设：①同组螺栓采用相同的材料、直径、长度且预紧力相同。②被连接件为刚体，即受载后连接结合面仍为平面。③螺栓组的形心与连接结合面的形心重合。④螺栓的变形在弹性范围之内。

根据图 13-7 的分析，螺栓组所受载荷有以下四种基本情况：①受横向载荷的螺栓组。②受旋转力矩的螺栓组。③受轴向载荷的螺栓组。④受翻转力矩的螺栓组。下面将分别讨论。

1. 受横向载荷作用的螺栓组连接

图 13-8c 所示螺栓组连接，载荷 F_Σ 的作用线垂直于螺栓轴线并通过螺栓组形心 O。

1）采用普通螺栓连接时，如图 13-8a 所示，拧紧各螺栓使其受相同的预紧拉力 F_p，连接件结合面产生压紧力，横向外载荷 F_Σ 由结合面的摩擦力平衡。假设单个螺栓处产生的摩擦力为 $F_f = F_p f$，则螺栓组连接力平衡条件为

$$ZF_p fm \geqslant K_f F_\Sigma \tag{13-8}$$

式中，Z 为螺栓个数；F_Σ 为外载荷（N）；F_p 为单个螺栓所受预紧力（N）；f 为连接件结合面摩擦因数；m 为摩擦面数目；K_f 为可靠性系数，按载荷是否平稳及工作条件等要求确定，

一般取 $K_f = 1.1 \sim 1.3$。

连接件结合面不滑移，单个螺栓所受的最小预紧力为

$$F_p \geqslant \frac{K_f F_\Sigma}{Zmf} \tag{13-9}$$

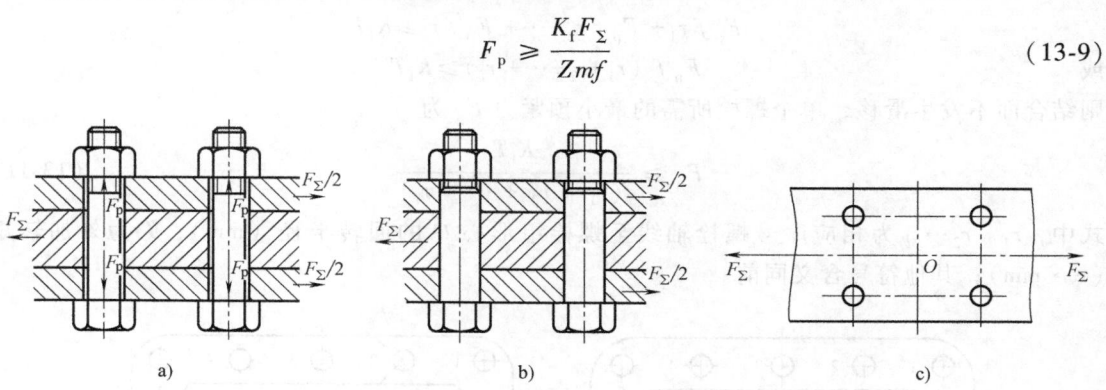

图 13-8　受横向载荷作用的螺栓组

a）普通螺栓连接　b）加强杆螺栓连接　c）螺栓布置形式

2）采用加强杆螺栓连接时，如图 13-8b 所示，横向外载荷 F_Σ 靠螺栓杆受剪切和螺栓杆与孔壁间的挤压来平衡。这种连接需要的预紧力一般很小，在强度计算时，预紧力和摩擦力均不考虑。因此单个螺栓只承受工作载荷 F，其大小为

$$F = \frac{F_\Sigma}{Z} \tag{13-10}$$

由式（13-9），当取 $K_f = 1.2$，$f = 0.15$，$m = 1$，$F_p = 8F_f$，$F_f = \dfrac{F_\Sigma}{Z}$ 为单个螺栓应传递的载荷即摩擦力，说明普通螺栓连接，以摩擦力传递很小的横向载荷时需要很大的预紧力，且在振动、冲击或变载荷下因摩擦力可能消失而出现滑移。为避免上述缺陷，可采用增加抗剪零件来减小螺栓的载荷，图 13-9 所示为几种常用的减载措施。

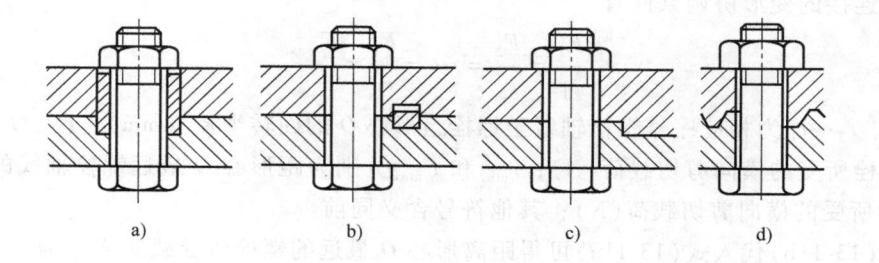

图 13-9　减载措施

a）减载套筒　b）减载键　c）减载阶梯　d）减载凸齿

2. 受转矩作用的螺栓组连接

如图 13-10 所示，旋转力矩作用在连接件结合面内，在此旋转力矩 T 的作用下，底座有绕螺栓组形心 O 回转的趋势。

1）采用普通螺栓连接时，如图 13-10a 所示，拧紧各螺栓使其受相同的预紧拉力 F_p，

旋转力矩 T 由结合面的摩擦力矩平衡。假设单个螺栓处产生的切向摩擦力 $F_f = F_p f$ 且集中作用于各螺栓的中心，其螺栓组连接力矩平衡条件为

$$F_p f r_1 + F_p f r_2 + \cdots + F_p f r_i \geqslant K_f T$$

或

$$F_p f (r_1 + r_2 + \cdots + r_i) \geqslant K_f T$$

则结合面不发生滑移，单个螺栓所需的最小预紧力 F_p 为

$$F_p \geqslant \frac{K_f T}{f(r_1 + r_2 + \cdots + r_i)} \tag{13-11}$$

式中，r_1、$r_2 \cdots r_i$ 为相应序号螺栓轴线至螺栓组形心 O 的回转半径（mm）；T 为外加转矩（N·mm）；其他符号含义同前。

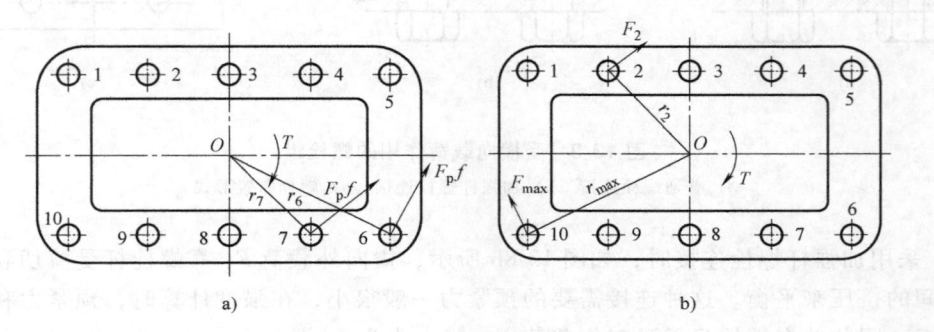

图 13-10 受转矩作用的螺栓组

a）普通螺栓组　b）加强杆螺栓组

2）采用加强杆螺栓连接时，外加转矩 T 由各螺栓所受横向剪切载荷 F 对形心 O 的力矩平衡，如图 13-10b 所示，且载荷 F 的作用线垂直于螺栓轴线的回转半径 r。因加强杆螺栓连接预紧力很小，所以忽略预紧力和摩擦力的影响，力矩平衡条件为

$$F_1 r_1 + F_2 r_2 + \cdots + F_i r_i = T \tag{13-11a}$$

根据连接的变形协调条件有

$$\frac{F_1}{r_1} = \frac{F_2}{r_2} = \cdots = \frac{F_i}{r_i} = \frac{F_{max}}{r_{max}} \tag{13-11b}$$

式中，r_1、$r_2 \cdots r_i$ 为相应序号螺栓轴线至螺栓组形心 O 的回转半径（mm）；F_1、$F_2 \cdots F_i$ 为相应序号螺栓所受的横向剪切载荷(N)；r_{max} 和 F_{max} 分别为距形心 O 最远螺栓轴线的回转半径（mm）和所受的横向剪切载荷(N)；其他符号含义同前。

将式(13-11b)代入式(13-11a)可得距离形心 O 最远的螺栓所受载荷 F_{max} 为

$$F_{max} = \frac{T r_{max}}{r_1^2 + r_2^2 + \cdots + r_i^2} \tag{13-12}$$

图 13-11 所示的凸缘式联轴器是受转矩作用螺栓组连接的典型例子。螺栓布置形式为圆形，各螺栓轴线的回转半径 r 相同，各螺栓所受载荷相同，即 $F = \dfrac{T}{Zr}$。

3. 受预紧力 F_p 和轴向工作载荷 F 的紧螺栓连接组

如图 13-12 所示，螺栓组工作前，各螺栓受相同的预紧力 F_p，工作时又受轴向载荷 F_Σ

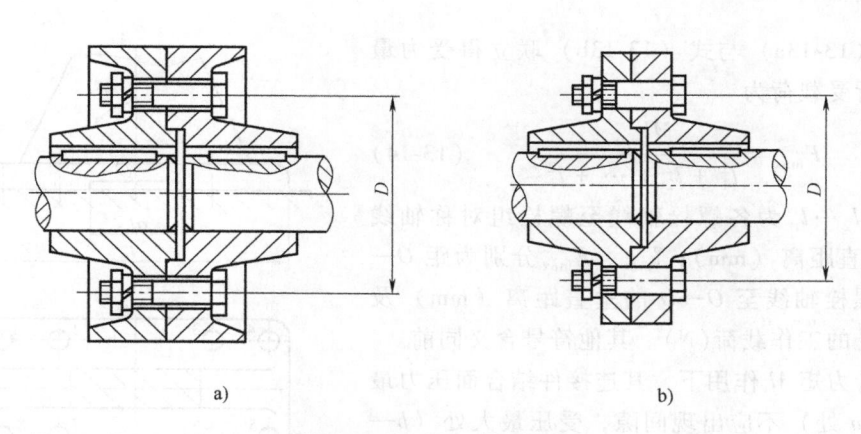

图 13-11　凸缘式联轴器

的作用，其作用线与螺栓轴线平行，且通过螺栓组的形心 O。单个螺栓所受轴向工作载荷 F 为

$$F = \frac{F_\Sigma}{Z} \tag{13-13}$$

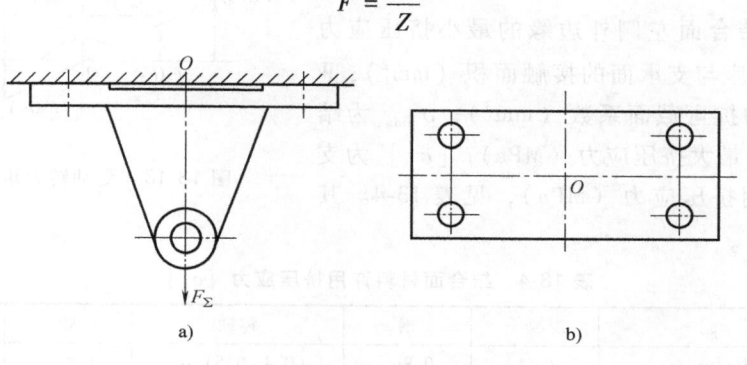

图 13-12　悬挂架及其螺栓布置

a）悬挂架　b）螺栓布置形式

　　因各螺栓同时承受预紧拉力 F_p 和轴向工作载荷 F，单个螺栓所受总载荷 F_0 的计算方法详见本章第四节。

　　4. 受翻转力矩 M 作用的螺栓组连接

　　如图 13-13 所示，螺栓组为对称布置，且形心和结合面形心重合，翻转力矩 M 作用在与连接件结合面垂直且通过对称轴线 x—x 的平面内。螺栓组连接未受翻转力矩 M 前，拧紧各螺栓使其受相同的预紧力 F_p，结合面均匀压紧。在翻转力矩 M 作用下，螺栓组有绕对称轴线 O—O 翻转的趋势，则轴线 O—O 左侧之螺栓所受拉力和变形均增大，结合面被放松；右侧螺栓受力和变形均减小，而结合面被进一步压紧。在力矩 M 作用下，螺栓组静力平衡条件为

$$M = F_1 l_1 + F_2 l_2 + \cdots + F_i l_i \tag{13-13a}$$

　　根据变形协调条件，螺栓工作拉力与该螺栓至对称轴线 O—O 的距离成正比，即

$$\frac{F_1}{l_1} = \frac{F_2}{l_2} = \cdots = \frac{F_i}{l_i} = \frac{F_{max}}{l_{max}} \tag{13-13b}$$

将式（13-13a）与式（13-13b）联立得受力最大的螺栓所受载荷为

$$F_{max} = \frac{Ml_{max}}{l_1^2 + l_2^2 + \cdots + l_i^2} \qquad (13\text{-}14)$$

式中，l_1、$l_2 \cdots l_i$ 为各螺栓轴线至螺栓组对称轴线 O—O 的垂直距离（mm）；l_{max}、F_{max} 分别为距 O—O 最远的螺栓轴线至 O—O 的垂直距离（mm）及此螺栓所受的工作载荷（N）。其他符号含义同前。

在翻转力矩 M 作用下，其连接件结合面压力最小处（a—a 处）不应出现间隙，受压最大处（b—b 处）不应出现压溃，连接应满足下述条件：

$$\sigma_{pmin} \approx \frac{ZF_p}{A} - \frac{M}{W} > 0 \text{ 和 } \sigma_{pmax} = \frac{ZF_p}{A} + \frac{M}{W} \leqslant [\sigma_p]$$

$$(13\text{-}15)$$

式中，σ_{pmin} 为结合面左侧外边缘的最小挤压应力（MPa）；A 为底座与支承面的接触面积（mm^2）；W 为底座结合面的抗弯截面系数（mm^3）；σ_{pmax} 为结合面右侧外边缘最大挤压应力（MPa）；$[\sigma_p]$ 为支承面材料的许用挤压应力（MPa），见表 13-4。其他符号含义同前。

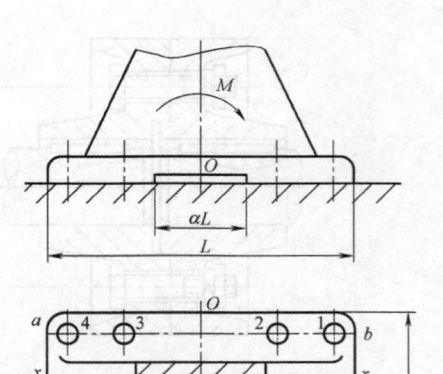

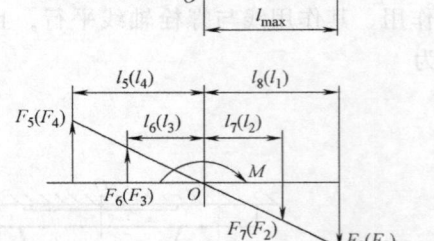

图 13-13 受翻转力矩的螺栓组

表 13-4 结合面材料许用挤压应力 $[\sigma_p]$ （单位：MPa）

被连接件 $[\sigma_p]$	混凝土	钢	铸铁	砖	木材
许用挤压应力 $[\sigma_p]$	2~3	$0.8\sigma_s$	$(0.4\sim0.5)\,\sigma_b$	1.5~2	2~4

工程中，螺栓组受单一载荷的情况较少，其受力多为以上四种基本情况的某种组合。因此，进行螺栓组受力分析时，首先要将载荷进行简化和分解，并逐一按照单一情况进行分析，求出各螺栓所受载荷，最后将相同性质的载荷按照力的叠加原理，求出受力最大的螺栓所受的实际载荷。图 13-14 给出了三种受载情况。

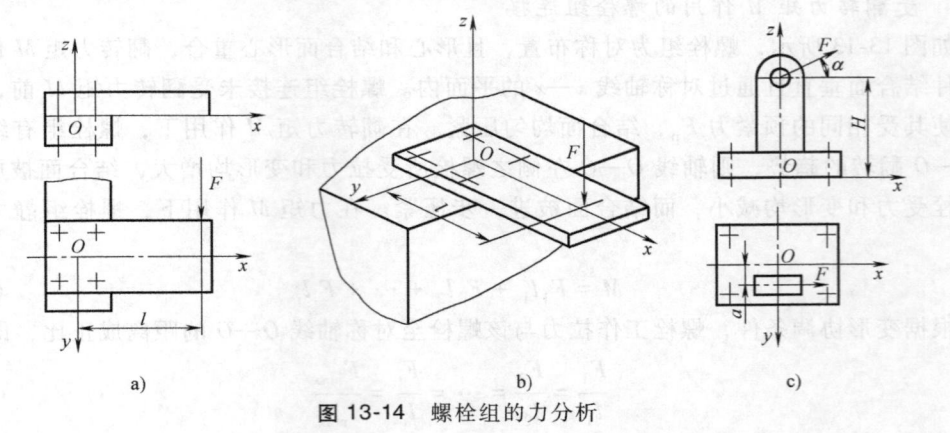

a)   b)   c)

图 13-14 螺栓组的力分析

图 13-14a 所示为一托架系统，托架上作用载荷 F。将载荷 F 向螺栓组形心 O 简化后，得螺栓组所受载荷为横向载荷 $F_y = F$ 和转矩 $T_z = Fl$ 的组合形式，两种载荷均由结合面的摩擦力来平衡。将每个螺栓所受的两种摩擦力进行矢量求和后，即可找出受载最大的螺栓所受的力。

图 13-14b 中，将载荷 F 向螺栓组形心 O 简化，得螺栓组所受载荷为轴向载荷 F_z 和翻转力矩 $M_y = Fl$ 的组合。按照前述单一载荷力分析方法，分别计算各螺栓所受轴向拉力，并将 F_z/z 与 M 作用下螺栓所受的轴向载荷相加，即可求出受力最大的螺栓所受最大轴向工作载荷。

图 13-14c 中，一机座上作用有载荷 F，首先将载荷 F 分解成 F_z 和 F_x，分别将 F_z 和 F_x 向螺栓组形心 O 简化，得螺栓组所受载荷为：横向载荷 F_x、转矩 $T_z = F_x a$、轴向载荷 F_z 及翻转力矩 $M_z = F_z a$ 和 $M_y = F_x H$ 的组合。其中，F_x 和 $T_z = F_x a$ 同前述；而载荷 F_z 与翻转力矩 M_z 和 M_y 使螺栓受拉及结合面受挤压，在保证结合面不出现间隙且不压溃的条件下，平衡 F_z、M_z 和 M_y 所需的残余预紧力 F_p'，应大于传递 F_x 和 T_z 所需的预紧力 F_p。

由以上几个实例可知，螺栓所受的横向载荷和轴向载荷应分别相加，横向载荷按矢量相加，轴向载荷按代数相加。

三、螺栓组连接结构设计

螺栓组连接结构设计的主要目的在于，根据载荷情况确定连接件结合面的几何形状和螺栓组布置形式，力争使各螺栓受力均匀，避免螺栓产生附加载荷，便于加工和装配。设计时应考虑的主要原则如下：

1. 形状简单

连接件结合面应尽量采用有两个对称轴的简单几何形状，如矩形、圆形、正方形、三角形；螺栓组的形心与连接件结合面的形心重合，并与整台机器的外形协调一致，这样便于加工，且便于对称布置螺栓。

2. 便于分度

同一圆周上的螺栓数目应采用 3、4、6、8、12…，以便于分度，如图 13-15a 所示。

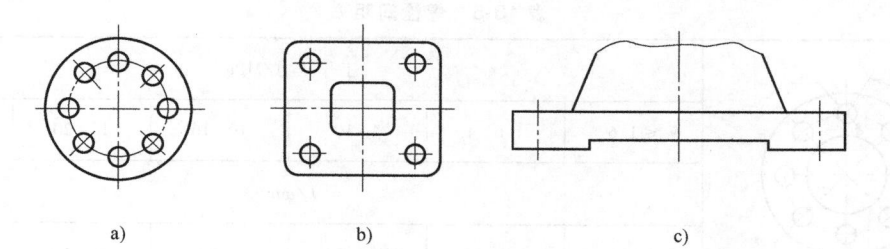

图 13-15 连接件结合面形状

a）圆形布置 b）环状结构 c）条状结构

3. 尽量减少加工面

结合面较大时应采用环状结构（图 13-15b）、条状结构（图 13-15c）或凸台结构，以减少加工面，且能提高连接的平稳性和连接刚度。

4. 各螺栓受力均匀

1）受转矩 T 和翻转力矩 M 作用的螺栓组，螺栓布置应尽量远离回转中心或对称轴线，如图 13-16 所示，以使各螺栓受力较小。

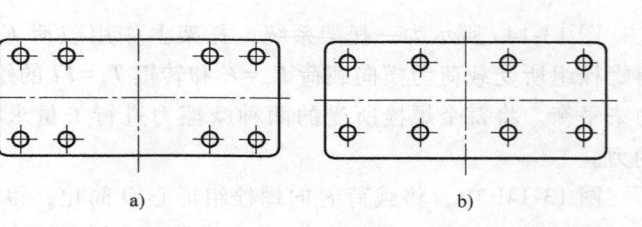

图 13-16 受转矩或翻转力矩的螺栓组
a）合理布置 b）不合理布置

2）受横向载荷作用的普通螺栓组，可以采用减载措施，如图 13-9 所示，或采用加强杆螺栓。当采用加强杆螺栓连接组承受横向载荷时，由于被连接件为弹性体，在载荷作用方向上，其两端的螺栓所受载荷大于中间的螺栓，因此沿载荷方向布置的螺栓数目每列不宜超过 6~8 个。

5. 螺栓的排列应有合理的间距和边距

为方便装配和保证支承强度，螺栓的各轴线之间以及螺栓轴线和机体壁之间应有合理的间距和边距，间距和边距的最小尺寸根据扳手空间如图 13-17 所示决定，其尺寸请查阅有关设计手册。对于有紧密性要求的压力容器、气缸盖等受轴向载荷作用的螺栓连接组，螺栓间距还应满足表 13-5 的推荐值。

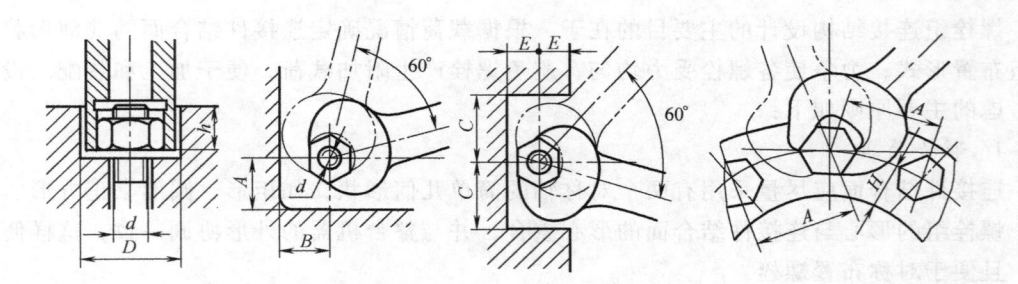

图 13-17 扳手空间

表 13-5 螺栓间距 L

	工作压力/MPa					
	≤1.6	1.6~4	4~10	10~16	16~20	20~30
	L/mm					
	≤7d	≤4.5d	≤4.5d	≤4d	≤3.5d	≤3d

6. 其他

1）为减少螺纹连接件的规格，以便加工和装配，同一组螺纹连接件除非受结构限制或受力相差过大，其材料、直径、长度、结构形状等应尽量一致。

2）与螺栓头部或螺母接触的被连接件表面应平整，如图 13-18 所示，螺纹孔轴线应垂直于螺母或螺栓头部支承面，以避免螺栓受附加载荷。

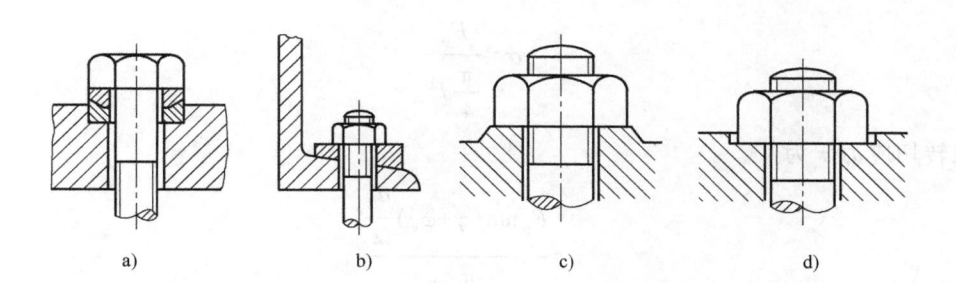

图 13-18　避免附加载荷

a）球面垫圈　b）斜垫圈　c）凸台　d）沉头座

对于不重要的螺栓组连接，设计时也可以参考同类机型或设备，如采用类比法直接确定螺栓组的结构形式和连接件的规格，不必进行强度校核；对于重要的连接，采用类比法设计后，还要做受力分析和强度校核。

螺栓连接的结构设计、受力分析及连接件的强度计算方法，同样适合于螺钉连接和双头螺柱连接。

第四节　单个螺栓的强度计算

如采用标准螺纹连接件，螺栓、螺母、垫片等各部分的结构尺寸均已按等强度原则，并考虑制造装配等设计确定，其强度计算只需确定或校核螺纹部分的危险截面直径 d_1，而加强杆螺栓只需确定或校核螺栓杆无螺纹部分的截面直径 d_0，其他均可根据公称直径 d，直接从螺纹连接件标准中选定。

一、单个普通螺栓强度计算

1. 单个松连接螺栓强度计算

松连接螺栓装配时不需要拧紧，螺栓只受拉伸工作载荷 F，如图 13-19 所示拉杆，其强度条件为

$$\sigma = \frac{F}{\dfrac{\pi d_1^2}{4}} \leqslant [\sigma] \qquad (13\text{-}16)$$

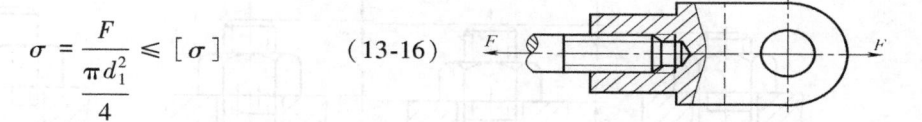

图 13-19　松螺栓连接

式中，$[\sigma]$ 为松螺栓连接的许用拉应力（MPa），$[\sigma] = \sigma_s / S$，σ_s 为螺栓材料的屈服强度（MPa），见表 13-6；S 为安全系数，一般取 $S = 1.2 \sim 1.7$；F 为工作载荷（N）。

由式（13-16）可求得满足强度条件的最小螺纹直径 d_1，再按螺纹标准和紧固件标准选出适用的标准件。

2. 只受预紧力的单个紧连接螺栓强度计算

如图 13-8a 和图 13-10a 所示，外载荷由连接件结合面的摩擦力平衡，而螺栓的螺纹部分受预紧力 F_p 和螺纹力矩 $T_1 = \tan(\gamma + \varphi_v) F_p \dfrac{d_2}{2}$ 的作用。相应的拉应力 σ 为

$$\sigma = \frac{F_p}{\frac{\pi}{4}d_1^2}$$

扭转切应力 τ 为

$$\tau = \frac{F_p \tan(\gamma + \varphi_v)\frac{d_2}{2}}{\frac{\pi}{16}d_1^3}$$

螺栓处于拉伸和扭转的复合应力状态之下。

对于 M10～M68 的钢制普通螺栓，取 $\gamma = 2°30'$，$d_2/d_1 = 1.04～1.08$，则 $\tau \approx 0.5\sigma$，由于螺栓材料是塑性的，根据第四强度理论，螺栓所受的当量应力为

$$\sigma_v = \sqrt{\sigma^2 + 3\tau^2} = \sqrt{\sigma^2 + 3(0.5\sigma)^2} \approx 1.3\sigma^2$$

故单个只受预紧力作用的螺栓，其强度条件为

$$\sigma = \frac{1.3F_p}{\frac{\pi}{4}d_1^2} \leq [\sigma] \tag{13-17}$$

式中，$[\sigma]$ 为紧螺栓连接的许用拉应力（MPa），见表 13-7；1.3 是考虑扭转切应力的影响，将载荷增加 30% 后，按照纯拉伸载荷计算。其他符号含义同前。

由式（13-17）可求得满足强度条件的最小螺纹直径 d_1，按螺纹标准和紧固件标准可选出适用的标准件。

3. 受轴向工作载荷 F 的单个紧连接螺栓强度计算

如图 13-12 所示，连接预紧后各螺栓受相同预紧拉力 F_p，工作时又受被连接件传来的工作载荷 F 的作用。由于螺栓和被连接件为互相约束的弹性体，其受力关系属于静不定问题。工作时螺栓所受总载荷 F_0 并不等于 $F_p + F$，其大小应根据静力平衡和变形协调条件求出。

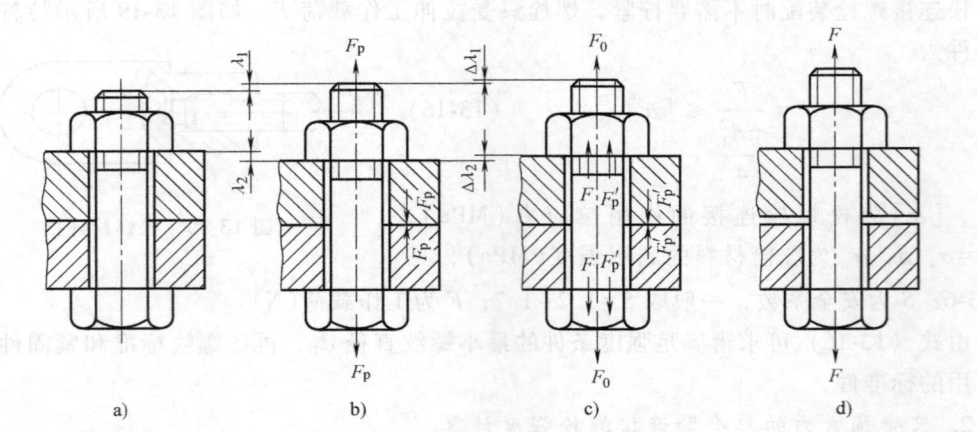

图 13-20 紧螺栓连接的受力和变形分析

a) 未拧紧 $F_p = 0$ b) 已拧紧未加载 $F_{p螺钉} = F_{p被连接件}$

c) 加工作载荷 F，$\Delta\lambda_1 = \Delta\lambda_2$ d) 被连接件分离 $F_p' = 0$

图 13-20a 所示为螺母刚与被连接件接触，还未拧紧的情况。图 13-20b 所示为拧紧后工作前的情况，螺栓受预紧力 F_p 而被拉伸，其拉伸变形量为 λ_1，被连接件受预紧力 F_p 而被压缩，其压缩变形量为 λ_2，且二者均在弹性范围内，则有 $c_1 = \dfrac{F_p}{\lambda_1}$ 和 $c_2 = \dfrac{F_p}{\lambda_2}$。式中，$c_1$、$c_2$ 分别为螺栓和被连接件的刚度。

图 13-20c 所示为工作时的情况，螺栓又受由被连接件传来的轴向工作载荷 F 的作用，继续被拉伸，伸长增量为 $\Delta\lambda_1$，所受总拉力增大为 F_0，总变形量为 $\lambda_1 + \Delta\lambda_1$；而被连接件随之放松，变形减量为 $\Delta\lambda_2$，所受的压力减小为残余预紧力 F_p'，总变形量为 $\lambda_2 - \Delta\lambda_2$。

上述分析还可以用力-变形曲线表达，如图 13-21 所示，F 代表力，λ 代表变形。

由图 13-21d 可以得到螺栓所受的总拉力为

$$F_0 = F_p' + F \tag{13-18}$$

由胡克定律得

$$\Delta\lambda_1 = \frac{F_0 - F_p}{c_1} = \frac{F + F_p' - F_p}{c_1} \tag{13-19a}$$

$$\Delta\lambda_2 = \frac{F_p - F_p'}{c_2} \tag{13-19b}$$

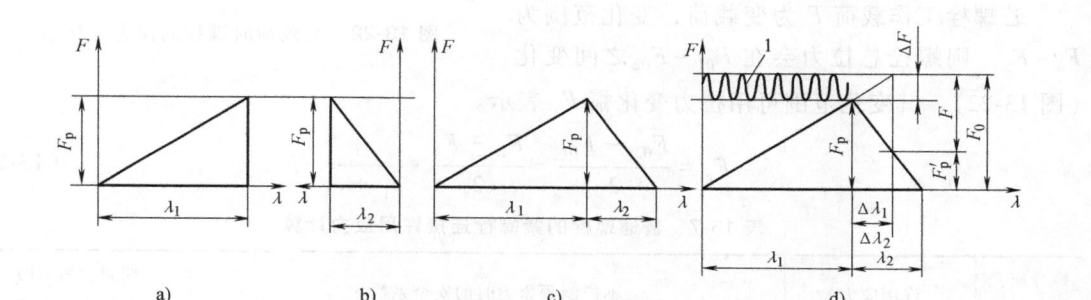

图 13-21　螺栓和被连接件的力-变形曲线

根据变形协调条件得

$$\Delta\lambda_1 = \Delta\lambda_2 \tag{13-19c}$$

联立式（13-19a）、式（13-19b）、式（13-19c）得

$$F_0 = F_p + \frac{c_1}{c_1 + c_2} F \tag{13-20}$$

$$F_p = F_p' + \frac{c_2}{c_1 + c_2} F \tag{13-21}$$

式（13-20）中，$\dfrac{c_1}{c_1 + c_2}$ 称为螺栓的相对刚度，其值与连接件和被连接件的材料、结构、尺寸、垫片材料等有关，对于钢制的螺栓和钢制的被连接件其值可参考表 13-6 的推荐值。

表 13-6　螺栓的相对刚度 $\dfrac{c_1}{c_1 + c_2}$

金属垫片或无垫片	皮革垫片	铜皮石棉垫片	橡胶垫片
0.2~0.3	0.7	0.8	0.9

为保证连接的紧密性和可靠性，防止连接受载后连接件结合面出现缝隙（图 13-20d）而失效，其残余预紧力应大于零。用式（13-18）计算单个螺栓总拉力 F_0 时，残余预紧力的取值可参考以下数据：一般连接 $F_p' = (0.2 \sim 0.6)F$；F 为变载荷时 $F_p' = (0.6 \sim 1.0)F$；F 为冲击载荷时 $F_p' = (1.0 \sim 1.5)F$；压力容器或重要连接 $F_p' = (1.5 \sim 1.8)F$。

求出单个螺栓所受的总拉力 F_0 后，即可进行强度计算，考虑拧紧螺母时螺纹副中的扭矩影响，同样需引入扭矩影响系数 1.3，则受预紧力和轴向工作载荷的紧连接单个螺栓的强度条件为

$$\sigma = \frac{1.3F_0}{\frac{\pi}{4}d_1^2} \leqslant [\sigma] \qquad (13\text{-}22)$$

式中，$[\sigma]$ 为螺栓的许用应力（MPa），见表 13-7。其余符号含义同前。

由式（13-22）可求得满足强度条件的最小螺纹直径 d_1，按螺纹标准和紧固件标准可选出适用的标准件。

若螺栓工作载荷 F 为变载荷，变化范围为 $F_1 \sim F_2$，则螺栓总拉力会在 $F_{01} \sim F_{02}$ 之间变化（图 13-22），其变化范围可用拉力变化幅 F_a 表示。

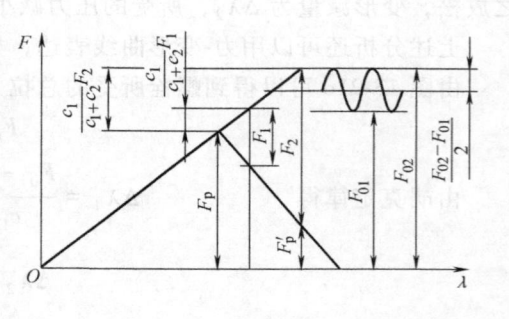

图 13-22　变载荷时螺栓的拉力变化幅

$$F_a = \frac{F_{02} - F_{01}}{2} = \frac{F_2 - F_1}{2} \cdot \frac{c_1}{c_1 + c_2} \qquad (13\text{-}23)$$

表 13-7　普通螺栓的紧螺栓连接许用应力计算

螺栓所受载荷情况	许用应力	不控制预紧力时的安全系数 S								控制预紧力时的安全系数 S		
		材料 ＼ 直径	M6～M16	M16～M30	M30～M60					所有直径		
静载	$[\sigma] = \dfrac{\sigma_s}{S}$	碳钢	5～4	4～2.5	2.5					1.2～1.5		
		合金钢	5.7～5	5～3.5	3.5							
	按最大应力 $[\sigma] = \dfrac{\sigma_s}{S}$	碳钢	12.5～8.5	8.5	8.5							
		合金钢	10～6.8	6.8	6.8							
变载荷	$[\sigma_a] = \dfrac{\varepsilon\sigma_{-1}}{S_a k_\sigma}$	$S_a = 5 \sim 2.5$								$S_a = 1.5 \sim 2.5$		
		尺寸系数 ε										
		Md	<12	16	20	24	32	40	48	56	64	72	80
		ε	1	0.88	0.81	0.75	0.67	0.65	0.54	0.56	0.53	0.51	0.49
		有效应力集中系数 k_σ			材料对称循环疲劳极限 σ_{-1}/MPa								
		σ_b/MPa	400	600	800	1000	材料	低碳钢	中碳钢	合金钢		
		k_σ	3	3.9	4.8	5.2	σ_{-1}	120～160	170～250	240～340		

注：对于碾压螺纹的 k_σ，应将表中数值降低 20%～30%。

而相应的应力变化范围用应力幅 σ_a 表示，应力幅可由下式计算：

$$\sigma_a = \frac{F_a}{A} \leqslant [\sigma_a] \tag{13-24}$$

式中，$[\sigma_a]$ 为螺栓的许用应力幅（MPa），见表 13-7；A 为螺栓危险截面积（mm^2），$A = \pi d_1^2 / 4$。

应力幅是引起螺栓疲劳破坏的主要因素。因此当工作载荷为变载荷时，此类螺栓连接的设计除要按式（13-22）计算静强度以外，还应进行应力幅（疲劳强度）计算。

二、单个加强杆螺栓强度计算

图 13-23 所示为加强杆螺栓连接，靠螺栓杆侧面受挤压和螺栓杆受剪切传递横向载荷 F。连接的摩擦力和预紧力一般忽略不计，其强度条件如下：

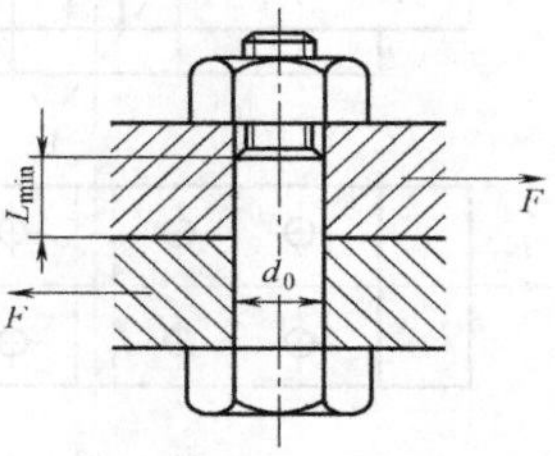

1. 挤压强度条件

$$\sigma_p = \frac{F}{d_0 L_{min}} \leqslant [\sigma_p] \tag{13-25}$$

图 13-23　加强杆用螺栓连接

式中，d_0 为加强杆螺栓杆无螺纹部分的直径（mm）；L_{min} 为螺杆与孔壁之间最小挤压高度（mm），建议 $L_{min} \geqslant 1.25d$；$[\sigma_p]$ 为螺栓的许用挤压应力（MPa），见表 13-8。

2. 剪切强度条件

$$\tau = \frac{F}{m \frac{\pi}{4} d_0^2} \leqslant [\tau] \tag{13-26}$$

式中，m 为螺栓受剪工作面数，图 13-23 中 $m = 1$。$[\tau]$ 为螺栓的许用切应力（MPa），见表 13-8。

表 13-8　加强杆螺栓连接的许用应力　（单位：MPa）

载荷类型	材料	剪　切		挤　压	
		许用应力	安全系数 S	许用应力	安全系数 S
静载	钢	$[\tau] = \dfrac{\sigma_s}{S}$	2.5	$[\sigma_p] = \dfrac{\sigma_s}{S}$	1.25
	铸铁			$[\sigma_p] = \dfrac{\sigma_b}{S}$	2～2.5
变载	钢	$[\tau] = \dfrac{\sigma_s}{S}$	3.5～5	按静强度降低 20%～30%	
	铸铁				

三、螺纹连接件的材料和许用应力

1. 螺纹连接件的材料

国家标准规定，螺纹连接件按力学性能分级，螺栓、螺钉、螺柱的性能等级用一个带点的数字表示，点前的数字表示 $\sigma_b / 100$，点后的数字表示 $\dfrac{\sigma_s}{\sigma_b} \times 10$。螺母的性能等级代号用 $\sigma_b / 100$ 表示。

2. 螺纹连接件的许用应力

螺纹连接件的许用应力与多种因素有关，为保证连接可靠，应精确选用许用应力。一般机械设计螺栓的许用应力可参考表 13-7 和表 13-8。

例题 13-1 如图 13-24a 所示，钢制搭接梁用 8 个螺栓（每侧 4 个）连接起来。梁的厚度为 25mm，搭板厚度为 15mm，梁上的横向静载荷 $F_\Sigma = 40\text{kN}$，梁与搭板结合面之间的摩擦因数 $f = 0.15$，取过载系数 $K_f = 1.2$，装配时不控制预紧力，试分别按钢制普通螺栓连接和加强杆螺栓连接设计此连接并确定连接件的规格。

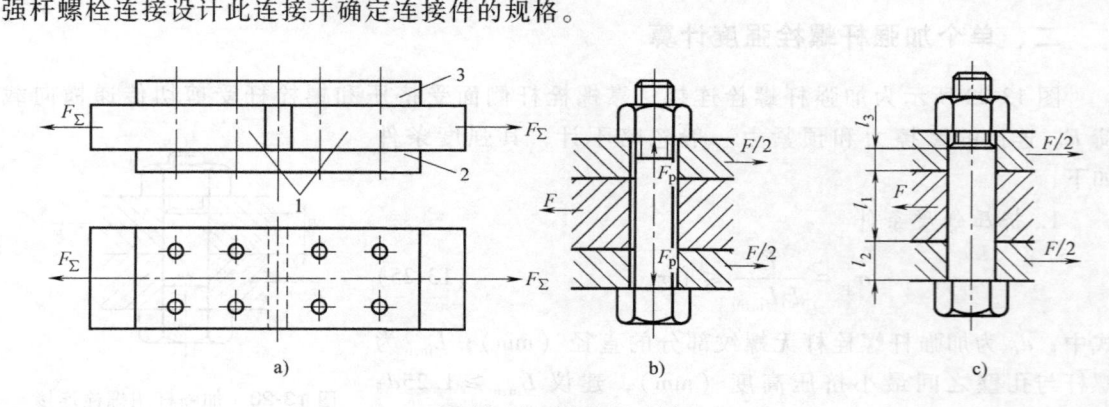

图 13-24 例题 13-1 图
1—梁 2—下搭板 3—上搭板

解： 普通螺栓连接靠结合面的摩擦力平衡外载荷，主要失效形式为螺栓杆拉断或塑性变形，加强杆螺栓以杆受剪切及杆和孔壁之间受挤压平衡外载荷，失效形式主要为螺杆剪断、杆和孔壁弱者压溃。

1. 采用普通螺栓连接（图 13-24b）

已知摩擦面数目 $m = 2$，$f = 0.15$，螺栓数 $Z = 4$，过载系数 $K_f = 1.2$，总载荷为静载 $F_\Sigma = 40\text{kN}$。

1）确定螺栓的性能等级和许用应力 $[\sigma]$。查表 13-2，取螺栓材料性能等级为 5.8 级，得 $\sigma_s = 400\text{MPa}$；假设螺栓直径在 M16～M30 之间，由装配时不控制预紧力，查表 13-7 取 $S = 4～2.5$，则螺栓的许用应力为

$$[\sigma] = \frac{\sigma_s}{S} = \frac{400\text{MPa}}{4～2.5} = 100～160\text{MPa}$$

2）确定单个螺栓的预紧力 F_p。由式（13-9）得各螺栓的预紧力为

$$F_p = \frac{K_f F_\Sigma}{Zmf} = \frac{1.2 \times 40000\text{N}}{4 \times 2 \times 0.15} = 40000\text{N}$$

3）确定螺栓的直径 d。由式（13-17）得螺栓小径为

$$d_1 \geqslant \sqrt{\frac{4 \times 1.3 F_p}{\pi [\sigma]}} = \sqrt{\frac{4 \times 1.3 \times 40000\text{N}}{\pi \times 100\text{mm}^2}} = 25.74\text{mm}$$

选择小径最接近并大于 25.74mm 的粗牙普通螺纹，由设计手册查得螺纹 M30，其 $d_1 = 26.211\text{mm} > 25.74\text{mm}$，满足强度设计要求，且与假设范围相符，参数选择合理，故选用螺栓公称直径为 $d = 30\text{mm}$。

4）确定连接件的标记。查设计手册按 GB/T 6170—2015，选 1 型 B 级螺母，螺母 M30 的厚度为 25.6mm。

计算螺纹伸出长度 $a = (0.2 \sim 0.3)d = (0.2 \sim 0.3) \times 30\text{mm} = 6 \sim 9\text{mm}$。

计算螺栓长度 $l \geqslant 25\text{mm} + 15\text{mm} \times 2 + 25.6\text{mm} + (6 \sim 9)\text{mm} = 86.6 \sim 89.6\text{mm}$，查设计手册，按 GB/T 5782—2016，由 A 级六角头螺栓标准长度系列得 $l = 90\text{mm}$。

采用连接件标记如下：

螺母 GB/T 6170　M30

螺栓 GB/T 5782　M30×90

2. 采用加强杆螺栓连接

已知剪切面数目 $m = 2$，螺栓数目 $Z = 4$，总载荷为静载 $F_{\Sigma} = 40\text{kN}$。

1）确定单个螺栓的载荷 F。由式（13-13）得各螺栓所受横向工作载荷为 $F = \dfrac{F_{\Sigma}}{Z} = \dfrac{40000\text{N}}{4} = 10000\text{N}$。

2）确定螺栓的许用应力。仍选取螺栓材料性能等级为 5.8 级，查表 13-2 得 $\sigma_{\text{s}} = 400\text{MPa}$。由钢材、静载查表 13-8 得螺栓许用挤压应力 $[\sigma_{\text{p}}] = \dfrac{\sigma_{\text{s}}}{S} = \dfrac{400\text{MPa}}{1.25} = 320\text{MPa}$（$S = 1.25$）；由钢材、静载查表 13-8 得螺栓的许用切应力 $[\tau] = \dfrac{\sigma_{\text{s}}}{S} = \dfrac{400\text{MPa}}{2.5} = 160\text{MPa}$（$S = 2.5$）。

3）确定螺栓的直径 d。根据剪切强度条件，由式（13-26）得螺栓无螺纹部分的直径为

$$d_0 \geqslant \sqrt{\frac{4F}{m\pi[\tau]}} = \sqrt{\frac{4 \times 10000\text{N}}{2 \times \pi \times 160\text{MPa}}} = 6.31\text{mm}$$

查设计手册选择螺栓无螺纹部分的直径大于且最接近 6.31mm 的螺栓，M6 加强杆用螺栓其 $d_0 = 7\text{mm} > 6.31\text{mm}$。

4）挤压强度校核。由图 13-24c 分析，最大挤压应力可能发生在梁和螺栓杆的挤压面（$l_1 = 25\text{mm}$ 处）或上搭板和螺栓杆的挤压面（l_3 处）。

查设计手册，按 GB/T 6170—2015 选择 1 型 B 级螺母，螺母 M6 厚度为 5.2mm；螺纹伸出长度 $a = (0.2 \sim 0.3)d = (0.2 \sim 0.3) \times 6\text{mm} = 1.2 \sim 1.8\text{mm}$；螺栓长度 $l \geqslant 25\text{mm} + 15\text{mm} \times 2 + 5.2\text{mm} + (1.2 \sim 1.8)\text{mm} = 61.4 \sim 62\text{mm}$，查设计手册按 GB/T 27—2013，由 B 级六角头加强杆螺栓标准长度系列得 $l = 65\text{mm}$；查设计手册得 M6 加强杆螺栓螺纹部分长度为 12mm。因此 l_3 为

$$l_3 = 65\text{mm} - 12\text{mm} - 25\text{mm} - 15\text{mm} = 13\text{mm}$$

根据挤压强度条件，由式（13-25）梁和螺栓杆间的挤压面承受 $F = 10\text{kN}$ 的载荷所需要的最小挤压高度为

$$L_{\min} \geqslant \frac{F}{d_0[\sigma_{\text{p}}]} = \frac{10000\text{N}}{7 \times 320\text{MPa}} = 4.46\text{mm} < l_1 \ (l_1 = 25\text{mm})$$

满足挤压强度要求。

根据挤压强度条件，由式（13-25）上搭板与螺栓杆间的挤压面承受 $F/2=5$kN 的载荷所需要的最小挤压高度为

$$L_{min} \geq \frac{F/2}{d_0 [\sigma_p]} = \frac{5000N}{7 \times 320MPa} = 2.23mm < l_3 (l_3 = 13mm)$$

满足挤压强度要求。故选用加强杆螺栓公称直径 $d=6$mm。

5）确定连接件的标记。采用连接件其标记如下：

螺母 GB/T 6170　M6

螺栓 GB/T 27—2013　M6×65

例题 13-2　图 13-25 所示气压缸盖用普通螺栓组连接，缸内气体压力 p 在 0~0.6MPa 之间变化，缸体和缸盖结合面用铜皮石棉垫圈密封，气缸内径 $D=420$mm，螺栓分布圆直径 $D_1=500$mm，装配时控制预紧力。试设计此螺栓组连接。

解：　螺栓组受预紧力和工作载荷且压力 p 为变化的，所以螺栓组设计应考虑静强度和疲劳强度两个方面，其中静强度设计应根据最大工作压力计算。

1. 螺栓组的静强度设计

1）试选择螺栓的数目，$Z=20$。

2）确定螺栓的许用应力 $[\sigma]$。由表 13-2 选择螺栓材料性能为 4.6 级，$\sigma_s = 240$MPa；由控制预紧力查表 13-7 取安全系数 $S=1.5$，螺栓的许用应力为

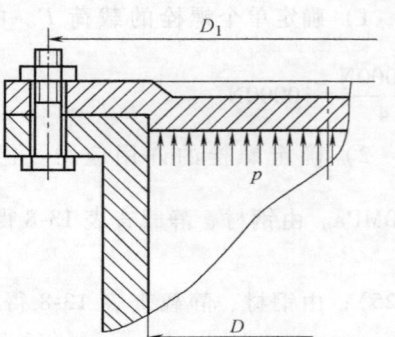

图 13-25　例题 13-2 图

$$[\sigma] = \frac{\sigma_s}{S} = \frac{240MPa}{1.5} = 160MPa$$

3）确定单个螺栓的最大工作载荷 F_2。螺栓组最大工作载荷为

$$F_{\Sigma 2} = \frac{\pi D^2}{4} p_{max} = \frac{\pi \times (420mm)^2}{4} \times 0.6MPa = 83126.5N$$

则单个螺栓的最大工作载荷为

$$F_2 = \frac{F_{\Sigma 2}}{Z} = \frac{83126.5N}{20} = 4156N$$

4）确定残余预紧力 F_p'。由于气缸要求密封可靠，取 $F_p' = 1.5F_2 = 1.5 \times 4156N = 6234N$。

5）确定螺栓总拉力 F_{02}。由式（13-18）求螺栓所受最大总拉力为

$$F_{02} = F_2 + F_p' = 4156N + 6234N = 10390N$$

6）确定满足静强度要求的最小螺纹直径 d_1。由式（13-17）得

$$d_1 \geq \sqrt{\frac{1.3 \times 4 F_{02}}{\pi [\sigma]}} = \sqrt{\frac{1.3 \times 4 \times 10390N}{\pi \times 160MPa}} = 10.368mm$$

由设计手册选小径最接近且大于 10.368mm 的粗牙普通螺纹，其中 M14 螺纹小径 $d_1 =$ 11.835mm>10.386mm，满足静强度要求，螺栓的公称直径为 $d=14$mm。

2. 校核螺栓间距

由表 13-3 得，有紧密性要求的螺栓连接允许的最大间距 L 应满足：$L \leq 7d = 7 \times$

$14\mathrm{mm}=98\mathrm{mm}$。

　　螺栓间距还应满足扳手空间要求，如图 13-17 所示。查设计手册知 M14 螺栓连接的 $A=48\mathrm{mm}$。

$$螺栓实际间距 \ L'=\frac{\pi D_1}{Z}=\frac{\pi\times500\mathrm{mm}}{20}=78.5\mathrm{mm}<7d=98\mathrm{mm}$$

又 $L'=78.5\mathrm{mm}>A=48\mathrm{mm}$，故螺栓间距满足设计要求。

　　3. 螺栓疲劳强度校核

　　1）确定螺栓的许用应力幅 $[\sigma_a]$。查表 13-7 得 $\varepsilon=0.88$，$\sigma_{-1}=140\mathrm{MPa}$，$k_\sigma=3$，$S_a=2.5$，则

$$[\sigma_a]=\frac{\varepsilon\sigma_{-1}}{S_a k_\sigma}=\frac{0.88\times140\mathrm{MPa}}{2.5\times3}=16.43\mathrm{MPa}$$

　　2）确定螺栓预紧力 F_p。采用铜皮石棉垫圈，查表 13-6 取螺栓的相对刚度为 0.8，则

$$F_p=F_{02}-\frac{c_1}{c_1+c_2}F_2=10390\mathrm{N}-0.8\times4156\mathrm{N}=7065.2\mathrm{N}$$

螺栓最小总拉力为 $\qquad F_{01}=F_p=7065.2\mathrm{N}$

　　3）计算螺栓应力幅。螺栓拉力变化幅为

$$F_a=\frac{F_{02}-F_{01}}{2}=\frac{F_{02}-F_p}{2}=\frac{10390\mathrm{N}-7065.2\mathrm{N}}{2}=1662.4\mathrm{N}$$

螺栓危险截面积为 $\qquad A=\frac{\pi d_1^2}{4}=\frac{\pi\times(11.835\mathrm{mm})^2}{4}=110.01\mathrm{mm}^2$

螺栓的工作应力幅为 $\sigma_a=\dfrac{F_a}{A}=\dfrac{1662.4\mathrm{N}}{110.01\mathrm{mm}^2}=15.11\mathrm{MPa}<[\sigma_a]=16.43\mathrm{MPa}$

螺栓组的疲劳强度安全。

　　讨论：如螺栓个数选择 $Z=12$、14、16，原理同上，符号含义、单位同上，计算结果列表如下：

Z	$d_1/\mathrm{mm}\geqslant$	Md/mm	$7d/\mathrm{mm}$	L'/mm	A/mm	σ_a/MPa	$[\sigma_a]/\mathrm{MPa}$	说　　明
12	13.834	16	112	130.83	48	18.42		螺栓间距和疲劳强度均不符合要求
14	12.392	16	112	112.2	48	15.79		符合设计要求
16	11.592	14	98	98.25	48	18.88	16.43	疲劳强度不符合要求
20	10.368	14	98	78.5	48	15.10		符合设计要求

　　从表中所列数据表明，选择 $Z=14$ 或 $Z=20$，其螺栓间距满足连接紧密性要求和扳手空间要求，还有足够的疲劳强度。其中，$Z=20$、$d=14\mathrm{mm}$ 时螺栓个数多，密封效果较好，螺钉头和螺母尺寸较小，外观较协调，但直径为第二系列；$Z=16$ 时，螺栓间距满足连接紧密性要求和扳手空间要求，但疲劳强度不足。如果气缸内压力为稳定载荷，则不必考虑疲劳强度问题，选择 16 个 M14 的螺栓、14 个 M16 的螺栓或选择 20 个 M14 的螺栓均可满足设计要求。

　　如果选择 $Z=18$ 结果如何？如果选 $Z=16$ 或 20，螺栓公称直径取 M16，结果又如何？自

行验证。

例题 13-3 如图 13-26 所示，边板与机架采用 6 个普通螺栓连接，承受载荷 $F = 1000$N，取可靠性系数 $K_f = 1.2$，结合面摩擦因数 $f = 0.15$，摩擦面数目 $m = 1$。螺栓组两种布置方案如图 13-26 Ⅰ、Ⅱ所示，试分析哪个方案较合理。

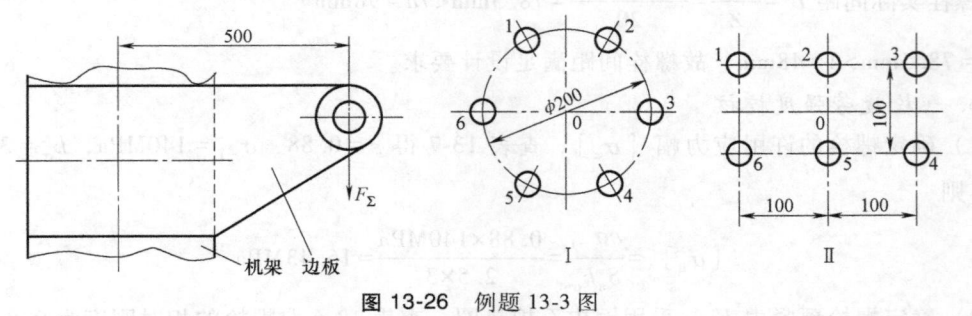

图 13-26 例题 13-3 图

解： （1）载荷情况 将载荷 F_Σ 向螺栓组形心 O 简化得横向载荷 $F_\Sigma = 1000$N；绕形心 O 旋转的转矩 $T = F_\Sigma \times 500$mm $= 1000$N $\times 500$mm $= 5 \times 10^5$N·mm。

螺栓组受力形式为横向载荷 F_Σ 与转矩 T 的组合。按两种载荷分别求出各螺栓平衡外载荷应产生的摩擦力后，以它们的摩擦力矢量作为各螺栓的实际外载荷。假设各螺栓受相同的预紧力 F_p，由此产生的摩擦力相同且集中作用在各螺栓中心处。

（2）方案分析

1）分析方案 Ⅰ。螺栓为圆形布置，各螺栓轴线的回转半径 r 相同，力分析如图 13-27a 所示。

① 由于横向载荷 F_Σ 的作用，根据式（13-3），各螺栓处产生横向摩擦力为

$$F_f = \frac{K_f F_\Sigma}{Zm} = \frac{1.2 \times 1000\text{N}}{6 \times 1} = 200\text{N}$$

方向如图 13-27a 所示。

② 由于转矩 T 的作用，由式（13-6）得，各螺栓处应产生切向摩擦力为

$$F_T = \frac{K_f T}{m(r_1 + r_2 + r_3 + r_4 + r_5 + r_6)} = \frac{K_f T}{mZr} = \frac{1.2 \times 5 \times 10^5 \text{N·mm}}{1 \times 6 \times 100\text{mm}} = 1000\text{N}$$

方向如图 13-27a 所示。

③ 求出受力最大的螺栓所受的载荷（摩擦力矢量）。合成 F_f 和 F_T，可以得到各螺栓处应产生的各摩擦力的大小为 F_1、F_2、F_3、F_4、F_5、F_6，其中螺栓 3 处力最大，即 $F_3 = F_{max}$，且有

$$F_{max} = F_T + F_f = 1000\text{N} + 200\text{N} = 1200\text{N}$$

④ 确定螺栓的最小预紧力 F_p。在平衡横向载荷 F_Σ 与转矩 T 的联合作用下，螺栓的最小预紧力 F_p 应为

$$F_p = \frac{F_{max}}{f} = \frac{1200\text{N}}{0.15} = 8000\text{N}$$

2）分析方案 Ⅱ。力分析如图 13-27b 所示。

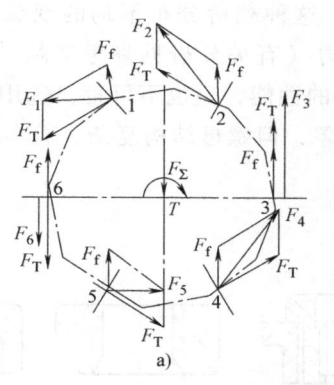

图 13-27 例题 13-3 力分析图

a) 方案 I 力分析 b) 方案 II 力分析

① 由于横向载荷 F_Σ 作用，原理同上。各螺栓处应产生横向摩擦力仍为 200N，方向如图 13-27b 所示。

② 由于转矩 T 的作用，各螺栓处应产生切向摩擦力。因为各螺栓中心距螺栓组形心 O 的回转半径不同，其中 $r_2 = r_5 = 50$mm，$r_1 = r_3 = r_4 = r_6 = \sqrt{(50\text{mm})^2 + (100\text{mm})^2} = 111.8$mm，由式（13-11），在转矩 T 的作用下，各螺栓处产生的切向摩擦力为

$$F_T = \frac{K_f T}{m(r_1 + r_2 + r_3 + r_4 + r_5 + r_6)} = \frac{K_f T}{m(4r_1 + 2r_2)} = \frac{1.2 \times 5 \times 10^5 \text{N} \cdot \text{mm}}{1 \times (4 \times 111.8\text{mm} + 2 \times 50\text{mm})} = 1096.49\text{N}$$

方向如图 13-27b 所示。

③ 求出受力最大的螺栓所受的载荷。合成 F_f 和 F_T，可以得到各螺栓处应产生的摩擦力矢量为 F_1、F_2、F_3、F_4、F_5、F_6，其中螺栓 3、4 处力最大，即 $F_3 = F_4 = F_{max}$，且

$$F_{max} = \sqrt{F_{3T}^2 + F_{3f}^2 - 2F_{3T}F_{3f}\cos\alpha}$$

$$= \sqrt{(200\text{N})^2 + (1096.49\text{N})^2 - 2 \times 200\text{N} \times 1096.49\text{N} \times \cos(153.435°)}$$

$$= 1278.43\text{N}$$

④ 确定螺栓的最小预紧力 F_p。平衡横向载荷 F_Σ 与转矩 T 的联合作用，螺栓的最小预紧力 F_p 应为

$$F_p = \frac{F_{max}}{f} = \frac{1278.43\text{N}}{0.15} = 8523\text{N}$$

比较两方案，方案 I 各螺栓的预紧力 8000N 小于方案 II 各螺栓的预紧力 8523N。

结论：方案 I 较合理。

第五节　提高螺纹连接性能的措施

一、提高螺纹连接强度的措施

1. 改善螺纹牙载荷分布不均现象

螺栓连接工作时，螺杆和螺母的变形不同（螺杆受拉，螺距增大；螺母受压，螺距减

小）造成各圈螺纹受力不均。螺纹旋合圈数越多，这种载荷分布不均的现象越严重，如图 13-28 所示，从第 8~10 圈以后的螺纹牙几乎不受力（有关分析见参考文献 [7]）。因此，采用加高螺母和增加旋合圈数并不能提高螺纹连接的性能，但也不可盲目选用薄螺母。采用图 13-29 所示各措施均可改善螺纹牙受力不均的现象，但螺母结构复杂，成本较高。

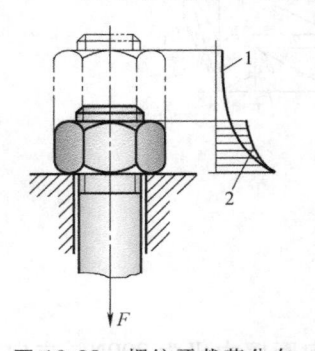

图 13-28　螺纹牙载荷分布
1—用厚螺母　2—用普通螺母

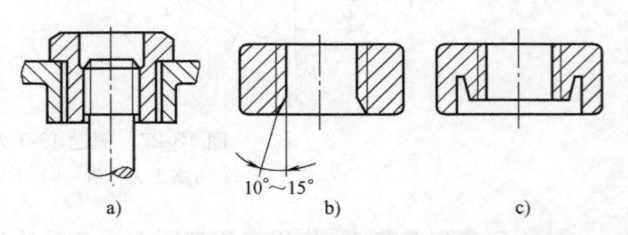

图 13-29　改善螺纹牙受力
a）悬置螺母　b）内斜螺母　c）环槽螺母

2. 减小应力集中

螺栓的结构较复杂，引起螺栓应力集中的因素很多，如螺纹牙根部、螺纹尾端、螺杆截面变化处、螺栓杆和头部连接处等均会产生应力集中。图 13-30 所示的各措施可减小螺栓的应力集中。但要特殊制造螺栓，成本较高，一般在重要连接时才考虑采用。另外有试验证明 M16~M30 比 M30~M60 的螺栓有较高的疲劳强度，所以当设计螺栓组连接时，采用小直径、多数目的螺栓组，比采用大直径、少数目的螺栓组更有利。

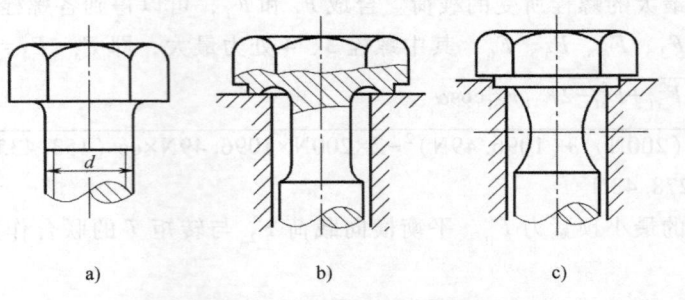

图 13-30　减小应力集中措施
a）加大圆角　b）卸载槽　c）过渡圆

3. 减小螺栓的应力幅

受轴向载荷作用的螺栓，当工作载荷一定、残余预紧力（紧密性要求）一定时，则螺栓总拉力 F_0 一定。由式（13-20）及图 13-22 得

$$\Delta F = F_0 - F_p = \frac{c_1}{c_1+c_2}F$$

或由式（13-23）

$$F_a = \frac{F_{02}-F_{01}}{2} = \frac{F_2-F_1}{2} \cdot \frac{c_1}{c_1+c_2}$$

知如降低螺栓刚度 c_1 或增大被连接件的刚度 c_2，或者降低螺栓刚度 c_1 的同时增大被连接件

的刚度 c_2，均可减小螺栓的应力幅（图 13-31）。

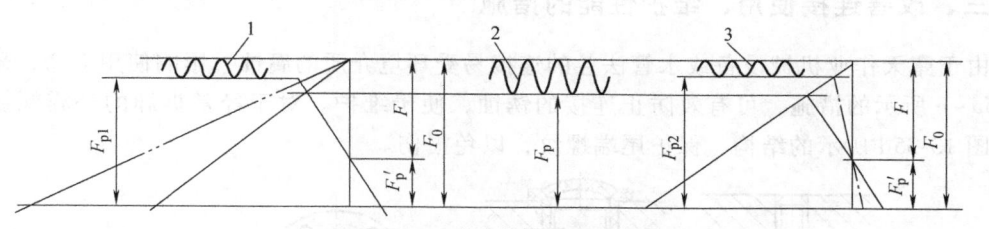

图 13-31　减小螺栓的应力幅
1—减小螺栓刚度后的应力幅　2—原应力幅　3—提高被连接件刚度后的应力幅

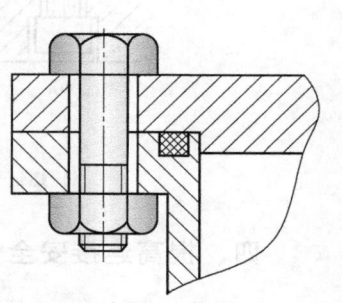

降低螺栓刚度的措施有很多种，如适当增加螺栓长度、采用空心螺栓杆、减小螺栓杆无螺纹部分的直径，螺母下装弹簧垫圈等。

为提高被连接件的刚度，结合面宜采用刚度大的垫圈；对于有紧密性要求的连接，则可采用大刚度垫圈配合其他密封措施（图 13-32）。

4. 避免附加应力

由于制造误差，如支撑面不平、螺母螺纹孔不正、连接孔的中心线与支撑面不垂直、被连接件的刚度较低等均会引起螺栓的附加应力，如图 13-33 所示。

图 13-32　密封圈

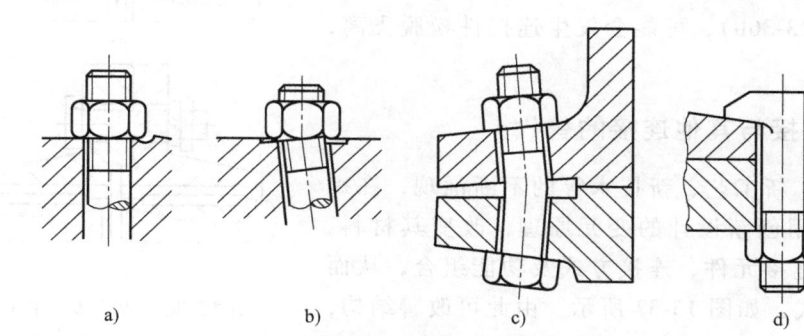

a)　　　　　　b)　　　　　　　c)　　　　　　　d)

图 13-33　螺栓的附加应力
a）支承面不平　b）连接孔倾斜　c）被连接件刚度不够　d）钩头

二、提高螺纹连接装配工艺性的措施

采用图 13-34b、d 所示对称结构设计，无须判断装配方向，操作方便。图 13-34a、c 所示不对称结构则不好。

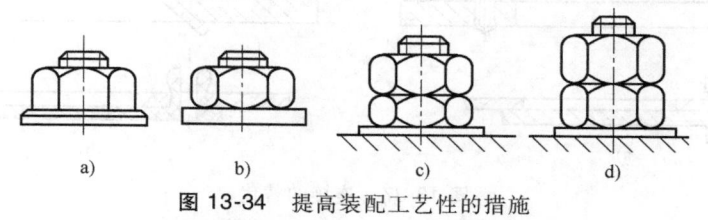

a)　　　　　　b)　　　　　　　c)　　　　　　　d)

图 13-34　提高装配工艺性的措施
a）不对称　b）较好　c）不对称　d）较好

三、改善连接使用、维护性能的措施

由于露天作业机械设备或水管法兰的连接易受环境介质的腐蚀，影响使用寿命，采用图 13-35a~c 所示的措施，可有效防止连接的锈蚀，便于维护。对于经常拆卸的外露螺纹，可采用图 13-35d 所示的结构，保护尾端螺纹，以免损伤。

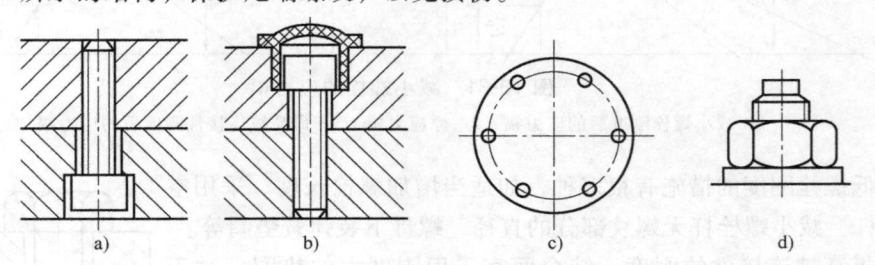

图 13-35 提高使用性能的措施
a）螺钉头朝下 b）加防护罩 c）正下方不布置螺栓 d）保护螺纹

四、提高连接安全性措施

对于高速旋转，或在特殊环境下工作的转体上，其连接螺栓的头部应埋入旋转体内部（图 13-36a）或加安全罩，否则（图 13-36b），可能会发生连接件松脱飞离，造成事故。

五、螺纹连接与其他连接的替代

随着新材料、新工艺、新技术等的不断涌现，在螺纹连接设计中利用创新设计的变元原理，改变其材料、结构、工作面、连接元件、连接方式及功能组合，从而得到新的连接方式，如图 13-37 所示，由此可改善结构，降低成本。

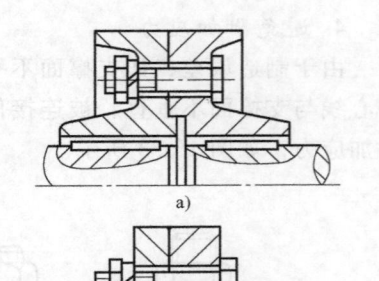

图 13-36 提高安全性措施
a）较好 b）较差

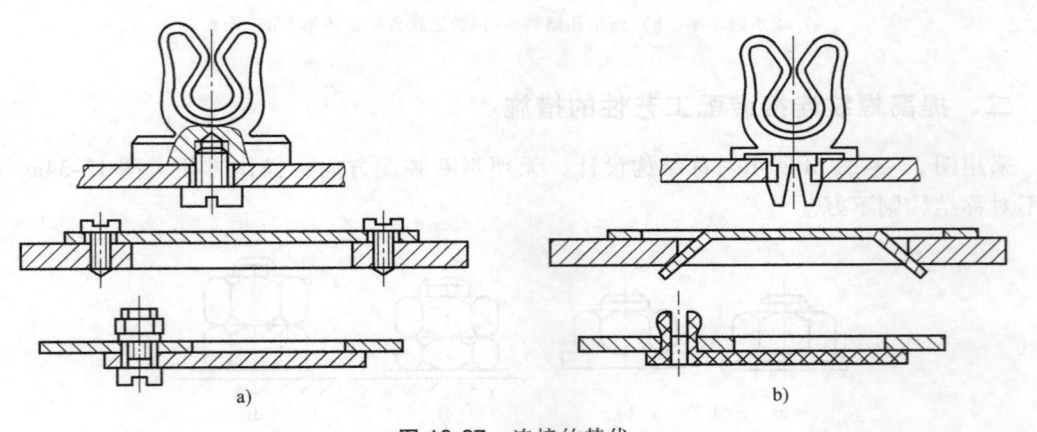

图 13-37 连接的替代
a）螺纹连接 b）快速连接

案例学习　游戏机座椅安全装置活塞杆强度计算。

图 13-38 所示为大型游戏机探空飞梭的座椅。参加游戏的人坐在座椅中，由弹性带的拉动上下运动。开始时，在 3s 内可上升 30~50m ，然后多次上下振动，逐渐衰减。为保证人与座椅不脱离而跌落，在椅上设有安全杠压在游戏者前。安全杠可以围绕 A 轴转动，抬起或落下。抬起时游戏者可进入或离开座椅，坐定后放下安全杠。在它起落时安全杠外端 B 推动活塞杆在液压缸内上下运动。用电磁阀控制液压缸两端油路的开闭（图中未示出）。油路开通时，活塞在缸中可以自由运动，安全杠可以抬起或放下。放下安全杠以后，关闭油路，活塞不能动，安全杠不能抬起，可以保证游戏者的安全。

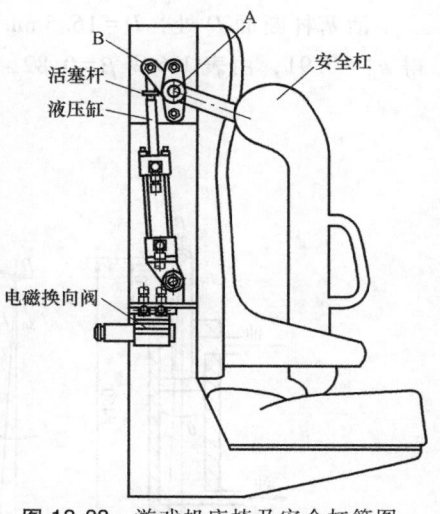

图 13-38　游戏机座椅及安全杠简图

由这一系统的受力情况分析，活塞杆若断裂则安全杠失去约束，会发生事故。下面对活塞杆强度进行计算。

由计算得到安全杠受水平推力 $F_1 = 600$N，向上推力 $F_2 = 700$N（图中未示出），据此，计算得到 B 点受力 $F_3 = 8600$N（图 13-39）。

由于液压缸只连接在 BC 两个铰链上，所以力 F_3 的作用方向沿 BC 连线。

$$\theta = \arctan(23\text{mm}/450\text{mm}) = 2°55'33''$$

力 F_3 可以分解为沿活塞杆方向的分力 F_{3a} 和垂直于活塞杆方向的分力 F_{3b}，即

$$F_{3a} = F_3 \cos\theta = 8600\text{N} \times \cos 2°55'33'' = 8589\text{N}$$

$$F_{3b} = F_3 \sin\theta = 8600\text{N} \times \sin 2°55'33'' = 439\text{N}$$

活塞杆危险断面 D（图 13-40）处直径 $d = 11$mm，距 B 端 $l = 70$mm。此处压力 F_{3a} 产生压缩应力 σ_a，F_{3b} 对断面 D 处产生弯曲应力 σ_b，分别为

$$\sigma_a = \frac{F_{3a}}{\frac{\pi}{4}d^2} = \frac{4 \times 8589\text{N}}{\pi (11\text{mm})^2} = 90.4\text{MPa}$$

$$\sigma_b = \frac{F_{3b}l}{\frac{\pi}{32}d^3} = \frac{439\text{N} \times 70\text{mm}}{\frac{\pi}{32}(11\text{mm})^3} = 235.2\text{MPa}$$

断面 D 所受的总应力为

$$\sigma = \sigma_a + \sigma_b = 90.4\text{MPa} + 235.2\text{MPa} = 325.6\text{MPa}$$

活塞杆由 45 钢制造，调质处理后硬度为 217~255HBW。由本书表 8-2 查得屈服强度 $\sigma_s = 355$MPa，弯曲疲劳极限 $\sigma_{-1} = 275$MPa，抗拉强度 $\sigma_b = 640$MPa。

按静载荷校核，安全系数 $S = \dfrac{\sigma_s}{\sigma} = \dfrac{355}{325.6} = 1.09$

按疲劳强度校核安全系数，因活塞杆所受拉力较小，所受应力按脉动变应力计算，即

$$\sigma_m = \sigma_a = \frac{\sigma}{2} = \frac{325.6\text{MPa}}{2} = 162.8\text{MPa}$$

活塞杆断面 D 处，$D = 16.5\text{mm}$，$d = 11\text{mm}$，$r = 1\text{mm}$，由表 1-3 得 $k_\sigma = 1.46$，由表 1-5 得 $\varepsilon_\sigma = 0.91$，由表 1-6 得 $\beta = 0.82$，由表 1-1 得 $\psi_\sigma = 0.34$。

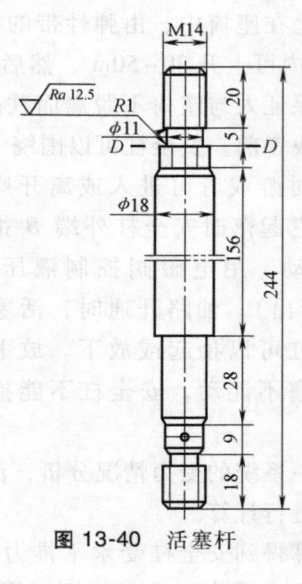

图 13-39　活塞杆受力简图　　　　　　图 13-40　活塞杆

由式 (1-12) 得

$$S = \frac{\sigma_{-1}}{k_\sigma \sigma_a + \psi_a \sigma_m} = \frac{275\text{MPa}}{\dfrac{1.46}{0.91 \times 0.82} \times 162.8\text{MPa} + 0.34 \times 162.8\text{MPa}} = 0.736$$

结论：此杆静载强度安全系数为 1.09，不够大，而且疲劳强度不够，有断裂的危险，应修改设计。由计算可知，由于支点 C 偏离活塞杆中心线 23mm，引起的弯曲应力是压缩应力的 2.6 倍，这是活塞杆强度不足的主要原因。

讨　论　题

13-1　螺纹连接有哪些基本类型？各有哪些特点？适用于什么场合？

13-2　螺纹连接有哪些失效形式？如何控制这些失效形式？设计准则是什么？

13-3　螺纹连接防松的基本原理有哪些？列出几种常用的防松措施。

13-4　螺纹连接拧紧力矩需要克服哪些力矩？被连接件和连接件所受载荷有何不同？

13-5　什么是预紧？预紧力与残余预紧力的含义是什么？

13-6　螺栓组连接结构设计应注意哪些问题？提高连接性能的措施有哪些？

13-7　螺栓组受力分析的目的是什么？当螺栓组受复合载荷作用时，螺栓组中受力最大的螺栓如何判定？载荷如何计算？受转矩作用的螺栓组连接其螺栓一定受剪切作用吗？

习　题

13-1　图 13-41 所示为悬挂机构的调整拉杆，一端为左旋螺纹，一端为右旋螺纹，拉杆承受轴向工作

载荷 $F=500N$，拉杆材料为 45 钢，试确定拉杆的螺纹直径。

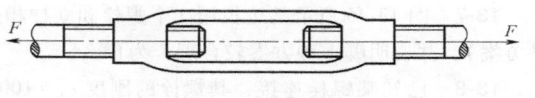

图 13-41 习题 13-1 图

13-2 图 13-42 所示为一受横向载荷作用的螺栓组连接，4 个普通螺栓传递载荷 $F=2kN$，连接件结合面摩擦因数 $f=0.15$，可靠性系数 $K_f=1.2$，试：①设计此连接。②如改用加强杆螺栓（被连接件为钢件），其直径应为多大？③两种连接螺栓间距各为多少？

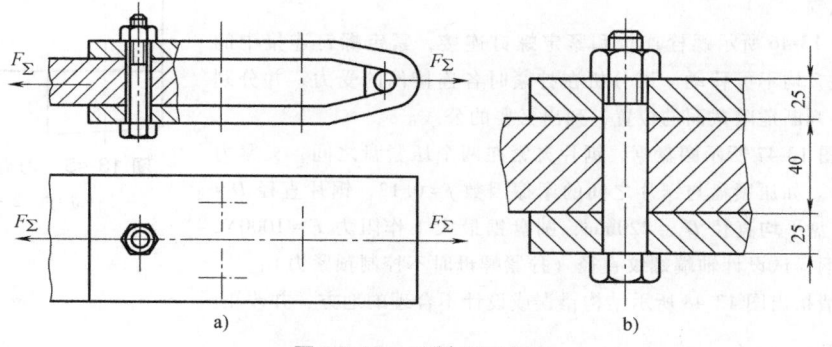

a)　　　　　　　　　　　　b)

图 13-42 习题 13-2 图

13-3 用同一把活扳手分别拧紧 M10 和 M16 两个螺栓连接，若活扳手工作长度为 200mm，施加在扳手端部的力为 $F=200N$。试：①分别计算两螺栓所受的预紧力 F_p 之值。②为什么对于重要连接，不控制预紧力时，一般不选用小于 M12~M16 的螺栓？

13-4 图 13-43 所示的液压缸采用螺钉组连接，缸内液体压力 $p=1.5MPa$，液压缸内径 $D=400mm$，外径 $D_1=650mm$，为保证气密性要求，取 $F_p'=1.8F$，如缸盖厚度 $h=15mm$，试设计此螺栓连接（螺栓个数 Z、直径 d、长度及螺栓分布圆直径 D_0）。

提示：任选一个螺栓个数 Z，假设公称直径在某范围内。

13-5 图 13-11 所示钢制凸缘式联轴器用 6 个普通螺栓连接（图13-11a），螺栓分布圆直径 $D=115mm$，传递转矩 $T=400N\cdot m$，如螺栓性能等级为 4.6，结合面的摩擦因数 $f=0.15$，①试确定螺栓的公称直径。②如采用加强杆螺栓连接（图 13-11b），螺栓直径会有何变化？为什么？③利用配套设计软件，改用其他性能等级至少给出三个结果。

13-6 图 13-44 所示为某水泵用 4 个普通螺栓固定在机架上，水泵轴由带传动输入动力，带传动对水泵轴产生的压轴力 $F=1000N$，试设计此螺栓组连接。

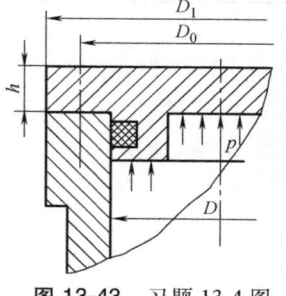

图 13-43 习题 13-4 图

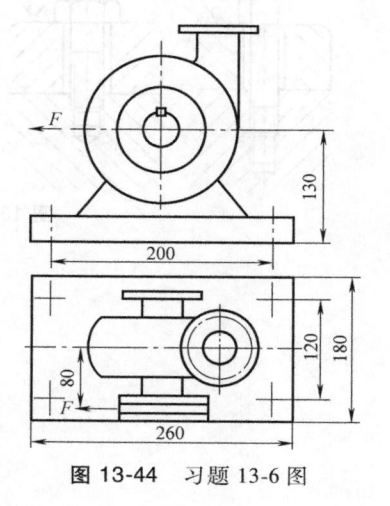

图 13-44 习题 13-6 图

13-7 图 13-45 所示某边板用 3 个螺栓和立柱相连，试设计此螺栓连接的螺栓布置方案（至少设计三种方案），并说明哪一种方案较合理，为什么。

13-8 已知某螺栓连接，其螺栓的刚度 $c_1 = 100N/mm$，被连接件的刚度 $c_2 = 400N/mm$，若预紧力 F_p 和轴向工作载荷 F 均为 500N，试：① 工作时被连接件间还有压紧作用吗？为什么？② 如果轴向工作载荷在 100~500N 之间变化，试按一定的比例画出力—变形曲线，并标出各力及螺栓拉力变化幅。

13-9 图 13-46 所示螺栓连接和紧定螺钉连接，紧定螺钉连接中的零件 1 和零件 2 均不可移动。试分析在拧紧时各连接件的受力，并分别画出受力图；判断危险截面的位置，列出必要的公式。

13-10 图 13-47 所示圆盘锯，锯片夹紧在两个压紧盘之间，夹紧力来自轴端螺母。如压紧盘与锯片之间的摩擦因数 $f = 0.12$，锯片直径 $D = 650mm$，压紧盘平均直径 $D_1 = 220mm$，圆盘锯最大工作阻力 $F = 1000N$，轴材料为 45 钢，试设计轴端螺纹直径（拧紧螺母时不控制预紧力）。

13-11 请指出图 13-48 所示结构错误或设计不合理的地方，并改正。

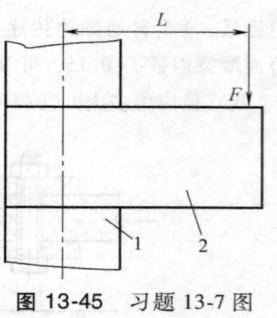

图 13-45 习题 13-7 图
1—立柱 2—边板

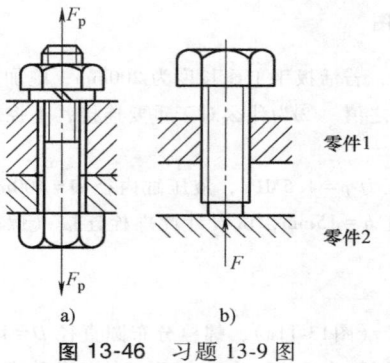

零件1

零件2

a)   b)

图 13-46 习题 13-9 图

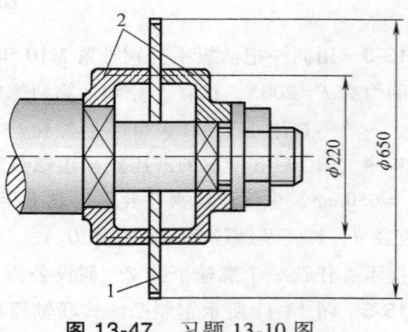

图 13-47 习题 13-10 图
1—锯片 2—压紧盘

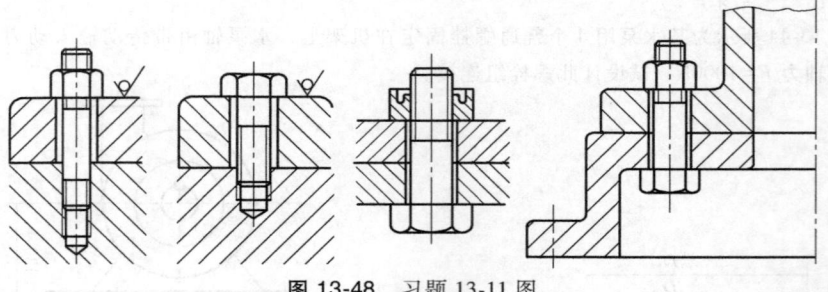

图 13-48 习题 13-11 图

第十四章 常用运动副的连接结构设计

第一节 概　述

运动副是机构中任意一个构件与其他构件之间的可动连接。运动副可以根据其接触形式、相对运动形式、接触部分的几何形状及运动副引入的约束数进行分类（见参考文献 [30]）。为叙述方便，这里按低副（转动和移动）、高副结构分别讨论。

在机械设计中，设计者不仅需要在原理方案设计中正确选择构件之间的运动副，还需要将构件之间的运动副结构化。前文所述机械传动系统中的结构设计包含了运动副结构设计的多种主要形式，如轴与轴承之间的转动副结构、螺旋传动（转动副和移动副）等。但是在机械的执行机构中还有多种多样的运动副连接结构，如各种铰链、滑块与导轨等。

运动副的连接是动连接，因此在结构设计中需满足以下基本要求。

1）满足功能要求。能保证实现要求的自由度和约束，有一定的方向精度、运动的灵活性和平稳性，连接部位应具有一定的耐磨性，或采用易于更换的零件结构设计。对于运动精度要求高或工作在高温下的连接，其连接结构要利于散热，或对温度不敏感，以防温升带来误差。

2）具有良好的加工、安装工艺性。

3）满足经济性要求。尽量选用标准件，以减少加工成本和降低维修成本等。

4）考虑环保和使用时的安全性、可靠性。

第二节 常用运动副的连接结构及其应用

一、铰链连接结构设计

铰链是机构转动副最常见的结构。通过铰链连接，构件间不仅可以实现平面内的相对转动，也可实现空间最多到三个自由度的转动（如球铰链）。

1. 采用销轴的铰链连接

销轴连接是铰链连接中应用最广泛的结构之一。图 14-1 所示为采用销轴连接的三种典型结构。

由图 14-1 可以看出，被连接件可以设计成单板零件和叉形零件。但从销轴的受力分析可知，叉形零件作用在销轴上的剪切力只是单板零件的一半，所以结构更为合理。另外，销轴的另一端一般采用开口销（GB/T 91—2000）锁紧。为防止销轴轴向有大的窜动，也可采用螺纹连接的方式进行锁紧。但是，为避免拧紧螺母时被连接件产生过大的变形，而不能使杆件灵活运动，需要在轴销外再增加一个套筒，以支撑叉形零件（图14-1c）。图14-1中的销轴已经标准化（GB/T 882—2008），它有两种基本结构，如图14-2所示。其中 A 型销轴可以设计成图14-1c所示，端部采用螺母锁紧。但常用的是 B 型销轴，便于采用开口销锁紧。为保证被连接件能够较自由地相对转动，当精度要求不高时，销轴与孔的配合可采用 D9/h9 或 H9/d9。

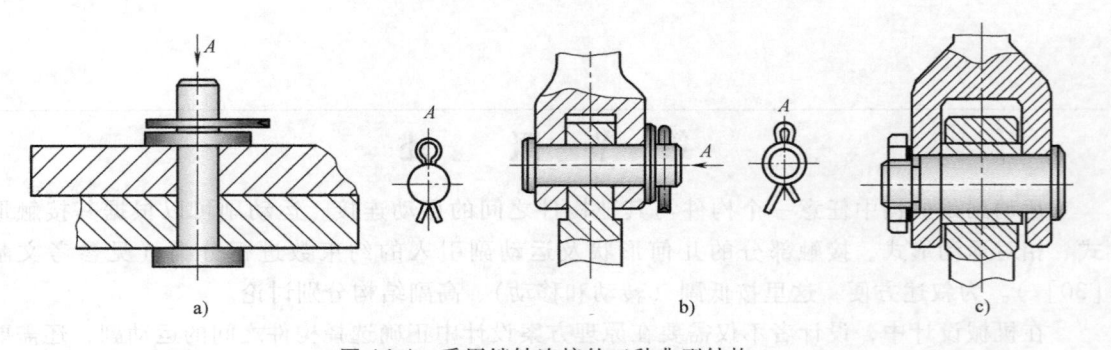

图 14-1　采用销轴连接的三种典型结构

a) 单板形零件（开口销轴端固定）　b) 叉形零件（开口销轴端固定）
c) 叉形零件（螺母轴端固定）

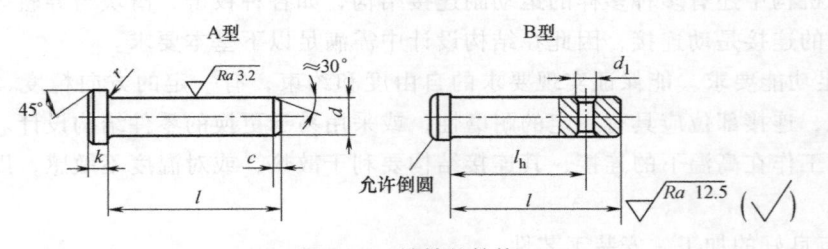

图 14-2　销轴的结构

在采用销轴的铰链连接中，为保证连接强度，叉形零件厚度应满足（图14-3）：$a = (1.5 \sim 1.7)d$，$b = (2.0 \sim 3.5)d$。

销轴的主要失效形式是压溃、剪切和弯曲变形，因此应针对这些失效形式校核销轴的强度。

（1）销轴的挤压强度

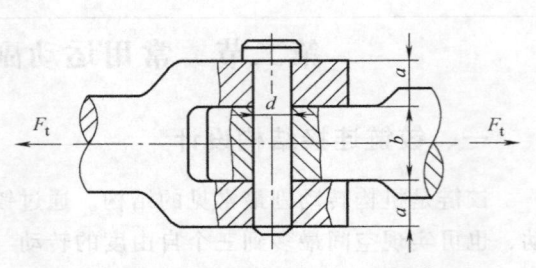

$$\sigma_p = \frac{F_t}{2ad} \leqslant [\sigma_p] \quad \text{或} \quad \sigma_b = \frac{F_t}{bd} \leqslant [\sigma_p]$$

（14-1）

图 14-3　销轴连接主要尺寸的设计

式中，F_t 为作用在杆件上的拉力（N）；a 为叉形杆件的壁厚（mm）；b 为杆件厚度（mm），如图14-3。

（2）销轴的抗剪强度

$$\tau = \frac{F_t}{2 \times \frac{\pi d^2}{4}} \leqslant [\tau] \tag{14-2}$$

（3）销轴的抗弯强度

$$\sigma_b \approx \frac{F_t(a + b)}{4 \times 0.1 d^3} \leqslant [\sigma_b] \tag{14-3}$$

对经常有相对运动的销轴，应校核耐磨性并注意润滑问题。销轴的材料一般为35钢，热处理硬度为28~38HRC。许用挤压应力$[\sigma_p]$和许用压强$[p]$可参见表12-1；许用切应力可取$[\tau] = 80 \sim 100$MPa；许用弯曲应力可取$[\sigma_b] = 120 \sim 150$MPa。

2. 采用铆接的铰链连接结构

铆接目前主要应用于桥梁、建筑、造船、飞机制造业等，并且已经标准化。但由于其工艺简单，在日用品的转动副结构设计中也会见到。图14-4所示为剪刀的铰链连接结构。这种连接中一般采用扁平头铆钉（GB/T 872—1986），它还可以用于皮革、帆布、木材和塑料等材料的连接。铆钉直径的选择一般要求$h \leqslant 5d$，其中，h为被铆接件的厚度（mm），d为铆钉的直径（mm）。

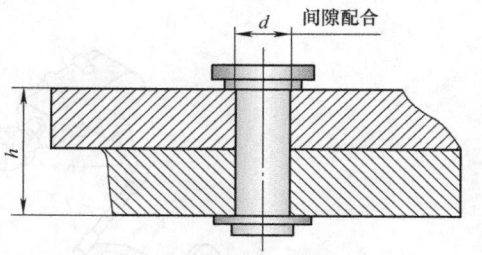

图 14-4　剪刀铰链连接结构示意图

3. 采用轴承减摩的铰链结构

为减小构件之间的摩擦、磨损，可以在相对转动的构件间加入滑动轴承或滚动轴承（图14-5）。此时的铰链连接结构设计与滚动轴承支撑轴系结构设计类似，其方法可参看本书第十二章。

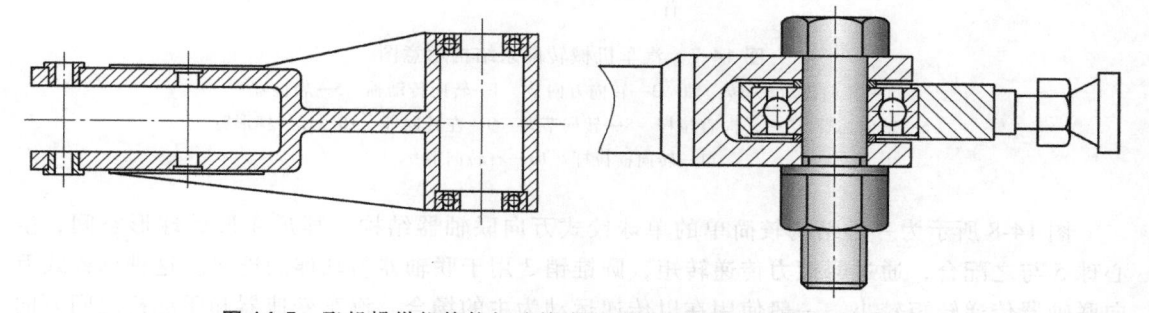

图 14-5　飞机操纵机构拉杆连接中滑动轴承和滚动轴承的减摩结构

由以上平面铰链结构设计可以看出，无论是杆件之间还是杆件与滑块之间的铰链连接设计其结构与传动轴系的结构基本相同，可以认为是一个小型轴系结构的设计，都要考虑轴上零件的定位固定方法（轴向和周向），保证转动灵活进行的润滑设计和减摩设计。不同之处在于轴上零件较少，且对于要求不高的场合，可以采用简单的结构（如可省略密封）。

机械装置中常会遇到一对轴线相交且相对位置经常变化的转轴之间的动力传递，如汽车中变速器与驱动桥之间的万向节（图14-6）、汽车机械转向系（结构见图14-7），还有空间布置具有相对运动的零件之间的连接，如汽车转向系的转向摇臂、转向直拉杆和转向节臂之间的连接。为保证力和运动的空间传递，常采用万向节。万向节有刚性和挠性两种，刚性万向节是靠零件之间的铰链式连接传递动力的，这类铰链是空间铰链结构。

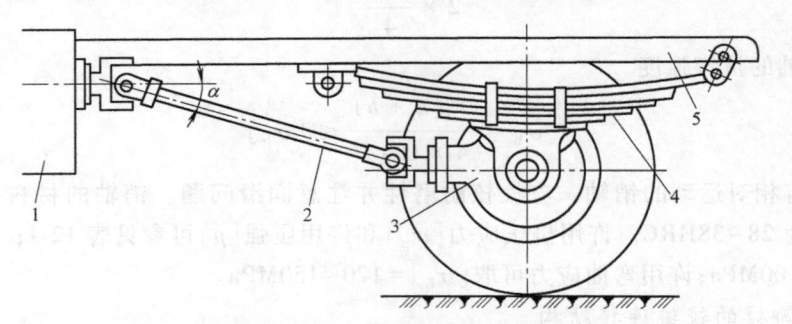

图 14-6 汽车变速器与驱动桥之间的万向节

1—变速器 2—万向传动装置 3—驱动桥 4—后悬架 5—车架

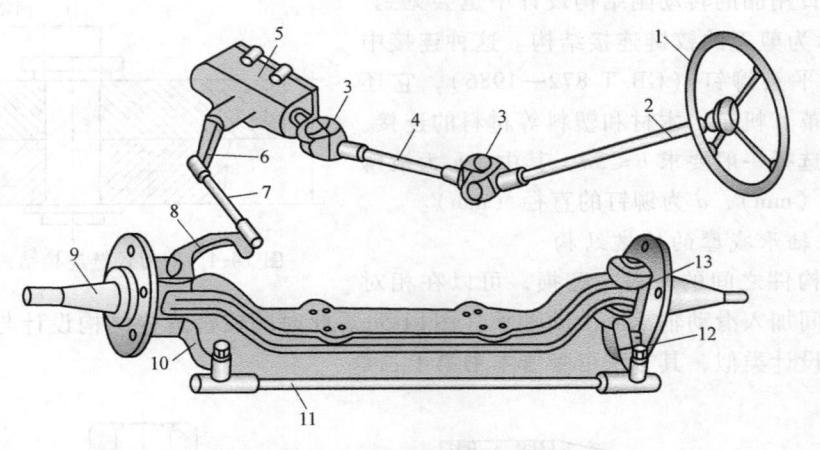

图 14-7 汽车机械转向系结构示意图

1—转向盘 2—转向轴 3—转向万向节 4—转向传动轴 5—转向器
6—转向摇臂 7—转向直拉杆 8—转向节臂 9—左转向节 10、12—梯形臂
11—转向横拉杆 13—右转向节

图 14-8 所示为一种结构较简单的单球铰式万向联轴器结构。耳爪 4 形成球形空间，空心球 5 与之配合，通过摩擦力传递转矩，圆锥销 3 用于联轴器与轴伸的连接。这种球铰式万向联轴器传递转矩较小，一般使用在以传递运动为主的场合。汽车变速器和驱动桥之间万向

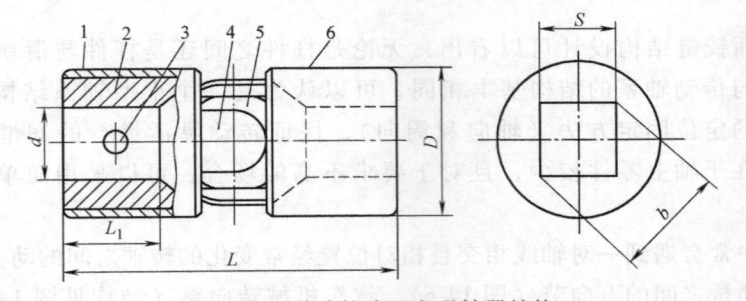

图 14-8 单球铰式万向联轴器结构

1—外套 2—内套 3—圆锥销 4—耳爪 5—空心球 6—右侧套

联轴器两端的空间铰链结构采用了球叉式和球笼式结构，它们不仅可以传递较大的转矩，而且可以实现等角速传动。

又如图 14-7 中转向直拉杆 7 是连接转向摇臂 6 和转向节臂 8 之间的传动杆件，当转向轮偏转，且因悬架弹性变形而相对于车架跳动时，直拉杆与转向摇臂和转向节臂之间的相对运动都是空间运动，因此不发生运动干涉。三者之间的连接均采用图 14-9 所示的球形铰链连接。为保证球铰中球头与球头座 5 的润滑，可从油嘴 8 中注入润滑脂并在球头出入孔口用耐油橡胶防尘垫 3 封盖。压缩弹簧 6 随时补偿球头与座的磨损，保证两者之间无间隙，并可缓和经车轮和万向节传来的路面冲击。弹簧的预紧力可用端部螺塞 4 调节，调好后需用开口销固定螺塞的位置。

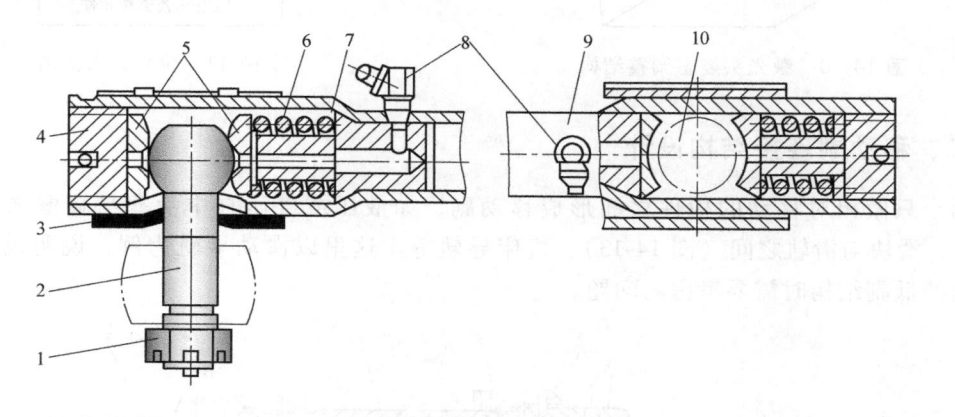

图 14-9 汽车转向直拉杆两端球铰链结构

1—螺母 2—球头销 3—橡胶防尘垫 4—端部螺塞 5—球头座
6—压缩弹簧 7—弹簧座 8—油嘴 9—直拉杆体 10—转向摇臂球头销

4. 采用弹性材料的柔性铰链连接

以上介绍的铰链结构均需要由多个零件装配而成，结构复杂，尺寸较大，因此它们在一些微小结构中的应用受到限制。由于航空航天技术的发展，对实现小范围内偏转的支撑结构不仅提出了高分辨率的要求，还要求结构上具有微小型化的要求，柔性铰链机构应运而生。柔性铰链利用了弹性材料（如弹簧钢 65Mn、合金弹簧钢 60Si2Mn）微小变形及其自回复的特性，消除了传动过程中的空程和机械摩擦，能获得超高的位移分辨率，具有体积小、无机械摩擦、无间隙、运动灵活的特性，广泛应用于陀螺仪、加速度计、精密天平、导弹控制等仪器仪表中，并获得了前所未有的高精度和稳定性。

光盘驱动器工作中，为了适应光盘表面缺陷引起的轴向跳动以及由于光盘径向定位误差造成的偏心，激光头在读取光盘信息过程中需要沿光盘的轴向和径向进行姿态的调整。图 14-10 所示为激光头姿态调整结构，通过多组柔性铰链，激光头可获得两个方向的自由度。姿态调整的动力由驱动线圈产生的磁场和固定在激光头部上的磁铁之间的作用力提供。

压电陶瓷材料具有逆压电效应，常用作微小型机械结构的原始驱动单元。但是压电陶瓷产生的驱动位移很小，单片位移一般为几个微米。为获得满足功能要求的驱动位移，常采用图 14-11 所示的与压电陶瓷驱动原件配合使用的位移放大机构。这种结构通过多个柔性铰链构造出多级杠杆机构，可以使压电陶瓷元件产生的微小位移放大，获得较大的驱动位移。

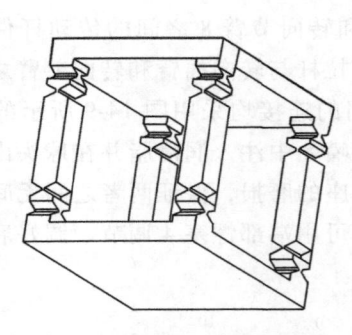

图 14-10　激光头姿态调整结构

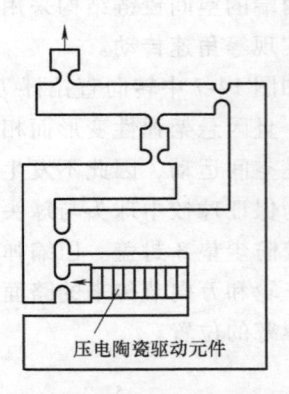

压电陶瓷驱动元件

图 14-11　位移放大机构

二、移动副连接结构设计

两个只做相对移动的构件之间形成移动副，如液压或气压缸中活塞与缸壁之间（图14-12）、滑块与滑轨之间（图14-13）、机床导轨等。这里以滑动导轨为例，说明设计做直线移动的低副结构时需要考虑的问题。

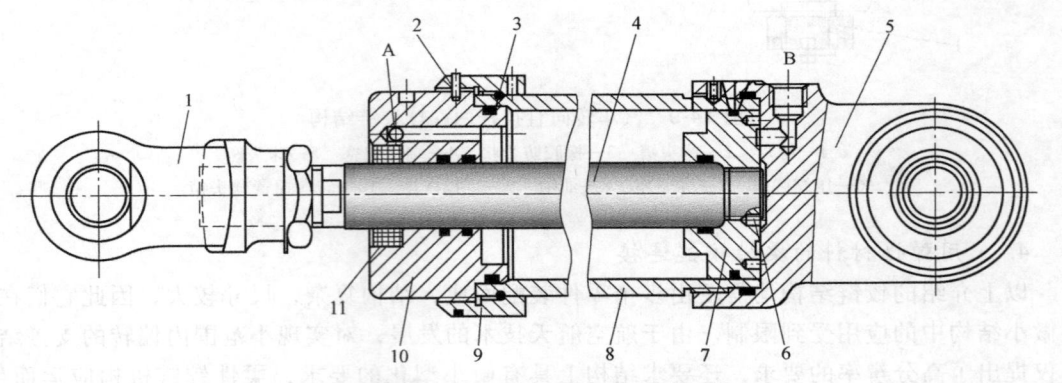

图 14-12　汽车用转向动力缸结构图

1—连接叉　2—固定环锁圈　3—固定环挡圈　4—活塞杆　5—后盖
6—紧固螺钉　7—活塞　8—缸体　9—前盖固定环　10—前盖　11—前盖油封

1. 滑动导轨设计的一般要求

导轨的主要功能是支撑和引导运动部件沿着一定的轨迹运动，当接触表面的摩擦为滑动摩擦时称为滑动导轨。导轨设计需要满足的基本要求是：方向精度与精度保持性、运动的灵活性和平稳性、对温度变化的适应性、耐磨性、结构工艺性、经济性等。

2. 滑动导轨的基本截面形状

对于直线运动导轨，为使运动部件沿一个方向运动，必须限制运动件的三个转动方向和另外两个移动方向的自由度。图14-14所示的三种导轨是部分常用导轨形式。但是，这些形式还不能完全消除绕垂直纸面方向的旋转，因此一般需要加入一个辅助支撑。考虑承载能力和耐磨性，这个辅助支撑一般为平面导轨形式，如图14-15所示。这些导轨的优点是能够承受较大的载荷，精度稳定性高。但是由于增加了多余约束（图14-15d、e），导轨的导向精

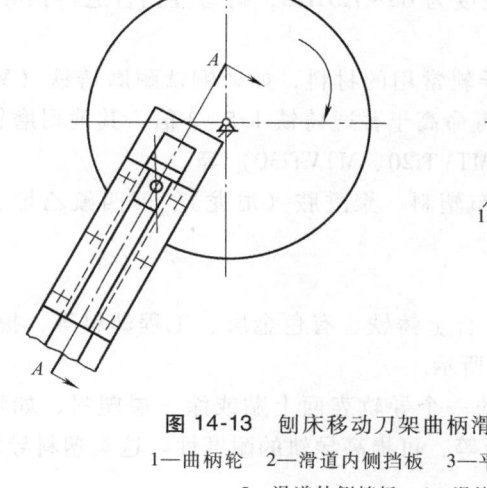

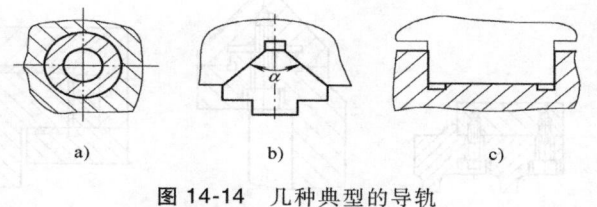

图 14-13 刨床移动刀架曲柄滑块机构结构示意图

1—曲柄轮 2—滑道内侧挡板 3—平面滑道 4—连接螺栓

5—滑道外侧挡板 6—滑块 7—连接销

度要求更高，加工工艺难度较大。实际上这些导轨除燕尾导轨外均应用较少。燕尾导轨不仅能够使运动件较可靠地固定，还可以受到向上的力而不分离（图14-15 中的其他结构就不能保证这点），因此在机械中应用较广泛。

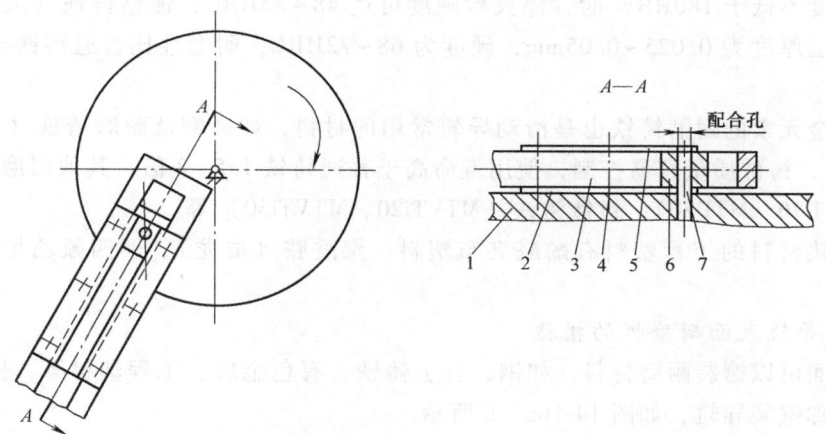

图 14-14 几种典型的导轨

a）全封闭单圆柱导轨 b）Y 形导轨 c）矩形导轨

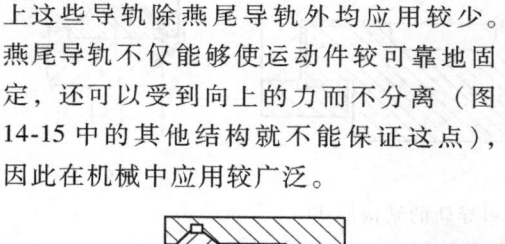 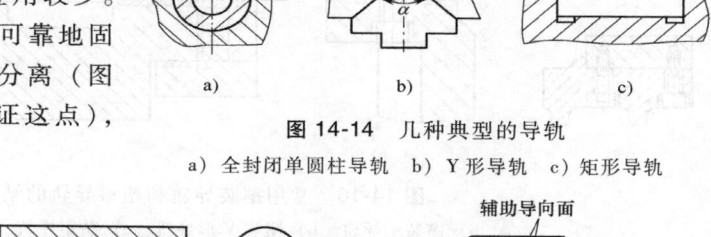

图 14-15 平面组合导轨

a）棱-平导轨 b）V-平导轨 c）圆柱面导轨 d）双棱导轨 e）双 V 导轨 f）燕尾导轨

3. 滑动导轨的材料

滑动导轨的材料一般要求耐磨性好、摩擦因数小而且稳定，特别是机构动摩擦因数的变动要小，速度对动摩擦因数影响小，尺寸稳定，工艺性好，成本低。

铸铁是最常用的滑动导轨材料，它具有良好的耐磨性和抗振性。静导轨可选用 HT200 或 HT300，动导轨选用 HT150 或 HT200，导轨材料硬度为 160～180HBW。为提高导轨表面的耐磨性，可采取表面淬火、镀铬或喷涂钼的方法。例如，HT200 或 HT300 灰铸铁高频感应淬火前硬度不低于 180HBW 时,淬火后硬度可达 48~55HRC;镀铬铸铁(或钢)—铸铁导轨副,镀层厚度为 0.025~0.05mm,硬度为 68~72HRC,耐磨性比普通铸铁导轨提高 2~3 倍。

添加合金元素的耐磨铸铁也是滑动导轨常用的材料,如磷铜钛耐磨铸铁(MTPCuTi20、MTPCuTi30),铸件质量容易控制,使用寿命高于普通铸铁 1.5~2 倍。其他耐磨铸铁还有高磷铸铁(MTP20、MTP30)、钒钛铸铁(MTVTi20、MTVTi30)等。

用作导轨材料的工程塑料有酚醛夹布塑料、聚酰胺(尼龙)、聚四氟乙烯、改性聚甲醛等。

4. 提高导轨表面耐磨性的措施

导轨表面可以镶装耐磨材料,如钢、合金铸铁、有色金属、工程塑料等,提高耐磨性。这类导轨也称镶装导轨,如图 14-16a、b 所示。

在金属制整体式或普通滑动导轨副的一个导轨表面上贴或涂一层塑料,如环氧抗磨涂层、塑料导轨软带、金属塑料复合导轨板等,可提高导轨的耐磨性。这类塑料导轨的结构形式如图 14-16c、d 所示。

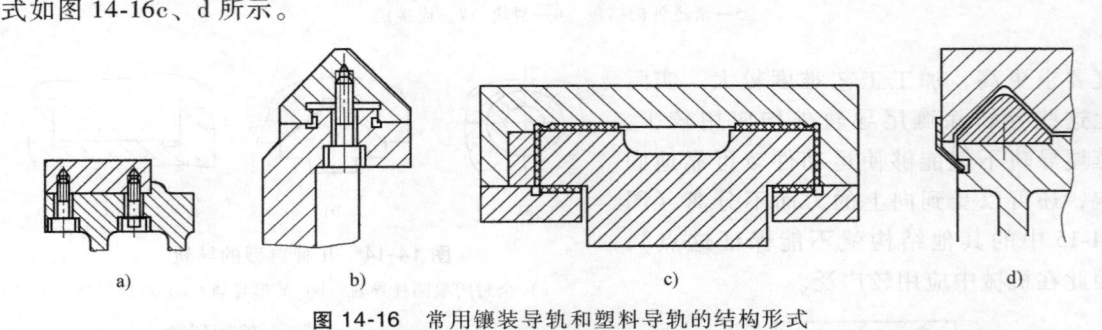

a)   b)   c)   d)

图 14-16 常用镶装导轨和塑料导轨的结构形式

a)镶装平导轨 b)镶装 V 形导轨 c)贴塑导轨 d)涂塑导轨

采用适当的加工和热处理工艺也可以提高导轨的耐磨性。例如导轨的磨削,在磨削过程中砂轮与导轨面间的温度为 800~1000℃,同时在挤压状态下加工表面会形成一层坚硬的表皮,提高了导轨的耐磨性。另外,采用导轨的精刨压光、导轨表面淬火等也可以提高耐磨性。

对导轨进行润滑和防护能使导轨间形成一层极薄的油膜,阻止或减少导轨面直接接触,减小摩擦和磨损,以延长导轨的使用寿命;同时,对低速运动,润滑可以防止"爬行";对高速运动,可减少摩擦热,减少热变形。

由于各种移动副的应用场合还具有一定的特殊性,因此还会具有一些特殊的功能要求。例如,用于气缸、活塞之间的移动副,还必须考虑密封性能的要求(图 14-12 前盖油封 11);机床导轨设计要考虑精度、加工与安装的工艺性。这些都涉及一些专门知识,已经超出了本书的范围,读者可参考文献 [9]、[21] 等。

讨 论 题

14-1 运动副连接结构设计中需要满足哪些基本要求?

14-2 采用销连接设计铰链结构时一般可以采用哪些轴向定位的方式？请举出三个连接结构实例。

14-3 在结构设计中可以采取什么措施以保证铰链连接结构转动的灵活性？

14-4 在铰链连接结构设计中，为保证良好的耐磨性，可以采取哪些具体措施？

14-5 铰链连接结构中销轴的主要失效形式是什么？

14-6 滑动导轨设计应该满足的一般要求是什么？

14-7 滑动导轨的结构设计需要限制运动件的几个自由度？分别是什么自由度？

14-8 举出常用的三种滑动导轨的截面形式，并分别说明它们是如何限制其余五个自由度的。

14-9 分析图 14-15f 所示燕尾导轨的结构定位特点。

14-10 滑动导轨移动副选择材料的一般要求是什么？

14-11 由滑动导轨支撑的工作台要求能够沿 X 轴、Y 轴两个方向运动（不同时沿两个方向运动），可以采用什么结构？如果再要求围绕 Z 轴回转运动，应如何设计？

习 题

14-1 图 14-17 所示为一室外健身器械的外形图。人坐好后，双手扶好扶手，双脚向前方蹬动，可以锻炼腿部及胸部肌群。试绘制该健身器材的机构简图，设计铰链 1 和铰链 2 处的连接结构。

14-2 图 14-18 连杆 1 和连杆 2 用销钉相连接。连杆所受拉力 $F_Q = 20\text{kN}$。连杆材料为 Q235，其许用拉应力 $[\sigma] = 80\text{MPa}$，许用挤压应力 $[\sigma_p] = 120\text{MPa}$，许用切应力 $[\tau] = 50\text{MPa}$。销的材料为 Q275，其许用弯曲应力 $[\sigma_b]' = 100\text{MPa}$，许用切应力 $[\tau]' = 60\text{MPa}$。试根据强度设计结构中的尺寸 δ 和销钉直径 d_3。

14-3 滑动导轨工作过程中，应避免因受力不同而改变导向面，引起误差，在不受力或受力较小的面上加上调整间隙的镶条可以补偿一定的受力变形。图 14-19 为两种加入镶条的结构。试分析哪种结构更合理。

14-4 图 14-20 所示为一个由螺旋传动驱动的工作台的导轨截面形状，A 点为螺旋驱动的中心位置。为使两导轨上产生的阻力矩平衡，试确定图中的尺寸 l_1 和 l_2。（设两条导轨产生的摩擦力分别为 F_1 和 F_2）

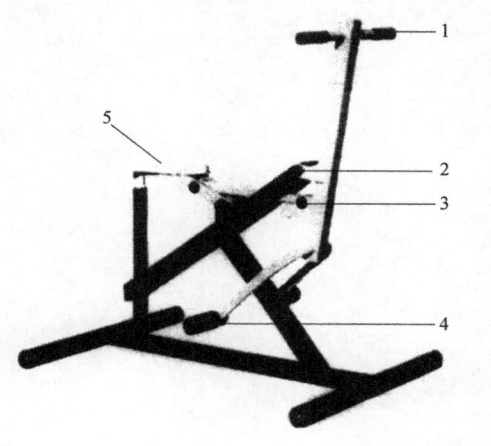

图 14-17 习题 14-1 图

1—扶手 2—铰链 1 3—铰链 2
4—脚蹬 5—座椅

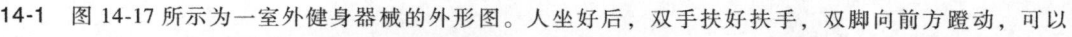

图 14-18 习题 14-2 图

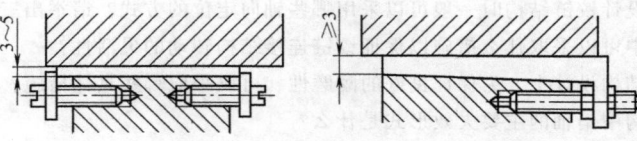

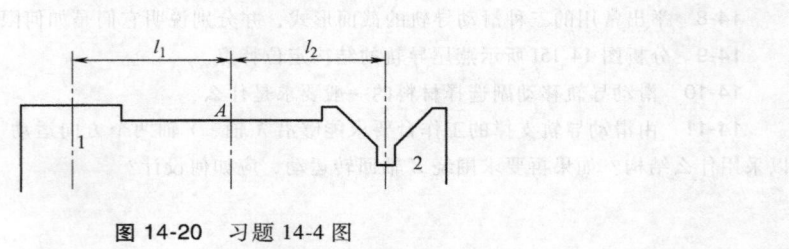

a)   b)

图 14-19 习题 14-3 图

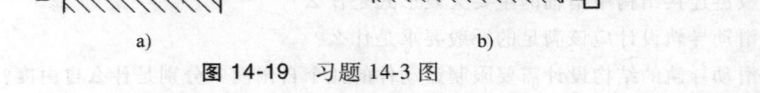

图 14-20 习题 14-4 图

习　题

第十五章 弹簧设计

第一节 概 述

一、弹簧的功用

弹簧是一种弹性元件,在载荷作用下能产生较大的弹性变形。弹簧在各类机器中的应用十分广泛,其主要功用是:

1)吸收振动和缓和冲击。用弹簧吸收冲击和振动时的能量,如各种车辆中的减振弹簧及各种缓冲器的弹簧等。

2)控制机械的运动。用弹簧力来控制运动,如离合器中的控制弹簧(图 15-1a)、内燃机中控制气缸阀门启闭的弹簧等。

3)储存能量。用弹簧的变形能来储存能量,如机械式钟表弹簧(图 15-1b)、枪栓弹簧等。

4)测量力的大小。用弹簧的载荷-变形性能测量载荷,如弹簧秤和测力器中的弹簧等。

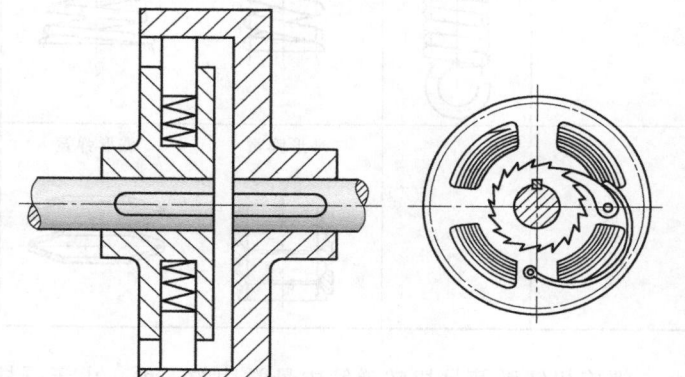

图 15-1 弹簧应用示例

a) 离心离合器 b) 钟表发条

二、弹簧的类型

弹簧的类型很多,根据受载的性质,弹簧可分为拉伸弹簧、压缩弹簧、扭转弹簧和弯曲弹簧四种。根据弹簧的形状又可分为螺旋弹簧、碟形弹簧、环形弹簧、涡卷弹簧和板弹簧。此外,除金属弹簧之外,还有空气弹簧和橡胶弹簧等。表 15-1 列出了各种常用弹簧的基本形式。

螺旋弹簧是用弹簧丝卷绕制成的,由于制造简便,价格较低,易于检测和安装,所以应用最广。它既可以制成圆柱形和圆锥形,又可以制成受压缩载荷作用的压缩弹簧、受拉伸载荷作用的拉伸弹簧，还可以制成承受转矩作用或完成扭转运动的扭转弹簧，见表 15-1。

碟形弹簧和环形弹簧刚性较大，可以承受很大的冲击载荷，具有良好的吸振能力，常用于各种缓冲装置中。在载荷相当大和弹簧轴向尺寸受限制的地方，可以采用碟形弹簧。环形弹簧是目前减振缓冲能力最强的弹簧，常用于近代重型机车、锻压设备和飞机起落装置中。平面涡卷弹簧轴向尺寸小，能在较大的变形范围内保持作用力不变，常用于仪器和钟表的储能装置中。板弹簧能承受较大的弯曲作用，常用于受载方向尺寸有限而变形量又较大的场合。由于板弹簧有较好的消振能力，所以在汽车、拖拉机和铁路车辆的悬挂装置中均普遍使用这种弹簧。

表 15-1 金属弹簧的基本类型

按载荷分 按形状分	拉伸弹簧	压缩弹簧		扭转弹簧	弯曲弹簧
螺旋形弹簧	圆柱螺旋 拉伸弹簧 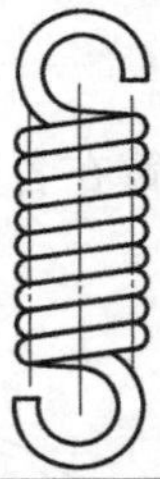	圆柱螺旋 压缩弹簧 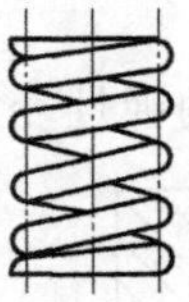	圆锥螺旋 压缩弹簧 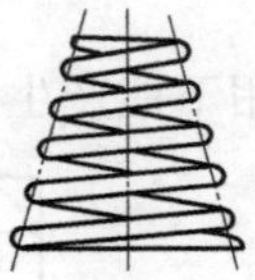	圆柱螺旋 扭转弹簧 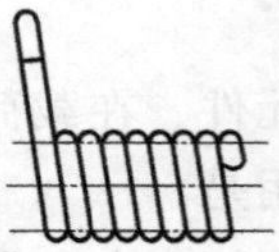	
其他形状弹簧		环形弹簧 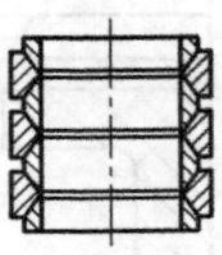	碟形弹簧 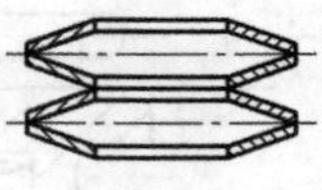	平面涡卷弹簧 	板弹簧 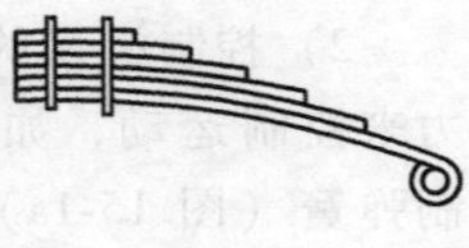

螺旋扭转弹簧是扭转弹簧中最常用的一种。由于圆柱形螺旋弹簧应用较广，尤以螺旋压缩弹簧的受力分析和设计计算都比较典型，所以本章主要讨论圆柱形螺旋压缩弹簧。关于其他类型弹簧，读者可参考文献 [19]。

三、国内知名弹簧生产企业网址（参见机械工业出版社教育服务网络资源）

第二节 弹簧的材料、选材与制造

一、弹簧的材料

弹簧在工作时，常常承受交变载荷和冲击载荷，又要求有较大变形，所以为了保证弹簧能够可靠地工作，其材料除应满足具有较高的强度极限和屈服极限外，还必须具有较高的弹性极限、疲劳极限、冲击韧度、塑性和良好的热处理工艺性等。表 15-2 列出了几种主要弹簧材料及其使用性能。实践中应用最广泛的就是弹簧钢，其品种又有碳素弹簧钢、低锰弹簧钢、硅锰弹簧钢和铬钒钢等。表 15-3 给出了弹簧钢丝的抗拉强度。

表 15-2 常用弹簧材料的许用应力（摘自 GB/T 23935—2009） （单位：MPa）

材　　料		冷卷弹簧				热卷弹簧
		油淬火-回火弹簧钢丝	碳素弹簧钢丝、重要用途碳素弹簧钢丝	不锈弹簧钢丝	铜及铜合金线材、铍青铜线	60Si2Mn，60Si2MnA，50CrV，60CrMnA，60CrMnBA，55SiCrA，60Si2CrA，60Si2CrVA
圆柱螺旋压缩弹簧许用切应力 $[\tau]$	Ⅲ类	$0.5\sigma_b$	$0.45\sigma_b$	$0.38\sigma_b$	$0.36\sigma_b$	710~890
	Ⅱ类	$(0.4~0.5)\sigma_b$	$(0.38~0.45)\sigma_b$	$(0.34~0.38)\sigma_b$	$(0.33~0.36)\sigma_b$	568~712
	Ⅰ类	$(0.35~0.4)\sigma_b$	$(0.33~0.38)\sigma_b$	$(0.3~0.34)\sigma_b$	$(0.3~0.33)\sigma_b$	426~534
圆柱螺旋拉伸弹簧许用切应力 $[\tau]$	Ⅲ类	0.4	$0.36\sigma_b$	$0.3\sigma_b$	$0.28\sigma_b$	475~596
	Ⅱ类	$(0.32~0.4)\sigma_b$	$(0.3~0.36)\sigma_b$	$(0.27~0.3)\sigma_b$	$(0.26~0.28)\sigma_b$	405~507
	Ⅰ类	$(0.28~0.32)\sigma_b$	$(0.26~0.3)\sigma_b$	$(0.24~0.27)\sigma_b$	$(0.24~0.26)\sigma_b$	356~447
圆柱螺旋扭转弹簧许用弯曲应力 $[\sigma_b]$	Ⅲ类	$0.72\sigma_b$	$0.7\sigma_b$	$0.68\sigma_b$	$0.68\sigma_b$	994~1232
	Ⅱ类	$(0.6~0.68)\sigma_b$	$(0.58~0.66)\sigma_b$	$(0.55~0.65)\sigma_b$	$(0.55~0.65)\sigma_b$	795~986
	Ⅰ类	$(0.5~0.6)\sigma_b$	$(0.49~0.58)\sigma_b$	$(0.45~0.55)\sigma_b$	$(0.45~0.55)\sigma_b$	636~788

注：1. σ_b 为弹簧材料抗拉强度的下限值，见表 15-3。

2. 对比较重要的弹簧，许用应力应当降低，经强化处理（如喷丸处理）能提高疲劳强度。

3. 根据所受载荷和循环次数，弹簧的载荷类型分为 3 类。Ⅰ类（无限疲劳寿命）—冷卷弹簧负荷循环次数 $N \geqslant 10^7$ 次，热卷弹簧载荷循环次数 $N \geqslant 2 \times 10^6$ 次的动载荷；Ⅱ类（有限疲劳寿命）—冷卷弹簧负荷循环次数 $N \geqslant 10^4 \sim 10^6$ 次，热卷弹簧载荷循环次数 $N \geqslant 10^4 \sim 10^{65}$ 次的动载荷；Ⅲ类（静载荷）—恒定不变的载荷或 $N < 10^4$ 次的动载荷。

4. 工作极限载荷 F_{lim} 的确定：Ⅰ类 $F_{lim} \leqslant 1.67 F_{max}$；Ⅱ类 $F_{lim} \leqslant 1.26 F_{max}$；Ⅲ类 $F_{lim} \leqslant 1.12 F_{max}$。其中，$F_{max}$ 为最大工作载荷。

表 15-3 弹簧钢丝的抗拉强度（摘自 GB/T 4357—2009） （单位：MPa）

钢丝公称直径 /mm	冷拉碳素弹簧钢丝的抗拉强度				
	SL 级	SM 级	DM 级	SH 组	DH 组
1.25	1660~1900	1910~2130	1910~2130	2140~2380	2140~2380
1.30	1640~1890	1900~2130	1900~2130	2140~2370	2140~2370
1.40	1620~1860	1870~2100	1870~2100	2110~2340	2110~2340
1.50	1600~1840	1850~2080	1850~2080	2090~2310	2090~2310
1.60	1590~1820	1830~2050	1830~2050	2060~2290	2060~2290
1.70	1570~1800	1810~2030	1810~2030	2040~2260	2040~2260
1.80	1550~1780	1790~2010	1790~2010	2020~2240	2020~2240
1.90	1540~1760	1770~1990	1770~1990	2000~2220	2000~2220
2.00	1520~1750	1760~1970	1760~1970	1980~2200	1980~2200
2.10	1510~1730	1740~1960	1740~1960	1970~2180	1970~2180
2.25	1490~1710	1720~1930	1720~1930	1940~2150	1940~2150
2.40	1470~1690	1700~1910	1700~1910	1920~2130	1920~2130
2.50	1460~1680	1690~1890	1690~1890	1900~2110	1900~2110
2.60	1450~1660	1670~1880	1670~1880	1890~2100	1890~2100

（续）

钢丝公称直径 /mm	冷拉碳素弹簧钢丝的抗拉强度				
	SL 级	SM 级	DM 级	SH 组	DH 组
2.80	1420~1640	1650~1850	1650~1850	1860~2070	1860~2070
3.00	1410~1620	1630~1830	1630~1830	1840~2040	1840~2040
3.20	1390~1600	1610~1810	1610~1810	1820~2020	1820~2020
3.40	1370~1580	1590~1780	1590~1780	1790~1990	1790~1990
3.60	1350~1560	1570~1760	1570~1760	1770~1970	1770~1970
3.80	1340~1540	1550~1740	1550~1740	1750~1950	1750~1950
4.00	1320~1520	1530~1730	1530~1730	1740~1930	1740~1930
4.25	1310~1500	1510~1700	1510~1700	1740~1900	1710~1900
4.50	1290~1490	1500~1680	1500~1680	1690~1880	1690~1880
4.75	1270~1470	1480~1670	1480~1670	1680~1840	1680~1840
5.00	1260~1450	1460~1650	1460~1650	1660~1830	1660~1830
5.30	1240~1430	1440~1630	1440~1630	1640~1820	1640~1820
5.60	1230~1420	1430~1610	1430~1610	1620~1800	1620~1800
6.00	1210~1390	1400~1580	1400~1580	1590~1770	1590~1770
6.30	1190~1380	1390~1560	1390~1560	1570~1750	1570~1750

注：1. 钢丝按照抗拉强度分类为低抗拉强度、中等抗拉强度和高抗拉强度，分别用符号 L、M 和 H 表示，按照弹簧载荷特点分为静载荷和动载荷，分别用 S 和 D 表示。

2. 中间尺寸钢丝抗拉强度值按表中相邻较大钢丝的规定执行。

3. 对特殊用途的钢丝，可确定其他抗拉强度。

4. 对直径为 0.08~0.18mm 的 DH 型钢丝，经供需双方协商，其抗拉强度波动值范围可规定为 300MPa。

二、材料的选择

选择弹簧材料时，要充分考虑到弹簧的用途、重要程度与所受的载荷性质、大小、循环特性、工作温度、周围介质等使用条件，以及加工、热处理和经济性等因素，以便使选择结果与实际要求相吻合。碳素弹簧钢强度高，性能好，价格低，常用在静载或重要性低的变载条件下。合金钢弹簧多用在承受变载荷、冲击载荷或要求耐高温、耐腐蚀的场合。当受力较小而又要求防腐蚀、防磁等时，可以采用有色金属弹簧。此外，还可用非金属材料制作弹簧，如橡胶、塑料、软木及空气等。

三、弹簧的制造

螺旋弹簧的制造工艺过程如下：①绕制。②钩环制造。③端部的制作与精加工。④热处理。⑤工艺试验等。重要的弹簧还要进行强压处理。

弹簧通常用卷制成形方法制造，其绕制方法分冷卷法与热卷法两种。当弹簧丝直径 $d \leqslant$ 8mm 时用冷卷法绕制，冷态下卷绕的弹簧常用冷拉并经预先热处理的优质碳素弹簧钢丝，卷绕后一般不再进行淬火处理，只需低温回火以消除卷绕时的内应力。当弹簧丝直径较大（$d > 8$mm）时则要用热卷法绕制。在热态下卷制的弹簧，卷好后要进行淬火和回火处理。

弹簧的疲劳强度与抗冲击强度在很大程度上取决于弹簧的表面状况，所以弹簧丝表面必须光洁，没有裂缝和伤痕等缺陷。表面脱碳会严重影响材料的疲劳强度和抗冲击性能，因此，脱碳层深度和其他表面缺陷都须在验收弹簧的技术条件中详细规定。

对于重要的弹簧，还要进行工艺检验和冲击疲劳等试验。为了提高弹簧的承载能力，可将弹簧在超过工作极限载荷下进行强压处理（受载 6~48h），以便在簧丝内产生塑性变形和有益的残余应力，由于残余应力的符号与工作应力相反，因而弹簧在工作时的最大应力（图 15-2）比未经强压处理的弹簧小。一般经过一次强压处理的弹簧其承载能力可提高约 25%；若经喷丸处理可提高 20%。但须注意，强压处理是弹簧制造的最后一道工序。为了保持有益的残余应力，强压处理后不应做其他热处理，否则会使强压处理失去意义。在高温、长期振动或有腐蚀性介质中工作的弹簧，也不宜采用这种强化工艺。

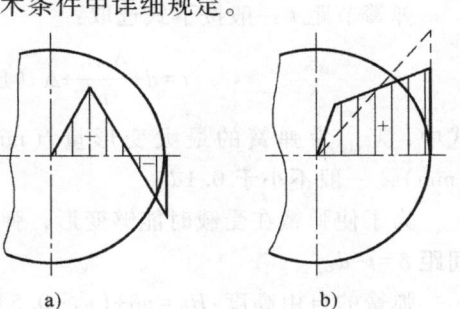

图 15-2 强压处理弹簧丝的应力分布示意图
a）残余应力分布 b）工作应力分布

第三节 弹簧的参数、特性曲线与刚度

一、弹簧的参数及几何尺寸

如图 15-3 所示，圆柱弹簧的主要尺寸有：弹簧丝直径 d、弹簧外径 D_2、弹簧内径 D_1、弹簧圈中径 D、节距 t、螺旋升角 α、自由高度 H_0 和有效圈数 n 等。

弹簧设计中，旋绕比（或称弹簧指数）C 是最重要的性能参数之一，它等于弹簧中径 D 与弹簧丝直径之比，即 $C = D/d$，亦称弹簧指数。弹簧指数越小，其刚度越大，弹簧越硬，弹簧内外侧的应力相差越大，材料利用率低；反之弹簧越软。设计时，常使弹簧指数 C 值在 4~10 之间，可参考表 15-4 选取。

弹簧的中径、内径和外径可用弹簧指数表示，即

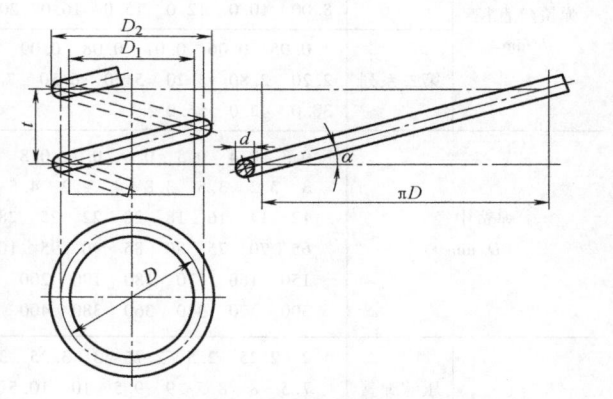

图 15-3 圆柱弹簧的几何参数

$$D = Cd \quad D_1 = D - d = (C-1)d \quad D_2 = D + d = (C+1)d$$

表 15-4 旋绕比 C 的荐用值

弹簧丝直径 d/mm	0.2~0.4	0.45~1	1.1~2.2	2.5~6	7~16	18~42
C	7~14	5~12	5~10	4~9	4~8	4~6

弹簧总圈数与其工作圈数间的关系为

$$n_1 = n + 2\left(\frac{3}{4} \sim 1\frac{1}{4}\right)$$

弹簧节距 t 一般按下式选取：

$$t = d + \frac{\lambda_{max}}{n} + \Delta \text{（压缩弹簧）} \qquad t = d \text{（拉伸弹簧）}$$

式中，λ_{max} 为弹簧的最大变形量（mm）；Δ 为最大变形时相邻两弹簧丝间的最小距离（mm），一般不小于 $0.1d$。

为了使弹簧在受载时能够变形，弹簧在自由状态下，各圈之间应留有间距 δ，弹簧钢丝间距 $\delta = t - d$。

弹簧的自由高度：$H_0 = n\delta + (n_1 - 0.5)d$（两端并紧磨平）；$H_0 = n\delta + (n_1 + 1)d$（两端并紧，但不磨平）。

弹簧螺旋升角 $\alpha = \arctan\left(\dfrac{t}{\pi D}\right)$，通常 α 取 $5° \sim 9°$。弹簧的螺旋升角方向可以是左旋或右旋的，但无特殊要求时，一般都采用右旋。

弹簧丝材料的长度：$L = \dfrac{\pi D n_1}{\cos\alpha}$（压缩弹簧）；$L = \dfrac{\pi D n_1}{\cos\alpha} + l$（拉伸弹簧）。其中，$l$ 为钩环尺寸。

圆柱螺旋压缩与拉伸弹簧的尺寸系列列于表 15-5 中。

表 15-5 圆柱螺旋弹簧的尺寸系列（摘自 GB/T 1358—2009）

弹簧丝直径 d/mm	第一系列	0.10 0.12 0.14 0.16 0.20 0.25 0.30 0.35 0.40 0.45 0.50 0.60 0.70 0.80 0.90 1.00 1.20 1.60 2.00 2.50 3.00 3.50 4.00 4.50 5.00 6.00 8.00 10.0 12.0 15.0 16.0 20.0 25.0 30.0 35.0 40.0 45.0 50.0 60.0
	第二系列	0.05 0.06 0.07 0.08 0.09 0.18 0.22 0.28 0.32 0.55 0.65 1.40 1.80 2.20 2.80 3.20 5.50 6.50 7.00 9.00 11.0 14.0 18.0 22.0 28.0 32.0 38.0 42.0 55.0
弹簧中径 D/mm		0.3 0.4 0.5 0.6 0.7 0.8 0.9 1 1.2 1.4 1.6 1.8 2 2.2 2.5 2.8 3 3.2 3.5 3.8 4 4.2 4.5 4.8 5 5.5 6 6.5 7 7.5 8 8.5 9 10 12 14 16 18 20 22 25 28 30 32 38 42 45 48 50 52 55 58 60 65 70 75 80 85 90 95 100 105 110 115 120 125 130 135 140 145 150 160 170 180 190 200 210 220 230 240 250 260 270 280 290 300 320 340 360 380 400 450 500 550 600
有效圈数 n/mm	压缩弹簧	2 2.25 2.5 2.75 3 3.25 3.5 3.75 4 4.25 4.5 4.75 5 5.5 6 6.5 7 7.5 8 8.5 9 9.5 10 10.5 11.5 12.5 13.5 14.5 15 16 18 20 22 25 28 30
	拉伸弹簧	2 3 4 5 6 7 8 9 10 11 12 13 14 15 16 17 18 19 20 22 25 28 30 35 40 45 50 55 60 65 70 80 90 100
自由高度 H_0/mm	压缩弹簧	2 3 4 5 6 7 8 9 10 11 12 13 14 15 16 17 18 19 20 22 24 26 28 30 32 35 38 40 42 45 48 50 52 55 58 60 65 70 75 80 85 90 95 100 105 110 115 120 130 140 150 160 170 180 190 200 220 240 260 280 300 320 340 380 400 420 450 480 500 520 550 580 600 620 650 680 700 720 750 780 800 850 900 950 1000

二、弹簧特性曲线

表征弹簧载荷 F、T 与其变形 λ 之间关系的曲线，称为弹簧特性线。受压或受拉的弹簧，载荷指压力或拉力，变形是指弹簧压缩量或伸长量；受扭转的弹簧，载荷是指转矩，变形是指扭转角。按照结构形式不同，常见的弹簧特性曲线如图 15-4 所示。其中，图 15-4a 所示为直线型；图 15-4b 所示为刚度渐增型；图 15-4c 所示为刚度渐减型；图 15-4d 所示为混合型。

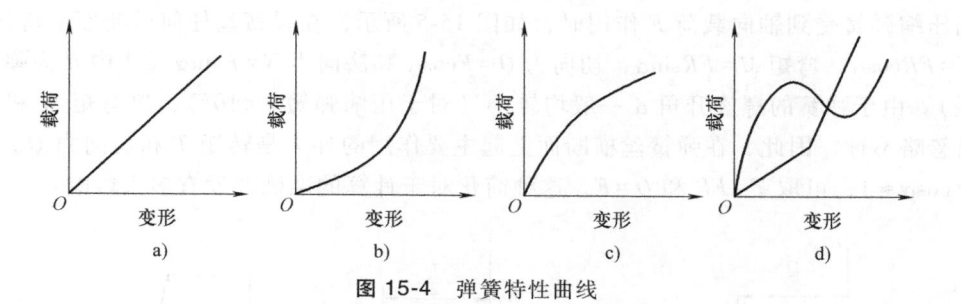

图 15-4　弹簧特性曲线

弹簧的特性曲线应绘制在弹簧零件图上，作为检验与试验的依据之一。同时还可在设计弹簧时，利用特性曲线进行载荷与变形关系的分析。

三、弹簧刚度

弹簧刚度是指使弹簧产生单位变形的载荷，用 c 和 c_T 分别表示拉（压）弹簧的刚度与扭转弹簧的刚度，其表达式如下：

对于拉压弹簧

$$c = \frac{\mathrm{d}F}{\mathrm{d}\lambda} \tag{15-1}$$

对于扭转弹簧

$$c_T = \frac{\mathrm{d}T}{\mathrm{d}\phi} \tag{15-2}$$

式中，F 为弹簧轴向拉（压）力（N）；λ 为弹簧轴向伸长量或压缩量（mm）；T 为扭转弹簧的转矩（N·mm）；ϕ 为扭转弹簧的扭转角（°）。

实际上弹簧刚度就是弹簧特性曲线上某点的斜率。符合图 15-4a 所示的直线型弹簧，其刚度为一常数。这种弹簧的特性曲线越陡，弹簧刚度相应越大，即弹簧越硬；反之则越软。图 15-4b 所示的弹簧特性曲线为刚度渐增型，即弹簧随变形量的增大其刚度越大。例如车辆缓冲减振弹簧，希望在车辆重载与轻载时，均具有差不多的自振频率；且在载荷最大或受冲击载荷作用时，仍具有较好的缓冲减振性能，故多使用具有该型特性曲线的弹簧。图15-4c 所示弹簧特性曲线为刚度渐减型，即弹簧刚度随变形的增大而减小。为了在冲击动能一定时，获得较小的冲击力，应使用具有刚度渐减型特性曲线的弹簧为宜。

弹簧可以按刚度分为定刚度弹簧（直线型特性线）和变刚度弹簧（曲线或折线型特性线），受动载荷或冲击载荷作用的弹簧往往设计成变刚度弹簧。

第四节　圆柱螺旋压缩弹簧的设计计算

弹簧设计的任务包括选择材料、确定弹簧丝直径、弹簧圈数、变形量、结构尺寸和必要的工作性能计算等。

一、弹簧的受力

当压缩弹簧受到轴向载荷 F 作用时，如图 15-5 所示，在弹簧丝任何横断面上将作用有：转矩 $T = FR\cos\alpha$，弯矩 $M = FR\sin\alpha$，切向力 $Q = F\cos\alpha$ 和法向力 $N = F\sin\alpha$（式中 R 为弹簧的平均半径）。由于弹簧的螺旋升角 α 一般均较小（对于压缩弹簧 $\alpha < 10°$），故弯矩 M 和法向力 N 可以忽略不计。因此，在弹簧丝横断面上起主要作用的外力是转矩 T 和切向力 Q。α 值较小时，$\cos\alpha \approx 1$，可取 $T = FR$ 和 $Q = F$。这种简化对于计算的准确性没有多大影响。

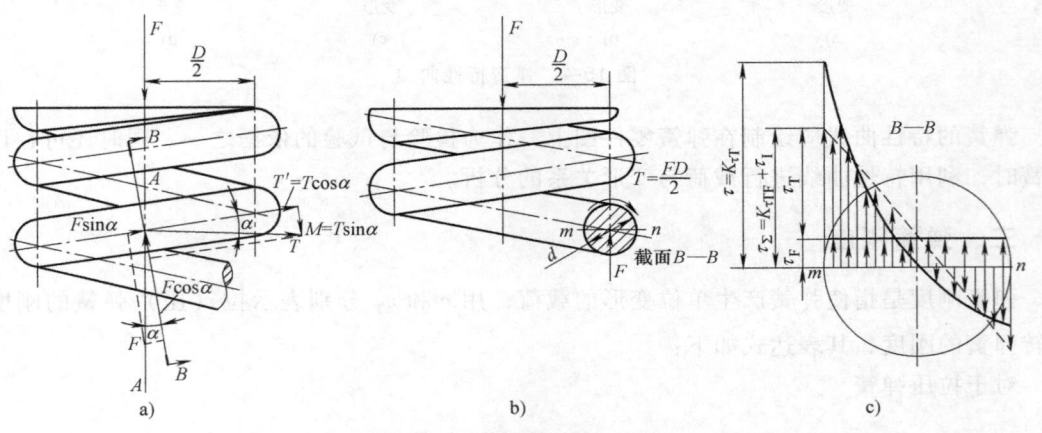

图 15-5　压缩弹簧的受力分析
a) 受力分析　b) B—B 截面　c) 应力分析

当拉伸弹簧受轴向拉力 F 时，弹簧丝横断面上的受力情况和压缩弹簧相同，只是转矩 T 和切向力 Q 的方向与压缩弹簧的相反。

二、弹簧丝直径的计算

由受力分析可知，弹簧受到的应力主要为转矩和切向力引起的切应力，对于圆形弹簧丝有

$$\tau = \frac{T}{W_t} + \frac{Q}{A} = \frac{F\dfrac{D}{2}}{\dfrac{\pi}{16}d^3} + \frac{F}{\dfrac{\pi}{4}d^2} = \frac{8FD}{\pi d^3}\left(1 + \frac{1}{2C}\right) \tag{15-3}$$

进一步考虑到弹簧丝曲率的影响，可得到切应力

$$\tau = K\frac{8FD}{\pi d^3} \leqslant [\tau] \tag{15-4}$$

$$K = \frac{0.615}{C} + \frac{4C - 1}{4C - 4} \tag{15-5}$$

式中，K 为曲度系数，它考虑了弹簧丝曲率和切向力对切应力的影响。

弹簧丝直径 d 的计算公式为

$$d \geqslant 1.6 \sqrt{\frac{FKC}{[\tau]}} \tag{15-6}$$

当按照式（15-6）求取弹簧丝直径时，因旋绕比 C 和许用应力 $[\tau]$ 均与直径 d 有关，故须经试算才能求得弹簧丝的直径 d。

三、弹簧圈数及刚度的计算

弹簧圈数 n 的确定与弹簧的变形有直接关系，圆柱弹簧受载后的轴向变形量为

$$\lambda = \frac{8FD^3 n}{Gd^4} = \frac{8FC^3 n}{Gd} \tag{15-7}$$

式中，n 为弹簧的有效圈数；G 为弹簧的切变模量（MPa）。

这样弹簧的圈数及刚度分别为

$$n = \frac{Gd^4 \lambda}{8FD^3} = \frac{Gd\lambda}{8FC^3} \tag{15-8}$$

$$c = \frac{F}{\lambda} = \frac{Gd^4}{8D^3 n} = \frac{Gd}{8C^3 n} \tag{15-9}$$

当弹簧的有效圈数 $n < 15$ 时，取 n 为 0.5 圈的倍数；当 $n > 15$ 时，则取 n 为整圈数。为了保证弹簧具有稳定的性能，一般弹簧的有效圈数最少为 2 圈。C 值大小对弹簧刚度影响很大。若其他条件相同时，旋绕比 C 值越小的弹簧，刚度越大，弹簧也就越硬；反之则越软。不过 C 值越小的弹簧卷制越困难，且在工作时会引起较大的切应力。此外，刚度 c 值还和 G、d、n 有关，在调整弹簧刚度时，应综合考虑这些因素的影响。

四、稳定性计算

当弹簧圈数过多，其长径比 $b = H_0 / D$ 较大时，受载后容易发生图 15-6a 所示的失稳现象，所以还应进行稳定性的验算。为了避免失稳现象出现，通常建议弹簧的长径比按下列情况选取：

弹簧两端均为回转端时　　　　　　　　$b \leqslant 2.6$
弹簧两端均为固定端时　　　　　　　　$b \leqslant 5.3$
弹簧一端固定，另一端回转时　　　　　$b \leqslant 3.7$

当不满足上述条件时，应进行稳定性计算，并限制弹簧载荷 F 小于失稳时的临界载荷 F_{cr}。通常取 $F = F_{cr} / (2 \sim 2.5)$，其中临界载荷可按下式计算：

$$F_{cr} = C_B c H_0 \tag{15-10}$$

式中，C_B 为不稳定系数，其值如图 15-7 所示。

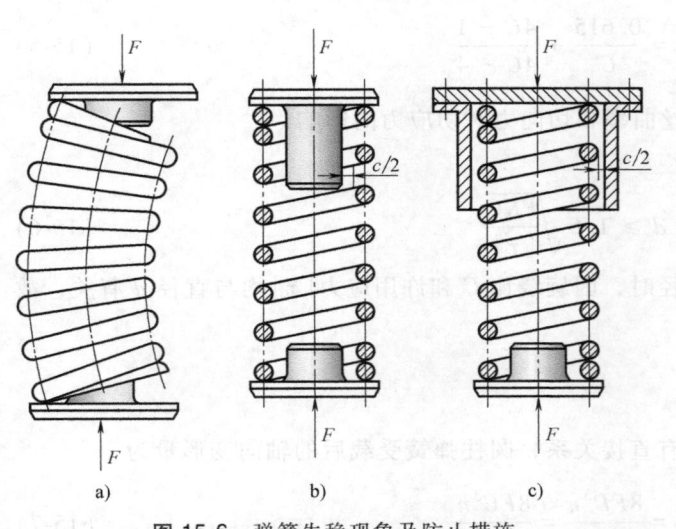

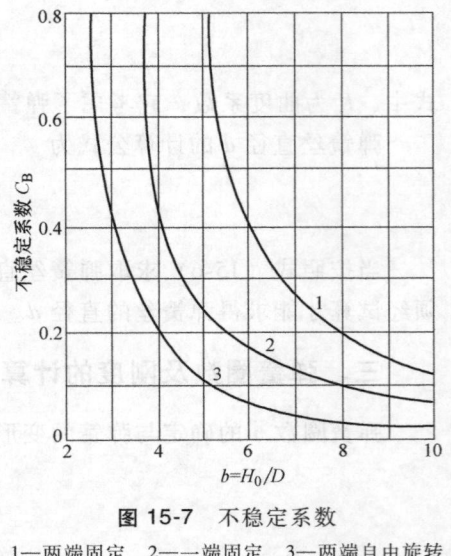

图 15-6 弹簧失稳现象及防止措施
a）失稳 b）加装导杆 c）加装导套

图 15-7 不稳定系数
1—两端固定 2——端固定 3—两端自由旋转

如果经过计算 $F > F_{cr}$，应重新选择有关参数，改变 b 值，提高 F_{cr} 的大小，使其大于 F_{max} 之值，以保证弹簧的稳定性。若受结构限制而不能改变参数时，就应该加装图 15-6b、c 所示的导杆和导套，以免弹簧受载时产生侧向弯曲。为了防止弹簧工作时簧丝与导杆或导套产生摩擦，导杆或导套与簧丝间应留有间隙。对于加装了导杆或导套的弹簧结构，通常可以不验算其稳定性。

第五节 圆柱螺旋拉伸弹簧的设计计算

一、无初拉力的拉伸弹簧设计

无初拉力的拉伸弹簧除了不需进行稳定性计算外，其他如簧丝直径计算等均与压缩弹簧相同，但考虑到钩环弯曲对应力的影响，往往将许用应力降低 20%。

二、有初拉力的拉伸弹簧计算

对于有初拉力的拉伸弹簧，除了将许用应力降低以外，在计算刚度 c、变形 λ 和有效圈数 n 时，载荷均应以 $F - F_0$ 代入，其他均与无初拉力的拉伸弹簧相同。其变形可用下式计算：

$$\lambda_{max} = \frac{8(F_{max} - F_0)C^3 n}{Gd} \text{ 或 } \lambda_{max} = \frac{8(F_{max} - F_0)D^3}{Gd^4}$$

于是，由上式可得弹簧圈数计算公式为

$$n = \frac{G\lambda_{max}d}{8(F_{max} - F_0)C^3} \text{ 或 } n = \frac{G\lambda_{max}d^4}{8(F_{max} - F_0)D^3}$$

第六节 受变载荷螺旋弹簧的疲劳强度验算

对于循环次数较多、工作在变应力下的重要弹簧，应进行疲劳强度验算。当应力循环次数不多或应力变化幅度较小时，应进行静强度验算。当上述两种情况不能明确区分时，则应同时进行这两种强度的验算。

一、疲劳强度验算

一般受变应力作用的弹簧，其应力变化规律有 τ_{max} = 常数和 τ_{min} = 常数两种。因此，可根据疲劳强度理论与相应计算公式，进行应力幅安全系数、最大应力安全系数的计算。对于弹簧钢丝也可按下述简化公式进行验算：

$$\tau_{min} = \frac{8KF_{min}C}{\pi d^2} \tag{15-11}$$

$$\tau_{max} = \frac{8KF_{max}C}{\pi d^2} \tag{15-12}$$

$$S = \frac{\tau_0 + 0.75\tau_{min}}{\tau_{max}} \geqslant [S] \tag{15-13}$$

式中，τ_0 为弹簧材料的脉动循环剪切疲劳极限（MPa），当弹簧材料为碳素钢丝、不锈钢丝、铍青铜丝等材料时，可根据循环次数 N 由表 15-6 查取；τ_{min} 为最小切应力（MPa）；F_{min} 为最小工作载荷（N）；τ_{max} 为最大切应力（MPa）；F_{max} 为最大工作载荷（N）；$[S]$ 为许用安全系数，当弹簧计算和材料的性能数据精确度高时，取 $[S]$ =1.3~1.7，精确度较低时，取 $[S]$ =1.8~2.2。

表 15-6 弹簧材料的脉动疲劳极限 τ_0

变载荷作用次数 N	10^4	10^5	10^6	10^7
τ_0	$0.45\sigma_b$	$0.35\sigma_b$	$0.33\sigma_b$	$0.30\sigma_b$

注：1. 经喷丸处理的弹簧，τ_0 可提高 20%。

2. 对于硅青铜丝、不锈钢丝，取 $0.35\sigma_b$。

二、静强度验算

弹簧的静强度校核可按下式进行计算：

$$S_s = \frac{\tau_s}{\tau_{max}} \geqslant [S_s] \tag{15-14}$$

式中，τ_s 为弹簧材料的屈服强度（MPa），其值可按下述数值选取：碳素弹簧钢丝取 τ_s = $0.42\sigma_b$，硅锰合金簧丝取 $\tau_s = 0.51\sigma_b$；$[S_s]$ 为许用安全系数，其值与 $[S]$ 相同。

例题 设计一圆柱螺旋压缩弹簧，使用条件一般。已知：工作时最大载荷为 1000N，最小载荷为 300N，要求弹簧工作行程为 20mm，弹簧为Ⅲ类弹簧，两端固定支承。

解：（1）选择弹簧材料、确定许用应力 因本弹簧在一般载荷下工作，按照第Ⅲ类弹簧来考虑，选择碳素弹簧钢丝 SL 型。初估弹簧丝直径 $d=6\text{mm}$ 左右。查表 15-2 和表 15-3 可知，$[\tau]=0.45\sigma_b$，$\sigma_b=1355\text{MPa}$，于是

$$[\tau]=0.45\sigma_b=0.45\times1355\text{MPa}=609.75\text{MPa}$$

（2）确定弹簧丝直径 d 根据给定条件选定 $C=7$，并据式（15-5）得

$$K=\frac{0.615}{C}+\frac{4C-1}{4C-4}=\frac{0.615}{7}+\frac{4\times7-1}{4\times7-4}=1.21$$

又据式（15-6）得

$$d'=1.6\sqrt{\frac{FKC}{[\tau]}}=1.6\times\sqrt{\frac{1000\text{N}\times1.21\times7}{609.75\text{MPa}}}=5.96\text{mm}$$

与初估弹簧丝直径相近，故取标准值 $d=6\text{mm}$，于是

$$D=Cd=7\times6\text{mm}=42\text{mm}$$

$$D_2=D+d=42\text{mm}+6\text{mm}=48\text{mm}$$

（3）确定弹簧的有效工作圈数 n 取 $G=80000\text{MPa}$，并由式（15-8）可得弹簧工作圈数为

$$n=\frac{Gd^4\lambda}{8FD^3}=\frac{80000\text{MPa}\times(6\text{mm})^4\times20}{8\times(1000\text{N}-300\text{N})\times(42\text{mm})^3}=4.998$$

取弹簧工作圈数 $n=5$。

（4）验算载荷与变形 由式（15-7）计算最小载荷 $F_{\min}$ 与最大载荷 $F_{\max}$ 作用下的变形量 $\lambda_{\min}$、$\lambda_{\max}$ 为

$$\lambda_{\min}=\frac{8F_{\min}D^3n}{Gd^4}=\frac{8\times300\text{N}\times(42\text{mm})^3\times5}{80000\text{MPa}\times(6\text{mm})^4}=8.57\text{mm}$$

$$\lambda_{\max}=\frac{8F_{\max}D^3n}{Gd^4}=\frac{8\times1000\text{N}\times(42\text{mm})^3\times5}{80000\text{MPa}\times(6\text{mm})^4}=28.57\text{mm}$$

实际弹簧的工作行程 λ_0

$$\lambda_0=\lambda_{\max}-\lambda_{\min}=28.57\text{mm}-8.57\text{mm}=20\text{mm}$$

（5）计算弹簧其余几何尺寸

弹簧节距 t 为

$$t=d+\frac{\lambda_{\max}}{n}+\Delta=6\text{mm}+\frac{28.57\text{mm}}{5}+0.6\text{mm}\approx12.31\text{mm}$$

弹簧螺旋升角 α 为

$$\alpha=\arctan\left(\frac{t}{\pi D}\right)=\arctan\left(\frac{12.31\text{mm}}{3.14\times42\text{mm}}\right)=5.33°$$

弹簧总圈数 n_1 为

$$n_1=n+2=5+2=7$$

弹簧钢丝间距 δ 为

$$\delta=t-d=12.31\text{mm}-6\text{mm}=6.31\text{mm}$$

弹簧的自由高度 H_0，要求两端磨平并紧，有

$$H_0=n\delta+(n_1-0.5)d=5\times6.31\text{mm}+(7-0.5)\times6\text{mm}=70.55\text{mm}$$

弹簧丝长度 L 为

$$L = \frac{\pi D n_1}{\cos\alpha} = \frac{3.14 \times 42\text{mm} \times 7}{\cos 5.33°} = 927.17\text{mm}$$

（6）验算稳定性　由稳定性要求可知

$$b = \frac{H_0}{D} = \frac{70.55\text{mm}}{42\text{mm}} = 1.68 < 5.3$$

满足稳定性要求。

（7）绘制弹簧工作图　由表 15-2 知，对Ⅲ类受载弹簧，其工作极限载荷 $F_{\lim} \leqslant 1.12 F_{\max}$，取 $F_{\lim} = 1.12 F_{\max} = 1.12 \times 1000\text{N} = 1120\text{N}$。因此，按式（15-7）计算弹簧的极限变形量为

$$\lambda_{\lim} = \frac{8 F_{\lim} D^3 n}{G d^4} = \frac{8 \times 1120\text{N} \times (42\text{mm})^3 \times 5}{80000\text{MPa} \times (6\text{mm})^4} = 32.01\text{mm}$$

按设计计算结果绘制弹簧零件图，如图 15-8 所示。

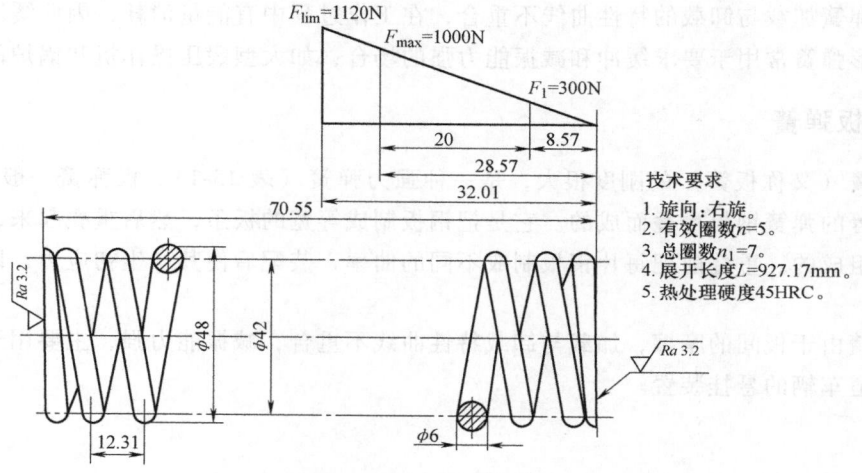

图 15-8　弹簧零件图

第七节　其他类型弹簧简介

一、圆柱螺旋扭转弹簧

圆柱螺旋扭转弹簧（表 15-1）承受扭转载荷，具有线性特性曲线。圆柱形扭转弹簧常做成螺旋形，在自由状态下，弹簧圈之间不并紧，各圈间留有少量间隙，否则工作时各圈间将相互摩擦并产生磨损。圆柱螺旋扭转弹簧的设计基本上与圆柱压缩（拉伸）螺旋弹簧相似。

圆柱螺旋扭转弹簧主要用于压紧和蓄力以及传动系统中的弹性环节等，使用较为广泛，如门窗铰链弹簧和汽车起动装置弹簧等。

二、环形弹簧

环形弹簧是由带有内锥面的外圆环和带有外锥面的内圆环配合而成的（表 15-1），内、外圆环的对数根据载荷的大小及变形量的要求决定。当弹簧受轴向载荷时，内、外圆环的接触面间将产生很大的法向压力，使内圆环直径减小，外圆环直径增大。由于内、外圆环直径改变，使弹簧产生了轴向位移。当载荷取消后，弹簧又在弹性内力的作用下恢复原来的尺寸。

环形弹簧是一种强力弹簧，承载能力大，具有较强的迟滞作用，缓冲吸振能力强，因此常用于车辆的缓冲装置、火炮和飞机起落架等的缓冲装置中。

三、碟形弹簧

碟形弹簧具有截圆锥外形（表 15-1），是用薄钢板冲压而成的。实用中一般是将多个碟形弹簧组合起来，并装在导杆或套筒中工作，而且碟形片采用不同的组合可以得到不同的特性曲线。

碟形弹簧加载与卸载的特性曲线不重合，在工作过程中有能量消耗，因此缓冲和减振能力强。碟形弹簧常用于要求缓冲和减振能力强的场合，如大型锻压操作机和锅炉吊架等。

四、板弹簧

板弹簧（又称板簧）的刚度很大，是一种强力弹簧（表 15-1）。板弹簧一般是由 6 ~ 15 片长度不等的弹簧钢板重叠而成的。它是把钢板制成等宽的板条，然后重叠起来，并加装弹簧夹等而组成的。重叠前把每片钢板制成不同的曲率，装配后使其产生初应力，以提高板弹簧的强度。

板弹簧由于板间的摩擦，加载与卸载特性曲线不重合，减振能力强，主要用于汽车、拖拉机和铁道车辆的悬挂装置。

讨 论 题

15-1 弹簧的功用有哪些？

15-2 弹簧有哪几种类型，各有什么特点，适宜工作在哪些场合？

15-3 对弹簧材料的主要要求是什么？选择弹簧材料时要考虑哪些问题？常用材料有哪些？

15-4 弹簧的特性曲线有哪几种形式，具有哪些特点？

15-5 何谓弹簧刚度？

15-6 圆柱螺旋弹簧的主要参数有哪些？这些参数对弹簧的性能有什么影响？

15-7 设计圆柱螺旋压缩弹簧的主要内容有哪些？强度计算和刚度计算的目的是什么？

15-8 在什么情况下压缩弹簧会出现失稳现象？可采取哪些措施来提高弹簧的稳定性？

15-9 圆柱螺旋弹簧受到压缩或拉伸载荷时，弹簧圈截面受哪些主要力和力矩的作用？

15-10 压缩和拉伸螺旋弹簧受到载荷作用时，弹簧圈截面上主要产生的是什么应力？应力分布情况如何？受压缩或拉伸载荷时，应力状况有什么不同？

习　题

15-1　试设计一在常温下工作的圆柱螺旋压缩弹簧，两端固定，使用条件一般。已知：最大工作载荷为 230N，最小工作载荷为 160N，工作行程为 6mm，要求弹簧外径 $D \leqslant 18mm$，工作介质为空气。

15-2　设计一具有初拉力的圆柱螺旋拉伸弹簧。已知：弹簧中径 $D_2 \approx 10mm$，弹簧外径 $D < 16mm$。要求：当弹簧变形量为 5mm 时，拉力为 150N；当变形量为 12mm 时，拉力为 300N。

15-3　设计一受静载荷的圆柱螺旋压缩弹簧，两端固定，使用条件一般。已知：当工作载荷为 1450N 时，弹簧变形量为 39mm，要求弹簧自由高度为 180mm。

15-4　某牙嵌离合器用的圆柱螺旋压缩弹簧的参数如下：$D_2 = 36mm$，$d = 3mm$，$n = 5$，弹簧材料为碳素弹簧钢丝（SL 型），最大工作载荷 $F_{max} = 100N$，载荷性质为 Ⅱ 类。试校核此弹簧的强度，并计算其最大变形量 λ_{max}。

15-5　设计一热力管道吊架用两层组合压缩弹簧，在冷态安装时受力 $F_1 = 25000N$，在热态运行时受力 $F_2 = 32000N$，由冷态到热稳定运行时，弹簧的最大变形量 $\lambda = 26mm$，弹簧工作温度 $t \leqslant 60℃$。

15-6　如图 15-9 所示结构，要求钢丝绳 A 端的拉力在行程 150mm 以内保持不变，$F_A = 250N$，允许误差 ±5%，输出轮直径 $D = 600mm$，凸轮基圆半径 $r_b = 400mm$。试设计凸轮廓线形状及所用螺旋拉伸弹簧的主要参数。

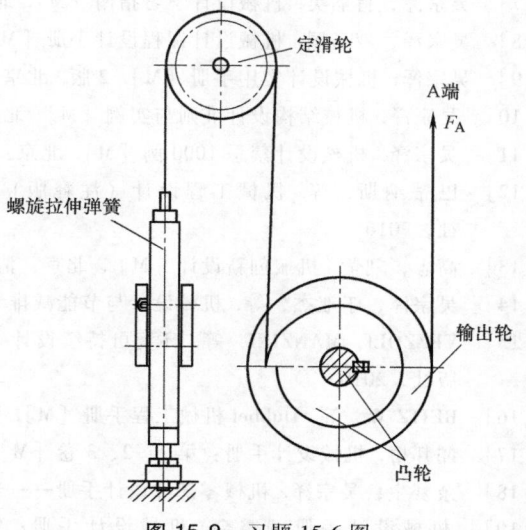

图 15-9　习题 15-6 图

参 考 文 献

[1] 濮良贵. 机械设计 [M]. 9 版. 北京：高等教育出版社，2013.

[2] 邱宣怀. 机械设计 [M]. 4 版. 北京：高等教育出版社，1997.

[3] 吴宗泽，刘莹. 机械设计教程 [M]. 北京：机械工业出版社，2003.

[4] 刘莹，吴宗泽. 机械设计教程. [M]. 2 版. 北京：机械工业出版社，2007.

[5] 吴宗泽，高志. 机械设计 [M]. 2 版. 北京：高等教育出版社，2009.

[6] 张策. 机械原理与机械设计：上、下册 [M]. 北京：机械工业出版社，2003.

[7] 吴宗泽，肖丽英. 机械设计学习指南 [M]. 北京：机械工业出版社，2005.

[8] 吴宗泽，罗圣国. 机械设计课程设计手册 [M]. 5 版. 北京：高等教育出版社，2018.

[9] 吴宗泽. 机械设计实用手册 [M]. 2 版. 北京：化学工业出版社，2003.

[10] 吴宗泽. 机械结构设计准则与实例 [M]. 北京：机械工业出版社，2006.

[11] 吴宗泽. 机械设计禁忌 1000 例 [M]. 北京：机械工业出版社，2011.

[12] 巴蒂纳斯，等. 机械工程设计（注释版） [M]. 朱殿华，注释. 10 版. 北京：机械工业出版社，2016.

[13] 高志，刘莹. 机械创新设计 [M]. 北京：清华大学出版社，2009.

[14] 吴宗泽，于亚杰，等. 机械设计与节能减排 [M]. 北京：机械工业出版社，2012.

[15] VEZZOLI，MANZINI，等. 环境可持续设计 [M]. 刘新，杨洪君，覃京燕，译. 北京：国防工业出版社，2010.

[16] BEITZ W，等. Dubbel 机械工程手册 [M]. 张维，等译. 北京；清华大学出版社，1991.

[17] 闻邦椿. 机械设计手册：第 1、2、3 卷 [M]. 6 版. 北京：机械工业出版社，2017.

[18] 余梦生，吴宗泽. 机械零部件设计手册——选型、设计、指南 [M]. 北京：机械工业出版社，1996.

[19] 机械设计手册编委会. 机械设计手册：第 1、2、3、6 卷 [M]. 新版. 北京：机械工业出版社，2004.

[20] 成大先. 机械设计手册—轴承 [M]. 6 版. 北京：化学工业出版社，2017.

[21] 王少怀. 机械设计师手册：上、中、下册 [M]. 北京：电子工业出版社，2006.

[22] 吴宗泽. 高等机械设计 [M]. 北京：清华大学出版社，1991.

[23] 吴宗泽，黄纯颖. 机械设计习题集 [M]. 3 版. 北京：高等教育出版社，2002.

[24] 邹慧君. 机械原理教程 [M]. 北京：机械工业出版社，2001.

[25] 吴宗泽. 机械设计师手册：上、下册 [M]. 2 版. 北京：机械工业出版社，2009.

[26] SPOTTS，SHOUP. Design of Machine Elements [M]. 7th ed. New Jersey：Prentice Hall，Inc. 1998.

[27] MOTT. Machine Elements in Mechanical Design [M]. 4rd ed. Upper Saddle River，N. J.：Prentice Hall，2004.

[28] NORTON. Machine Design：An Integrated Approach [M]. 2nd ed. Upper Saddle River，N. J.：Prentice Hall，2000.

[29] 中国机械设计大典编委会. 中国机械设计大典：第 6 卷 [M]. 北京：江西科学技术出版社，2002.

[30] 申永胜. 机械原理教程 [M]. 3 版. 北京：清华大学出版社，2014.

[31] 谈嘉祯. 机械设计 [M]. 北京：中国标准出版社，2001.

[32] 吴宗泽，吴鹿鸣. 机械设计 [M]. 北京：中国铁道出版社，2016.

[33] 朱孝录. 齿轮传动设计手册 [M]. 北京：化学工业出版社，2005.

[34] 王之栎，王大康. 机械设计综合课程设计 [M]. 2 版. 北京：机械工业出版社，2008.

［35］　张英会，等. 弹簧手册［M］. 3 版. 北京：机械工业出版社，2017.

［36］　吴宗泽. 机械设计师手册［M］. 2 版. 北京：机械工业出版社，2010.

［37］　穆斯，维特，贝克，等. 机械设计（全 2 册）［M］. 16 版. 孔建益，译. 北京：机械工业出版社，2011.

［38］　穆斯，维特，贝克，等. 机械设计习题集［M］. 12 版. 孔建益，译. 北京：机械工业出版社，2011.

［39］　成大先. 机械设计图册：第 1、2、3、4、5、6 卷［M］. 北京：化学工业出版社，2003.

［40］　ULLMAN. 机械设计过程（原书第 4 版）［M］. 刘莹，郝智秀，林松，等译. 北京：机械工业出版社，2015.

［41］　M 费舍尔，等. 起重运输机械设计基础［M］. 范祖光，等译. 北京：机械工业出版社，1991.